高 等 学 校 教 材

现代无机合成
与制备化学

Modern Inorganic Synthesis
and Preparative Chemistry

第二版

———

吴庆银 主编　　　高 超 唐 瑜 副主编

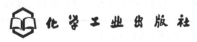

化学工业出版社

·北京·

内容简介

《现代无机合成与制备化学》(第二版)共10章,前两章阐述了重要的无机合成与制备化学原理和方法,后八章分别介绍了杂多酸型固体高质子导体、分子筛与相关多孔材料、稀土配合物智能发光材料、石墨烯材料、金属-有机骨架配位聚合物、无机-有机杂化材料、纳米材料以及新型热电材料的合成与制备、应用及研究进展,具有现代性、新颖性和前瞻性,体现了本学科的前沿和发展方向。书中列出了近年来新进展的1000余篇参考文献供查阅。

本书可作为化学、化工、材料等专业研究生与高年级本科生的教材,也可供广大科技人员参考。

图书在版编目(CIP)数据

现代无机合成与制备化学/吴庆银主编;高超,唐瑜
副主编.—2版.—北京:化学工业出版社,2023.5(2025.8重印)
ISBN 978-7-122-42781-6

Ⅰ.①现… Ⅱ.①吴…②高…③唐… Ⅲ.①无机化
学-合成化学-高等学校-教材②无机化合物-制备-高等
学校-教材 Ⅳ.①O611.4②TQ12

中国国家版本馆CIP数据核字(2023)第037678号

责任编辑:汪 靓 宋林青   装帧设计:史利平
责任校对:李露洁

出版发行:化学工业出版社(北京市东城区青年湖南街13号 邮政编码100011)
印　　装:涿州市般润文化传播有限公司
787mm×1092mm 1/16 印张21½ 字数528千字 2025年8月北京第2版第3次印刷

购书咨询:010-64518888   售后服务:010-64518899
网　　址:http://www.cip.com.cn
凡购买本书,如有缺损质量问题,本社销售中心负责调换。

定　价:59.80元

序　言

  化学的基本任务是创造新物质，合成化学是化学学科的核心、心脏，是化学家为改造世界、创造社会未来最有力的手段。无机合成是合成化学的基础，是现代高等化学教育高年级本科生以及硕士研究生必须学习、掌握的基础化学知识。《无机合成与制备化学》作为本科高年级及研究生的一门重要课程，很需要一本简明、现代的教材，介绍重要的无机合成与制备化学原理和方法及重要的无机材料的制备化学问题，内容体现本学科的前沿和方向。2010年浙江大学化学系吴庆银教授等编写了《现代无机合成与制备化学》教科书，该书出版后，获得学界的广泛好评，被多所高等院校选作本科生和研究生教材或教学参考书。为体现本学科的前沿和发展方向，使其内容更具现代性、新颖性和前瞻性，吴庆银、高超和唐瑜等修订编写了《现代无机合成与制备化学》（第二版），我对该书的出版表示祝贺。

  该书包含 10 章内容，前 2 章介绍了重要的无机合成与制备化学原理和方法，其余 8 章为杂多酸型固体高质子导体的制备、传导机理及应用；分子筛与相关多孔材料的制备及应用；稀土配合物智能发光材料；石墨烯材料的制备及应用；金属-有机骨架配位聚合物的合成、结构及应用；无机-有机杂化材料的制备及应用；纳米材料的制备及应用和新型热电材料的制备及应用。全书结构紧凑，内容新颖，便于学生学习使用，我愿为此推荐。

  该书在第 3 章中对杂多酸的合成、质子导电性、传导机理及其在燃料电池研究中的应用进行了详细的阐述，全面总结了作者负责的三个国家基金的研究成果，可以使读者能够对该领域获得比较全面的认识；在第 5 章中作者从稀土元素的独特性质和我国丰富的稀土资源出发，展现了稀土材料在工业生产发展中的重要作用，介绍了稀土配合物智能发光材料作为新一代稀土功能材料在光电传感、生物检测、信息防伪、数据存储等高新领域的重要价值，着重介绍了稀土配合物智能发光材料在生物传感与成像以及光学编码方向的研究发展；在第 6 章中系统介绍了石墨烯的多种制备方法，浓墨重彩地介绍了石墨烯的应用与前景展望。石墨烯材料从获得诺贝尔奖的材料主角，到如今如何扮演好服务国计民生及国家重大需求的"新材料之王"的角色，作者结合自身的产学研实践经验，全方位、科学、理性地对石墨烯的应用展开了论述，畅想了石墨烯研发与应用的宽广前景；在第 10 章中紧扣热电领域最新研究热点，对不同温区的代表性热电材料体系以及近年来涌现出的新体系做了介绍，从成分调控、择优取向、能带工程、声子工程等方面详细地阐述了热电材料性能的优化策略，并对当前主流热电材料制备方法的原理和优缺点进行了总结。

  祝愿有更多的高等院校选用《现代无机合成与制备化学》（第二版）用作本科生和研究生教材或教学参考书。

中国科学院院士

2022 年 10 月

前　言

《现代无机合成与制备化学》自 2010 年 7 月由化学工业出版社出版至今，多次印刷，被多所高等院校选作本科生和研究生教材或教学参考书。为体现本学科的前沿和发展方向，使其内容更具现代性、新颖性和前瞻性，在化学工业出版社的支持和组织下，我们修订编写了第二版。

第二版保留了第一版的结构体系，对原有部分内容进行了适当的取舍、修改和完善，如删掉了第一版第 6 章"富勒烯及其衍生物的合成与应用"和第 10 章"烯烃复分解催化剂的合成与催化研究进展"，取而代之的是当前的研究热点"石墨烯材料的制备及应用"和"新型热电材料的制备及应用"。保留下来的第一版的部分章节也做了适当的修订，如在前两章重要的无机合成与制备化学原理和方法中，新增了多孔材料制备的软硬酸碱原理和超浸润材料的制备原理以及离子热合成法；在第 3 章中新增了杂多酸型固体高质子导体的传导机理；在第 4 章和第 9 章中新增了赵东元院士和包信和院士获得的 2020 年度国家自然科学奖一等奖的有序介孔碳材料和纳米限域材料相关成果；在第 7 章中新增了 MOF 纳米晶和 MOF 薄膜两大类特殊聚集态材料的内容；在第 5 章中新增了稀土元素的分离及应用发展内容，重点介绍了徐光宪、严纯华和高松院士的"串级萃取"技术为我国稀土领域做出的贡献以及稀土在工业、农业和国防领域的重要应用，用我国的稀土资源对学生进行爱国主义教育，用院士们的成就激励学生奋发图强，为祖国的建设和发展贡献力量，这也是思政元素在这本书的具体体现。

参加修订编写本书的作者仍是来自于六所大学的七位教授、博士生导师，均是在科研第一线的专家、学者。本书由浙江大学化学系吴庆银主编，浙江大学高分子科学与工程学系高超和兰州大学化学化工学院唐瑜为副主编。为了保证本书的质量，根据各位作者教学和研究领域的特长做了编写分工：浙江大学吴庆银，第 1、2、3、8 章；东北大学王卓鹏，第 4 章；兰州大学唐瑜，第 5 章；浙江大学高超，第 6 章；东北师范大学邹小勤，第 7 章；上海大学徐甲强，第 9 章；北京航空航天大学邓元，第 10 章。全书由吴庆银、高超和唐瑜统稿。另外，在新版中列出了 1000 余篇参考文献，其中大部分是近十年的文章，供读者参阅，有利于对无机合成与制备化学新方向与发展动向的了解。

感谢徐如人院士、赵东元院士、谭民裕教授和翟玉春教授的关心、指导和鼓励；感谢各作者所在单位给予的理解、支持和帮助。在写作过程中，我们的同事及研究生们尤其是范瑞清、吴雪霏、吴闻、胡少雄、赵未昀、祝薇、王涛、刘英军、庞凯、秦天锋等在文献搜集、图表制作、书稿校阅等方面做了许多工作，在此表示衷心的感谢。

限于编者水平和视野，书中不足和遗憾之处在所难免，敬请读者继续给予关注和指正。

编者

2022 年 9 月于杭州

第一版前言

合成化学是化学学科的核心，是化学家改造世界、创造社会最有力的手段。发展合成化学，不断地创造与开发新的物种，将为研究结构、性能（或功能）与反应以及它们间的关系，揭示新规律与原理奠定基础，是推动化学学科与相邻学科发展的主要动力。具有一定结构、性能的新型无机化合物或无机材料合成路线的设计和选择，化合物或材料合成途径和方法的改进及创新是无机合成研究的主要任务。化学家不仅发现与合成了众多天然存在的化合物，同时也人工创造了大量自然界并不存在的化合物、物相与物态。

《无机合成与制备化学》作为研究生及本科高年级的一门重要课程，迫切需要一本简明、现代的教材，重点介绍重要的无机合成与制备化学原理与方法以及重要的无机化合物和无机材料的合成与制备化学问题，内容体现出本学科的前沿和方向。为此，化学工业出版社组织编写了《现代无机合成与制备化学》一书。

本书共十章。前两章阐述了重要的无机合成与制备化学原理和方法，后八章介绍了重要的多酸化合物、分子筛及多孔材料、稀土配合物杂化发光材料、富勒烯及衍生物、金属-有机骨架配位聚合物、无机－有机杂化材料、纳米材料和烯烃复分解催化剂的合成与制备、应用及研究进展，内容具有现代性、新颖性和前瞻性，体现了本学科的前沿和发展方向。书中列出了近年新进展的1300余篇参考文献，以体现出简明、现代的《无机合成与制备化学》的特点。本书可作为化学、化工、材料等专业研究生与高年级本科生的教材，也可供广大科技人员参考。

参加本书编写的作者有六所大学的七位教授，其中六位是博导，均是在科研第一线的专家、学者。本书由浙江大学化学系吴庆银主编、中国石油大学（华东）化学化工学院柳云骐和兰州大学化学化工学院唐瑜为副主编。为了保证本书的质量，根据各个作者教学和研究领域的特长做了分工：吴庆银，第2、3、8章；柳云骐，第1、4章；唐瑜，第5章；浙江大学化学系刘子阳，第6章；温州大学化学与材料工程学院李新华，第7章；上海大学理学院化学系徐甲强，第9章；天津大学理学院化学系王建辉，第10章。全书由吴庆银统稿。

感谢徐如人院士、庞文琴教授、王恩波教授、谭民裕教授和翟玉春教授等老师的关心、指导和鼓励；感谢各作者单位给予的理解、支持和帮助；作者感谢化学工业出版社组织我们编写《现代无机合成与制备化学》。在写作过程中，我们的同事及研究生们尤其是刘春英、许胜先、刘桂艳、杨华、马宇飞、胡小夫、童霞、江岸、钱学宇、贾盛澄、张源、王晖等在文献搜集、图表制作、初稿校阅等方面做了许多工作，在此表示衷心的感谢。

本书中有关内容的重叠与交叉，虽想尽力处理得当，然而限于编者水平有限，肯定会存在个别重复与不尽理想之处，敬请读者批评指正。

编者

2010 年 4 月于杭州

目　录

第 10 章　新型热电材料的制备及应用 ······································· 305

第1章
重要的无机合成与制备化学原理

发展合成化学，不断地创造与开发新的物种，将为研究结构、性能（或功能）与反应以及它们间的关系，揭示新规律与原理提供基础，是推动化学学科与相关学科发展的主要动力。具有一定结构、性能的新型无机化合物或无机材料合成路线的设计和选择，化合物或材料合成途径和方法的改进及创新是无机合成研究的主要任务。合成化学基础知识或原理包括化合物的物理和化学性能、反应性、反应规律和特点，认识反应物及其产物的结构化学间的关系，灵活运用热力学、动力学等基本化学原理和规律等。传统的化学工作方法主要是依靠从成千上万种化合物中去筛选，开发具有特定结构与优异性能的化合物，其发展重心是合成与制备和发现新化合物；现代无机合成侧重于合成规律的认识、组装化学及其分子工程学，即根据所需性能对结构进行设计和施工，强调对材料性能、结构和制备三方面联系的认识，避免制备工作过多地局限在单个化合物的合成上。本章重点介绍有关单分散颗粒制备原理、晶体生长原理、胶束理论及其组装化学和抑制团聚与形貌控制方法等重要的无机合成与制备化学原理[1~7]。

1.1 单分散颗粒制备原理

任何固态物质都有一定的形状，占有相应空间，即具有一定的尺寸。我们通常所说的粉末或细颗粒，一般是指大小为 1mm 以下的固态物质。当固态颗粒的粒径在 $0.1\sim10\mu m$ 之间时称为微细颗粒，或称为亚超细颗粒，空气中飘浮的尘埃，多数属于这个范围。而当粒径达到 $0.1\mu m$ 以下时，则称为超细颗粒。超细颗粒还可以再分为三档：即大、中、小超细颗粒。粒径在 $10\sim100nm$ 之间的称大超细颗粒；粒径在 $2\sim10nm$ 之间的称中超细颗粒；粒径在 2nm 以下的称小超细颗粒。近年来发展起来的纳米微粒，因其极小的尺寸而呈现出显著不同于体相材料的特殊性质，在光、电、催化、机械、磁学等领域具有广阔的应用前景。纳米微粒的性质强烈地依赖其尺寸、形态和结构。纳米微粒的尺寸一直是表征纳米微粒的最重要的物理量之一。对纳米微粒尺寸及其分布的有效控制也一直是人们普遍关注的热点。人们期待通过对纳米微粒表面效应、体积效应、量子尺寸效应、宏观量子隧道效应等独特性质的更为本质的研究，更好地弄清其结构、性能和应用之间的关系。因而，获得单分散颗粒，是开展基础研究和应用研究的前提。

1.1.1 沉淀的形成

向含某种金属（M）盐的溶液中加入适当的沉淀剂，就形成了难溶盐的溶液，当浓度大于它在该温度下的溶解度时，就出现沉淀。或者说，在难溶电解质的溶液中，如果溶解的阴、阳离子各以其离子数为乘幂的浓度的乘积（即离子积）大于该难溶物的溶度积时，这种物质就会沉淀下来。生成的沉淀就是制备粉体材料的前驱体，然后再将此沉淀物进行煅烧就成为超细粉，这就是所谓的沉淀法。

沉淀的形成可分为两个过程，即晶核形成和晶核长大。沉淀剂加入到含有金属盐的溶液中，溶质分子或离子通过相互碰撞聚集成微小的晶核。晶核形成后，溶液中的构晶离子向晶核表面扩散，并沉积在晶核上，晶核就逐渐长大成沉淀微粒。从过饱和溶液中生成沉淀（固相）时经历三个基本步骤。

① 晶核的形成：离子或分子间的作用生成离子、分子簇和晶核。晶核相当于若干新的中心，从它们可自发长成晶体。晶核生成过程决定生成晶体的粒度和粒度分布。

② 晶核的长大：物质沉积在晶核上导致晶体的生成。

③ 聚结和团聚：由细小的晶粒生成粗粒晶体的过程。

1.1.2　晶核的形成

溶液处于过饱和的介稳态时，由于分子或离子的运动，某些局部区域内的分子凝聚而形成集团，形成这种分子集团后可能聚集更多的分子而生长，也可能分解消失，这种分子集团称为胚芽，它是不稳定的，只有当体积达到相当程度后才能稳定而不消失，此时称为晶粒。

由 Kelvin 公式及过饱和度条件可知，当 $E = \dfrac{16\pi\sigma^3 M^2}{3\,(RT\rho\ln S)^2}$ 或 $r = \dfrac{z\sigma M}{\rho RT\ln S}$ 时，晶粒生成。

式中，E 为晶粒生成时供给扩大固体表面的能量；σ 为液固界面张力；M 为溶质分子质量；ρ 为溶质颗粒的密度；S 为溶液的过饱和度；R 为晶粒半径。

晶粒生成速率，即单位时间内单位体积中形成的晶粒数为：

$$N = K \exp\left[\frac{-16\pi\sigma^3 M^2}{3R^3 T^3 \rho (\ln S)^2}\right]$$

式中，K 为反应速率常数。

可以看出，过饱和度 S 愈大，界面张力 σ 愈小，所需活化能愈低，生成晶粒的速率愈大。

1.1.3　晶核的长大

在过饱和溶液中形成晶粒以后，溶质在晶粒上不断地沉积，晶粒就不断长大。晶粒长大过程和其他具有化学反应的传递过程相似，可分为两步：一是溶质分子向晶粒的扩散传质过程；二是溶质分子在晶粒表面固定化，即表面沉淀反应过程。其中扩散速率为：

$$\frac{\mathrm{d}m}{\mathrm{d}t} = \frac{D}{\delta}A(c - c') \tag{1-1}$$

式中，m 为时间 t 内所沉积固体量；D 为溶质扩散系数；δ 为滞流层厚度；A 为晶粒表面积；c 为溶质浓度；c' 为界面浓度。

表面沉积速率为：

$$\frac{\mathrm{d}m}{\mathrm{d}t} = k'A(c - c^*) \tag{1-2}$$

式中，k' 为表面沉积速率常数；c^* 为固体表面浓度（或饱和浓度）。

当过程达到稳态平衡时：

$$\frac{\mathrm{d}m}{\mathrm{d}t} = \frac{A(c - c')}{\dfrac{1}{k'} + \dfrac{1}{k_\mathrm{d}}} \tag{1-3}$$

式中，$k_d = \dfrac{\delta}{D}$ 为传质系数。

在晶粒长大过程中，当 $k' \gg k_d$，即表面沉积速率远大于扩散速率时，为扩散控制；当 $k_d \gg k'$ 时，为表面沉积控制。

晶粒长大过程是扩散控制还是表面沉积控制，或者二者各占多大比例，主要由实验决定。

1.1.4　成核和生长的分离

为了从液相中析出大小均匀一致的固相颗粒，必须使成核和生长两个过程分开，以便使已形成的晶核同步长大，并在生长过程中不再有新核形成。这是形成单分散体系的必要条件。如果用液相中溶质浓度随时间的变化显示单分散颗粒的形成过程，如图 1-1(a) 所示。阶段 I，当溶质浓度未达到 c_{min}^*（成核的最小浓度）以前，没有沉淀产生。当溶液中溶质浓度超过 c_{min}^* 时，即进入成核阶段 II。在这个阶段，溶质浓度逐渐上升一定时间后，又开始下降，这是由于成核反应消耗了溶质。当浓度 c 再次达到 c_{min}^* 时，成核阶段终止。接着发生生长阶段 III，直到液相溶质浓度接近溶解度 c_s。

若成核速率不够高，浓度 c 长期保持在 c_{min}^* 和 c_{max}^*（成核最大浓度）之间，晶核会发生生长。成核与生长同时发生，就不可能得到单分散颗粒。因此，为了获得单分散颗粒，首要的任务是，成核和生长两个阶段必须分开。

另外，从沉淀速率与溶质浓度的关系 [图 1-1(b)] 中可以看出，假如成核速率在溶质浓度 c 刚超过 c_{min}^* 时，像成核曲线 a 那样急剧上升，或者生长曲线的斜率很低，低到与成核曲线的交点对应的溶质浓度紧靠近 c_{min}^*，成核和生长分开的要求将被满足，当然，最理想的情况是成核速率对过饱和度的强烈依赖关系（相关曲线）和低生长速率相结合。这就是单分散颗粒的生长速率多数都相当低的原因。然而，通常情况是像成核曲线 b。要满足这个要求，仅仅当浓度 c 被限制在稍高于 c_{min}^* 的水平，因为成核周期短，浓度 c 立即回到 c_{min}^* 以下。因此，对于均匀溶液来说，为了生成单分散的粒子，必须避免长时间停留在高于 c_{min}^* 的太多的过饱和度之下。

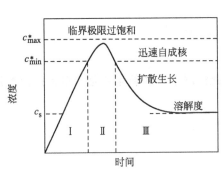

(a) 单分散颗粒形成模型
c_s—溶解度；c_{min}^*—成核最小浓度；c_{max}^*—成核最大浓度；
I—成核前期；II—成核期；III—生长期

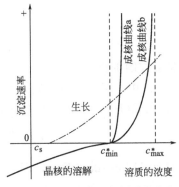

(b) 成核和生长的沉淀速率作为溶质浓度的函数，图中的生长曲线为给定晶种的生长曲线

图 1-1　单分散体系的成核

1.1.5 胶粒生长的动力学模型

胶体颗粒的生长是单体向其表面扩散和单体在表面上发生反应的结果，如图 1-2(a) 所示。这里，c_b 是单体的整体（bulk）浓度，c_i 是单体在交界面上的浓度，c_e 是颗粒与其半径有关的溶解度，而 δ 是扩散层厚度，它是由于颗粒的布朗运动引起的水剪切力的函数。

图 1-2(b) 是从宏观的观点表示扩散层围绕球形颗粒的描绘，其中 r 是颗粒的半径，x 是距颗粒中心的距离。在扩散层内通过半径为 x 的球形面的单体的总流量 J，由菲克第一定律给出：

$$J = 4\pi x^2 D \frac{\mathrm{d}c}{\mathrm{d}x} \tag{1-4}$$

式中，D 是扩散系数；c 是单体在距离为 x 处的浓度。不考虑 x，J 是恒定的，因为单体向颗粒扩散是处于稳态。因此从 $r+\delta$ 到 r，函数 $c(x)$ 相对于 x 的积分给出：

$$J = \frac{4\pi D r (r+\delta)}{\delta}(c_b - c_i) \tag{1-5}$$

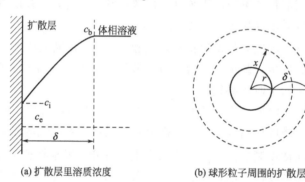

(a) 扩散层里溶质浓度   (b) 球形粒子周围的扩散层

图 1-2 胶体颗粒扩散层示意图

然后，在扩散过程之后的表面反应写为：

$$J = 4\pi r^2 k (c_i - c_e) \tag{1-6}$$

此处，假定为简单的一级反应，而 k 是反应的速率常数。结合方程式(1-5) 和式(1-6)，可得

$$\frac{c_i - c_e}{c_b - c_i} = \frac{D}{kr}\left(1 + \frac{r}{\delta}\right) \tag{1-7}$$

（1）扩散控制生长

在式(1-7) 中，若 $D \ll kr$，则 $c_i \approx c_e$，在此情况下，颗粒生长是受单体扩散控制（扩散控制生长）。在式(1-5) 中用 c_e 代替 c_i，即得

$$J = \frac{4\pi D r (r+\delta)}{\delta}(c_b - c_e) \tag{1-8}$$

另一方面，用 $\mathrm{d}r/\mathrm{d}t$ 关联 J，即

$$J = \frac{4\pi r^2}{V_m} \times \frac{\mathrm{d}r}{\mathrm{d}t} \tag{1-9}$$

式中，V_m 为固体的摩尔体积，因此，$\mathrm{d}r/\mathrm{d}t$ 可以写作：

$$\frac{\mathrm{d}r}{\mathrm{d}t} = D V_m \left(\frac{1}{r} + \frac{1}{\delta}\right)(c_b - c_e) \tag{1-10}$$

方程式(1-10) 意味着 $\mathrm{d}r/\mathrm{d}t$ 随 r 的增加而降低。换句话说，若 $c_b - c_e$ 可被看做实质上

的常数，则粒度分布随颗粒生长变得狭窄。事实上，从式(1-10)可得到以下关系：

$$\Delta r = 1 + \frac{\delta}{\tilde{r}} \qquad (1\text{-}11)$$

式中，Δr 是粒子尺寸分布的标准偏差；$\bar{r}$ 是平均颗粒半径。

（2）反应控制生长

若方程式(1-7)中 $D \gg kr$，则 $c_b \approx c_i$，那么生长速率是受单体表面反应的限制。因此，从式(1-6)和式(1-9)可以得出：

$$\frac{dr}{dt} = kV_m(c_b - c_e) \qquad (1\text{-}12)$$

式(1-12)的意义是 dr/dt 与颗粒大小无关。在生长过程中 Δr 为常数，其结果是在生长过程中相对标准偏差 $\dfrac{\Delta r}{\tilde{r}}$ 降低了。单体溶质简单沉积在颗粒表面上而无任何二维扩散形成无定形固体，或者在一微晶上的每一成核步骤的二维生长范围是被表面上快的成核完全限制就是这种情况，后一种情形就是所谓的"多核层生长"。

然而，若一个颗粒表面上核的二维生长比二维成核速率快很多的话，颗粒的整个表面将被由一个单核开始的一层新的固体层覆盖。这种反应模型指的就是"单核层生长"。在这种特殊情形下，dr/dt 正比于颗粒表面积，即

$$\frac{dr}{dt} = k'r^2 \qquad (1\text{-}13)$$

因此，随着颗粒的生长进行，粒度分布必然变得较宽。应该注意到这个机理仅在颗粒生长很早的阶段才是可能的，否则在有限的时间内半径即达到无穷大（即 $r^{-1} = r_0^{-1} - k't$）。

1.1.6　防团聚的方法

当颗粒直接接触时，它们时常相互不可逆地粘在一起；在某些情形之下，它们是受"接触再结晶"支配。在后一种情形里，颗粒接触是由颗粒的另一部分释放出溶质沉积在接触点连接而成。因此，作为一个原则，制备单分散颗粒必须抑制凝聚。要消除粉末间的团聚，应从以下两个方面着手：首先，在干燥前将凝胶颗粒之间的距离增大，从而消除毛细管收缩力，避免颗粒结合紧密；其次，在干燥前采用适当的脱水方式将水脱除，避免由于水的存在而在颗粒间形成氢键。据此原理消除团聚的方法有以下几种。

（1）加入反絮凝剂在颗粒表面形成双电层

反絮凝剂的选择可依颗粒的性质、带电类型来确定，即选择适当的电解质作为分散剂，使粒子表面吸引异电离子形成双电层。通过双电层之间库仑排斥作用使粒子之间发生团聚的引力大大降低，从而有效地防止颗粒的团聚，达到颗粒分散的目的。而排斥力的大小取决于颗粒的表面电位，作用范围取决于双电层厚度。

（2）加入防护试剂

稳定憎液胶体粒子最有效的方法之一是利用防护试剂，包括亲液聚合物、表面活性剂和络合剂。在沉淀过程中加入特定的表面活性剂，胶粒一旦形成就会吸附表面活性剂分子，在其表面形成有机分子保护层而产生一定的位阻效应，阻碍胶粒进一步聚集长大，从而有效地改善胶体的均匀性和分散性。

（3）利用凝胶网络

如果最终产物的成核是在像胶一样的前驱沉淀物形成之后，那么可以期望从核长大的所

有粒子被钉住在基质上，以至于它们之间的相互反应被减弱，这种效应出现在某些多相体系中。

（4）共沸蒸馏

在颗粒形成的凝胶中加入沸点高于水的醇类有机物，混合后进行共沸蒸馏，可以有效地除去多余的水分子，消除了氢键作用的可能，并且取代羟基的有机长链分子能产生很强的空间位阻效应，使化学键合的可能性降低，因而可以防止团聚体的形成。

（5）超声波处理

超声波本身不能直接对分子产生作用，而是通过对分子周围环境的物理、化学作用而影响分子，即通过超声空化能量来加速或控制某过程的进程。所谓超声空化作用是指存在于液体中的微小气泡，在声场作用下振动、生长、扩大、崩溃的动力学过程。超声空化作用产生的冲击波和微射流可以有效地使溶胶原有的絮凝结构解体、黏度降低、流动性增强。

1.2　晶体生长原理

1.2.1　晶体的相关概念

固态是物质的一种聚集态形式，一般可以分为晶态与非晶态两种状态。非晶，也叫无定形体，其原子或分子的排列是无规则的。但是晶体和非晶体之间并不存在不可逾越的鸿沟，在一定条件下，二者可以相互转化。例如石英晶体可以转化为石英玻璃（非晶）；玻璃（非晶）也可以转化为晶态玻璃。涤纶的熔体，若迅速冷却，得到的是无定形体；若缓慢冷却，则得到晶体。晶体又分为单晶体和多晶体两种。单晶体是由一个晶核沿各方向均匀生长而成的，其晶体内部的原子基本上是按照某种规律整齐排列。简言之，单晶是指晶体内部原子或分子排列有序，而且这种有序排列贯穿于整个晶体内部，即全程有序，如冰糖、单晶硅。单晶要在特定的条件下形成，因而在自然界少见，但可人工制取。通常所见的晶体是由很多单晶颗粒杂乱聚结而成的，尽管每颗小单晶的结构式是相同的，是各向异性，但是由于单晶之间排列杂乱，各向异性特征消失，使整个晶体一般不表现出各向异性，这种晶体称为多晶体，多数金属和合金都属于多晶体。

在晶体内部，分子、离子或原子团在三维空间以某种结构基元的形式周期性重复排列，只要知道其中最简单的结构单元，以及它们在空间平移的向量长度及方向，就可以得到原子或分子在晶体中排布的情况。结构基元可以是一个或多个原子（离子），也可以是一个或多个分子，每个结构基元的化学组成及原子的空间排列完全相同。如果将结构基元抽象为一个点，晶体中分子或原子的排列就可以看成点阵。这些结点构成的网格就称为晶格。在晶格中，能表现出其结构的一切特征的最小部分称为晶胞。各种晶体由于其组分和结构不同，因而不仅在外形上各不相同，而且在性质上也有很大的差异。尽管如此，在不同晶体之间，仍存在着某些共同的特征，主要表现在下面几个方面。

（1）自范性

晶体物质在适当的结晶条件下，都能自发地成长为单晶体，发育良好的单晶体均以平面作为它与周围物质的界面，而呈现出凸多面体。这一特征称之为晶体的自范性。

（2）晶面角守恒定律

由于外界条件和偶然情况不同，同一类型的晶体，其外形不尽相同。但是，对于一定类型的晶体来说，不论其外形如何，总存在一组特定的夹角。这一普遍规律称为晶面角守恒定律，即同一种晶体在相同的温度和压力下，其对应晶面之间的夹角恒定不变。

（3）解理性

当晶体受到敲打、剪切、撞击等外界作用时，可沿某一个或几个具有确定方位的晶面劈裂开来的性质。如固体云母（一种硅酸盐矿物）很容易沿自然层状结构平行的方向劈为薄片，晶体的这一性质称为解理性，这些劈裂面则称为解理面。自然界的晶体显露于外表的往往就是一些解理面。

（4）各向异性

晶体的物理性质随观测方向而变化的现象称为各向异性。晶体的很多性质表现为各向异性，如压电性质、光学性质、磁学性质及热学性质等。如沿不同方向测石墨晶体的电导率时，方向不同，其电导率数值也不同。

（5）对称性

晶体的宏观性质一般说来是各向异性的，但并不排斥晶体在某几个特定的方向可以是同性的。晶体的宏观性质在不同方向上有规律重复出现的现象称为晶体的对称性。晶体的对称性反映在晶体的几何外形和物理性质两个方面。实验表明，晶体的许多物理性质都与其几何外形的对称性相关。

（6）最低内能与固定熔点

在相同的热力学条件下，与同种化学成分的其他存在状态（如气体、液体或非晶体）相比，晶体的内能最小；即在相同条件下，晶体是稳定的，非晶体是不稳定的，非晶体有自发转变为晶体的趋势。晶体具有固定的熔点。当加热晶体到某一特定的温度时，晶体开始熔化，且在熔化过程中保持温度不变，直至晶体全部熔化后，温度才又开始上升。

1.2.2　晶体生长基本问题

晶体生长研究是人工晶体研究的基础。它已从一种纯工艺性研究逐步发展形成晶体制备技术和晶体生长理论两个主要研究方向。晶体生长理论研究力图从本质上揭示晶体生长的基本规律，进而指导晶体制备技术研究。随着基础学科（如物理学、化学）和制备技术的不断进步，晶体生长理论研究从最初的晶体结构和生长形态研究、经典的热力学分析发展到在原子分子层次上研究生长界面和附加区域熔体结构，质、热输运和界面反应问题，形成了许多理论或理论模型。由于晶体生长理论研究对象是晶体生长这一复杂的客观过程，研究内容相当庞杂，所以，目前晶体生长理论研究目的只能是通过对晶体生长过程的深入理解，实现对晶体制备技术研究的指导和预言。晶体生长理论研究的基本科学问题可以归纳为如下两个方面。

（1）晶体结构、晶体缺陷、晶体生长形态、晶体生长条件四者之间的关系

晶体生长理论本质上就是完整理解不同晶体其内部结构、缺陷、生长条件和形态四者之间的关系。只有搞清楚这四者之间的关系，才能够在制备实验中预测具有特定晶体结构的晶体在不同生长条件下的生长形态，通过改变生长条件来控制晶体内部缺陷的生成，改善和提高晶体的质量和性能。

（2）晶体生长界面动力学问题

晶体结构、晶体缺陷、晶体生长形态、晶体生长条件四者之间的关系研究只是对晶体生长过程的一种定性的描述，为了对此过程作更为精确（甚至定量或半定量）的描述，必须在原子分子层次上对生长界面的结构，界面附近熔体（溶液）结构，界面的热、质输运和界面

反应进行研究，这是晶体生长界面动力学研究的主要内容。

1.2.3　晶体生长的基本过程

从宏观角度看，晶体生长过程是晶体-环境相（蒸气、溶液、熔体）界面向环境相中不断推移的过程，也就是由包含组成晶体单元的母相从低秩序相向高度有序晶相的转变。从微观角度来看，晶体生长过程可以看作一个"基元"过程，所谓"基元"是指结晶过程中最基本的结构单元，从广义上说，"基元"可以是原子、分子，也可以是具有一定几何构型的原子（分子）聚集体，所谓的"基元"过程包括以下主要步骤。

① 基元的形成：在一定的生长条件下，环境相中物质相互作用，动态地形成不同结构形式的基元，这些基元不停地运动并相互转化，随时可能产生或消失。

② 基元在生长界面的吸附：由于对流、热力学无规则运动或原子间吸引力，基元运动到界面上并被吸附。

③ 基元在界面的运动：基元由于热力学的驱动，在界面上迁移运动。

④ 基元在界面上结晶或脱附：在界面上依附的基元，经过一定的运动，可能在界面某适当的位置结晶并长入固相，或者脱附而重新回到环境相中。

晶体内部结构、环境相状态及生长条件都将直接影响晶体生长的"基元"过程。环境相及生长条件的影响集中体现于基元的形成过程之中；而不同结构的生长基元在不同晶面族上的吸附、运动、结晶或脱附过程主要与晶体内部结构相关联。不同结构的晶体具有不同的生长形态，对于同一晶体，不同的生长条件可能产生不同结构的生长基元，最终形成不同形态的晶体。同种晶体可能有多种结构的物相，即同质异相体，这也是由于生长条件不同，"基元"过程不同而导致的结果，晶体内部缺陷的形成又与"基元"过程受到干扰有关。

1.2.4　晶体生长理论

自从 1669 年丹麦学者斯蒂诺（N. Steno）开始研究晶体生长理论以来，晶体生长理论经历了晶体平衡形态理论、界面生长理论、周期键链（PBC）理论和负离子配位多面体生长基元模型 4 个阶段，目前又出现了界面相理论模型等新的理论模型。现代晶体生长技术、晶体生长理论以及晶体生长实践相互影响，使人们越来越接近于揭开晶体生长的神秘面纱。下面简单介绍几种重要的晶体生长理论和模型。

（1）晶体平衡形态理论

主要包括布拉维法则、Gibbs-Wulff 生长定律、BFDH 法则（或称为 Donnay-Harker 原理）以及 Frank 运动学理论等。晶体平衡形态理论从晶体内部结构、应用结晶学和热力学的基本原理来探讨晶体的生长，注重于晶体的宏观和热力学条件，是晶体的宏观生长理论。其局限性是基本不考虑外部因素（环境相和生长条件）变化对晶体生长的影响，无法解释晶体生长形态的多样性。

（2）界面生长理论

主要有完整光滑界面模型、非完整光滑界面模型、粗糙界面模型、弥散界面模型、粗糙化相变理论等理论或模型。界面生长理论的学科基础是 X 射线晶体学、热力学和统计物理学，它重点讨论晶体与环境的界面形态在晶体生长过程中的作用，从而推导出界面动力学规律。其局限性是没有考虑晶体微观结构，也没考虑环境相对于晶体生长的影响。

（3）周期键链（Periodic Bond Chain，PBC）理论

1952 年由 P. Hartman 和 W. G. Perdok 提出，PBC 理论主要提出了晶体的三种界面：F 面、K 面和 S 面，和考虑到晶体的内部结构——周期性键链，而没有考虑环境相对于晶体生长的影

响。后面将做详细讨论。

（4）负离子配位多面体生长基元模型

1994年由仲维卓、华素坤提出，它有以下特点：晶体内部结构因素对晶体生长的影响有机地体现于生长基元的结构以及界面叠合过程中；利用生长基元的维度以及空间结构形式的不同来体现生长条件对晶体生长的影响；所建立的界面结构便于考虑溶液生长体系中离子吸附、生长基元叠合的难易程度对晶体生长的影响。这种理论将晶体的生长形态、晶体内部结构和晶体生长条件及缺陷作为统一体加以研究，考虑的晶体生长影响因素全面，能很好地解释极性晶体的生长习性。

（5）界面相理论模型

2001年由高大伟和李国华提出，晶体在生长过程中，位于晶体相和环境相之间的界面相可划分：界面层、吸附层和过渡层；界面相对晶体生长起着重要作用，界面相中的吸附层和界面的性质以及吸附层与界面的相互作用决定着晶体的生长过程；可以通过改变界面相的性质来分析、控制和研究晶体的生长。

从晶体平衡形态理论到负离子配位多面体生长基元模型，晶体生长理论在不断地发展并趋于完善，主要体现在以下几个方面：从宏观到微观，从经验统计分析到定性预测，从考虑晶体相到考虑环境相，从考虑单一的晶体相到考虑晶体相、环境相和界面相。晶体生长的定量化，并综合考虑晶体和环境相，以及微观与宏观之间的相互关系是今后晶体生长理论的发展方向。

1.2.5　晶体生长热力学和动力学

晶体生长是一个相变过程，受晶体生长热力学和动力学等各种因素相互作用的影响。热力学所处理的问题一般都属于平衡状态的问题，而晶体生长是一个动态过程，不可能在平衡状态下进行。

热力学研究的作用体现在：①在研究晶体生长过程的动力学问题之前，预测过程中遇到的问题，以及说明或提出解决问题的线索，如偏离平衡状态的程度。②相平衡和相变的问题。晶体生长是控制物质在一定热力学条件下进行的相变过程，通过这一过程使该物质达到所需要的状态。一般的晶体生长多半是使物质从液态（熔体或溶液）变成固态，成为单晶体，这就涉及热力学中相平衡和相变的问题，而相图是将晶体生长与热力学联系起来的媒介，可以看出整个晶体生长过程的大概趋势。

考虑到实际晶体生长情况时，必须确定问题的实质究竟是与达到的平衡状态有关，还是与各种过程进行的速率有关。如果晶体生长的速率或晶体的形态取决于某一过程进行的速率（例如在表面上的成核速率），那么就必须用适当的速率理论来分析，这时热力学就没有什么价值了。如果过程进行程度非常接近于平衡态（准平衡态，这在高温时常常如此），那么热力学对于预测生长量，以及成分随温度、压力和实验中其他常数而改变的情况就有很大的价值了。

晶体生长动力学主要是阐明在不同条件下的晶体生长机制，以及晶体生长速率与生长驱动力之间的规律。晶体生长界面结构决定了生长机制，不同的生长机制表现出不同的生长动力学规律。晶体生长速率受生长驱动力的支配，当改变生长介质的热量或质量输运时，晶体生长速率也随之改变。晶体生长形态取决于晶体的各晶面间的相对生长速率，当生长介质的输运性质以及其他动力学因素改变时，不仅能使晶体生长速率发生变化，而且会影响到晶体生长形态与生长界面的稳定性，晶体生长界面是否稳定，关系到生长单晶的完整性。因此，晶体的完整性与其生长动力学有着密切的联系。

1.2.6　晶体生长形态

晶体生长形态是其内部结构的外在反映，各个晶面间的相对生长速率决定了它的生长形态。晶体生长形态虽受其内部结构的对称性、结构基元间键合和晶体缺陷等因素的制约，但很大程度上还受生长环境相的影响；因此，同一成分与结构的晶体，可以形成不同的形态。晶体的形态能部分反映出它的形成历史，因此，研究晶体生长形态，有助于人们认识晶体生长动力学过程，为探讨实际晶体生长机制提供线索。

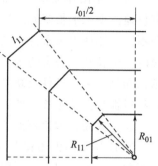

图 1-3　晶面的相对生长速率与晶体生长形态间的联系

（1）与生长速率间的联系

晶体在自由生长体系中生长，晶体的各晶面生长速率是不同的，即晶体的生长速率是各向异性的。通常所说的晶体的晶面生长速率 R 是指在单位时间内晶面 (hkl) 沿法线方向向外平行推移的距离 (d)，并称为线性生长速率。晶体生长的驱动力来源于生长环境相（气相、溶液、熔体）的过饱和度 (Δc) 和过冷度 (ΔT)。晶体生长形态的变化来源于各晶面相对生长速率（比值）的改变，现以二维模式晶体生长为例来说明相对生长速率的变化和形态之间的联系（如图 1-3 所示）。在图 1-3 中 l_{11}、l_{01} 分别代表 (11)、(01) 晶面的大小，R_{11}、R_{01} 分别代表 (11)、(01) 晶面的生长速率。从图 1-3 所表明的简单的几何关系中可求得

$$R_{01} = \frac{l_{01}}{2} + \sqrt{2}\,\frac{l_{11}}{2}$$

$$\frac{l_{01}}{2} = +\sqrt{2}\,R_{11} - R_{01}$$

$$R_{11} = \sqrt{2}\,R_{01} - \frac{l_{11}}{2}$$

$$\frac{l_{11}}{2} = \sqrt{2}\,R_{01} - R_{11}$$

$$\frac{l_{01}}{l_{11}} = \frac{\sqrt{2} \times \dfrac{R_{11}}{R_{01}} - 1}{\sqrt{2} - \dfrac{R_{11}}{R_{01}}} \tag{1-14}$$

根据式(1-14)，当 $R_{11}/R_{01} \geqslant \sqrt{2}$ 时，二维模式晶体生长形态仅为 {01} 单形；当 $R_{11}/R_{01} \leqslant \sqrt{2}/2$ 时，二维模式晶体生长形态仅为 {11} 单形；当 $\sqrt{2}/2 \leqslant R_{11}/R_{01} \leqslant \sqrt{2}$ 时，二维模式晶体生长形态为 {01} 与 {11} 两种单形所组成的聚形。同理，对于由 {001} 与 {111} 两种单形所组成的立方晶系晶体形态，不难证明，它取决于 (001) 与 (111) 两晶面的相对生长速率。

（2）晶体生长的理想形态和实际形态

具有几何形态的实际晶体，理想形态可分为单形和聚形。当晶体在自由体系中生长时，若生长出的晶体形态的各个晶面的面网结构相同，而且各个晶面都是同形等大，这样的晶体理想形态称为单形；若在晶体的理想状态中，具有两套以上不同形，也不等大的晶面，这种晶体的理想形态称为聚形，聚形是由数种单形构成的。研究实际晶体的生长形态，首先应当研究它的理想状态，以寻求晶面或晶带在三维空间分布的几何规律性，然后再进一步研究晶

体生长形态出现的外在原因。晶体生长的实际形态是由晶体内部和形成时的物理化学条件所决定的。人工晶体生长的实际形态可大致分为两种情况，当晶体在自由体系中生长时，如晶体在气相、溶液等生长体系中生长时可近似看做自由生长体系，晶体的各晶面的生长速率不受晶体生长环境的任何约束，各晶面的生长速率的比值是恒定的，而晶体生长的实际形态最终取决于各晶面生长速率的各向异性，呈现出几何多面体形态，当晶体生长遭到人为的强制时，晶体各晶面生长速率的各向异性便无法表现出来，只能按人为的方向生长，熔体提拉法、坩埚下降法、区域融化法等均可视为晶体的强制生长体系。但有时在强制生长体系中，晶体的顽强生长习性也会表现出来，例如，当晶体采用熔体提拉法生长时，虽然晶体的径向生长受到温场的一定约束，单晶体生长的各相异性在径向有时还能显露，沿（111）方向提拉石榴石晶体，在固-液界面上常出现（112）小晶面，对氧化物和半导体晶体，在其固-液界面上出现小晶面是一种较为普遍的现象。

1.2.7　晶体几何形态与其内部结构间的联系

根据晶体学有理指数定律，晶体几何形态所出现的晶面符号（hkl）或晶棱符号 $[hvw]$ 是一组互质的简单整数。按照 Bravais 法则，当晶体生长到最后阶段而保留下来的一些主要晶面是具有面网密度较高，而面网间距 d_{hkl} 较大的晶面。晶体生长形态的变化，除同质多相的晶体外，不仅与晶体生长条件有关，而且也能反映出晶体结构的一些信息。

从 X 射线晶体结构分析结果中可知，不管是高级晶系或是中、低级晶系晶体，晶格面网间距 d_{hkl}、晶格常数（a，b，c，α，β，γ）和面网族（hkl）三者之间存在着一定的关系。

例如，对于立方面心晶格晶体，面网间距 d_{hkl}、晶格常数 a 和面网族（hkl）三者之间存在着如下关系。

当 h，k，l 全为奇数或全为偶数时

$$d_{hkl} = \frac{a}{\sqrt{h^2 + k^2 + l^2}} \tag{1-15}$$

当 h，k，l 中有奇数也有偶数时

$$d_{hkl} = \frac{a}{2\sqrt{h^2 + k^2 + l^2}} \tag{1-16}$$

从式(1-15) 和式(1-16) 中可得出，a^2/d_{hkl}^2 值随 h，k，l 值变化是有规律性的，见表1-1。

表 1-1　a^2/d_{hkl}^2 值随 h，k，l 值的变化规律

h, k, l	100	110	111	210	211	221	310	311	320	321
a^2/d_{hkl}^2	4	8	3	20	24	36	40	11	52	56

根据上述 Bravais 法则，属于这种结构类型的晶体，出现在晶体形态中的单形顺序应为 {111}，{100}，{110}，…。天然的萤石（CaF_2）和金刚石（C）等晶体，基本上是符合上述规律的。但对于中、低级晶系晶体，尤其是对于低级晶系晶体，面网间距 d_{hkl}、晶格常数（a，b，c，α，β，γ）和面网族（hkl）三者之间的关系就复杂化了，但 d_{hkl} 值随着面网族（hkl）的减小而增大的一般倾向却仍然存在。更值得注意的是，当晶体结构中存在着螺旋轴和滑移面对称性时，则情况变得更加复杂了，这时候必须对面网间距 d_{hkl} 进行修正，否则

计算结果与实际情况就会不符。关于这方面的知识可以参考有关晶体生长的专著。

上述所讨论的晶体形态与晶体结构间的联系只能看做是一个粗略的轮廓，是晶体结构对称性在其形态上反映的一些信息，但在实际情况下，由于晶体生长的外界因素及其结构基元间键合作用的影响，即便是同一品种的晶体，生长形态往往也会有所不同，这样就远非像 Bravais 法则所推论的那样简单了。

Hartman 和 Perdok 等在探索晶体形态与其结构的关系时，提出了周期键链理论，此理论是在晶体化学基础上建立起来的晶体形态理论，对于具有复杂结构的晶体实验观察表明，其生长形态是可以用周期键链理论来阐明的。此理论的基本假设是，在晶体生长过程中，在生长界面上形成一个键所需要的时间随着键合能的增加而减少，因而生长界面的法向生长速率随键合能的增加而增加。由于键合能的大小决定了生长界面的法向生长速率，故键合能的大小也就决定了晶体生长形态。该理论认为晶体结构是由周期键链所组成的，晶体生长最快的方向是化学键最强的方向，晶体生长是在没有中断的强键链存在的方向上，这里所说的强键是在晶体生长过程中形成的强键。晶体生长过程所能出现的晶面可划分为三种类型即 F 面、S 面、K 面。划分面的原则如下。

F 面：或称平坦面（flat faces），它包含两个或两个以上的共面的 PBC（PBC 矢量）。

S 面：或称台阶面（stepped faces），它包含一个 PBC（PBC 矢量）。

K 面：或称扭折面（kinked faces），它不包含 PBC（PBC 矢量）。

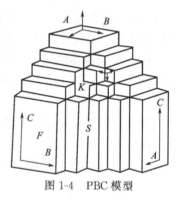

图 1-4　PBC 模型

所设想的 PBC 模型如图 1-4 所示。在图 1-4 中，假设晶体中具有三种 PBC 矢量，其中 A 矢量//[100]、B 矢量//[010]、C 矢量//[001] 方向。这些 PBC 矢量确定了六个 F 面，即 (001)，(00$\bar{1}$)；(010)，(0$\bar{1}$0)；(100)，($\bar{1}$00) 面；三个 S 面即 (011)，(101) 和 (110) 面；一个 K 面，即 (111) 面，从图 1-4 中还可以看出，一个结构基元生长在 F 面上形成一个不在 F 面上的 PBC 矢量；一个结构基元生长在 S 面上，形成的强键比 F 面上的数目多；而在 K 面上形成的强键数最多。因此，F 面的生长速率最慢，S 面的生长速率次之，而 K 面的生长速率最快，因而 K 面是易于消失的晶面。晶体生长的最终形态多为 F 面包围，其余的为 S 面。

1.3　胶束理论及其仿生合成原理

1.3.1　胶束的形成

胶束是溶液中若干个溶质分子或离子缔合成肉眼看不见的聚集体，一般地把以非极性基团为内核，以极性基团为外层形成的分子有序组合体称之为胶束。胶束在一定浓度以上才大量生成，这个浓度称为它的临界胶束浓度（CMC）。当浓度低于 CMC 时，表面活性剂以分子或离子态存在，称为单体，用 S 表示；当浓度超过 CMC 时，表面活性剂主要以胶束状态存在。在胶束溶液中，胶束与溶液的溶质分子形成平衡；如果单体是表面活性离子，形成的聚合体会结合一些反离子，两者的总量决定胶束所带电荷。根据 Mcbain 的胶束假说，可以解释表面活性剂溶液的各种特性。多种溶液性质在同一浓度附近发生突变的现象是以为这些性质都是依数性的或质点大小依赖性的。溶质在此浓度区域开始大量生成胶束导致质点大小和数量的突变，于是这些性质都随之发生突变，形成共同的突变浓度区域。胶束形成以后，它的内核相当于碳氢油微滴，具有溶油的能力，使整个溶液表现出既溶水又溶油的特性。

　　表面活性剂溶液具有诸多特性，且都与它的表面吸附和胶束形成有关。那么，表面活性剂为什么有这两种基本的物理化学作用呢？这是根源于表面活性剂分子的两亲结构。亲水基赋予它一定的水溶性，亲水基越强则水溶性越佳。疏水基带给表面活性剂分子水不溶性因子。当亲水基和疏水基配置适当时，化合物可适度溶解。处于溶解状态的溶质分子的疏水基仍具有逃离水的趋势，将此趋势变为现实的途径有两个：一是表面活性剂分子从溶液内部移至表面，形成定向吸附层——以疏水基朝向气相，亲水基插入水中，满足疏水基逃离水环境的要求，这就是溶液表面的吸附作用；二是在溶液内部形成缔合体——表面活性剂分子以疏水基结合在一起形成内核，以亲水基形成外层，同样可以达到疏水基逃离水环境的要求，这就是胶束的形成。

1.3.2　胶束的结构

　　胶束的基本结构包括两大部分：内核和外层。在水溶液中胶束的内核由彼此结合的疏水基构成，形成胶束水溶液中的非极性微区。胶束内核与溶液之间为水化的表面活性剂极性基构成的外层。离子型表面活性剂胶束的外层包括由表面活性剂离子的带电基团、电极结合的反离子及水化水组成的固定层，和由反离子在溶剂中扩散分布形成的扩散层。图 1-5 是表面活性剂胶束基本结构示意图。

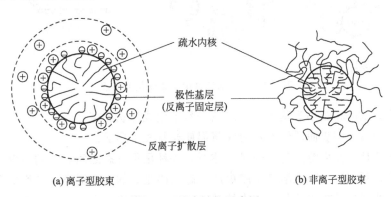

(a) 离子型胶束　　　　　　　　　　　　　　(b) 非离子型胶束

图 1-5　胶束结构示意图

　　实际上，在胶束内核与极性基构成的外层之间还存在一个由处于水环境中的 CH_2 基团构成的栅栏层。两亲分子在非水溶液中也会形成聚集体。这时亲水基构成内核，疏水基构成外层，叫做反胶束。

　　胶束具有不同形态，如球状、扁球状、棒状、层状等（图 1-6）。一般地，在简单的表面活性剂溶液中，CMC 附近形成的多为球形胶束（图 1-7）。溶液浓度达到 10 倍 CMC 附近或更高时，胶束形态趋于不对称，变为椭球、扁球或棒状。有时形成层状胶束。近期研究认为胶束形态取决于表面活性剂的几何形状，特别是亲水基和疏水基在溶液中各自横截面积的相对大小。一些有用的规律是：

　　　　具有较小头基的分子，如带有两个疏水尾巴的表面活性剂，易于形成反胶束或层状胶束；

　　　　具有单链疏水基和较大头基的分子或离子易于形成球形胶束；

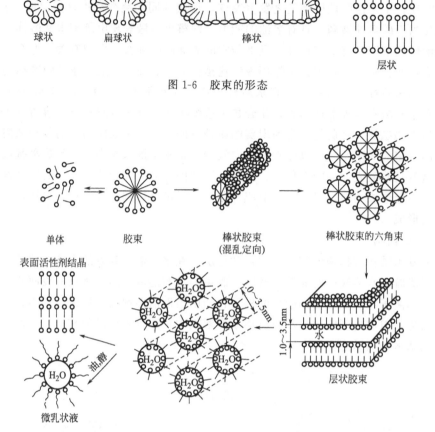

图 1-6 胶束的形态

图 1-7 表面活性剂中胶束结构的形成

具有单链疏水基和较小头基的分子或离子易于生成棒状胶束；

加电解质于离子型表面活性剂水溶液将促使棒状胶束形成。

应该强调的是，胶束溶液是一个平衡体系。各种聚集形态之间及它们与单体之间存在动态平衡。因此，所谓某一胶束溶液中胶束的形态只能是它的主要形态或平均形态。另外，胶束中的表面活性剂分子或离子与溶液中的单体交换速率很快，大约在 $1\sim10\mu s$ 之内。这种交换是一个个 CH_2 地进行。因此，胶束表面是不平整的、不停地活动的。

胶束大小的量度是胶束聚集数，即缔合成一个胶束的表面活性剂分子（或离子）的平均数。常用光散射方法测定胶束聚集数。其原理是应用光散射法测出胶束的"分子量"——胶束量，再除以表面活性剂的分子量得到胶束的聚集数。可归纳出以下规律：表面活性剂同系物中，随疏水基碳原子数增加，胶束聚集数增加；非离子型表面活性剂疏水基固定时，如聚氧乙烯链长增加，胶束聚集数降低；加入无机盐对非离子型表面活性剂胶束聚集数影响不大，而使离子型表面活性剂胶束聚集数上升；温度升高对离子型表面活性剂胶束聚集数影响不大，往往使之略为降低。对于非离子型表面活性剂，温度升高总是使胶束聚集数明显增加。

1.3.3 仿生材料合成中的胶束体系

生物矿化是指在生物体内形成矿物质（生物矿物）的过程。生物矿化区别于一般矿化的显著特征是，它通过有机大分子和无机物离子在界面处的相互作用，从分子水平控制无机矿物相的析出，从而使生物矿物具有特殊的多级结构和组装方式。生物矿化中，由细胞分泌的自组装的有机物对无机物的形成起模板作用（结构导向作用），使无机物具有一定的形状、尺寸、取向和结构，这一合成原理同样可以用于指导人们合成具有复杂形态的无机材料。这种模仿生物矿化中无机物在有机物调制下形成过程的无机材料合成，称为仿生合成，也称有机模板法或模板合成。目前已经利用仿生合成方法制备了纳米微粒、薄膜、涂层、多孔材料和具有与天然生物矿物相似的复杂形貌的无机材料。下面以多孔材料的合成为例讲述其原理。

1992 年，美国 Mobil 公司 Beck 和 Kresge 等首次在碱性介质中用阳离子表面活性剂（$C_nH_{2n+1}Me_3N^+$，$n=8\sim16$）作模板剂，水热晶化（$100\sim150℃$）硅酸盐或铝酸盐凝胶，一步合成出具有规整孔道结构和狭窄孔径分布的新型中孔分子筛系列材料（直径 $1.5\sim10nm$），记作 M41S。而且孔的大小可以通过改变表面活性剂烷基链长度或添加适当溶剂来加以控制。后来的研究发现在这种合成过程中，表面活性剂的浓度通常较低，在没有无机物种的存在下不能形成液晶，而只以胶束形式存在，随着无机物种的引入，这些胶束通过与无机物种之间的协同作用而发生了重组，生成由表面活性剂分子与无机物种共同组合而成的液晶模板，例如经硅酸根阴离子与阳离子表面活性剂的协同作用可生成共组合的"硅致"液晶。这种合成就是"协同合成（synergistic synthesis）"。在这种合成体系中由于模板剂已不再是一个单个的、溶剂化的有机分子或金属离子，而是具有自身组配能力的阳离子表面活性剂形成的超分子阵列即液晶结构。1994 年，Stucky 等用与合成 M41S 时完全相同的阳离子表面活性剂作模板剂在强酸性介质中，在室温条件合成了中孔 MCM-41 分子筛，他们认为其合成机理由两种可能途径组成，如图 1-8 所示。

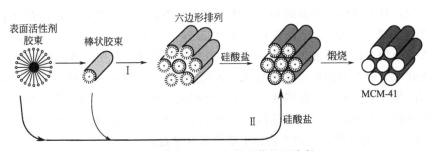

图 1-8　形成 MCM-41 的可能机理途径

途径Ⅰ是在加入反应物（如硅酸盐）之前表面活性剂液晶相就已存在，但为了保证液晶相的形成，需要在反应体系中存在一定浓度的表面活性剂分子，而无机硅酸盐阴离子仅仅是用来平衡这些已完全有序化的表面活性剂分子聚集体的电荷。途径Ⅱ是在反应混合物中存在的硅酸盐物种影响表面活性剂胶粒形成预期液晶相的次序，表面活性剂只是模板剂的一部分，硅酸盐阴离子的存在不仅用来平衡表面活性剂阳离子的电荷，而且参与液晶相的形成和有序化。途径Ⅰ也可命名为转录合成中的预组织液晶模板，途径Ⅱ为协同合成中的液晶模板。更直观的仿生合成 SiO_2 分子筛的机理如图 1-9 所示。

水包油型乳浊液也被用作模板，如仿生合成多孔 SiO_2 球。Schacht 等以十六烷基三甲基溴化铵（CTAB）为阳离子表面活性剂，正硅酸乙酯（TEOS）为 SiO_2 前驱物，己烷为油相，得到直径为 $1\sim10\mu m$ 的中空多孔球。该方法的机理如图 1-10 所示。TEOS 的油溶液和

图 1-9　多孔材料的仿生合成机理示意图

CTAB 的水溶液混合成水包油型乳浊液（乳胶）。CTAB 富集在油/水界面以稳定乳胶，TEOS 在界面处发生水解缩聚形成了多孔 SiO_2 空球。用类似方法也合成出了 $50\sim1000\mu m$ 长的多孔纤维，厚 $10\sim500\mu m$ 和直径为 10cm 的薄片。

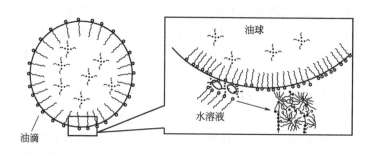

(a) 水包油型乳胶,TEOS溶解在油中,　　(b) 界面处TEOS在表面活性剂的影响下
　　乳胶界面由表面活性剂稳定　　　　　　　发生水解和缩聚形成多孔球壳

图 1-10　中空多孔 SiO_2 小球的仿生合成机理示意图

　　变形重构是指经共组合和材料复制产生的无机材料通过与周围反应介质的相互作用而发生进一步变化，从而导致材料新的形态花样。它意味着协同合成产物在母体介质中发生延续的变化。将经由液晶模板协同合成得到的中孔硅基材料，再放回合成母液中进行温和（150℃）水热处理，使孔径发生扩张（在 $3\sim7nm$ 之间变化）。在母液的碱性条件下，孔隙之间二氧化硅"墙壁"中的部分物质被溶解下来。这些可溶性物种被输送到具有高表面曲率的区域重新沉积下来，最终导致墙壁发生重构使得孔径扩大。这一结果不仅提供了一个改变中孔分子筛孔径大小的途径，而且模拟了某些生物矿物在生长、修补和变形过程中发生的溶解-再沉积过程，因而有助于理解生物体中重构的复杂过程。

　　介孔或大孔分子筛的合成一般需要使用具有自身组配能力的大的表面活性剂分子形成的胶束作模板，且反应体系及辅助有机物的选择均需有助于胶束的形成。这种超分子组配的聚集体用作模板剂的仿生合成与沸石化学家在传统沸石分子筛合成中所观察到的模板现象是迥然不同的。在传统沸石的合成中很少有机会通过设计一个特殊的模板剂，经过"裁剪"来合成一种预期的无机物骨架结构。产生这种现象的部分原因是：传统沸石中完全结晶的晶格受到了键角排列的限制和由合成条件及骨架组成所决定的次级结构单元的影响所致。在可"裁剪"孔径的介孔或大孔分子筛中所存在的这种大的灵活性主要与在较宽范围内键角的灵活性有关。由于不具备传统沸石中那种完全晶化的骨架结构，在这种情况下，就可以在合成体系中引入导向干扰成分，如改变表面活性剂烷基链的长度或加入增溶剂，以便在最终的硅酸盐产物中实现意义深远的变化。

1.4　粒径及形貌控制原理

1.4.1　概论

　　超细粉体由于具有比宏观粒子更优异的性能，广泛应用于陶瓷、颜料、电子、催化剂、记录材料及制药等行业，成为近几十年来化学、材料领域的重要研究方向之一。颗粒的形貌与粒度亦是决定粉末材料性能的重要因素，许多高技术领域要求粉末材料粒度在亚微米乃至纳米级，单分散性好。超细粉体的磁性性能、催化性能、光学性能和电化学性能等不仅与其化学组成有关，而且与粒子的形貌、粒度及其分布有很大的关系。比如：磁记录介质用 Fe_2O_3 要求为 γ 型，粒度小于 $0.3\mu m$，形状是长径比大于 8 的针状；而颜料用 Fe_2O_3 为 α 型，最好是片状、盘状或薄板状；电子陶瓷用 TiO_2 要求为球形，而化妆品用则为薄片状。由此看来，粉体的形貌和粒度研究应当成为超细粉体研究的重要内容。

　　在湿法制粉的形貌、粒度研究中，对碳酸钙和氧化铁粉体的研究报道最多，涉及从理论研究到工业应用的各个方面。碳酸钙超细粉在橡胶、涂料、油墨、塑料等行业都对其形貌和粒度有不同的要求。许多文献报道了碳酸钙粉体的形貌和粒度控制的研究。研究指出：加入适当的添加剂可以控制生成链状、片状、立方体、纺锤状、球状、针状形貌的碳酸钙粒子。由于磁性记录材料的发展，对铁氧化物粉体的研究也成为粉末形貌控制研究的热点。许多文献介绍了在不同体系及实验条件下制备出针状、球状、椭球状的水合氧化铁粉体，并对粒子形成机理、阴离子作用行为、添加剂等进行了详细分析。

　　在湿法制粉过程中，化学反应条件对粉末的形貌、粒度有很强的敏感性。化学组成相同的反应物，反应条件的微小变化都会使产物呈现出多种形貌。不同的液相化学组成对最终产物的形貌影响更大。典型的例子就是用尿素均匀沉淀法制备铜化合物，当分别采用 $CuSO_4$、$Cu(NO_3)_2$、$CuCl_2$ 溶液作为反应物时，沉淀铜化合物呈现出球状、片状、针状、八面体等不同的形貌。当采用同一种反应物，但浓度不同时，沉淀物的形貌也不相同。水解法制备 Fe_2O_3 粉体时，用 $Fe(NO_3)_2$ 作反应物，生成的粒子呈椭球状。采用 $FeCl_2$ 作反应物时，根据反应时间的不同，生成的粒子为针状、方形。加入 PO_4^{3-} 时，会生成针状粉体。很多报道认为：由于 PO_4^{3-} 的特征吸附，影响了晶体的轴比，并且影响程度的大小依赖于溶液中的阴离子浓度。粉末粒度、结晶参数、晶体结构和分散度可由反应动力学控制。影响反应速率的因素包括反应物浓度、反应时间、反应温度、pH 值以及反应物的加入顺序等。因此，研究湿法制粉的形貌和粒度问题，就必须对上述影响因素进行系统的考察。

　　湿法制粉的形貌和粒度控制的基础研究工作主要集中在两个方面：一方面是产生沉淀的化学过程；另一方面是粒子成核与生长的物理过程。

1.4.2　产生沉淀的化学过程

　　研究产生沉淀的化学过程实质上是要说明溶液中的所有成分在产生沉淀过程中的行为。湿法制粉领域对沉淀过程化学机理研究的最终目标是要建立一个通用的模型，实现对均匀粒子形成过程的预测。这一课题的研究是比较困难的。特别是那些带较高电荷的金属离子体系，它们趋向于形成聚集体或亚稳态形式来影响沉淀过程。况且每一个体系都各有其特点，使沉淀物的化学组成、结构、形貌特征各不相同。在对化学反应过程的研究中，反应物的浓度、液相环境（如 pH 值、温度等）、阴离子等因素都对沉淀物的化学组成、形貌、粒度有很大的影响。相关内容在前面已有描述。

1.4.3 粒子成核与生长的物理过程

溶液中粒子成核与生长的物理过程比化学过程更重要。化学法制备的粉体材料颗粒形貌有球形、椭球形、立方体、多面体、针状（纤维状、棒状）、棱柱状、盘片状等，对其影响规律的研究颇具难度，但亦是十分活跃的领域。如同年轮记录着树木的生长历史，形貌也是粉末颗粒形成历程的全记录、总反映，是由形核、生长及团聚等过程所决定的。不言而喻，粉末颗粒形成机理相异，其形貌影响规律亦截然不同。粉末颗粒的形成机理，可分为生长机理（growth mechanism）和团聚机理（aggregation mechanism）两类（实质上属两种极端情况），分述其形貌控制研究动态如下。

1.4.3.1 生长机理

在这方面的研究，首先是 LaMer 模型的提出，它最先解释了硫胶粒的形成过程。LaMer 模型将粒子的成核与生长过程归结为动力学控制方式。当溶质的浓度超过临界过饱和度时，体系中会产生迅速的"爆发"成核，随后由于溶质浓度降低，系统进入扩散控制的晶核生长阶段，生长方式为溶质分子向晶核表面的添加。根据这一模型，要制备形状和粒度均匀的粉体，必须实现成核阶段和生长阶段的分离。然而实现这一目标，在许多实验中是很困难的。也有许多研究表明：LaMer 模型具有一定的局限性，它只能用于一些有限的体系并且只适用于整个成核与生长过程的初始状态。特别是在一些多元的复合体系中，"爆发"成核的概念并不适宜。Sugimoto 研究了在开放体系下，AgBr 粒子的制备和生长机理，提出稳定的晶粒是由初生的晶粒通过 Ostwald 陈化现象形成的。Sugimoto 根据这一理论解释了许多扩散生长无法解释的现象。同时，为了解决在高浓度的反应物体系中制备形貌和粒度均匀的粒子这一课题，Sugimoto 根据铁氧化物在液相中的生长特点，设计了溶胶-凝胶（sol-gel）过程，制备 α-Fe_2O_3 粉体。首先，使高浓度的铁盐溶液水解生成 $Fe(OH)_3$ 凝胶，在一定的陈化条件下，$Fe(OH)_3$ 凝胶网络中生成 β-FeOOH 粒子，再进而形成 α-Fe_2O_3 粒子。由于初生的粒子处于凝胶网络中，热运动受到极大限制，抑制了粒子间的聚集，使产物的粒度均匀。在 sol-gel 工艺中，改变铁盐的类型或加入 PO_4^{3-}，可以生成针状、椭球形、哑铃形的 α-Fe_2O_3 粒子。Sugimoto 曾认为这些形貌的形成是由于阴离子在晶面上的特征吸附，影响外延生长过程的结果。然而，经高清晰透射电镜对粒子的观察可以看出：粒子是由极其微小的颗粒聚集生长而成的。Stober 采用连续成核-团聚的理论，解释了通过水解正硅酸乙酯，形成均匀球形二氧化硅粒子的过程。这一理论被许多学者接受。

成核-生长机理形成粉末颗粒的先决条件为，体系过饱和度低，满足 LaMer 模型要求。实现途径大致有下列数种：第一是极稀溶液体系，但因其产率过低，往往不具有实际应用价值；第二是高溶解度体系，如部分无机盐和有机物质等，因其高浓度下过饱和度亦较低，粉末颗粒往往按生长方式长大；第三是气固反应制备粉末材料的体系，如 CO_2 与 $Ca(OH)_2$ 浆液反应制备 $CaCO_3$ 粉末，因气体在溶液中溶解度较低，体系的过饱和度较小；第四是反应物缓释技术，如加入 EDTA、氨或胺等配位剂，与金属离子形成配合物，利用尿素分解出 OH^-、CO_3^{2-}，硫代乙酰胺（TAA）分解出 S^{2-}，调节体系过饱和度；第五是溶解-再结晶过程，这是涉及面最宽、也最具实用价值的一类途径，包括水热法、溶剂热法、sol-gel 法、沉淀转化法等，此外，部分过程初始反应物虽为溶液，但在反应进程中，经历了中间相的生成及其溶解-再结晶过程，形成最终粉末颗粒，也可归入此类中；第六是在液相还原制备金属粉末中，通过还原剂、pH 值等调控还原电位，减慢还原反应速率，控制体系金属原子过饱和度，使晶核按晶体生长方式长大。

按生长机理形成的粉末颗粒形貌，既取决于物质的内在本性，也取决于其形成的外在物理化学条件，如体系过饱和度、流体动力学条件、反应时间、特殊吸附剂等。内因与外因的共同作用，决定各晶面的相对生长速率、孪晶的形成和因晶体缺陷导致的异相形核生长等，从而决定形成的粉末颗粒的形貌。归纳起来，有针状（棒状、纺锤状、椭球形、花生形）、立方体，多面体，盘片状等多种，亦可形成球形颗粒。

1.4.3.2　团聚机理

Zukoski 等根据实验研究中的电镜观察结果和实验中测定单分散粒子的大致数量，在 Smolushowshi 粒数平衡模型的基础上，提出了团聚生长机理，并建立了生长模型。团聚生长机理指出：成核过程不是瞬间发生的，生长过程首先是在液相中形成微小的分散的固相，再聚集成不同形貌的大粒子。Zukoski 在研究正硅酸乙酯的水解过程中，提出由于化学反应提供了大量初级分散粒子，它们聚集成一定形貌的大粒子；粒子的粒度主要与团聚速率常数有关。R. Vacassy 等在多孔二氧化硅的研究中，将团聚过程分成多个步骤。第一步是水解过程形成晶核（低聚物），第二步是在反应溶液物理化学的作用下，浓缩成水解单体。第三步是晶核团聚，形成初始粒子。第四步是初始粒子进一步团聚成亚微米级的颗粒。粒子的形貌和粒度主要与界面张力和环境相的黏度有关，同时也受粒子特征吸附的影响。当沉淀反应结束时，溶液中硅的浓度低于临界过饱和度，成核便停止。R. Vacassy 认为当正硅酸乙酯的浓度较低时，会发生单聚体叠加到粒子表面的生长方式。团聚机理适用于许多体系。在诸如 CeO_2、SnO_2、$\alpha\text{-Fe}_2O_3$、PbS 和 CdS 等金属及其氧化物、硫化物粒子的制备研究中得到了广泛的应用。目前，一些研究表明团聚机理仍存在许多问题有待于进一步研究。比如：团聚机理不能清楚地解释同样化学组成的粒子具有不同的形貌的问题。对于电镜观察到同一实验得到的一些球形粒子表面粗糙，而另一些粒子却表面光滑的现象，团聚机理也无法解释。

调节体系过饱和度、添加晶种控制晶核数促进或阻碍团聚的发生等，是粒度控制的主要策略。在体系溶解度较大的情况下，Ostwald 陈化也可调节颗粒粒径及其单分散性。应用粒度控制技术，可使制备的粉末粒径在纳米级至微米级间变化，而不降低粉末的单分散性。

综上所述，在湿法制粉研究领域，对于粒子的形成已有一些解释，但仍没有建立起一个基本的模型预测在一定实验条件下粉体的生长过程，特别是对于一些具有复杂形貌的粒子的生成过程的研究仍有欠缺。这些都是当前湿法制粉研究领域所面临的挑战。

1.5　多孔材料制备的软硬酸碱原理

1.5.1　多孔材料概述

多孔材料是一种含有气孔的固体材料，具有大量的一定尺寸孔隙结构和较高比表面积，并且气孔在多孔材料中所占的体积分数在 20% 到 95% 之间。孔隙结构是评判多孔材料实用性的关键，而比表面积、孔容和孔径分布是多孔材料性能的重要参数，这些性能参数可以通过制备工艺来控制实现。它可以是晶体的或是无定型的。相较连续介质材料而言，多孔材料比表面积高但是相对密度却较低、吸附性好并且质量很轻、能够很好地隔音隔热、渗透性相当好，从而在吸附、分离、隔热、消音还有过滤等方面有很多应用。可以屏蔽电磁波，在化学方面进行催化反应和储蓄化学能，并广泛应用在各种生物工程方面，在航空航天、电子通信、交通、医疗、环保、冶金、机械、化工和石化工业等与人类生活息息相关的产业方面也具有更为广泛的应用。

近些年来，多孔材料研究工作已经成为化学、材料领域重要的研究领域之一，特别是制备方法的创新和改善，还有物理化学性能的研究和利用，都取得了长足的进展。总体来看，多孔材料均朝着高孔隙率、结构均匀、孔结构有序可控的方向发展，以使材料的结构和性能达到最佳状态。虽然可控制备过程相对复杂，且技术条件要求较高。但是随着新技术的发展，有序可控多孔材料的制备技术越来越成熟，这类方法必将成为今后多孔材料科学的发展趋势。如有序介孔材料的制备，是以表面活性剂形成的自组装结构为模板，通过有机物无机物界面间的定向作用，组装成孔结构有序且孔径在 $2\sim50nm$ 之间、孔径分布窄的多孔材料。打破了微孔为主的沸石分子筛和活性炭的孔径范围限制，使得很多在微孔中难以实现的大分子吸附、分离、药物存储、运输和催化反应的进行成为可能。还有可控空心结构材料的制备，特别是多层空心球，在可控药物负载、运输和缓释以及生物领域有重要的应用。另外，多孔陶瓷在多孔材料的研究和应用中具有极其重要的地位，它具有渗透性好、孔径可控、形状稳定、抗高温、耐酸碱腐蚀、能再生等优点。特别是陶瓷分离膜，在原子能、石化、冶金、机械、医药、环保等行业的过滤、分离有广泛应用背景。可以预见，随着制备方法研究的深入和完善，多孔材料的应用范围将更加广泛，必将成为今后一种极具应用潜力的新材料。一般将多孔材料做以下的分类：

① 按孔直径分类：孔径小于2nm的微孔材料，孔径在 $2\sim50nm$ 之间的介孔材料，孔径大于 50nm 的大孔材料，大于 $1\mu m$ 的大孔称为宏孔。

② 按结构特征分类：无定型（无序）材料，这类材料孔径范围较大，孔道形状不规则，缺少长程有序，如普通的 SiO_2 气凝胶、硅胶和微晶玻璃等；晶体材料的孔道排列规则，孔径大小分布单一，孔道形状和孔径尺寸是通过其晶体结构决定的，因此具有可调性，典型代表有 A 型和 Y 型沸石以及磷酸铝分子筛 VPI-5；次晶材料介于无定型材料与晶体材料之间，两者共存，它虽局部有序，但孔径分布也较宽，如图 1-11 所示。

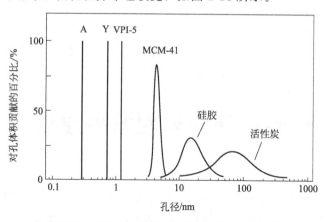

图 1-11   常见多孔固体材料的孔径分布示意图

除此之外，晶态的多孔材料也可以分为无机多孔材料、有机多孔材料和有机-无机杂化多孔材料。其中无机多孔材料主要有沸石和分子筛，有机-无机杂化多孔材料主要包括金属有机框架材料（metal-organic framework，MOFs），有机多孔材料包含共价有机框架（covalent organic frameworks，COFs）、氢键基有机框架（hydrogen-bonded organic frameworks，HOFs）和有机分子笼（porous organic cages，POCs）等。目前由于晶态多孔材料具有确定的结构，材料的构效关系得到了深层次的研究。

1992 年 Mobil 的科学家 Kresge 等人首次运用纳米结构自组装技术制备出具有孔道均匀、孔径可调的介孔 SiO_2（MCM-41）。介孔材料以介孔硅基材料研究最为深入，并且其具有高化学稳定性和生物相容性、合成方便、成本低廉等特点。目前制备硅基介孔材料的方法都是基于模板剂（有机分子表面活性剂）与无机单体相互作用自组装。

多孔材料的合成体系虽然简单，但却包含着复杂多样的反应和组装过程。主要包括：用来生成无机孔壁和金属节点的无机物种（前驱物）、在组装过程中起决定性导向作用的模板剂（表面活性剂和有机连接体等）和作为反应场所（介质）的溶剂。表面活性剂分子在溶液中会自组装成有序结构，自组装过程与温度、浓度、添加剂（包括无机物种）等因素有关。无机物种与溶剂之间的相互作用则在一般无机反应和合成中常见，如果无机物种为烷氧化物，则与溶剂之间的反应为典型的溶胶-凝胶过程，此过程与介质的 pH、催化剂、有机添加剂、反应条件有关，很大程度上为动力学控制过程。无机物种的溶胶-凝胶过程、配位化学等对多孔相的生成产生影响。赵东元院士等[8] 针对介孔材料合成领域中非氧化硅介孔材料稳定性差、难合成、难以调变组成等问题，提出了以酸-碱反应配对的无机前驱物出发，在非水相体系中"自我调节"来合成介孔材料的新理论。酸碱对法自我调节合成有序程度高稳定的介孔矿物。该理论率先考虑了"无机-无机"（inorganic-inorganic，I-I）物种之间的相互作用，将简单的"酸碱对"理论引入非水条件下的无机物种的反应，开拓了新的"溶胶-凝胶"化学反应。

当合成多元介孔材料（如磷酸盐）需要两种或多种无机源时，必须合理地对它们进行搭配。按相对的酸性或者碱性将各种金属和非金属化合物分类排序，配对选择时，酸碱差别越大越好。在整个制备过程中不需要额外加入酸或碱来调节反应体系的 pH，而是靠两种或者多种无机物种自我产生一个适于溶胶-凝胶反应过程的反应介质，达到自我调节。所用溶剂一定是极性有机溶剂，像乙醇或者甲醇等两性的溶剂较佳，原因是它们能作为氧的给体，促进质子在合成体系中的迁移。并且，溶剂应该与合成所涉及的反应兼容：前驱体的酸碱反应、溶剂化作用、"无机-无机"物种之间的作用以及缩聚反应。

在该理论的指导下，成功合成了一批高度有序排列的、多种结构的金属氧化物介孔材料，这些新材料具有单一分布超大孔径的、极高的表面酸性和导电性能，该"酸碱对"理论有广泛的适用性，不仅可以应用到介孔材料的合成，调变其结构和组成，合成出一大批高质量的单一氧化物、混合氧化物、磷酸盐、硼酸盐组成的介孔材料等，而且可以大大扩展"溶胶-凝胶"化学过程[9～11]。可见软硬酸碱理论在多孔材料制备化学中扮演着重要角色。

1.5.2　酸碱理论

最初的酸和碱是人们根据物质的味道和感觉认识的。后来瑞典化学家 S. A. Arrhenius 提出的电离概念使人们从化学观点认识到酸和碱，这也被认为是现代酸碱理论的开端。但是酸碱电离理论具有一定的局限性，它只适用于水溶液而不适用于非水溶液。因此 1905 年美国科学家 E. C. Franklin 在酸碱电离理论的基础上提出了酸碱溶剂理论，扩大了酸碱的范畴。

但是该理论仍然不适用于不能解离的溶剂及无溶剂体系。1923 年，丹麦化学家 J. N. Brønsted 和英国化学家 T. M. Lorry 提出酸碱质子理论：任何可以作为质子给予体的物质叫做酸，任何可以充当质子接受体的物质叫做碱。这样酸碱的定义是广义的，酸碱反应广泛地涵盖了气相反应、液相反应等。基于此，1923 年美国化学家 Lewis 提出了一个更为广泛的酸碱定义，即 Lewis 酸碱电子理论：酸是能接受电子对的物种，碱则是能提供电子对的物种。酸碱反应的实质是通过配位键形成酸碱加和物或配合物。Lewis 酸碱电子理论摆脱了体系必须具有某种离子或元素和溶剂的限制，而理论与物质的普遍组分以及电子的接受来说明酸碱反应，因而 Lewis 酸碱电子理论具有应用广泛的特点。在 Lewis 酸碱电子理论中，不同的 Lewis 酸与 Lewis 碱的亲和能力强烈地依赖于酸的种类，人们发现有些 Lewis 酸对碱的亲和力顺序相似，而另一些 Lewis 酸得出的顺序差别较大甚至完全相反，利用逐步积累的有关 Lewis 酸碱反应的热力学数据，美国化学家 R. G. Pearson 于 1963 年提出软硬酸碱理论（Hard-Soft-Acid-Base，HSAB），这是一种尝试解释酸碱反应及其性质的现代理论。

软硬酸碱理论是在 Lewis 酸碱电子对理论基础上提出的。该理论是根据金属离子对多种配体的亲和性不同，把金属离子分为两类。一类是"硬"的金属离子，称为硬酸；另一类是软的金属离子，称为软酸。硬的金属离子一般半径小，电荷高。在与半径小、变形性小的阴离子（硬碱）相互作用时，有较大的亲和力，这是以库仑力为主的作用力。软的金属离子由于半径大，本身有较大的变形性，在与半径大，变形性大的阴离子（软碱）相互作用时，发生相互间的极化作用（软酸软碱作用），这是一种以共价键力为主的相互作用力。

人们把 Lewis 酸分成"软""硬"两大类。

硬酸对碱的亲和力有以下次序：

$$ⅤA 族碱 \quad N > P > As > Sb$$
$$ⅥA 族碱 \quad O > S > Se > Fe$$
$$ⅦA 族碱 \quad F > C > Br > I$$

软酸对碱的亲和力的顺序为：

$$ⅤA 族碱 \quad N \ll P > As > Sb$$
$$ⅥA 族碱 \quad O \ll S \approx Se \approx Te$$
$$ⅦA 族碱 \quad F \ll Cl < Br < I$$

硬酸包括了周期表中的 Ⅰ A（$Li^+ \sim Cs^+$）、Ⅱ A（$Be^{2+} \sim Ra^{2+}$）、Ⅲ A（$Al^{3+} \sim Tl^{3+}$）和 Ⅲ B 的 Sc^{3+} 及 La^{3+}、Ac^{3+} 等具有闭壳层结构的离子，也包括较轻的过渡金属离子，这类酸的共同特点是体积较小，正电荷较高，在外电场作用下难以变形，故而称之为"硬酸"。软酸是具有较低氧化态的 p 区元素的阳离子和低于 +3 价的较重的过渡金属离子，这类酸一般体积较大，具有较低的电荷，在外电场中易极化变形，因而称之为"软酸"。同样地，碱也可以分为"硬碱"和"软碱"。硬碱是分子中的配位原子具有高的电负性，难极化和氧化的物质，而软碱则是配位原子具有低的电负性，容易极化和氧化的物质。表 1-2 给出了某些软硬酸碱的示例，一些极化力和变形性介于软、硬酸碱之间的称作交界酸碱。溶液中的酸碱反应存在这样的一条经验规则：硬酸倾向于与硬碱反应，软酸倾向于与软碱反应，这就是软硬酸碱原理（HSAB），可以用它来判断酸与碱形成的化合物的稳定性。

硬酸和硬碱之间的相互作用通常用离子间（或偶极间）的相互作用来描述，可以理解为是形成离子键。由于正负离子的静电能与离子间的距离成反比，因此正负离子的体积越小，硬酸硬碱间的相互作用力越大。软酸和软碱之间的相互作用可以理解为是形成共价键。离子的极化力和变形性越强，形成的共价键越强。对于软酸-硬碱（或硬酸-弱碱）结合，因酸和碱各自的键合倾向不同，不相匹配，所以作用力弱，得到的酸碱化合物稳定性小。Klopman 应用前线分子轨道理论对硬-硬和软-软相互作用作出了简单的解释：酸与碱相互作用与前线分子轨道之间的能量有关，酸的前线轨道是指最低未占轨道（LUMO），而碱的前线分子轨道是指最高占有轨道（HOMO）。硬酸和硬碱的前线轨道能量相差较大，电子结构几乎不受扰动，酸和碱之间几乎没有电子的转移，从而产生一个电荷控制的反应，因此它们之间的相互作用主要为静电作用［如图 1-12(a)］。相反，软酸和软碱的 LUMO 和 HOMO 能量接近，从而产生一个轨道控制的反应，酸碱之间有显著的电子转移，形成了共价键［如图 1-12(b)］。

表 1-2　软硬酸碱分类表

酸		
硬酸	交界酸	软酸
H^+, Li^+, Na^+, K^+(Rb^+, Cs^+) Be^{2+}, $BeMe_2$, Mg^{2+}, Ca^{2+}, Sr^{2+} (Ba^{2+}), Sc^{3+}, La^{3+}, Ce^{3+}, Gd^{3+}, Lu^{3+}, Th^{4+}, U^{4+}, UO_2^{2+}, Pu^{4+}, Ti^{4+}, Zr^{4+}, Hf^{4+}, VO^{2+}, Cr^{3+}, Cr^{6+}, MoO^{3+}, WO^{4+}, Mn^{2+}, Mn^{7+}, Fe^{3+}, Co^{3+} BF_3, BCl_3, $B(OR)_3$, $AlCl_3$, AlH_3, Ga^{3+}, In^{3+} CO_2, RCO^+, NC^+, Si^{4+}, Sn^{4+}, $SnMe^{3+}$, N^{3+}, RPO_2^+, $ROPO_2^+$, As^{3+}, SO_3, Cl^{7+}, I^{5+}, I^{7+}, HX（键合氢的分子）	Fe^{2+}, Co^{2+}, Ni^{2+}, Cu^{2+}, Zn^{2+}, Rh^{3+}, Ir^{3+}, Ru^{3+}, Os^{3+} BMe_3, GaH_3 R_3C^+, $C_6H_5^+$, Sn^{2+}, Pb^{2+}, NO^+, Sb^{2+}, Bi^{3+}	$Co(CN)_5^{3-}$, Pd^{2+}, Pt^{2+}, Pt^{4+}, Cu^+, Ag^+, Au^+, Cd^{2+}, Hg_2^{2+}, Hg^{2+}, $HgMe^+$ BH_3, $GaMe_3$, $GaCl_3$, $GaBr_3$, GaI_3, Tl^+, $TiMe_3$ CH_2（卡宾） HO^+, RO^+, RS^+, RSe^+, Te^{4+}, RTe^+ Br_2, Br^+, I_2, I^+, ICN O, Cl, Br, I, N, RO, RO_2 M（金属原子和大块金属）
碱		
硬碱	交界碱	软碱
NH_3, RNH_2, N_2H_4 H_2O, OH^-, O^{2-}, ROH, RO^-, R_2O CH_3COO^-, CO_3^{2-}, SO_4^{2-}, PO_4^{3-}, NO^{3-}, ClO_4^- F^-, Cl^-	$C_6H_5NH_2$, C_5H_5N, N_3^-, N_2 NO_2^-, SO_3^{2-} Br^-	H^- R^-, C_2H_4, C_6H_6, CN^-, RNC, CO, SCN^-, R_3P, $(RO)_3P$, R_3As, R_2S, RSH, RS^-, $S_2O_3^{2-}$, I^-

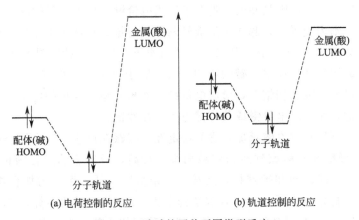

(a) 电荷控制的反应　　　　　　(b) 轨道控制的反应

图 1-12　酸碱的两种不同类型反应

广义的酸碱包括的物质种类极为广泛，绝大多数化合物皆可看作是酸碱的加合物。所有的化学反应，除氧化还原反应而外，皆属酸碱反应。因此，酸碱的软硬概念和"硬亲硬、软亲软"原理有广泛的联系。软硬酸碱原理的提出完全是经验的总结。后来有人应用前沿分子轨道微扰理论予以说明，从而使之具有理论的意义。但至今还没有一个定量标度可以把酸碱的软硬性和它们的反应性或其他性质联系起来。实际上，已有多人根据酸碱的若干基本性质，如电负性、电离势、电子亲和势、电荷、离子势（离子电荷和半径比）、极化性、水合热等，提出好几种酸碱软硬的标度，其中以电离势或电子亲和势和原子势为参数求得酸碱软硬度的一种势标度，应用这种标度来体现软硬度，具有很强的实际应用。

1.5.2.1　酸碱软硬度的势标度

R. G. Pearson 提出来的软硬酸碱原理（HSAB），由于是大量客观事实的总结，所以很有生命力，已能定性地解释除氧化还原以外的许多的化学反应，包括络合物的形成及萃取。我国学者对这一原理做过详细介绍和评价，并把它概括为"硬亲硬，软亲软，软硬交界就不管"这句话。如何把这一原理提高到一个较完整的理论，定量地计算软硬度并应用计算结果对各种化学反应进行预测是十分有意义的。在这方面，外国有 Yamada、Klopman 等人的工作，我国则有戴安邦提出的势标度[12,13]。

采用元素的电离势或电子亲和势为一个参数，原子势为另一个参数，得到下列评判酸碱软硬度的势标度关系式：

$$SH_A = \frac{\sum IP_m}{n} - \frac{2.5Z^*}{r_c} - 1 \tag{1-17}$$

$$SH_B = \frac{\sum EA_m}{n} - \frac{5.68Z^*}{r_c} + 30.39 \tag{1-18}$$

式(1-17) 和式(1-18) 中，SH_A 和 SH_B 分别为酸和碱的软硬度，$\sum IP_m$ 为 n 级电离势的加和；$\sum EA_m$ 为 n 级电子亲和势的加和；Z^* 为原子的有效核电荷；r_c 为共价半径；Z^*/r_c 代表原子对价电子的静电作用位能，称为原子势。由上述关系可以看出酸碱软硬性质的意义：酸碱的加和反应就是酸接受碱的电子偶，形成配位键而将酸碱结合起来。$\sum IP_m/n$ 是带 n 个正电荷的离子（酸）的平均电离势，代表酸对碱的电子偶吸引的静电势能，也就是形成电价键的势能。原子势，Z^*/r_c 代表离子酸在它的共价半径处对碱的电子偶吸引的势能，也就是形成共价键的势能。按式(1-17)，酸的电价键项（$\sum IP_m/n - 1$）大于共价键项（$2.5Z^*/r_c$），则是硬酸，趋向于形成电价键，反之就是软酸，趋向于形成共价键。两者若相等，则为交界酸，趋向于形成较弱的极性键。负离子都是碱，皆有电子偶可供配位键的形成。如果式(1-18) 中的第二项，碱的原子势较小，就容易给出电子偶与酸共享而形成共价键，碱属软性。反之，碱的亲和势大，原子势更大，也就是这一碱紧握电子偶，不与酸共享而仅以静电吸引相结合，形成电价键，即为硬碱。这里的电价键或共价键并非纯电价键或纯共价键，而是以电价键或共价键为主的极性键。

另外从酸碱的亲势来讨论酸碱加合物的稳定性。酸碱在反应时和在加合物中大都是"硬亲硬，软亲软"。硬酸和硬碱或软酸和软碱相亲之势高，所形成的加合物相亲的强度就高，稳定。硬酸和软碱、或软酸和硬碱相亲之势（"亲势"）低，形成的加合物的相亲的强度（"亲强"）就低，稳定性也低。（P_A 代表酸的亲势，P_B 代表碱的亲势，P_{AB} 代表酸碱加和物的亲强）。这里所提的酸碱软硬的势标度就代表酸碱的亲势，但为使酸和碱两者亲势的变化幅度大致相等，有必要把酸的软硬度 SH_A 的平方根作为酸的亲势，也就是 $P_A=\sqrt{SH_A}$。碱的亲势就等于软硬度，即 $P_B=SH_B$。酸碱加合物的亲强与稳定常数应有平行或等同关系。关于酸碱加合物亲强的计算有两点需要说明。其一，酸硬为正，碱硬则为负，故酸碱加合物的亲强为酸碱亲势之差，即酸碱亲势的号同者相减，号异者相加。另一，与不同亲势的酸相加合的碱其亲势须与酸亲势的相对值相当。所谓酸亲势的相对值是起反应的酸，如为硬酸，就是与最硬酸的亲势的比值，也就是 $P_A/P_{Cl^{7+}}$，碱亲势的相当值就是 $(P_A/P_{Cl^{7+}})P_B$；如为软酸，就是与最软酸的亲势的比值，也就是 P_A/P_{F^0}，与之相当的碱亲势值就是 $(P_A/P_{F^0})P_B$。酸和碱两相当亲势之差即为加合物的亲强，P_{AB} 用公式表示、P_A 为正时，

$$P_{AB}=P_A\left(\frac{P_A}{4.08}\pm1\right) \tag{1-19}$$

在溶液中影响络合物稳定性的因素除溶剂化作用外，还有多原子配体的结构，金属离子和配体离子的电荷和大小等，至于所定的最硬和最软酸碱的 P_A 值和 P_B 值以及 P_A 与 SH_A 和 P_B 与 SH_B 之间的关系等更有任意的因素存在。因此，软硬酸碱原理是大量的化学事实的总结，虽然还未能概括完全。如果能采用较全面的有关酸碱基本性质和结构的参数来推导酸碱的软硬度，使之像氧化-还原电位对氧还反应那样，不仅可以定性地推测酸碱反应的方向，而且可以定量地计算反应的平衡，那么，无机化学的系统化将达到一个新的高度。

1.5.2.2　酸碱软硬度的键参数标度

若能使软硬酸碱原则从定性阶段发展到定量阶段，使之有可能计算各种原子、离子、化合物的酸碱软硬度，从而对广义的酸碱反应作出定量的预测，那么，人们可以期望用这个原则概括各类化学反应。因此，研究软硬酸碱的定量标度是很有意义的。十几年来，国内外不少人致力于这方面的工作，取得了一些进展。Pearson[14] 把极化率作为划分酸碱软硬的主要根据，并提出以 CH_3Hg^+ 作为典型的软酸，研究反应

$$CH_3Hg(H_2O)^+ + BH^+ \Longleftrightarrow CH_3Hg^+ + H_3O^+$$

的平衡常数，考察碱 B 究竟是与 CH_3Hg^+ 优先结合还是与 H^+ 优先结合，以判断其软硬性。但他未对酸的软硬度提出定量的标准。S. Ahrland 提出用 σ_A 和 σ_B 作为酸碱软硬的定最标度。σ_A 值等于电离势与水合热之和，是酸的软硬标度，正值较小的为硬酸，正值较大的为软酸。σ_B 值等于电子亲和势与水合热之和，是碱的软硬标度，硬碱负值高，软碱负值低。由于受电子亲和势和水合能数据精度的限制，这种标度未能推广使用。Klopman 从多电子微扰理论出发，提出了酸碱软硬度的计算方程，计算了 25 种离子酸的 E_m^* 值，9 种碱的 $E_m^{\neq}$ 值，但计算复杂，也没有指出软硬分类的数值界限。根据陈念贻的键参数方法，刘祁涛[15] 用离子的电荷数与半径之比和电负性（x）两个主要的化学键参数，研究了广义酸碱的分类，求出了分界线的方程，计算了 106 种阳离子酸的标度值和 13 种简单离子碱的标度值。这种酸碱软硬度的键参数标度，物理意义清楚，计算简便。

化学键理论的主要任务是研究成键电子的运动规律及其与物质的物理、化学性质的关系。一切化学键的现象都可描述成外层电子运动的某种函数。原子中电子的运动原则上可用量子力学方法来处理，如一个双键和体系的波函数可以写成

$$\Psi=\Psi_A+\Psi_B \tag{1-20}$$

他们的结合能可以写成

$$E = \frac{\int \Psi_A H \Psi_A d_\tau}{\int \Psi_A \Psi_A d_\tau} + \frac{\int \Psi_A H \Psi_B d_\tau - \int \Psi_A \Psi_B d_\tau \left(\dfrac{\int \Psi_A H \Psi_A d_\tau}{\int \Psi_A \Psi_A d_\tau} \right)}{\int \Psi_A \Psi_A d_\tau + \int \Psi_A \Psi_B d_\tau} \tag{1-21}$$

这个方程说明，一切化学键的相互作用都可归纳为两项之和：①静电位能 $\left(\dfrac{Z}{r} \right)$，电荷与半径比，表征离子键；②交换-相关能（$x$），电负性，表征共价键。

根据 Pearson 所提出的概念，软碱的价电子很容易被扭变、极化或除去。硬碱则具有相反的性质，它较紧密地保持它的价电子。硬酸的接受体原子体积小，有较高的正电荷，并且没有容易被扭变或去除的价电子。软酸的接受体原子体积大，具有较小或零正电荷，或者含有几个容易被扭变或去除的价电子。因此，硬性与高离子性的键有关，而软性则与共价键有关。酸碱之间的作用可归纳为离子键与共价键两个方面，用能表征这两方面的键参数来研究酸碱的软硬度的定量标度，这正是从它们的相互联系和制约中来把握酸碱的软硬度，这也就是用键参数法标度酸碱软硬度的依据。

依据键参数标度的两个参数能得到酸碱标度函数 f 和 ϕ：

$$f = \frac{Z}{r} - 3.0x + 2.2 \tag{1-22}$$

$$\varphi = \frac{Z}{r} - 6.25x + 17.0 \tag{1-23}$$

$f > 0$ 者为硬酸，$f < 0$ 者为软酸；$\varphi > 0$ 者为软碱，$\varphi < 0$ 者为硬碱。不言而喻，对于硬碱，φ 值越负，碱的硬度越大。按式(1-23)，当电负性 x 和半径 r 相同时，电荷越小，中值越负，则碱应越硬，从而根据"硬亲硬"的原则，不同的硬碱和某一个硬酸形成的络合物在其他条件相同时，电荷越小的碱形成的络合物越稳定。

大多数化学反应是在溶剂中进行的，那么在非水体系中进行的反应与水溶液中进行的必然具有一定差异，溶剂的作用会对反应的历程和产物有着重要的影响，因此评判各种物质的酸碱度显得尤为重要。如何利用"酸碱对"方法的广泛适用性合成出高度有序的、多种结构、多种组成的多孔材料是科学家一直关注的问题。

1.6　超浸润材料的制备原理

1.6.1　超浸润材料

超浸润材料因为其独特的润湿性能而备受关注，控制表面化学组成和多尺度微纳米结构是构建超浸润界面材料的关键。超润湿性是液体、气体和固体之间润湿现象的一种特例。最初发现的超疏水/超亲水效应基于材料科学和仿生学经历了一个世纪的发展。随着抗湿材料研究的快速发展，已经制备出超疏油/超亲油表面以排斥除水之外的有机液体。为水中超疏油、超亲油、超疏气、超亲气材料的进一步研究提供了一种通过制造抗湿表面而不是降低表面能的替代方法。因对超润湿性研究的大力发展，一个成熟的超润湿性体系逐渐形成并成为活跃的研究领域，涵盖了气体或液体中的超疏水性/超亲水性、气体或液体中的超疏油性/超亲油性以及液体下的超疏气性/超亲油性等。超润湿系统的动力学研究包括静力学和动力学，而研究的材料结构范围从传统的二维材料到三维、一维和零维材料。此外，润湿液体的范围从水到油、水溶液和离子液体，以及液晶和其他类型的液体。润湿条件在很宽的温度、压力和其他范围内延伸。随着这一系列研究的发展，已经形成了许多新的理论和功能界面材料，包括自清洁纺织品、油水分离系统和集水系统，其中一些已经应用于工业。此外，超润湿性的研究还为界面化学领域引入了许多新的现象和原理，在材料和化学方面都显示出其巨大的潜力。

1.6.2 固体表面浸润性表征

（1）静态表征

为了衡量液体在固体表面的浸润特性，我们通常用接触角来进行表征，如图 1-13 所示，当液滴接触固体表面时，在固-液-气三相交点处做气-液界面的切线，此切线与固液交界线的夹角就是接触角。早在 1805 年，Thomas Young 根据表面张力和液体与固体之间的接触角推导出了著名的 Young's（杨氏）方程，并用来计算液体在固体表面的接触角，即：

$$\cos\theta = (\gamma_{sv} - \gamma_{sl})/\gamma_{lv} \qquad (1-24)$$

其中，γ_{sv}，γ_{sl} 和 γ_{lv} 分别为固-气、固-液和液-气的界面张力，θ 为接触角。Young's 方程通常也被称为浸润方程，它是表征浸润性最基本的公式。一般来说，我们以 90° 为亲水与疏水的边界。当接触角小于 90° 时，我们称其为亲液；而当接触角接近 0° 时，则为超亲液。当接触角大于 90° 时，我们称其为疏液；而当接触角大于 150° 时，则为超疏液。而在 1998 年，Vogler 从材料构型的角度将 65° 视为亲水疏水界限。

（2）动态表征

单凭静态接触角的大小不能对浸润效果做出准确判断。因此在研究固体表面浸润性时，必须考虑液滴在固体表面运动的难易程度。在理想状态下，固体表面是光滑且均匀的，因此无论在表面添加或减少少量的液体，液滴周边的前沿都会随之向前拓展或者向后收缩，导致接触角维持不变。但在实际情况下，固体表面通常都是粗糙或不均匀的，在增加或减少液滴的体积时，初始周界并不发生变化，而液滴本身会变高或者变低，使得接触角增加或者减少。当向液滴加入液体会使液滴变高，三相接触线向前移动时会有一个最大接触角，此接触角称为前进接触角，也称前进角（θ_A）。若从液滴中抽去少量液体会使液滴变低，三相接触线后撤时会产生一个最小接触角，此接触角称为后退接触角，也称后退角（θ_R），如图 1-13 所示。前进角和后退角均被称为动态接触角，它们之间的差值则被称为

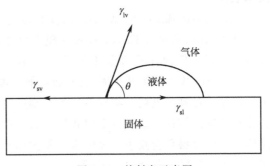

图 1-13 接触角示意图

接触角滞后。此外，还有另外一种倾斜板法，当有液滴的固体表面逐渐倾斜时，液滴会在一定倾斜角度内保持不动。随着倾斜角的变化液滴前端的接触角（θ_A）逐渐减小，而后端的接触角（θ_R）逐渐增大，倾斜角即为滚动角。

1.6.3 固体表面浸润性理论及模型

（1）Wenzel 模型

Young's 方程表现的是液滴在光滑平坦的固体表面的接触角，即理想状态下。然而实际情况下，固体具有一定的粗糙结构，Young's 方程并不能解释液滴在粗糙表面的接触角。在

1936 年，美国科学家 Wenzel 拓展了 Young 的理论，建立了经典的 Wenzel 理论。Wenzel 假设液滴始终能够填满粗糙表面上的凹槽，并且达到平衡状态。Wenzel 方程：

$$\cos\theta = r(\gamma_{sv} - \gamma_{sl})/\gamma_{lv} \qquad (1\text{-}25)$$

式(1-25)中，r 代表粗糙度，指实际的固-液界面接触角面积和表面固-液界面接触面积之比（$r \geqslant 1$）。θ_r 是 Wenzel 状态下粗糙表面的接触角。从上式可得：当 $\theta < 90°$ 时，由于 $r \geqslant 1$，$\cos\theta$ 的值大于 0，因此 θ_r 随着 r 的增加而减小，表面变得更亲液；当 $\theta > 90°$ 时，$\cos\theta$ 的值小于 0，因此 θ_r 随着 r 的增加而变大，表面变得更疏液。因此，粗糙结构可以改变固体表面浸润性，使得亲水表面更亲水，疏水表面更疏水。

（2）Cassie 模型

在 1948 年，Cassie 提出了一种新的模型。他认为液滴在粗糙表面上的接触是一种复合接触形式。假设固体表面由两种物质组成，并且这两种成分的表面都是以非常小块的形式均匀地分布在固体表面。另外粗糙表面上的微小结构尺寸小于液滴的尺寸，因此在表面上的液滴不能填满粗糙表面的凹槽，凹槽中液滴下会截留空气，从而表观上的液-固接触实际是由液-固和气-固接触共同组成，如图所示。因此，Cassie 和 Baster 进一步拓展得到 Cassie-Baster 方程：

$$\cos\theta_r = f_1\cos\theta_1 + f_2\cos\theta_2 \qquad (1\text{-}26)$$

式(1-26)中，θ_1 和 θ_2 分别为液体在成分 1（固体界面）和成分 2（气体界面）表面的本征接触角，f_1 和 f_2 分别表示成分 1 和成分 2 所占的单位表观面积分数（$f_1 + f_2 = 1$）。由于空气对水的接触角 $\theta_2 = 180°$，因此上式可变为

$$\cos\theta_r = f_1\cos\theta_1 - f_2 \qquad (1\text{-}27)$$

由式(1-27)可知，当固体表面粗糙度增大时，填充到粗糙结构中的气体也会增加，液滴与气体的接触面积也会增加，因此随着 f_2 的增加，液滴在固体表面的接触角 θ_r 也会变大，从而有利于超疏水表面的形成。由此可知，通过改善固体表面的粗糙程度，能够获得超疏水表面。

（3）Cassie-Baster 向 Wenzel 的浸润转变

从 Wenzel 模型和 Cassie-Baster 模型可知，固体表面接触角的增大可以通过改变表面粗糙度来实现。但内在机理是不同的，Wenzel 模型认为增加表面粗糙度可以提高接触角，Cassie-Baster 模型认为减少固-液界面接触面积来增大接触角。当固体表面的液体在受到外力（冷凝、振动、电场、物理挤压等）刺激时，其在表面的浸润性可能会发生改变，实现两种模型之间的转换。这种转变模式发生后，在外力的作用下，液体将会填满固体表面的粗糙结构，同时接触角会减小，固体表面失去超疏水性。联合 Wenzel 方程和 Cassie-Baxter 方程可以得到临界转变角度 θ_c 的方程：

$$\cos\theta_c = (f_1 - 1)/(r - f_1) \qquad (1\text{-}28)$$

当 $90° < \theta < \theta_c$ 时，体系处于 Wenzel 状态与 Cassie 状态之间的亚稳状态，当 $\theta > \theta_c$，被截留的空气存在于粗糙结构中而产生复合接触，此时体系处于 Cassie-Baxter 稳定的状态。所以，为了获得稳定的 Cassie-Baxter 浸润状态，可以通过提高固体表面的接触角以及粗糙度和减小临界接触角来实现。这同时也为制备具有超浸润性的表面提供了方法。

人们普遍认为，根据杨氏方程，水接触角大于 90°的固体表面被定义为疏水性的。然而，Volger 等人从材料构型的角度将 65°视为亲水疏水界限，而不是数学概念中的 90°。值得注意的是，出现相似表观接触角的超疏水表面可以出现完全不同的接触角滞后。为了区分

不同的超疏水状态，定义了五种抗润湿表面的典型情况（图 1-14）：在 Wenzel 状态下完全润湿超疏水表面，在 Cassie 状态下完全支持空气的超疏水表面，在微/纳米结构的两层"Lotus"状态（Cassie 状态的特例，指的是具有两层微米或纳米结构的表面以及对液体的超低附着力）下的表面，在 Wenzel 和 Cassie 状态之间的亚稳态（包括"Petal"状态），和部分润湿的"Gecko"状态（Cassie 状态的一种特殊情况，指的是对液体具有高附着力的粗糙表面）。

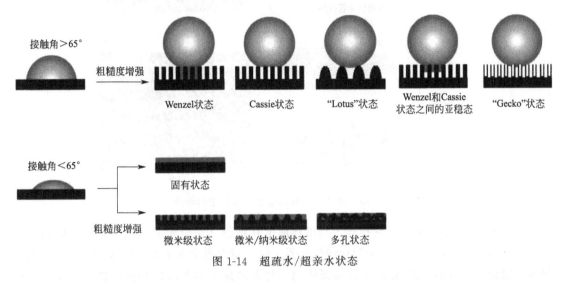

图 1-14　超疏水/超亲水状态

因此，可以建立一套用于制备超亲水材料的通用规则。一个规则是在材料表面产生足够的粗糙度，另一个是将材料表面的化学成分调整为亲水性。

1.6.4　超浸润体系的设计原则

江雷院士[16] 通过研究自然揭示了生物有机体中超润湿性的机制是设计和制备超浸润性材料最有效的方法。具有超浸润性的生物表面如超疏水表面、超亲水表面、定向液体转移表面以及一些将超润湿性与黏附或光学特性相结合的多功能表面都表现出多尺度结构。这些独特的多尺度结构与内在材料特性之间的协同形成润湿性和多功能性。以此可以建立三个仿生原理：

　　① 微纳米多级结构决定材料是否具有超浸润特性；
　　② 微纳米结构的排列和取向决定润湿状态和液体运动；
　　③ 液体的本征润湿阈值（IWT）决定液体在粗糙表面的超浸润性能。

润湿是一种常见现象，从海滩上的潮水到细胞膜中的离子通道，任何地方都可以观察到。润湿性可以定义为液体与固体表面保持接触的能力，由两相之间的分子间相互作用决定。在建立润湿性的基本原理和框架后，1953 年，Bartell 和 Shepard 发现微型金字塔形石蜡表面表现出极好的防水性 ［图 1-15(a)］。随后在 2001 年提出纳米级垂直排列的碳纳米管薄膜表现出超疏水特性 ［图 1-15(b)］，表明纳米结构在构建抗润湿表面中的重要性。另外从仿生方法来看，1997 年，Barthlott 等人假设荷叶的微结构是叶子超疏水性的关键。这一假设促使研究人员构建模仿自然现象的基于微结构的超疏水材料 ［图 1-15(c)］。然而，水滴很容易附着在所得的微结构表面上。微米级和纳米级的两层结构实际上是荷叶的关键结构特征，使它们在空气中保持超疏水性[17~19] ［图 1-15(d)］。

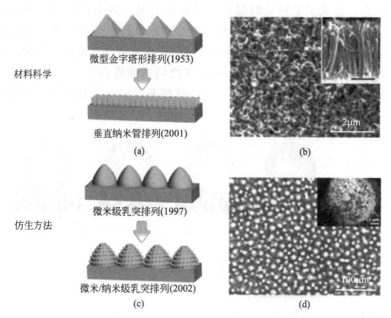

图 1-15 纳米结构在构建超疏水性中的作用

液体的 IWT 是接触角，它描述了当液体滴落在理想（完全光滑和化学均匀）的固体表面上时，其亲液和疏液行为之间的润湿性边界。这个概念源于亲水性和疏水性之间的接触角限制。根据杨氏方程，90°被认为是润湿阈值，将表面描述为亲水性和疏水性。然而，通过考虑两相间水分子相互作用和结构，提出了 65°的较低固有润湿阈值［图 1-16(a)］。原则上，每种液体都有自己的 IWT，它独立于固体表面。研究表明，有机液体的 IWT 随着液体表面张力的降低而降低［图 1-16(b)］。对液体 IWT 的理解是设计超润湿表面的关键。例如，通过调整化学成分，固体表面可以是亲液的（$\theta < \theta_{IWT}$）或疏液的（$\theta > \theta_{IWT}$）。

基于粗糙度对亲液性和疏液性的影响，可以通过在固体表面上引入适当的多尺度结构来实现超亲液和超疏液表面［图 1-16(c)］。可以使用其他单组分液体代替水，例如离子液体、液晶、金属液体和有机溶剂。液体也可以是多组分的，例如酸性、碱性和盐溶液，聚合物液体、生物流体、胶体、乳液以及磁性和铁电流体。值得注意的是，超疏液表面上的液滴可能以不同的润湿状态存在，例如 Wenzel 状态、Cassie 状态、"Lotus" 状态、"Gecko" 状态以及 Wenzel 和 Cassie 状态之间的过渡状态。因此，可以通过调整这些润湿状态来控制固体表面上的液体黏附和流动性。然而，这些状态只能解释静态润湿行为，探索新的理论模型对于理解多尺度结构表面的动态润湿行为是必要的，例如，液体撞击、液体自推进和定向跳跃行为。

1.6.5 超浸润系统

超浸润材料的设计原则可以扩展到不同维度的界面材料，如零维粒子、一维纤维和通道。基于此，也可以通过集成不同维度的超浸润材料来制造多尺度功能界面材料，例如二维结构表面、三维多孔材料和膜。

1.6.5.1 零维粒子

当胶体颗粒没有完全润湿时，它们可以在流体界面处强烈吸收，并且是流体分散系统的唯一稳定剂，防止聚集。这种颗粒稳定的流体分散系统可以进一步用作模板，用于制备具备

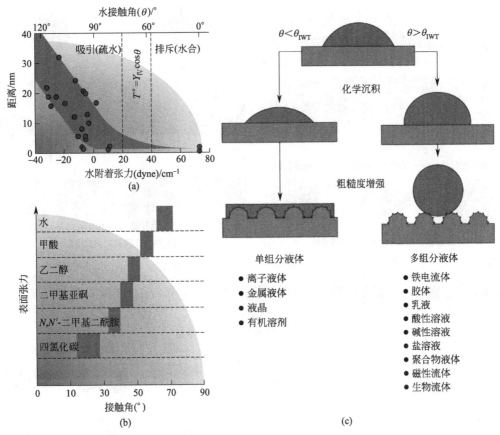

图 1-16　固有润湿阈值（a），不同液体的 IWT 随着表面张力的降低而降低（b）及粗糙度增强对亲液和疏液表面的影响（c）

多孔结构的各种功能材料。影响分散系统性能的一个关键参数是颗粒的界面润湿行为，它通过界面处颗粒的接触角来量化［图 1-17（a）］。对于包含油和水混合物的常规乳液体系，如果颗粒相对亲水，则优选水包油乳液，而如果颗粒相对疏水，则优选油包水乳液。这个概念可以扩展到由固体颗粒稳定的气液分散系统。当液体为水时，使用相对亲水的颗粒形成水包气材料，例如水性泡沫；空气中的液体材料，可以使用相对疏水的颗粒来实现，例如气溶胶［图 1-17（a）］。

　　胶体颗粒在流体界面处的接触角可以通过表面化学、粗糙度和流体相的组成进行调整。通常，具有低表面自由能的碳和聚合物颗粒很难被液体润湿；具有高表面自由能的金属、金属氧化物和陶瓷颗粒原则上可以被大多数液体完全润湿。通过选择性修饰颗粒表面的两亲性或疏水性分子，可以调整它们在流体表面的接触角。因此，胶体和多孔结构材料可以由界面吸附颗粒稳定的泡沫和乳液制备［图 1-17（a）］。这种方法可以广泛应用于各种材料，包括金属、无机氧化物和聚合物。

　　除了使用表面活性剂、有机链或吸附聚合物进行化学改性外，调节固体颗粒和液体之间的相互作用也是另一种策略，这取决于表面结构，会产生独特的润湿行为［图 1-17（b）］。例如，仅仅通过改变表面成分很难制备疏油颗粒。而改变表面粗糙度，颗粒可以聚集在油滴表面，形成亚稳态的 Cassie 润湿状态，可用于制备空气中的油材料，如油泡和干油。通常，

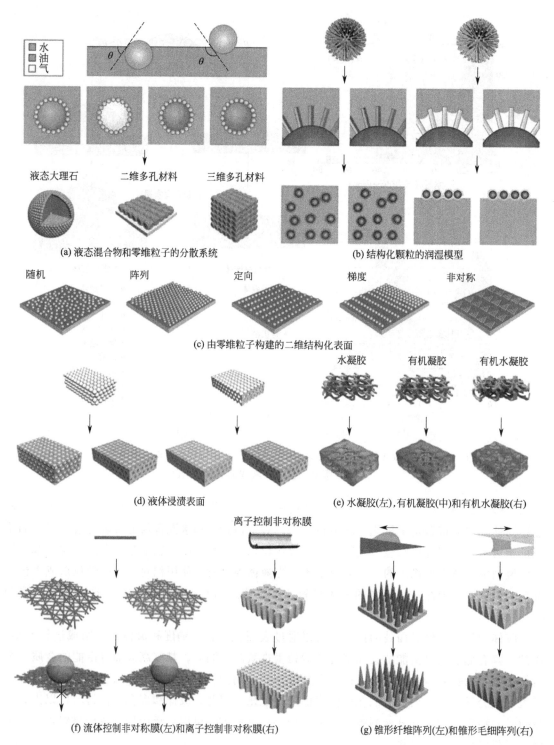

(a) 液态混合物和零维粒子的分散系统

液态大理石　二维多孔材料　三维多孔材料

(b) 结构化颗粒的润湿模型

随机　阵列　定向　梯度　非对称

(c) 由零维粒子构建的二维结构化表面

(d) 液体浸渍表面

水凝胶　有机凝胶　有机水凝胶

(e) 水凝胶(左),有机凝胶(中)和有机水凝胶(右)

离子控制非对称膜

(f) 流体控制非对称膜(左)和离子控制非对称膜(右)

(g) 锥形纤维阵列(左)和锥形毛细阵列(右)

图 1-17　超浸润体系多维度材料构建

水中的疏水性颗粒和油中的亲水性颗粒会发生聚集 ［图 1-17(b)］。然而，具有微米级和纳米级结构特征的"刺猬状"颗粒在亲水性和疏水性溶剂中均表现出长期胶体稳定性。纳米级阵列可以显著降低颗粒之间的接触面积和吸引力。对于分散在水中的疏水性颗粒，在微核附近形成的空气壳呈现 Cassie-Baxter 润湿模式。通过微米结构或纳米结构调整粒子的分散行为是制备超浸润材料的有效方法。

值得一提的是，具备微米和纳米结构的生物表面，它的基本单位一般都是零维粒子。比如荷叶表面随机分布的颗粒，蚊子眼睛上密集的颗粒阵列和稻叶上定向排列的颗粒。这些结构模型可以启发人们使用零维粒子作为模块单元来设计和制备各种超润湿二维表面 [图 1-17(c)]。那么各向同性超疏水表面可以通过随机分布或密集堆积疏水粒子来实现。各向异性超疏水表面可以通过疏水粒子的线性排列来实现。如果粒子分布具有密度梯度或不对称模式，则液体可以在这些表面上定向传输。此外通过密堆积零维纳米粒子或选择性蚀刻纳米颗粒模板，可以获得三维多孔结构材料。基于纳米颗粒或纳米孔的润湿性，水或油可以完全浸渍三维多孔基材 [图 1-17(d)]。因此，注入液体的表面可以转化为疏油的表面。与依赖于低表面能化学改性的传统策略不同，将液体引入表面提供了一种设计疏液表面的替代策略。这种预先润湿的策略也为超浸润材料的制备提供了新思路。

然而多孔结构存在对注入液体捕获能力较弱的问题。在这种情况下，由化学或物理交联聚合物形成的凝胶是液体浸渍的理想基材，因为它们具有高液体吸附能力和液体保留能力。例如，水凝胶是以水为分散介质的亲水聚合物链网络；有机凝胶是使用有机溶剂作为分散介质的亲油聚合物链网络 [图 1-17(e)]。由于液体分子和交联聚合物之间的强相互作用，液体分子被牢牢地困在网络中。这使凝胶材料对与其分散介质不混溶的其他液体具有优异的排斥性。如果亲水性和亲油性聚合物结合形成互穿网络结构，则可以实现一类新的凝胶材料——有机水凝胶，其中水和油都作为分散介质 [图 1-17(e)]。它们的互穿异质网络允许有机水凝胶根据周围相的性质采用不同的表面和网络结构。例如，有机水凝胶在水中表现出类似水凝胶的方式，在油中表现出类似有机凝胶的方式。凝胶基质中互补异质网络的概念为复杂多功能性的新型材料的设计提供了新思路，例如防冰、防蜡和防生物污垢材料。

1.6.5.2 一维光纤和通道

纤维材料也是构建纳米结构表面、纺织产品、分离膜、海绵和凝胶的重要组成部分。纤维结构在自然界中无处不在，例如在羽毛、昆虫腿上的刚毛、蜘蛛丝和动物毛发中，并具有适应环境条件的润湿性。由纤维组成的表面通常具有较大的粗糙度系数，形成复合润湿模式。因此，它们表现出超疏水或超亲水特性。超润湿纤维，如纺织品、垫子、膜和网，已广泛用于自清洁、油水分离、过滤和除雾等 [图 1-17(f)]。而纳米通道是另一种具有代表性的一维材料，在各种生理过程中具有重要作用。例如，它们充当"智能"门，响应润湿性的变化以确保选择性离子或水传输。可以通过结合不对称形状设计和表面改性来构建纳米通道，如人工离子通道和离子泵，制备能量转换装置。例如，基于单纳米通道、多通道薄膜和多孔复合膜制造了光伏器件和化学-电能转换器件。如果引入表面梯度，润湿纤维或通道的液滴就会变得动态。由于固体表面上液滴两侧的拉普拉斯压力不同，液滴可以定向传输或以受控方式进行操作 [图 1-17(g)]。在自然界中，锥形纤维和锥形毛细管是两种典型的梯度结构材料，它们利用拉普拉斯压力引起定向液体运动。例如，水滴可以从关节定向传输到蜘蛛丝的纺锤结，这利用了丝表面形状和润湿性梯度的协同效应。这种效应是受其端盖上不同曲率压力产生的轴向力的驱动，被限制在锥形毛细管中的润湿液滴会自行向较窄的一端推进。因此可以通过排列具有不同化学成分和微纳米结构的人造锥形材料来制备可以实现集水、集油和收集气泡的集成设备。然而，由于这些锥形结构的长度限制相对较短，长距离输送液体仍然是一个挑战。最近，研究人员打破传统仿生超浸润分离膜只考虑固体多孔膜设计的局限，合理引入诱导分相剂，通过协同调控诱导分相剂、固体多孔膜上的功能分子与互溶有机液体小分子之间在分子层次上的极性/非极性相互作用，发展了一种全新的仿生超浸润膜分离策略，实现了互溶有机液体小分子的高效、高通量分离。该超浸润分离膜的分离通量较传统的有机液体膜分离技术（渗透蒸发或反渗透）高 2～3 个数量级，极大拓展了仿生超浸润分离膜的应用领域[20]。

参 考 文 献

[1]　徐如人，庞文琴. 无机合成与制备化学. 2版. 北京：高等教育出版社，2009.
[2]　高胜利，陈三平. 无机合成化学简明教程. 北京：科学出版社，2010.
[3]　徐甲强，矫彩山，尹志刚. 材料合成化学. 哈尔滨：哈尔滨工业大学出版社，2001.
[4]　张克立，孙聚堂，袁良杰，等. 无机合成化学. 2版. 武汉：武汉大学出版社，2012.
[5]　宁桂玲，仲剑初. 高等无机合成. 上海：华东理工大学出版社，2007.
[6]　朱继平，闫勇. 无机材料合成与制备. 合肥：合肥工业大学出版社，2009.
[7]　邢建东. 晶体定向生长. 西安：西安交通大学出版社，2008.
[8]　Wan Y，Yang H F，Zhao D Y. Acc Chem Res，2006，39（7）：423-432.
[9]　Tian B Z，Liu X Y，Tu B，et al. Nat Mater，2003，2：159-163.
[10]　Tian B Z，Liu X Y，Solovyov L A，et al. J Am Chem Soc，2004，126：865-875.
[11]　Fang Y，Yang X，Tian B Z，et al. Chem Rev，2022，122：5233-5276.
[12]　Klopman G. J Am Chem Soc，1968，90：223-234.
[13]　王茹. 高等无机化学. 北京：科学出版社，2012.
[14]　Pearson R G. Science，1966，151：172-177.
[15]　刘祁涛. 化学通报，1976，6：26-32.
[16]　Liu M，Wang S，Jiang L. Nat Rev Mater，2017，2：17036.
[17]　Bartell F E，Shepard J W. J Phys Chem，1953，57：211-215.
[18]　Li H J，Wang X B，Song Y L，et al. Angew Chem Int Ed，2001，40：1743-1746.
[19]　Onda T，Shibuichi S，Satoh N，et al. Langmuir，1996，12：2125-2127.
[20]　Chang L，Wang D Y，Cao Z Q，et al. Matter，2022，5：1251-1262.

第2章
重要的无机合成与制备化学方法

化学合成一直被认为是化学的最独特之处，是其他学科无可替代的。化学合成作为化学学科的大问题之一，近年来有了快速发展，合成和制备出了几千万种新化学物质。而每一种新物质都是在一定的条件下采用某一方法生成的。本章将介绍几种重要的无机合成与制备化学方法，并给出它们在无机合成与制备中的应用。

2.1 水热与溶剂热合成法

水热与溶剂热合成法最初是矿物学家在实验室用于研究超临界条件下矿物形成的过程，而后到沸石分子筛和其他晶体材料的合成已经历了一百多年的历史。在此过程中，化学家通过对水热和溶剂热合成方法的研究，已制备了很多无机化合物，包括微孔材料、人工水晶、纳米材料、固体功能材料、无机-有机杂化材料等。其中水热合成是一种特殊条件下的化学传输反应，是以水为介质的多相反应。根据温度可分为低温水热（100℃以下）、中温水热（100~200℃）和高温水热合成（大于300℃）。随着水热与溶剂热合成法在技术材料领域越来越广泛的应用，该方法已成为无机化合物合成的一个重要手段。

2.1.1 水热与溶剂热合成法特点[1,2]

水热与溶剂热合成是指在密闭体系中，以水或其他有机溶剂做介质，在一定温度（100~1000℃）和压强（1~100MPa）下，原始混合物进行反应合成新化合物的方法。在高温高压的水热或溶剂热条件下，物质在溶剂中的物理性质与化学反应性能如密度、介电常数、离子积等都会发生变化，如水的临界密度为 $0.32g/cm^3$。与其他合成方法相比，水热与溶剂热合成具有以下特点：①反应在密闭体系中进行，易于调节环境气氛，有利于特殊价态化合物和均匀掺杂化合物的合成；②水热和溶剂热合成适于在常温常压下不溶于各种溶剂或溶解后易分解、熔融前后易分解的化合物的合成，也有利于合成低熔点、高蒸气压的材料；③由于在水热与溶剂热条件下中间态、介稳态以及特殊物相易于生成，因此能合成与开发一系列特种介稳结构、特种凝聚态的新化合物；④在水热和溶剂热条件下，溶液黏度下降，扩散和传质过程加快，而反应温度大大低于高温反应，水热和溶剂热合成可以代替某些高温固相反应；⑤由于等温、等压和溶液条件特殊，有利于生长缺陷少、取向好、完美的晶体，且合成产物结晶度高以及易于控制产物晶体的粒度。

2.1.2 水热与溶剂热合成法反应介质

水是水热合成中最常用和最传统的反应介质，在高温高压下，水的物理化学性质发生了很大的变化，其密度、黏度和表面张力大大降低，而蒸气压和离子积则显著上升。在

1000℃、15～20GPa 条件下，水的密度大约为 1.7～1.9g/cm³，如果离解为 H_3O^+ 和 OH^-，则此时水已相当于熔融盐。而在 500℃、0.5GPa 条件下，水的黏度仅为正常条件下的 10%，分子和离子的扩散迁移速率大大加快。在超临界区域，水介电常数在 10～30 之间，此时，电解质在水溶液中完全解离，反应活性大大提高。温度的提高，可以使水的离子积急剧升高（5～10 个数量级），有利于水解反应的发生。

高温高压水作为介质在合成中的作用可归纳如下：①作为化学组分起化学反应；②作为反应和重排促进剂；③起溶剂作用；④起低熔点物质作用；⑤起压力传递介质作用；⑥提高物质溶解度作用。

在以水做溶剂的基础上，以有机溶剂代替水，大大扩展了水热合成的范围。在非水体系中，反应物处于液态分子或胶体分子状态，反应活性高，因此可以替代某些固相反应，形成以前常规状态下无法得到的介稳产物。同时，非水溶剂本身的一些特性，如极性、配位性能、热稳定性等都极大地影响了反应物的溶解性，为从反应动力学、热力学的角度去研究化学反应的实质和晶体生长的特性提供了线索。近年来在非水溶剂中设计不同的反应途径合成无机化合物材料取得了一系列重大进展，已越来越受到人们的重视。常用的溶剂热合成的溶剂有醇类、DMF、THF、乙腈和乙二胺等。

2.1.3　水热与溶剂热合成法装置和流程

2.1.3.1　水热与溶剂热合成法反应釜

高压反应釜是进行水热反应的基本设备，高压容器一般用特种不锈钢制成，釜内衬有化学惰性材料，如 Pt、Au 等贵金属和聚四氟乙烯等耐酸碱材料。高压反应釜的类型可根据实验需要加以选择或特殊设计。常见的高压反应釜有自紧式反应釜、外紧式反应釜、内压式反应釜等，加热方式可采用釜外加热或釜内加热。如果温度、压力不太高，为方便实验过程的观察，也可部分采用或全部采用玻璃或石英设备。根据不同实验的要求，也可设计外加压方式的外压釜或能在反应过程中提取液、固相研究反应过程的流动反应釜等。

图 2-1 是国内实验室常用于无机合成的简易水热反应釜示意图。釜体和釜盖用不锈钢制造。因反应釜体积较小（<100mL），可直接在釜体和釜盖设计丝扣直接相连，以达到较好的密封性能，其内衬材料通常是聚四氟乙烯。采用外加热方式，以烘箱或马弗炉为加热源。由于使用聚四氟乙烯，使用温度应低于聚四氟乙烯的软化温度（250℃）。釜内压力由加热介质产生，可通过介质填充度在一定范围内控制，室温开釜。

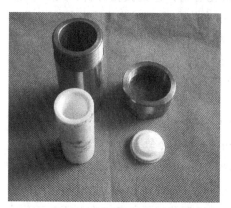

图 2-1　简易反应釜实物图

2.1.3.2　水热与溶剂热合成法程序

实验室常用的水热与溶剂热合成大多都是在中温中压（100～240℃，1～20MPa）下进行的。水热与溶剂热合成是一类特殊的合成技术，有诸多的因素影响着实验安全和合成的成败。其中填充度是一个重要的因素。填充度是指反应物占封闭反应釜腔空间的体积分数。水的临界温度是 374℃，在此温度下水的密度是 0.33g/cm³，这就意味着 30% 的填充度，水介质在临界温度下实际上就是气体。因此，在实验中既要保证反应物处于液相传质的反应状态，又要防止由于过大的填充度而导致过高的压力而引起爆炸。但是，高压不仅可以加快分子的传质和碰撞以加快反应速率，有时还可以改变热力学的化学平衡。因此，在水热与溶剂热反应中，保持一定的压力是必要的。通常填充度控制在 $60\%\sim80\%$ 为宜。

除了选择合适的溶剂和填充度，水热与溶剂热合成实验的设计原则也非常重要，一般而言，在水热与溶剂热合成实验中，应注意以下原则：①以溶液为反应物；②创造非平衡条件；③尽量用新鲜的沉淀；④尽量避免引进外来离子；⑤用表面积大的固体粉末；⑥创造合适的化学反应个体或胚体；⑦利用晶化反应的模板剂；⑧选择合适的溶剂；⑨优化配料顺序。

一般水热与溶剂热合成法的程序如图 2-2。

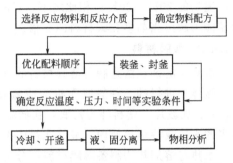

图 2-2　水热与溶剂热合成法程序示意图

2.1.4　水热与溶剂热合成法应用

2.1.4.1　纳米材料

水热法制备的纳米材料，由于反应直接生成氧化物，无需盐类或氢氧化物分解，生成材料结晶度高，团聚少，烧结活性高，尺寸分布范围较窄。在制备高纯、均一的纳米材料方面显示了令人振奋的前景。

通过水热与溶剂热合成法可以制备一系列的纳米材料[3~14]。Jiang 等成功地研制了新型超薄氧化锡纳米材料，其空孔体积和表面积分别高达 $1.028cm^3/g$ 和 $180.3m^2/g$。初步测量实验结果表明这种新材料具有很多优异的物理和化学性能，例如奇异的室温铁磁性能（因为大块氧化锡材料没有铁磁性），锂电池负极材料性能也很好，在气敏和光催化方面也有较大的应用前景。

2.1.4.2　微孔材料

微孔材料一般采用非平衡态的水热与溶剂热方法合成。至今，人们已通过水热与溶剂热合成法，成功地合成出了多种微孔材料，如沸石分子筛、ZSM 系列分子筛、TO_n（T＝Si，Al 或 P）孔道结构、大孔单晶等[15~20]。

《Science》刊发了吉林大学于吉红院士研究团队在沸石分子筛材料方面的突破性成果。他们首次发现，羟基自由基存在于沸石分子筛的水热合成体系，并可以显著加速沸石分子筛的晶化。通过紫外照射或 Fenton 反应向沸石分子筛水热合成体系额外引入羟基自由基，能够显著加快沸石分子筛的成核，从而加速其晶化过程。这一发现是无机微孔晶体材料生成机理研究方面的重要突破，使人们对沸石分子筛的生成机理有了新的认识，为在工业上具有重要需求的沸石分子筛材料的高效、节能和绿色合成开辟了新的路径[21]。

Banerjee R 等[22] 使用水热法完成了 3900 个微化学反应，最终得到 25 种新型沸石咪唑骨架结构材料（zeolitic imidazolate frameworks，简称 ZIFs）。ZIFs 是一类具有可调孔洞大小及化学性质的金属-有机配位子结构。表面积很大，而且在高温下也不会分解，在沸水和有机溶剂中浸泡一周也仍然稳定。它们都是由 Zn(Ⅱ)/Co(Ⅱ) 与咪唑或咪唑类反应而得到的。制造 ZIFs 材料就是把传统沸石中的铝和硅元素用锌离子和钴离子等取代，而桥氧则被咪唑取代。ZIFs 材料的内部可以存储气体分子，在化学结构上，它有一个类似于旋转门的薄盖，能够让大小合适的分子进入并将其存储，而阻碍较大或者形状不同的分子。所有的 ZIFs 都为四面体结构，其中有 16 种材料是从未观测到的结构。其中 ZIF-68、ZIF-69、ZIF-70 这三种材料有很高的热稳定性，在水中有很好的化学稳定性。这些材料具有多孔性（表

面积为 $1970m^2/g$），而且能够在 CO 和 CO_2 的混合气流中准确地捕捉到 CO_2。每升 ZIFs 能够捕获和存储 83L CO_2。该研究成果对于应对全球变暖、海平面上升、海洋生态系统破坏等问题具有重要意义。此外，该发现也能够让发电站摆脱毒性材料的使用，且能够有效地收集气体。当前发电厂收集二氧化碳需要使用毒性材料，而且这一过程的能源消耗约为整个发电厂输出的 20%～30%。相比之下，ZIFs 能够从多种气体中将二氧化碳分离出来，而且其存储能力超出当前多孔碳材料的 5 倍。

2.1.4.3　薄膜材料

水热与溶剂热法是制备薄膜材料的常用方法[23,24]，其化学反应是在高压容器内的高温高压流体中进行的。一般以无机盐或氢氧化物水溶液作为前驱物，以单晶硅、金属片、α-Al_2O_3、载玻片、塑料等为衬底，在低温（常低于 300℃）下对浸有衬底的前驱物溶液进行适当的水热或溶剂热处理，最终在衬底上形成稳定结晶相薄膜。

水热与溶剂热法制备薄膜材料可分为普通法和特殊法，其中特殊法是指在普通水热与溶剂热反应体系上再外加其他作用场，如直流电场、磁场、微波场等。水热与溶剂热-电化学法是在反应体系的两电极间加直流电场，控制粒子的沉积方向，可控制膜的纯度，降低反应温度，但由于成膜速率大，易导致膜结晶差、表面不均一、开裂等缺陷。

如 Yan 等以 $KMnO_4$ 溶液为反应物、单晶 Si 为基底，在 150℃ 条件下，通过水热合成法，成功合成了具有多孔结构的 MnO_2 薄膜材料，该材料以其特殊的多孔薄膜结构和优良的电学性质，可被用作超级电容器。

2.1.4.4　多金属氧酸盐材料

水热与溶剂热合成法是制备多金属氧酸盐类化合物的常用方法[25~36]，在水热与溶剂热条件下，各种原料易于掺杂均匀，且有利于晶体的生长。

如 Nyman 等[37] 合成了两种杂多铌酸盐：$K_{12}[Ti_2O_2][SiNb_{12}O_{40}] \cdot 16H_2O$ 和 $Na_{14}[H_2Si_4Nb_{16}O_{56}] \cdot 45.5H_2O$。其合成途径是：利用水热法，由非结晶的金属氧化物、金属醇盐或两者的混合物在水溶液中合成得到。这种合成方法在预混物的溶解度及是否存在稳定阶段等方面，都与杂多铌酸盐、钼酸盐、钨酸盐的常规合成法不同。由于含氧铌的阴离子不易溶解，因而采用新的反应物，使用水合 Nb_2O_5，或将碱金属碳酸盐或氢氧化物与 Nb_2O_5 熔合后反应。

2.1.4.5　无机-有机杂化材料

近年来，无机-有机复合材料、固体杂化材料以及金属配位聚合物的合成已经引起化学家和材料学家的广泛关注。这类材料构成了一类具有生物催化、生物制药、主-客体化学及潜在的光电磁性能的材料。采用水热与溶剂热合成法在该领域已取得了较好的研究成果[38~40]。

如 Bux 等[41] 利用微波辅助溶剂热合成的方法在室温下制备出具有分子筛特性的沸石咪唑框架-8（ZIF-8）薄膜，用纯的甲醇代替二甲基甲酰胺和甲醇溶液。由于甲醇与 ZIF-8 框架相互作用较弱，因此，甲醇比 DMF 更易从框架上出去，这对薄膜的合成很重要。微波辅助加热可以减少制备时间至 4h。据研究表明，ZIF-8 具有高度稳定性，而且可以吸附氢气和甲烷。相对其他分子筛来说，ZIF-8 是非亲水性的，可以从气流中分离出氢气。

Qian 等[42] 成功合成了具有荧光性能的 $[Eu(pdc)_{1.5}(dmf)] \cdot (DMF)_{0.5}(H_2O)_{0.5}$ 结构化合物，并对掺杂不同金属离子以及金属离子的浓度对其荧光性能的影响进行了研究。

2.1.4.6　其他化合物

利用水热与溶剂热合成方法还可进行具有可控电性能的钒氧化合物、析氧催化的高熵钙钛矿氟化物和分子磁致冷材料等很多化合物的合成[43~45]，如 Li 等[46] 通过水热合成法合成出高纯度 $Ti_3C_2T_x$（T=OH，O）材料。

目前，化学家应用变化繁多的水热与溶剂热合成技术和技巧，已制备出了具有光、电、磁性质的包括萤石、钙钛矿、白钨矿、尖晶石和焦绿石等主要结构类型的复合氧化物和复合氟化物。该系列复合氧化物的成功合成，弥补了目前大量无机功能材料需要高温固相反应条件的不足。复合氟化物以往的合成采用氟化或惰性气氛保护的高温固相合成技术，该技术对反应条件要求苛刻，反应不易控制。而水热合成反应不但是一条反应温和、易控、节能和少污染的新合成路线，而且具有价态稳定化作用与非氧嵌入特征等特点。

综上所述，水热与溶剂热合成法以其方法简便、条件温和的特点，越来越受到人们的重视。水热与溶剂热合成法的不同操作条件，对所合成的材料的结构及性能将产生不同的影响。随着水热及溶剂热过程机理的完善和控制技术的进步，水热与溶剂热合成法的应用将得到更大的发展，成为无机材料合成中的重要手段。

2.2　溶胶-凝胶合成法（sol-gel）

1970 年后，溶胶-凝胶（sol-gel）法作为一种高新制造技术，受到科技界和企业界的关注，在生产超细粉末、薄膜涂层、纤维等材料的工艺中得到广泛应用。

溶胶与凝胶结构的区别：溶胶是具有液体特征的胶体体系，分散的粒子大小在 1~1000nm 之间，具有流动性，无固定形状。凝胶是具有固体特征的胶体体系，被分散的物质形成连续的网状骨架，骨架空隙充有液体或气体，无流动性，有固定形状。

2.2.1　溶胶-凝胶合成法原理[47,48]

溶胶-凝胶法所用的起始原料（前驱物）一般为金属醇盐，也可用某些盐类、氢氧化物、配合物等，其主要反应步骤都是将前驱物溶于溶剂（水或有机溶剂）中形成均匀的溶液，溶质与溶剂产生水解或醇解反应，生成物聚集成 1nm 左右的粒子并组成溶胶，溶胶经蒸发干燥转变为凝胶。其最基本的反应如下。

① 溶剂化　能电离的前驱物——金属盐的金属阳离子 M^{z+} 由于具有较高的电子电荷或电荷密度，而吸引水分子形成溶剂单元 $[M(H_2O)_n]^{z+}$（z 为 M 离子的价数），为保持它的配位数而具有强烈的释放 H^+ 的趋势。

$$[M(H_2O)_n]^{z+} \longrightarrow [M(H_2O)_{n-1}(OH)]^{(z-1)+} + H^+$$

② 水解反应　非电离式分子前驱物，如金属醇盐 $M(OR)_n$（n 为金属 M 的原子价；R 代表烷基），与水反应，反应可延续进行，直至生成 $M(OH)_n$。

$$M(OR)_n + xH_2O \longrightarrow M(OH)_x(OR)_{n-x} + xROH$$

③ 缩聚反应

失水缩聚：　　—M—OH+HO—M— $\longrightarrow$ —M—O—M—+H_2O

失醇缩聚：　　—M—OR+HO—M— $\longrightarrow$ —M—O—M—+ROH

2.2.1.1　无机盐的水解和缩聚

（1）水解反应（又称溶剂化）

能电离的前驱物——金属盐的金属阳离子 M^{n+}，特别是+4、+3 及+2 价阳离子在水溶液中与偶极水分子形成水合阳离子（n 为 M 离子的价数），这种溶剂化的物种为保持它的配位数而具有强烈的释放 H^+ 的趋势而起酸的作用。水解反应平衡关系随溶液的酸度、相应的电荷转移量等条件的不同而不同。有时电离析出的 M^{n+} 又可以形成氢氧桥键合。

$$M(H_2O)_x^{n+} \longrightarrow M(H_2O)_{x-1}(OH)^{(n-1)+} + H^+$$

水解反应是可逆反应，如果在反应时排除掉水和醇的共沸物，则可以阻止逆反应进行，如果溶剂的烷基不同于醇盐的烷基，则会产生转移酯化反应。

（2）无机盐的缩聚

水解产物下一步发生聚合反应而得多核粒种，例如羟基锆配合物的聚合：

$$2Zr(OH)^{3+} \Longrightarrow Zr_2(OH)_2^{6+}$$

这样生成的多核产物是由羟桥 $Zr\underset{OH}{\overset{OH}{\diagup\diagdown}}Zr^{6+}$ 连在一起的。还有 Mo^{IV} 二聚物，它含有两个氧桥，即 $(H_2O)_4Mo\underset{O}{\overset{O}{\diagup\diagdown}}Mo(H_2O)_4^{4+}$。对于 Fe^{III}，在 pH<2.5 时，物种主要是 $Fe\underset{OH}{\overset{OH}{\diagup\diagdown}}Fe^{3+}$ 形式。

多核聚合物的形成除了与溶液的 pH 值有关外，还与组分有关，一般在加热下形成；与金属阳离子的总浓度有关；与阴离子的特性有关。

2.2.1.2　金属醇盐的水解与缩聚

金属醇盐是有机金属化合物的一个种类，可用通式 $M(OR)_n$ 来表示。这里 M 是价态为 n 的金属，R 是烃基或芳香基。金属醇盐是醇 ROH 中羟基的 H 被金属 M 置换而形成的一种诱导体，或者把它看做是金属氢氧化物 $M(OH)_n$ 中羟基的 H 被烷基 R 置换而成的一种诱导体。因为醇盐是以金属元素的电负性大小来作为碱或者含氧酸来对其发挥其作用的，所以一般把它视为金属的羟基诱导体。

（1）金属醇盐的性质

金属醇盐具有 M—O—C 键，由于氧原子与金属离子电负性的差异，导致 M—O 键发生很强的极化而形成 $M^{\delta+}—O^{\delta-}$。醇盐分子的这种极化程度与金属元素 M 的电负性有关。如硫、磷、锗这类电负性强的元素所构成的醇盐，共价性很强，它们的挥发特性表明了它们几乎全是以单体存在。而碱金属、碱土金属类元素、铜系元素这类正电性强的物质，所构成的醇盐因离子特性强而易于结合，显示出缩聚物性质。一般来说，缔合度越大，挥发性越低。因此，如果增大烷氧基的位阻效应，降低缔合度，醇盐挥发性就增加。金属醇盐的挥发性有利于自身的提纯及其在化学气相沉积法、溶胶-凝胶法中的应用。

醇盐的黏度受其分子中烷基链长和支链及缔合度的影响。高缔合醇盐化合物的黏度显然大于单体的醇盐。另外，醇盐极容易水解的特性也限制了其黏度的准确测量。在溶胶-凝胶法中，醇盐溶解在溶剂中，因此溶液的黏度主要取决于溶液的浓度、溶剂的种类、溶剂与醇盐之间的相互作用。如溶剂为水时，溶液黏度又要受醇盐水解和缩聚程度等因素的影响。黏度值在溶胶-凝胶法中是一个很重要的参数，尤其是在以溶胶-凝胶法制备薄膜或纤维时，控制好体系的黏度更为重要。

金属醇盐具有很强的反应活性，能与众多试剂发生化学反应，尤其是含有羟基的试剂。在溶胶-凝胶法中，通常是将金属醇盐原料溶解在醇溶剂中，它会与醇发生作用而改变其原有性质，它们的作用有两种情况：

① 醇盐溶解在其母醇中。例如硅乙醇盐溶解在乙醇中。当醇锆溶解在母醇中时，由于

锆原子有扩大其自身配位数的趋势，醇分子配位体取代了其原有配位体醇锆而导致醇锆缔合度降低。此外，母醇还可能影响到醇盐水解反应，因为它是金属醇盐水解产物之一，参与了水解化学平衡。

② 醇盐溶解在与其自身不同烷基的醇中，例如异丙醇盐溶解在丁醇中。这种情况发生所谓醇交换反应，或称醇解反应。例如：

$$M(OR)_n + mR'OH \Longleftrightarrow M(OR)_{n-m}(OR')_m + mROH$$

醇解反应在金属醇盐合成和在溶胶-凝胶法中对调整醇盐原料的溶解性、水解速率等方面有着广泛的应用。

醇盐分子间的缔合反应在合成分子级均匀的多组分材料中具有重要的意义。多核醇盐配合物可以在溶液中形成。在溶解有多种醇盐的溶液中可能形成多核不稳定的中间体。已知电负性不同的元素或电负性接近但能增加配位数形成配合物的元素，它们的醇盐分子之间能发生缔合反应，这也是构成双金属醇盐的化学基础。多核金属醇盐是溶胶-凝胶法制备有化学计量组成的氧化物系统的很有意义的原料。

（2）水解和缩聚

金属醇盐水解再经缩聚得到氢氧化物或氧化物的过程，其化学反应可表示为（M 代表四价金属）

$$\equiv M(OR) + H_2O \longrightarrow \equiv M(OH) + ROH \tag{2-1}$$

$$\left. \begin{array}{l} \equiv MOH + \equiv MOR \longrightarrow \equiv M-O-M \equiv + ROH \\ 2 \equiv MOH \longrightarrow \equiv M-O-M \equiv + H_2O \end{array} \right\} \tag{2-2}$$

反应式 (2-1) 为金属醇盐的水解，即 OH 基置换 OR 的过程。反应式 (2-2) 为缩聚反应，即析出凝胶的反应。实际过程中各反应分步进行，两种反应相互交替，并无明显的先后。可见，金属醇盐溶液水解法是利用无水醇溶液加水后，OH 取代 OR 基进一步脱水而形成 $\equiv M-O-M \equiv$ 键，使金属氧化物发生聚合，按均相反应机理最后生成凝胶。

由于在 sol-gel 法中，最终产品的结构在溶液中已初步形成，而且后续工艺与溶胶的性质直接相关，所以制备的溶胶质量是十分重要的，要求溶胶中的聚合物分子或胶体粒子具有能满足产品性能要求或加工工艺要求的结构和尺度，分布均匀，溶胶外观澄清透明，无浑浊或沉淀，能稳定存放足够长的时间，并且具有适宜的流变性质和其他理化性质。醇盐的水解反应和缩聚反应是均相溶液转变为溶胶的根本原因，故控制醇盐水解缩聚的条件是制备高质量溶胶的前提。

最终所得凝胶的特性由水与醇盐的摩尔比、温度、溶剂和催化剂的性质确定。

由金属醇盐水解而产生的溶胶的形状和大小，以及由此形成的凝胶结构，还受体系 pH 值的影响。下面以硅醇盐 $Si(OR)_4$ 为例进行讨论。

① 水解。$Si(OR)_4$ 在酸催化条件下水解为亲电取代反应机理，其反应如下：

$$(RO)_3SiOR + H^+ \underset{H^+}{\Longleftrightarrow} (RO)_3SiOR \overset{慢}{\Longleftrightarrow} (RO)_3Si^+ + ROH$$

$$(RO)_3Si^+ + ROH \overset{H_2O}{\Longleftrightarrow} (RO)_3SiOH + ROH + H^+$$

此反应的第一步是 H^+ 与 $(RO)_3SiOR$ 分子中的 OR^- 基形成 ROH 而脱出；第二步是 $(RO)_3Si^+$ 与 H_2O 反应形成 $(RO)_3SiOH$，而再生 H^+。在酸催化条件下，发生第一个 OR^- 的水解，置换成 OH^- 基后，Si 原子上的电子云密度（或负电性）减弱，第二个 H^+ 的进攻就较慢。因此，第二个 OR$^-$ 的水解就较慢，第三、第四个 OR$^-$ 的水解就更慢。

Si(OR)$_4$ 在碱催化条件下水解为亲核反应机理，水解过程中，OH$^-$ 基直接进攻 Si 原子并置换 OR$^-$ 基团。其反应式为

$$(RO)_3SiOR + OH^- \Longrightarrow (RO)_3SiOH + OR^-$$

$$OR^- + H_2O \Longrightarrow ROH + OH^-$$

考虑到被取代基的位阻效应及硅原子周围的电子云密度对水解反应的较大影响，硅原子周围的烷氧基团越少，OH$^-$ 基团的置换就越容易进行。因此，对于 Si(OR)$_4$ 分子来说，其第一个 OH$^-$ 基置换速率较慢，而此后的 OH$^-$ 基置换越来越快，最后趋于形成单体硅酸溶液。这些单体之间通过扩散而快速聚合成单链交联的 SiO$_2$ 颗粒状结构。在单体浓度很高时，则聚合速率很快并形成 SiO$_2$ 凝胶；而当单体浓度较低时，则可能形成 SiO$_2$ 颗粒的悬浮液体系。

② 水解产物的凝聚（condensation）。聚合形成硅氧烷键，可通过水中聚合或醇中聚合，其总反应可表示如下：

a. 水聚合

$$\equiv Si—OH + HO—Si \equiv \longrightarrow \ \equiv Si—O—Si \equiv + H_2O$$

b. 醇聚合

$$\equiv Si—OR + HO—Si \equiv \longrightarrow \ \equiv Si—O—Si \equiv + ROH$$

下面分别讨论聚合机理。

a. 在水硅系碱液中的聚合

$$\left[\begin{array}{c} OH \\ HO—Si—O \\ OH \end{array} \right]^- + \left[\begin{array}{c} OH \\ HO—Si—OH \\ OH \end{array} \right] = \begin{array}{c} OH \quad\quad OH \\ HO—Si—O—Si—OH \\ OH \quad\quad OH \end{array} + OH^-$$

原硅酸离子　　　　　　原硅酸　　　　　　　　硅酸二聚体

b. 在醇硅系碱液中的聚合

$$\begin{array}{c} OH \\ RO—Si—OH \\ OH \end{array} + OH^- \Longrightarrow \left[\begin{array}{c} OH \\ RO—Si—O \\ OH \end{array} \right]^- + H_2O$$

$$\left[\begin{array}{c} OH \\ RO—Si—O \\ OH \end{array} \right]^- + \begin{array}{c} OH \\ HO—Si—OR \\ OH \end{array} = \begin{array}{c} OH \quad\quad OH \\ RO—Si—O—Si—OR \\ OH \quad\quad OH \end{array} + OH^-$$

酸或碱作催化剂，不仅影响水解和凝聚的速率，而且影响凝聚产物的结构。

当水/醇盐比为 4 时，水解产物主要是链状结构产物。这些链状结构产物又随其溶液的 pH 值不同而改变凝聚状态。根据 X 射线小角衍射的实验结果，即使同样的水/醇盐比，正如图 2-3 所示，在 pH=1 时，链状结构物质以直链为主，分支结构很少，各链基本上是独立存在。而在 pH=7 时，链的分支重复，而且分支非常复杂的链相互缔合，形成原子簇。这些链状结构一般是在水量较少且 pH 值较高的条件下形成的。在这种条件下，溶胶的黏性较高，随时间的推移，水解产物互相链合，最后胶凝。这样形成的凝胶在此后不再发生可以观察得到的结构变化。另一方面，使用大量的水进行水解时可以得到我们所熟知的胶体状二

氧化硅溶液。如图 2-3 所示，这时的二氧化硅颗粒基本上形成和氧化物骨架结构相近的三维网络结构。这是因为在含有大量水的体系中发生较大程度的颗粒溶解和析出，颗粒的结构变得致密，而成为与氧化物相近的结构。

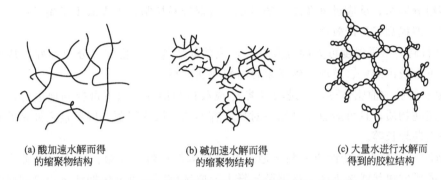

(a) 酸加速水解而得的缩聚物结构	(b) 碱加速水解而得的缩聚物结构	(c) 大量水进行水解而得到的胶粒结构

图 2-3　醇盐水解所得缩聚物以及胶体颗粒的结构

　　硅醇盐的水解受许多因素的影响，非常复杂。将所有进行过的二氧化硅凝胶的制备结果总括起来，大概如图 2-4 所示。硅醇盐的水解如此复杂，最重要的原因可能是它的水解速度非常慢，所以，它的水解产物中所含—OH 基和—OR 基的比例有较大程度的自由变动。另一方面，如醇盐水解法中所示，许多一般的金属醇盐的水解速度极快，水解反应瞬间就可完成，即使控制体系的各种因素，也不能有效地控制反应。在此情况下，可用配合剂乙酰丙酮来减慢水解反应使形成凝胶。

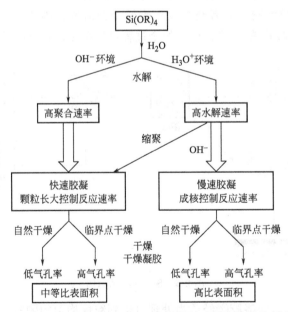

图 2-4　利用溶胶-凝胶法由硅醇盐获得干凝胶的两种方法

　　此外，还有温度对水解的影响：提高温度对醇盐的水解速度总是有利的。对水解活性低的醇盐（如硅醇盐），为了缩短工艺时间，常在加温下操作，此时制备溶胶的时间和胶凝时间会明显缩短。水解温度还影响水解产物的相变化，从而影响溶胶的稳定性，典型的例子是 Al_2O_3 溶胶的制备。

2.2.2 溶胶-凝胶合成法特点

与传统的高温固相粉末合成法相比，溶胶-凝胶技术有以下几个优点：

① 能与许多无机试剂及有机试剂兼容，通过各种反应物溶液的混合，很容易获得需要的均相多组分体系。反应过程及凝胶的微观结构都较易控制，大大减少了副反应，进而提高了转化率，即提高了生产效率。

② 材料制备所需温度可大幅度降低，形成的凝胶均匀、稳定、分散性好，从而能在较温和条件下合成出陶瓷、玻璃、纳米复合材料等功能材料。

③ 由于溶胶的前驱体可以提纯而且溶胶-凝胶过程能在低温下可控制地进行，因此可制备高纯或超纯物质，且可避免在高温下对反应容器的污染等问题。但不足之处是原料成本较高，制备周期较长等。

④ 溶胶或凝胶的流变性质有利于通过某种技术如喷射、旋涂、浸拉、浸渍等加工成各种形状，或形成块状或涂于硅、玻璃及光纤上形成敏感膜，也可根据特殊用途制成纤维或粉末材料；

⑤ 制品的均匀性好，尤其是多组分制品，其均匀度可达到分子或原子尺度，产品纯度高。产物化学、光学、热学及机械稳定性好，适合在严酷条件下使用。

⑥ 从同一种原料出发，改变工艺过程即可获得不同的产品如粉料、薄膜、纤维等。

2.2.3 溶胶-凝胶合成法制备工艺流程及其影响因素[49~51]

无论所用的前驱物为无机盐或金属醇盐，sol-gel法的主要反应步骤是前驱物溶于溶剂中（水或有机溶剂）形成均匀的溶液，溶质与溶剂产生水解或醇解反应，反应生成物聚成1nm左右的粒子并组成溶胶，后者经蒸发干燥转变为凝胶。因此，更全面地说，此法应称为S-S-G法，即溶液-溶胶-凝胶法。该法的全过程可用图2-5的示意图表示。

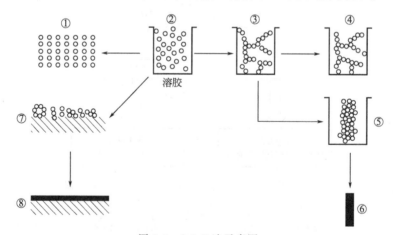

图 2-5   S-S-G 法示意图

图2-5表明，从均匀的溶胶②经适当处理可得到粒度均匀的颗粒①。溶胶②向凝胶转变得到湿凝胶③，③经萃取法除去溶剂或蒸发，分别得到气凝胶④或干凝胶⑤，后者经烧结得致密陶瓷体⑥。从溶胶②也可直接纺丝成纤维，或者作涂层，如凝胶化和蒸发得干凝胶⑦，加热后得致密薄膜制品⑧。全过程揭示了从溶胶经不同处理可得到不同的制品。

2.2.3.1 溶胶的制备

溶胶是指极细的固体颗粒分散在液体介质中的分散体系，其颗粒大小均在 $1nm \sim 1\mu m$ 之间，制备溶胶的方法主要包括分散法和凝聚法，其中分散法又包括：①研磨法，即用磨将粗粒子研磨细；②超声分散法，即用高频率超声波传入介质，对分散相产生很大破碎力，从而达到分散效果；③胶溶法，即把暂时聚集在一起的胶体粒子重新分散成溶胶。凝聚法包括：①化学反应法，即利用复分解反应、水解反应及氧化还原反应生成不溶物时控制好离子的浓度就可以形成溶胶；②改换介质法，即利用同一种物质在不同溶剂中溶解度相差悬殊的特性，使溶解于良性溶剂中的物质在加入不良溶剂后，因其溶解度下降而以胶体离子的大小析出形成溶胶。

2.2.3.2　凝胶的制备

凝胶是胶体的一种特殊存在形式。在适当的条件下，溶胶或高分子溶液中的分散颗粒相互联结形成网络结构，分散介质充满网络之中，体系成为失去流动性的半固体状态的胶冻，处于这种状态的物质称为凝胶。可以从两种途径形成凝胶：干凝胶吸收亲和性液体溶剂形成凝胶以及溶胶或溶液在适当的条件下分散颗粒相互联结成为网络而形成凝胶，这种过程称为胶凝。而第二种方法是制备凝胶的实际常用方法，具体做法有：①改变温度，即利用物质在同一种溶液中的不同温度时的溶解度不同，通过升、降温度来实现胶凝，从而形成凝胶，如明胶和琼脂的形成；②替换溶剂，即用分散相溶解度较小的溶剂替换溶胶中原有的溶剂可以使体系胶凝，从而得到凝胶，如固体酒精的制备；③加入电解质，向溶液中加入含有相反电荷的大量电解质也可以引起胶凝而得到凝胶，如在溶胶中加入电解质可使其胶凝；④进行化学反应，使高分子溶液或溶胶发生交联反应产生胶凝而形成凝胶，如硅酸凝胶、硅-铝凝胶的形成。

溶胶-凝胶法多以烷氧基金属为原料，但是有些时候也采用金属氯化物、金属硝酸盐、金属乙酸盐、金属螯合物为原料，有些时候还在反应中加入酸或碱作为催化剂。

影响溶胶-凝胶制备过程的主要因素有水的加入量、pH、滴加速率、反应温度等因素。

① 水的加入量　当水的加入量低于按化学计量关系计算出的所需要的消耗量时，随着水量的增加，溶胶的时间会逐渐缩短，而超过化学计量关系所需量时，溶胶时间又会逐渐增长，这是因为若加入的水量少时，醇盐的水解速度较慢而延长了溶胶时间；若加的水量大于化学计量，溶液又比较稀，溶液黏度下降而使成胶困难，按化学计量加入时，成胶的质量较好，而且成胶时间相对较短。

② 滴加速率　醇盐易吸收空气中的水而水解凝固，因此在滴加醇盐醇溶液时，在其他因素一致情况下观察滴加速率，发现滴加速率明显影响溶胶时间，滴加速率越快，凝胶速度也越快，但速度过快易造成局部水解过快而聚合胶凝生成沉淀，同时一部分溶胶液未发生水解最后导致无法获得均一的凝胶，所以在反应时还应辅以均匀搅拌，以保证得到均一的凝胶。

③ 反应液的 pH　反应液的 pH 不同，其反应机理也不同，因而对同一种金属醇盐的水解缩聚，往往会产生结构、形态不同的缩聚。研究表明，当 pH 较小时，缩聚反应速率远远大于水解反应，水解由 H^+ 的亲电机理引起，缩聚反应在完全水解前已经开始，因此缩聚物交联度较低；当 pH 较大时，体系的水解反应体是由 $[OH^-]$ 的亲核取代引起，水解速度大于亲核速度，形成大分子聚合物，有较高的交联度，可按具体要生产的材料要求选择适宜的酸碱催化剂。

④ 反应温度　温度升高，水解速率相应增大，胶粒分子的动能增加，碰撞概率也增大，聚合速率加快，从而导致溶胶时间缩短；另一方面，较高温度下溶剂醇的挥发也加快，相当于增加了反应物的浓度，也在一定程度上加快了溶胶速率，但温度过高也会导致所生成的溶

胶相对不稳定，且易生成多种产物的水解产物聚合。因此，在保证生成溶胶的情况下，应尽可能在较低温度下进行，多以室温条件进行。

2.2.3.3　凝胶化

具有流动性的溶胶通过进一步缩聚反应形成不能流动的凝胶体系。经缩聚反应所形成的溶胶溶液在陈化时，聚合物进一步聚集长大成为小粒子簇，它们相互碰撞连接成大粒子簇，同时，液相被包于固相骨架中而失去流动性，形成凝胶。陈化形成凝胶的过程中，会发生Ostward熟化，即大小粒子因溶解度的不同而造成平均粒径的增加。陈化时间过短，颗粒尺寸反而不均匀；时间过长，粒子长大、团聚，则不易形成超细结构，由此可见，陈化时间的选择对产物的微观结构非常重要。

2.2.3.4　凝胶的干燥

（1）一般干燥

目的是把湿凝胶膜所包裹的大量溶剂和水通过干燥除去，得到干凝胶膜。因干燥过程中凝胶体积收缩，很易导致干凝胶膜的开裂，而导致开裂的应力主要来源于毛细管力，而该力又是因充填于凝胶骨架孔隙中的液体的表面张力所引起的。因此干燥过程中应注意在减少毛细管力和增强固相骨架这两方面入手。目前干燥方法主要有以下两种：①控制干燥，即在溶胶制备中，加入控制干燥的化学添加剂，如甲酰胺、草酸等，由于它们的蒸气压低、挥发性差，能使不同孔径中的醇溶剂的不均匀蒸发大大减少，从而减小干燥应力，避免干凝胶的开裂；②超临界干燥，即将湿凝胶中的有机溶剂和水加热和加压到超过临界温度、临界压力，则系统中的液气界面将消失，凝胶中毛细管力也不复存在，从而从根本上消除了导致凝胶开裂的应力的产生。

（2）热处理

进一步热处理，可以消除干凝胶的气孔，使其致密化，并使制品的相组成和显微结构能满足产品性能的要求。但在加热过程中，须在低温下先脱去干凝胶吸附在表面的水和醇，升温速度不宜太快，因为热处理过程中伴随着较大的体积收缩以及各种气体的释放（二氧化碳、水、醇），且须避免发生炭化而在制品中留下炭质颗粒（—OR基在非充分氧化时可能炭化）。热处理的设备主要有：真空炉、干燥箱等。

2.2.4　溶胶-凝胶合成法应用

2.2.4.1　纳米材料

纳米科学技术是20世纪80年代末刚刚诞生的，已引起了世界各国的极大关注。它的基本含义是在纳米尺寸范围内认识和改造自然，通过直接操作和安排原子、分子而创造新物质。它的出现象征着人类改造自然的能力已延伸到原子、分子水平，标志着人类科学技术已进入一个新的时代——纳米科技时代。纳米材料具有许多既不同于宏观物质又不同于微观粒子的奇特效应，如：量子尺寸效应、小尺寸效应、表面效应、宏观量子隧道效应和介电限域效应等。纳米材料的这些奇特的效应为人类按照自己的意志探索新型功能材料开辟了一条全新的途径。同时，也伴随着挑战，其研制和应用有相当的难度。目前，制备纳米材料有几种方法：团聚成核的经典物理法、溅射、热蒸发法、氢电弧等离子体法、球磨法和溶胶-凝胶法等[52]。溶胶-凝胶技术是制备纳米材料的特殊工艺。因为它从纳米单元开始，在纳米尺度上进行反应，最终制备出具有纳米结构特征的材料。而且，由溶胶-凝胶技术制纳米材料，工艺简单，易于操作，成本较低。所以，越来越受到人们的关注[53~58]。

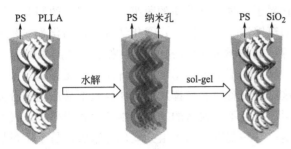

图 2-6　手性模板制备手性纳米材料的简单示意图

通过无机和聚合物高分子材料所制备的纳米复合材料，由于它们特殊的光学、电学、光电子、机械以及磁性质，在成为新一代材料上具有很大潜力，从而控制纳米材料的结构、形状、尺寸就成了一个至关重要的问题，因为材料的结构决定着它的性质。通过溶胶-凝胶法结合自组装可以形成一个手性的模板，再在这个模板上利用溶胶-凝胶制备手性的纳米复合材料[59]。图 2-6 所示的就是这种手性材料制备的简单示意图。

Yang 等[60~62] 通过溶胶-凝胶法合成了 $(Ca_{0.61}Nd_{0.26})TiO_3$、$MgTiO_3$、$CaO-MgO-SiO_2$ 等纳米粉体材料。

2.2.4.2　复合氧化物材料

运用溶胶-凝胶法，将所需成分的前驱物配制成混合溶液，形成溶胶后，继续加热使之成为凝胶，之后将样品放于电热真空干燥箱在高温抽真空烘干，得干凝胶，取出在玛瑙研钵中研碎，放于高温电阻炉中煅烧，取出产品，冷却至室温后研磨即可得超细粉末。目前采用此法已制备出种类众多的氧化物粉末和非氧化物粉末。

如 Wu 等[63] 采用溶胶-凝胶法合成的复合氧化物锂离子电池材料 $LiMO_2$（M＝Co，Ni）。Masingboon 等以 $Ca(NO_3)_2 \cdot 4H_2O$ 和 $Cu(NO_3)_2 \cdot 4H_2O$ 为原料，通过溶胶-凝胶法合成出具有巨大电容率的 $CaCu_3Ti_4O_{12}$ 粉末，具有很大的电容。Liu 等[64] 采用溶胶-凝胶法制备出具有强宽带吸收的 $CoNi@SiO_2@TiO_2$ 和 $CoNi@Air@TiO_2$ 微球。

2.2.4.3　纤维材料

制备陶瓷纤维传统的方法，一般是将氧化物原料加热到熔融状态，熔法纺丝成形。然而，许多特种陶瓷材料熔点很高，熔体黏度很低，难以用传统方法制备。而溶胶-凝胶法的出现解决了这一难题，已被广泛应用[65]。溶胶-凝胶法是一种湿化学方法，与传统方法相比，具有如下优点。

纤维制品均匀度高，尤其是制备多组分纤维时优势更加明显。溶胶-凝胶过程经溶液、溶胶、凝胶 3 个阶段，原料各组分在溶液中可以达到分子水平的混合。这就容易控制早期结晶以及材料的显微结构，这对于材料的物理性能以及化学性能影响很大。

溶胶-凝胶工艺过程温度低，可以在室温下纺丝成形，烧成温度也比传统温度低 400～500℃。当溶胶达到合适黏度后，可以在室温下干纺成形；因为所需产物在烧结前已经部分成形，且凝胶粒子较小，表面积大，大大降低了烧结温度，从而降低了能耗。

产品的纯度很高。通过溶胶-凝胶法成形的产品，其纯度只决定于原料的纯度。这样，根据需要严格控制反应物的配比，可以达到控制产物结构的目的，如莫来石纤维的制备。

如 Chandradass 等以氧化铝粉体为原料、一水软铝石（勃姆石）溶胶为无机黏结剂制备出抗张强度较高的均一的 $\alpha-Al_2O_3$ 纤维。Jiang 等[66] 用溶胶-凝胶法制备出可用于混合摩擦电和压电能量收集的可拉伸、透气和稳定的无铅钙钛矿/聚合物纳米纤维复合材料。

2.2.4.4　薄膜涂层材料

涂层是指附着在某一基体材料上起某种特殊作用，且与基体材料具有一定结合强度的薄层材料，它可以克服基体材料的某种缺陷，改善其表面特性，如光学特性、电学特性、耐侵蚀及腐蚀、耐磨损性和提高机械强度等，它属于一种有支撑体的薄膜。涂层材料的制备方法很多，主要可分为两大类：①物理方法，如蒸镀法、溅射法等；②化学方法，如化学气相沉积法（CVD）、喷雾热解法、溶胶-凝胶法等。其中溶胶-凝胶法是近年来新发展起来的一种涂层制备方法，与其他涂层制备方法相比，具有如下特点：①工艺设备简单，无需真空条件和昂贵的真空设备；②工艺过程温度低，这对于制备含有易挥发组分在高温下易产生相分离的多元系来说尤其重要；③可以在各种不同形状、不同材料的基底上制备大面积薄膜，甚至可以在粉末材料的颗粒表面制备一层包覆膜；④易制得均匀多组分氧化物涂层，易于定量掺杂，可以有效地控制薄膜成分及微观结构。溶胶-凝胶法是一种湿化学方法，它以金属醇盐为母体物质，配制成均质溶胶，对玻璃、陶瓷、金属和塑料等基材进行浸渍成膜或旋转成膜。它能赋予基材特殊的电性能和磁性能，也可改善光学性能和提高化学耐久性，尤其在改善大面积基材的性能方面非常适用。

制备薄膜涂层材料是溶胶-凝胶法最有前途的应用方向，其工艺过程为：溶胶制备→基材预备→涂膜→干燥→热处理，目前应用溶胶-凝胶法已经制备出光学膜、波导膜、着色膜、电光效应膜、分离膜、保护膜等[67,68]。

如 Tezuka 等利用氨丙基三乙氧基硅烷（APS）和硫酸形成溶胶-凝胶的方法合成无水质子传导的无机-有机混合薄膜材料。Xie 等[69] 综述了单元素二维膜材料及其异质结构的化学性质、功能化和应用。

2.2.4.5　复合材料

溶胶-凝胶法制备复合材料，可以把各种添加剂、功能有机物或分子、晶种均匀地分散在凝胶基质中，经热处理致密化后，此均匀分布状态仍能保存下来，使得材料更好地显示出复合材料特性。由于掺入物可以多种多样，因而运用溶胶-凝胶法可生成种类繁多的复合材料[70~74]，主要有：①不同组分之间的纳米复合材料（compositionally different phases）；②不同结构之间的纳米复合材料（structurally different phases）；③由组成和结构均不同的组分所制备的纳米复合材料；④凝胶与其中沉积相组成的复合材料；⑤干凝胶与金属之间的纳米复合材料；⑥无机-有机杂化纳米复合材料等。

如 Letaïef 等[75] 以固体基质为模板，通过黏土先与表面活性剂交联，形成分层的有机黏土，加入硅烷到有机黏土的分散系中，经过溶胶-凝胶过程，同时通过扩散作用使硅烷插入到黏土的夹层空间中去，通过水解形成二氧化硅-黏土的不同结构孔性的复合纳米材料。

溶胶-凝胶技术在许多领域的应用日益广泛，但是目前这种方法仍存在一些问题。溶胶-凝胶法所用的金属醇盐等有机化合物价格昂贵，使得陶瓷薄膜的生产成本高，因而难以普遍代替有机膜。其次，陶瓷薄膜的制备过程时间较长，约需 1~2 个月，本身具有脆性，在制备和应用过程中容易发生断裂和损坏，制得的陶瓷薄膜中存在一定的缺陷。因此，仍需要人们不断研究。在基础理论研究中，需要从胶体化学、结构化学和量子化学方面对溶胶-凝胶技术进行更深入的研究，以期更加清晰地描述溶胶-凝胶过程的化学与结构变化的规律，为设计和剪裁特定性能和形貌的材料提供理论依据。

目前溶胶-凝胶技术的研究已经取得了很大的进展[76~83]，如 Gao 等[79] 通过化学凝胶和水凝胶合成的方法成功制备了交联凝胶，通过甲基丙烯酸（MA）进行修饰，并对不同条件对其性能的影响做了相关研究。分析结果表明，该交联凝胶生物性能优良，可用作软骨组织再生的支架。Wang 等用溶胶-凝胶法合成的 $Li_3V_2(PO_4)_3$ 具有良好的电学性能。Li 等用溶胶-凝胶法制备的具有手性结构的三元富卤卤化物 $Sn_7Br_{10}S_2$，具有显著的非线性光学特性。

如今，溶胶-凝胶合成法已从聚合物科学、物理化学、胶体化学、配位化学、金属有机化学等有关学科角度探索而建立了相应的基础理论，应用技术逐步成熟，应用范围不断扩大，形成了一门独立的溶胶-凝胶科学与技术的边缘学科。相信在 21 世纪里，随着人们对溶液反应机理、凝胶结构和超微结构、凝胶向玻璃或晶态转变过程等基础研究工作的不断深入，它将会得到更广泛的应用。

2.3　固相合成法

固相化学反应是人类最早使用的化学反应之一，我们的祖先早就掌握了制陶工艺，将制得的陶器用做生活日用品，如陶罐用作集水、储粮，将精美的瓷器用作装饰品。因为它不使用溶剂，加之具有高选择性、高产率、工艺过程简单等优点，已成为人们制备新型固相固体材料的重要手段之一。

根据固相化学反应发生的温度将固相化学反应分为三类，即反应温度低于 100℃ 的低热固相反应，反应温度介于 100～600℃ 之间的中热固相反应，以及反应温度高于 600℃ 的高温固相反应。虽然这仅是一种人为的分法，但每一类固相反应的特征各有所不同，不可替代，在合成化学中必将充分发挥各自的优势。

2.3.1　低温固相合成法

与液相反应一样，固相反应的发生起始于两个反应物分子的扩散接触，接着发生化学作用，生成产物分子。此时生成的产物分子分散在母体反应物中，只能当作一种杂质或缺陷的分散存在，只有当产物分子集积到一定大小，才能出现产物的晶核，从而完成成核过程。随着晶核的长大，达到一定的大小后出现产物的独立晶相。可见，固相反应经历四个阶段：扩散-反应-成核-生长，但由于各阶段进行的速率在不同的反应体系或同一反应体系不同的反应条件下不尽相同，使得各个阶段的特征并非清晰可辨，总反应特征只表现为反应的决速步的特征。长期以来，一直认为高温固相反应的决速步是扩散和成核生长，原因就是在很高的反应温度下化学反应的这一步速率极快，无法成为整个固相反应的决速步。在低热条件下，化学反应这一步也可能是速率的控制步。

2.3.1.1　低温固相合成法特点

① 多组分固相化学反应开始于两相的接触部分。反应产物层一旦生成，为了使反应继续进行，反应物以扩散方式通过生成物进行物质输运，而这种扩散对大多数固体是较慢的。同时，反应物只有集积到一定大小时才能成核，而成核需要一定温度，低于某一温度 T_n，反应则不能发生，只有高于 T_n 时，反应才能进行。这种固体反应物间的扩散及产物成核过程便构成了固相反应特有的潜伏期。这两种过程均受温度的显著影响，温度越高，扩散越快，产物成核越快，反应的潜伏期就越短；反之，则潜伏期就越长。当低于成核温度 T_n 时，固相反应就不能发生。

② 固相反应一旦发生即可进行完全，不存在化学平衡。

③ 在溶液中，反应物分子处于溶剂的包围中，分子碰撞机会各向均等，因而反应主要

由反应物的分子结构决定。但在固相反应中，各固体反应物的晶格是高度有序排列的，因而晶格分子的移动较困难，只有合适取向的晶面上的分子足够地靠近，才能提供合适的反应中心，使固相反应得以进行，这就是固相反应特有的拓扑化学控制原理。

④ 溶液中配位化合物存在逐级平衡，各种配位比的化合物平衡共存，各种型体的浓度与配体浓度、溶液 pH 等有关。由于固相化学反应一般不存在化学平衡，因此可以通过精确控制反应物的配比等条件，实现分步反应，得到所需的目标化合物。

⑤ 具有层状或夹层状结构的固体，如石墨、MoS_2、TiS_2 等都可以发生嵌入反应，生成嵌入化合物。这是因为层与层之间具有足以让其他原子或分子嵌入的距离，容易形成嵌入化合物。$Mn(OAc)_2$ 与草酸的反应就是首先发生嵌入反应，形成的中间态嵌入化合物进一步反应便生成最终产物。固体的层状结构只有在固体存在时才拥有，一旦固体溶解在溶剂中，层状结构将不复存在，因而溶液化学中不存在嵌入反应。

2.3.1.2　低温固相合成法应用

低热固相反应由于其独有的特点，在合成化学中已经得到许多成功的应用[84~92]，获得了许多新化合物，有的已经或即将步入工业化的行列，显示出它应有的生机和活力。

(1) 原子簇化合物

原子簇化合物是无机化学的边缘领域，它在理论和应用方面都处于化学学科的前沿。$Mo(W,V)-Cu(Ag)-S(Se)$ 簇合物由于其结构的多样性以及具有良好的催化性能、生物活性和非线性光学性等重要应用前景而格外引人注目。

典型的合成路线如下：将四硫代钼酸铵（或四硫代钨酸铵等）与其他化学试剂（如 $CuCl$，$AgCl$，$n-Bu_4NBr$ 或 PPh_3 等）以一定的摩尔比混合研细，移入一反应管中油浴加热（一般控制温度低于 100℃），N_2 保护下反应数小时，然后以适当的溶剂萃取固相产物，过滤，在滤液中加入适当的扩散剂，放置数日，即得到簇合物的晶体。

(2) 固配化合物

低热固相配位化学反应中生成的有些配合物只能稳定地存在于固相中，遇到溶剂后不能稳定存在而转变为其他产物，无法得到它们的晶体，由此表征这些物质的存在主要依据谱学手段推测，这也是这类化合物迄今未被化学家接受的主要原因。我们将这一类化合物称为固配化合物。

例如，$CuCl_2 \cdot 2H_2O$ 与 α-氨基嘧啶（AP）在溶液中反应只能得到摩尔比为 1:1 的产物 $Cu(AP)Cl_2$。利用固相反应可以得到 1:2 的反应产物 $Cu(AP)_2Cl_2$。分析测试表明，$Cu(AP)_2Cl_2$ 不是 $Cu(AP)Cl_2$ 与 AP 的简单混合物，而是一种稳定的新固相化合物，它对于溶剂的洗涤均是不稳定的。类似地，$CuCl_2 \cdot 2H_2O$ 与 8-羟基喹啉（HQ）在溶液中反应只能得到 1:2 的产物 $Cu(HQ)_2Cl_2$，而固相反应则还可以得到液相反应中无法得到的新化合物 $Cu(HQ)Cl_2$。

此外，低温固相合成法在合成多酸化合物、配合物及功能材料等方面也有着广泛的应用。

2.3.2　高温固相合成法

高温固相合成是固相反应的一种，它是通过高温下固体反应物之间的反应而得到产物的一种合成方法。这是一类很重要的高温合成反应，一大批具有特种性能的无机功能材料或金属陶瓷化合物都是通过高温固相直接合成的。在稀土固体材料的制备方法中，最常用的方法也是高温固相反应法，就是把合成所需原料混合研磨然后放入坩埚内，置于炉中加热、灼烧、洗涤、烘干、筛选，得到产品。

由于固相反应的充要条件是反应物必须相互接触，即反应是通过颗粒界面进行的。所以反应颗粒越细，其比表面积越大，反应物颗粒之间的接触面积也就越大，从而更有利于固相反应的进行。固相反应通常包括以下步骤：①固相界面的扩散；②原子尺度的化学反应；③新相成核；④固相的输运及新相的长大。所以，针对高温固相合成这类反应，要考虑到以下三个影响其反应速率的因素：①反应物固体的表面积和反应物间的接触面；②生成物相的成核速度；③相界面间特别是通过生成核的离子扩散速度。通过对高温固相合成的特点认识，更有利于我们对高温固相反应的控制。

在高温固相合成中，实验室和工业中高温的获得通常有以下几种：电阻炉，感应炉，电弧炉。其中电阻炉是实验室和工业中常用的加热炉，其优点是设备简单，使用方便，温度可精确控制在很窄的范围内；感应炉操作起来方便且十分清洁，这种炉可以很快地加热到3000℃的高温，主要用于粉末热压烧结和真空熔炼等；电弧炉常用在熔炼金属、制备高熔点化合物及低价氧化物等。

高温固相法因其操作简便，设备简单，成本相对较低，而且工艺成熟，已得到了广泛的应用[93～95]，如 Xu 等通过高温固相合成法成功制备了 RFeAsO(R＝La，Sm，Gd，Tb) 系列化合物，并对 R 的改变以及温度变化对其磁性的影响做了相关研究。Zhai 等[96～98] 合成了 $LiCr_{0.1}Ni_{0.4}Mn_{1.5}O_4$、$Li_{1.02}YMn_{2-x}O_4$（$x = 0$，0.005，0.01，0.02，0.04，0.1）、$LiNi_{1-y}Co_yO_2$ 等化合物，并对其电化学性能进行了研究。当前，高温固相合成法已广泛应用于稀土发光材料、Li^+ 电池正极材料的合成等方面。用该法制得的各类荧光粉能保证形成良好的晶体结构，表面缺陷少，晶体产物发光效率高，而且成本也较低；在用于制备锂离子电池正极材料中，操作简单，适于批量生产，而且制备的产品各种性能也很好。此外，高温固相合成在制备无机储光材料、磷酸钙骨水泥组成原料、陶瓷材料等合成领域也被广泛应用。

2.3.2.1　高温固相合成法特点

一般而言，高温固相反应机制主要包括三步：

① 高温下，相界面接触；

② 在界面上，生成产物层，随厚度增大，反应物被分离开来，反应继续，反应物通过产物层扩散；

③ 反应完毕，生成化合物全部为产物层。

因此，高温固相合成法具有以下两个特点：

① 速度较慢，固体质点间键力大，其反应也降低；

② 通常在高温下进行高温传质，传热过程对反应速率影响较大。

2.3.2.2　高温固相合成法应用

（1）稀土发光材料

近年来，稀土发光材料具有许多优良性能和广泛用途，目前已成为发光材料研究的一个热点，稀土三基色荧光粉以其良好的发光性能和稳定的物理性质在发光材料中占有不可替代的位置。但随着需求领域的扩展，对荧光粉提出了不同的要求。这就需要不断改进荧光粉的某些性质如粒度、成分的均匀程度、纯度，工业生产也许可以降低成本，满足这些要求还需从合成方法入手。

荧光粉的合成方法有很多，概括起来就是固相反应、气相反应和溶液法。其中溶胶-凝胶法制备荧光材料耗时长，处理量小，成本高且发光强度还有待改善。固相法是一种传统的制粉工艺，虽然有其固有的缺点，如能耗大、效率低、粉体不够细、易混入杂质等，但由于该法制备的粉体颗粒无团聚、填充性好、成本低、产量大、制备工艺简单等优点，迄今仍是常用的方法。高温固相工艺相对成熟，在反应条件控制、还原剂的使用、助熔剂的选择、原料配制与混合等方面都日趋优化。该方法的主要优点是能保证形成良好的晶体结构，晶体缺陷少，产物发光效率高，有利于工业化生产。

如 Fang 等[99] 在空气中通过掺杂 Dy^{3+} 合成了 $Ca_8Mg(SiO_4)_4Cl_2$。产物的 X 射线表明，Dy^{3+} 的掺杂使得其晶格参数下降，实验表明，该荧光的发射光谱有两个发射带：蓝带和黄色带，并且前者的要强于后者，Dy^{3+} 的浓度影响发光强度。

Wu 等[100] 用高温固相合成的方法合成了 $Sr_{1.97}MgSi_2O_7$：$Eu_{0.01}^{2+}$，$Dy_{0.02-x}^{3+}$，Nd_x^{3+}（$x=0$，0.01，0.02）和 $Sr_{1.99}MgSi_2O_7$：$Eu_{0.01}^{2+}$ 长余辉发光材料。Dy^{3+} 和 Na^+ 的掺杂无论对结晶相还是发射峰都没有影响，但是随着 Na^+ 取代 Dy^{3+} 的量增加，余辉衰减常数会减少。

总之，高温固相合成方法是制备各类荧光粉的通用方法，也是简单、经济、适合工业生产的方法。用该法制得的产品能保证形成良好的晶体结构，表面缺陷少，晶体产物发光效率高，而且成本也较低。

（2）Li^+ 电池正极材料

近年来，锂离子电池因高工作电压、高容量、污染少及长循环寿命等优点受到人们重视，已被广泛采用。但是正极材料的比容量偏低（130mA·h/g 左右），且又需额外负担负极的不可逆容量损失，正极材料的研究与改进一直是锂离子电池材料研究的关键问题。随着碳负极性能不断改善并且不断有新的高性能负极体系出现，相对而言，正极材料的研究较为滞后，并成为制约锂电池性能的关键因素。过渡金属嵌锂化合物 $LiMO_2$ 和 LiM_2O_4（M 代表 Mn、Ni、Co 等金属离子）一直是锂离子电池正极材料的研究重点。

目前对于合成锂离子电池正极材料方法来说，离子交换法工艺烦琐，不具备工业化的条件；溶胶-凝胶法比较复杂，难以实用化；高温固相法和水热法相对简单，尤其是高温固相法，具备工业化的潜力，而目前国内外锂离子正极材料的生产工艺都以高温固相法为主。因此，研究该材料的高温固相合成具有更好的产业应用前景。

如 Ammundsen 等[101] 考查了掺杂 Al 和 Cr 合成 $LiMnO_2$ 的工艺路线，将 MnO_2、Li_2CO_3、Al_2O_3 或 Cr_2O_3 充分球磨混合后，在 N_2 气氛下，$1000\sim1050℃$ 煅烧 $5\sim10h$，缓慢冷却到室温，得到了单斜相产物。在 $55℃$ 下，$LiAl_{0.05}Mn_{0.95}O_2$ 和 $LiAlCr_{0.05}Mn_{0.95}O_2$ 显示了极其优异的循环性能和高的比容量。

Lee 等[102] 将 γ-$MnOOH$ 和 $Li_2O·H_2O$ 仔细研磨，原料压成圆片状，在氩气保护下，$950\sim1100℃$ 煅烧 $10h$，然后在空气中快速冷却至室温。得到粒径为 $5\sim15\mu m$ 的斜方相产物。并且考查了温度对初始放电比容量的影响，结果表明，初始放电比容量随测试的温度上升而上升。

固相合成法是制备固体材料的一种重要方法，因其操作简便，设备简单，成本相对较低，产率高，选择性好，而且工艺成熟得到了广泛的应用，在很多方面已形成了工业化生产。随着人们进一步的研究，以及对反应条件进一步的改进，无论是低温固相合成法还是高温固相合成法都将更广泛地得到应用。

2.4　化学气相沉积法（CVD）

化学气相沉积（CVD，chemical vapor deposition）是利用气态或蒸气态的物质在气相或气固相界面上反应生成固态沉积物的技术。化学气相沉积法这一名称最早在 20 世纪 60 年代初期由美国 J. M. Blocher 等人在《Vapor Deposition》一书中提出。化学气相沉积把含有构成薄膜元素的一种或几种化合物的单质气体供给基片，利用加热、等离子体、紫外线乃至激光等能源，借助气相作用或在基片表面的化学反应生成要求的薄膜。这种化学制膜方法完全不同于磁控溅射和真空蒸发等物理气相沉积法（PVD），后者是利用蒸镀材料或溅射材料来制备薄膜的。而随着科学技术的发展，化学气相沉积法内容以及手段的不断更新，现代社会又赋予了它新的内涵，即物理过程与化学过程的结合，出现了兼备化学气相沉积和物理气相沉积特性的薄膜制备方法如等离子体气相沉积法等。其最重要的应用在半导体材料的生产中，如生产各种掺杂的半导体单晶外延薄膜、多晶硅薄膜、半绝缘的掺氧多晶硅薄膜；绝缘的二氧化硅、氮化硅、磷硅玻璃、硼硅玻璃薄膜以及金属钨薄膜等。化学气相沉积法从古时"炼丹术"时代开始，发展到今天已经逐渐成为了成熟的合成技术之一。图 2-7 为 CVD 装置的示意图。

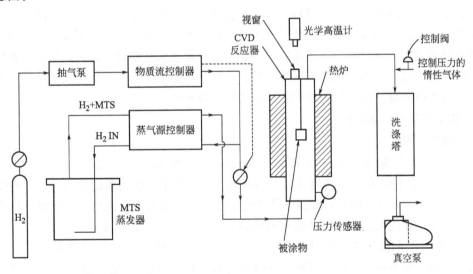

图 2-7　CVD 装置示意图

2.4.1　化学气相沉积法原理

CVD 的化学反应主要有两种：一种是通过各种初始气体之间的反应来产生沉积；另一种是通过气相的一个组分与基体表面之间的反应来沉积。CVD 沉积物的形成涉及各种化学平衡及动力学过程，这些化学过程受反应器设计，CVD 工艺参数（温度、压力、气体混合比、气体流速、气体浓度），气体性能，基体性能等诸多因素的影响。描述 CVD 过程最典型的是浓度边界层模型[103]，它比较简单地说明了 CVD 工艺中的主要现象——成核和生长的过程。该过程可描述为以下几步：①反应气体被强制导入系统；②反应气体由扩张和整体流动穿过边界层；③气体在基体表面的吸附；④吸附物之间或者吸附物与气态物质之间的化学反应；⑤吸附物从基体解吸；⑥生成气体从边界层到气流主体的扩散和流动；⑦气体从系统中强制排出。

热化学气相沉积是以热作为气相沉积过程的动力。由于热化学气相沉积过程的温度很高，对基体材料有特殊的要求，限制了化学气相沉积技术的应用，因此，化学气相沉积技术已向中、低温和高真空方向发展，并与等离子技术及激光技术相结合，出现了多种技术相融合的化学气相沉积技术。

2.4.2　化学气相沉积法特点

一般的化学气相沉积技术是一种热化学气相沉积技术，沉积温度为900～2000℃。这种技术已广泛应用于复合材料合成、机械制造、冶金等领域。化学气相沉积法进行材料合成具有以下特点：①在中温或高温下，通过气态的初始化合物之间的气相化学反应而沉积固体；②可以在大气压（常压）或者低于大气压下（低压）进行沉积，一般来说低压效果要好些；③采用等离子和激光辅助技术可以显著地促进化学反应，使沉积可在较低的温度下进行；④沉积层的化学成分可以改变，从而获得梯度沉积物或者得到混合沉积层；⑤可以控制沉积层的密度和纯度；⑥绕镀性好，可在复杂形状的基体上及颗粒材料上沉积；⑦气流条件通常是层流的，在基体表面形成厚的边界层；⑧沉积层通常具有柱状晶结构，不耐弯曲，但通过各种技术对化学反应进行气相扰动，可以得到细晶粒的等轴沉积层；⑨可以形成多种金属、合金、陶瓷和化合物沉积层。

因此，化学气相法除了装置简单易于实现之外还具有以下优点[104]：①可以控制材料的形态（包括单晶、多晶、无定形材料、管状、枝状、纤维和薄膜等），并且可以控制材料的晶体结构沿一定的结晶方向排列；②产物可在相对低的温度条件下进行固相合成，可在低于材料熔点的温度下合成材料；③容易控制产物的均匀程度和化学计量，可以调整两种以上元素构成的材料组成；④能实现掺杂剂浓度的控制及亚稳态物质的合成；⑤结构控制一般能够从微米级到亚微米级，在某些条件下能够达到原子级水平等。

2.4.3　化学气相沉积法应用

（1）纳米材料

采用CVD方法制备CNTs的研究尽管已经取得很大的进展和突破[105~108]，然而，CNTs的控制生长仍然存在很多挑战，比如如何选择性地获得性能和结构均一、高纯度或特定结构的CNTs。优化碳纳米管的制备条件也是降低成本实现工业化的可行之路。许多科研工作者采用改变催化剂、改变碳源来控制碳纳米管的结构、产量以及纯度。

Yang等[109]利用β沸石作为固体模板、乙腈作为碳前体在800℃或者850℃的温度下，通过化学气相沉积制备沸石状碳材料。该材料的沸石状结构已用XRD进行表征。透射电子显微镜图像表明口径为0.6～0.8nm。这种碳材料增加了储氢容量，并成为目前已报道的碳或者其他多孔材料中摄取氢能力最强的材料。

Min等[110]利用水等离子化学气相沉积在低温下合成了单壁碳纳米管。由于单壁碳纳米管的一维结构的可调性以及其导电性，单壁碳纳米管渐渐取代了目前基于硅的半导体场效应。在化学气相沉积中，往往会产生碳掺杂现象，这种方法不易形成纯的单壁纳米管。使用水等离子体化学气相沉积法制备的单壁碳纳米管的纯度及浓度更高，且可将反应温度降低到450℃。

此外，化学气相沉积技术还广泛应用于其他纳米材料的制备。如Tang等[111]在最近的文章中描述了一种独创性的合成氟掺杂氮化硼纳米管的方法，该方法通过在纳米管生长过程中引入氟原子的方法来实现。基于氮化硼晶体合成的一般方法即化学气相沉积法，使用块状

$MgCl_2$ 作为高温区域的反应物，也就是化学气相沉积中的底物。该方法合成的氟化氮化硼纳米管使得管状氮化硼高度卷曲并拥有了半导体的性质。

（2）薄膜材料

化学气相沉积法在薄膜制备上应用十分广泛。Bchir 等[112] 使用钨的配合物 $Cl_4(RCN)$ $W(NC_3H_5)$ 作为制备氮化钨（WN_x）或者碳氮共渗（WN_xC_y）薄膜的原料——CVD 前驱体。实验结果表明，$Cl_4(RCN)W—(NR')$ 的质谱断裂形式表明该膜的形成过程中 N—C 键较容易断裂。一定程度上解释了使用 CVD 合成的膜的相关性质。

对于复杂表面的改性已经成为了生物技术的关键之一。使用聚合物化学气相沉积形成的涂层提供了一个有吸引力的替代目前以湿化学为主的表面改性方法，Chen[113] 通过研究表明，该方法具有普遍适用性以及涂层的稳定性。由于聚合物气相沉积涂层推进了生物传感器的技术革命，因而在生物分析、医疗以及微机系统领域都有很好的应用。

2.4.4　几种新发展的 CVD 技术

近年来，在传统化学气相沉积技术的基础上，又发展出一些新技术新方法，而且还被广泛地用于科学研究与实际生产当中。比如金属有机化学气相沉积法（MO-CVD）、等离子体化学气相沉积法（P-CVD）、激光化学气相沉积法（L-CVD）等。

（1）金属有机化学气相沉积法（MO-CVD）

金属有机化学气相沉积（metal organic chemical vapor deposition，简称 MO-CVD）是将稀释于载气中的金属有机化合物导入反应器中，在被加热的衬底上进行分解、氧化或还原等反应，生长薄膜或外延薄层的技术。现已在半导体器件、金属、金属氧化物、金属氮化物等薄膜材料的制备和研究方面得到广泛应用。这种技术的优点是：①可制成各种类型的材料；②可精确控制膜的厚度、组成及掺杂浓度；③可以制备高质量的低维材料；④可制成大面积的高均匀性的外延膜。因此这是目前各国都在大力发展的一种高新材料制备技术。

（2）等离子体化学气相沉积法（P-CVD）

P-CVD 是借助等离子体内的高能电子与反应气体原子、分子发生非弹性碰撞使之离解或电离，从而产生大量的沉积组元，如原子、离子或活性基团并输送到基体表面。

（3）激光化学气相沉积法（L-CVD）

由于激光具有高能量密度及良好的相干性能，通过激光激活可使常规 CVD 技术得到强化。自 20 世纪 80 年代以来，L-CVD 已从最初的金属膜沉积发展到半导体膜、介质膜、非晶态膜以及掺杂膜等在内的各种薄膜材料的沉积。L-CVD 较普通 CVD 主要有低温化、低损伤、加工精细化以及选择生长等方面的优点。因此激光诱导化学沉积技术在薄膜制备、电子学、集成电路的制造等领域都具有广阔的应用前景。

化学气相沉积（CVD）技术的开发较早，也属于经典的合成方法。对它的研究也更深入一些，由于化学气相沉积法在纳米材料以及一些半导体材料、薄膜制备、表面改性等方面的广泛应用[114~126]，以及其对于设备的相对较低的要求，该方法越来越多地被利用于各种无机化合物的制备中。随着一些新技术比如等离子体化学气相沉积法（P-CVD）、激光化学气相沉积法（L-CVD）、金属有机化学气相沉积法（MO-CVD）的出现，它也越来越广泛地被用于科学研究和实际生产。我们相信，今后会有更多有关化学沉积法的报道和研究出现，这一技术的发展也会更加迅速。

最近，北京理工大学周家东教授等[127] 利用一步化学气相沉积法（CVD）首次构筑出不同维度的异维超晶格结构。该异维超晶格结构是由二维层状二硫化钒（VS_2）和一维链状硫化钒（VS）的阵列所构成的周期结构，属于单斜对称的 C_2/m 空间群，该异维超晶格（VS_2-VS）展现出室温面内反常霍尔效应。该工作为构建不同维度超晶格结构，探索凝聚态物理新奇物性开辟了一条新的道路。

2.5 电化学合成法

2.5.1 电化学合成法原理

电化学合成法即利用电解手段合成化合物和材料的方法，主要发生在水溶液体系、熔盐体系和非水体系中。电化学是从研究电能与化学能的相互转换开始形成的。1807 年戴维就用电解法得到钠和钾，1870 年发明了发电机后，电解才获得实际的应用，从此相继出现电解制备铝，电解制造氯气和氢氧化钠，电解水制取氢气和氧气。

近年来，无机化合物的电解合成与应用越来越广，发表的文章也越来越多[128~137]。如 Zhai 等通过电化学方法合成了 CaB_6 粉体，并对其电化学反应机制进行了研究。

（1）电解电压

电解是原电池反应的逆反应，但电解电压的临界值并不等于原电池的电动势。能使电解顺利进行的最低电压称为电解电压，通常称为槽电压，即：

$$E_槽 = E_理 + E_外 + E_超 + E_内$$

$E_理$ 在数值上等于电极和电解液组成原电池的电动势，可以通过能斯特方程计算；$E_外$ 是电解池外接电路电压，由电流通过金属导体电阻和接触电阻产生，根据不同的电解池情况取经验值；$E_内$ 是电流通过电解池中电解质产生的电压降，它与电解质电导率、电流和电极的间距有关；$E_超$ 由电极的极化产生的。

（2）法拉第定律

电解时，电极上发生沉积的物质的质量与通过的电量成正比，并且每通过 1F 电量（96500C）可析出 $1/n$ mol 物质。

2.5.2 电解装置

图 2-8 为电解槽装置示意图。

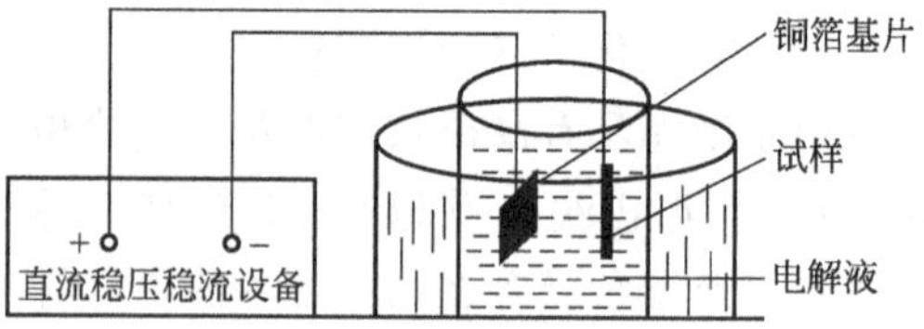

（1）阳极

电解提纯时，阳极为提纯金属的粗制品。根据电解条件做成适当的大小和形状。导线宜用同种金属；难以用同种金属时，应将阳极-导线接触部分覆盖上，不使其与电解液接触。

图 2-8 电解槽装置示意图

（2）阴极

只要能高效率地回收析出的金属，无论金属的种类、质量、形状如何，都可以用作阴极。设计阴极时，一般要使其面积比阳极面积多一圈（10%～20%）。这是为了防止电流的分布集中在电极边缘和使阴极的电流分布均衡。如果沉积金属的状态致密，而且光滑，可用平板阴极，当其沉积到一定厚度后，将其剥下。

（3）隔膜

电解时，有时必须将阳极和阴极用隔膜隔开。隔膜应具备：①不被电解液所侵蚀；②有适当的孔隙度、厚度、透过系数、电阻；③有适当的机械强度等性能。

2.5.3　电化学合成法的影响因素

有众多的因素影响着电解过程，这些因素不仅影响电解效率，也影响电解产物的纯度、性能和外观等。以水溶液体系为例，这些因素有以下几个。

（1）电解电压

电解电压的大小直接影响产物的纯度和电解效率，是决定电解的关键。理论分解电压可以通过计算得到，在组成电解电压的其他部分中，最重要的是超电压。此外，温度也会影响到电解电压。

（2）电流密度

电流密度决定了电解速率。电流密度越大，电解速率越快。但是，电流密度越大，产生的极化作用就越强，超电势越大，电解电压也越高。另外，电流密度还影响阴极析出物的状态，在低电流密度下，由于有充分的晶核生长时间，使晶体生长速率大于晶核生成速率。

（3）电解液组成

电解液的制备非常重要，一般要满足以下要求：电解质溶液有合适的浓度且稳定；电解质溶液电导性能良好；有满足阴极析出的合适 pH；使产物有良好的析出状态和析出率；有害气体和副反应尽可能少。

（4）电解温度

电解温度对电解过程的影响比较复杂，一般而言，温度对理论分解电压影响不大，对电解质的电导影响很大，温度升高，离子迁移速率加快，电导率下降，降低了 $E_{内}$，从而使分解电压降低。

（5）电极材料

电极材料应不被电解液腐蚀，不污染产物。

熔盐体系、非水溶液体系的影响因素与水溶液类似。在实验过程中往往通过改变这些因素获得目标产物。

2.5.4　电化学合成法特点

电解合成反应在无机合成中的作用和地位日益重要，是因为电氧化还原过程与传统的化学反应过程相比有下列一些优点：①在电解中能提供高电子转移的功能；②合成反应体系及其产物不会被还原剂（或氧化剂）及其相应的氧化产物（或还原产物）所污染；③由于能方便地控制电极电势和电极的材质，因而可选择性地进行氧化或还原，从而制备出许多特定价态的化合物；④由于电氧化还原过程的特殊性，因而能制备出其他方法不能制备的许多物质和聚集态。

电化学合成也存在一些缺陷：电化学合成的产率有待提高；由于影响因素多，导致反应中的变数较多。

2.5.5　电化学合成法应用

（1）纳米材料

无机纳米材料因其在化工催化、精细陶瓷、发光器件、红外吸收、光敏感材料、磁学等方面具有广阔的应用前景而备受关注。许多纳米材料已经用一些经典的方法，如水热法、溶胶-凝胶法制得了。然而近几年，由于电化学方法操作简便，成本较低，可控性好，越来越受到人们的关注，成为一种很好的制备纳米材料的方法。

Lai 等[138,139]采用电化学方法，以聚合物薄膜为模板制备了 ZnO 纳米棒；以聚碳酸酯膜为模板，制备了 SnO_2 纳米管。

Menke 等[140]将光刻法和电沉积方法结合，制得了多种多晶纳米线。用光刻法选择性地腐蚀掉镍层，形成具有一定高度的横沟，再利用电沉积法还原含有三氯化金的溶液得到了 Au 纳米线，电沉积的时间决定了纳米线的宽度。同样的方法可以得到 Pt 纳米线、Pd 纳米线。

电化学法制备纳米材料，方法简单，而且可以和许多方法结合使用。从目前来看，该方法尚处于实验研究阶段，其反应机理尚需要探讨。该方法具有一定的发展前景，有待于进一步去研究开发。

（2）薄膜材料

电化学法是近年发展起来的制备薄膜功能材料的重要工艺路线，通过调节电极电位改变电极反应速率，使得制备过程能在常温常压下进行。通过控制电极电位和选择适当电极及溶剂等，可使反应朝着希望的方向进行，从而减少副反应，得到较高的产率和较纯净的产品。电化学合成过程容易实现自动、连续，而且排放的三废很少，是一种环境友好的薄膜制备工艺路线。

Pauporté[141]用电沉积法在高氯酸锌溶液中，制备了氧化锌和聚乙烯醇的复合膜，具有很高的透光性，可作为太阳能电池材料。

Gorelikov 等[142]用电沉积法制备出聚合物/半导体纳米复合薄膜。复合薄膜是由醋酸乙烯酯、巴豆酸的聚合物和硫化镉纳米晶组成的。

Liu 等[143~145]通过电化学途径制备了 $LaPO_4$：Ln^{3+}（$Ln^{3+}=Ce^{3+}$，Tb^{3+}）、CuO 和 $NaGdF_4$：Eu^{3+} 薄膜等材料。

（3）多孔材料

纳米多孔材料应用非常广泛，可以作为分子筛、催化剂、气体传感器、电子或电化学器件。迄今为止，对于合成纳米多孔材料的报道主要集中在模板辅助法，包括软模板法和硬模板法。

如 Zhao 等[146]通过电沉积方法成功制备出了具有较好光电性能和循环性能的分级多孔结构的 Co_3O_4 阵列化合物薄膜。

（4）特殊价态化合物

高铁酸盐是一种高效无污染的净水剂，近年来又将其作为锂离子电池的阳极材料，化学法制备高铁酸盐工艺复杂，成本较高，合成过程中需使用毒性很大的氯气，对环境造成较大污染，使推广应用受到限制。而在水溶液中，电化学方法可以合成高铁酸钠、高铁酸钾、高铁酸钡等，合成效率可达 60% 以上。

如 Wang 等[147]通过电化学方法制备出 $K_3Na(FeO_4)_2$ 等高铁酸盐类，该类化合物具有良好的电学性能，可用作阴极材料。

通过电化学氧化，还可制备 NiF_4、NbF_6、AgF_2、$CoCl_4$ 等高价金属化合物；一些难以用其他化学方法合成的含中间价态或特殊低价化合物，如 Mo（Ⅱ～Ⅴ）化合物，Ti^+、Ga^+、Ni^+、Co^+、Mn^+、W^+ 等都可在特定条件下由电化学方法合成。

（5）化工原料

氨是重要的无机化工产品之一，在国民经济中占有重要地位。除液氨可直接作为肥料外，农业上使用的氮肥，例如尿素、硝酸铵、磷酸铵、氯化铵以及各种含氮复合肥，都是以氨为原料的。另外，氨也是合成纯碱、硝酸的原料。德国化学家哈伯 1909 年提出了工业氨合成方法，即"循环法"，这是目前工业普遍采用的直接合成法。但是此法需要在高温、高压及催化剂的作用下进行。

Murakami 等[148] 以 H_2、N_2 为原料，在熔盐体系 LiCl-KCl-CsCl-Li_3N 中，电解合成了氨，该反应发生在常压下，并且反应温度（400℃）有所降低。

电化学合成法简便易行、反应条件温和、环保节能，广泛应用于各种无机材料和化合物的制备，具有一定的发展前景。在电化学方法工业化方面还需继续研究。近年来，有机电合成作为 21 世纪的技术，其研究领域的发展也十分迅速[149]。

2.6 微波合成法

20 世纪 30 年代初，微波技术主要用于军事方面。第二次世界大战后，发现微波具有热效应，才广泛应用于工业、农业、医疗及科学研究。实际应用中，一般波段的中波长即 1～25cm 波段专门用于雷达，其余部分用于电讯传输。微波在化学中的应用最早的报道出现于 1952 年，当时 Broida 等用形成等离子体（MIP）的办法以原子发射光谱法（AES）测定氢-氘混合气体中氘同位素含量。随后的几十年微波技术广泛应用于无机、有机、分析、高分子等化学的各个分支领域中。微波技术在无机合成上的应用日臻繁荣，已应用于纳米材料、沸石分子筛的合成和修饰、陶瓷材料、金属化合物的燃烧合成等方面[150～154]，如 Zhai 等[155] 通过微波加热法合成的 LaF_3 超细粉体具有良好的导电性能。

2.6.1 微波合成法原理

微波是指频率为 300～300000MHz 的电磁波，即波长在 1m～1mm 之间的电磁波，由于微波的频率很高，所以也称为超高频电磁波。当微波作用到物质上时，可能产生电子极化、原子极化、界面极化以及偶极转向极化，其中偶极转向极化对物质的加热起主要作用。在无外电场作用时，偶极矩在各个方向的概率相同，因此极性电介质宏观偶极矩为零，而当微波场存在时，极性电介质的偶极子与电场作用而产生转矩，各向偶极矩概率不等使得宏观偶极矩不再为零，产生了偶极转向极化。由于微波中的电磁场以每秒数亿至数十亿的频率变换方向，通常的分子集合体，如：液体或固体根本跟不上如此快速的方向切换，因而产生摩擦生成大量的热。

物体在微波加热中的受热程度可表示为：$\tan\delta = \varepsilon/\varepsilon'$，其中 $\tan\delta$ 表征了物体在给定频率和温度下将电磁场能转化为热能的效率；ε 表示分子或分子集合体被电场极化的程度；ε' 表示介质将电能转化为热能的效率。其中 $\tan\delta$ 值取决于物质的物理状态、电磁波频率、温度和混合物的成分。由此可见，在一定的微波场中，物质本身的介电特性决定着微波场对其作用的大小，极性分子的介电常数较大，同微波有较强的耦合作用，非极性分子同微波不产生或只产生较弱的耦合作用。如：金属导体反射微波而极少吸收微波能，所以可用金属屏蔽微波辐射；玻璃、陶瓷等能透过微波，而本身产生的热效应极小，可用做反应器材料；大多数有机化合物、极性无机盐及含水物质能很好地吸收微波、升高温度，这就为化学反应中微波的介入提供了可能性。

微波加热有致热和非致热两种效应，前者使反应物分子运动加剧而温度升高，后者则来自微波场对离子和极性分子的洛仑兹力作用。

微波加热能量大约为几焦耳/摩尔，不能激发分子进入高能级，但微波加热可以加快反应速率，许多反应速率甚至是常规反应的数十倍、上千倍。研究人员认为主要是在分子水平上进行的微波加热可以在分子中储存微波能量即通过改变分子排列等熵或熵效应来降低吉布斯自由能。

2.6.2　微波合成法特点

固相物质制备目前使用的方法有高压法、水热法、溶胶-凝胶法、电弧法、化学气相沉积法等。这些方法中，有的需要高温或高压；有的难以得到均匀的产物；有的制备装置过于复杂，昂贵，反应条件苛刻，周期太长。而微波辐射法则不同，能里外同时加热，不需传热过程；加热的热能利用率很高；通过调节微波的输出功率无惰性地改变加热情况，便于进行自动控制和连续操作；同时微波设备本身不辐射热量，可以避免环境高温，改善工作环境。

与传统的通过辐射、对流以及传导由表及里的加热方式相比，微波加热主要有 4 个特点：①加热均匀、温度梯度小，物质在电磁场中因本身介质损耗而引起的体积加热，可实现分子水平上的搅拌，因此有利于对温度梯度很敏感的反应，如高分子合成和固化反应的进行；②可对混合物料中的各个组分进行选择性加热，由于物质吸收微波能的能力取决于自身的介电特性，对于某些同时存在气固界面反应和气相反应的气固反应，气相反应有可能使选择性减小，而利用微波选择性加热的特性就可使气相温度不致过高，从而提高反应的选择性；③无滞后效应，当关闭微波源后，再无微波能量传向物质，利用这一特性可进行对温度控制要求很高的反应；④能量利用效率很高，物质升温非常迅速，运用得当可加快物料处理速度，但若控制不好，也会造成不利影响。

2.6.3　微波合成法应用

（1）纳米材料

纳米材料的制备主要有固相法、液相法和气相法。固相法一般是通过将原料物研磨煅烧得到超微粒子，生成的微粒容易出现结团、组成及粒径不均的现象。液相法主要包括溶胶-凝胶法、化学沉积法、水热法、微乳液法、喷雾热分解法等。气相法主要包括气相冷凝法、溅射法、混合等离子法和化学气相沉积等。液相法和气相法发展得相对成熟且各有优势，但应用范围有一定的限制，均存在一些缺点。而微波合成法以其所得产品纯度较高、粒径分布较窄并且形态均一等优良特性，在纳米材料合成领域被广泛应用。

如 Phuruangrat 等[156] 以 $Pb(NO_3)_2$ 和 Na_2MO_4（M＝Mo 或 W）为原料，在 180W 的微波条件下只需 20min 就可以制备得到钼酸铅和钨酸铅的纳米晶体。结果表明，得到钼酸铅的粒径为 15～50nm，而钨酸铅的粒径则更细小，在 12～32nm 之间。

Wang 等[157] 采用双频微波炉对多孔羟基磷灰石陶瓷的烧结进行了研究。通过改变烧结条件，例如：烧结温度、加热速率、加热时间等制备了平均粒径 30nm，孔隙率 65%，耐压强度 6.4MPa 的多孔生物陶瓷。并与传统烧结方法进行了比较，结果表明：微波烧结比传统烧结速度更快，烧结温度更低，而且晶粒尺寸更细小，微观结构更均匀。

Shim 等[158] 利用微波法在没有任何催化剂的条件下，在柔韧的聚合物基质上制备了高结晶度的 Cr 纳米线，这对于其他种类金属纳米线的制备具有指导意义。

（2）有序介孔分子筛材料

分子筛的传统合成是在常规水热条件下进行的，该方法一般都需要在较高的温度下长时间反应，随着温度升高，容易导致无定形或其他晶相的生成，且过程能耗很大。随着对微波技术在化学领域应用的深入研究，人们开始将微波用于分子筛的合成与处理，研究发现微波辐射不仅可加快合成与晶化速度、降低能耗，还可极大地改善产品的物化性能，得到纯度高、结晶度好的分子筛。

Hwang 等[159] 用硅酸钠为硅源，三段聚合物 F127 为结构导向剂，研究了前驱体溶液的搅拌时间、微波反应时间和温度对产物结构和形貌的影响，发现 SBA-16 的最佳合成条件是前驱体溶液搅拌 30min 后在 100℃温度下微波晶化 2h。

Laha 等[160] 通过微波法将金属 Cr 掺入 M41S 介孔分子筛。在 MCM-48 的合成溶胶中添加进有机辅助试剂乙醇，将 Cr-MCM-41 和 Cr-MCM-48 的合成溶胶分别在 100℃和 150℃下微波晶化一定时间制得原粉。

Zhou 等[161] 通过微波辐射，在介孔碳上负载 Pt 纳米粒子制备 Pt 催化剂，在氢气-电氧化反应中有高的催化活性。

微波合成法以其方便、清洁、快速、高效、产物性能良好等优点，广泛应用于无机化学合成中，与传统的方法相比具有明显的优势，为纳米材料的制备，介孔材料的合成、修饰等提供了新的有效途径，应用前景十分广阔。但目前微波法的应用仍处于初级阶段，还存在一些安全性和效率的问题，且使用多集中在实验室中，还没有在实际的工业大生产中投入应用。因此，需要更深入地揭示微波对化学反应作用的本质的影响，完善微波法的工艺，使之在生产实际中得到广泛的应用。

2.7　仿生合成法

虽然自然界中的生物矿化现象（牙床、骨骼、贝壳等）已经存在了几百年，但直到 20 世纪 90 年代中期，当科学家们注意到生物矿化进程中分子识别、分子自组装和复制构成了五彩缤纷的自然界，并开始有意识地利用这一自然原理来指导特殊材料的合成时，仿生合成的概念才被提出。于是各种具有特殊性能的新型无机材料应运而生，化学合成材料由此进入了一个崭新的领域。

仿生合成（biomimetic synthesis）一般是指利用自然原理来指导特殊材料的合成，即受自然界生物的启示，模仿或利用生物体结构、生化功能和生化过程并应用到材料设计，以便获得接近或超过生物材料优异特性的新材料，或利用天然生物合成的方法获得所需材料[162]。利用仿生合成所制备的材料通常具有独特显微结构特点和优异的物理、化学性能。

目前，仿生材料工程主要研究内容分为两方面，一方面是采用生物矿化的原理制作优异的材料，另一方面是采用其他的方法制作类似生物矿物结构的材料。

2.7.1　仿生合成法原理

生物矿化是指生物体内生物矿物的形成过程，它是由生物在生命过程中通过一系列的过程形成的含有无机矿物相的材料。生物矿化区别于一般矿化的显著特征是：它通过有机大分子和无机物离子在界面处的相互作用，从分子水平控制无机矿物相的析出，从而使生物矿物具有特殊的多级结构和组装方式。生物体内的矿化过程一般可以分为超分子预组装、界面分子识别、化学矢量调节和细胞水平调控与加工四个阶段，但是这四个阶段并不是孤立的，而是相互联系、相互作用的[163]。

仿生合成将生物矿化的机理引入无机材料合成，模仿了生物矿化中无机物在有机物调制下形成无机材料的过程。即无机物在有机物调制下形成的机理，合成过程中先形成有机物的自组装体，使无机先驱物于自组装聚集体和溶液的相界面发生化学反应，在自组装体的模板作用下，形成无机/有机复合体，再将有机物模板去除后即可得到具有一定形状的有组织的无机材料。由于表面活性剂在溶液中可以形成胶束、微乳、液晶、囊泡等自组装体，因此用作模板的有机物往往为表面活性剂；还可以利用生物大分子和生物中的有机质作模板。

从生物矿化的构筑过程来看，生物矿化过程是一个复杂的过程。它的一个显著特征是这个过程受控于有机大分子基质。天然复合材料中的有机质不仅有其结构上的框架作用，更重要的是它还控制着无机矿物的成核、生长及其堆积方式。生物矿化研究多年来一个重要的进展就是认识到有机模板对无机晶体的调控作用，最具代表性的是 S. Mann 提出的有机-无机界面分子识别理论。分子识别是基底与受体的选择性结合，是具有专一性功能的过程。有机基质对无机晶体的成核、生长、晶形及取向等的控制为分子识别过程。有机化学的分子识别对有机-无机界面的分子识别机理的建立起了重要的作用。

近年来，关于仿生合成的机理研究已十分广泛，但尚不能达成共识。目前，所有的机理模型均认为有自组装能力的表面活性剂的加入能够调制无机结构的形成；就无机前驱体、固体基底与表面活性剂之间如何作用却达不成共识，因为它们之间作用力类型的不同会导致合成路径、复合物形状以及无机材料尺寸级别的不同。

2.7.2　仿生合成法特点

仿生合成法为制备实用新型的无机材料提供了一种新的化学方法，使纳米材料的合成技术朝着分子设计和化学"裁剪"的方向发展，巧妙选择合适的无机物沉积模板，是仿生合成的关键。仿生合成法制备无机功能材料具有传统物理和化学方法无可比拟的优点：①可对晶体结晶粒径、形态及结晶学定向等微观结构进行严格控制；②不需后续热处理；③合成的薄膜膜厚均匀、多孔，基体不受限制，包括塑料及其他温度敏感材料；④在常温常压下形成，成本低。因此，仿生合成技术在无机材料制备领域具有很大的发展潜力。

2.7.3　仿生合成法应用

仿生合成材料是具有特殊性能的新型材料，有着特殊的物理、化学性能和潜在的广阔应用前景。微米级仿生合成材料是极好的隔热隔声材料；具有纳米级精细孔结构的分子筛，可以根据粒子大小对细颗粒进行准确的分类，如筛选细菌与病毒；与催化剂相结合，这种材料可以实现反应与分离过程的有效耦合，如用于高渗透通量的纯净水生产装置；仿生合成的磷灰石材料是性能优异的新骨组织构造基架，有望用于骨移植的外科手术中；仿生合成制取的纳米材料在光电子等其他领域同样存在广阔的应用前景。为充分发挥仿生合成技术在无机材料制备中的应用潜力，仿生合成技术的应用研究为仿生合成技术进一步工业化、产业化提供了过渡桥梁。

（1）纳米材料

仿生合成无机纳米材料方法即采用有机分子在水溶液中形成的逆向胶束、微乳液、磷脂囊泡及表面活性剂囊泡作为无机底物材料（guest material）的空间受体（host）和反应界面，将无机材料的合成限制在有限的纳米级空间，从而合成纳米级无机材料。

如 Lin 等[164] 提出在液/液界面表面直接进行纳米粒子的自组装，进而形成稳定的空心的球形聚集体。Lin 等[165] 的进一步研究表明，将包覆在纳米粒子外面的有机物进行化学交联，而得到超薄的有机-无机纳米复合薄膜，这为制备超薄纳米膜提供了更为灵活、简便的方法。

Zhuang 等[166] 利用超晶格通过自下而上的自组装方式合成了具有四面体结构的 Ag_2S 纳米粒子，该晶体的形成经过了"结晶-溶解"过程，这与单晶形成过程十分相似。

Shevchenko 等[167] 制备出了规则的 $CoPt_3$ 纳米晶体，可以通过控制反应条件制得粒径分布为 $1.5\sim7.2nm$ 的微粒。

Wang 等[168] 又以简单的方法合成出了 Fe_3O_4/ZnS 空心纳米球，所制得的纳米材料不仅具磁性而且表现出很好的荧光性。具体方法是，先将 ZA、PVP、NH_4NO_3、乙二醇和水混合，再将多分散的 FeS 粒子在混合液中进行分散。该过程条件温和、操作简单，具有可推广性。

（2）薄膜材料

仿生合成薄膜和涂层具有传统的物理和化学方法无可比拟的优点：①可以在低温下以低的成本获得材料；②不用后续热处理就可能获得致密的晶态膜；③能够制备厚度均匀、形态复杂和多孔的膜和涂层；④基体不受限制，包括塑料和其他温度敏感材料；⑤微观结构易于控制；⑥可以直接制备一定图案的膜。

如 Maran 等[169] 利用双亲的有机铂环状化合物在液-液和水-空气表面通过 Langmuir 自组装合成的多分子膜，并指出，可能是由于该带电的两亲分子具有离子选择性，使分子内部亲水、外部疏水，从而使这些分子的功能类似于单分子的纳米反相胶束。

（3）多孔材料

SiO_2 分子筛的仿生合成是近几年研究最多的一种多孔材料。1992 年 Mobil 石油公司的 Kresge 等首次以阳离子表面活性剂为模板合成了 SiO_2 分子筛，并发现通过改变疏水链的长度可以实现孔径可调。这类材料主要利用了表面活性剂在水中可以自组装形成液晶（六角、立方和层状）和囊泡，从而作为仿生合成中的有机模板。脱去模板的方法有干燥、萃取、溶解和煅烧。根据作为模板的液晶的结构，仿生合成的 SiO_2 多孔相有 3 种结构类型：六方（H）、立方（C）和层状（L）。仿生合成在制备多孔材料方面具有传统方法无可比拟的优点：①孔尺寸可调；②可以在低温下一步合成材料；③可以制备一定形状的多孔材料。

如 Seo 等[170] 利用对称的金属-有机组合物作为构造单元合成了有手性孔隙的金属-有机多孔材料。

（4）类生物矿物材料

生物有机体是由高度有序的结构单元自组装而成，从微米尺度甚至到纳米尺度都具有独特的三维结构，与之相对应的，不同的生物有机体都有其特有的性质。因此，合成具有天然生物结构的材料成为了材料研究领域一个十分重要的领域。生物分子所具有的完善且严格的分子识别功能，可以对纳米材料的合成进行精确控制，且同时具有外形多样化、尺寸小、自组装生物模板重复性高、廉价、丰富、易得、可再生、环境友好等优点。天然生物矿物由于生物的智能性，具有其独特的物理和化学特性，仿生合成最难点正在于此。利用仿生合成制备出一些与天然生物矿物形貌极其相似的无机材料成为了近年来的研究热点，这类仿生合成利用有机物模板控制了微观结构和宏观形貌，具有多级结构特点。

如 Chen 等[171] 在双亲水嵌段共聚物 PEG-6-PHEI 存在下，制备出了与自然界中鲍鱼壳结构类似的由多孔薄片自组装而成的具有多层结构的方解石晶体。并通过实验表明，聚合物的选择吸附作用直接影响晶体最终的形貌和结构。

浙江大学唐睿康教授等在模拟骨骼形成的研究中发现，20nm 的羟基磷灰石（HAP）在刺激干细胞增殖和抑制骨肉瘤方面有很好的作用。他们利用镁离子作为"结晶开关"在硅片基底上分别控制结晶出方解石-文石复合层，制备出了类鲍鱼壳的材料。他们通过利用无机离子寡聚体构建的策略，以超小磷酸钙寡聚体作为无机结晶前驱体，利用仿生矿化策略，在高分子链上进行有序结晶，大规模制备出类蛛丝性能的复合纤维材料。所得到的复合纤维拉伸强度达到 949 ± 38 MPa，断裂韧性达到 296 ± 12J/g^1，断裂延伸率达到 80.6%。此外，基于其有序矿化的聚合物链结构，这种纤维具有极大的温度容忍范围（在 $-196\sim80$℃之间能保持长期的柔韧性）和抑制裂纹横向生长的能力[172]。最近，该课题组通过简单的三步策略，将直径为 1nm 的超细磷酸钙低聚物（CPO）与聚乙烯醇（PVA）和海藻酸钠（Alg）网络融合在一起，制备了一种超韧的层状纳米复合材料（PAC）。由于无机构建单元的小尺寸，在有机-无机层次结构中形成了强的多类型分子间相互作用。得到的层合板具有超高的弯曲应变（>50%无断裂）和韧性（$21.5\sim31.0$MJ/m^3），超过了天然珍珠母和目前报道的几乎所有合成层合材料。此外，通过改变结构中的含水量，这种层合板的力学性能是可调的。该研究为利用无机离子低聚物制备具有超高弯曲韧性的有机-无机纳米复合材料提供了一条新途径，可应用于韧性保护材料和吸能材料领域[173]。

Hartgcrink 等[174] 通过控制 pH，在细胞外基质中诱导两亲性肽纳米纤维自组装为纳米纤维结构支架。两亲性多肽纳米纤维进行可逆交联，这种纤维可以直接矿化形成羟基磷灰石复合材料，这种材料与骨的结构十分类似。

Huang 等[175] 利用低温原子层沉积的方法，在蝴蝶翅膀的表面沉积上均匀的三氧化二铝薄膜，经过高温处理后，得到多晶的三氧化二铝壳层结构。利用此方法得到的材料，不仅很好地复制了模板物蝴蝶翅膀的形貌结构，同时也很好地继承了蝴蝶翅膀原有的光学性质。

Zhang 等[176] 同样利用蝴蝶翅膀作为模板，制成一种在染料敏化太阳能电池领域有重要意义的新型二氧化钛光电阳极。在他们的研究中，作为模板的蝴蝶翅膀利用硫酸钛溶液作为前体浸泡，然后通过煅烧得到复制了蝴蝶翅膀结构的二氧化钛膜。从图 2-9 和图 2-10 的 SEM 图可以看出，得到的材料能够很好地复制模板原有的复杂结构。

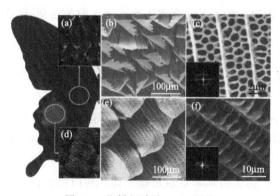

图 2-9　蝴蝶翅膀的 SEM 图片

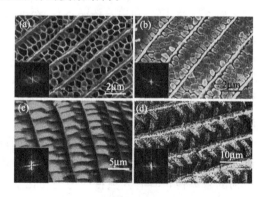

图 2-10　制得样品的 SEM 图片

目前，仿生合成作为一种新兴合成方法，在无机材料的制备方面具有极大的应用前景，并且已取得了许多丰硕的成果[177~179]。但也必须承认，关于仿生合成的机理等研究还不够深入，这需要广大的科研工作者们付出更多的努力，以便使仿生合成发挥出其更大的应用潜力。

2.8 离子热合成法

2.8.1 离子液体及其分类

离子液体最宽泛的定义是在液体状态下主要由离子形态组成的所有材料。由于任何离子盐都可以熔化，因而都可以称为是一种"离子液体"。从根本上说，除了离子液体化合物的有机特性可能提供了更大范围的向溶剂中的导入功能外，离子液体和熔化盐没有本质的区别。

离子液体现今的定义集中于那些在相对低温下为液态并且含有有机基团的化合物。其中，室温离子液体是一类常温下一般为液态的且不同于分子溶剂的离子化合物，具有蒸气压低、液程宽、热稳定好、极性强等特点，广泛用于电化学、有机合成、催化、分离等领域。而类室温离子液体通常的定义为低于某个特定温度为液态的离子液体，这个特定的温度会随着离子液体的设计用途不同而不同，对离子热合成来说，这个特定的温度通常被定义为200℃[180]。通常，离子液体几乎都限定为至少含有一个有机离子的液体。离子液体的有机基团通常大而不对称，通过阻碍在固相中的有效聚集从而导致了离子液体的低熔点。

因为有许多可用的阳离子和阴离子，它们结合起来可以生成大量的离子液体，然而，现今阶段，仅有一些特定的离子液体（图 2-11、图 2-12），其中含有咪唑阳离子的离子液体最为常用。

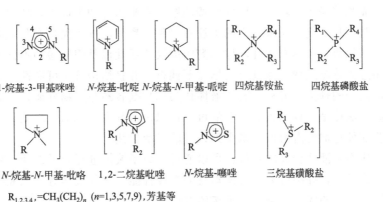

1-烷基-3-甲基咪唑　　N-烷基-吡啶　N-烷基-N-甲基-哌啶　　四烷基铵盐　　　　四烷基磷酸盐

N-烷基-N-甲基-吡咯　1,2-二烷基吡唑　N-烷基-噻唑　　　三烷基磺酸盐

$R_{1,2,3,4} = CH_3(CH_2)_n$ （n=1,3,5,7,9），芳基等

图 2-11　常用离子液体阳离子

可用的阴离子：不溶于水————————————→溶于水

$[PF_6]^-$	$[BF_4]^-$	$[CH_3CO_2]^-$
$[NTf_2]^-$	$[OTf_2]^-$	$[CF_3CO_2]^-$,$[NO_3]^-$
$[BR_1R_2R_3R_4]^-$	$[NCN_2]^-$	Br^-,Cl^-,I^-
		$[Al_2Cl_7]^-$,$[AlCl_4]^-$（可分解）

图 2-12　常见离子液体中的阴离子及其特性

2.8.2 离子液体的主要应用

近年来，离子液体在许多领域中得到了广泛关注，大多数研究关注于这些化合物的"绿色"化学潜能，特别注重离子液体在均相催化中替代有机溶剂的应用。离子液体的低蒸气压

使得离子液体能够环境相容地实现这些应用，这对于替换易挥发的有机溶剂具有明显的优势。由于它低蒸气压、无挥发性的特点，离子液体易于分离回收，可循环使用，因此被人们称为"绿色溶剂"[181]。不仅如此，离子液体在不同领域中还有许多其他的作用，如应用于电池中的电解液、燃料电池、电沉积溶剂以及负载离子液体作为催化剂等。在某些反应中，离子液体只作为惰性溶剂，而在另一些反应中，离子液体扮演着更加活跃的角色。离子液体特殊的性质使其除了在离子热合成中的应用之外，还在多个领域都得到广泛的应用。

（1）离子液体在高分子材料中的应用

将离子液体与高分子材料相结合可以合成具有特殊功能的高分子材料，如将不饱和离子液体单体聚合得到离子液体功能高分子（ILFPs），可以用作载体、聚合物电解质、气体吸附剂等，具有小分子离子液体不可比拟的优势。

导电功能高分子材料是一类导电性介于半导体和金属之间，性能甚至可与金属相媲美的聚合物材料，素有"合成金属"的美称。它具有独特的电子、电化学和光学性质，因此在光电子器件、信息存贮、能源、传感器、军事隐身技术等方面具有重要的应用。

在高分子合成中引入离子液体结构，使其成为具有特殊性能的功能高分子，并将其用于电导材料、气体吸附剂、表面活性剂、载体等方面也已经成为目前研究的热点。

（2）离子液体作为酸、碱催化剂的合成及应用

离子液体在化学工业中有着多种应用，其中，离子液体作为酸、碱催化剂的作用在近年来得到大量的研究。

传统酸催化反应工艺采用的酸催化剂一般为 H_2SO_4、HF 等无机酸或经典的超强酸体系，长期以来面临着经济、环境方面的严峻问题。在学术界和工业界，新型离子液体作为环保溶剂和液体酸催化剂受到越来越多的关注和青睐。离子液体不仅具有其他有机、无机溶剂和催化剂没有的优势，还具有酸性液体的高密度反应活性以及固体酸的不挥发性。离子液体的酸性可以超过固体超强酸，酸度可根据需要调整；并且结构具有可调性，其物理和化学性质取决于阴阳离子的种类。另外，离子液体作为催化剂容易与产物分离，具有较高的热稳定性，可以说离子液体是一种真正意义上的可设计绿色溶剂和催化剂。因此，酸性离子液体取代传统的行业酸催化剂的潜力近年来受到人们的广泛关注。

随着功能化离子液体合成的发展，可以通过对离子液体进行分子设计，将碱性功能基团引入离子液体分子中，并结合离子液体本身的特殊性能，使其既具有传统液体碱的高活性又兼具固体碱易于分离的优点，碱性离子液体有望发展成为一类新型碱催化剂体系。

（3）温度控制离子液体

另一种应用前景广阔的离子液体是温度控制离子液体。

由于有机溶剂在离子液体中的溶解度有限，离子液体两相催化反应通常发生在两相界面或离子液体相中，导致反应速率受限。然而温度控制离子液体两相催化体系具有高温均相，低温分相的特点，即当高温时离子液体与有机溶剂成为一相，反应高效进行；待反应完毕后降低温度，体系又分为两相，产物在有机相中，催化剂在离子液体相中。温控离子液体两相催化体系既保留了两相体系催化剂易于分离回收的优点，同时又具备均相反应的活性好和选择性高的特点，有效地解决了原两相催化体系中的传质问题。

2.8.3 离子热合成概述

（1）热液、热溶剂和离子热合成

广泛地说，晶体固相材料的合成可以分为两类：合成反应在固态中进行的和在溶液中进

行的。固态方法通常需要更高的温度来使得反应物具有相应的活化能，然而固态反应的高温也往往提供对系统热力学较为有利的路径。通常用这种方法来制备固态氧化物。

溶剂热合成方法指的是在溶剂中合成材料。当然，水是迄今为止最重要的溶剂，因此用热液这个词来描述水的特殊用途，此外很多其他溶剂如醇、烃类、吡啶和其他许多有机溶剂都不同程度地被成功利用[182]。然而，这些分子溶剂和水在高温下都会产生巨大的自体压力，并且在溶剂热合成中所使用的溶剂的性质（从非极性且疏水到极性且亲水）有很大的不同。水热和溶剂热合成中所用的溶剂在根本上不同于离子液体，因为它们在自然状态下是分子。离子液体的离子本质赋予它们许多特殊性质，最突出的是其非常低的蒸气压。这意味着，与分子溶剂（如水）不同，离子液体可以加热至相对较高的温度而到没有自体压力的产生。因此，高温反应不必在压力容器如聚四氟乙烯内衬钢高压灭菌器内完成，而可以采取一些诸如全面触底烧瓶等简单的器皿。在高温下缺乏自体压力也使得微波加热更安全，因为离子液体中的热点不会造成与爆炸相关的压力的过分增加。

离子热合成无机及无机-有机杂化材料是近年发展起来的一种新型合成技术，它不同于传统的水热合成或溶剂热合成。离子液体显示出的一些特性使得之适合作为无机和无机-有机杂化材料的介质，它们可以成为相对极性的溶剂，从而保证无机母体良好的溶解性。

（2）阳离子的作用——模板作用

离子热合成背后的原有概念是指通过同一类物质同时作为溶剂和模板来简化传统的水热合成分子筛中发生的模板过程（图 2-13）。在分子筛合成中的模板分子通常是阳离子，由此产生的框架带有一个负电荷。通常使用的模板阳离子和离子液体阳离子在化学上非常相似，因此离子液体阳离子通常不在这些材料的最终结构中并不奇怪，这与传统方法合成分子筛是完全相同的方式。

以一个完全类似的方式，即离子液体同时作为溶剂和模板也可以合成金属有机框架化合物（MOFs）。大多数溶剂热制备的金属有机框架化合物都有中性的框架，但是当模板是阳离子时，为了电荷平衡，必须有一个带负电荷的框架，这和分子筛合成几乎是相同的方式。当然，所有基于模板合成的总体目标都是通过改变模板阳离子的大小来控制最终材料的结构。然而，除了已经知道产物的最终结构与模板阳离子的大小粗略相关外，模板在精确控制这个反应中的作用还不够明确。在这个反应过程中，改变离子液体阳离子的大小确实对最终的结构有一定影响，更大的阳离子会形成更加开阔的框架，需要调节这种框架以适应更大模板的额外空间。这在金属有机框架化合物的合成中并不是特别具体，有实验显示出模板化的过程更有可能是简单的空间填充，而非更加具体的或者导向性的模板-框架相互作用。

虽然直到现在人们仍然认为离子液体中的阳离子在合成中只是作为模板作用，但正如任何其他的溶剂（包括水），离子液体与框架的键相互作用仍然可能存在。虽然大多数居于双烷基化咪唑鎓盐的离子液体都没有明显的，像水那样与金属位点协同作用的位点，然而在一些特殊的情况下，一些离子液体可以分解，成为可以与协同金属作用的单烷基化咪唑类[183]。

（3）阴离子的作用——结构导向

与模板阳离子相对应，离子液体同样含有一个阴离子，这对于控制溶剂的性质非常重要。在特定的条件下，这些阴离子可以作为模板被封闭在结构中，最常见的是与离子液体结合。但是 Bu 等[184] 最近发现在一系列的金属有机框架化合物（称作 ALF-n）中，离子液体表现出许多不同种类的行为，包括仅靠阴离子模板化以及同时依靠阳离子和阴离子的作用

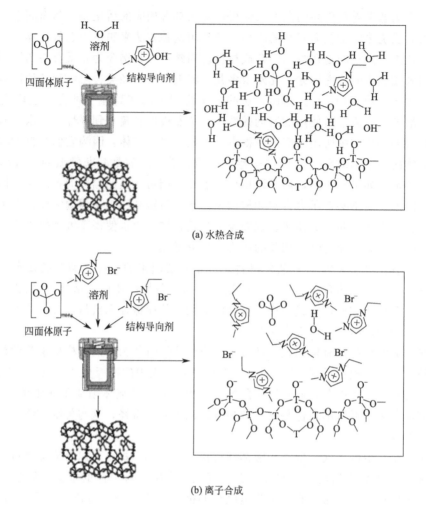

(a) 水热合成

(b) 离子合成

图 2-13　四面体框架合成简图

(注意在离子热合成的描述中溶剂和结构导向剂是相同种类的，水等液体也可以少量的存在)

来模板化，这解释了离子液体在相同的系统中的多样化作用。

当然，离子液体也可以仅作为溶剂而不被封闭在最终的结构中。对于磷酸铝分子筛和金属有机框架化合物等一些种类来说，阴离子的化学性质与传统使用的模板相似，可以预料它们将会被封留在最后的结构中，但在其他一些情况下并不相同。或许最让人惊讶的是极强亲水性离子液体应用的情况。在合成磷酸铝沸石和金属有机框架化合物时，使用亲水性越强的离子液体，离子液体阴离子越不容易被封存。当然，当这个系统的化学性质改变的时候（例如：通过尝试制备不同种类的无机材料），离子液体的溶剂和模板阴离子之间的平衡也会改变。

改变离子液体阴离子所引起的离子液体化学性质的变化会对在这些溶剂中得到的反应产物有着显著的影响。在磷酸铝的合成中，［Emim］Br 溶剂导致了［Emim］阳离子结合形成分子筛材料，然而使用离子液体［Emim］［NTf_2］却导致离子液体阳离子没有进入结构[185]。

更加有趣而且具有极大潜在用途的是，有可能可以混合两种离子液体来形成与其中任一组分离子液体不同化学性质的溶液，使溶剂性质的控制得到更大的进展[186]。如混合阴离子离子液体（50％溴、50％三氟酰亚胺）导致配位聚合物的形成包含氟化配体，而当离子液体仅含有一种阴离子（溴或三氟酰亚胺）时，不会产生任何晶型固体。

明显地，在这些例子中，阴离子的特性决定了最终的材料。然而，阴离子自身并不参与到结构中，所以这是一种导向作用而非结构指导的模板作用。或许可以采用改变溶剂的化学性质从而改变产物的类型的方式。然而，在一个利用手性阴离子作为离子液体的一部分来引导一个仅含有手性结构的手性的配位聚合物的例子中，一个手性的离子液体由 Bmim 阳离子和 L-天冬氨酸作为阴离子一起制备而成，当用来制备苯三羟酸酯钴 MOF 时生成手性的结构，所有的特征都显示制备出来的大量固体都是纯手性的。离子液体阴离子的一些特殊性质在产物材料中得到表现，尽管实际上它并没有被包含在产物中，"设计"结构导向的潜能是非常吸引人的，可以预见离子热合成的特点和优势会被探索和利用得越来越彻底。

2.8.4　离子热合成应用

2.8.4.1　分子筛材料

（1）磷酸铝分子筛

利用离子液体合成（也称为离子热合成）分子筛的研究在 2004 年首次由 Cooper 等人报道。磷酸铝分子筛是美国 UCC 公司于 1982 年开发的一类多孔分子筛晶体，其中之一是 $AlPO_4$-11 分子筛。它具有一维十元环的结构，成椭圆形孔道（0.63nm×0.39nm）。其独特的晶体结构使之具有良好的热稳定性和多孔性能，因此可广泛应用于催化剂载体、吸附剂等方面。目前，$AlPO_4$-11 分子筛一般通过水热合成法制备；20 世纪 90 年代徐如人等在磷酸铝晶化体系中引入有机溶剂热合成方法，利用二醇和醇类化合物作溶剂合成了 $AlPO_4$-11 分子筛。

溴化-1-乙基-3-甲基咪唑可以同时作为模板和溶剂合成四种不同的磷酸铝分子筛框架，不同的产物取决于不同的合成条件，见图 2-14。

与水热体系相似，在离子液体体系下，分子筛也需要在一定的温度范围内结晶一定时间才能得到，如果晶化温度过低，则不能形成晶核，晶体无法生成；而晶化温度过高则结晶度下降或趋于平衡，这可能与分子筛合成的反应物种类及形态有关。

离子热合成分子筛是离子热合成迄今为止最成功的应用。许多常见的离子液体都可以作为制备这些材料的合适溶剂，现已成功地合成了许多已知和从前未知的结构类型以及相关的低维材料。有趣的是，离子热合成方法不仅仅可以用于简单地制备基础磷酸铝结构，也可以用于合并使框架结构具有化学活性的掺杂金属原子。硅（用作所谓的 SAPOs）和许多不同的四面体金属（钴、镁等），都可以掺入到离子热合成制备的分子筛中，在其催化活性和使用额外模板等方面显示出一些令人鼓舞的结果[187～189]。王磊等采用离子热合成法，以磷酸为磷源、异丙醇铝为铝源，在溴化-1-丁基-3-甲基咪唑鎓（[Bmim]Br）离子液体中于 280℃快速合成了 $AlPO_4$-42 分子筛，并用该方法快速合成了其他类型的磷酸铝分子筛。通过 X 射线衍射、扫描电镜、比表面积孔隙率分析、固体核磁等表征手段研究了不同物料配比、模板剂、晶化时间对合成 $AlPO_4$-42 分子筛的影响以及 $AlPO_4$-42 分子筛的比表面积、孔容大小和孔道中的填充物。结果表明，在 4 分钟时已经形成了 $AlPO_4$-42 分子筛的结构。合成出的 $AlPO_4$-42 分子筛具有十四面体的形貌，这与采用常规方法得到的 $AlPO_4$-42 分子筛晶体的立方体形貌明显不同，而且 $AlPO_4$-42 分子筛的比表面积和孔容都有所改变。在合成 $AlPO_4$-42 分子筛的过程中，离子液体和模板剂协同导向产物的形成。

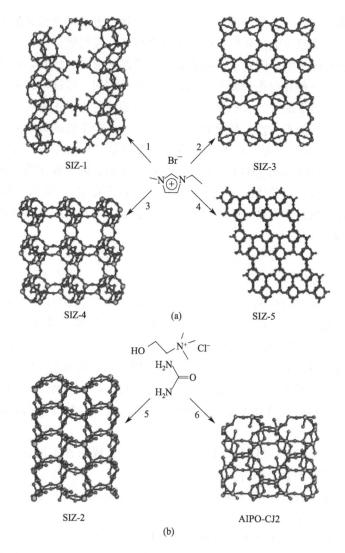

图 2-14   用离子液体和共熔混合物合成

（a）溴化-1-乙基-3-甲基咪唑可以同时作为模板和溶剂来制备 SIZ-1、SIZ-3、SIZ-4 和
SIZ-5。SIZ-3 和 SIZ-4 是在氟化物存在下，SIZ-5 的制备需要体系存在过量的水。
（b）当缺乏氟化物或过量的水时，氯胆碱/尿素共熔混合物可以用来制备 SIZ-2，
或者在有氟化物或过量的水存在时制备 AlPO-CJ2

（2）氧化硅材料

① 氧化硅凝胶   SiO$_2$ 是目前广泛研究的可用离子液体制备的非金属氧化物之一。SiO$_2$ 气凝胶多孔材料广泛应用于隔热材料、吸收剂和负载催化剂。考虑到离子液体是非传统的溶剂，在合成 SiO$_2$ 的过程中，我们可以利用离子液体代替酒精溶液作为溶剂。2000 年，戴胜的研究团队首先报道了使用 ［Emim］［NTf$_2$］作为溶剂制备 SiO$_2$ 气凝胶（表面积 720m^2/g^1）[190]。

用离子液体作为介质来制备 SiO$_2$ 不仅提供了合成方法的新思路，更为合成介孔 SiO$_2$ 和其他多孔 SiO$_2$ 材料提供了新的合成途径。然而，虽然在离子液体中进行这样的合成反应较为容易，但由于离子液体造价较为昂贵，这种合成方法并没有在制造 SiO$_2$ 的产业中得到大规模的应用。

② 介孔 SiO_2 材料　自 20 世纪九十年代发现介孔 SiO_2 材料以来，研究者在这个领域进行了大量的探究。其中一个有趣的现象是在合成介孔 SiO_2 材料时，不同的模板可能形成相同的结构，而相同的模板却可以合成不同的结构，这完全取决于实验的条件。因此，探究如何利用新的模板来合成材料具有非常重要的价值。因为一些离子液体也可以形成自组装结构，所以可以考虑利用离子液体来合成介孔 SiO_2 材料。戴胜的研究团队在 2001 年报道了一个烷基链取代延长的 1,3-二烷基咪唑阳离子可以用来制备六边形有序堆起的介孔 SiO_2 离子液体复合材料，这种材料具有包含了 SiO_2 壁的圆柱离子液体相。Seddon 和他的同事在同年独立报道了利用咪唑离子液体在温和条件下制备 MCM-4 型的介孔 SiO_2 材料。随后，Baker 等[191] 报道了用 N-烷基-N-甲基吡咯盐作为模板合成六边形有序介孔 SiO_2 薄层。Richards 等报道了在酸性或碱性条件下利用 $[C_{16}mim][Cl]$（$[C_{16}mim]^+$ 是 1-十六烷-3-甲基咪唑合成非常有序的六边形介孔 SiO_2。Smarsly 等[192] 用低浓度的 $[C_{16}mim][Cl]$ 作为模板制备了 MCM-41 和 MCM-48 型的介孔 SiO_2。

利用离子液体作为新的模板合成介孔 SiO_2 材料给合成介孔材料带来了很多启示，然而就目前来说，用离子液体代替传统溶剂合成介孔材料的优势并不明显。原因是在不同条件下的合成机理不够明确，如何控制介孔材料的形态仍存在一些问题。不同的离子液体是怎样形成不同的介孔材料的形态的？合成条件又是怎样影响介孔材料的形态的？这些问题仍亟待解决。

③ 分层多孔材料　Zhou 和 Antonietti[193] 首先报道了利用精确的逆向蛋白石微结构，以及聚苯乙烯和 $[C_{16}mim][Cl]$ 模板混合物的超微孔薄层纳米结构合成双峰孔状 SiO_2。将不同的模板按照一定的比例结合，如聚合物胶体、嵌段共聚物胶束、离子液体胶束，就可能制造出三峰分层多孔材料[194]。然而，用离子液体制作三峰多孔 SiO_2 材料仍然具有一定的挑战性，并且，三种模板的兼容性对该材料的成功制备非常重要。现今阶段仍需要更多的实验来理解不同模板间的兼容性。

④ 周期性介孔有机硅　离子液体不仅可以作为模板合成介孔 SiO_2 材料和分层结构，还可以作为合成介孔有机硅的模板。在介孔材料领域的一个重大进展是发现自组装倍半硅氧烷可以形成带桥接基团的周期性介孔有机硅[195]。不同的聚倍半硅氧烷前体和模板可以用来构建这种材料。

2.8.4.2　金属氧化物和金属硫化物

(1) 金属氧化物

金属氧化物作为负载和催化剂有着重要的作用，目前已有大量文献讨论了在水溶液或有机介质中合成不同顺序形态的金属氧化物的情况。虽然在离子液体或含有离子液体的混合溶液中制备金属氧化物的研究刚刚开始，但因为金属氧化物的多样性，关于这个方向的出版物的数量远远大于关于离子液体合成硅酸盐的出版物的数量。较为典型的例子有：TiO_2，ZnO，CuO，Cu_2O，Fe_2O_3，NiO，ZrO_2，Co_3O_4，CeO_2，SnO_2，PbO，V_2O_5，Al_2O_3 和 In_2O_3：Sn。这些金属氧化物的制备通常包括简单的反应如 $CuCl_2 + 2NaOH \Longrightarrow 2NaCl + CuO + H_2O$，而且通常制成纳米微粒的形态。

离子液体使得合成新形态的金属氧化物成为可能，以被广泛研究的 TiO_2 为例[196,197]。Nakashima 和 Kimizuka 通过剧烈搅拌 $[Bmim][PF_6]$、甲苯和 $Ti(OBu)_4$ 的混合物合成了中空的 TiO_2 微球。溶解在甲苯液体中的 $Ti(OBu)_4$ 分子与痕量的水在甲苯液体和离子液体界面上反应，形成的中空的 TiO_2 微球。通过改变搅拌速率和反应温度可以控制中空微球的大小。

在另一个报道中，Zhou 和 Antonietti 将 $TiCl_4$、$[Bmim][BF_4]$ 和水的混合物加热到 80℃ 合成了 TiO_2 纳米晶体（$2\sim3nm$）。生成的 TiO_2 纳米晶体自组装成为 TiO_2 多孔海绵状体（$70\sim100nm$）。因此提出了反应-限制组装机理来解释 TiO_2 多孔海绵状体的形成。

除了 TiO_2 外，关于合成不同形态的 ZnO 的研究也取得了显著的成果，如合成了花形和针形的 ZnO 结构、六边形的微角锥体等。除此之外，对于其他的金属氧化物如 CeO_2 等，也利用离子液体合成了不同形态的新产物。

需要注意的是，在合成金属氧化物时并未使用纯净的离子液体，并且离子液体、水和其他化合物各自的作用并没有研究清楚，用其他离子液体合成的可能产物并不知道，已合成的材料的应用也没有得到充分的研究，这一切都有待进一步的探索。

（2）金属硫化物

金属硫化物通常由水热或溶剂热法合成。虽然关于用离子液体合成金属氧化物已经有很多研究，但很少有关于离子液体合成金属硫化物的研究。Jiang 和 Zhu 用 Bi_2O_3（或 Sb_2O_3）和 $Na_2S_2O_3$ 作为前体，乙二醇乙烯、盐酸溶液和 $[Bmim][BF_4]$ 的混合物作为反应介质来制备单晶 Bi_2S_3 纳米棒和 Sb_2S_3 纳米棒。在其他的研究中，Jiang 和 Zhu 通过使 $Zn(CH_3COO)_2$ 或 $CdCl_2$ 和 Na_2S in $[Bmim][BF_4]$ 在微波照射下反应制备了 ZnS 和 CdS。Yu 和他的同事用 $BiCl_3$ 和 CH_3CSNH_2 作为前体，$[Bmim][BF_4]$ 和水的混合物作为反应介质合成了由纳米线（直径 $60\sim80nm$）组成的均一的 Bi_2S_3 花形（大小 $3\sim5\mu m$），这个过程中同样利用了微波照射促进合成。研究提出胶束的形成在模板导向的过程中起着重要的作用。Rao 等在 $[Bmim][MeSO_4]$（$[MeSO_4]$ 是甲基硫）、$[Bmim][BF_4]$ 和 $[Bmim][PF_6]$ 存在的条件下制备出 CdS 纳米材料。Yang 等[198] 用离子热合成法得到在红外区域显示非线性光学活性的金属硫化物 $M_2Ag_3Sb_3S_7$（M=Rb，Cs）。

2.8.4.3   金属盐

（1）金属卤化物

与金属氧化物相比，用离子液体合成金属卤化物则报道得相对较少。Ying 等人利用 $CuCl_2$ 和 Cu 粉作为前体，$[Bmim][BF_4]$ 作为反应介质，并且导电促使这个反应进行，制备了 CuCl 纳米晶体。Taubert[199] 用另一种方法合成了片状 CuCl，即使用双（十二烷基吡啶）四氯铜酸盐（a）和 6-氧-棕榈酰抗坏血酸（b）的混合物作为前体（图 2-15）。在这种情况下，CuCl 产物中的铜元素来自于含铜的离子液体阴离子，因此，该研究者提出了重要的关于金属卤化物合成的一体化合成概念，也就是指离子液体同时作为溶剂、反应物和模板。

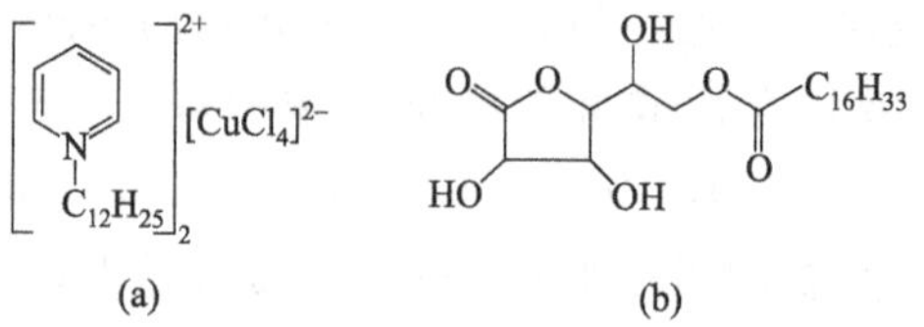

图 2-15　双（十二烷基吡啶）四氯铜酸盐（a）和 6-氧-棕榈酰抗坏血酸（b）

利用含卤素离子液体分解来合成金属卤化物的方法具有原创性和一定的意义，但需要注意生成的腐蚀性物质的危害，而且，也需要证明可以用过量的离子液体重复合成相同的金属卤化物。在现阶段，在保证合成金属卤化物质量的前提下过量离子液体可以被重复利用多少次的说法并不明确。

（2）碳酸盐

现今阶段，利用离子液体来合成碳酸盐的研究并不多。目前合成的碳酸盐多为相对的大颗粒状，而利用离子液体制备单分散的金属碳酸盐的纳米微粒还未见报道。以下简要列举几个相关的研究进展。

Taubert[200] 在水/[HMim][BF$_4$] 乳液（[HMim]$^+$ ＝1-己基-3-甲基-咪唑）中合成了微米级 CaCO$_3$ 晶体，并且发现晶体的形状取决于离子液体的浓度。Liu 等通过在 140℃含溶解 CO$_2$ 的条件下回流 SrCl$_2$ 和 NaOH 在 1,1,3,3-四甲基胍乳酸盐中的溶液，合成了由纳米颗粒组成的介孔 SrCO$_3$ 球体。中空 CaCO$_3$ 球体是以 CaCl$_2$ 为前体在相似的合成路线下合成的。最近，Shan 等用 1-甲基-3-戊基咪唑丙酮酸盐合成了麦秆状的 SrCO$_3$ 束、CaCO$_3$ 束和 MnCO$_3$ 束。

（3）金属草酸盐

关于金属草酸盐合成方法的报道很少。Wang 和 Zhu 通过在 NaOH 和 [Bmim][BF$_4$] 存在的条件下使 Co(CH$_3$COO)$_2$ 和 H$_2$C$_2$O$_4$ 反应报道了草酸钴纳米棒的微波辅助合成法。他们随后在 400℃高温下煅烧生成的草酸钴纳米棒，得到了含有纳米颗粒的 Co$_3$O$_4$ 束。类似地，Lin 等[201] 利用 [Bmim][BF$_4$] 作为催化剂，使 Cu(CH$_3$COO)$_2$ 和 H$_2$C$_2$O$_4$ 在酒精环境下合成了草酸铜纳米线，并且将形成的草酸铜纳米线转化为粉末状的氧化铜纳米线。最近，Luo 等在常温下通过传统的单步固态反应制备了铜、镍、锰、钴和锌的草酸物。这些研究为金属草酸盐在酸性液体下的合成提供了有趣的例子。

（4）磷酸盐

金属磷酸盐可以用作发光材料、快离子导体、固体催化剂和催化剂载体。然而，现在看来在这个范围内的相关例子还很少。在这些少量的例子中，Feldmann 等通过在微波照射下混合 LaCl$_3$、CeCl$_3$、TbCl$_3$、乙醇、[MeBu$_3$N][NTf$_2$]（[MeBu$_3$N]＝三丁基甲基铵）和 H$_3$PO$_4$ 从而制备了发光材料 LaPO$_4$：Ce，Tb 纳米晶体。发光材料产物具有非常高的产量。在其他的研究中，Tarascon 等通过使 FeC$_2$O$_4$ 和 LiH$_2$PO$_4$ 在 250℃下在 [Emim][NTf$_2$] 中反应，为锂离子电池的应用合成了 LiFePO$_4$ 粉末，并且系统地研究了不同的离子液体对于产物形态的影响。最近，Gui 等[202] 报道了高结晶磷酸锆质子导体 (NH$_4$)$_2$[ZrF(PO$_4$)(HPO$_4$)](ZrP-3) 的离子热合成。

2.8.4.4 金属有机框架和配位聚合物

类似分子筛合成，离子液体可以作为溶剂和模板制备许多其他类型的固体。最近已开发出最有趣、最重要的材料之一，金属有机框架（也称为配位聚合物）。在过去的十几年里，采用有机溶剂为介质合成的金属有机框架化合物因其具有迷人的拓扑结构而备受关注[203]。这些材料提供了许多广阔的不同方面的应用，特别是在天然气存储方面。通常这些材料利用溶剂热反应，在有机溶剂如醇、二甲基甲酰胺中制备。离子热合成在过去几年已广泛用于制备这些类型的固体，现在有许多有关的例子[204~206]。

然而不同于分子筛，由于配位聚合物的热稳定性较低，从产物中去除离子模板而留下多孔材料成为问题。通常来说，不可能仅消除离子液体阳离子却不破坏结构。然而，利用高度低共熔溶剂来制作多孔材料却是可行的，Bu 等[207] 证明了这种方法。许多用离子热合成制备的材料都是相对低维固体材料，这显然是制备这类材料非常有效的方法。在这些系统中，溶剂化学向离子热的转变将使得这一领域的许多事情成为可能。

离子热合成是制备规则纳米孔道材料的新方法，为新型结构金属有机框架化合物的合成开辟了新途径。由于离子液体具有很强的溶解能力，结构和性质可以调节，范围广泛，使溶剂的选择具有更广阔的空间，未来必将成功地合成出更多的新型结构化合物，离子热合成具有良好的前景。

2.8.4.5 多金属氧酸盐

东北师范大学陈维林教授和李阳光教授等在1-乙基-3-甲基咪唑溴盐（[Emim]Br）离子液体（ILs）中，采用离子热合成法得到三种含有过渡金属的杂多钨酸盐：$[Dmim]_2Na_3[SiW_{11}O_{39}Fe(H_2O)] \cdot H_2O$（Dmim = 1,3-二甲基咪唑）(1)（图 2-16），$[Emim]_9Na_8[(SiW_9O_{34})_3\{Fe_3(\mu_2\text{-}OH)_2(\mu_3\text{-}O)\}_3(WO_4)] \cdot 0.5H_2O$（Emim=1-乙基-3-甲基咪唑）(2)和$[Dmim]_2[HMim]Na_6[(AsW_9O_{33})_2\{Mn^{III}(H_2O)\}_3] \cdot 3H_2O$（Dmim=1,3-二甲基咪唑；Mim=1-甲基咪唑）(3)。

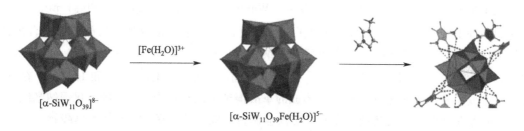

图 2-16　$[Dmim]_2Na_3[SiW_{11}O_{39}Fe(H_2O)] \cdot H_2O$ 的合成图

化合物1中含有由单个 Fe^{III} 取代的 α-Keggin 型阴离子和有机阳离子 $[Dmim]^+$ 通过相互间的氢键组成的3D开放式框架结构。复合物2含有一个 $[\{Fe_3^{III}(\mu_2\text{-}OH)_2(\mu_3\text{-}O)\}_3(\mu_4\text{-}WO_4)]$ 簇，其由三个 $[SiW_9O_{34}]^{10-}$ 配体、八个 Na^+ 和九个游离的 $[Emim]^+$ 围绕着杂多阴离子组成。复合物3中的杂多阴离子含有一个基于 $[\alpha\text{-}AsW_9O_{33}]^{9-}$ 单元的高价三核 Mn^{III} 取代的 Sandwich 型杂多阴离子。该课题组还采用离子热法在离子液体 [Emim]Br（1-乙基-3-甲基咪唑溴盐）中合成了夹心型的钨磷酸盐 $H_3(Emim)_7[Ni_4(Mim)_2(PW_9O_{34})_2] \cdot 4H_2O$（Mim 为乙基咪唑）。通过 X 射线衍射、元素分析、红外光谱、热重、XRD、电化学和光催化等对该化合物的结构和性质进行了测试和表征。X 射线单晶衍射分析表明：在化合物1的晶体结构中，阴离子框架为2个乙基咪唑分子修饰的有机无机杂化夹心型阴离子 $[Ni_4(Mim)_2(PW_9O_{34})_2]^{10-}$，而且多酸阴离子的表面氧原子与游离的抗衡阳离子1-乙基-3-甲基咪唑之间存在着广泛的 C—H…O 氢键作用，进而构筑成为一个三维的超分子框架[208]。此外，该课题组还在 $[Emim]_4Br$ 离子液体中，采用离子热合成法得到两种新型化合物：$[Emim]_4[SiMo_{12}O_{40}] \cdot 12H_2O$(1) 和 $[Emim]_8Na_9[WFe_9(\mu_3\text{-}O)_3(\mu_2\text{-}OH)_6O_4H_2O(SiW_9O_{34})_3] \cdot 7H_2O$(2)，其中化合物2是一种高核过渡金属取代的多金属氧酸盐。用离子热合成法合成多金属氧酸盐的研究进展十分迅速[209-217]。

2.8.4.6 离子液体修饰材料和负载离子液体

（1）金属基质上的单层自组装

考虑到离子液体多种多样的功能，可以将其作为功能化碳材料的前体。在这种情况下，在固体表面的离子液体片段成为关注的焦点。Lee 等[218] 制备了一种在金基质上咪唑离子-终止自组装单层材料，并且证明了抗衡离子在表面湿度上的作用。功能化硫醇离子液体可用作制备金基质上的单层自组装材料，随后 Br⁻ 被其他阴离子取代从而合成其他种类的单层自组装材料。通过测量水的接触角，疏水物质的抗衡离子作用按以下顺序排列：$Br^- < BF_4^- < NO_3^- < ClO_4^- < CF_3SO_3^- < PF_6^- < NTf_2^-$，这个顺序与通过比较离子液体-水组分和辛醇-水观察得到的趋势一致。这个工作非常有意义，因为离子液体在金表面的疏水性可以与他们在液相中的疏水性联系起来，所以他们的疏水性可以通过直接测量水的接触角而得到。这使得关于离子液体和单层自组装材料的思路可以结合起来，相似的观点在有关离子液体在 Si/SiO₂ 表面的自组装的研究中有报道[219]。这个领域下阶段的研究主要是开发出实际的应用。

（2）功能化碳材料

目前有很多种的碳材料，包括活性碳、介孔碳、C₆₀、碳纳米管和金刚钻。考虑到碳纳米管是导电性的，离子液体也是导电性的，可以尝试将碳纳米管和离子液体连接起来[220]。2003 年，Aida 等[221] 报道了以咪唑类的离子液体和单壁碳纳米管为基底合成一种物理凝胶。他们偶然发现在 TEM 特征观测下，高度混乱的单壁碳纳米管道会片状脱落产生明显的细微束状物，这些所谓的"硬脆凝胶"可以利用 [Bmim][BF₄]、[Emim][BF₄]、[Hmim][BF₄]、[Emim][NTf₂]、[Bmim][NTf₂] 和 [Bmim][PF₆] 合成，但当使用二氯苯、乙醇、N,N-二甲基甲酰胺或 1-甲基咪唑时没有凝胶形成。并且，将离子液体和碳的其他同素异形体如铅或 C₆₀ 混合也不会生成凝胶。研究者指出咪唑离子通过"阳离子-π"相互作用向单壁碳纳米管的表面定向。这项工作提出了通过结合碳纳米管和离子液体来创造新的软性材料，并且提供了使混乱的碳纳米管剥落的可能性以及电化学的应用，因此具有重要的意义。

碳纳米管的化学修饰对于增强它们的功能（如溶解度、反应活性）非常重要。对于涉及离子液体的碳纳米管的化学修饰，通常有两个阶段。第一阶段是在室温条件下用芳基重氮盐（如 4-氯苯-重氮-四氟硼酸）在离子液体和 K₂CO₃ 存在下修饰碳纳米管的表面[222]。在没有离子液体的情况下，芳基重氮盐将会在碳纳米管表面分解出功能化的芳基基团[223]。第二阶段依赖于具有羧基的功能化的碳纳米管表面通过酸氧化和随后的化学手段来取得目标离子液体（图 2-17）。固定离子液体的阴离子可以被进一步地交换从而调整功能化碳纳米管的吸湿性和溶解性。随后的方法开启了利用离子液体片段来修饰碳纳米管和其他碳材料的新途径，甚至可以制备特定吸湿性、溶解性和反应活性的材料。

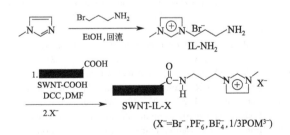

图 2-17　基于离子液体制备多功能碳材料的示意图[224]

（3）负载型离子液体催化剂

离子液体可以在均相催化反应中作为介质和催化剂，然而离子液体相对较贵，而且离子液体较高的黏度可能会引起传质的问题，因此，一个关于设计改良催化剂的新的想法是将离子液体分散在固体负载材料中[225,226]。根据催化剂的组成和催化位点，这些 SILP 催化剂可以分为以下几类。

第一类是离子液体可以同时作为反应介质和催化剂被固相负载，并且不添加其他的催化剂[227]。采用的离子液体多为 Lewis 酸性离子液体，适用于酸催化反应如 Friedel-Crafts 反应。

第二类 SILP 催化剂是离子液体作为反应介质和要加入的过渡金属复合催化剂的载体。如 Mehnert 等利用含有 HRh（CO）（tppti）$_3$［tppti＝三磺酰基三苯基三（1-丁基-3-甲基-咪唑）］的负载型离子液体催化剂作用于均相含水体系。

不论对于催化剂还是离子液体合成材料来说，这都是一个相当有前景的领域，然而，现今阶段的工作还远远不够，离子液体的作用还不够清楚，催化剂的应用也仍然还有局限。

需要指出的是，在现代无机合成中，随着实际应用的需要，多种方法相结合的无机合成与制备化学新方法越来越得到广泛应用，如微波-水热法[228]、电化学-离子热法[229] 和微波-离子热法[230] 等。

参 考 文 献

[1]   徐如人，庞文琴. 无机合成与制备化学. 2 版. 北京：高等教育出版社，2009.
[2]   冯守华，徐如人. 化学进展，2000，12（4）：445-457.
[3]   Kang Z H, Wang E B, Mao B D, et al. J Am Chem Soc, 2005, 127：6534-6535.
[4]   Shi W D, Yu J B, Wang H S, et al. J Am Chem Soc, 2006, 128：16490-16491.
[5]   Ma H, Zhang S Y, Ji W Q, et al. J Am Chem Soc, 2008, 130：5361-5367.
[6]   Wang P P, Bai B, Hu S, et al. J Am Chem Soc, 2009, 131：16953-16960.
[7]   Wang C, Zhou Y, Ge M Y, et al. J Am Chem Soc, 2010, 132：46-47.
[8]   Jiang J, Zhao K, Xiao X Y, et al. J Am Chem Soc, 2012, 134：4473-4476.
[9]   Carpenter M K, Moylan T E, Kukreja R S, et al. J Am Chem Soc, 2012, 134：8535-8542.
[10]   Li W, Zhang Z H, Kong B, et al. Angew Chem Int Ed, 2013, 52：8151-8155.
[11]   Chen P, Xiao T Y, Qian Y H, et al. Adv Mater, 2013, 25：3192-3196.
[12]   Liu J, Wickramaratne N P, Qiao S Z, et al. Nat Mater, 2015, 14：763-774.
[13]   Shi W D, Song S Y, Zhang H J Chem Soc Rev, 2013, 42：5714-5743.
[14]   Darr J A, Zhang J Y, Makwana N M, et al. Chem Rev, 2017, 117：11125-11238.
[15]   Feng P Y, Bu X H, Stucky G D. Nature, 1997, 388：735-741.
[16]   Fan J, Yu C Z, Lei J. J Am Chem Soc, 2005, 127：10794-10795.
[17]   Ma S Q, Sun D F, Yuan D Q. J Am Chem Soc, 2009, 131：6445-6451.
[18]   Wang N, Sun Q M, Bai R S, et al. J Am Chem Soc, 2016, 138：7484-7487.
[19]   Meng X J, Xiao F S. Chem Rev, 2014, 114：1521-1543.
[20]   Saraci F, Quezada-Novoa V, Donnarumma P R, et al. Chem Soc Rev, 2020, 49：7949-7977.
[21]   Feng G D, Cheng P, Yan W F, et al. Science, 2016, 351：1188-1191.
[22]   Banerjee R, Phan A. Science, 2008, 319：939-943.
[23]   Ahrenholtz S R, Epley C C, Morris A J. J Am Chem Soc, 2014, 136：2464-2472.
[24]   Hou Q Q, Wu Y, Zhou S, et al. Angew Chem Int Ed, 2019, 58：327-331.
[25]   Sokolov M N, Kalinina I V, Peresypkina E V, et al. Angew Chem Int Ed, 2008, 47：1465-1468.
[26]   Rodriguez-Albelo L M, Ruiz-Salvador A R, Sampieri A, et al. J Am Chem Soc, 2009, 131：16078-16087.
[27]   Tian A X, Ying J, Peng J, et al. Inorg Chem, 2009, 48：100-110.
[28]   Cui F Y, Huang K L, Xu Y Q, et al. CrystEngComm, 2009, 11：2757-2769. .
[29]   Zhang Z, Goodall J B M, Brown S, et al. Dalton Trans, 2010, 39：711-714.
[30]   Izarova N V, Pope M T, Kortz U. Angew Chem Int Ed, 2012, 51：9492-9510.
[31]   Zheng S T, Yang G Y. Chem Soc Rev, 2012, 41：7623-7646.
[32]   Du D Y, Qin J S, Li S L, et al. Chem Soc Rev, 2014, 43：4615-4632.
[33]   Blazevic A, Rompel A. Coord Chem Rev, 2016, 307：42-64.
[34]   Gong Y R, Chen W C, Wang X L, et al. Dalton Trans, 2018, 47：12979-12983.
[35]   Gong Y R, Tao Y L, Wang X L, et al. Chem Commun, 2019, 55：10701-10704.
[36]   Liu J X, Zhang X B, Li Y L, et al. Coord Chem Rev, 2020, 414：213260.

［37］ Nyman M，Bonhomme F. Science，2002，297：996-1005.

［38］ Zheng S T，Zhang H，Yang G Y. Angew Chem Int Ed，2008，47：3909-3913.

［39］ Yaghi O M，O'Keeffe M，Ockwig N W，et al. Nature，2003，423：705-714.

［40］ Stock N，Bein T. Angew Chem Int Ed，2004，43：749-752.

［41］ Bux H，Liang F Y，Li Y S. J Am Chem Soc，2009，131：16000-16001.

［42］ Chen B L，Wang L B，Xiao Y Q，et al. Angew Chem Int Ed，2009，48：500-503.

［43］ Wu C Z，Feng F，Xie Y. Chem Soc Rev，2013，42：5157-5183.

［44］ Wang T，Chen H，Yang Z Z，et al. J Am Chem Soc，2020，142：4550-4554.

［45］ Liu S J，Han S D，Zhao J P，et al. Coord Chem Rev，2019，394：39-52.

［46］ Li T F，Yao L L，Liu Q L，et al. Angew Chem Int Ed，2018，57：6115-6119.

［47］ Ciriminna R，Fidalgo A，Pandarus V，et al. Chem Rev，2013，113：6592-6620.

［48］ Li Z W，Fan Q S，Yin Y D. Chem Rev，2022，122：4976-5067.

［49］ Ahmad Z，Mark J E. Chem Mater，2001，13：3320-3330.

［50］ Chen Q，Zhu L，Zhao C，et al. Adv Mater，2013，25：4171-4176.

［51］ Lev O，Wu Z，Bharathi S，et al. Chem Mater，1997，9：2354-2375.

［52］ Gai S L，Li C X，Yang P P，et al. Chem Rev，2014，114：2343-2389.

［53］ Zhu Z L，Bai Y，Zhang T，et al. Angew Chem Int Ed，2014，53：12571-12575.

［54］ Yang J P，Wang Y X，Li W，et al. Adv Mater，2017，29：1700523.

［55］ Xu C，Lei C，Wang Y，et al. Angew Chem Int Ed，2022，61：e202112752.

［56］ Chaikittisilp W，Yamauchi Y，Ariga K. Adv Mater，2022，34：2107212.

［57］ Zhang E H，Tao L，An J K，et al. Angew Chem Int Ed，2022，61：e202117347.

［58］ Borissov A，Maurya Y K，Moshniaha L，et al. Chem Rev，2022，122：565-788.

［59］ Tseng W H，Chen C K. J Am Chem Soc，2009，131：1356-1357.

［60］ Zhang Q L，Wu F，Yang H，et al. J Mater Chem，2008，18：5339-5343.

［61］ Miao Y M，Zhang Q L，Yang H，et al. Mater Sci Eng B，2006，128：103-106.

［62］ Wang H P，Xu S Q，Zhang B，et al. Mater Res Bull，2009，44：619-622.

［63］ Tao S W，Wu Q Y，Zhan Z L，et al. Solid State Ionics，1999，124：53-59.

［64］ Liu Q H，Cao Q，Bi H，et al. Adv Mater，2016，28：486-488.

［65］ Lu Q F，Chen D R，Jiao X L. J Sol-gel Sci Technol，2002，25：243-248.

［66］ Jiang F，Zhou X R，Lv，J et al. Adv Mater，2022，34：2200042.

［67］ Kim Y H，Heo J S，Kim T H，et al. Nature，2012，489：128-132.

［68］ Wu G B，Liang R，Ge M Z，et al. Adv Mater，2022，34：2105635.

［69］ Xie Z J，Zhang B，Ge Y Q，et al. Chem Rev，2022，122：1127-1207.

［70］ Binitha N N，Yaakob Z，Reshmi M R，et al. Catal Today，2009，17：76-80.

［71］ Tsai M C，Chang J C，Sheu H S，et al. Chem Mater，2009，21：499-505.

［72］ Turco M，Cammarano C，Bagnasco G，et al. Appl Catal B-Env，2009，91：101-107.

［73］ Chen X H，Wang H T，Liu H J，et al. Adv Mater，2022，34：2106172.

［74］ Liu C L，Bai Y，Li W T，et al. Angew. Chem Int Ed，2022，61：e202116282.

［75］ Letaïef S，Martín-Luengo M A. Adv Funct Mater，2006，16：401-409.

［76］ Chen Q Q，Wang J M，Tang Z，et al. Electrochim Acta，2007，52：5251-5257.

［77］ Hu X H，Ma L，Wang C C，et al. Macromol Biosci，2009，9：1194-1201.

［78］ Wu X J，Ji S J，Li Y，et al. J Am Chem Soc，2009，131：5986-5993.

［79］ Lv W Z，Li L，Xu M C，et al. Adv Mater，2019，31：1900682.

［80］ Zhao S L，Yang Y C，Tang Z Y. Angew Chem Int Ed，2022，61：e202110186.

［81］ Gao C W，Jiang Z J，Qi S B，et al. Adv Mater，2022，34：2110048.

［82］ Li X H，Shi Z H，Yang M，et al. Angew Chem Int Ed，2022，61：e202115871.

［83］ Li J L，Fleetwood J，Hawley W B，et al. Chem Rev，2022，122：903-956..

［84］ Zhu H P，Liao S J，Ye L，et al. Curr Nano Sci，2009，5：252-256.

［85］ Stathatos E，Chen Y J，Dionysiou D D. Sol Energy Mater Sol Cells，2008，92：1358-1365.

［86］ Liu L，Jiao L F，Sun J L，et al. Electrochim Acta，2008，53：7321-7325.

［87］ Chang H H，Chang C C，Wu H C，et al. J Power Sources，2006，158：550-556.

［88］ Martirosyan G G，Azizyan A S，Kurtikyan T S，et al. Inorg Chem，2006，45：4079-4087.

［89］ Casati N，Macchi P，Sironi A. Angew Chem Int Ed，2005，44：7736-7739.

［90］ Schaak R E，Sra A K，Leonard B M，et al. J Am Chem Soc，2005，127：3506-3515.

［91］ Liu Y H，Li B W，Ma C Q，et al. Sci. China Chem，2022，65：224-268.

［92］ Saed M O，Gablier A，Terentjev E M. Chem Rev，2022，122：4927-4945.

［93］ 肖丰收，孟祥举. 沸石分子筛的绿色合成. 北京：科学出版社，2019.

［94］ Glowniak S，Szczesniak B，Choma J，et al. Mater Today，2021，46：109-124.

［95］ Yang Y L，Wang Y Q，Zhao L，et al. Adv Energy Mater，2022，12：2103158.

[96] Liu G Q, Xie H W, Liu L Y, et al. Mater Res Bull, 2007, 42: 1955-1961.
[97] Xu C Q, Tian Y W, Zhai Y C, et al. Mater Chem Phys, 2006, 98: 532-538.
[98] Li H, Zhai Y C, Tian Y W. Trans. Nonferrous Met Soc China, 2003, 13: 1040-1045.
[99] Fang Y, Zhuang W D, Hu Y S. J Alloys Compd, 2008, 455: 420-423.
[100] Wu H Y, Hu Y H, Wang Y H. J Alloys Compd, 2009, 486: 549-553.
[101] Ammundsen B, Desilvestro J, Groutso T. J Electrochem Soc, 2000, 147: 4078-4082.
[102] Lee Y S, Sun Y K, Adachi K. Electrochim Acta, 2003, 48: 1031-1039.
[103] 宋晓岚. 无机材料工艺学. 北京: 冶金工业出版社, 2005.
[104] 曹瑞军. 大学化学. 北京: 高等教育出版社, 2005.
[105] Li Y, Zhang X B, Tao X Y, et al. Carbon, 2005, 43: 295-301.
[106] Tessonnier J P, Su D S. ChemSusChem, 2011, 4: 824-847.
[107] Dai L, Chang D W, Back J B, et al. Small, 2012, 8: 1130-1166.
[108] Zhu J, Holmen A, Chen D. ChemCatChem, 2013, 5: 378-401.
[109] Yang Z X, Xia Y D, Mokaya R. J Am Chem Soc, 2007, 129: 1673-1679.
[110] Min Y S, Bae E J. J Am Chem Soc, 2005, 127: 12498-12499.
[111] Tang C C. J Am Chem Soc, 2005, 127: 6552-6553.
[112] Bchir O J, Green K M. J Am Chem Soc, 2005, 127: 7825-7833.
[113] Chen H Y. J Am Chem Soc, 2006, 128: 374-380.
[114] Yu L W, Chen K J, Song J, et al. Adv Mater, 2007, 19: 2412.
[115] Hsiao C T, Lu S Y. J Mater Chem, 2009, 19: 6766-6772.
[116] Trujillo N J, Baxamusa S H, Gleason K K. Chem Mater, 2009, 21: 742-750.
[117] Choi B J, Choi S, Eom T, et al. Chem Mater, 2009, 21: 2386-2396.
[118] Milanov A P, Toader T, Parala H, et al. Chem Mater, 2009, 21: 5443-5455.
[119] Chen T N, Xu C Y, Baum T H, et al. Chem Mater, 2010, 22: 27-35.
[120] Bahlawane N, Premkumar P A, Tian Z Y, et al. Chem Mater, 2010, 22: 92-100.
[121] Wang Q C, Lei Y P, Li Y D, et al. Energy Environ Sci, 2020, 13: 1593-1616.
[122] Zhang C, Ma Y L, Zhang X T, et al. Energy Environ Mater, 2020, 3: 29-55.
[123] Yang F, Wang M, Li Y, et al. Chem Rev, 2020, 120: 2693-2758.
[124] Rathinavel S, Priyadharshini K, Panda D. Mater Sci Eng B, 2021, 268: 115095.
[125] Cheng Y, Wang K, Liu Z F. Acta Phys-Chim Sin, 2022, 38: 2006046.
[126] Kaneti Y V, Benu D P, Xu X T, et al. Chem Rev, 2022, 122: 1000-1051.
[127] Zhou J D, Zhang W J, Yao Y G, et al. Nature, 2022, 609: 46-51.
[128] Wang X, Zhai Y C. J. Appl Electrochem, 2009, 39: 1797-1802.
[129] Li H H, Jin J, Wei J P, et al. Electrochem Commun, 2009, 11: 95-98.
[130] Wang Q, Zhu K, Neale N R, et al. Nano Lett, 2009, 9: 806-813.
[131] Jia F L, Wong K W, Zhang L Z. J Phys Chem C, 2009, 113: 7200-7206.
[132] Siahrostami S, Villegas S J, Mostaghimi A H B, et al. ACS Catal, 2020, 10: 7495-7511.
[133] Iravani S, Varma R S. Environ Chem Lett, 2020, 18: 703-727.
[134] Qing G, Ghazfar R, Jackowski S T, et al. Chem Rev, 2020, 120: 5437-5516.
[135] Yang B, Ding W L, Zhang S J. Energy Environ Sci, 2021, 14: 672-687.
[136] Shi X J, Back S, Gill T M, et al. Chem, 2021, 7: 38-63.
[137] Wang Y, Batmunkh M, Mao H, et al. Chin Chem Lett, 2022, 33: 394-398.
[138] Lai M, Riley J. Chem Mater, 2006, 18: 2233-2237.
[139] Lai M, Martinez J A G, Gratzel M, et al. Chem Mater, 2006, 16: 2843-2845.
[140] Menke E J, Thompson M A, Xiang C, et al. Nat Mater, 2006, 5: 914-919.
[141] Pauporté T. Cryst Growth Des, 2007, 7: 2310-2315.
[142] Gorelikov I, Kumacheva E. Chem Mater, 2004, 16: 4122-4127.
[143] Wang H, Liu R, Liu L Y, et al. Electrochem Commun, 2012, 17: 79-81.
[144] Zhang X, Luo Y, Liu R, et al. J Electrochem Soc, 2020, 167: 026504.
[145] Luo Y, Zhang S Y, Liu R, et al. J Electrochem Soc, 2021, 168: 032502.
[146] Xia X H, Tu J P, Zhang J, et al. Electrochim Acta, 2010, 55: 989-994.
[147] He W C, Wang J M, Fan Y K, et al. Electrochem Commun, 2007, 9: 275-278.
[148] Murakami T, Nishikiori T, Nohira T, et al. J Am Chem Soc, 2003, 125: 334-335.
[149] Pollok D, Waldvogel S R. Chem Sci, 2020, 11: 12386-12400.
[150] Addamo M, Bellardita M, Carriazo D, et al. Appl Catal B-Env, 2008, 84: 742-748.
[151] Mascotto S, Tsetsgee O, Mueller K, et al. J Mater Chem, 2007, 17: 4387-4399.
[152] Wojnarowicz J, Chudoba T, Lojkowski W. Nanomater, 2020, 10: 1086.
[153] Vanlalveni C, Lallianrawna S, Biswas A, et al. RSC Adv, 2021, 11: 2804-2837.
[154] Niculescu A G, Chircov C, Grumezescu A M. Methods, 2022, 199: 16-27.

[155]　Wu Y F，Tian Y W，Han Y S，et al. Trans Nonferrous Met Soc China，2004，14：738-741.

[156]　Phuruangrat A，Thongtem T，Thongtem S. J Cryst Growth，2009，311：4076-4081.

[157]　Wang X L，Fan H S，Xiao Y M，et al. Mater Lett，2006，60：455-458.

[158]　Shim D，Jung S H，Kim E H，et al. Chem Commun，2009，(9)：1052-1054.

[159]　Hwang，Kyu Y，Chang. Micropor Mesopor Mat，2004，68：21-27.

[160]　Laha S C，Glaser R. Micropor Mesopor Mat，2007，99：159-166.

[161]　Zhou J H，He J P，Ji Y J. Electrochem Acta，2007，52：4691-4695.

[162]　刘海涛. 无机材料合成. 北京：化学工业出版社，2004.

[163]　崔福斋. 生物矿化. 北京：清华大学出版社，2007.

[164]　Lin Y，Skaff H，Emfick T. Science，2003，299：226-229.

[165]　Lin Y，Skaff H，Boker A. J Am Chem Soc，2003，125：12690-12691.

[166]　Zhuang Z B，Peng Q，Wang X. Angew Chem Int Ed，2007，46：8174-8177.

[167]　Shevchenko E V，Talapin D V，Rogach A I. J Am Chem Soc，2002，124：11480-11485.

[168]　Wang Z X，Wu L M，Chen M. J Am Chem Soc，2009，131：11276-11277.

[169]　Maran U，Britt D，Fox C B. Chem Eur J，2009，15：8566-8577.

[170]　Seo J S，Whang D，Lee H. Nature，2000，404：982.

[171]　Chen S F，Yu S H，Wang T X. Adv Mater，2005，17：1461-1465.

[172]　Yu Y D，He Y，Mu Z，et al. Adv Funct Mater，2020，30：1908556.

[173]　Yu Y D，Kong K R，Tang R K，et al. ACS Nano，2022，16：7926-2936.

[174]　Hartgcrink J D，Beniash E，Stupp S I. Science，2001，294：1684-1688.

[175]　Huang J，Wang X D，Wang Z L. Nano Lett，2006，6：2325-2331.

[176]　Zhang W，Zhang D，Fan T X，et al. Chem Mater，2009，21：33-40.

[177]　Yao S，Jin B，Liu Z，et al. Adv Mater，2017，29：1605903.

[178]　Liu Z M，Shao C Y，Jin B，et al. Nature，2019，574：394-398.

[179]　Mu Z，Kong K R，Jiang K，et al. Science，2021，372：1466-1470.

[180]　Cooper E R，Andrews C D，Wheatley P S，et al. Nature，2004，430：1012-1016.

[181]　Earle M J，Esperanca J M，Gilea M A，et al. Nature，2006，439：831-834.

[182]　Zhang J Y，Gong C H，Xie J L. Coord Chem Rev，2016，324：39-53.

[183]　Peters B，Santner S，Donsbach C，et al. Chem Sci，2019，10：5211-5217.

[184]　Zhang J，Chen S M，Bu X. H. Angew Chem Int Ed，2008，47：5434-5437.

[185]　Parnham E R，Morris R E. J Mater Chem，2006，16：3682-3684.

[186]　Poeppelmeier K R，Azuma M. Nat Chem，2011，3：758-759.

[187]　Wu Q M，Liu X L，Zhu L F，et al. J Am Chem Soc，2015，137：1052-1055.

[188]　Wu Q M，Meng X J，Xiao F S. Acc Chem Res，2018，51：1396-1403.

[189]　Wang G M，Valldor M，Dorn K V，et al. Chem Mater，2019，31：7329-7339.

[190]　Dai S，Ju，Y H，Gao H J，et al. Chem Commun，2000，(3)：243-244.

[191]　Dattelbaum A M，Baker S N，Baker G A. Chem Commun，2005，(7)：939-941.

[192]　Wang T W，Kaper H，Antonietti M，et al. Langmuir，2007，23：1489-1495.

[193]　Zhou Y，Antonietti M. Chem Commun，2003，(20)：2564-2565.

[194]　Sel O，Kuang D B，Thommes M，et al. Langmuir，2006，22：2311-2322.

[195]　Asefa T，MacLachlan M J，Coombs N，et al. Nature，1999，402：867-871.

[196]　Zhou Y，Antonietti M. J Am Chem Soc，2003，125：14960-14961.

[197]　Gao M Y，Zhang L，Zhang J. Chin Sci Bull，2018，63：2731-2744.

[198]　Yang G，Li L H，Wu C，et al. Inorg Chem，2019，58：12582-12589.

[199]　Taubert A. Angew Chem Int Ed，2004，43：5380-5382.

[200]　Taubert A. Acta Chim Slov，2005，52：168-170.

[201]　Trewyn B G，Whitman C M，Lin V S Y. Nano Lett，2004，4：2139-2143.

[202]　Gui D X，Zhang J F，Wang X Y，et al. Dalton Trans，2022，51：8182-8185.

[203]　Ferey G，Mellot-Draznieks C，Serre C，et al. Science，2005，309：2040-2042.

[204]　Gangu K K，Maddila S，Mukkamala S B，et al. Inorg Chim Acta，2016，446：61-74.

[205]　Guan X Y，Ma Y C，Li H，et al. J Am Chem Soc，2018，140：4494-4498.

[206]　Lan Z A，Wu M，Fang Z P，et al. Angew Chem Int Ed，2022，61：e202201482.

[207]　Zhang J，Wu T，Chen S M，et al. Angew Chem Int Ed，2009，48：3486-3490.

[208]　Chen B W，Chen W L，Meng J X，et al. Chin Sci Bull，2011，56：629-634.

[209]　Ahmed E，Ruck M. Angew Chem Int Ed，2012，51：308-309.

[210]　Fu H，Qin C，Lu Y，et al. Angew Chem Int Ed，2012，51：7985-7989.

[211]　Jiang Z G，Shi K，Lin Y M，et al. Chem Commun，2014，50：2353-2355.

[212]　Du D Y，Qin J S，Li S L，et al. Chem Soc Rev，2014，43：4615-4632.

[213]　Song C Y，Chai D F，Zhang R R，et al. Dalton Trans，2015，44：3997-4002.

［214］ Gai B B，He H，Zhao Y H，et al. Chem Res Chin Univ，2016，32：527-529.
［215］ Lu K，Pelaez A L，Wu L C，et al. Inorg Chem，2019，58：1794-1805.
［216］ Shi S K，Li X，Guo H L，et al. Inorg Chem，2020，59：11213-11217.
［217］ Kohlgruber T A，Senchyk G A，Rodriguez V G，et al. Inorg Chem，2021，60：3355-3364.
［218］ Lee B S，Chi Y S，Lee J K，et al. J Am Chem Soc，2004，126：480-481.
［219］ Chi Y S，Lee J K，Lee S，et al. Langmuir，2004，20：3024-3027.
［220］ Fukushima T，Aida T. Chem Eur J，2007，13：5048-5058.
［221］ Fukushima T，Kosaka A，Ishimura Y，et al. Science，2003，300：2072-2074.
［222］ Price B K，Hudson J L，Tour J M. J Am Chem Soc，2005，127：14867-14870.
［223］ Dyke C A，Tour J M. J Am Chem Soc，2003，125：1156-1157.
［224］ Zhang Y J，Shen Y F，Yuan J H，et al. Angew Chem Int Ed，2006，45：5867-5870.
［225］ Riisager A，Fehrmann R，Haumann M，et al. Top Catal，2006，40：91-102.
［226］ Zhang S Y，Long F C，Kang C X，et al. Dalton Trans，2021，50：16795-16802.
［227］ Valkenberg M H，Castro C，Holderich W F. Green Chem，2002，4：88-93.
［228］ Moreira M L，Andres J，Varela J A，et al. Cryst Growth Des，2009，9：833-839.
［229］ Yu T W，Chu W L，Cai R，et al. Angew Chem Int Ed，2015，54：13032-13035.
［230］ Wang Z P，Hu B，Qi X H，et al. Dalton Trans，2016，45：8745-8752.

第3章
杂多酸型固体高质子导体的制备、传导机理及应用

3.1 引言

　　固体中有两种带电粒子：离子和电子，两种粒子的迁移在宏观上表现为导电性。离子无论从体积还是质量而言相对较大，其迁移可以用离子在空穴之间的"跳跃"来描述；而电子相对较小，其在金属和半导体中的迁移通常用量子理论来解释。毋庸置疑，质子是一种阳离子，但质量和体积都小于其他的离子，而且是唯一没有核外电子的离子。质子的传输性能研究与燃料电池、传感器、生命现象（如：光合作用）等密切相关[1~7]。根据样品制备的方法、化学组分（有机或无机）、导电的机理的不同，质子导体可以有不同的分类方法[8]。杂多酸高质子导体属于低温（<100℃）质子导体。

　　杂多酸是当今最重要、最广泛和最有前途的功能材料之一，广泛应用于催化、能源和医药等领域[9~16]。杂多酸是一类含有氧桥的多核配合物，是由多阴离子、氢离子和结晶水所组成。其多阴离子是由中心原子（或杂原子，以 X 表示）与氧原子组成的四面体（XO_4）或八面体（XO_6）和多个共面、共棱或共点的，由配位原子（或多原子，以 M 表示）与氧原子组成的八面体（MO_6）缩合而成[17]。Keggin 结构如图 3-1 所示，此结构整体对称性是 Td，12 个 MO_6 八面体围绕着中心 XO_4 四面体，3 个 WO_6 八面体相互共用边从而形成 W_3O_{13} 三金属簇，4 个 W_3O_{13} 相互之间以及与中心四面体之间共角相连形成笼形结构。在 Keggin 结构中有四种不同的氧原子，分别记作 Oa、Ob、Oc 和 Od。其中 Oa 是与中心原子相连的氧；Ob 和 Oc 为桥氧，Ob 为不同三金属簇间连接的氧，Oc 为相同三金属簇内连接

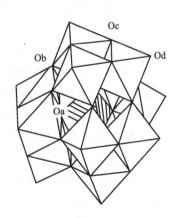

(a) $XM_{12}O_{40}^{n-}$ 阴离子的Keggin结构示意图

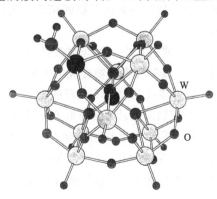

(b) $M(H_2O)XW_{11}O_{39}^{n-}$ 阴离子的结构示意图

图 3-1　Keggin 结构

的氧；Od 为只与配位原子相连的端基氧。

在固体状态下，杂多酸主要由杂多阴离子、质子和水（结晶水和结构水）组成。在杂多酸晶体中有两种类型的质子：一是与杂多阴离子作为一个整体相连的离域水合质子；二是定位在杂多阴离子中桥氧原子上的非水合质子。离域质子易流动，在杂多酸晶体中呈"假液相"特征。因此，杂多酸可作为高质子导体固体电解质。

3.2　杂多酸的合成

探索合适的合成方法来合成新型多酸化合物是一个重要的研究课题。合理的多酸合成策略是一个新颖的多酸化合物合成的理论基础，不同类型的多酸需要设计不同的合成策略。但是，无论是哪种类型多酸的合成，我们必须首先研究的是多酸合成中几个重要的因素，这是多酸合成的前提和关键。这些因素主要包括：pH 值、反应温度和反应时间、反应原料、反应溶剂、晶体的培养。

目前，多酸合成的主要策略是：第一，常规方法合成高核多酸簇合物；第二，水热或溶剂法合成高负电荷的多阴离子簇；第三，有机-无机的柔性合成路线；第四，构筑纳米级杂化体系的新方法；第五，构筑多酸基缠结网络结构；第六，多酸基有机骨架结构的原位合成；第七，网络拓扑法合成晶体；第八，以离子液体为绿色反应介质合成多酸化合物。其中，第八种策略是有待发展的新策略。

有关杂多酸和同多酸化合物的一般合成方法的文献很多[18~22]。多酸化合物近期的研究方向是开发新的合成方法，其中包括在水中和在非水溶剂中的合成，在多酸化合物中引入有机官能团和金属有机官能团，引入硫以及用预组合的金属-氧结构单元（合成子）合成特大的多酸化合物[23~27]。

3.2.1　多酸合成中的几个重要影响因素

多酸的合成是一个复杂的过程，它受许多因素的影响，如 pH、反应温度、反应时间、起始反应物的物质的量比、反应溶剂等，可以说一个新颖多酸结构的获得是这些因素共同作用的结果。在多酸的合成过程中，这些因素可以直接影响化合物的最终结构。如果这些因素控制得不好，就可能得不到所预期的结果或者错过一些新奇的多酸结构。

（1）pH 值

pH 是多酸合成过程中一个非常关键的因素，通常大多数的多酸化合物对 pH 的改变非常敏感。pH 对高核多酸簇合物合成的影响尤为明显，即使是相同的原料、相同的配比，如果 pH 不同，也可能得到完全不一样的结果，并且许多这类化合物存在的 pH 范围很窄，因此在合成中严格控制溶液的 pH 是非常重要的。吴庆银教授等[28]对酸度在杂多化合物的形成及稳定性中的作用、酸度在杂多化合物萃取中的作用以及酸度在杂多化合物氧化-还原中的作用分别进行了探讨研究。Kortz 等人在 2001 年报道了一个以 $\{AsW_9O_{33}\}$ 为建筑单元的巨大的多钨砷酸盐簇合物 $[As_6^{III}W_{65}O_{217}(H_2O)_7]^{26-}$。pH 对其合成过程有着重要的影响，当反应体系的 pH 在 6~6.5 之间时，得到的产物是多阴离子 $[As_2W_{19}O_{67}(H_2O)]^{14-}$；当反应体系的 pH 接近于 0 时，得到的产物是 $[As_2W_{19}O_{67}(H_2O)]^{14-}$ 的两个缺位被填满的 $[As_2W_{21}O_{67}(H_2O)]^{6-}$；当反应体系的 pH 在 2.0~4.0 之间时，得到的产物是

$[As_2W_{20}O_{68}(H_2O)]^{10-}$；只有将反应体系的 pH 控制在 1.5～2.0 之间时，才可以得到目标化合物 $[As_6^{\text{III}}W_{65}O_{217}(H_2O)_7]^{26-}$。可见，对于簇合物的合成，pH 的控制很关键。

在反应过程中，控制 pH 的方法通常有两种，第一是用 pH 计监控反应的 pH 值，这是一种常用且比较方便的方法，我们可以同时在反应最初及反应最终监控 pH。第二是采用缓冲溶液。一般地，在合成过程中常用的缓冲溶液是醋酸-醋酸钠缓冲体系。Kortz 等人使用不同 pH 的缓冲溶液合成出一系列重要的夹心型多酸化合物[29~32]。目前，利用缓冲溶液来控制 pH 的方法已经被广泛地应用于多酸的合成中。

（2）反应温度和反应时间

反应温度和反应时间同样是多酸合成化学中不容忽视的因素，在室温下，平衡的建立因物种而异，对于含钨系列的某些物种，平衡的建立有时需要几个星期甚至更长时间，因此需要选择适宜的反应温度和时间来控制反应速度。尤其是在水热或者溶剂热反应体系下，反应温度和反应时间显得尤为重要，不同的温度和反应时间可能会得到完全不同的试验结果。在水热条件下，不同的反应温度与反应时间还会对反应初始原料的溶解以及所得产物的结晶程度有一定程度的影响[33~37]。

（3）反应原料的选择及物质的量比

在多酸的合成过程中，选择合适的反应原料是反应成功的关键。金属盐要根据预期的产物进行选择。第一，如果选择稀土离子进行反应，稀土离子的优点是具有高的配位数并且与多阴离子之间具有很高的反应活性，但是正因为这种高的反应活性使得稀土离子遇到多酸就产生大量沉淀而很难得到晶体产物。目前解决这个问题的方法是选择一种有机配体先与稀土离子作用，其目的是将稀土离子保护起来，然后再与多酸作用，稀土离子在此过程中缓慢地被释放出来，这样就会减少沉淀的产生且有利于晶体产物的获得[38~43]。当然，此种配体的选择，要注意的是不能选择那种配位能力很强的配体（如柠檬酸、酒石酸等配体）。配体的配位能力很强，稀土离子就会完全被这类配体固定住，与多阴离子的配位能力会大大降低。而选择配位能力相对较弱的配体，不仅能够降低反应活性，而且能够给多酸留有剩余的配位点，从而得到新颖的稀土多酸化合物。第二，金属盐的种类对反应也会有一定程度的影响。对于金属氯化物来说，金属离子是完全暴露在外面的，这种金属盐一般适用于修饰和扩展结构的多酸化合物的合成，而且在合成中氯离子可以充当模板[44~46]。金属醋酸盐中金属离子被醋酸根离子包围，这类金属盐有利于簇合物的生成[47]，而且醋酸根离子同时是很优秀的配体，在反应中起到桥连的作用。金属硝酸盐或者是高氯酸盐也比较常用，因为这两类金属盐在水中或者有机溶剂中的溶解度较好，其充分的溶解对反应的进行是十分有利的[48]。

另一个至关重要的因素就是配体的选择。配体的种类千变万化，如何从纷繁复杂的配体家族中找到合适的配体进行多酸化合物的合成仍然是一项艰巨的任务。这里值得一提的是，对于多酸本身来说，由于其出色的拓扑以及亲核富氧表面，完全可以把多酸看成一种优秀的无机多齿含氧配体[49~51]。通常，多酸的缺位点越多，该配体的反应活性也就越高，例如 1:12 和 2:15 系列的缺位多阴离子反应活性一般较高。当然，选择哪种多酸进行合成取决于目标产物，需要注意的是每种多酸都有它的 pH 稳定范围，而且每种多酸的反应活性都不一样，在合成中要把这个影响因素考虑进来。

此外，原料的配比非常重要，它是决定产率和产物结构的重要因素，一定要重视。

（4）反应溶剂的选择

在多酸合成中，选择合适的反应溶剂作为反应媒介同样非常重要。不同的多酸化合物的合成需要不同类型的反应溶剂。目前，大多数的多阴离子都是在水溶液中合成的，用水做溶剂来合成多酸具有很大的优势。在水溶液中，不但反应体系的 pH 很容易控制，而且在水溶液中很容易获得晶体产物。另外，也有部分多酸化合物是在有机溶剂中获得的，但是有机溶剂挥发速度很快，这就给高质量的晶体产物的获得带来了不便。而且晶体如果从母液中分离，有时很不稳定，晶型很容易被破坏，这就给测试晶体结构带来了困难，因此，多酸合成尽量不选择有机溶剂作为反应介质。但是有些反应原料不溶于水，就必须选择有机溶剂作为反应介质，因为反应物的溶解是一个反应发生的前提。另一方面，有机溶剂多数是易燃的，当溶剂蒸气在空气中达到一定浓度时，会发生爆炸，必须注意溶剂的安全性。特别需要注意的是溶剂热合成时，温度不能太高（使用反应釜），否则有爆炸的危险。大部分有机溶剂都有一定的毒性，危害人体健康，污染生态环境，应引起足够重视。最近离子液体的研究逐步引起了化学家们的关注，它具有如下的特点：非挥发性、溶解能力强且可调控、黏度大、密度大、易于分离、电化学窗口宽、可循环使用[52,53]。这些特点使得以离子液体为反应介质可能会获得比在水溶液或有机溶剂中更加新颖的多酸结构。

3.2.2　合成方法

（1）酸化法

绝大多数杂多酸化合物是在水溶液中制备出来的。最常用的制备方法是酸化简单的含氧阴离子（MoO_4^{2-}、WO_4^{2-} 等）和所需杂原子（PO_4^{3-} 等）的水溶液，例如

$$12WO_4^{2-} + HPO_4^{2-} + 23H^+ \longrightarrow [PW_{12}O_{40}]^{3-} + 12H_2O$$

$$11MoO_4^{2-} + VO_3^- + HPO_4^{2-} + 21H^+ \longrightarrow [PMo_{11}VO_{40}]^{4-} + 11H_2O$$

$$6MoO_4^{2-} + Cr(H_2O)_6^{3+} + 6H^+ \longrightarrow [Cr(OH)_6Mo_6O_{18}]^{3-} + 6H_2O$$

在室温下，多阴离子可以以盐的形式按化学计量比在酸化的组分混合物中结晶出来。虽然由生成反应式标明的化学计量对于设计合成常常是一个很好的指导，但在相当多的时候，加入过量杂原子，小心控制温度和 pH 值都是必要的。例如：

$$WO_4^{2-}, HPO_4^{2-}（过量）, H^+ \xrightarrow{\text{煮沸}} [P_2W_{18}O_{40}]^{6-}（异构体）+ 其他钨磷酸$$

$$WO_4^{2-}, SiO_3^{2-}, H^+ \xrightarrow{\text{冷却}} \beta\text{-}[SiW_9O_{34}]^{10-} \xrightarrow{\text{煮沸}} \alpha\text{-}[SiW_9O_{34}]^{10-}$$

加入试剂的顺序也是很重要的：

$$SiO_3^{2-}, WO_4^{2-}, 然后 H^+ \longrightarrow \alpha\text{-}[SiW_{12}O_{40}]^{4-}$$

$$WO_4^{2-}, H^+, 然后 SiO_3^{2-}, H^+ \longrightarrow \beta\text{-}[SiW_{12}O_{40}]^{4-}$$

已观察到特殊的催化作用：

$$Co^{2+}, MoO_4^{2-}, H^+, H_2O_2 \begin{cases} \xrightarrow{\text{没有催化剂}} [Co(OH)_6Mo_6O_{18}]^{3-}, [Co_2Mo_{10}O_{38}H_4]^{6-} \\ \xrightarrow[\text{或雷尼镍}]{\text{活性炭}} [Co_2Mo_{10}O_{38}H_4]^{6-} 定量地 \end{cases}$$

酸化反应一般是通过加入 HCl、H_2SO_4、$HClO_4$ 或 HNO_3 等无机酸来完成的，也可以使用酸性离子交换树脂（例如 Amberlyst-15）或使用电解酸化法。在多酸的化学研究中，酸化十分重要，有些化合物对 pH 十分敏感，往往 pH 差 0.01，产物就迥然不同。为了提供不引入其他阴离子及均匀稳定的酸化条件，一般采用电解酸化法进行。此外，反应速率的快慢相差很大，也是令人难以琢磨的问题。据报道，有的快速反应可达到 10^{-2} s 甚至 10^{-8} s，而有的平衡却需要几个小时、几周、几个月甚至数年才能达到。大量相互矛盾的文献反复出现，有的迄今还存在认识上的分歧。从事多酸化学研究的工作者，对此一定要有清醒的认

识，否则容易得到错误的实验结论。

（2）降解法

最常见的 Keggin 和 Dawson 缺位阴离子是以其饱和多阴离子组分为起始原料合成的，即向（Keggin 和 Dawson）母体多阴离子的水溶液中加入适量的碱（一般加入 NaHCO$_3$）调节水溶液的 pH 值，必要时加入助剂成分，控制进行降解，得到一类重要的杂多阴离子——缺位或缺陷型的不饱和杂多阴离子：

$$[P_2W_{18}O_{62}]^{6-} \xrightarrow{OH^-} [P_2W_{17}O_{61}]^{10-} \xrightarrow{OH^-} [P_2W_{16}O_{59}]^{12-}$$

$$[PW_{12}O_{40}]^{3-} \xrightarrow{OH^-} [PW_{11}O_{39}]^{7-} \xrightarrow{OH^-} [PW_9O_{34}]^{9-}$$

这些缺位型阴离子可继续用于合成其他杂多配合物，形成了丰富多彩的结构：

$$[P_2W_{16}O_{59}]^{12-} + VO^{2+} \xrightarrow{pH4\sim5} [P_2W_{16}V_2O_{62}]^{8-}$$

另外，缺位杂多阴离子常常用于合成过渡金属取代的多酸化合物，进一步向空穴中引入过渡金属阳离子可以得到过渡金属取代的多酸化合物：

$$[PW_{11}O_{39}]^{7-} + Co^{2+} \longrightarrow [PW_{11}CoO_{39}]^{5-}$$

（3）电解酸化法

一般的酸化方法是加入常见的无机酸，但如要避免引入其他阴离子，可以通过溶剂的电解氧化进行均匀酸化。电解酸化法作为一种以高收率对杂多酸进行清洁生产的有效方法已引起人们的广泛兴趣[54~57]，这种合成方法是在电解槽中完成的，电解槽被正离子交换膜分隔成阴极室和阳极室。透过离子交换膜在电解槽两边施加一定的电压（约 12V）。首先在阴极室加入近乎化学计量比的钨酸钠或钼酸钠和一种杂原子的盐，在阳极室加入蒸馏水。通过水的电解使阴极室酸化，在施加电压的作用下，Na$^+$透过正离子交换膜从阴极室转移至阳极室并在阴极室得到纯的杂多酸。例如目前已开发出 Na$_2$WO$_4$ 和 H$_3$PO$_4$ 制备 H$_3$[PW$_{12}$O$_{40}$] 的可行的电隔膜合成法，这种方法可用图 3-2 说明。

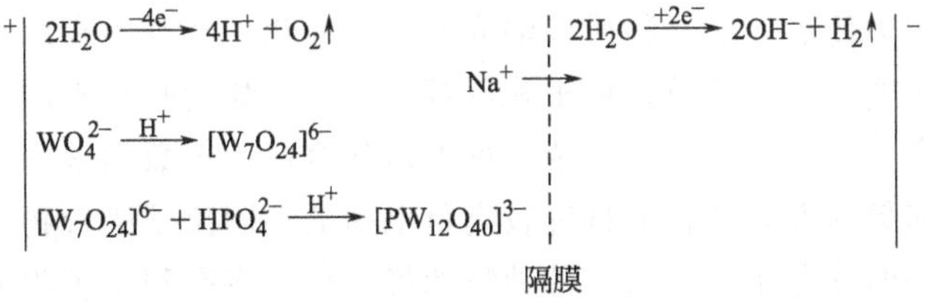

$$+\ |\ 2H_2O \xrightarrow{-4e^-} 4H^+ + O_2\uparrow \qquad |\ 2H_2O \xrightarrow{+2e^-} 2OH^- + H_2\uparrow\ |\ -$$

$$Na^+ \longrightarrow$$

$$WO_4^{2-} \xrightarrow{H^+} [W_7O_{24}]^{6-}$$

$$[W_7O_{24}]^{6-} + HPO_4^{2-} \xrightarrow{H^+} [PW_{12}O_{40}]^{3-}$$

隔膜

图 3-2　H$_3$[PW$_{12}$O$_{40}$] 的电隔膜合成法示意[43,44]

[PW$_{12}$O$_{40}$]$^{3-}$ 阴离子在电解池中的阴离子区分两个阶段形成。第一阶段，在没有磷酸根存在下，WO$_4^{2-}$ 通过电化学反应转变成同多钨酸阴离子 [W$_7$O$_{24}$]$^{6-}$，然后加入 H$_3$PO$_4$ 继续进行电渗析过程，直至在阴极区和阳极区分别生成 H$_3$[PW$_{12}$O$_{40}$] 和 NaOH 水溶液的反应完全为止。杂多酸可以通过结晶法从水溶液中分离出来，以 Na$_2$WO$_4$ 计，收率接近 100%。反应中得到的 NaOH 可以用于从 WO$_3$ 制备 Na$_2$WO$_4$，因而反应过程不产生废弃物。最终产品中钠的含量不超过 0.01%（质量分数）。采用类似的方法还可制得 H$_4$[SiW$_{12}$O$_{40}$]、H$_5$[PW$_{11}$TiO$_{40}$]、H$_5$[PW$_{11}$ZnO$_{40}$]、H$_6$[PW$_{11}$BiO$_{40}$] 和 H$_6$[P$_2$W$_{21}$O$_{71}$] 等杂多酸。

（4）机械化学活化法

合成杂多酸最方便的方法是配位原子（钨、钼、钒）的氧化物（WO$_3$、MoO$_3$、V$_2$O$_5$）与杂原子（磷、硅等）的氧化物或酸直接相互作用合成杂多酸。这种方法可以合成钼磷杂多酸和钼磷钒杂多酸。但是由于上述氧化物的反应能力弱，反应持续时间长，能源消耗高，所以很难达到效益好、产率高的要求。因此利用机械化学激活固态氧化物以增强其反应能力是最有效的办法。该方法有诸多优点：过程中无浪费，合成时间短，与已有方法相比所用步骤少，拓宽了杂多酸的领域，并且过程中无爆炸和起火的危险。实验表明，用机械化学活化法将氧化钼活化后在几秒钟之内就溶解于热磷酸液中生成杂多酸。用机械化学活化 MoO_3 和 V_2O_5 混合物对提高它们的反应能力有着显著的作用，这些混合物被活化后迅速溶解于 H_3PO_4 中生成杂多酸 $H_{3+n}PMo_{12-n}V_nO_{40}$。Maksimov 等[58] 用机械化学活化法从钼、钨、钒的氧化物合成出杂多酸 $H_{3+n}PM_{12-n}V_nO_{40}$、$H_3PMo_{12-n}W_nO_{40}$（M＝Mo 或 W，$n＝0\sim4$）以及 $H_6P_2Mo_{18}O_{62}$。这种方法只需要两三步：单独的氧化物或氧化物混合物的机械化学活化作用，活性氧化物与含适量磷酸的水溶液的反应，蒸干溶液以分离得到固态酸。

（5）固相反应法[59]

低温固相反应法是近年来发展起来的一种合成新型固体材料的方法，该方法具有节能、产率高、不需要溶剂、无污染、反应时间短、室温反应且合成的材料稳定性好等优点，利用低温固相反应方法，已制备出多个具有特色的新型杂多化合物。例如，王恩波等[60] 采用室温固相反应首次制备出多金属氧酸盐纳米粒子$(NH_4)_3PMo_{12}O_{40} \cdot 9H_2O$ 和 $(NH_4)_3PW_{12}O_{40} \cdot 7H_2O$。石晓波等[61] 采用钨酸、钼酸、磷酸、草酸铵等基本原料，通过室温固相反应合成出 $(NH_4)_3PW_6Mo_6O_{40} \cdot 8H_2O$ 纳米微粒。朗建平等合成了含砷的硅钨酸化合物$(n\text{-}Bu_4N)_3$ $[As(SiW_{11}O_{39})]$ 等[62]。

（6）水热（溶剂热）法

水热与溶剂热合成是指在一定温度（100～1000℃）和压强（1～100MPa）条件下利用溶液中物质的化学反应所进行的合成。一般说来，水热（溶剂热）体系中的反应物较难溶于水，只有在可溶性矿化剂参与或在水（溶剂）热条件下，才能以可溶性配合物或其他形式溶于水，从而发生水（溶剂）热化学反应。在水（溶剂）热反应中，水（溶剂）是主要介质，其主要作用是作为压力传输介质、物质传输介质和反应物。在高温高压下，水（溶剂）的许多物理化学性质如密度、介电常数、离子积等都会变化，如超临界水的离子积比标准状态下水的离子积高出几个数量级。目前关于杂多酸的水热合成大多数是采用中温水热合成。多酸合成领域一个很有前景的方向是合成具有较高负电荷的多阴离子簇合物。高的负电荷，导致这类化合物具有独特的静电作用，而这种独特的静电作用将有利于多阴离子簇的修饰化、衍生化等的进一步发生。由于多阴离子所带负电荷的升高，使得该类化合物的合成不能在一般的反应条件下进行，需要更高的能量以及更加苛刻的反应条件。经过大量的实验探索，人们逐渐认识到水热或溶剂热法是合成具有较高负电荷的多阴离子簇的较好方法。

《Science》上有一篇关于 Keggin 型铌酸盐$[K_{12}(Ti_2O_2)(SiNb_{12}O_{40})] \cdot 16H_2O$ 的报道，在多酸化学界引起广泛的关注。含有 Nb 元素的多酸化合物的合成具有一定的困难，因为它与 W、Mo 或者 V 元素的性质有很大的差异，对于 Keggin 型十二铌酸盐，使用类似于合成十二钨酸盐或者十二钼酸盐的常规方法是很难得到的，因为 Keggin 型十二铌酸盐具有更高的负电荷，需要更高的反应能量。Nyman 等采用水热方法在高温、高压及碱性的条件下得到了 Keggin 型十二铌酸盐化合物$[K_{12}(Ti_2O_2)(SiNb_{12}O_{40})] \cdot 16H_2O$[63]，它是第一例 Keggin 型的铌酸盐化合物。该化合物的合成方法是：KOH（0.364g，6.5mmol）、Nb_2O_5（0.35g，2.6mmol Nb）、四乙基硅酸盐（0.18g，0.9mmol）以及四异丙氧基钛（0.13g，0.45mmol）溶于 8mL 水，最终

混合物中 $H_2O : K : Nb : Si : Ti = 68 : 1 : 0.40 : 0.14 : 0.07$，搅拌混合物 30min，装入 23mL 的反应釜中。220℃反应 20h，待混合物缓慢降至室温后，过滤，利用去离子水洗涤，收集得到白色微晶，产量为 0.45g。该多阴离子带有 16 个负电荷，比 2、3 缺位的 Keggin 结构多阴离子的负电荷还要高。固态时，该化合物具有 1D 无机聚合物链结构（如图 3-3）。

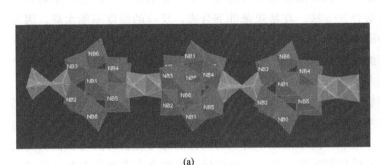

(a)　　　　　　　　　　　　　　　　(b)

图 3-3　$[SiNb_{12}O_{40}]^{16-}$ 和 $[Ti_2O_2]^{4-}$ 链结构图（a）
与该链式结构在 ab 平面上沿着 c 轴方向图（b）

该化合物的合成策略主要是：第一，含 Mo 和 W 的 Keggin 离子都是在酸性条件下合成，在碱性条件下会发生分解，而含 Nb 的 Keggin 结构离子在碱性（pH 为 7~12.5）条件下被合成，在酸性条件下会发生分解，因此这种高 pH 阻碍了多阴离子 $[SiNb_{12}O_{40}]^{16-}$ 的分解。第二，反应中使用的硅酸盐是有机盐（四乙基硅酸盐），而不是简单的无机盐（硅酸钠），这种有机硅酸盐既可以保持可溶性，又近中性，有利于保持四面体结构中心。

2007 年，Winpenny 等[64] 采用溶剂热法合成出一个具有较高负电荷的反 Keggin 型多酸化合物 $[Mn(PhSb)_{12}O_{28}\{Mn(H_2O)_3\}_2\{Mn(H_2O)_2(AcOH)\}_2]$。我们通常所指的 Keggin 型离子是 $[XM_{12}O_{40}]^{n-}$（M＝Mo，W，V，Ti 等；X＝P，As，Sb，Bi 等），即 M 代表的是 d 区元素，而 X 代表 p 区元素。若 M 的位置换成 p 区元素，X 的位置换成 d 区元素，则将其称之为反 Keggin 结构。其中心杂原子是 $\{MnO_4\}$ 单元，与周围的 12 个 $\{SbO_5C\}$ 单元进行配位得到新颖的反 Keggin 结构，在多阴离子结构周围 4 个游离的 Mn^{2+} 与之配位。这种反 Keggin 型多阴离子 $[Mn(PhSb)_{12}O_{28}]^{8-}$ 带有 8 个单位的负电荷。它是由 $Mn(CH_3COO)_2 \cdot 4H_2O$、吡啶和有机锑酸盐在乙腈溶剂中，100℃的溶剂热条件下得到的。这种多酸化合物的获得为多酸化学开辟了一个崭新的研究方向。

总之，这类具有较高负电荷多酸簇的合成策略是：第一，使用适当的有机盐为原料来合成，会形成比无机盐更加新颖的结构模型。这可能是由于有机盐本身的结构是有机配体与金属离子配位，这就使得金属离子再与多酸的表面氧进行配位时，配位的几何构型可能发生微妙的变化，从而导致最终的多酸结构与众不同。第二，使用水热或溶剂热合成可以为此类多酸反应提供更高的能量，为合成反应的进行创造有利条件。

虽然水热方法已经被证明是合成多金属氧酸盐的一种强有力的手段，但这种方法还存在很多不足：水热反应非常复杂，机理很难预测，任何一个条件的细微变化，例如反应的起始物质、温度、浓度、压强、pH 和反应的时间等都会影响到最终产物的结构，因此真正在分子水平上进行设计并对产物进行预测和调控是非常困难的。现在，绝大多数的合成还处于自组装阶段（self-assembly），对于某一个具体的反应，产物的结构直接依赖于起始反应物中金属离子的特征及其配体的性质和反应的起始条件，对其组装机理还不清楚，也远没有达到定向合成的阶段，所以有人也称水热合成为"黑匣子反应"，自组装这个词也在一定程度上体现了人们的无奈。

（7）离子热法

一直以来，探索合适的合成路线来合成多酸化合物是一个重要的课题。目前，常规合成和水热合成是两种最常用的多酸合成方法。在常规条件下合成，反应的温度不能太高，因为大多数常规反应使用的溶剂的沸点都低于100℃，并且反应受外界条件的影响很大。而在水热和溶剂热条件下合成，反应温度过高时可能会有爆炸的危险。因此，探索合适的方法来合成新颖的多酸化合物仍然是很大的挑战。

离子液体完全可以取代传统的溶剂来合成新型的多阴离子，主要有以下几个原因：第一，它的几乎零蒸气压可以在常规条件下就能获得比在水热或溶剂热条件下更高的反应温度，而且可以避免爆炸的发生；第二，离子液体本身弱的配位能力可能会为反应物提供更加宽松的反应环境，有利于自组装反应的发生；第三，它的低挥发性和高溶解能力有利于晶体产物的获得，并且对环境友好。用它合成多酸化合物将为新颖多酸化合物的合成提供一个新的、绿色的、具有发展前景的路线。

陈维林教授等[65]在1-乙基-3-甲基咪唑溴盐（[Emim]Br）离子液体（ILs）中，采用离子热合成法得到三种含有过渡金属的钨酸盐杂合物：$[Dmim]_2Na_3[SiW_{11}O_{39}Fe(H_2O)]$·$H_2O$（Dmim=1,3-二甲基咪唑）（1）（如图3-4），$[Emim]_9Na_8[(SiW_9O_{34})_3\{Fe_3(\mu_2\text{-}OH)_2(\mu_3\text{-}O)\}_3(WO_4)]$·$0.5H_2O$（Emim=1-乙基-3-甲基咪唑）（2）和$[Dmim]_2[HMim]Na_6[(AsW_9O_{33})_2\{Mn^{III}(H_2O)\}_3]$·$3H_2O$（Dmim=1,3-二甲基咪唑；Mim=1-甲基咪唑）（3）。配合物1中含有由单个Fe^{III}取代的α-Keggin型阴离子和有机阳离子$[Dmim]^+$通过相互间的氢键组成的3D开放式框架结构。配合物2含有一个$[\{Fe_3^{III}(\mu_2\text{-}OH)_2(\mu_3\text{-}O)\}_3(\mu_4\text{-}WO_4)]$簇，其是由三个$[SiW_9O_{34}]^{10-}$配体、八个$Na^+$阳离子和九个游离的$[Emim]^+$阳离子围绕着杂多酸阴离子组成。配合物3中的杂多酸阴离子含有一个基于$[\alpha\text{-}AsW_9O_{33}]^{9-}$单元的高价三核$Mn^{III}$取代的Sandwich型杂多阴离子。

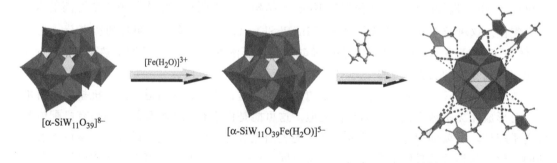

$[\alpha\text{-}SiW_{11}O_{39}]^{8-}$　　$[\alpha\text{-}SiW_{11}O_{39}Fe(H_2O)]^{5-}$

图3-4　$[Dmim]_2Na_3[SiW_{11}O_{39}Fe(H_2O)]$·$H_2O$的合成图

在$[Emim]_4Br$离子液体中，该课题组采用离子热合成法得到两种新型配合物：$[Emim]_8Na_9[WFe_9(\mu_3\text{-}O)_3(\mu_2\text{-}OH)_6O_4H_2O(SiW_9O_{34})_3]$·$7H_2O([Emim]_8Na_9[1a]$·$7H_2O$，Emim=1-乙基-3-甲基咪唑）(1)和$[Emim]_4[SiMo_{12}O_{40}]$·$12H_2O$（2）。配合物1是一种高核过渡金属取代的多金属氧酸盐。1a是包含有三个连接一个$\{WFe_9\}$簇核的

$[\alpha\text{-}SiW_9O_{34}]^{10-}$ Keggin 型单元[66]。

3.2.3　分离方法

合成出来的杂多阴离子通常采用加入适当的抗衡阳离子的方法从水溶液中分离出来，常用的抗衡阳离子为碱金属阳离子、铵阳离子或四烷基铵阳离子等。锂盐、钠盐往往比钾盐、铷盐或铯盐等较大阳离子盐的水溶性大。较大的烷基铵和类似阳离子的盐类（如四丁基铵、四苯基钾等）通常不溶于水，它们可以在乙腈、硝基甲烷或丙酮等溶剂中重结晶。

许多 Keggin 和 Dawson 结构杂多阴离子的游离酸可稳定地从溶液中结晶出来。这些酸可以用 Drechsel 在 1887 年提出的经典的"乙醚配合物"法来制备[67]。乙醚萃取法是分离杂多酸的最重要和最广泛使用的一种方法。它的基本原理是：把过量的乙醚与强酸化的杂多阴离子溶液一起振荡，体系分为三层。上层为醚层；中间为水层；下层为较重的油状醚合物。分出油状物，加入过量乙醚振荡以除去带进来的水溶液，再次分离。加少量水分解醚合物，除掉乙醚即得所欲制备的杂多酸。有人报道在 $H_3PMo_{12}O_{40}$ 的醚合物中，每摩尔杂多酸含有大约 20mol 的乙醚和 50mol 的水，并且详细地研究了四组分 $H_3PMo_{12}O_{40}$-H_2SO_4-H_2O-$(C_2H_5)_2O$ 体系。偏钨酸的醚合物的分析表明，其组成为 $H_4[(H_2)W_{12}O_{40}] \cdot H_2SO_4 \cdot 7.6(C_2H_6)_2O \cdot 46H_2O$。乙醚萃取法的萃取率与酸度密切相关，但它不适用于制备杂多阴离子电荷数高的杂多酸。近年来采用高分子量的脂肪胺类（如三辛胺）做萃取剂，萃取杂多酸的研究已获得成功。

杂多酸也可以从其盐的溶液中用离子交换法制得。离子交换法适用于制备那些不能很好被乙醚萃取的杂多酸。该法的优点是无腐蚀、杂多酸的产率高、通用、酸化温和、纯度高，缺点是交换后得到的杂多酸溶液浓度低。由酸溶液转化为固体酸可通过向酸溶液中加浓硫酸或用冷冻交换液法。

3.2.4　一些重要杂多酸的合成实例

（1）12-钼磷酸 $H_3[PMo_{12}O_{40}]$

称取约 40g $Na_2MoO_4 \cdot 2H_2O$、20g $Na_2HPO_4 \cdot 12H_2O$ 溶解于 60mL 的去离子水中。将该混合溶液加热搅拌在 80℃时回流 30min。然后加入 40mL 24% 的 HCl，加入 40mL 乙醚萃取并振荡，静置后溶液分成三层，最后取出黄色醚合物层。将该黄色醚合物层在 50℃加热蒸发得到黄色（略带橙色）固体粉末，然后将该固体粉末溶解于水中，经两次重结晶后得到黄色 $H_3PMo_{12}O_{40} \cdot nH_2O$ 晶体。

（2）12-钨磷酸 $H_3[PW_{12}O_{40}]$

称取钨酸钠 25g、磷酸氢二钠 4g 共同放置于一个 200mL 烧杯中，然后向烧杯中加入 150mL 热水（水温约 60℃），加热搅拌，逐滴加入浓盐酸约 25mL。静置，冷却至室温。将溶液转移至分液漏斗中，并向分液漏斗中先加入 35mL 乙醚，再加入 10mL 6mol/L 盐酸。反复振荡 4～5 次，静置分离。分出下层溶液，放入蒸发皿中。重复进行萃取操作，并向蒸发皿中加入约为萃取所得液体体积的 1/4 的蒸馏水，在 40℃水浴上蒸醚，直至液体表面出现晶膜后，将蒸发皿放在通风橱里，使剩余的少量乙醚继续挥发完全得到白色 12-钨磷酸固体。

（3）12-钨硅酸 $H_4[SiW_{12}O_{40}]$

称取 25.0g $Na_2WO_4 \cdot 2H_2O$ 置于 150mL 烧杯中，加入 50mL 蒸馏水剧烈搅拌至澄清。强烈搅拌下缓慢加入 1.9g 的 $Na_2SiO_3 \cdot 9H_2O$ 使其充分溶解后，将烧杯盖上表面皿，然后将上述溶液加热至沸。在微沸和不断搅拌下从滴液漏斗中缓慢地向其中加入浓盐酸，调节

pH 值为 2～3。滤出析出的硅酸沉淀并将混合液冷却至室温。

在通风橱中，将冷却后的溶液转移到分液漏斗中，加入乙醚，并逐滴加入浓盐酸。充分振荡，静置后分层，将下层油状的十二钨硅酸醚合物分出于蒸发皿中。反复萃取直至下层不再有油状物分出。向蒸发皿中加入约 3mL 蒸馏水，在 40℃水浴上蒸醚，直至液体表面出现晶膜。抽滤，即可得到白色 12-钨硅酸固体粉末。

(4) 12-钼硅酸 α-$H_4[SiMo_{12}O_{40}]$[68～70]

将钼酸钠 $Na_2MoO_4 \cdot 2H_2O$（50g，0.21mol）溶于水（200mL）中并使溶液加热至 80℃。向溶液中加入浓盐酸（20mL），在磁力搅拌子的强烈搅拌下，用 30min 滴加偏硅酸钠溶液（0.045mol 偏硅酸钠溶于 50mL 水中），此时溶液变为黄色。继续搅拌，用滴液漏斗滴加浓盐酸（60mL）。滤出析出的少量硅酸，将滤液冷却并用乙醚萃取。醚合物用其体积一半的水稀释，将黄色液体在 40℃水浴蒸醚，并在室温下结晶，得到 12-钼硅酸水合物 $H_4[SiMo_{12}O_{40}] \cdot xH_2O$。

(5) 11-钼-1-钒磷酸 $H_4[PMo_{11}VO_{40}]$

方法一：将 Na_2HPO_4（7.1g，0.050mol）溶于水（100mL）中，并与预先在沸腾条件下溶于水（100mL）中的偏钒酸钠（6.1g，0.05mol）混合。将混合物冷却，用浓硫酸（5mL）酸化至红色，$Na_2MoO_4 \cdot 2H_2O$（133g，0.55mol）溶于水（200mL）中与酸化混合物混合。最后在强烈搅拌下向溶液中慢慢加入浓硫酸（85mL），此时由暗红色转变为很浅的红色。将水溶液冷却后用乙醚（400mL）萃取出杂多酸，分离出杂多酸醚合物。将醚合物溶于少量水中，在真空干燥器中用浓硫酸浓缩至出现晶体，放置，进一步结晶。过滤出得到的橙色晶体，用水洗涤、晾干（28g，23%），制得的每批样品所含结晶水的量都会有所不同[71]。

方法二：3.58g $Na_2HPO_4 \cdot 12H_2O$ 溶于 50mL 蒸馏水，26.65g $Na_2MoO_4 \cdot 2H_2O$ 溶于 60mL 蒸馏水，将此两种溶液混合，加热至沸，反应 30min；0.91g V_2O_5 溶于 10mL 1.0mol/L Na_2CO_3 溶液中，并将该溶液在搅拌下加入上述混合液中，在 90℃反应 30min，停止加热；边搅拌边加入 1:1 H_2SO_4 至溶液 pH=2.0，并继续搅拌至室温，加 50mL 乙醚于混合液中，充分振荡后，再加入 1:1 H_2SO_4 继续振荡至静置后溶液分为 3 层，分出杂多酸醚合物。醚合物中加入少量水，置于真空干燥器中，直到晶体析出，重结晶，干燥，得产品[72]。

(6) 11-钨-1-钒磷酸 $H_4[PW_{11}VO_{40}]$

称取 0.005mol $Na_3PO_4 \cdot 12H_2O$、0.055mol $Na_2WO_4 \cdot 2H_2O$ 和 0.005mol $NaVO_3 \cdot 2H_2O$，将反应物依次加进一定量的热水中，温度为 40℃左右，用高氯酸酸化，调节 pH=2，控温 40℃左右，继续搅拌 1h。将上述溶液用高氯酸酸化，用乙醚分次萃取，分离出油状物。将几次萃取的产物转移到蒸发皿中，水浴加热以除去乙醚，得红色粉末。将之溶于适量水中，静置重结晶，得到红色晶体。

(7) 10-钼-2-钒磷酸 $H_5[PMo_{10}V_2O_{40}]$

将偏钒酸钠（24.4g，0.20mol）溶于沸水（100mL）中，然后与 Na_2HPO_4（7.1g，0.050mol）溶于水（100mL）中的溶液混合。冷却后加入浓硫酸（5mL），溶液变为红色，再加入钼酸钠溶液[$Na_2MoO_4 \cdot 2H_2O$(121g,0.50mol)在水(200mL)中]。在强烈搅拌下缓慢加入浓硫酸（85mL），将热的溶液冷却至室温。然后用乙醚（500mL）萃取 10-钼-2-钒磷酸，向杂多酸乙醚配合物中吹空气以除去乙醚。按前述制备 $H_4[PMo_{11}VO_{40}]$ 的方法，将剩下的固体物溶于水中，浓缩至晶体开始形成，然后进一步结晶。形成的大的红色晶体经过滤、水洗，然后晾干（35g，按钼酸盐计，收率为 30%）。

（8）9-钼-3-钒磷酸 $H_6[PMo_9V_3O_{40}]$

将 Na_2HPO_4（7.1g，0.050mol）溶于水（50mL）中，并与预先加热溶解于水（200mL）中的偏钒酸钠（36.6g，0.30mol）混合，向冷却后的上述混合物中加入浓硫酸（5mL），溶液转变为桃红色，将 $Na_2MoO_4 \cdot 2H_2O$（54.4g，0.225mol）溶于水（150mL）中，并与上述溶液混合，然后在剧烈搅拌下缓慢加入浓硫酸（85mL）。将热的溶液冷却至室温，将游离酸用乙醚（400mL）萃取，杂多酸乙醚配合物位于中层。分离后向乙醚配合物的溶液中吹入空气除去乙醚，剩下的红色固体物溶于水（40mL）中，并在真空干燥器中在浓硫酸上浓缩至形成晶体，过滤、水洗得到红色结晶（得量 7.2g）。

（9）6-钨-6-钼磷酸 $H_3PW_6Mo_6O_{40} \cdot nH_2O$

将 15.00g $Na_2WO_4 \cdot 2H_2O$、7.95g $(NH_4)_6Mo_7O_{24} \cdot 4H_2O$ 和 2.38g NaH_2PO_4 溶解于 66.7mL 去离子水中，控制一定酸度，在 80℃下搅拌反应 3h 后浓缩到 27mL，加入 33.5mL 24％ HCl，转移到 250mL 分液漏斗中，用等体积的乙醚萃取。溶液分成三层，取最下层亮黄色油状杂多酸醚合物，80℃下水浴蒸除乙醚，180℃下干燥 4h，即得 $H_3PW_6Mo_6O_{40} \cdot nH_2O$，收率约为 87.35％[73]。

（10）11-钼-1-钒硅酸 $H_5SiMo_{11}VO_{40} \cdot 17H_2O$

将 8.4g $Na_2SiO_3 \cdot 9H_2O$ 溶于 50mL 蒸馏水、80.0g $Na_2MoO_4 \cdot 2H_2O$ 溶于 200mL 蒸馏水，将此两种溶液混合，加热至沸，反应 30min，3.5g NH_4VO_3 溶于 80mL 蒸馏水，并将该溶液在搅拌下加入上述混合液中，在 90℃反应 30min，停止加热；边搅拌边加入 1∶1(体积) H_2SO_4 至溶液 pH 约 2，溶液颜色由浅黄到橘红最后变成深红色溶液，并继续搅拌至室温，将溶液转入分液漏斗，加 100mL 乙醚于混合液中，充分振荡后，再加入 90mL 1∶1(体积) H_2SO_4 振荡，静置，收集下层深红色油珠状物质，吹除乙醚，加入少量蒸馏水，置于真空干燥器中，直到晶体完全析出，用水进行重结晶，干燥，得鲜橘红色产品 38.0g，产率为 60.7％[74]。

（11）11-钨-1-钒硅酸 $H_5SiW_{11}VO_{40} \cdot 17H_2O$

原料用量为：8.4g $Na_2SiO_3 \cdot 9H_2O$，109.0g $Na_2WO_4 \cdot 2H_2O$，3.5g NH_4VO_3，其合成方法参照 $H_5SiMo_{11}VO_{40} \cdot 17H_2O$ 的制备，反应结束后，收集下层橘黄色油珠状物质，除乙醚，加少量蒸馏水，真空干燥结晶，重结晶，再干燥，得橘黄色产品 48.8g，产率为 53.2％。

（12）9-钨-3-钒硒酸 $H_7SeW_9V_3O_{40} \cdot 23H_2O$

取 16.5g $Na_2WO_4 \cdot 2H_2O$ 溶于 50mL 水中，在不断搅拌下滴加 4mL 1∶1 H_2SO_4，加热至沸后，在不断搅拌下加入含 1.2g H_2SeO_3 和 4.8g $NaVO_3 \cdot 2H_2O$ 的混合液 30mL，用 1∶1 H_2SO_4 调其 pH＝3～4，微沸下反应 1h 后，滴加 40mL 1∶1 H_2SO_4，用冷水浴迅速冷却后，用乙醚萃取出橙褐色醚合物，除醚后即得产物[75]。

（13）11-钨钒锗酸 $H_5GeW_{11}VO_{40} \cdot 22H_2O$

取 0.6g GeO_2 溶于 20mL 5％ NaOH 中，向其加入含 1.0g $NaVO_3 \cdot 2H_2O$ 的水溶液 30mL，用 1∶1 H_2SO_4 调其 pH≈6，在不断搅拌下，加热至 80℃，反应 1h 后，向上述反应液中滴加含 21g $Na_2WO_4 \cdot 2H_2O$ 的热水溶液 50mL，用 1∶1 H_2SO_4 调 pH 为 2.0～2.5，然后加热至沸，盖上表面皿，微沸 2～4h 后，冷却反应液，在硫酸介质中用乙醚萃取。将醚合物溶于少量水，保存在浓硫酸干燥器中，析出橙黄色多面体晶体[76]。

（14）11-钼钒锗酸 $H_5GeMo_{11}VO_{40} \cdot 24H_2O$

取 0.8g GeO_2 溶于 20mL 5％ NaOH 中，在不断搅拌下，向其加入含 1.4g $NaVO_3 \cdot$

$2H_2O$ 的水溶液 30mL，加热 30min 后，向上述反应液中滴加含 20g $Na_2MoO_4 \cdot 2H_2O$ 的热水溶液 50mL，用 $1:1 H_2SO_4$ 调其 pH 为 1.0～1.5，然后加热至 90℃，盖上表面皿，反应 2h 后，冷却反应液，在硫酸介质中用乙醚萃取。将醚合物溶于少量水，保存在浓硫酸干燥器中，析出橙色多面体晶体[77]。

（15）6-钼-6-钨镓酸 $H_5GaMo_6W_6O_{40} \cdot 14H_2O$

取 8.3g $Na_2MoO_4 \cdot 2H_2O$ 溶于一定量水中，用 HAc 调至 pH＝5～6，搅拌下滴加计量比的 $Ga_2(SO_4)_3$ 溶液，反应一段时间后，将 11.3g $Na_2WO_4 \cdot 2H_2O$ 溶于热水中，酸化至 pH＝6.3 后，滴加至上述混合液中，以 $1:1 H_2SO_4$ 酸化至 pH＝2.8～3.2，加热至 90℃，反应 4～6h。冷却后，用乙醚萃取，向醚合物中加入少量水，置于真空干燥器中，得到黄色晶体[78]。

（16）11-钨锌合铝 $H_7[Al(H_2O)ZnW_{11}O_{39}] \cdot 12H_2O$

取 36.3g $Na_2WO_4 \cdot 2H_2O$ 溶于 200mL 水中，用 HAc 调 pH＝6.3 后，加热至沸。在不断搅拌下，滴加 0.01mol Zn^{2+} 的水溶液（2.9g $ZnSO_4 \cdot 7H_2O$ 溶于 40mL H_2O）。反应一段时间后，边搅拌边滴加 0.01mol Al^{3+} 水溶液[3.8g $Al(NO_3)_3 \cdot 9H_2O$ 溶于 30mL H_2O]，调 pH 为 5.0。继续反应 1.5h 后，冷却，加无水乙醇后有无色油状物析出。将此油状物用溶解-冷冻法提纯 3 次后，溶于 80mL 水中，在 H 型阳离子交换树脂柱上交换至溶液的 pH＜1 时，用冷冻法制得固体杂多酸[79]。

（17）钨钼铌锗杂多酸 $H_5GeW_{10}MoNbO_{40} \cdot 20H_2O$

① $Na_{10}GeW_9O_{34} \cdot 15H_2O$ 的合成　称取 1.6g GeO_2 溶于热的 10％NaOH 溶液，将钨酸钠水溶液（45.6g $Na_2WO_4 \cdot 2H_2O$ 溶于 100mL 热水）加入上述溶液，用 $1:1$ HCl 调 pH≈6，加热回流，反应 1h。然后将碳酸钠溶液（15g 无水 Na_2CO_3 溶于 50mL 热水）加入上述溶液，此时 pH≈8，将整个溶液加热浓缩至约 100mL，保持温热并搅拌，冷却后加少量乙醇，出现白色沉淀。置于冰箱中，一天后抽滤，干燥。

② $K_7HNb_6O_{19} \cdot 15H_2O$ 的合成　称取 10g K_2CO_3 和 1.5g Nb_2O_5 置于白金坩埚中熔至熔体清澈透明（在 1000℃ 灼烧约 50min），冷却后，用热水浸取熔块，过滤，缓慢蒸发滤液，析出白色晶体。抽滤后，将粗产品溶于一定量的 pH≈9 的 HAc-KAc 缓冲溶液中进行重结晶，得到白色针状晶体。

③ $H_5GeW_{10}MoNbO_{40} \cdot 20H_2O$ 的合成　将 24.0g $Na_{10}GeW_9O_{34} \cdot 15H_2O$ 溶于 200mL 热水中，加入 2.0g $Na_2MoO_4 \cdot 2H_2O$ 和 2.8g $Na_2WO_4 \cdot 2H_2O$，用 $1:1$ HCl 调 pH≈5，在不断搅拌下加热到 95℃，反应 30min 后加入 2.0g $K_7HNb_6O_{19} \cdot 15H_2O$，用 $1:1$ HCl 调 pH＝1.5，加热回流 2h 后，过滤并冷却，此时溶液呈浅黄色，在 HCl 介质中用乙醚萃取，得到浅黄色油状醚合物，往醚合物中加少量水，驱走乙醚，置于干燥器内结晶[80]。

（18）18-钨-2-磷酸 $H_6[P_2W_{18}O_{62}]$

将 $Na_2WO_4 \cdot 2H_2O$(150g)溶解于热水（150mL）中，然后在强烈搅拌下加入 H_3PO_4 的水溶液（85％，125mL）和水（30mL），将溶液回流 5h，随时补加水使体积保持在 250mL。为防止还原，应向浅黄色溶液中加入少量 HNO_3。将溶液蒸发至出现晶膜，冷却至 0℃ 并过滤出沉淀。将析出物溶于 30mL 水中，并在室温重结晶，产品用乙醚萃取，在水中重结晶，得到黄色结晶的 $H_6[P_2W_{18}O_{62}] \cdot 32H_2O$[81,82]。

（19）17-钨-1-钒-2 磷酸 $H_7P_2W_{17}VO_{62}$

按 Dawson 型磷钨钒杂多酸化学式 $H_7P_2W_{17}VO_{62}$ 中的化学计量比称取一定量的

$Na_2WO_4 \cdot 2H_2O$ 溶于 100mL 水中，再加入一定量的 $NH_4H_2PO_4 \cdot 2H_2O$，再次加水 100mL，然后加入稀硫酸调节 pH 值 3.5，加入化学计量的 $NH_4VO_3 \cdot 2H_2O$ 溶液，再次用稀硫酸调节 pH 值 3.5，加热回流 6.0～8.0h，热抽滤，将冷却后的滤液全部转移至分液漏斗中，并加入 300mL 乙醚，逐滴加入稀硫酸直至无萃取液滴落为止。充分振荡，静置后分三层，分出下层红色油状液。用乙醚重复操作 2～3 次。将几次下层油状物合并于烧瓶中，常压蒸馏回收溶剂，然后取出固体，自然晾干，最后用红外灯干燥，得到红棕色固体[83]。

（20）17-钼-1-钒-2-磷酸 $H_7[P_2Mo_{17}VO_{62}] \cdot 39H_2O$

磁力搅拌和 pH 计监测下，在 1.2g 偏钒酸铵（0.01mol）的 100mL 水溶液中，加入 25mL 磷酸二氢钠溶液（3.2g，0.02mol），滴加 1∶1 硫酸调节 pH 约 4，再加入 75mL 钼酸钠溶液（41.2g，0.17mol），滴加 1∶1 硫酸调节 pH3.6，回流 8h。冷却后移入分液漏斗，加入 150mL 乙醚。分次少量加入 1∶1 硫酸，振荡，静置后分三层，下层红色油状物为杂多酸的醚合物。电吹风冷风快速吹除乙醚，得粉末状产物；或用向杂多酸的醚合物中加入少量水，置真空干燥器中采用缓慢除醚法，得到的产物具有明显的晶型，可在 0.5% 的硫酸溶液中进行重结晶，得到产物 $H_7[P_2Mo_{17}VO_{62}] \cdot 39H_2O$[84]。

3.2.5 杂多酸合成的新进展

近年来，新合成的多酸化合物在尺寸上有惊人的增长[85～88]。高核多酸簇合物的合成是一重要的发展趋势。构筑新型的高核多酸簇合物或具有"纳米尺寸"的超大金属-氧簇，标志着无机化合物的分子结构研究已经从小分子研究跃入到具有蛋白质尺寸的大分子体系研究领域中。迄今为止，最大的钼簇是 Müller 等[89] 报道的 $Na_{48}[H_xMo_{368}O_{1032}(H_2O)_{240}(SO_4)_{48}] \cdot ca.1000H_2O$，最大的钨簇是 Pope 等[90] 报道的含有稀土的多钨酸盐化合物 $\{As^{III}_{12}Ce^{II}_{16}(H_2O)_{36}W_{148}O_{524}\}$。常规合成路线有利于在溶液中控制簇合物的生长，迄今为止，已报道的超大型多酸簇合物大多是用这种方法来合成的。

在制备这类高核多酸簇的过程中，常规合成方法通常采用两种不同的合成策略，即一步法和分步法（建筑块法）。一步法通常是指从简单的金属酸盐（例如 WO_4^{2-}，MoO_4^{2-} 等）出发，同非金属氧化物或含氧酸根离子以及还原剂在适当的酸性条件下反应，自组装形成高核聚集体的过程。前面提到的具有最大尺寸的多酸钼簇和多酸钨簇都是采用这种方法制备的。分步法是首先合成各种缺位多酸作为基本建筑块，再引入桥连片段，形成更高核簇的过程，这种合成策略又常被称为建筑块构筑策略。其中桥连片段包括简单的 $\{WO_x\}_n$ 桥连片段、稀土离子或过渡金属离子、多核过渡金属簇等，这些桥连片段在反应过程中起到连接剂的作用。虽然这种合成方法相对复杂，但是由于可供选择的缺位多酸盐十分丰富，因此在合成中可以进行更多的人为设计和调控，有望对最终结果实现有效控制，从而更具可行性。

Müller 等[91] 报道了一系列大型钼簇，极大地丰富了多酸化学。他们的主要合成策略是采用一步法，通过常规手段，逐级酸化钼酸根离子进而得到大型钼簇。在合成过程中，钼酸根离子可以逐级酸化成大小不同的钼簇片段，然后这些片段进一步组装成更大的钼簇。在大型钼簇的合成过程中，pH 的控制很重要。另外，适量地使用还原剂可以有效地防止钼簇在合成过程中发生交联。常用的还原剂有金属单质（如 Mo，Cu，Zn 和 Hg 等）、B_2H_6、$NaBH_4$、N_2H_4、NH_2OH、H_2S、SO_2、SO_3^{2-}、$S_2O_4^{2-}$、$S_2O_3^{2-}$、$SnCl_2$、$MoCl_5$、$MoOCl_5^{2-}$ 等。一步合成策略虽然简单易行，但是给研究反应机理带来一定的困难。

多年来，人们一直有一种想法，希望能采用事先预定的建筑单元靠自组装的方法构筑人们想要的新奇化合物，因此分步合成策略，即建筑块策略逐渐地发展起来，而且在高核多酸簇化学中占有举足轻重的地位。在建筑块策略中，需要在反应过程中引入不同的桥连单元。2001 年，Kortz 等[92] 采用建筑块策略，并且引入简单的 $\{WO_x\}_n$ 桥连单元，合成了迄今为止最大的钨砷酸盐簇 $[As_6^{III}W_{65}^{II}O_{217}(H_2O)_7]^{26-}$。这一化合物是由 $[As_2^{III}W_{19}^{II}O_{67}(H_2O)]^{14-}$ 在 pH 为 1.5~2.0 的反应溶液中加热煮沸得到的。在反应过程中，$[As_2^{III}W_{19}^{II}O_{67}(H_2O)]^{14-}$ 发生部分降解，产生各种新的 $\{W_xO_y\}$ 片段，并最终组装成高核钨簇。$[As_2^{III}W_{19}^{II}O_{67}(H_2O)]^{14-}$ 的重组，可能是由于反应中 W 的大量存在，给多阴离子片段的进一步重组提供了充足的配位环境。在此过程中，pH 的控制很重要。另外，缺位建筑块的选择尤为重要，$[As_2^{III}W_{19}^{II}O_{67}(H_2O)]^{14-}$ 是一种容易制备但其结构稳定性强烈依赖于pH 的缺位阴离子，通过改变 pH，其可以发生不同程度的降解，使得最终的产物结构迥异，非常适于用作中间体来构筑各种新型的高核簇。

Cadot 等[93] 采用建筑块合成策略，以 $\{Mo_2O_2S_2(H_2O)_2\}^{2+}$ 簇作为桥连片段，合成了以 Dawson 结构为基础的环形硫代多酸簇合物 $[(\alpha-H_2P_2W_{15}O_{50})_4\{Mo_2O_2S_2(H_2O)_2\}_4$ $\{Mo_4S_4O_4(OH)_2(H_2O)_2\}]^{28+}$，它的直径约 3nm，是由具有建筑块功能的 $\{Mo_2O_2S_2\}^{2+}$ 和三缺位的 $\alpha-[P_2W_{15}O_{56}]^{12-}$ 相连而成的大型四聚的多酸簇合物。在 $\{Mo_2O_2S_2(H_2O)_2\}^{2+}$ 中，Mo—OH—Mo 桥有助于四聚簇的生成，羧基桥使缺位多酸建筑块之间的键连得更加牢固，$\{Mo_2O_2S_2(H_2O)_2\}^{2+}$ 不是现成的配体，是 $K_2[N(CH_3)_4]_{0.75}[Mo_{10}S_{10}O_{10}(OH)_{10}(H_2O)_5]$·$15H_2O$ 在 HCl 中生成的。合成这种环形或球形的簇合物，要求所选择的连接剂具有以下特点：带正电荷，带有羟基桥或其他基团，建筑块物质不一定是现成的配体。由建筑块$\{(Mo)Mo_5\}$ 出发，可构筑巨球形和环形分子。另一方面，以稀土离子作为桥连片段的例子有很多，最有代表性的是 Yamase 等[94] 报道的通过碱金属离子的调控，以 Eu^{3+} 为桥连单元构筑的奇特的环形冠状超分子。在合成过程中，碱金属离子充当模板剂，这种构型的多酸簇合物之所以能够合成，很大程度上是这种碱金属离子模板作用的结果。当采用钾离子为模板时，6 个铕离子同 6 个 $\{AsW_9O_{33}\}$ 连接形成具有十二元环结构的化合物$[K\subset\{(Eu\subset H_2O)_2(\alpha-AsW_9O_{33})\}_6]^{35-}$。而使用铯离子为模板时，4 个铕离子同 4 个 $\{AsW_9O_{33}\}$ 连接形成八元环的化合物$[Cs\subset\{(Eu\subset H_2O)_2(\alpha-AsW_9O_{33})\}_4]^{23-}$。

综上所述，在选择建筑块的时候有以下几点可以遵循。第一，建筑块要有尽可能多的缺位点，这样就会有很多活性氧暴露在外面，有利于与桥连单元的进一步组装。如 $[P_2W_{12}O_{48}]^{14-}$，它有六个缺位点，相当于一个六齿配体，是一个非常优秀的建筑块[95,96]。第二，建筑块要对 pH 敏感，通过改变 pH，多酸建筑块可以发生不同程度的构型转变，这样有利于新颖结构簇合物的生产。如 $[\gamma-SiW_{10}O_{36}]^{8-}$，它在不同的 pH 下可以发生聚合化、异构化等多种转变，因此在引入这种建筑块以后，多酸的反应体系是十分活跃的[97~99]。第三，适当地使用碱金属或者碱土金属离子作为模板剂，进一步稳定簇合物的结构。

由于过渡金属及其配合物的引入，多金属氧酸盐的修饰化学迅速发展起来，成为又一热点研究领域。以往多酸化学多是基于多酸孤立簇的研究，而多酸修饰化学的目的是将传统的多金属氧酸盐进行衍生和功能化。目前，对多金属氧酸盐进行修饰，主要有以下方法。

① 通过引入低价态的元素取代高氧化态的 W、Mo 或 V，改善富氧的多金属氧簇表面，使其带有较多的负电荷，使表面氧原子活化，增强其亲核能力，进而被各种有机或金属有机基团修饰；比如经典的 Keggin 结构阴离子 $[PW_{12}O_{40}]^{3-}$，本身只带有三个负电荷，其亲

核能力是非常弱的。如果以 Cu^{2+} 取代 W^{VI}，形成 $[PW_{11}CuO_{40}]^{7-}$，就带有了七个负电荷，和金属配合物结合能力大大增强，形成结构新颖的金属氧簇合物。引入的低价态元素可以是 Cu^{2+}、Zn^{2+}、Co^{2+}、Ni^{2+}、Fe^{2+}、V^{IV} 和 Ti^{3+} 等过渡金属，也可以是 As^{III} 和 Sb^{III} 等主族元素，这类化合物以钨氧簇为主，钼氧和钒氧簇相对较少。

② 使用还原剂将骨架上的高价态金属中心还原形成低价态金属中心的杂多蓝（heteropoly blue，简称 HPB），以增强杂多阴离子的亲核性；然后，通过引入无机帽单元或配合物结构单元，可以稳定亚稳态或高活性的多金属氧酸盐。常见的还原剂有草酸、有机胺、羟胺、水合肼等。引入的无机帽最常见的是 {VO} 单元；还可以是过渡金属的配合物，如配合物的中心离子通常为过渡金属 Cu、Ni、Ag、Co、Zn、Mo 和稀土金属 Ln，甚至是主族元素 As^{III} 和 Sb^{III}。由于 W^{VI} 相对于 Mo^{VI} 来说较难还原，所以这类化合物以杂多钼酸盐为主，杂多钨酸盐则很少。

③ 利用被修饰的多金属氧酸盐衍生物作为次级建筑单元（secondary building unit，简称 SBU），利用其表面众多的氧原子和金属离子配位，从而构筑更高维度的分子框架和树枝状分子网络——簇聚物（polymer of cluster）。在上述两种产物的基础上，引入过渡金属离子和有机配体形成的配合物结构单元组装成各种各样的拓展结构的化合物。金属离子与有机配体的配位往往具有比较明确的方向性，因此金属离子的配位习性（主要是指配位构型和配位能力），以及有机配体的结构（配位点 N 或 O 原子的位置及个数）与配位特性，往往对产物的结构起主导作用。因此，要实现特定结构簇聚物的组装，必须考虑金属离子与有机配体的配位连接结构这一重要因素。

④ 在当今无机化学领域，最热门的一个分支就是金属-有机骨架配位聚合物（简称 MOFs），在合成 MOFs 的时候引入具有纳米尺寸的多金属氧酸盐阴离子（POMs）作为结构导向剂，二者相结合可以得到一类新的功能杂化物（POMOFs）。在这类杂化物中，多金属氧酸盐作为非配位的客体，通过超分子作用填充到微孔金属-有机框架的孔道中。通过阳离子-阴离子作用及氢键来控制化合物的结构从而合成金属有机主体-阴离子客体多孔材料。在该类化合物中多阴离子同时起到补偿电荷和填充孔道的作用。与简单的阴离子模板相比，多金属氧酸盐具有更多的优点：更大的体积以及更加多样性的拓扑有利于得到多样性的大孔；高的负电荷更适合作为金属有机主体的客体单元。利用该策略，许多主客体多酸化合物被相继合成出来，实现了 POMs 与 MOFs 两个热点领域的完美结合。

在水热技术引入杂多酸合成的初期，以前两种方法为主，合成了众多的取代型、支撑型和戴帽型等非经典结构的金属氧簇。随着研究的不断深入，后两种方法逐渐占据了主导，尤其是 POMOFs 的合成。

3.3 杂多酸的质子导电性

1979 年，Nakamura 等[100] 首先报道了杂多酸的质子导电性，25℃时，$H_3PW_{12}O_{40} \cdot 28H_2O$ 的电导率与 $2mol/L$ H_3PO_4 水溶液的电导率相似。由于其相当高的质子导电性，杂多酸在燃料电池、传感器、电显色装置等有潜在的应用前景，引起了人们的广泛重视[101]。

自从发现了杂多酸的质子导电性以后，人们从各个角度研究了其导电性，主要表现为以下几个方面。

① 合成新型杂多酸并对其电导率进行测量。

② 考察影响杂多酸质子导电性的因素：质子数，结晶水，相对湿度，温度等。

③ 对杂多酸的实际应用进行研究。

④ 对杂多酸质子导电的机理进行研究。

杂多酸固体含有大量的结晶水，结晶水在杂多阴离子之间形成氢键系统。具有高质子导电性的多金属氧酸盐中的质子正是通过氢键网作为导电的通道进行传递的，所以质子的数量与氢键网的建立是否完善是导电性强弱的关键[102,103]。某些环境因素，如温度、相对湿度等对杂多酸结晶水数目的影响非常大，杂多酸在一定条件下极易失去结晶水，导致电导率迅速降低，使它的应用受到了限制。所以说，增加杂多酸的稳定性对于保证其高质子导电性至关重要，同时也会使杂多化合物在应用方面有突破性进展。

随着新型杂多酸的不断合成，杂多酸的质子导电性研究取得了重要进展。系统地总结不同杂多酸的导电性可以对新材料的设计提供帮助。表 3-1 总结了杂多酸电导率的研究成果[104~140]。

表 3-1   部分杂多酸的电导率

杂多酸	电导率/(S/cm)	杂多酸	电导率/(S/cm)
$H_3PW_{12}O_{40} \cdot 22H_2O$	1.8×10^{-1},20℃	$H_4PW_{11}VO_{40} \cdot 8H_2O$	1.50×10^{-2},26℃
$H_3PMo_{12}O_{40} \cdot 29H_2O$	1.8×10^{-1},20℃	$H_5PW_{10}V_2O_{40} \cdot 15H_2O$	1.27×10^{-2},18℃
$H_5GeW_9Mo_2VO_{40} \cdot 22H_2O$	2.79×10^{-4},18℃	$H_6W_9PV_3O_{40} \cdot 36H_2O$	2.19×10^{-2},30℃
$H_5GeW_{11}VO_{40} \cdot 22H_2O$	2.43×10^{-3},18℃	$H_7P_2W_{17}VO_{62} \cdot 28H_2O$	3.10×10^{-2},26℃,
$H_7SeW_9V_3O_{40} \cdot 23H_2O$	6.25×10^{-4},18℃	$H_7[In(H_2O)P_2W_{17}O_{61}] \cdot 23H_2O$	1.34×10^{-3},18℃
$H_6GeW_{10}V_2O_{40} \cdot 22H_2O$	1.20×10^{-2},16℃	$H_7Ga(H_2O)P_2W_{17}O_{61} \cdot 19H_2O$	1.25×10^{-3},18℃
$H_7[Al(H_2O)CoW_{11}O_{39}] \cdot 14H_2O$	2.74×10^{-4},18℃	$H_9P_2W_{15}V_3O_{62} \cdot 28H_2O$	3.64×10^{-2},26℃
$H_6[Fe(H_2O)CrW_{11}O_{39}] \cdot 14H_2O$	3.89×10^{-3},20℃	$H_6Ru(H_2O)FeW_{11}O_{39} \cdot 18H_2O$	4.51×10^{-3},22℃
$H_6[Al(H_2O)FeW_{11}O_{39}] \cdot 14H_2O$	4.07×10^{-4},18℃	$H_7SiW_9V_3O_{40} \cdot 9H_2O$	2.05×10^{-4},20℃
$H_7[Al(H_2O)ZnW_{11}O_{39}] \cdot 14H_2O$	1.37×10^{-4},18℃	$H_7ZnW_{11}VO_{40} \cdot 8H_2O$	6.85×10^{-4},18℃
$H_6[In(H_2O)CrW_{11}O_{39}] \cdot 11H_2O$	1.15×10^{-3},16℃	$H_5PW_9MoV_2O_{40} \cdot 10H_2O$	8.92×10^{-3},22℃
$H_7[In(H_2O)CoW_{11}O_{39}] \cdot 14H_2O$	6.64×10^{-3},18℃	$H_5SiW_{11}VO_{40} \cdot 15H_2O$	7.93×10^{-3},15℃
$H_4[Ti(H_2O)TiW_{11}O_{39}] \cdot 7H_2O$	1.39×10^{-3},16℃	$H_4[In(H_2O)PW_{11}O_{39}] \cdot 11H_2O$	2.60×10^{-4},18℃
$H_5[Ga(H_2O)ZrW_{11}O_{39}] \cdot 14H_2O$	8.76×10^{-4},16℃	$H_5[In(H_2O)SiW_{11}O_{39}] \cdot 8H_2O$	5.25×10^{-4},18℃
$H_5GeW_{10}MoVO_{40} \cdot 21H_2O$	3.58×10^{-4},18℃	$H_6SiW_{10}V_2O_{40} \cdot 14H_2O$	7.40×10^{-3},25℃
$H_6SiW_9MoV_2O_{40} \cdot 15H_2O$	6.01×10^{-3},22℃	$H_8P_2W_{16}V_2O_{62} \cdot 20H_2O$	1.89×10^{-2},18℃
$H_6PW_9V_3O_{40} \cdot 14H_2O$	1.73×10^{-2},26℃	$H_5SiMo_{11}VO_{40} \cdot 8H_2O$	5.70×10^{-3},26℃
$H_5SiW_9Mo_2VO_{40} \cdot 13H_2O$	8.82×10^{-3},20℃	$H_6P_2W_{16}Mo_2O_{62} \cdot 29H_2O$	2.30×10^{-3},18℃
$H_4[In(H_2O)PW_9Mo_2O_{39}] \cdot 11H_2O$	2.32×10^{-4},18℃	$H_5PW_{10}V_2O_{40} \cdot 15H_2O$	1.27×10^{-2},18℃

从表 3-1 可以看出，近年来杂多酸的导电性研究进展比较迅速，研究的领域也有所扩大：①从最初的二元杂多酸，已经发展到了三元杂多酸甚至四元杂多酸；②结构已经不仅局限于简单的二元 Keggin 结构，取代型杂多酸的研究有了很大的进展，结构中出现了直接连接在骨架结构上的结构水；③对一些非 Keggin 结构的杂多酸（如 Dawson 结构）也进行了研究。

杂多酸的质子导电性的一些规律如下。

① 在 20～80℃之间，结晶水分子的流动性会随着温度的升高而增加，从而使电导率增

加。而高于此温度时，即使相对湿度很大，水的脱附不可避免，导致电导率下降。杂多酸的"假液相"行为与结构中水分子的存在密不可分，因此，影响水分子存在因素（如：温度，相对湿度）都会影响杂多酸的电导率。一般而言，在低温（小于 80℃）下，温度越高，湿度越大，杂多酸的电导率越高。

② 杂多酸的电导率与结晶水的数目有关。对于同一物质来说，结晶水数目越多，电导率越大。这是因为氢键系统是质子导电的通道，在低水合物中，氢键系统不能像在高水合物中建立得那样完全，导致了导电性有差异。

③ 杂多酸在室温下的电导率很高，但在高温条件下极易失去结晶水，从而导致电导率迅速降低。过渡金属取代的化合物不仅具有与其他杂多酸相同的结晶水，而且在杂多阴离子内部还存在结构水和配位水，这种水不易失去。随着取代原子数目和结构水数目的增多，氢键网络建立得好，则电导率增大，导电性增强。过渡金属取代后，杂多阴离子的电荷也明显增加，有利于提高电导率。

④ 从表 3-1 中还可以看出，研究的大多是 Keggin 结构的杂多酸，研究 Dawson 结构的杂多酸较少，因为这两类结构的杂多酸能以酸或酸式盐形式存在，从而形成质子导电，而其他结构的杂多酸不稳定，无法形成质子导电。

最近杂多酸酸式盐质子导体也被研究讨论。Matsuda 等[141] 通过机械球磨法得到一种质子导体固体酸材料。他们将含铯氧酸盐（Cs_2SO_4，Cs_2CO_3 或 $CsHSO_4$）和钨磷酸（$H_3PW_{12}O_{40} \cdot 6H_2O$，$WPA_6$）混合搅拌得到部分取代的 $Cs_xH_{3-x}PW_{12}O_{40}$ 配合物。该配合物无论是在潮湿还是干燥的条件下，化学稳定性和质子电导率都有明显的提高。另外，制得的 $90CsHSO_4 \cdot 10WPA_6$（摩尔分数）复合材料从室温到 180℃ 之间都具有高的电导率。在干燥条件下，100℃ 时的电导率达到 3.3×10^{-3} S/cm，比纯的 $CsHSO_4$ 和 WPA_6 都要高。$CsHSO_4$-WPA_6 的电导率与在材料中的—O(H)…O 的氢键距离有很大的关系。杂多酸酸式盐质子导体的研究进展较迅速[142~144]。

虽然杂多酸的电导率较高，但在实用化过程中遇到了重大的麻烦，主要是结晶水不稳定，容易失去，从而导致电导率迅速降低。另外，具体的使用过程中要求质子电解质有一定的稳定性和机械延展性能（如成膜）。这些问题的存在使得杂多酸作为质子导电材料的应用受到了很大的限制。如果在保持电导率的情况下，使杂多酸均匀分散或固载在固体基质上，同时这种基质具有一定的可塑性，则可以解决以上问题。

3.4　含有杂多酸的无机基质复合材料的质子导电性[145~165]

用于与杂多酸复合的无机基质，常常以各种多孔的、不同形貌的硅氧化物为主。二氧化硅比较适合于做杂多酸复合高质子导体材料的基质，这是因为：①氧化硅的表面 pH 值相对较低（pH=5），而其他氧化物如氧化铝较高（pH=9），由于较高的表面 pH 值容易捕获质子而使质子不容易迁移；②在用溶胶-凝胶法制备二氧化硅凝胶的过程中，常用 HCl 或 HNO_3 等做硅酸乙酯的水解催化剂。杂多酸本身就是固体超强酸，可作为水解的催化剂，所以在制备二氧化硅凝胶的过程中并不需要加 HCl 或 HNO_3 等常用的水解催化剂。这非常有利于杂多酸的均匀分散，从而实现杂多酸的固载。

含杂多酸的无机复合材料的研究主要集中在不同杂多酸与硅的氧化物复合材料上，而且基本上都出现溶胶-凝胶过程。由溶胶-凝胶法制得的氧化硅具有以下特点：①溶胶-凝胶法制得的氧化硅表观上是固体，但由于其具有大量的介孔和微孔，能吸附大量液态的水，从而使一些液态成分可存在其中，这些微孔的液体部分使二氧化硅凝胶具有了液体特性，呈现"假液相"，这些液态的水有利于质子的传输；②溶胶-凝胶法制得的氧化硅骨架上有大量的硅羟基（Si—OH），这些硅羟基在一定程度上也提供了质子，从而有利于质子的传输；③溶胶-凝胶过程使得杂多酸与氧化硅的复合材料成膜性能良好，因为可以通过旋涂、浸涂等方法使得溶胶均匀分散，再在一定条件下凝胶固化成膜。对于含杂多酸无机复合材料：①溶胶-凝胶过程均匀地分散了杂多酸，但由于溶胶-凝胶过程与杂多酸的量，硅源的种类与量，水量，醇量，温度等因素密切相关；②已报道的杂多酸无机复合材料中，杂多酸基本上都是随机分散的，如果通过某种手段使得杂多酸在纳米尺度定向、均匀地分散，如能在基质上实现不同形貌杂多酸的组装，如纳米线、纳米棒等将对质子传输的机理及应用研究有很大的帮助。

Staiti 等利用溶胶-凝胶过程制备了钨硅酸和钨磷酸的二氧化硅复合材料。研究了湿度、杂多酸掺杂量对电导率的影响。结果表明，相对湿度越大，杂多酸的掺杂量越大，复合材料的导电性越高。同时指出，杂多酸与硅的表面有较强氢键作用，在掺杂量小于30%时，钨硅酸的电导率要高于钨磷酸（由于钨硅酸有较多的质子），而在45%的掺杂量时，钨磷酸的电导率要高于钨硅酸（由于部分钨磷酸并没有和硅表面相互作用）。

Uma 等制了一种新型钨磷酸质子导体玻璃膜，并研究了其结构、热性质和光化学性质。利用 TG/DTA 对其 FTIR 结构进行分析，结果显示出其孔内具有硅表面的 α-Keggin 结构单元而不是像在纯酸中由水分子氢键结合的 α-Keggin 结构单元。利用 Brunauer-Emmett-Teller（BET）的方法计算的平均的孔径大小小于 3nm。因为复合物基质中含有具有耐温性能的无机骨架，所以 PWA/ZrO_2 掺杂的玻璃膜在高温下有很好的热稳定性。在 27℃、30%RH 情况下，PWA/ZrO_2-P_2O_5-SiO_2（6mol-2mol-5mol-87mol）玻璃膜 H_2/O_2 燃料电池呈现出最大的能量密度 43mW/cm^2。结果显示杂多酸掺杂的无机玻璃膜作为一种低温燃料电池具有很好的前景。

Ahmad 等利用改进的湿浸透法制备了钨磷酸和钼磷酸的 Y-沸石的复合材料，后来又以 MCM-41 分子筛作为杂多酸（HPA）的载体而得到一种复合质子导体。吴庆银教授等将钨锗酸、十一钨铬合铁酸、十钨二钒锗酸、十一钨钴合铝酸、九钨二钼钒锗酸等各种不同种类（二元、三元、四元）杂多酸负载在二氧化硅的表面上，将十一钨钒锗酸 SBA-15 分子筛进行复合，其电导率列于表 3-2。

表 3-2　部分含有杂多酸的无机基质复合材料的电导率

杂多酸	无机基质	电导率/(S/cm)
$H_3PW_{12}O_{40}$	SiO_2	3.2×10^{-3}，25℃
$H_4SiW_{12}O_{40}$		2.0×10^{-3}，25℃
$H_3PW_{12}O_{40}$	Y-沸石	1.0×10^{-2}，室温
$H_3PMo_{12}O_{40}$		1.1×10^{-2}，室温
$H_3PW_{12}O_{40}$	MCM-41 分子筛	3.3×10^{-5}，25℃
$H_3PMo_{12}O_{40}$		3.1×10^{-5}，25℃
$H_4GeW_{12}O_{40}$	SiO_2	4.00×10^{-3}，16℃
$H_6Fe(H_2O)CrW_{11}O_{39}$	SiO_2	1.11×10^{-2}，16℃
$H_6GeW_{10}V_2O_{40}$	SiO_2	5.37×10^{-2}，18℃
$H_7Al(H_2O)CoW_{11}O_{39}$	SiO_2	1.30×10^{-3}，14℃
$H_5GeW_9Mo_2VO_{40}$	SiO_2	1.86×10^{-3}，18℃
$H_5GeW_{11}VO_{40}$	SBA-15 分子筛	3.09×10^{-3}，23℃

续表

杂多酸	无机基质	电导率/(S/cm)
$H_3PW_{12}O_{40}$	P_2O_5-SiO_2	9.10×10^{-2},90℃
$H_3PW_{12}O_{40}$	P_2O_5-TiO_2-SiO_2	2.90×10^{-2},30℃
$H_3PW_{12}O_{40}$	介孔 SiO_2	1.10×10^{-1},80℃
$H_3PW_{12}O_{40}$	磺基苯基磷酸铁 FeSPP	1.40×10^{-1},180℃
$H_3PW_{12}O_{40}$	介孔 SiO_2	8.0×10^{-2},100℃
$H_3PW_{12}O_{40}$	介孔 SiO_2	1.40×10^{-1},100℃
$H_3PW_{12}O_{40}$	介孔 SiO_2	1.40×10^{-1},150℃
$H_3PW_{12}O_{40}$	介孔 SiO_2	1.10×10^{-1},90℃

Kima 等利用超强酸采用两种不同的方法：注入法和直接合成法成功制得一种置于笼中的钨磷杂多酸（TPA）。由于将 TPA 置于到 MCM-41 后需要通过洗涤处理得到 TPA-MCM-41 粉末，利用注入法时，XRD 和 SEM 表征显示大部分的 TPA 存在于 MCM-41 的外表面，堵塞孔道。因此，注入的 TPA 很容易被洗涤掉，在洗涤的过程中 TPA 的量有很大的损失。与注入法相比，直接合成法（即通过加入脱水后的钨酸钠、磷酸氢二钠和盐酸直接在MCM-41 孔道中合成）能更好地将 TPA 置于到 MCM-41 孔道中。XRD 和 FT-IR 分析清楚地显示出在 MCM-41 的结构保持稳定的情况下，即使在洗涤处理中 TPA 也很难被过滤掉。与注入法相比，利用直接合成方法更有效地制得笼中 TPA。XRD 分析显示即使在洗涤处理后仍然有适量的 TPA 存在于 MCM-41 的孔道中。TEM 图显示，利用直接合成法得到的TPA 在 MCM-41 孔道中分布均匀，大小在 2～4nm。并且将直接合成法制得的 TPA-MCM-41 在洗涤处理后制备成复合膜。这种膜的质子选择性与 TPA-MCM-41 的量有关。甲醇的渗透性在其中有相当大的提高。在洗涤处理后的 TPA-MCM-41 制备成的复合膜与没有经过洗涤处理的 TPA-MCM-41 制成的复合膜相比，质子选择性稍高。最后，将直接合成法得到的TPA-MCM-41 洗涤后制成 MEA 复合膜。当 TPA-MCM-41 的含量为 4.5%（质量分数）时，这种膜与其他膜相比具有更好的电池性能。很有意思地发现，电池性能很大程度上依赖于质子的选择性。为了比较，利用煅烧过的 MCM-41 和加工过的 TPA 制得的复合膜，Nafion®115 和 casting Nafion® 膜都被制得。结果证明直接合成法制得的 TPA-MCM-41 和TPA 都提高了复合膜的质子电导率。用具有最高质子选择性的复合膜制得的 MEA 显示出更好的电池性能。

Vuillaume 等利用一种人工合成的皂石类黏土，硅酸镁铝（SSA）和 12-钨磷杂多酸（PTA）制备用于作为质子交换膜的新型杂化纳米材料（PTA-SSA）。复合材料仍然保持Keggin 型结构，其稳定温度达到 450℃。随着 PTA-SSA 中 PTA 与 SSA 的质量比从 2 增大到 5 时，PTA 在复合物中的质量分数也从 39.3% 增加到 52.3%。与之前所有文献相比，在Keggin 型结构保持不变的情况下，PTA 的含量增加了 2～3 倍。尽管高浓度的 PTA 能使得PTA 在黏土中的负载量提高，但是光谱数据显示在这种条件下会导致黏土中硅的正四面体晶体结构部分被破坏，以及黏土层的逐渐减少。黏土层的减少可能是由于在内层区域中较大的钠原子被更小的 PTA 质子替代。电镜图显示说明作为在高分子复合材料中的纳米颗粒（30～300nm）和微粒（1～50μm）的混合体，PTA-SSA 复合物被分散在其中，尽管这种复合物很不均一。并且利用熔融挤压法在保证 Keggin 型结构不变的情况下将这些复合物掺杂到有机聚合物模板上。

3.5   含有杂多酸的有机基质复合材料的质子导电性

有机高分子-多酸导电聚合物是 20 世纪 80 年代末兴起的一类新型有机-无机杂化材料。由于它兼有无机组分和有机聚合物基块的性能，并能衍生出新的导电性、光学性、耐摩擦、力学性能、功能梯度等，它现已成为材料科学和化学科学研究的前沿课题之一[166]。

有机导电聚合物如聚苯胺（PANI）、聚吡咯（PPY）、聚噻吩（PTH）等具有优良的导电性和掺杂效应；而杂多酸是优良的高质子导体，用杂多酸作掺杂剂可大幅度提高聚合物的导电性能，且杂多阴离子体积较大，嵌入到聚合物链中不易脱出，是性能优良的掺杂剂。一般来说，杂多酸与聚合物形成复合材料后，杂多酸在聚合物中仍保持其原有骨架结构，只发生轻度畸变，但聚合物与杂多阴离子存在电荷相互作用，产生了新的共轭体系。在复合物中，杂多阴离子仍保持其氧化还原可逆性，使复合材料兼具聚合物基质和掺杂剂二者的优点[167]。

聚苯胺基体通常是绝缘的，而质子化作用却能使其电导率增大几个数量级。掺杂杂多酸的聚苯胺电导率一般在 $10^{-6} \sim 10^{-3}$ S/cm。聚苯胺基体存在三种形式：完全氧化状态、部分氧化状态和完全还原状态，其中只有部分氧化状态与质子酸掺杂才能成为导体，而其他的状态掺杂后均是绝缘体。杂多酸作为一种高质子酸，在聚苯胺的合成反应中提供质子，并提供强酸性介质[168]。

除了上面提到的几种具有优良导电性能的复合材料外，还有一些聚合物，如聚氧化乙烯（PEO）[169]、聚乙二醇（PEG）[170]、聚乙烯吡咯烷酮（PVP）[171] 等基质都可用作制备导电复合材料，表 3-3 列出了近期含有杂多酸的有机基质复合材料电导率的一些研究结果[172~195]。

表 3-3   室温下部分含有杂多酸的有机基质复合材料的电导率

杂多酸	有机基质	电导率/(S/cm)
$H_4SiW_{12}O_{40}$	聚环氧乙烷，PEO(polyethylene oxide)	6.3×10^{-2}，18℃
$H_5BW_{12}O_{40}$	聚苯胺，PANI(polyaniline)	6.0×10^{-1}，室温
$H_3PMo_{12}O_{40}$	PANI	4.78×10^{-4}，室温
$H_4PMo_{11}VO_{40}$		1.34×10^{-2}，室温
$H_4SiW_{12}O_{40}$	PANI	6.7×10^{-1}，室温
$H_5GeW_{11}VO_{40}$	聚吡咯，PPY(polypyrrole)	1.24×10^{-2}，18℃
$H_5GeW_9Mo_2VO_{40}$	PPY	2.82×10^{-3}，18℃
$H_4GeW_{12}O_{40}$	聚乙烯醇，PVA(polyvinyl alcohol)	2.11×10^{-2}，20℃
$H_5GeW_9Mo_2VO_{40}$	PVA	9.92×10^{-3}，20℃
$H_3PW_{12}O_{40}$	PVA	6.27×10^{-3}，25℃
$H_4SiW_{12}O_{40}$	PVA	1.0×10^{-2}，室温
$H_5GeW_{10}MoVO_{40}$	PVA	1.22×10^{-2}，20℃
$H_4SiW_{12}O_{40}$	PVA	1.0×10^{-2}，20℃
$H_5GeW_{10}MoVO_{40}$	聚乙二醇，PEG(polyethylene glycol)	2.12×10^{-3}，20℃
$H_5GeW_{11}VO_{40}$	PEG	4.07×10^{-3}，20℃
$H_6[In(H_2O)CrW_{11}O_{39}]$	PEG	2.23×10^{-3}，20℃
	聚乙烯吡咯烷酮，PVP(polyvinylpyrrolidone)	1.25×10^{-3}，20℃
$H_7[In(H_2O)CoW_{11}O_{39}]$	PEG	7.08×10^{-3}，20℃
	PVP	1.95×10^{-3}，20℃

续表

杂多酸	有机基质	电导率/(S/cm)
$H_6PW_9V_3O_{40}$	PEG	1.05×10^{-2},26℃
	PVP	7.11×10^{-3},26℃
$H_7P_2W_{17}VO_{62}$	PEG	1.02×10^{-2},26℃
	PVP	4.70×10^{-3},26℃
$H_9P_2W_{15}V_3O_{62}$	PEG	2.00×10^{-2},26℃
	PVP	7.03×10^{-3},26℃
$H_5SiW_{11}VO_{40}$	PVP	1.39×10^{-2},18℃
$H_4PW_{11}VO_{40}$	磺化聚醚醚酮,SPEEK(sulfonated polyetherketone)	1.84×10^{-2},25℃
$H_3PMo_{12}O_{40}$	壳聚糖,Chitosan	7.6×10^{-3},25℃
$H_4SiW_{12}O_{40}$	Chitosan	4.88×10^{-3},25℃
$H_3PW_{12}O_{40}$	Chitosan	2.8×10^{-2},室温
$H_9P_2W_{15}V_3O_{62}$	磺化聚砜,SPSF(sulfonated polysulfone)	5.3×10^{-2},25℃
$H_3PW_{12}O_{40}$	SPSF	8.9×10^{-2},室温
	聚砜,PSF(polysulfone)	2.0×10^{-2},室温
$H_4SiW_{12}O_{40}$	聚甲基丙烯甲酯,PMMA(Poly(methyl methacrylate))	3.0×10^{-3},室温
$H_4SiW_{12}O_{40}$	磺化聚醚砜,SPES(sulfonated polyether-sulfone)	9.5×10^{-2},30℃
$H_3PMo_{12}O_{40}$	聚(3,4-乙烯二氧噻吩),PEDOT(poly(3,4-ethylenedioxythiophene))	3.3×10^{-1},室温
$H_3PW_{12}O_{40}$	二磺化聚(芳醚砜),BPSH,disulfonated poly(arylene ether sulfone)	8.0×10^{-2},室温

由表3-3可见：①不同杂多酸掺杂同一种聚合物，会得到电导率不同的复合材料。从总体来看，含氢多的杂多酸对提高复合材料的电导率贡献更大。电导率高的杂多酸，得到的复合材料的电导率也较高。②同样的杂多酸掺杂不同的聚合物，会得到电导率不同的复合材料。③采用不同的制备方法，会得到电导率不同的复合材料。采用不同的制备方法可以制备出具有不同导电性能乃至特殊性质的复合材料，所以说，对于提高复合材料的电导率，除了选择不同的杂多酸掺杂不同的导电聚合物之外，改进制备方法也是至关重要的。

杂多酸酸式盐质子导体与有机基质作用得到导电复合膜也有人报道。Li等[196]利用$Cs_{2.5}H_{0.5}PMo_{12}O_{40}$（CsPOM）与聚苯并咪唑（PBI）制得作为氢质子交换燃料电池的高导电复合质子交换膜。这种膜在经过H_3PO_4处理后具有高的电导率（＞0.15S/cm）和很好的热稳定性。

3.6　含有杂多酸的多元基质复合材料的质子导电性

目前，杂多酸复合材料的研究已不仅仅局限于某一种无机物（或有机物）作为复合基质，无机物-有机物、有机物-有机物、无机-无机多元复合作为复合材料的基质均已有报道，含有杂多酸的多元基质复合材料电导率列于表3-4[197-229]。

表3-4　含有杂多酸的多元基质复合材料的电导率

杂多酸	基质	电导率/(S/cm)
$H_7P_2W_{17}VO_{62}$	PEG 5%,SiO_2 5%	2.58×10^{-2},26℃
	PVP 5%,SiO_2 5%	1.89×10^{-2},26℃
$H_9P_2W_{15}V_3O_{62}$	PEG 5%,SiO_2 5%	2.67×10^{-2},26℃
	PVP 5%,SiO_2 5%	2.32×10^{-2},26℃
$H_4PW_{11}VO_{40}$	PEG 10%,SiO_2 10%	3.44×10^{-3},26℃
	PVP 10%,SiO_2 10%	1.36×10^{-3},26℃

续表

杂多酸	基质	电导率/(S/cm)
$H_6PW_9V_3O_{40}$	PEG 10%,SiO_2 10%	1.63×10^{-2},26℃
	PVP 10%,SiO_2 10%	8.90×10^{-3},26℃
$H_7[In(H_2O)P_2W_{17}O_{61}]$	PVP 5%,SiO_2 5%	1.82×10^{-3},18℃
$H_4SiW_{12}O_{40}$	SPEEK 85%,SiO_2 10%	6.96×10^{-2},室温
$H_3PW_{12}O_{40}$	SPEEK 70%,MCM-41 15%	2.75×10^{-3},20℃
$H_4SiW_{12}O_{40}$	SPEEK 60%,SiO_2-Al_2O_3 9%	6.10×10^{-2},20℃
$H_3PW_{12}O_{40}$	SPEEK 85%,埃洛石纳米管 HNT(Halloysite nanotubes) 4.5%	2.04×10^{-2},室温
$H_3PW_{12}O_{40}$	SPEEK 85%,聚多巴胺涂层的埃洛石纳米管 PDHNTs (polydopamine coated halloysite nanotubes) 8.6%	1.17×10^{-1},25℃
$H_4SiW_{12}O_{40}$	SPEEK 91%,蒙脱石 MNT(montmorillonite)5%	6.08×10^{-3},室温
$H_4PW_{11}VO_{40}$	SPEEK 28%,还原石墨烯 rGO(reduced graphene oxide) 2%	2.22×10^{-2},17℃
$H_6PW_9V_3O_{40}$	SPEEK 28%,rGO 2%	6.20×10^{-2},18℃
$H_6SiW_9MoV_2O_{40}$	SPEEK 28%,rGO 2%	1.07×10^{-2},16℃
$H_8P_2W_{16}V_2O_{62}$	SPEEK 28%,rGO 2%	4.11×10^{-2},20℃
$H_3PW_{12}O_{40}$	SPEEK 50%耦合氧化石墨烯 mGO(graphene oxide) 25%	5.0×10^{-3},65℃
$H_3PW_{12}O_{40}$	SPEEK 90%,g-C_3N_4 1.7%	8.6×10^{-2},20℃
$H_3PW_{12}O_{40}$	SPEEK 54%,g-C_3N_4 2%	5.21×10^{-2},60℃
$H_3PW_{12}O_{40}$	SPEEK 97.7%,羧基功能化石墨烯 G(c) (carboxyl-functionalized graphene) 0.3%	5.19×10^{-2},室温
$H_3PW_{12}O_{40}$	聚偏二氟乙烯 PVDF(poly(vinylidene) fluoride) 10%,Al_2O_3 10%	1.96×10^{-3},25℃
$H_3PW_{12}O_{40}$	PVA 40%,SiO_2 20%	1.7×10^{-2},20℃
$H_4SiW_{12}O_{40}$	PVA 60%,$Zr(HPO_4)_2$ 10%	1.0×10^{-2},20℃
$H_3PW_{12}O_{40}$	PVA 98%,碳纳米管 CNTs(carbon nanotubes)	9.4×10^{-3},60℃
$H_4SiW_{12}O_{40}$	PVA 交联 SiO_2	1.05×10^{-2},50℃
$H_3PW_{12}O_{40}$	聚四氟乙烯 PTFE(polytetrafluorethylene)-甘油 GLY(glycerol),$Zr(HPO_4)_2$	5.9×10^{-2},室温
$H_3PW_{12}O_{40}$	氨基乙磺酸 AESA(aminoethane-sulfonic acid)掺杂 SBA-15 分子筛	1.60×10^{-1},85℃,
$H_3PW_{12}O_{40}$	Nafion 95.5%,MCM-41 2.25%	8.0×10^{-2}, 25℃

Staiti 制备了 SiO_2 负载 $H_4SiW_{12}O_{40}$（SiWA）的聚苯并咪唑复合膜（PBI/SiO_2/SiWA），固定 SiO_2 和 SiWA 的质量比为 45∶55，结果表明，随着无机物含量及温度的升高，质子传导率呈逐渐增长趋势，160℃，无机物含量为70%时，可达到 3.12×10^{-3} S/cm，但此时膜材料的机械强度较差。XRD 的分析表明杂化膜以无定形状态存在，没有观察到 SiWA 的特征衍射峰，表明杂多酸较好地负载在二氧化硅的表面，未发生团聚。Mustarelli 等制备的 PWA-SiO_2-PEG 杂化膜，其电导率比未添加杂多酸的杂化膜高出两个数量级。

Malers 等将杂多酸（HPA）与聚偏氟乙烯-六氟丙烯（PVDF-HFP）溶于热丙酮回流后，采用旋涂法制备了 HPA/PVDF-HFP 复合膜并研究了其在燃料电池中的应用。PVDF-HFP 的玻璃化转变温度较高，不利于离子迁移，导致电导率较低。加入杂多酸共聚可以改性。对杂多酸而言，PVDF-HFP 是惰性的非离聚物，其共聚性能对于电池工业来说具有良好的加工性能。其中 P_2W_{18}/PVDF-HFP 的电导率高达 0.032S/cm。

Mioč等利用溶胶-凝胶法制备了 $H_3PW_{12}O_{40}$（WPA）与莫来石（氧化硅与氧化铝的复合物）的三元复合材料，其电导率为 10^{-3} S/cm。结果表明，杂多酸在复合材料中以"自由的"和"强烈吸附的"两种形态存在，随着杂多酸的掺杂，复合材料的比表面积逐渐降低，电导率逐渐升高，而相同条件下含铝氧化物的复合材料的电导率要低于只含硅的复合材料。

Colicchioa 等利用磺化聚醚醚酮（SPEEK）、聚乙氧基硅氧烷（polyethoxysiloxane）和钨磷酸（PWA）制得杂化磺化聚醚醚酮/硅石/钨磷酸复合膜。他们利用硅石替代对应的四乙氧基硅烷（PEOS）单体作为前驱体合成这种聚合物。当 SPEEK-PEOS 中 PEOS 的含量占 35%（质量分数）时，制备得到的杂化膜中二氧化硅的含量为 20%（质量分数）。形成 3～12nm 和 50～130nm 两个粒径区间的氧化硅颗粒。样品显示，在温度为 100℃、相对湿度为 90% 下这种膜的质子电导率是纯 SPEEK 的两倍。尽管在不具有导电能力的氧化硅的存在下，其质子导电性还是有所增加。两种可能的解释是：部分硅醇的产生为在 SPEEK 和 PEOS 间质子的跃迁以及相分离提供了有效的路径；在硅石中 PEOS 的转变诱导 SPEEK 中微观结构的改变，有利于质子的传输。钨磷酸催化使 PEOS 中的乙氧基末端基团水解及在膜中的一次聚合提高了质子的电导率。混合的步骤对样品的形貌没有明显的影响，尤其是当加入更多的 PWA 时，但是它却影响到其质子电导率。

Fontananova 等通过溶剂挥发法，利用无定形的聚醚醚酮（SPEEK-WC）的磺化衍生物制得离子交换膜。为了提高膜的性质，使其更好地作为固体电解质应用到聚合物电解质膜燃料电池（PEMFCs）中，利用无机杂多酸（HPAs）作为固载体。为了进行比较，他们还利用相同的方法将 SPEEK-WC 固载到商业的 Nafion117 膜上。SPEEK-WC 膜与市场上的 Nafion 相比，具有更低的水、甲醇、氧气和氢气的渗透性，这在 PEMFCs 中具有很好的应用前景。在相同的硫化作用下，SPEEK-WC 复合膜与纯的聚合物样品相比具有更高的质子电导率。这是因为 HPAs，特别是 $H_4SiW_{12}O_{40} \cdot nH_2O$ 为质子跃迁提供了更好的路径，从而降低了质子传递阻力。

Nogami 等在环氧丙氧基丙基三甲氧基硅烷（GPTMS）和四乙氧基硅烷（TEOS）作为前驱体条件下，钨磷酸（PWA）/钼磷酸（PMA）和三甲基磷酸盐 $PO(OCH_3)_3$ 通过溶胶-凝胶反应制得质子导体无机-有机杂化纳米复合物材料。该复合物膜的热稳定性能可以高达 200℃，并且随着 SiO_2 骨架的出现而显著提高。在相对湿度为 90%、温度为 90℃时，在整个膜体系 [50TEOS-5PO(OCH$_3$)$_3$-35GPTMS-10HPA，HPA＝PWA，PMA] 中质量都占有 10% 的钨磷酸（PWA）和钼磷酸（PMA）的质子电导率分别为 $1.59×10^{-2}$S/cm 和 $1.15×10^{-2}$S/cm。这些复合物的质子传导率取决于传导的途径，被包裹在之中的 HPA 作为质子给予体。并且推测出在聚合物体系中被吸附的水分子提高了质子迁移率，使质子电导率增加。

3.7 杂多酸型固体高质子导体的传导机理

许多应用到杂多酸及其复合材料的电化学装置，如燃料电池、超级电容器、电化学传感器等，都涉及到质子传导这一过程，其中不少关键步骤都由质子传导的速率控制，因而，研究杂多酸及其复合材料的质子传导机理具有重要意义。由于杂多酸具有很多的质子和结晶水，所以被认为是一种质子导体。质子导体分为氢键系统和非氢键系统两大类。在导电体系中有关氢键和质子传递过程的研究报道呈增长趋势。常用 "X—H…X" 来表示氢键，这里 X 表示重离子及负极性原子团。当组成某些晶体或分子时，就形成一种氢键链状系统：如（—H…X—H…X…）的系统。质子在这些氢键系统中的传递是电荷转移的一种主要形式，这引起了研究者们的广泛注意。质子在单一氢键中从给体原子转移到受体原子，主要有两种可能的途径：质子隧道效应（proton tunneling）和质子跳跃（proton flopping）。质子隧道效应即质子隧穿势垒到达对面的具有合适的质子接受能级的势阱中。

杂多酸结构中结晶水分子和质子给杂多酸及其复合材料带来了高质子电导率，并且质子电导率与体系内部存在于杂多酸分子之间的氢键化网络结构密切相关。到目前为止，杂多酸型固体高质子导体的传导机理主要有两种：Grotthuss 机理和 Vehicle 机理[230~235]。在 Grotthuss 机理中，电荷在体系中沿着网链系统运输传导，从链的一端移动到另一端，这是一个连续的过程。根据这一理论，在一些晶体的氢键链状系统中，热活化的质子可以越过给体的势垒进入受体的势阱，表现为从一个载体跃迁到与之相邻的另一个载体。显然，这一过程能否发生取决于质子传递势垒的高低，如果体系具有较低的势垒则利于质子传导。质子通过氢键作用从一个载体跃迁到另一个载体，同时质子的周围化学环境也在不断地调整，从而形成质子迁移的快速通道；Vehicle 机理即其中质子以水合质子（H_3O^+ 和 $H_5O_2^+$ 等）的形式在体系中进行扩散和迁移，水分子起着负载质子的载体作用。这一传递过程有别于 Grotthuss 机理，质子的传递是非连续、具有跳跃性的，它与水分子结合，随着体系中的浓度梯度进行扩散。质子及其本身的载体（通常为 H_2O 或其他水合氢离子结构：如 H_3O^+ 和 $H_5O_2^+$ 等）相结合，在扩散的过程中形成浓度梯度，类似于卡车载货（H^+）那样传播。总而言之，两种机理当中 Grotthuss 机制主要侧重于氢离子在氢键网络结构的跃迁和传导，在宏观上则表现为低活化能值（<20kJ/mol）和高质子流动性；而 Vehicle 机理主要考虑了氢离子以水合质子的形式进行整体移动，在宏观上表现为高活化能（>20kJ/mol）和低质子流动性。这两种机理的质子传导示意图如图 3-5 所示，Grotthuss 机理中质子的传递依赖于系统中的氢键网络，而 Vehicle 机理则认为质子主要以水合氢离子的形式扩散转移。

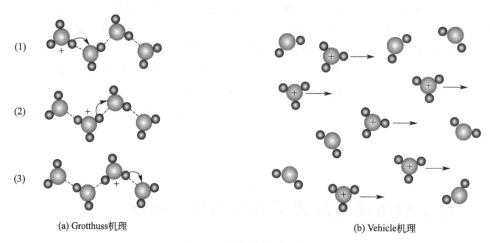

(a) Grotthuss机理　　　　　　　　(b) Vehicle机理

图 3-5　质子传导示意图

显然，两种导电机理都与水分子密切相关。固态杂多酸通常含有大量的结晶水，但其对结晶水的束缚能力又不是很强，使得结晶水可以在杂多酸阴离子之间形成氢键网络系统，并且有少量以游离态的形式在体系中负载质子扩散转移。因此，固态杂多酸质子导体中结晶水的数量对其导电性能的影响十分显著，因为它往往决定了体系中氢键网络的完善度、质子传输通道的数量以及可移动电荷（质子）的数目。一般情况下，杂多酸所携带的结晶水越多，其质子导电能力也越强，这也是 Dawson 结构杂多酸的导电性强于相同元素组成的 Keggin 结构杂多酸的原因之一。

通常情况下，纯的杂多酸作为固态质子导体时，其导电机理一般以 Vehicle 机理居多，这主要是因为杂多酸中结晶水数目庞大并且受到的约束相对较弱；当杂多酸和其他材料经过杂化制备成稳定的复合材料时，一般来说，在杂多酸复合材料的体系中，质子的传导主要凭借于氢键网络结构中的离子通道和结合水分子后以水合氢离子 H_3O^+ 或 $H_5O_2^+$ 作为载体输送。在多酸基复合材料中，质子的传导主要借助于本身氢键网络。体系的氢键网络系统也会更加稳固，而结晶水的聚集状态则发生了改变，变得更加分散。因此，杂多酸基的复合材料中质子的传递主要依赖于体系的氢键网络，有别于以水合质子传导为主的纯杂多酸；它们的活化能表现为经过杂化的多酸基复合材料活化能值往往比纯杂多酸更低。

另一方面，质子从给体到受体转移的方式又与活化能密切相关，活化能的大小决定了热活化质子进行后续转移的方式，如相邻位点之间的跳跃或者与载体水分子结合进行整体转移。因此，在杂多酸及其复合材料的研究中可依据活化能的大小来推测它们的导电机理[236~239]。当宏观活化能较低（小于 20kJ/mol）时，质子的传递方式主要依赖于相邻载体位点之间的跃迁，符合 Grotthuss 机理，在微观上表现为质子流动性较高；当宏观活化能较高（大于 20kJ/mol）时，质子的传递方式则符合 Vehicle 机理，在微观上表现为较高的水合质子流动性。

根据核磁共振的研究，由于温度的影响，水合氢离子基团的形态经常发生改变：

$$H_5O_2^+ \rightleftharpoons H_3O^+ + H_2O \rightleftharpoons H^+ + 2H_2O$$

很明显，即使环境温度很低，通过水合氢离子交换质子的过程也非常快。当温度升高时，交换过程加快，使得质子传导加快，从而电导率提高。当然了，温度过高会导致水分流失，从而导致电导率下降[240]。

杂多酸固体带有大量的结晶水，结晶水在杂多阴离子间易形成氢键系统。具有高质子导电性的多金属氧酸盐中的质子，通过氢键网作为导电的通道进行传递，所以氢键网的建立是否完善和质子的数量是导电性强弱的关键。通常情况下结晶水越多，导电率越大。S. C. T. Slade 等采用脉冲场梯度 ^{1}H NMR 和交流电导法研究了 $H_3PW_{12}O_{40} \cdot nH_2O$ 的结晶水和导电性能的关系。这种现象很容易理解，氢键系统是质子导电的通道，在低水合物中，氢键系统不能像在高水合物中建立得那样完全，导致了导电性的差异。M. Caldararu 等人对 $H_4PVMo_{11}O_{40}$ 和它的铯盐（CsPMoV）进行了研究。他们从电导率定义出发，即电导率由质子电导率和电子电导率两部分组成，认为在低温干燥环境下，最大电导率主要由质子电导率分担（Vehicle 机理）。在可能的传导路径中，质子作为电荷载体通过氢键由水分子输送，分子水的吸收对此路径有利。这应与分子中存在的酸性氢相对应，因为在干燥环境下中性 CsPMoV 峰消失了。杂多酸质子传导性研究的物质形态大部分为粉末试样。D. P. Padiyan 等人对 $H_3PW_{12}O_{40} \cdot 21H_2O$ 单晶的质子导电性能进行了研究。室温下其电导率为 0.18S/m，低至 188K 时都会呈现弱半导体性质。他们考察了带有不同数目结晶水的粉末和单晶两种形式的 $H_3PW_{12}O_{40} \cdot 21H_2O$ 的电导率参数。结果发现，水在传导机理方面发挥了重要作用。在温度较低时，质子的传导性占优势而且传导性主要取决于质子的移动。其导电机理为 Vehicle 机理。在该机理中由于水与移动离子的协同运动，水向传导过程贡献熵，使电导率增加。K. Checkiewicz 等以二甲基甲酰胺（DMF）或 DMF-聚碳酸酯（PC）为溶剂，采用有机基质聚甲基丙烯酸甲酯、聚偏二氟乙烯、钨磷酸（$H_3PW_{12}O_{40} \cdot xH_2O$，PWA）、钼磷酸（$H_3PMo_{12}O_{40} \cdot xH_2O$，PMoA）以及钨硅酸（$H_4SiW_{12}O_{40} \cdot xH_2O$，SiWA）为原料，得到一系列质子导电材料。基于阿伦尼乌斯公式，采用电导率数据计算出它们的导电活化能，并且根据活化能推断出它们的导电机理。通过对不同形态、不同温度范围、体系中是否含有水及其水的含量，杂多酸基复合材料的种类等的研究表明，基于杂多酸复合材料质子导体的导电机理比单纯杂多酸的质子导电更为复杂,往往受到体系的化学性质所影响[241]。一般来说,在杂多酸基复合材料的体系中,质子的传导主要凭借于氢键网络结构中的离子通道和结合水分子后以水合氢离子 H_3O^+ 或 $H_5O_2^+$ 作为载体输送。在多酸基复合材料中,质子的传导主要借助于本身氢键网络,有时是集 Grotthuss 和 Vehicle 机理于一体的混合机理[242,243]。

3.8　杂多酸在质子交换膜燃料电池研究中的应用

　　质子交换膜燃料电池（PEMFC）具有能量转化效率高、寿命长、比功率和比能量高以及对环境友好等优点,是一种新型可移动电源[244~247]。质子交换膜是 PEMFC 的关键部件之一,它直接影响电池性能与使用寿命。它在 PEMFC 中所起的作用与一般的化学电源中所用的隔膜不同。它不仅仅是一种隔膜材料,不但要起到分隔燃料和氧化剂的作用,同时也是电解质和电极活性物质（电催化剂）的基底;另外,质子交换膜还是一种选择透过性膜,它应当为质子的优良导体,而对电子绝缘[248]。目前应用较为广泛的质子交换膜是 Nafion 膜与磺化聚醚醚酮（SPEEK）膜。Nafion 膜是一种全氟磺酸膜,在有水存在的情况下,膜内离子簇之间通过水分子相互连接形成连续通道,质子可沿这些通道进行传输,一些小分子也可在这些通道中运动,因而聚合物膜易透过甲醇和氢气[249],降低了燃料的利用效率和PEMFC 的工作性能。Nafion 膜与 SPEEK 膜需要足够的液态水存在以维持较高的质子电导率,从而大大增加了水管理的难度,影响了 PEMFC 的便携性。现有的 Nafion 膜在温度超过100℃时,由于膜内水的过分蒸发,造成其质子传导速率急剧下降,高温质子传导性能极差。通常 PEMFC 的操作温度在 100℃ 以下[250],在加压的情况下温度最高可到 150℃。提高操作温度可以提高抗 CO 中毒能力和催化剂性能,现有的 Nafion 膜操作温度低,对 CO敏感,催化剂抗中毒能力低[251]。

　　杂多酸在具有高质子电导率,在电池同等功率输出时,含有杂多酸的质子交换膜导电能力比普通质子交换膜高出几倍。即使在高温时杂多酸的组成中仍含有水,而杂多酸的质子又保证了其质子电导率。由于杂多酸具有质子传导能力,并且热稳定性高（>100℃）,所以研究者们考虑向 Nafion 膜中添加杂多酸来改善 Nafion 膜的水合特性和高温电导率。Uma等[252] 采用溶胶-凝胶法制备的含杂多酸膜在 200℃ 时仍保持热稳定性,有效减少了氢-氧燃料电池的氢渗透率,其电导率为:90℃、70%RH,0.134S/cm;85℃、85%RH,1.014S/cm。Tazi 等[253] 以硅钨酸（STA）改性 Nafion 膜制得了 NASTA 复合膜。虽然此复合膜在PEMFC 上的使用（110~115℃）取得了较好的试验结果,但遗憾的是,复合膜稳定性不好,如果长时间运行,由于杂多酸溶于水,从而会从膜中迁移出来,导致 PEMFC 性能下降。

　　采用负载型杂多酸可很好地解决杂多酸溶于水这一问题,由正硅酸乙酯（TEOS）水解得到的 SiO_2 网络固定住了杂多酸。此外,SiO_2 及其负载的杂多酸可以缩小 Nafion 膜的通道,降低了甲醇渗透比。二氧化硅具有载留杂多酸以及保留水分的功能,提高了质子导电性。将 SiO_2 负载的杂多酸浸入 Nafion 膜中可以解决电导率与甲醇渗透的冲突。这种杂化膜可以直接应用于甲醇燃料电池（DMFC）,在保持高电导率的同时减少甲醇渗透。Kim等[254] 在 Nafion 膜的基础上采用原位微乳液浸渍法制备了 SiO_2 负载杂多酸 $H_3PW_{12}O_{40}$ 的有机/无机杂化质子交换膜。这种杂化膜的甲醇渗透性比 Nafion 膜低 50%～80%，且用这种膜的 DMFC 的燃料效率比用 Nafion 膜的高 10%。此类复合膜的不足之处在于浸渍处理是在预处理过的膜中进行的，因此复合物中无机含量不可能在很宽的范围内变化。Kukino 等[255] 将杂多酸转变为不溶于水的酸式盐 $Cs_xH_{3-x}PW_{12}O_{40}$，这样也可以提高导电稳定性，在潮湿条件下，样品的力学性能稳定，电导率长时间没有降低。

Ahmad 等[256] 制备了 HPA/Y-沸石/SPEEK 杂化膜。复合了负载有杂多酸的 Y-沸石，这种杂化膜具有高质子导电性、高结构稳定性、高热稳定性。随着复合物的增加，SPEEK 膜的电导率不断增高，而膜的可加工性能却没有损害。可以考虑在便携设备及中温固定设备的 PEMFC 中应用这种低成本的膜。

Zhang 等[257] 合成了一种质子交换膜燃料（PEMFCs）。这种膜是将负载有 Pt 的 $Cs_{2.5}H_{0.5}PW_{12}O_{40}$ 的催化剂掺杂到磺化聚醚醚酮（SPEEK）上，形成一种加湿膜。结合了 SPEEK 的 Pt-$Cs_{2.5}$ 催化剂能为易渗透的 H_2 和 O_2 形成水起到催化作用，同时由于 $Cs_{2.5}H_{0.5}PW_{12}O_{40}$ 的绝缘性质，避免了整个膜的短路循环。而且因为它的吸湿性和质子传导性，Pt-$Cs_{2.5}$ 催化剂能吸附水和传递质子。利用 XRD、FT-IR、SEM 和 EDS 等手段对 PEMFC/Pt-$Cs_{2.5}$ 进行表征。分别对纯的 SPEEK 和 SPEEK/Pt-$Cs_{2.5}$ 复合膜的一系列物理化学和电化学性质进行表征，如离子交换能力（IEC）、水吸附能力和质子传导率。与 SPEEK 基体中 PTA 颗粒相比较，添加剂温度性质测试显示了 SPEEK 基体中的 Pt-$Cs_{2.5}$ 催化剂的稳定性得到提高。在湿或干的操作条件下，对 SPEEK/Pt-$Cs_{2.5}$ 自身加湿膜和纯 SPEEK 膜都进行了单电池测试以及原始 100h 燃料电池的稳定性测试。

Vernon 等[258] 尝试用溶胶-凝胶法在聚乙烯乙二醇中掺杂带缺陷的杂多酸 $H_8SiW_{11}O_{39}$ 制成复合膜，探索聚乙烯乙二醇与 $H_8SiW_{11}O_{39}$ 之间是否形成共价键。NMR 以及 IR 测试结果表明：在这种改性的溶胶-凝胶膜中，无机质子导体 $H_8SiW_{11}O_{39}$ 与聚合物骨架间存在稳定的共价键。复合材料中的 Si 可和杂多酸空位的氧结合，使杂多酸固定在膜中不易溶出。但是，这种改性膜在组装成电池后的氧化稳定性很差。与 Nafion 相比，当扩散系数均为 $1.2×10^{-6}cm^2/s$ 时，该改性膜的离子交换容量约为 2～2.5meq/g，是 Nafion 膜的 2 倍。电导率随温度的升高而呈指数关系的增长，但是该膜的电池性能远远低于 Nafion 膜，可能是由无机质子导体在复合膜中的无规则分散所致。

Nogami 等[259] 研究了一种包含有杂多酸，如钨磷酸（PWA）和钼磷酸的多孔玻璃电解质。并且发现在 30℃、相对湿度为 85% 时，它们具有 1.014S/cm 的较高质子电导率。这种具有如此高质子电导率的杂多酸玻璃膜还是第一次被报道。这种玻璃膜能被应用作为 H_2/O_2 燃料电池的电解质，并且当使用这种含有 PWA 新型电极时，在 32℃ 温度下具有最大的能量密度 41.5mW/cm^2。

在 PEMFC 中使用杂多酸可以提高质子导电性、提高操作温度、减少燃料氢与甲醇的渗透。长时间运行杂多酸易从膜中溶解脱落这一缺点可以用负载的方法弥补。不足之处是，在有些情况下，杂多酸会被还原成杂多蓝，杂多蓝是电子的导体，会影响电池性能，造成电池短路[260]。尽管如此，杂多酸掺杂的复合质子交换膜仍然是 PEMFC 质子交换膜的有益候选材料，制备出低成本、高性能且性能稳定的质子交换膜将成为杂多酸掺杂质子交换膜今后研究的重点。

质子交换膜燃料电池作为新型能量转换装置具有高效、节能及环境友好等优点。在该电池体系中，质子交换膜发挥着隔离燃料和传递质子的重要作用，是燃料电池的"心脏"，其性能直接决定了电池的能量密度及能量转化效率。通常来讲，质子交换膜的"质子传导率""甲醇渗透率"和"力学性能"等属性难以兼顾，高效质子交换膜的制备已成为制约燃料电池发展的主要因素之一。

在众多种类的质子交换膜当中，美国杜邦公司（Dupont）研制并开发的 Nafion 系列全氟磺酸膜受到广泛关注并应用到各类能量转换器件中。但是在低湿度下，由于 Nafion 膜膜通道内水含量不足，导致膜通道收缩，质子湍流下降等问题，致使质子电导率急剧下降；且 Nafion 膜甲醇渗透较严重；氧还原反应产生过氧化氢/氧自由基（·OH 或 ·OOH）等强氧化基团，可攻击 Nafion 的内部骨架结构引发分解。针对以上问题，最近东北师范大学臧宏瑛教授等用多金属铋氧酸盐精确分子级掺杂"靶向组装"策略构筑 Nafion/$\{H_6Bi_{12}O_{16}\}$ 杂化膜来优化其质子传导性能和甲醇燃料电池性能以及机械稳定性能，相比于传统的无机-有机杂化方法，分子水平杂化膜的质子传导性能和甲醇燃料电池性能得到显著提升。同时，采用实验和理论结合的研究方法，从分子动力学角度揭示了其结构的特性和组装机制。

Nafion-Bi12-3% 杂化膜在 80℃ 水中的质子传导率可达到 0.386S/cm。$\{Bi12\}$ 团簇的引入，促使杂化膜保持较高质子传导率的同时抑制了甲醇渗透率。在甲醇燃料电池性能测试中，Nafion-Bi12-3% 杂化膜展现出了比 Nafion 膜更优异的性能，直接甲醇燃料电池的最高功率密度和电流密度分别达到 110.2mW/cm^2 和 432.7mA/cm^2。此外，研究者也分析了在恒定电压（0.35 V）下直接甲醇燃料电池的电流衰减情况，即连续 50 h 内总电流衰减率仅为 2.46%，为通过多金属氧酸盐杂化设计多功能聚合物电解质膜提供了新的思路[261]。

室温下，杂多酸是具有质子导电性的水合晶体，为了将它们用于各种电化学仪器（如电致变色显示器和传感器），制备具有质子导电性的膜显得尤为重要，因而研究和开发一类稳定性、质子导电性均优秀的新型杂多酸作为固体电解质，将在电致变色装置、水分除去器、低温氢离子传感器、氢-氧燃料电池及直接甲醇燃料电池中有重要的应用前景。此外，解决电导率的稳定性问题也是使杂多酸在实用化方面取得突破性进展的重要课题。如何研制和开发出具有更加优良导电性能的固体电解质，需要国内外学者的共同努力。我国在多酸化学研究方面具有很强的实力，相信经过不懈努力，一定会在多酸的导电性方面取得更多高水平的成果。

参 考 文 献

[1]　Katsoulis D E. Chem Rev, 1998, 98: 359-387.
[2]　Meng X, Wang H N, Song S Y, et al. Chem Soc Rev, 2017, 46: 464-480.
[3]　Xue W L, Deng W H, Chen H, et al. Angew Chem Int Ed, 2021, 60: 1290-1297.
[4]　Yang S L, Li G, Guo M Y, et al. J Am Chem Soc, 2021, 143: 8838-8848.
[5]　Liu L, Yin L, Cheng D, et al. Angew Chem Int Ed, 2021, 60: 14875-14880.
[6]　Gittleman C S, Jia H, Castro E S, et al. Joule, 2021, 5: 1660-1677.
[7]　Lim D W, Kitagawa H. Chem Soc Rev, 2021, 50: 6349-6368.
[8]　Alberti G, Casciola M. Solid State Ionics, 2001, 145: 3-16.
[9]　Azambuja F, Lenie J, Parac T N. ACS Catal, 2020, 11: 271-277.
[10]　Rajabi F, Wilhelm C, Thiel W R. Green Chem, 2020, 22: 4438-4444.
[11]　Li N, Liu J, Lan Y Q, et al. Angew Chem Int Ed, 2020, 59: 20779-20793.
[12]　Liu J X, Zhang X B, Li Y L, et al. Coord Chem Rev, 2020, 414: 213260.
[13]　Xiao H P, Hao Y S, Zheng S T, et al. Angew Chem Int Ed, 2022, 61: e202210019.
[14]　Amthor S, Knoll S, Streb C, et al. Nat Chem, 2022, 14: 321-327.

[15] Zeng H M，Jin B X，Wu W H，et al. Chem Mater，2022，34：2989-2997.

[16] Cameron J M，Guillemot G，Galambos T，et al. Chem Soc Rev，2022，51：293-328.

[17] 王恩波，胡长文，许林. 多酸化学导论. 北京：化学工业出版社，1998.

[18] Pope M T. Heteropoly and Isopoly Oxometalates. Berlin：Springer，1983.

[19] Moffat J B. The Surface and Catalytic Properties of Heteropoly Oxometalates. New York：Kluwer，2001.

[20] 杨国昱. 氧基簇合物化学. 北京：科学出版社，2012.

[21] 陈维林，王恩波. 多酸化学. 北京：科学出版社，2013.

[22] 王秀丽，田爱香. 多酸基多功能配合物. 北京：化学工业出版社，2014.

[23] Pope M T，Müller A. Polyoxometalate Chemistry from Topology via Self-Assembly to Applications. Dordrecht：Kluwer，2001.

[24] Lan Y Q，Li S L，Shao K Z，et al.，Dalton Trans，2008，(29)：3824-3835.

[25] Sha J Q，Peng J，Li Y G，et al. Inorg. Chem Commun，2008，11：907-910.

[26] Müller A，Kögerler P，Kuhlmann C. Chem Commun，1999，(15)：1347-1358.

[27] Kozhevnikov I V. Chem Rev，1998，98：171-198.

[28] 吴庆银，王恩波. 化学通报，1988，51：52-54.

[29] Kortz U，Nellutla S，Stowe A C，et al. Inorg Chem，2004，43：2308-2317.

[30] Bi L H，Kortz U，Nellutla S，et al. Inorg Chem，2005，44：896-903.

[31] Bassil B S，Kortz U，Tigan A S，et al. Inorg Chem，2005，44：9360-9368.

[32] Bassil B S，Dickman M H，Kortz U. Inorg Chem，2006，45：2394-2396.

[33] Wang X L，Qin C，Wang E B，et al. Angew Chem Int Ed，2006，45：7411-7414.

[34] Qi Y F，Li Y G，Qin C，et al. Inorg Chem，2007，46：3217-3230.

[35] Qi Y F，Li Y G，Wang E B，et al. Dalton Trans，2008，37：2335-2345.

[36] Jin H，Qi Y F，Wang E B，et al. Cryst Growth Des，2006，6：2693-2698.

[37] Fan L L，Xiao D R，Wang E B，et al. Cryst Growth Des，2007，7：592-594.

[38] Mialane P，Dolbecq A，Secheresse F. Chem Commun，2006，(33)：3477-3485.

[39] Mialane P，Dolbecq A，Riviere E，et al. Eur J Inorg Chem，2004，(1)：33-36.

[40] Kortz U. J Clust Sci，2003，14：205-214.

[41] Wu C D，Lu C Z，Zhuang H H，et al. J Am Chem Soc，2002，124：3836-3837.

[42] Zhang H，Duan L Y，Lan Y，et al. Inorg Chem，2003，42：8053-8058.

[43] Gouzerh P，Proust A. Chem Rev，1998，98：77-111.

[44] Jin H，Qi Y F，Wang E B，et al. Eur J Inorg Chem，2006，(22)：4541-4545.

[45] Wang X L，Bi Y F，Chen B K，et al. Inorg Chem，2008，47：2442-2448.

[46] Tian A X，Ying J，Peng J，et al. Inorg Chem，2008，47：3274-3283.

[47] Wang W G，Zhou A J，Zhang W X，et al. J Am Chem Soc，2007，129：1014-1015.

[48] Zhao X Y，Liang D D，Liu S X，et al. Inorg Chem，2008，47：7133-7138.

[49] Long D L，Burkholder E，Cronin L. Chem Soc Rev，2007，36：105-121.

[50] Müller A，Peters F，Pope M T，et al. Chem Rev，1998，98：239-271.

[51] Mialane P，Dolbecq A，Marrot J，et al. Angew Chem Int Ed，2003，42：3523-3526.

[52] Cooper E R，Andrews C D，Wheatley P S，et al. Natrue，2004，430：1012-1016.

[53] Oyanagi N，Yamaguchi H，Kato T，et al. Mater Sci Forum，2002，87：389-393.

[54] Vanderpool C D，Patton J C，Kim T K，et al. US Patent，1976，3，947，332.

[55] Kulikov S M，Kulikova O M，Maksimovskaya R I，et al. Izv Akad Nauk SSSR，Ser Khim，1990，1944-1947.

[56] Kulikova O M，Maksimovskaya R I，Kulikov S M，et al. Izv Akad Nauk SSSR，Ser Khim，1992，494-497.

[57] Kaksimov G M，Maksimovskaya R I，Kozkevnikov I V. Zh Neorg Khim，1992，37：2279-2286.

[58] Molchanov V V，Maksimov G M，Maksimovskaya R I，et al. Inorg Mater，2003，39：687-693.

[59] Yamase T，Pope M T. Polyoxometalate Chemistry for Nano-Composite Design. New York：Kluwer Academic/Plenum Publishers，2002.

[60] 由万胜，王轶博，王恩波，等. 高等学校化学学报，2000，11：1636-1638.

[61] 石晓波，王国平，李春根，等. 江西师范大学学报（自然科学版），2004，28：68-71.

[62] 郎建平. 博士论文. 南京：南京大学，1993.

[63] Nyman M，Bonhomme F，Alam TM，et al. Science，2002，297：996-998.

[64] Baskar V，Shanmugam M，Helliwell M，et al. J Am Chem Soc，2007，129：3042-3043.

[65] Chen W L，Chen B W，Tan H Q，et al. J Solid State Chem，2010，183：310-321.

[66] Lin S W，Liu W L，Li Y G，et al. Dalton Trans，2010，39：1740-1744.

[67] Drechsel E. Ber Deutsch Chem Ges，1887，20：1452.

[68] Bailor J C. Inorganic Syntheses，Vol. 1，Booth，H C，Ed，McGraw-Hill：NewYork，1939.

[69] Sanchze C，Livage J，Launay J P，et al. J Am Chem Soc，1982，104：3194-3202.

[70] Rocchioccioli-Deltcheff C，Fournier M，Frand R. Inorg Chem，1983，22：207-216.

[71] Tsigdinos G A，Hallada C J Inorg Chem，1968，7：437-441.

［72］ 张进，唐英，罗茜．无机化学学报，2004，20：935-940.
［73］ 曹小华，黎先财，赵文杰，等．中国钨业，2006，21：34-37.
［74］ 罗茜，简敏，张进，等．化学研究与应用，2006，18：629-633.
［75］ 赵庆华，吴庆银．功能材料，1998，10：582-586.
［76］ 吴庆银，翟玉春．东北大学学报（自然科学版），1997，18：521-524.
［77］ 吴庆银．博士论文．沈阳：东北大学，1998.
［78］ 吴庆银，翟玉春．化工冶金，1997，18：212-215.
［79］ 吴庆银，翟玉春．中国有色金属学报，1998，8：327-330.
［80］ Wu Q Y，Wang S K，Li D N，et al. Inorg Chem Commun，2002，5：308-311.
［81］ Wu H. J. Biol Chem，1920，43：189-220.
［82］ Hu C W，Hashimoto M，Okuhara T，et al. J Catal，1993，143：437-448.
［83］ 许招会，廖维林，罗年华，等．化学研究与应用，2006，18：199-201.
［84］ 王恩波，高丽华，刘景福，等．化学学报，1988，46：757-762.
［85］ Müller A，Krickemeyer E，Dillinger S，et al. Z Anorg Allg Chem，1994，620：599-619.
［86］ Kim K C，Pope M T. Dalton Trans，2001，30：986-990.
［87］ Liu J F，Chen Y G，Meng L，et al. Polyhedron，1998，17：1541-1546.
［88］ Jeannin Y. J. Clust Sci，1992，3：55-81.
［89］ Müller A，Beckmann E，Bogge H. Angew Chem Int Ed，2002，41：1162-1167.
［90］ Wassermann K，Dickman M H，Pope M T. Angew Chem Int Ed，1997，36：1445-1448.
［91］ Müller A，Serain C. Acc Chem Res，2000，3：2-10.
［92］ Kortz U，Savelieff M G，Bassil B S，et al. Angew Chem Int Ed，2001，40：3384-3386.
［93］ Cadot E，Pilette M A，Marrot M，et al. Angew Chem Int Ed，2003，42：2173-2176.
［94］ Fukaya K，Yamase T. Angew Chem Int Ed，2003，42：654-658.
［95］ Godin B，Chen Y G，Vaissermann J，et al. Angew Chem Int Ed，2005，44：3072-3075.
［96］ Zhang Z M，Yao S，Li Y G，et al. Chem Commun，2008，（14）：1650-1652.
［97］ Bassil B S，Mal S S，Dickman M H，et al. J Am Chem Soc，2008，130：6696-6697.
［98］ Zhang Z M，Li Y G，Wang E B，et al. Inorg Chem，2006，45：4313-4315.
［99］ Zhang Z M，Qi Y F，Oin C，et al. Inorg Chem，2007，46：8162-8169.
［100］ Nakamura O，Kodama T，Oginio I，et al. Chem Lett，1979，（1）：17-18.
［101］ Coronado E，Gomez-Garcia C J. Chem Rev，1998，98：273-296.
［102］ Kim W B，Voitl T，Rodriguez-Rivera G J，et al. Science，2004，305：1280-1283.
［103］ Wang X L，Zhang H，Wang E B，et al. Mater Lett，2004，58：1661-1664.
［104］ Wu Q Y，Lin H H，Meng G Y. Mater Lett，1999，39：129-132.
［105］ Wu Q Y，Meng G Y. Mater Res Bull，2000，35：85-91.
［106］ Wu Q Y，Meng G Y. Solid State Ionics，2000，136：273-277.
［107］ Wu Q Y. Mater Lett，2001，50：78-81.
［108］ Sang X G，Wu Q Y. Chem Lett，2004，33：1518-1519.
［109］ Wu Q Y. Mater Lett，2000，42：179-182.
［110］ Wu Q Y. Mater Res Bull，2002，37：2199-2204.
［111］ Wu Q Y，Xie X F，Mater Sci Eng B，2002，96：29-32.
［112］ Wu Q Y. Rare Metals，2001，20：221-223.
［113］ Wu Q Y，Sang X G，Liu B，et al. Mater Lett，2005，59：123-126.
［114］ Wu Q Y，Sang X G，Shao F，et al. Mater Chem Phys，2005，92：16-20.
［115］ Wu Q Y，Feng W Q，Sang X G，et al. Transit Met Chem，2004，29：900-903.
［116］ Sang X G，Wu Q Y，Pang W Q. Mater Chem Phys，2003，82：405-409.
［117］ Padiyan D P，Ethilton S J，Paulraj K. Cryst Res Technol，2000，35：87-94.
［118］ Wu Q Y，Sang X G. Mater Res Bull，2005，40：405-410.
［119］ Padiyan D P，Ethilton S J，Murugesan R. Phys Stat Sol，2001，185：231-246.
［120］ Denisova T A，Leonidov O N，Maksimova L G. Russ J Inorg Chem，2001，46：1553-1558.
［121］ Karelin A I，Leonova L S，Kolesnikova A M，et al. Russ J Inorg Chem，2003，48：885-896.
［122］ Tong X，Zhu W M，Wu Q Y，et al. J Alloys Compd，2011，509：7768-7772.
［123］ Qian X Y，He Z Q，Wu Q Y，et al. Chin Sci Bull，2011，56：2327-2330.
［124］ Xu S X，Wu X F，Wu Q Y，et al. Chin Sci Bull，2011，56：2679-2682.
［125］ Tong X，Wu X F，Wu Q Y，et al. Dalton Trans，2012，41：9893-9896.
［126］ Qian X Y，Tong X，Wu Q Y，et al. Dalton Trans，2012，41：9897-9900.
［127］ Tong X，Tian N Q，Wu Q Y，et al. J Alloys Compd，2012，544：37-41.
［128］ Tong X，Tian N Q，Wu Q Y，et al. J Phys Chem C，2013，117：3258-3263.
［129］ Tian N Q，Zhu M Y，Wu Q Y，et al. Mater Lett，2014，115：165-167.
［130］ Huang T P，Tian N Q，Wu Q Y，et al. Mater Chem Phys，2015，165：34-38.

[131] Li Y Y，Huang T P，Wu Q Y，et al. Mater Lett，2015，157：109-111.
[132] Huang T P，Wu X F，Wu Q Y，et al. Funct Mater Lett，2015，8：1550041.
[133] Wu X F，Huang T P，Wu Q Y，et al. Dalton Trans，2016，45：271-275.
[134] Cai H X，Wu X F，Wu Q Y，et al. Dalton Trans，2016，45：14238-14242.
[135] Wu X F，Cai H X，Wu Q Y，et al. Mater Lett，2016，181：1-3.
[136] Xie Z R，Wu H，Wu Q Y，et al. RSC Adv，2018，8：13984-13988.
[137] Xie Z R，Wu QY，He F W，et al. Funct Mater Lett，2018，11：1850065.
[138] Wu X F，Wu Q Y. Dalton Trans，2021，50：6793-6796.
[139] Wu X F，Wu Q Y. Mater Lett，2021，302：130372.
[140] Wu X F，Wu Q Y. Funct Mater Lett，2021，14：2150019.
[141] Daiko Y，Matsuda A. J Jpn Pet Inst，2010，53：24-32.
[142] Wu X F，Cai H X，Wu Q Y，et al. Dalton Trans，2016，45：11256-11260.
[143] Ai L M，Wang Z Q，Wu Q Y，et al. RSC Adv，2018，8：34116-34120.
[144] Wang Z Q，Ai L M，Wu Q Y，et al. Int J Electrochem Sci，2020，15：223-230.
[145] Staiti P，Freni S，Hocevar S. J. Power Sources，1999，79：250-255.
[146] Wu Q Y，Lin H H，Meng G Y. J Solid State Chem，1999，148：419-424.
[147] Wu Q Y，Tao S W，Lin H H，et al. Mater Sci Eng B，2000，68：161-165.
[148] Wu Q Y. Mater Chem Phys，2002，77：204-208.
[149] Wu Q Y. Mater Lett，2002，56：19-23.
[150] Jin H X，Wu Q Y，Pang W Q. Mater Lett，2004，58：3657-3660.
[151] Ahmad M I，Zaidi S M J，Ahmed S. J. Power Sources，2006，157：35-44.
[152] Uma T，Nogami M. J Membr Sci，2006，280：744-751.
[153] Ahmad M I，Zaidi S M J，Rahman S U，et al. Microporous Mesoporous Mat，2006，91：296-304.
[154] Uma T，Nogami M. ChemPhysChem，2007，8：2227-2234.
[155] Wu Q Y，Chen Q，Cai X Q，et al. Mater Lett，2007，61：663-665.
[156] Matsuda A，Daiko Y，Ishida T，et al. Solid State Ionics，2007，178：709-712.
[157] Uma T，Nogami M. J Membr Sci，2008，323：11-16.
[158] Kima Y C，Jeonga J Y，Hwang J Y，et al. J Membr Sci，2008，325：252-261.
[159] Tang H L，Pan M，Lu S F，et al. Chem Commun，2010，46：4351-4353.
[160] Zeng J，Zhou Y H，Li L，et al. Phys Chem Chem Phys，2011，13：10249-10257.
[161] Zeng J，Jiang S P，Li L. ECS Trans，2011，41：1603.
[162] Zeng J，Shen P K，Lu S F，et al. J Membr Sci，2012，397：92-101.
[163] Zhou Y H，Yang J，Su H B，et al. J Am Chem Soc，2014，136：4954-4964.
[164] Wang S W，Sun P，Hao X J，et al. Mater Chem Phys，2018，213：35-43.
[165] Vuillaume P Y，Mokrini A，Siu A，et al. Eur Polym J，2009，45：1641-1651.
[166] Romero P G，Asensio J A，Borros S. Electrochim Acta，2005，50：4715-4720.
[167] 李永舫. 化学进展，2002，14：207-211.
[168] Gong J，Yang J H，Cui X J，et al. Synth Met，2002，129：15-18.
[169] Zhao X，Xiong H M，Xu W，et al. Mater Chem Phys，2003，80：537-540.
[170] Wu Q Y，Zhao S L，Wang J M，et al. J Solid State Electrochem.，2007，11：240-243.
[171] Zhao S L，Wu Q Y. Mater Lett，2006，60：2650-2652.
[172] Gong J，Yu J Z，Chen Y G，et al. Mater Lett，2002，57：765-770.
[173] Wu Q Y，Xie X F. Mater. Chem Phys，2002，77：621-624.
[174] Cui Y L，Wu Q Y，Mao J W. Mater Lett，2004，58：2354-2356.
[175] Wu QY，H B，Yin C S，et al. Mater Lett，2001，50：61-65.
[176] Li L，Xu L，Wang Y X. Mater Lett，2003，57：1406-1410.
[177] Cui Y L，Mao H W，Wu Q Y. Mater Chem Phys，2004，85：416-419.
[178] Wu Q Y，Sang X G，Deng L J，et al. J Mater Sci，2005，40：1771-1772.
[179] Zhao S L，Wu Q Y，Liu Z W. Polym Bull，2006，56：95-99.
[180] 王守国，赫泓，崔秀君，等. 化学学报，2001，59：1163-1164.
[181] Smitha B，Sridhar S，Khan A A. J Polym Sci B，2005，43：1538-1547.
[182] Kim Y S，Wang F，Hickner M，et al. J Membr Sci，2003，212：263-282.
[183] Zukowska G，Stevens J R，Jeffrey K R. Electrochim Acta，2003，48：2157-2164.
[184] Gao H，Lian K. J. Electrochem Soc，2011，158：A1371.
[185] Tong X，Wu W，Wu Q Y，et al. ECS Electrochem Lett，2012，1：F33-F35.
[186] Tian N Q，Wu W，Zhou S，et al. Mendeleev Commun，2013，1：29-30.
[187] Chang Q，Li J S，Gu D W，et al. J Macromol Sci B，2015，54：381-392.
[188] Neelakandan S，Kanagaraj P，Sabarathinam R，et al. Appl Surf Sci，2015，359：272-279.
[189] Tian N Q，Wu X F，Wu Q Y，et al. J Appl Polym Sci，2015，132：42204.

[190] Pecoraro C, Santamaria M, Bocchetta P, et al. Int J Hydrogen Energy, 2015, 40: 14616-14626.
[191] Santamaria M, Pecoraro C, Franco F, et al. Int J Hydrogen Energy, 2017, 42: 6211-6219.
[192] Deivanayagam P, Jaisankar S N. J Macromol Sci A, 2012, 49: 1092-1098.
[193] McDonald M B, Freund M S. ACS Appl Mater Interfaces, 2011, 3: 1003-1008.
[194] Franco F, Zaffora A, Burgio G, et al. J Appl Electrochem, 2020, 50: 333-341.
[195] Yin Y H, Li H B, Wu H, et al. Int. J Hydrogen Energy, 2020, 45: 15495-15506.
[196] Li M Q, Shao Z G, Scott K. J Power Sources, 2008, 183: 69-75.
[197] Staiti P. Mater Lett, 2001, 47: 241-246.
[198] Mustarelli P, Carollo A, Grandi S, et al. Fuel Cells, 2007, 7: 441-446
[199] Malers J L, Sweikart M A, Horan J L, et al. J Power Sources, 2007, 172: 83-88.
[200] Mioč U B, Milonjic S K, Stamenkovic V, et al. Solid State Ionics, 1999, 125: 417-424.
[201] Colicchioa I, Wenb F, Keul H, et al. J Membr Sci, 2009, 326: 45-57.
[202] Fontananova E, Trotta F, Jansen J C, et al. J Membr Sci, 2010, 348: 326-336.
[203] Lakshminarayana, G, Nogami, M. Electrochim Acta, 2009, 54: 4731-4740.
[204] Tong X, Wu W, Wu Q Y, et al. Funct Mater Lett, 2012, 5: 1250040.
[205] Tong X, Wu W, Wu Q Y, et al. Mater Chem Phys, 2013, 143: 355-359.
[206] Wu X F, Wu W, Wu Q Y, et al. J Non-Cryst Solids, 2015, 426: 88-91.
[207] Dai W S, Tong X, Wu Q Y. Int. J Electrochem Sci, 2019, 14: 8931-8938.
[208] Bello M, Zaidi S M, Rahman S U. J Membr Sci, 2008, 322: 218-224.
[209] Ismail A F, Othman N H, Mustafa A. J Membr Sci, 2009, 329: 18-29.
[210] Rico-Zavala A, Gurrola M P, Arriaga L G, et al. Renewable Energy, 2018, 122: 163-172.
[211] He S J, Dai W X, Yang W, et al. Polym Test, 2019, 73: 242-249
[212] Mohtar S S, Ismail A F, Matsuura T. J Membr Sci, 2011, 371: 10-19.
[213] Cai H X, Lian X, Wu Q Y, et al. J Non-Cryst Solids, 2016, 447: 202-206.
[214] Cai H X, Wu X F, Wu Q Y, et al. RSC Adv, 2016, 6: 84689-84693.
[215] Wu H, Wu X F, Wu Q Y, et al. Compos Sci Technol, 2018, 162: 1-6.
[216] Wu H, Cai H X, Wu Q Y, et al. Mater Chem Phys, 2018, 215: 163-167.
[217] Chia M Y, San T H, Leong L K, et al. Int. J Hydrogen Energy, 2020, 45: 22315-22323.
[218] Sun X W, Liu S M, Zhang S, et al. ACS Appl. Energy Mater, 2020, 3: 1242-1248.
[219] Dong C C, Wang Q, Cong C B, et al. Int. J Hydrogen Energy, 2017, 42: 10317-10328.
[220] Martinelli A, Matic A, Jacobsson P, et al. Solid State Ionics, 2007, 178: 527-531.
[221] Lee S H, Choi S H, Gopalan S A, et al. Int. J Hydrogen Energy, 2014, 39: 17162-17177.
[222] Xu W L, Liu C P, Xue X Z, et al. Solid State Ionics, 2004, 171: 121-127.
[223] Helen M, Viswanathan B, Murthy S S. J Power Sources, 2006, 163: 433-439.
[224] Li Y H, Wang H N, Wu Q X, et al. Electrochim. Acta, 2017, 224: 369-377.
[225] Pandey J, Mir F Q, Shukla A. Int. J Hydrogen Energy, 2014, 39: 9473-9481.
[226] Othman A, Zhu Y C, Tawalbeh M, et al. J Porous Mater, 2017, 24: 721-729.
[227] Kim Y C, Jeong J Y, Hwang J Y, et al. J Membr Sci, 2008, 325: 252-261.
[228] Zhai S X, Song H, Jia XY, et al. J Power Sources, 2021, 506: 230195.
[229] Peng Q, Li Y, Qiu M, et al. Ind Eng Chem. Res, 2021, 60: 4460-4470.
[230] Kreuer K D, Weppner W, Rabenau A. Angew Chem Int Ed, 1982, 21: 208-209.
[231] Agmon N. Chem Phys Lett, 1995, 244: 456-462.
[232] Kreuer K D. Chem Mater, 1996, 8: 610-641.
[233] Caldararu M, Hornoiu C, Postole G, et al. React Kinet Catal Lett, 2002, 76: 235-242.
[234] Janik M. J. , Davis R. J. , Neurock M. J Am Chem Soc, 2005, 127: 5238-5245.
[235] Kolokolov D I, Kazantsev M S, Luzgin M V, et al. J Phys Chem C, 2014, 118: 30023-30033.
[236] Checkiewicz K, Zukowska G, Wieczorek W. Chem Mater, 2001, 13: 379-384.
[237] Chikin A I, Chernyak A V, Jin Z, et al. J Solid State Electrochem, 2012, 16: 2767-2775.
[238] Wu X F, Tong X, Wu Q Y, et al. J Mater Chem A, 2014, 2: 5780-5784.
[239] Wu X F, Wu W, Wu Q Y, et al. Langmuir, 2017, 33: 4242-4249.
[240] Sambasivarao S V, Liu Y, Horan J L, et al. J Phys Chem C, 2014, 118: 20193-20202.
[241] Oliveira M D, Rodrigues-Filho U P, Schneider J. J Phys Chem C, 2014, 118: 11573-11583.
[242] Dippel T, Kreuer K D. Solid State Ionics, 1991, 46: 3-9.
[243] 童霞. 博士论文. 杭州: 浙江大学, 2013.
[244] Scofield M E, Liu H Q, Wong S S. Chem Soc Rev, 2015, 44: 5836-5860.
[245] Zeng Y C, Shao Z G, Zhang H J, et al. Nano Energy, 2017, 34: 344-355.
[246] Yi P Y, Zhang W X, Bi F F, et al. J Power Sources, 2019, 410: 188-195.
[247] Omrani R, Shabani B. Int. J Hydrogen Energy, 2019, 44: 3834-3860.
[248] Xie H X, Tao D, Xiang X Z, et al. J Membr Sci, 2015, 473: 226-236.

［249］　Haile S M，Boysen D A，Chisholm C R I，et al. Nature，2001，410：910-913.
［250］　Service R F. Science，2004，303：29-30.
［251］　Feng K，Hou L，Tang B B，et al. Phys Chem Chem Phys，2015，17：9106-9115.
［252］　Uma T，Nogami M. Chem Mater，2007，19：3604-3610.
［253］　Tazi B，Savadogo O. Electrochem Acta，2000，45：4329-4339.
［254］　Kim H K，Chang H J. J Membr Sci，2007，288：188-194.
［255］　Kukino T，Kikuchi R，Takeguchi T，et al. Solid State Ionics，2005，176：1845-1848.
［256］　Ahmad M I，Zaidi S M J，Rahman S U. Desalination，2006，193：387-397.
［257］　Zhang Y，Zhang H M，Bi C，et al. Electrochim Acta，2008，53：4096-4103.
［258］　Vernon D R，Meng F Q，Dec S F，et al. J Power Sources，2005，139：141-151.
［259］　Uma T，Nogami M. Anal Chem，2008，80：506-508.
［260］　Kuo M C，Limoges B R，Stanis R J，et al. J Power Sources，2007，171：517-523.
［261］　Liu B L，Hu B，Zang H Y，et al. Angew Chem Int Ed，2021，60：6076-6085.

第4章
分子筛与相关多孔材料的制备及应用

4.1 概述

生活中常见的固体材料通常都是致密的，如食盐、宝石、玻璃、金属等，它们内部原子堆积紧密，没有可以容纳外来分子的孔隙。有一类材料与上述致密的固体不同，它们内部原子排列不那么紧密，而是存在一些微小空间与外界连通，可以容纳外来分子（称为客体分子），这类具有微小开放的内部空间的材料被称为多孔材料。

国际纯粹与应用化学联合会（IUPAC）将多孔材料按孔径尺寸大小分为三类：孔径小于2nm为微孔（micropore）材料，大于50nm为大孔（macropore）材料，而孔径介于微孔和大孔之间，即2~50nm，则称为介孔（mesopore）材料。分子筛是一种具有规则排列且尺寸均一的孔道的多孔材料，因其孔道尺寸与小分子直径相当，分子筛具有可以像筛子一样筛分分子的形状选择性。

狭义上的分子筛一般是指沸石材料。沸石分子筛最初是作为一种天然矿石为人类所认识的。这种矿石在加热的时候会放出大量水蒸气，就像沸腾一样，沸石因此得名。沸石具有规则的孔道（channel）或笼型空间（cavity），孔的直径通常小于1nm。沸石分子筛作为洗涤剂的添加剂、催化剂、吸附剂在日常生活和工业生产中有广泛而重要的应用，根据2019年统计，沸石的全球市场规模为43亿美元，预计到2027年可以达到61亿美元[1]。在科学研究方面，沸石分子筛是一个非常活跃的领域，据不完全统计，在2010~2020年间，共计发表了4万余篇与沸石分子筛相关的SCI检索论文，申请专利3万余件，这些研究涉及化学、材料、工程、环境、能源、农业等学科，值得一提的是其中来自我国的贡献占总量的1/4。

广义上的分子筛还包含一类具有规则有序介孔的材料。有序介孔材料是指以表面活性剂形成的超分子结构为模板剂，利用溶胶-凝胶工艺，通过有机物和无机物之间的界面定向引导作用组装成的一类孔径在2~50nm、孔径分布较窄并且具有规则孔道结构的无机多孔材料。自1992年美国Mobil公司的Beck及Kresge等[2,3]首次在《自然》及《美国化学会志》杂志上报道了一类Si/Si-Al型系列介孔物质M41S以来，这类新颖的有序介孔材料不仅突破了原有的沸石分子筛孔径范围过小的局限，还具有孔道大小均匀且规则有序排列、孔径在2~50nm范围内可以连续调节、较大的比表面积、较好的热稳定性和水热稳定性以及较厚的孔壁等特点，而且在性能上由于其量子限域效应、小尺寸效应、表面效应、宏观量子隧道效应以及介电限域效应，从而体现出许多不同于致密块体材料的新性质，在大分子催化、分离、光电磁微器件、传感器、新型组装材料、药物输运、能量转化与储存等高新技术领域具有广阔的应用前景，受到了人们的广泛重视[4~10]。自1992年首次合成以来，介孔材料一直为国内外的研究热点，引起国际物理学、化学及材料学界的高度关注[11]。同时，化学修饰作为一种功能化手段已被广泛应用于各个领域,利用化学修饰对有序介孔材料进行功能化,改善介孔分子筛的性能,已受到越来越多研究人员的关注。

有序介孔材料按照化学组成分类,一般可分为硅基(silica-based)和非硅组成(nonsil-icate composition)介孔材料两大类[12]。有序介孔材料骨架的化学组成并不仅限于纯氧化硅,还可以是硅铝酸盐、磷酸盐、过渡金属氧化物[13]、有序介孔高分子[14]、有序介孔碳[15]甚至是Ⅱ~Ⅳ族半导体。可见,有序介孔材料的化学组成具有多样性、可控性的特点。目前,以硅作为基体的介孔材料已取得了大量的研究成果,相关报道较多[16]。非硅组成的介孔材料主要包括过渡金属氧化物、磷酸盐和硫化物等[13,17],由于它们一般存在着可变价态,有可能为介孔材料开辟新的应用领域,展示硅基介孔材料所不能及的应用前景,从而日益受到关注。但相对于硅基介孔材料来说,非硅组成的介孔材料的缺点是:热稳定性较差、经过锻烧孔结构容易坍塌、比表面和孔容均较小、合成机制还欠完善。

多孔材料也包含一些具有不规则孔道形状和尺寸的材料,本章只介绍具有规则孔道的分子筛和与分子筛相关或结构相似的有序多孔材料。

4.2 分子筛的结构

沸石分子筛是组成一般为硅铝酸盐的微孔晶体。在沸石晶体中呈四面体配位的 Si 原子和 Al 原子通过共用 O 原子(桥氧)相连[图 4-1(a)],可将 SiO_4 或 AlO_4 四面体看作构造结构单元[图 4-1(b)],称为 TO_4 四面体。为便于分析、辨识沸石晶体的结构,通常会将沸石晶体结构进一步简化:省略 2 连接的桥氧原子,令四面体中心 T 原子作为拓扑学上 4 连接的结点,结点之间直接相连,同时忽略原子体积和键长,仅考虑结点与结点的连接关系。这种由结点相互连接构成的三维网络结构,称为拓扑结构。图 4-1(c)是 MFI 型沸石的(010)方向拓扑结构图,可以看出 MFI 的结构被简化为由五边形、六边形和十边形构成的网络,这些五、六、十边形我们称之为五元环(5 个 T 原子构成)、六元环和十元环,其中十元环围绕形成了 MFI 沸石的直孔道,孔道的直径约为 0.6nm,略小于苯环的直径。实际上苯分子是可以在 MFI 的孔道中扩散的,这是由于—Si—O—Si/Al—键的键角可在 135°~153°之间变化,因而沸石孔道并非刚性的,而是可以在一定程度上伸缩变形以容纳稍大一些的分子[18]。

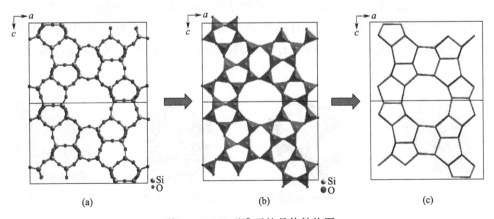

图 4-1 MFI 型沸石的晶体结构图

国际分子筛协会（International Zeolite Association）给每一种独特的沸石拓扑结构赋予了一个唯一代码，该代码由三个大写英文字母组成，如 ZSM-5 沸石的拓扑结构代码为 MFI，Y 型沸石的拓扑结构代码为 FAU。

图 4-2 是 3 种常见沸石结构，其中 LTA（A 型沸石）和 FAU（X 或 Y 型沸石）具有笼型的孔穴，MFI（ZSM-5 沸石）具有管道状的孔道。截止到 2021 年底，国际分子筛协会沸石结构数据库[19] 中收录了包含天然和人工合成沸石在内的 255 种拓扑结构，其中我国化学家做出了许多贡献。吉林大学于吉红院士团队合成了 6 种新的沸石拓扑结构：JNT[20]、JRY[21]、JSN[22]、JSR[23]、JST[24]、JSW[25]；中国石化上海研究院杨为民院士团队合成了具有新拓扑结构的 SCM-14（SOR）[26] 和 SCM-15（SOV）[27]；华东师范大学吴鹏教授团队合成了 EWO（ECNU-21）[19]。实际上沸石的拓扑结构不局限于这 255 种，未来会有更多的新结构被合成出来。单纯从拓扑学上讲，如果不限制结点数量的话，实际上三维四连接的拓扑结构的数量是无穷多的，因此化学家们利用数学方法或根据孔道形状特点设计出来了数量相当多的假想结构[28]，其中有一小部分在化学上是可行的，即如果键长、键角数值在合理范围内，则有希望被合成出来。

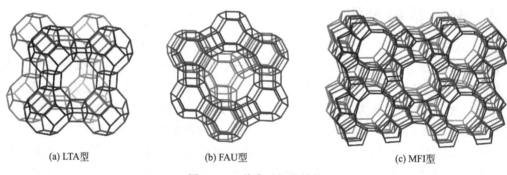

(a) LTA型　　　　　(b) FAU型　　　　　(c) MFI型

图 4-2　三种沸石拓扑结构

有序介孔材料一般孔道排列规则有序而孔壁为无定形。常见的介孔硅基分子筛主要有下列几大类：第一类是 MCM 系列（Mobil Composition of Matter），包括 MCM-41（六方相）、MCM-48（立方相）、MCM-50（层状结构）（图 4-3）；第二类是 SBA-n（Santa Barbara Amorphous）系列，硅基产物包括 SBA-1、SBA-2、SBA-3、SBA-15；第三类是 MSU 系列（Michigan State University），其中 MSU-X（MSU-1、MSU-2、MSU-3）含有六方介孔结构，有序程度较低，XRD 谱图的小角区仅有一个宽峰。MSU-V、MSU-G 具有层状结构的囊泡结构；HMS（Hexagonal Mesoporous Silica）为有序程度较低的六方结构。

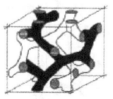

(a) MCM-41　　　　(b) MCM-48(孔道)　　　(c) MCM-48(孔壁)　　　(d) MCM-50

图 4-3　M41S 系列介孔材料的结构简图

4.3　分子筛的合成

4.3.1　沸石分子筛的水热合成

沸石分子筛最主要的合成方法是水热法。将硅源、铝源、结构导向剂（也称模板剂）、矿化剂、水混合均匀制成凝胶，然后放在聚四氟乙烯为内衬的不锈钢水热反应釜中，在一定温度和自生压力下晶化一定时间，最后获得沸石晶体。其中常见硅源有无定形二氧化硅（俗称白炭黑）、硅溶胶、硅酸、水玻璃、硅酸钠、正硅酸四乙酯等，常见的铝源有铝酸钠、硫酸铝、氢氧化铝、拟薄水铝石、异丙醇铝等。常见的结构导向剂包括金属阳离子、季铵阳离子、有机胺、氟离子、金属有机配合物等。

由于沸石骨架带负电，需要有带正电荷的客体离子来平衡电荷，对于低硅铝比的沸石，骨架电荷较高，由碱金属阳离子来平衡，而对于硅铝比较高的高硅沸石，往往需要使用电荷密度较低的有机胺或季铵盐/碱作为结构导向剂以生成特定的结构。一般使用 NaOH、KOH、F^- 作为矿化剂，其作用是溶解原料并催化 Si—O—Si、Si—O—Al 键的断裂和形成。

常规的分子筛水热合成往往需要使用昂贵的有机结构导向剂，这不仅导致生产成本较高，而且在煅烧去除这些有机物时会放出大量有害气体造成环境污染。针对这一问题，肖丰收等[29, 30] 提出了无有机模板剂合成策略，通过添加晶种替代结构导向剂诱导体系成核从而达到完全不使用有机结构导向剂的效果。该策略可以用于合成 beta、ZSM-5、ZSM-22 等具有重要应用的分子筛。

4.3.2　有序介孔材料（ordered mesoporous materials）的合成

有序介孔材料的合成方法有很多，它们各有优劣，其中模板法是最为有效的，模板法又可分为软模板法和硬模板法。

4.3.2.1　软模板法

有序介孔材料的合成早在 20 世纪 70 年代就已经开始了，日本的科学家们在 1990 年也开始了相关合成工作，只是 1992 年 Mobil 公司的 MCM-41 等介孔材料的报道才引起人们的广泛关注，并被认为是有序介孔材料合成的真正开始。

合成有序介孔材料最有效的方法是使用软模板，如双亲分子作为模板组装无机、有机骨架前驱体。软模板主要有离子型表面活性剂（如 CTAB）、双亲嵌段聚合物（如 P123 和 F127）。

合成介孔分子筛的常用方法是水热合成法、非水体系合成[31] 以及后合成法等。水热合成的一般过程为：①生成比较柔顺、松散的表面活性剂和无机物种的复合产物；②水热处理提高无机物种的缩聚程度，提高复合产物结构的稳定性；③焙烧或溶剂抽提除掉复合产物中的表面活性剂后得到类似液晶结构的无机多孔骨架，即介孔分子筛。

Brinker 等[32, 33] 提出了一种简单的挥发诱导自组装（evaporation-induced self-assembly，EISA）工艺，该工艺能够快速制备以薄膜、纤维或粉末形式形成的图案化多孔或纳米复合材料。自组装是指材料在没有外界干预的情况下，通过非共价相互作用如氢键、范德华力、静电力、π-π 相互作用等自发地组织排列起来。自组装通常采用表面活性剂分子或含有疏水和亲水部分的聚合物来形成有序的超分子组装体系。在临界胶束浓度（critical micelle concentration，CMC）以上的水溶液中，表面活性剂聚集成球形或圆柱形的胶束结构，使表面活性剂的亲水部分与水保持接触，同时保护胶束内部的疏水部分。表面活性剂浓度的进一步增加导致胶束自组织成周期性排列的六方、立方或层状液晶相。

在 EISA 路线中，非水溶剂的使用大大减缓了无机物种的水解和缩合速度，这对有序介观结构的形成非常有利。遵循这一策略，低聚合度的无机前驱体被溶解在弱极性的挥发性极性溶剂中。随着溶剂的蒸发，表面活性剂浓度升高，在无机物种的存在下形成液晶相，获得有序的复合介观结构。无机骨架可通过后处理进一步固化，表面活性剂易于煅烧去除。Brinker 等[33] 研究了十六烷基三甲基溴化铵（CTAB）水溶液体系，证明了可形成一维六方、立方、三维六方和层状二氧化硅-表面活性剂液晶相。

杨培东等[34] 首次采用两亲性嵌段共聚物作为软模板，通过 EISA 方法制备了介孔金属氧化物。无机/有机界面上相对较弱的配位作用促进了无机-聚合物复合介观结构的协同组装，产生了具有介观结构的热稳定材料。如果金属前驱体的水解和缩合速度太快，致密的无机网络会导致形成有序性差的介观结构材料。

4.3.2.2　硬模板法

硬模板法可以理解为纳米尺度上的"浇筑"工艺，因此也称为纳米浇筑（nanocasting）[35]。硬模板法采用预制的有序介孔材料为模板，可以视为纳米级的"模具"，然后用所需材料的前驱体填充模板，在溶剂蒸发后部分或完全填充孔，前驱体物种交联固化后再通过溶解、燃烧等方式除掉模板即可获得介孔结构（图 4-4）。

有序介孔二氧化硅是合成有序介孔分子筛最常用的硬模板。1999 年，以 MCM-48 作为硬模板，用蔗糖作为碳前驱体浸渍硅质孔，然后经过蔗糖碳化和二氧化硅蚀刻，第一次获得了具有 3.0nm 直径、有序、均匀孔的碳分子筛 CMK-1[36]。随后，以 SBA-15 为模板制备了孔径约为 4.5nm 的碳分子筛 CMK-3[37]，如图 4-4 所示。CMK-1 和 CMK-3 具有较高的比表面积，分别为 1380m^2/g 和 1520m^2/g。后来的研究表明，用适当的碳前驱体不完全填充 SBA-15 孔，可以在 3.3～4.3nm 范围内形成具有介孔的互连碳纳米粒子。

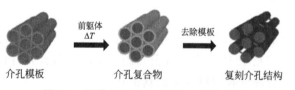

介孔模板　　　　　介孔复合物　　　　　复刻介孔结构

图 4-4　硬模板法合成 CMK-3 的示意图

有序介孔二氧化硅也是合成有序金属氧化物最常用的硬模板。因其表面硅羟基（≡Si—OH）的存在，可以加强金属前驱体与二氧化硅之间的相互作用，有助于更好地复刻结构。二氧化硅作为硬模板比有序介孔碳具有明显的优势，因为碳材料表面浸润性差导致溶液浸渍不良会限制金属前驱体在介孔碳中的均匀分散和最终复制品的整体质量。尽管用氧化剂预处理碳表面以产生亲水官能团可以克服这一问题，但当使用有序介孔碳时，模板去除阶段中保持介孔结构也是一个问题。在含氧气氛下高温煅烧是除去碳模板的必要条件，然而在这种条件下形成的金属氧化物微晶很可能会烧结和长大，从而导致产物的有序性降低。相比之下二氧化硅模板在相对较高的温度下可以保持过渡金属物种的热稳定和化学惰性。另外值得注意的是，二氧化硅模板需要使用 HF 或 NaOH 溶解除掉，所以以二氧化硅为模板不易制备易溶于 HF 或 NaOH 的物质，如 ZnO、MgO、Al_2O_3 等。例如，以二氧化硅为硬模板制备介孔 ZnO 薄膜，必须将 KOH 浸出液的 pH 值调节到 12 才能成功。

如果前驱体不完全填充硬模板可以制备形状可控的介孔纳米粒子；而通过多次循环浸渍，使前驱体的浸润量增加，完全填充模板的孔道，则可以更好地复刻模板的形状。通过控制表面活性剂种类、结构导向剂、反应条件等，可以很容易地调节有序介孔二氧化硅的孔对称性、孔径和壁厚从而影响产物的介孔结构。硬模板法无需控制客体物种的水解和缩合以及它们与表面活性剂的组装，只需确保硬模板孔隙被适当填充。硬模板法可以用于制备多种材料，特别是高结晶材料，甚至单晶材料，因为硬模板可以在高温下提供保护。但是，硬模板法有其局限性，例如，可用的硬模板比软模板少得多，而且制备过程复杂且耗时，二氧化硅模板必须用 HF 或 NaOH 溶液去除。

4.3.3 典型分子筛的合成实例

（1）Y 型分子筛

Y 型分子筛的拓扑类型为 FAU，硅铝比一般为 1.5～3，是一种在石化工业领域有重要应用的固体酸催化剂，其典型的实验室合成方法如下：

首先制备胶态晶种：将 4.07g 氢氧化钠、2.09g 偏铝酸钠溶于 19.95g 水中，然后在搅拌下缓慢加入 22.72g 水玻璃（28.7 wt% SiO_2，8.9 wt% Na_2O），所得凝胶在室温下陈化 1 天，称为胶态晶种。

合成凝胶的制备：将 0.14g 氢氧化钠和 13.09g 偏铝酸钠溶于 130.97g 水中，然后在强力搅拌下加入 142.43g 水玻璃。

在强力搅拌下缓慢将 16.5g 胶态晶种加入至合成凝胶中，所得凝胶在 100℃下晶化一天即可得到 Y 型分子筛。

（2）ZSM-5 分子筛

ZSM-5 是目前最重要的分子筛材料之一，广泛应用于催化裂化、煤化工等领域，也是被研究最多的沸石分子筛材料之一。ZSM-5 以五元环硅链（pentasil）为构筑基元形成由相互连通的两种十元环孔道构成的孔道体系，其中一种为（010）方向的直孔道，另一种为沿（100）方向伸展的正弦状孔道。

关于 ZSM-5 分子筛的合成方法的研究非常多，多数合成方法都是以四丙基氢氧化铵为结构导向剂在水热条件下进行。最早合成 ZSM-5 分子筛的专利中描述的合成方法如下[38]：将 22.9g 二氧化硅加入至 100mL 的四丙基氢氧化铵溶液（2.18N）中，加热至 100℃，再加入偏铝酸钠溶液（3.19g $NaAlO_2$ 溶于 53.8g 水），形成合成凝胶。凝胶的组成为：$0.382SiO_2$：$0.0131Al_2O_3$：$0.0159Na_2O$：$0.118(TPA)_2O$：$6.30H_2O$ 最后将凝胶转移到水热反应釜中，在 150℃下晶化 6 天即可得到 ZSM-5 晶体。

4.3.4 典型介孔分子筛合成实例

自 1992 年 Mobil 公司 Beck 等[2,3]首次合成出 M41S 系列介孔分子筛以来，介孔分子筛的合成、表征和结晶机理等问题得到学者的广泛关注。已报道的主要介孔分子筛类型、合成条件及性能见表 4-1[16,39~45]。

表 4-1 介孔分子筛类型、合成条件及性能

介孔分子筛	常用硅源	模板剂	反应介质	孔径/nm
MCM-41	Na_2SiO_3、TEOS、TPOS、TMOS	$C_{8-18}N^+(CH_3)_3$	碱性/酸性	1.5～10
MCM-48	SiO_2、TEOS	$C_{16}N^+(CH_3)_3$	碱性	2～3
MCM-50	TEOS	$C_{16}N^+(CH_3)_3$	碱性	3
FSM-16	TEOS	$C_{16}N^+(CH_3)_3$	碱性	～4

续表

介孔分子筛	常用硅源	模板剂	反应介质	孔径/nm
HMS	TEOS	$C_{16}NH_2$	碱性	2～10
KIT-1	TEOS	$C_{16}N^+(CH_3)_3$	碱性	～3.7
SBA-1	TEOS	$C_{10-16}N^+CH_3(CH_2CH_3)_2$	酸性	2～3
SBA-2	TEOS	$C_{16}N^+(CH_3)_3$	酸性	2～3.5
SBA-3	TEOS	$C_{16}N^+(CH_3)_3$	酸性	2～3
SBA-15	Na_2SiO_3、TEOS	PEO-PPO-PEO	酸性	5～30
SBA-16	TEOS	PEO-PPO-PEO	酸性	5～30
MSU-X	TEOS	$C_{12-15}H_{25-31}O(CH_2CH_2O)_9H$	中性	2～15
MSU-V	TEOS	$NH_2(CH_2)_{12-22}NH_2$	碱性	2～2.7
MSU-G	TEOS	$C_nH_{2n+1}NH(CH_2)_2NH_2$	碱性	2.7～4
MSU-H	TEOS	PEO-PPO-PEO	酸性	8.2～11
MSU-S	TEOS	$C_{16}N^+(CH_3)_3$	碱性	3～3.3
MCF	TEOS	PEO-PPO-PEO	酸性	10～30

（1）MCM-41分子筛

MCM-41是M41S材料中研究最多的分子筛。它的合成是利用分子自组装方法，即利用一定浓度的有机模板剂与无机物种作用形成有序排列的孔道结构的介孔材料。其孔径可以在1.5～30nm范围内调节，最典型的孔径约为4nm，介孔孔道的长径比可以很大，孔壁厚度为1nm左右，比表面积可达$1200m^2/g$以上，而且MCM-41分子筛颗粒在形貌上表现出如空心管状、环形、贝壳形、实心纤维形等奇异的介观态。在微观结构上，MCM-41分子筛的孔壁为

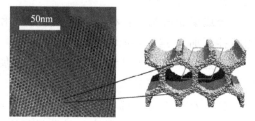

图4-5　MCM-41分子筛的TEM图

致密的非晶态无规则结构。图4-5为MCM-41分子筛的TEM图，可以看到均匀的呈蜂巢状的结构，一维孔道呈六方有序排列[44]。

典型的合成过程是：先将一定量的十六烷基三甲基溴化铵（模板剂）固体溶解于一定量的去离子水中，制成无色透明的溶液，静置后加入水玻璃，搅拌使之成为白色胶体溶液。再按比例称取偏铝酸钠固体，用盐酸使其溶解后，加到上述制备好的白色胶体中，在不断搅拌下用稀盐酸调节溶液的pH值为10～11，使之形成凝胶。继续搅拌使凝胶转变为流动胶体后，将反应物移入聚四氟乙烯为衬里的反应釜中，在110℃下水热处理一定时间，然后冷却到室温。经过过滤后，滤饼用去离子水洗涤至中性，干燥、焙烧除去模板剂，即得到MCM-41分子筛原粉。影响该分子筛产品性能的主要制备因素有合成温度、晶化时间、模板剂用量及硅铝比等。合成温度为50～100℃，晶化时间为5～160h，提高晶化温度可相应缩短晶化时间。使用的模板剂可以是阳离子型或阴离子型表面活性剂。通过改变表面活性剂的脂肪链的长度可以调节分子筛的孔径大小。选用的无机物种可以是预沉淀的SiO_2胶体、正硅酸乙酯（TEOS）等。选用时注意与表面活性剂的配合，即无机物种应与表面活性剂亲水端存在吸引力，如氢键、库仑力及范德华力等。

（2）MCM-48分子筛

MCM-48介孔分子筛是M41S系列中的一员，具有三维螺旋面孔道结构、良好的长程有序性和较高的热稳定性。它的合成多数采用阳离子表面活性剂，在水热条件下进行，合成条件苛刻，液晶模板形成的立方相区非常狭窄，相应的分子堆积对模板剂分子几何结构要求较

高，通常模板剂用量较大且产率较低。常采用混合模板剂合成 MCM-48 分子筛，如在中性胺（$C_nH_{2n+1}NH_2$）和 CTAB 的混合体系合成出热稳定性较高的 MCM-48 分子筛；在以非离子（TX-100）-阳离子表面活性剂 CTAB 为混合模板剂的体系中合成 MCM-48 分子筛，其中 TX-100 非离子表面活性剂的量是 MCM-48 介孔分子筛形成的关键，n（TX-100）/ n（CTAB）=0.2 所得样品的有序度最好[42]；采用非离子表面活性剂聚氧乙烯-聚氧丙烯-聚氧乙烯（PEO-PPO-PEO）三嵌段共聚物 P123 和 CTAB 为模板剂合成出立方相的 MCM-48 分子筛，其中 P123 的量也是影响 MCM-48 介孔分子筛质量的关键因素，在 TEOS：0.125CTAB：nP123：0.50NaOH：$61H_2O$ 体系中，n（P123）/n（CTAB）=0.1，100℃晶化两天，所得样品的有序度、稳定性最好[43]。也有学者[41]采用提高合成温度（150℃）和添加少量 F⁻ 的方法，提高 MCM-48 介孔分子筛的结构稳定性，同时减少了 CTAB 的用量。

（3）SBA-15 分子筛

1998 年，Zhao 等[45]利用三嵌段共聚物 P123（平均分子量 5800）为模板合成出 SBA-15 介孔分子筛。因其理想的结构特征成为 SBA 介孔材料中研究最广泛的分子筛，SBA-15 分子筛具有较大的孔径（最大可达 30nm），有利于生物大分子的传递，也使得孔道修饰变得更加容易，而且材料有较厚的孔壁（壁厚可达 6.4nm），因而具有较好的（水）热稳定性。因此，SBA-15 分子筛在分离、催化及纳米组装等方面具有很大的应用价值，如药物分离、酶固定、锂电池、脱除重金属等；还可以将 SBA-15 分子筛作为模板合成各种纳米金属丝[44]。

SBA-15 分子筛的具体合成步骤[46]是：称取一定量的 P123，加入一定体积的 2mol/L HCl 和去离子水混合均匀，在 40℃水浴中搅拌 1 小时使其溶解，然后加入一定量的正硅酸乙酯，继续搅拌 24 小时，再在 100℃下水热晶化 48 小时，冷却后抽滤并用去离子水洗涤，烘干后得 SBA-15 样品原粉。

以嵌段共聚物为模板合成的介孔材料由于具有优异的性质，因而得到了广泛的研究，如 Yu 等[47]以 $PEO_{39}PBO_{47}PEO_{39}/PEO_{34}PBO_{11}PEO_{34}$（PBO：聚环氧丁烷）为共模板剂，以 TEOS 为硅源，通过调整共模板剂中疏水亲水基的比例，制备出尺寸（25～100nm）、形貌（球状或管状）、壁厚（5～25nm）可控的各种介孔硅材料。Li 等[48]以嵌段共聚物 P123 和阳离子表面活性剂碳氟化合物 FC-4 [C_3F_3O（$CFCF_3CF_2O$）$_2CFCF_3CONH$（CH_2）$_3N^+$ （C_2H_5）$_2CH_3I^-$] 为混合模板剂，以 TEOS 为硅源，在高温（180～220℃）下合成出六方介孔纯硅材料，该材料具有特别高的水热稳定性（800℃ 4h）。Han 等[49]以 TEOS 为硅源，以嵌段共聚物 F127（$PEO_{106}PPO_{70}PEO_{106}$）、P123 或 P65（$PEO_{20}PPO_{30}PEO_{20}$）为模板剂，用碳氟化合物 FC-4 控制颗粒生长，用 1，3，5-三甲基苯调节孔径尺寸和改变孔道结构，合成出具有不同孔道结构、孔径为 5～30nm 的纳米颗粒（粒径为 50～300nm）。

4.4 分子筛的生成机理

4.4.1 沸石分子筛的晶化机理

沸石分子筛的晶化过程主要包含成核和晶体生长两个阶段。成核过程一般相对较慢，而一旦晶核形成了，沸石的晶体生长便可以迅速进行。根据沸石晶化不同时期的 X 射线衍射峰强度与结晶完全的衍射峰强对比（即结晶度）再对时间作图，可以画出沸石的晶化曲线，该曲线可以很直观地描述沸石的晶化过程。典型的晶化曲线呈"S"形（图4-6），可以看出在沸石晶化早期，在相当长时间内几乎没有晶体的 X 射线衍射强度，说明几乎没有晶体生成，这段时间一般认为是晶核形成的时期，称之为成核诱导期（induction period），而过了诱导期之后晶体衍射强度快速升高，表明一旦有足够数量的晶核，晶体便可以大量、快速地生成。沸石晶体的生长通常是一个自催化（autocatalysis）的过程。当体系完全晶化之后，曲线趋于平缓。

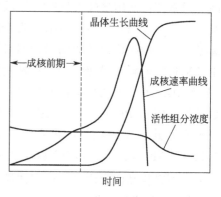

图 4-6　沸石晶化曲线

沸石分子筛的晶化机理非常复杂，因为合成体系是由硅源、铝源、结构导向剂、矿化剂、溶剂等多种原料构成的凝胶，而凝胶里又包含固体、胶体颗粒、溶液，而且溶液中硅酸根物种的聚合程度不一样（图4-7），沸石晶化的反应涉及到硅酸根缩聚-解聚、硅铝酸根的缩聚-解聚、原料的水解反应、无机物种与有机结构导向剂的自组装等反应，非常复杂。再加上晶化过程是在不锈钢反应釜中进行的，存在较高的自生压力，给原位检测、表征带来了极大的障碍，沸石的晶化仿佛是在一个"黑箱"中进行一样。尽管经过几十年的研究，我们对沸石的晶化过程不断有新的了解和认识，但是沸石的形成机理远没有到完全弄清楚的程度。

在沸石晶化机理研究的早期主要存在两种理论[50]，一种是液相机理，一种是固相机理。液相机理认为，沸石晶核的形成需要以液相作为媒介，将溶解的硅酸根单体、低聚体、铝物种、结构导向剂等运输至晶核形成的位点和晶体表面；而固相机理认为，不需要液相作为媒介传质，沸石的形成过程是凝胶内部结构重排的结果，不需要液相参与。固相机理的主要实验依据是干凝胶转变法，使用这种方法，干燥的凝胶在易挥发的有机胺蒸气作用下可以生成沸石晶体。然而，实际上干凝胶并非完全没有水分，干凝胶中也存在<10%的水，而这些水在晶化过程中起了重要作用。

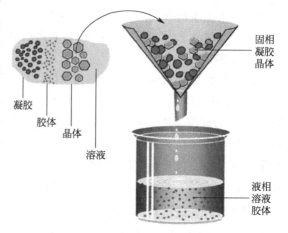

图 4-7　凝胶体系组成示意图
（合成凝胶中包含凝胶颗粒、胶体颗粒、晶体、溶液，进行固液分离之后，液相中也存在胶体粒子）

受限于凝胶体系和水热条件表征困难，体系中各个组分的结构、组成变化以及在晶化过程中所起到的作用并不十分明确，针对不同体系的机理研究往往得到不同的实验现象和结论，而且只适用于某一个特定体系。为简化合成体系，降低体系的复杂度，研究者们倾向于选择使用清液体系来研究晶化机理。所谓清液，并不是真正的溶液，而是澄清的溶胶。体系中仅存在胶体颗粒和溶液相，因此只需研究胶体颗粒和溶液组成即可。通过对清液的研究，形成了沸石聚集生长机理，这是目前广泛接受的沸石分子筛晶化机理。该理论认为沸石合成体系中首先形成前驱体纳米粒子，这些纳米粒子随时间演化并聚集形成沸石晶核。

TEOS（正硅酸乙酯）-TPA（四乙基氢氧化铵）-H_2O 清液体系是研究得最多的一个清液体系，该体系可以在室温下以极为缓慢的速率晶化得到 MFI 型沸石，这意味着可以通过原位表征对体系的状态进行跟踪。Tsapatsis 等[51] 研究了 MFI 清液合成体系在室温下的晶化过程，使用 X 射线小角散射（SAXS）、冷冻透射电镜（cryo-TEM）对室温下 MFI 从清液中结晶的过程进行了追踪。他们认为在清液中存在粒径为 5nm 左右的前躯体纳米粒子，这些纳米粒子在组成和结构上随时间不断演化，与沸石结构越来越相似，且胶体稳定性越来越差，最终演化形成晶核（图 4-8）。晶核与前躯体纳米粒子在 200 多天的时候开始聚集，通过聚集方式生长。在沸石结构形成之前，首先形成无定形的聚集体（30~50nm）。使用 SAXS 对粒径进行监控，发现在 200 天时出现较大颗粒，此时使用冷冻透射电镜技术可以使颗粒保持在溶液中的状态进行观察，此时透射电镜下观察不到晶体结构，而到 220 天时，突然出现 30~50nm 的较大颗粒，可以观察到晶格条纹。该研究的意义在于，再一次验证了聚集生长的机制，而且首次观察到了在沸石结构生成之前通过前躯体纳米粒子聚集形成一个无定形的较大聚集体。

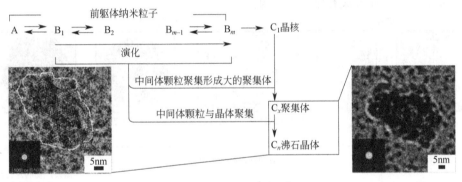

图 4-8　沸石晶化过程示意图

沸石分子筛的晶化过程，是无定形的硅铝原料中 Si—O—Si 或 Al—O—Si 键断开再以一定规律围绕水合阳离子物种重新形成的过程，这个过程通常是在矿化剂—OH 的催化下完成的。于吉红课题组[52] 报道了在水热条件下羟基自由基（·OH）可以加速沸石的晶化。羟基自由基可由紫外线照射凝胶产生，也可以向合成凝胶中添加芬顿试剂（由过氧化氢和亚铁离子组成的具有强氧化性的体系，过氧化氢分解生成羟基自由基）。Na-A、Na-X、NaZ-21 和 silicalite-1 等沸石的结晶过程可以被紫外线照射产生的或来自芬顿试剂的自由基加速。

4.4.2　介孔分子筛的生成机理

有序介孔分子筛的生成机理主要有两种，即 Mobil 公司的科研人员最早提出的"液晶模板"（liquid crystal template，LCT）以及由 Stucky 和霍启升提出的"协同自组装"（cooperative self-assembly）机理[53]。

Mobil 公司的科研人员最早提出了液晶模板机理，认为是表面活性剂生成的液晶作为 MCM-41 结构的模板剂。如图 4-9 所示，在很低浓度下，表面活性剂以单分子形式存在。随着浓度的升高，当超过某阈值时，表面活性剂开始聚集形成各向同性胶束，此浓度称为临界胶束浓度。随着浓度继续升高，开始出现六方密排阵列，产生六方相。当浓度进一步升高，相邻、相互平行的棒状胶束合并，最终产生层状相。一般认为立方相是由复杂的、相互交织的棒状聚集体网络组成。在某些情况下，立方相也出现在层状相之前。在一定浓度的表面活性剂水溶液中，特定介观相的形成不仅与浓度有关，还与表面活性剂本身的性质有关，如疏水碳链的长度、亲水头基团以及离子型表面活性剂中的反离子。此外，它还取决于环境参数，如 pH、温度、离子强度、溶剂和其他添加剂。

液晶模板作用机理认为，在无机物种加入之前表面活性剂预先形成六方排列的液晶相，然后无机物沉积在液晶模板表面再进一步聚合形成介观结构（图 4-10）。液晶模板作用也适用于解释 EISA 方法合成过程。如图 4-9 所示，随着溶剂挥发，溶液中表面活性剂的浓度变大，在溶剂挥发的最后阶段，表面活性剂形成液晶相，无机低聚体物种沉积于其上并进一步聚合、交联形成有序介观结构。

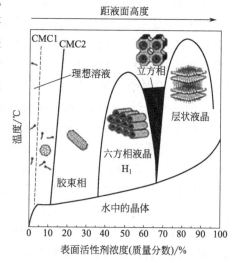

图 4-9   表面活性剂水溶液的相图

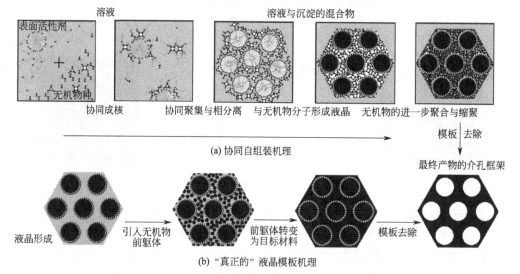

图 4-10   介孔材料的两种合成机理[16]

EISA 法中，在弱极性的挥发性极性溶剂中，无机前驱体物种聚合速率较慢，主要以低聚物形式存在，在表面活性剂形成液晶相模板之后无机物种才交联聚合形成介观结构。也就是说前驱体交联和聚合过程与表面活性剂的组装过程是分开的，这也是 EISA 策略的一个重要的优势，利用此法可将酚醛树脂的交联和聚合过程与表面活性剂的组装分开形成有机高分子聚合物。

EISA 策略的一个重要特征是，它巧妙地避免了前驱体和表面活性剂模板剂之间的协同组装过程，方便了表面活性剂-模板剂的组装。它与协同形成组装机理不同，根据协同形成组装机理，表面活性剂模板组装和无机低聚物聚合协同进行。

液晶模板机理非常直观，可以直接将表面活性剂形成液晶结构与产物的介观结构相关联，然而该理论无法解释低表面活性剂浓度下合成介孔材料的实验现象，例如，通常 CTAB 在 60% 以上才能形成六方相，而在 CTAB 浓度为 2% 的情况下仍然可以获得 MCM-41。

Stucky 和霍启升基于大量研究较为全面地阐述了"协同自组装机理"，如图 4-10(a) 所示，该理论认为预先形成液晶相模板不是必须的，表面活性剂可先形成随机排列的胶束或棒状胶束，后加入的无机反应物通过库仑力、氢键等与胶束表面相互作用沉积于表面，这些无机有机复合胶束再排列成高度有序的介观结构。表面活性剂介观相是由有机组分与无机组分相互作用形成的，因此这两种组分在组装过程中都起着至关重要的作用。有机部分和无机部分之间的相互作用可为静电引力、氢键、配位键等。对于离子型表面活性剂，无机物种与表面活性剂之间的电荷匹配控制组装过程。以 S^+ 和 S^- 表示带有正电荷和负电荷的表面活性剂，以 I^+ 和 I^- 表示带有正电荷和负电荷的无机物种，以及用 X^- 或 M^+ 表示媒介离子，则在不同体系中能够通过静电吸引和电荷匹配组装的组合方式有 S^+I^-，S^-I^+，$S^+X^-I^+$ 和 $S^-M^+I^-$。对于非离子表面活性剂（S^0）和电中性（N^0）物种可以通过氢键（S^0I^0 或 N^0I^0）与电中性的无机物种相互作用。表面活性剂也可与无机部分之间通过配位键直接组装（S-I）（图 4-11）。

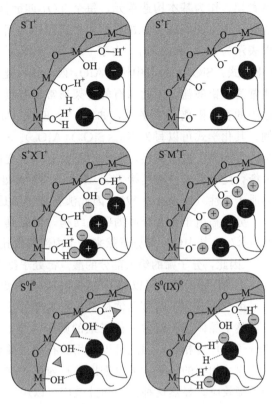

图 4-11　二氧化硅-表面活性剂界面相互作用的示意图（S 代表表面活性剂分子，I 代表无机骨架。M^+ 和 X^-，代表媒介离子。I^0S^0 图中三角形表示溶剂分子，虚线表示氢键相互作用）[54]

　　就合成介孔二氧化硅的体系而言，多聚的硅酸盐阴离子与表面活性剂阳离子通过静电力相互作用，在界面区域的硅酸根聚合以及表面活性剂长链之间的疏水/疏水相互作用使得表面活性剂的长链相互接近，无机物种和有机物种之间的电荷匹配控制着表面活性剂的排列方式。反应的进行将改变无机层的电荷密度，整个无机和有机组成的固相也随之改变。最终的物相则由反应进行的程度（无机部分的聚合程度）而定。此机理所强调的是无机物种和有机物种的协同作用，无机物种和有机物种之间的相互作用、有机物种之间的疏水相互作用以及无机物种之间的缩合作用都会对产物有影响。

　　这两种理论都有相应的实验证据支持，可以很好地解释一些实验现象，但值得一提的是，目前没有一个完善机理能充分准确地说明介孔材料的整个生成过程。这个不准确性根源在于：①反应过程中有着复杂的有机无机物种、动力学热力学平衡、物种扩散、成核、生长过程，以及对温度、时间、pH 值、浓度敏感的因素；②检测技术的局限性，通常的表征技术仅仅给出某一时刻的反应状况而不能反映全貌。

4.5　分子筛的结构、组成与性能的关系

　　通常将沸石分子筛的由 Si、O、Al 原子通过共价键相连形成的三维网络结构称之为主

体骨架。作为基本构造单元，每个 TO_4 四面体独自占有 1 个 T 原子和 2 个 O 原子，这是因为处于顶点的氧原子由相连的两个四面体共用（$4×1/2$），因此每个四面体单元的化学式可以表示为 SiO_2 和 AlO_2。由于 Si 的化合价为 $+4$，Al 为 $+3$，O 为 -2，所以 SiO_4 四面体（化学式：SiO_2）为电中性，AlO_4 四面体（化学式：AlO_2）则带有一个负电荷。由于沸石通常为硅铝酸盐，因此沸石的骨架通常带有负电荷。为保持晶体整体的电中性，负电荷由孔道中的客体阳离子来平衡，如 Na^+、K^+、Ca^{2+}、NH_4^+ 等。以客体离子为 Na^+ 的沸石为例，其化学式可以写为 $Na_x(SiO_2)(AlO_2)_x \cdot yH_2O$（$x \leqslant 1$）。沸石孔道中的金属离子可以与外界的离子进行交换，所以沸石具有离子交换能力。沸石骨架所带负电荷也可以由质子来平衡，此时质子位于连接 Si、Al 原子的桥氧处，即—Al—OH—Si—，这种质子表现为较强的质子酸性（Brønsted 酸），因此沸石分子筛是一种非常重要的固体酸催化剂。

分子筛由于具有开放的微孔结构，因此具有较大的比表面积，一般 BET 比表面积大于 $300m^2/g$，其中绝大部分贡献来自于内部的微孔表面积，而其外表面积一般不超过总表面积的 5%。因此，分子筛的绝大部分的酸点都处于微孔中，很少量酸点位于外表面。由于分子筛具有较大的比表面积，可以用于气体的吸附与分离，其空旷的骨架有利于进行主客体组装。

由于沸石分子筛是晶体材料，它内部的孔道或孔穴的形状和尺寸也极为规则，从微观上看，整个晶体结构就像一种三维的筛子一样。由于沸石分子筛的孔径一般小于 1nm，与一些分子的尺度相当，因此可以利用沸石的三维孔道网络对分子进行筛分，只有小于或与沸石孔口尺寸相当的分子才可以进出沸石内部的空间，较大的分子则无法进出，这种效应被称为分子筛效应。显然这种分子筛分效应可以用于物质的吸附、分离。由于沸石的绝大部分酸点位于晶体内部孔道中，所以在催化反应中，只有尺寸或形状匹配的分子可以接近沸石的酸性位点发生反应，或者只有构型与孔道形状匹配的过渡态分子可以形成，表现出对反应物、产物或过渡态具有形状选择性，如图 4-12 所示，这种择形性在石油化工领域有重要应用。

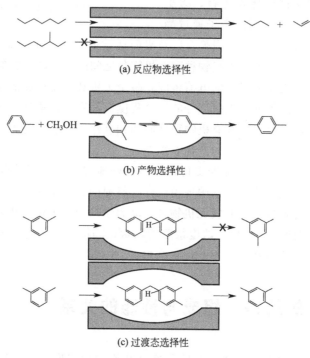

(a) 反应物选择性

(b) 产物选择性

(c) 过渡态选择性

图 4-12　分子筛的形状选择性示意图

此外，在均匀介孔的空隙中存在着迷人的纳米限域效应，这使得介孔分子筛催化和储能方面具有优势。三维纳米尺寸的框架可以产生不同寻常的纳米尺度效应（即表面效应和量子效应），从而导致介孔分子筛材料具有优异的机械、电学和光学性质。例如，介孔分子筛材料的薄孔壁（<20nm）和短通道（<100nm）可能会急剧缩短电子和离子的传输路径，这有利于其在水裂解器件、太阳能电池等方面的应用。

4.6　分子筛孔道体系与客体分子孔道内扩散的关系

分子筛的规则微孔赋予其择形性，然而另一方面过于狭小的孔道也给沸石分子筛催化剂带来严重的扩散问题。由于沸石分子筛孔道狭窄，客体分子在孔道内扩散速率较慢，且容易造成堵塞，因此受扩散限制，沸石催化剂往往并不能够充分利用。可以用有效利用率因子（effectiveness factor）来描述分子筛催化剂的使用效率，如公式(4-1) 所示，

$$\eta = \frac{r_{observed}}{r_{intrinsic}} = \frac{\tan h}{\phi} \tag{4-1}$$

$$\phi = \frac{r_{intrinsic}}{r_{diffusion}} = L\sqrt{\frac{k_v}{D_{eff}}} \tag{4-2}$$

其中 η 为有效利用率因子，$r_{observed}$ 为表观反应速率，$r_{intrinsic}$ 为本征反应速率，即在没有扩散限制下的反应速率。有效利用率因子也可以用蒂勒模数（Thiele modulus）ϕ[55] 来表示，如公式(4-2)。蒂勒模数等于反应速率与扩散速率之比，对于板块形状的催化剂，蒂勒模数也可以用厚度的一半 L、反应速率常数 k_v 和有效扩散系数 D_{eff} 计算得到。对于特定的反应，k_v 为确定值。由公式(4-2) 可以看出，催化剂颗粒越大，即 L 越大，ϕ 越大；当 L 不变时，有效扩散系数 D_{eff} 越大，ϕ 越小。客体分子在催化剂内部各处浓度的分布可以用公式(4-3) 表示：

$$c = c_s \frac{\cosh\left(\phi \frac{x}{L}\right)}{\cosh(\phi)} \tag{4-3}$$

其中 c 为距催化剂中心 x 处的浓度，c_s 为溶液中的浓度，根据图 4-13(a) 所示，当蒂勒模数很小时，如 $\phi = 0.1$，催化剂内部客体分子的浓度与溶液中的浓度相当，也就是说客体分子不受扩散限制，可以自由地扩散到催化剂的中心；当蒂勒模数升高至 0.2，客体分子扩散开始受到限制，越靠近催化剂中心，客体分子浓度越低，蒂勒模数进一步升高到 10 时，客体分子受到强烈的扩散限制，仅能扩散到催化剂内部较浅的位置。显然，对于催化反应，当蒂勒模数较大时，也就是说反应物在催化剂中扩散受限，会导致仅有外表的壳层的体积起作用，严重影响了催化剂的使用效率。图 4-13(b) 反映了有效利用率因子与蒂勒模数的关系：蒂勒模数越小，有效利用率因子越接近 1，即 100% 的催化剂体积都参与反应，而蒂勒模数越大，有效利用率因子越接近于 0，也就是说仅有催化剂表面浅浅一层参与反应。

由于客体分子在狭窄孔道内扩散受限，较大的反应中间体或产物很难及时扩散离开沸石，因而容易造成积碳，导致催化剂失活。因此为了提高催化剂利用率和延长使用寿命，需

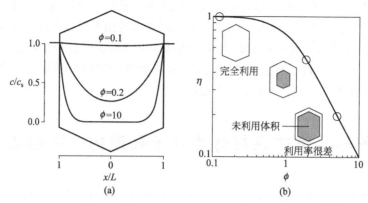

图 4-13   沸石分子筛的内扩散与利用效率示意图[56]。沸石分子筛内部客体分子的浓度分布与
蒂勒模数的关系（a）及有效利用率因子与蒂勒模数关系示意图（b）

要减轻扩散限制，可以通过减小蒂勒模数来实现。根据公式(4-2)，对于某特定反应，k_v 为确定值，蒂勒模数由 L 和 D_{eff} 决定，L 与催化剂晶粒尺寸相关，D_{eff} 与沸石孔径相关，孔道直径越大 D_{eff} 越大。根据以上分析，可从两个方面调控，一是可以减小沸石的晶粒尺寸，比如使用沸石纳米晶，或引入介孔、大孔形成等级孔结构；二是可以使用具有更大孔道直径的沸石分子筛或介孔分子筛。

4.7   非硅有序多孔材料的合成

4.7.1   有序介孔高分子及其衍生碳材料的合成

有序介孔碳最初是以有序介孔材料、密堆积胶体颗粒等为牺牲模板通过硬模板法制备的，如 CMK-1、CMK-3，然而这些硬模板种类有限，制备过程烦琐，成本较高，往往还要用到 NaOH、HF 等试剂溶解模板，不适合大规模合成，很大程度上限制了介孔碳材料的研究和应用。

软模板法是合成有序介孔碳材料的另一种重要方法。软模板法通常选择合适的两亲分子和碳前驱体，通过有机-有机自组装过程来完成。软模板合成应满足三个关键要求：首先，碳前驱体和软模板可以共组装成有序的介观结构；其次，在所得到的介观结构复合材料中，模板分子一方面必须在碳源聚合过程中稳定，另一方面其热稳定性应小于聚合的碳源，以便在介观结构复合材料热解过程中率先分解，生成介孔；第三，碳前驱体在碳化过程中必须形成稳定而刚性的骨架，以保持介观结构的有序性。

戴胜课题组[57]首次报道了以嵌段共聚物聚苯乙烯-聚（4-乙烯基吡啶）〔polystyrene-block poly（4-vinylpyridine），PS-P4VP〕为模板剂，间苯二酚-甲醛树脂为碳前驱体，使用 EISA 并结合溶剂退火的方法实现了有序介孔碳膜的制备。此方法中嵌段共聚物的 P4VP 链段与前驱体间苯二酚之间首先通过氢键作用共组装，随后二者在溶剂挥发诱导和溶剂退火作用下形成高度有序六方排列的介观相。然后通过气相引入甲醛使其与间苯二酚聚合形成稳定的聚间苯二酚-甲醛树脂与嵌段共聚物复合膜。该复合膜在 N_2 中高温处理时，树脂部分被碳化形成刚性骨架，而嵌段共聚物热稳定性较差发生热解，留下垂直于基底的二维六方排

列的介孔。所得有序介孔碳膜孔径达 36.0nm，壁厚约 10.0nm。孔径和孔壁厚度可以通过
控制聚苯乙烯在共聚物和成碳树脂中的体积分数调变。

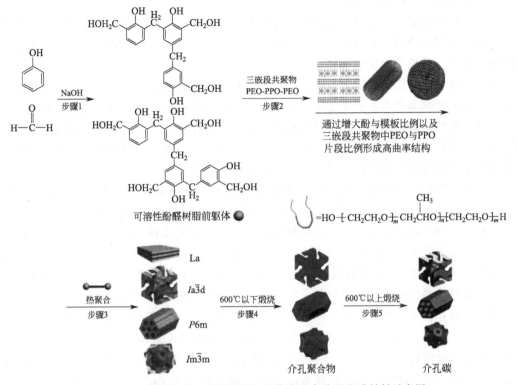

图 4-14　有机-有机自组装法制备有序介孔高分子和碳材料示意图

　　与上述方法中引入甲醛生成酚醛树脂不同，赵东元课题组[14] 使用低聚可溶性酚醛树脂
作为前驱体，以 PEO-b-PS 二嵌段聚合物为模板，运用 EISA 方法制备了具有超大孔径的高
度有序介孔碳材料。低分子量的酚醛树脂含有多个酚羟基，可以通过氢键与 PEO-b-PS 共聚
物中的 PEO 链段相互作用自组装。赵东元课题组[58,59] 进一步发展了此法，提出了一种较
为普适的通过有机-有机自组装机制来制备有序介孔高分子和碳材料的策略，应用该策略使
用常见嵌段共聚物如 P123、F127、F108 等，采用溶剂挥发诱导自组装、水相协同自组装
法、水热法等合成路线，制备了一系列有序介孔高分子和碳材料，其中 5 种以复旦大学命名
（FDU-14，FDU-15，FDU-16，FDU-17，FDU-18），其中 FDU-14 具有双连续立方结构
（$Ia\bar{3}d$）、FDU-15 具有二维六方结构（$P6m$）、FDU-16 为体心立方结构（$Im\bar{3}m$）。在这些
合成路线中，有机-有机自组装的驱动力均为低聚酚醛树脂与嵌段共聚物分子之间的氢键作
用。以溶剂挥发自组装法为例，合成主要分为 5 步（如图 4-14 所示）：①在碱催化下形成可
溶性低聚酚醛树脂；②使用 EISA 法通过有机-有机自组装形成低聚酚醛树脂/嵌段共聚物复
合介观相；③酚醛树脂加热固化；④低温焙烧脱除模板；⑤高温热解碳化。通过调整模板中
苯酚/模板或聚环氧乙烷/聚环氧丙烷的比例，可控制形成二维六方结构、三维双连续结构、
体心立方结构和层状结构。煅烧除模板剂过程中所用的气氛对产物的孔隙率有很大的影响。
少量氧的存在有利于形成大孔径和更高的比表面积。除煅烧法外，用硫酸萃取法也可以分解
模板，同时相比于煅烧法骨架收缩很小。所制备介孔高分子和衍生碳材料具有高比表面积
（670～1490m^2/g）、大孔体积（0.65～0.85cm^3/g）、尺寸均一的大孔径（7.0～3.9nm）和

极厚孔壁（$6 \sim 8nm$），其孔壁为共价键合结构且较厚，因而具有较高的热稳定性（$>1400℃$）。

4.7.2　有序介孔金属氧化物的合成

金属氧化物在催化、传感、能源转化等方面有广泛而重要的应用，引入规则有序的介孔可以增大金属氧化物的比表面积、暴露更多的活性位点，并且增强传质，可以极大地提升其在吸附、催化、传感等方面的性能。

对于合成有序金属氧化物材料来说，获得结晶程度较高的孔壁非常重要，因为孔壁结晶好坏对其性能影响非常大。相比于非晶孔壁，结晶孔壁结构具有更好的热稳定性和机械稳定性，以及优越的电学和光学性能。晶化孔壁结构中可能存在一些特定电子态和晶格缺陷，它们通常展现出特异的催化性能，而这些在非晶材料中明显不存在。早期的合成尝试往往只能获得非晶或结晶度较差的孔壁，限制了这些材料的应用研究。

由于非硅氧化物的溶胶-凝胶化学比氧化硅材料的化学要多样化得多，因此采用硬模板合成策略无需控制无机物种的水解缩合过程和表面活性剂与无机物种的协同组装，可以适用于多种材料，而且硬模板可以在孔壁晶化过程中提供更好的支撑，防止有序介孔结构坍塌。2006 年，Jiao 等[60] 使用硬模板法首次合成了具有结晶孔壁的 α-Fe_2O_3。该合成方法以有序介孔二氧化硅（KIT-6）为牺牲模板，用硝酸铁的乙醇溶液多次浸渍模板，然后在 600℃加热 6 小时以形成晶化孔壁。尽管介孔 α-Fe_2O_3 的结晶孔壁很薄（$<8nm$），由于沿壁的 Fe^{3+} 离子之间的相互作用，磁学测试表明其仍具有长程磁有序。除 Fe_2O_3 外，具有有序介孔结构的 Co_3O_4、NiO、Mn_3O_4、Cr_2O_3 等氧化物都可以使用 MCM-41，KIT-6，SBA-15 等介孔分子筛作为牺牲模板合成出来[35]。付宏刚、赵东元等[61] 使用 EISA 法制备了具有高度有序介孔的黑色 TiO_2 材料，该材料具有较高的表面积约为 $124m^2/g$，孔径和孔体积分别为 $9.6nm$ 和 $0.24cm^3/g$。更重要的是，这种有序介孔黑色 TiO_2 可以将光响应从紫外扩展到可见光和红外光区，并具有较高的太阳能驱动产氢速率（$136.2\mu \cdot mol/h$）。Snaith 等[62] 使用密堆积的二氧化硅胶体晶体作为硬模板，并结合晶种法制备了具有介孔的微米级锐钛矿 TiO_2 单晶（如图 4-15 所示）。这种介孔单晶展现出优于 TiO_2 纳米晶的电导率和电子迁移率，将其应用于全固态低温敏化太阳能电池，效率可达 7.3%。

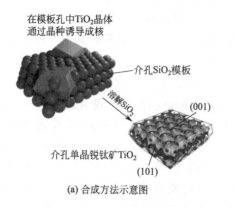

(a) 合成方法示意图　　　　　　　　(b) 介孔 TiO_2 单晶的 SEM 照片

图 4-15　胶体晶体模板法制备锐钛矿 TiO_2 介孔单晶[51]

硬模板法合成有序介孔氧化物具有非常明显的优势，例如，可以通过硬模板的形貌精确控制氧化物的形貌，高温处理时硬模板可以有效保护介孔结构，不受氧化物组成限制，具有普适性。然而硬模板法也有其劣势：预制模板过程烦琐，而且二氧化硅模板需要使用 HF 或 NaOH 溶解去除，苛刻的溶解条件可能会破坏金属氧化物的多孔结构。

当然也可以使用软模板策略制备有序介孔氧化物，但相比于硬模板策略具有更高的挑战。这是因为一方面金属氧化物的溶胶-凝胶化学多种多样，不容易控制金属氧化物前驱体的水解和缩合，很难找到通用的合成条件，另一方面氧化物骨架通常容易发生氧化还原反应和/相变，并且在热处理期间容易发生多孔结构坍塌。溶剂挥发诱导自组装（EISA）法可以用于合成有序介孔金属氧化物，使用乙醇作为溶剂可以降低氧化物前驱体的水解速率。在 P123 或 F127 等嵌段共聚物存在下，该方法成功地以异丙醇铝[63] 为铝源合成了高度有序且孔壁结晶的介孔 γ-Al_2O_3。Jaroniec 等[64] 使用相似的方法将 MgO、CaO、TiO_2、Cr_2O_3 的前驱体共掺于异丙醇铝的乙醇溶液中，使用 EISA 法一步获得了一系列负载 MgO、CaO、TiO_2、Cr_2O_3 的有序介孔氧化铝催化剂。

软模板法制备有序介孔氧化物最大的不足是孔壁结晶过程中介孔结构不易保持，这是因为在达到预期结晶度之前软模板便热分解了。为了防止在煅烧晶化孔壁过程中导致有序性丧失，可以采用填充碳或原位生成碳膜支撑保护的晶化工艺合成具有晶体骨架的介孔金属氧化物。Domen 等[65] 将碳前驱体填充到二维六方介孔 Nb-Ta 混合氧化物的孔隙中，然后在惰性气氛中煅烧结晶，在此过程中碳前驱体碳化对无机骨架形成支撑，晶化完成后再经过煅烧将碳除去。Wiesner 等[66] 报道了一种所谓的"CASH"（combined assembly by soft and hard，软硬模板结合）方法来制备具有大孔径和高度结晶骨架的有序介孔 TiO_2 和 Nb_2O_5（图 4-16）。此方法采用两亲性嵌段共聚物 PI-b-PEO 作为结构导向剂，该嵌段共聚物的亲水性链上含有 sp^2 杂化的碳，在孔道内原位转化为碳支架。该方法可用于以 PS-b-PEO 或三嵌段共聚物 P123 为模板合成介孔 TiO_2。

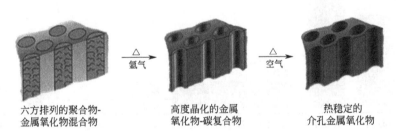

六方排列的聚合物-　　　　高度晶化的金属　　　　热稳定的
金属氧化物混合物　　　氧化物-碳复合物　　介孔金属氧化物

图 4-16 "CASH"法合成示意图

介孔金属氧化物的合成研究取得了很大的进步，从零维（纳米粒子）、一维（纳米棒、纳米管）、二维（层）到三维结构介孔氧化物材料都有报道，它们在催化、传感器、太阳能电池等领域有重要的潜在应用。

4.8 分子筛和相关多孔材料的性能调控及应用

分子筛有两个最重要的特性，一是其具有规则的分子尺度的孔穴、孔道体系，二是其具有活性催化位点，是一种重要的单位点（single-site catalyst）催化剂[67]。分子筛性能的调控，特别是催化性质，都是围绕这两个方面进行的。

4.8.1　分子筛材料的"孔道工程"

分子筛材料最吸引人的性质是其规则均一的孔道，孔道的尺寸、形状极大程度地影响分子筛的吸附性能、择形性、扩散传质以及主客体组装等性能，因此根据需要对分子筛材料的孔道进行有效调变具有重要意义。

4.8.1.1　大孔/超大孔分子筛合成

沸石分子筛根据孔口 T 原子环数可分为小孔、中孔、大孔和超大孔，分别对应孔口环数 8、10、12 和 12 个 T 原子以上，例如实验室常见的 4A 型沸石为小孔沸石，ZSM-5 具有 10 元环孔道，属中孔沸石分子筛，而 Y 型沸石孔口为 12 元环，为大孔沸石分子筛。

由公式(4-2)可知，扩散系数 D_{eff} 越大，蒂勒模数 ϕ 越小，效率因子越大。扩散系数主要取决于沸石孔道的尺寸，孔径越大扩散系数越大，分子扩散越快，这对一些涉及大分子的催化反应是非常有利的，因此合成超大孔沸石分子筛是分子筛研究领域的一个重要方向。目前已成功地合成了一些孔口环数从 14 到 30（如图 4-17 所示）的超大孔分子筛，如 UTD-1（14 元环，记为 14R）、CIT-5（14R）、ITQ-40（16R）、VPI-5（18R）、Cloverite（20R）、EMM-23（21R）、ITQ-56（22R）、SYSU-3（24R）、ITQ-43（28R）、ITQ-37（30R）。其中 ITQ-37 和 ITQ-43 的孔径已进入介孔范围。

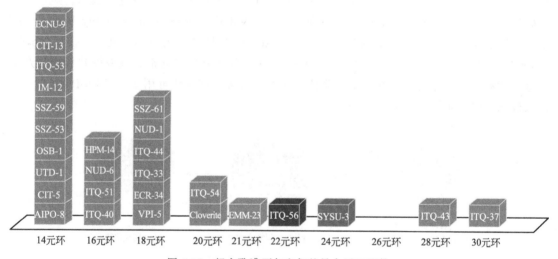

图 4-17　超大孔沸石与它们的最大开口环数

一般来说，合成超大孔沸石分子筛是非常困难的，因为越空旷的结构越容易坍塌，不难想象，搭建没有柱子支撑、跨度很大的国家大剧院要比搭建一栋房间都很小的住宅楼要难得多。因此合成超大孔沸石需要借助特殊的合成策略。

首先从晶体结构上分析超大孔沸石的结构特点。沸石具有开放的可容纳客体分子的晶内空间，因此沸石晶体的密度一定小于致密无孔的硅铝酸盐材料，超大孔沸石具有更大的孔体积，因此其密度通常更小。为了便于定量比较，沸石合成领域通常使用骨架密度（framework density），即每 1000Å^3 的 T 原子数来描述沸石骨架的空旷程度。研究人员统计了包含假想结构在内的 191 种结构，发现沸石的骨架密度随着骨架中最小环数的减小而减小，这就意味着如果骨架中含有 3 元环或 4 元环则对形成低密度骨架或超大孔有利。研究表明，F$^-$离子体系有利于双四元环（D4R）的形成和稳定，另外骨架中引入杂原子，如 Ge，更容易形成 D4R 结构。但 Ge 的引入往往会影响沸石的稳定性，特别是当 Si/Ge 小于 20 且骨架密度较低的时候。

结构导向剂是沸石合成过程中至关重要的一环。结构导向剂的极性、电荷、尺寸等参数都对合成有很大的影响。有机结构导向剂在沸石的形成过程中一方面起到孔道填充的作用，另一方面也起到平衡骨架负电荷的作用。高硅沸石的合成通常使用有机季铵阳离子作为结构导向剂，这是由于高硅沸石孔道内表面是疏水的，要求结构导向剂具有一定的疏水性，而所带正电荷用来平衡骨架中杂原子带来的负电荷。有机结构导向剂的碳氮比（C/N^+）对沸石结晶有重要影响。研究表明，选用刚性且 C/N^+ 在 $11 \sim 16$ 之间具有中等疏水性的 OSDA 是合成高硅沸石的最佳条件。填充超大孔沸石的孔道显然需要尺寸较大的有机结构导向剂，但随着有机分子尺寸的增加，其疏水性也增加，极性减小，限制了其在水介质中的溶解和形成溶剂化阳离子的能力。因此 OSDA 需要具有一定的极性（足够的 C/N^+）以保证能够溶于水中。除季铵盐/碱外，大环醚、金属配合物以及季鏻盐离子等也可用作 OSDAs。

由于 OSDA 电荷密度小于无机阳离子，因此在有限的孔道中 OSDA 带入的电荷数就少，势必影响到骨架的电荷密度，也就是杂原子的掺杂量。使用 OSDA 有利于合成高硅甚至全硅的沸石。纯硅沸石的骨架是呈电中性的，在碱性（OH^-）的介质中进行合成时，OSDA 的电荷由骨架缺陷（$Si-O^-$）来补偿；而当使用 F^- 作为矿化剂时，OSDA 的电荷可以被包裹在次级构筑单元如双四元环中的 F^- 补偿，或位于孔道中的 F^- 补偿。这意味着添加 F^- 的合成体系中，不需要骨架产生缺陷来补偿 OSDA 的电荷，从而生成结构上更完美的沸石晶体，并展现出高疏水性。显然，最终的沸石骨架电荷密度是由 OSDA 的大小、电荷比与 F^- 和 $T(\text{Ⅲ})/T(\text{Ⅱ})$ 原子含量三种因素决定的。当使用相同的 OSDA 时，随着 $T(\text{Ⅲ})$ 原子骨架取代量的增加，骨架密度会减小（或孔体积增加）。

Gies 等[68] 在研究合成二氧化硅的笼型包合物（clathrate）时总结了一系列筛选 OSDAs 的标准，其中大多数标准也适用于分子筛的合成，如：分子必须在合成条件下稳定；分子构型与笼型匹配；刚性分子比柔性分子更容易导向笼状结构的生成；分子碱度或极化能力越高越容易形成笼状结构等。

OSDA 的极性（疏水性/亲水性）、大小、电荷和形状对沸石的合成最为重要。Zones 等发现，当 OSDA 增加到一定尺寸，如单季铵盐的 C/N^+ 约为 10 时，产物由笼状结构分子转变为微孔分子筛。姜久兴、于吉红等[69] 使用 7 种尺寸不断增大的异咄哚类有机结构导向剂进行高通量合成时发现，当 OSDA 相对较小时，只能得到 beta、ITQ-7 和 ITQ-17 这些具有12 元环大孔的沸石，而当 OSDA 的尺寸增大超过一定程度时，则能够获得 ITQ-15、ITQ-37、ITQ-44、ITQ-43 等超大孔分子筛（图 4-18）。同时他们也发现合成凝胶中 H_2O/SiO_2 比越低，分子筛的骨架密度越低。

通过以上分析，欲合成超大孔沸石，一般应采取以下策略：

① 选择尺寸较大、刚性的、具有一定极性的有机分子作为结构导向剂；

② 适量掺杂易于形成三元环、四元环的杂原子，如 Ge，以有利于具有低骨架密度的沸石形成；

③ 使用含有 F^- 的体系。F^- 有助于形成双四元环且可以平衡 OSDA 引入的正电荷稳定骨架；

④ 较低的 H_2O/SiO_2 比可以促进 F^- 和 OSDAs 的掺入，有利于低密度骨架的形成，同时浓缩的体系具有更高的过饱和度也会加快成核速率。

西班牙 Corma 课题组[70] 应用上述策略在超大孔沸石合成方面做出了重要的贡献，合

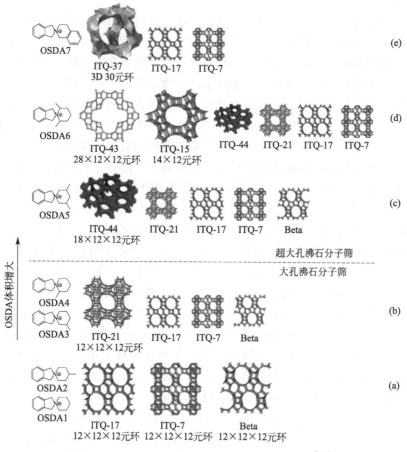

图 4-18　OSDA 尺寸与沸石产物孔道尺寸的关系[58]

成了一系列超大孔沸石分子筛如 ITQ-21、ITQ-15、ITQ-33、ITQ-37、ITQ-43 等。其中 ITQ-37 是第一例具有间断骨架结构分子筛骨架的介孔手性沸石[71]。ITQ-37 是用含有手性中心的大体积二铵离子作为 OSDA 合成的硅锗酸盐，由一个独特的 lau 笼和两个独特的 D4R 单元组成，具有 30R 的孔隙（2.2nm×0.7nm）的螺旋形手性孔道，BET 比表面积达 690m²/g。值得一提的是，ITQ-37 的骨架密度是所有四配位氧化物晶体材料中最低的（10.3T 原子每 1000Å³）。ITQ-37 是硅铝酸盐，因此它具有良好的酸性，很好的热稳定性，可以在 600℃ 下保持结构。

ITQ-43 具有 28 元环孔道，环数仅小于 ITQ-37，是同时具有介孔和微孔连通孔道结构体系的分子筛[72]。它是以 (2'R,6'S)-2',6'-二甲基螺环[异吲哚啉-2,1'-哌啶]-1'-氢氧化亚铵为 OSDA 合成的硅锗酸盐，骨架密度低至每 1000Å³ 中 11.4 个 T 原子，在 c 轴方向上存在 28 元环的四叶草叶状孔道。

我国科学家在超大孔多孔材料方面合成领域取得了令人瞩目的成绩。早在 1992 年吉林大学的霍启升、徐如人等报道了具有 20 元环的超大孔磷酸铝 JDF-20[73]。于吉红等合成了具有 24 元环的亚磷酸锌 ZnHPO-CJ1[74]，具有 30 元环的锗酸盐 JLG-12[75]。姜久兴等[76]以中药提取成分槐定碱衍生物为有机结构导向剂合成了一种新型 24 元环分子筛 SYSU-3。最近，陈飞剑等[77] 使用三（环己基）甲基膦（tricyclohexylmethylphosphonium，tCyMp）

为有机模板剂合成了超大孔硅铝酸盐沸石 ZEO-1。该沸石具有相互穿插且高度连通的 3D 16 元环和 3D 12 元环孔道系统、三种具有 16MR 和 12MR 开口的超笼（图 4-19），比表面积高达 $1000m^2/g$，具有优异的热稳定性（1000℃）和水热稳定性。催化测试表明，ZEO-1 在重油催化裂化性能方面表现与商用的 Y 型沸石催化剂相当甚至更优异。

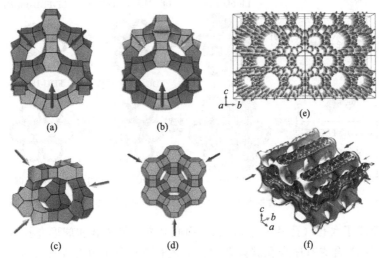

图 4-19　ZEO-1 沸石的超笼结构以及孔道体系示意图[77]

尽管已有一定数量的超大孔分子筛被合成出来，但过于空旷的骨架结构往往导致沸石不稳定，一旦失去模板剂的支撑，有些沸石的孔将会坍塌，而且模板剂价格高昂，导致真正具有应用前景的超大孔沸石种类还很少。因此一方面需要继续在合成上探索以发现更多新的超大孔结构以筛选出稳定结构，另一方面需要研究如何提高超大孔沸石的稳定性。前者需要在深入理解沸石晶化机理的基础上结合计算机模拟预测新结构，并设计模板剂，选择高效的合成方法，如高通量合成技术的实现[78]；后者需要从杂原子取代、主客体相互作用、后处理、新脱模技术等方面入手。

4.8.1.2　调控有序介孔分子筛的孔径

孔径大小是有序介孔分子筛的重要性质，直接关系到介孔分子筛的性能和应用，因此可控调变孔径尺寸是分子筛研究领域的重要问题。基于对介孔分子筛合成机理的理解，目前调控孔径的策略主要有两种：①控制模板剂疏水端的长度/体积，调节胶束体积；②将疏水小分子或聚合物掺入模板剂胶束中，使胶束溶胀，扩大疏水体积。

邓勇辉、赵东元等[79] 以 PEO_{125}-b-PS_{230} （$M_w = 29.7kg/mol$）为模板，使用溶剂挥发诱导自组装法合成了具有超大孔（22.6nm）的有序介孔碳（FDU-18）。运用第一种策略（图 4-20），他们以亲水链段相同但疏水链段链长不同的 PEO-b-PS 共聚物（PEO_{125}-b-PS_{120}、PEO_{125}-PS_{230} 和 PEO_{125}-PS_{305}）为模板，随着 PS 链段分子量从 12kg/mol 增加到 30.5kg/mol，得到的有序介孔碳的孔径从 11.9nm 增加到 33.3nm[80]。

虽然表面活性剂的选择可以调节胶束的大小，但使用单一表面活性剂和加入溶胀剂来控制胶束的大小更方便。在 CTAB 或 Pluronic 嵌段共聚物的合成体系中，使用疏水性溶剂如苯及其烷基取代衍生物（如 1,3,5-三甲基苯）、环状或直链烃以及长链胺等作为扩孔剂，它们容易进入模板胶束的疏水核，增加胶束疏水核的体积[81]。例如，使用 1,3,5-三异丙苯和环己烷作为扩孔剂，可用于合成孔径达 26nm 的超大孔 SBA-15。以二甲苯、乙苯和甲苯

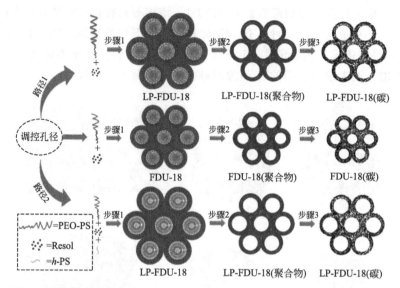

图 4-20   调控介孔聚合物和介孔碳 FDU-18（LP-FDU-18）孔径的两条途径

作为膨胀剂，合成了大孔（孔径可达 37nm）面心立方二氧化硅和球形介孔有机硅。

在典型的 EISA 合成有序介孔碳体系中，上述有机小分子也会像挥发性有机溶剂一样蒸发，而且有机小分子与有机溶剂的相互作用比与嵌段共聚物胶束的相互作用强得多，导致这些小分子不能进入复合胶束的疏水区，因而不适合作为扩孔剂。邓勇辉、赵东元等[82] 提出使用疏水性均聚物（即 h-PS）作为扩孔剂，用于 EISA 合成中，可以增加疏水体积，生成大孔介孔碳。他们以 PEO_{125}-b-PS_{230} 为模板，聚苯乙烯（h-PS_{49}）为扩孔剂，随着 h-PS_{49} 相对于 PEO_{125}-b-PS_{230} 的加入量从 0 增加到 20wt%，孔径可在 22.9～37.4nm 范围内连续调整（图 4-20）。h-PS_{49} 通过 π-π 堆积作用与 PS 段发生强相互作用，使得 h-PS_{49} 能够进入 PEO-b-PS/苯酚复合材料的疏水性 PS 区域。除孔径外，还可以通过改变两亲性嵌段共聚物的性质来精细控制其孔壁厚度和介观结构。

4.8.2   分子筛扩散性能的调控

4.8.2.1   减小晶粒尺寸

根据公式(4-2)，对于特定种类分子筛，可以通过减少扩散长度来减小蒂勒模数，从而提高沸石催化剂的效率因子。显然可以通过减少沸石的晶体尺寸，也就是合成沸石纳米晶来实现。

常规的分子筛晶粒粒度一般在微米级，约为 1～30μm，而沸石纳米晶是指晶粒小于 100nm 的超细沸石晶体，它具有高外表面积和短的孔道，在大分子催化转化反应中显示出了独特的催化活性和产物选择性。

对于一个特定的沸石合成体系来说，由于原料有限，沸石最终晶体尺寸与晶核的数量有关，如图 4-21 所示。

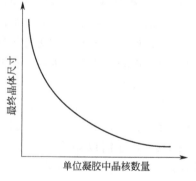

图 4-21   沸石体系中晶核的数量与最终晶体尺寸的关系

晶核越多，平均每个晶核生长所能获得的养分越少，晶体长得越小；反之，晶核越少，每个晶体得到的养分越多，最后长得越大。显然，晶核数目的增加导致最终晶体尺寸的减小。因此，合成沸石纳米晶需要创造有利于成核的条件而不是有利于现有晶核生长的条件。沸石的晶化过程可分为成核和晶体生长两个阶段。在常规水热合成中，成核和晶体生长往往不能严格分开，导致晶体尺寸不均一。为合成粒径分布窄的纳米晶体，可采取将成核阶段与晶体生长阶段完全分离的策略，即成核阶段降低温度抑制晶体生长，而晶体生长阶段在较高温度下进行。控制沸石晶体尺寸的关键是在成核阶段控制体系大量成核并抑制晶核生长，然后在晶体生长阶段令晶体同时快速生长，这对合成粒径分布窄的纳米晶尤为重要。

合成分子筛纳米晶的方法主要有清液法，添加成核促进剂、表面改性剂，限域法等。

（1）清液法

普通合成凝胶体系虽然也可以产生纳米晶，但产物通常为纳米晶的聚集体，具有较宽的粒径分布。清液法是目前合成沸石纳米晶最有效的方法。相比于普通沸石的凝胶合成体系，清液法的体系更简单，是在澄清、透明的溶胶中进行的，其中只有原料的胶体或亚胶体颗粒存在。清液法可以获得粒径小于 100nm 且粒径分布窄的沸石晶体的胶体悬浊液。该法通常使用大量的有机结构导向剂（如季铵碱）以提高过饱和度促进成核，并减少碱金属阳离子含量以限制带负电（铝）硅酸盐亚胶粒的聚集。此外，由于晶体生长所需的活化能通常较高，较低的温度有利于成核，所以通常采用相对较低的晶化温度来最小化晶体尺寸。

清液法最有代表性的例子是全硅 MFI 型沸石 Silicalite-1 纳米晶的合成。此法是由 Persson 等[83] 提出的，因其高度可重复性和可调控性，被广泛研究和采用。此法将摩尔组成为 $9TPAOH：25SiO_2：480H_2O：100EtOH$ 的透明溶液在 100℃下进行水热处理，得到了粒径分布窄、平均尺寸为 95nm 的 TPA-silicalite-1 的胶体稳定悬浊液。如果对合成条件，如陈化和合成温度等参数进行优化，可以制备更小的 silicalite-1 晶体并提高产率。可分别控制成核和晶体生长阶段的温度，成核阶段使用较低温度以控制晶体数量和最终晶体尺寸，晶体生长阶段使用较高的温度以控制晶体的线性生长速度和产率，这样可以使晶体尺寸最小化的同时提高沸石的产率。例如，在 60℃下，一步合成的平均晶粒尺寸为 57nm，产率为 53%；而在 60℃和 100℃下两步合成的平均晶粒尺寸与前者相似，但产率较高，约为 60%，与 100℃一步合成所得产率相似。硅源的结构对最终晶粒尺寸和浓度有重要影响，用 TEOS 作硅源时体系成核速度更快，所得沸石的晶粒尺寸最小，在 60℃时为 63nm，而用硅溶胶作为硅源时，产物粒径增加到 160nm。此外，陈化效应对产物晶体尺寸也有较大的影响，陈化可以增加 TPA^+ 与二氧化硅的相互作用，导致二氧化硅的结构有序性增强，有利于成核。晶体尺寸、诱导期和晶化完成时间随陈化时间延长而减小。

通常在合成沸石纳米晶的过程中需要使用高浓度的 OSDA，以达到高过饱和度，促进体系大量成核从而可以减小产物晶体尺寸。EMT 型沸石是一种与 FAU 有相似结构的大孔沸石，通常需要使用非常昂贵的 18-冠醚-6 合成。欲合成 EMT 纳米晶需要更多的 OSDA，这显然不利于该沸石的生产和应用。Mintova 等[84] 提出了一种通过控制合成体系和晶化条件，可以不使用 OSDA 合成 EMT 纳米晶的方法。他们在接近室温（30℃）条件下，使用铝酸钠、氢氧化钠、硅酸钠制备的清液，在常规加热下 36h 合成了 6~15nm 的超细 EMT 纳米晶，在微波辐射下 4min 即可获得 50~70nm 的 EMT 纳米晶。

（2）添加成核促进剂、表面改性剂

严玉山等[85] 用亚甲基蓝（MB）作为成核调节剂，使用两段晶化的方法对纯硅 MFI 型沸石 silicalite-1 的晶体尺寸和产率进行了调控。与不含 MB 的体系相比，MFI 纳米晶的产率和结晶度显著提高。在微量 MB（$10^{-6} mol/L$）存在的条件下，silicalite-1 的晶粒尺寸减小 20.5%，产率达到 72%（粒径为 62nm）。晶粒可进一步减小到约 50nm，产率可达 54%。

MB 的作用可能是：在低温成核阶段 MB 附着于晶核表面，抑制了晶体的生长，对成核有利，而在温度较高的晶体生长阶段，MB 会分解，不再抑制晶核生长，所有晶核同时生长形成粒径均一的纳米晶。

Tatsumi 课题组[86] 使用氨基酸作为添加剂来控制 silicalite-1 以及 TS-1（Ti 掺杂的 silicalite-1）晶体尺寸。研究结果表明使用不同种类的氨基酸都可以获得纳米晶，其中添加 L-谷氨酸效果是最好的，可以获得最小的 silicalite-1（60nm）和 TS-1（100nm）晶体且粒径分布非常窄。此外，凝胶在 80℃下陈化 24h 是合成纳米沸石的关键步骤。

Mintova 和 Bein 等[87] 采用四甲基氢氧化铵（TMA）和金属（Pd,Pt,Cu）-氨配合物的双模板法制备了粒径小于 20nm 的 EDI 型沸石纳米晶的单分散悬浊液。金属氨配合物具有促进沸石成核的作用。在 $[Pd(NH_3)_4]^{2+}$ 和 $[Pt(NH_3)_4]^{2+}$ 体系中，沸石的结晶过程比 $[Cu(NH_3)_4]^{2+}$ 体系快，以 Pd 和 Pt 氨配合物为模板的产物晶粒比以 Cu 氨配合物为模板所得产物具有更小的粒径和更高的单分散性。值得一提的是，此法也可用于将金属单原子/簇封装于沸石中。

（3）限域法

限域法，顾名思义，是利用有限的空间在物理上限制沸石的生长，从而达到获得纳米晶的目的。沸石限域合成的方法由 Madsen 和 Jacobsen[88] 首先提出，他们使用商用炭黑 BP700 和 BP2000 合成了 ZSM-5 纳米晶。炭黑是由粒径范围为 10~50nm 的纳米粒子聚集产生的，颗粒之间有堆积介孔。BP2000 介孔体积和孔径尺寸分别为 3.6cm³/g 和 45.6nm，比 BP700 的介孔体积和孔径尺寸（分别为 1.4cm³/g 和 31.6nm）略大。为了防止沸石在炭黑孔外不受限制生长，他们使用两步等体积浸渍法（incipient-wetness）将沸石合成凝胶引入两种炭黑材料的孔隙中。第一步，使用含有 TPAOH、氢氧化钠、乙醇、水和异丙醇铝的澄清溶液浸渍炭黑，用于浸渍的澄清溶液的体积应等于炭黑的孔体积。使用乙醇的目的是确保炭的均匀和完全浸润。第二步，将乙醇在室温下挥发，使用与乙醇等体积的正硅酸四乙酯（TEOS）浸渍炭以填充乙醇挥发产生的孔隙。最终在炭黑孔中形成沸石的合成凝胶，该凝胶具有很低的水硅比，类似于干凝胶。然后采用蒸汽辅助晶化法（SAC）对凝胶进行晶化，即炭黑和凝胶不直接与液态水接触，只是在水蒸气的作用下晶化，这样可以防止凝胶通过水相离开炭黑。在 180℃的结晶温度下结晶 2 天，获得了粒径范围为 10~53nm 的沸石纳米晶，晶体尺寸与炭黑颗粒间的平均介孔直径接近。使用这个方法可以制备 ZSM-5、silicalite-1、A 型沸石、Y 型沸石和 beta 沸石纳米晶。

限域合成策略的关键是如何限制沸石晶体只在所限定的空间内生长。限域合成沸石的一般原则包括：①在惰性基质的受限空间内制备合成凝胶；②沸石在惰性硬模板多孔网络中结晶；③防止沸石在惰性基质外表面生长。孔隙结构和表面惰性基质的性质是限制沸石在密闭空间内生长的决定性参数。多孔炭、聚合物、微乳液等都可以用于限域合成。

严玉山等[89] 报道了一种利用热可逆聚合物水凝胶限域合成沸石纳米晶的方法。他们采用一种具有特殊热可逆行为的聚合物水凝胶，在高温下该聚合物会形成凝胶，而在低温下又变回溶液状态，因此可以利用其在高温下形成的三维凝胶网络进行限域合成。作者使用无模板前驱体溶液合成了尺寸为 20~180nm 的 4A 型沸石纳米晶和尺寸为 10~100nm 的 X 型沸石纳米晶。在沸石合成后，可以通过简单的洗涤除去热可逆凝胶聚合物，所获得的沸石纳米晶可以很容易地在各种溶剂中重新分散。

目前，已用分子筛纳米晶作为催化剂的反应有：加氢裂化[90,91]、流化催化裂化

（FCC）[92]、苯的烷基化[93]、烯烃的齐聚反应[94]、甲醇制汽油（MTG）[95]、甲胺的合成[96] 等。综观这些反应结果，小晶粒分子筛用于催化反应有以下几个特点：①反应活性高。由于超细分子筛的比表面积比普通分子筛的比表面积大，表面原子数目增多，其周围缺少相邻的原子，有很多未饱和键，易于吸附其他原子或分子，因而表现出较高的催化活性。如在加氢裂化过程中，在同一温度下分子筛超细后，原料的转化率能提高 25% 以上[97]。凡是对于受扩散限制的反应以及对分子直径大于分子筛孔径的大分子的裂化等，使用超细分子筛都会比普通粒径的分子筛有更好的活性。②对产物特有的选择性。在加氢裂化过程中，采用超细的 Y 型分子筛为催化剂，不仅反应活性高，而且产物中石脑油和煤油的含量能提高 3%。在 FCC 过程中，采用超细的 Y 型分子筛为催化剂[92]，则产物中汽油和低碳烃类的含量比超稳 Y 型（USY）分子筛高，但柴油含量相对较低，而低碳烃类中丙烯、丁烯及异丁烷的含量较高。在甲醇转化成烃类的反应中[97]，采用小晶粒的 HZSM-25 分子筛，产物中 C_5 以上烃类的选择性较高，而在 C_5 以上烃类中又以 C_9 芳烃的含量为最高。③抗积炭能力强。超细分子筛作为催化剂的优良特性之一就是抗积炭能力强，并由此而使催化剂的寿命延长。有研究表明[96]，乙烯在 HZSM-5 分子筛上的齐聚反应中，晶粒越小，容炭能力越强，使用寿命也越长。超细分子筛抗积炭能力强的原因还未被清楚了解，文献中大多认为积炭发生在分子筛的外表面和孔口附近，而超细分子筛具有较大的外表面积，因而容炭能力强。④能提高负载金属组分的分散性和负载量。金属组分在分子筛上的有效负载量和分散性是决定这类催化剂性能的主要因素。研究表明，金属组分的含量有一定限度，超过这个值，金属组分将以聚积体的形式覆盖在分子筛的表面上或堵塞孔口，从而降低催化剂的活性和选择性。超细分子筛由于具有较大的外表面积、更多的孔口，金属组分更易进入分子筛的孔道，提高其分散性和有效含量，从而增加了催化剂的活性，维持更长的使用寿命[97]。

4.8.2.2 构建等级孔结构以减小扩散限制

除减小沸石分子筛晶体尺寸外，也可以向沸石晶体中引入介孔或大孔以形成所谓的等级孔材料来减小扩散限制。该策略原理上与合成纳米晶一样，都是减少扩散长度，不同之处在于等级孔沸石中，扩散长度实际上为介孔之间的孔壁厚度。

等级孔沸石的合成主要可分为两种策略，一是"bottom-up"，即自下而上构建，在合成过程中直接构建出特殊的结构，就像建房屋，从地基开始从下往上逐层搭建完整结构；二是"top-down"，即自上而下，是指先构建出前体再通过拆解、修剪等后加工的方式形成所需特殊结构，与雕刻的过程类似。自下而上的策略主要包括模板法、控制晶化条件直接合成法；自上而下策略主要包括脱硅法和脱铝法。

（1）模板法

模板法又分为软模板法和硬模板法。常见的软模板有阳离子表面活性剂、聚合物、硅烷化试剂等。使用软模板剂可以通过自组装等方式在沸石材料中引入晶间或晶内介孔。软模板法是受介孔分子筛合成的启发发展起来的。科研人员敏锐地意识到如果将表面活性剂加入到沸石的合成体系中，则很有可能在沸石生长过程中形成介孔。然而起初的尝试并不成功，在反应开始时将表面活性剂与其他原料同时加入并没有得到预期的等级孔，而是得到微孔或介孔或微孔和介孔的混合物。Pinnavaia 等[98] 随后提出了一种改进的方法，使用表面活性剂（如 CTAB）组装了具有沸石结构的前驱体纳米粒子，并成功地生成了介孔铝硅酸盐，但遗憾的是没有观察到沸石相。肖丰收等[99] 以四乙基氢氧化铵（TEAOH）为结构导向剂，聚二烯丙基二甲基氯化铵聚合物阳离子为介孔造孔剂合成了等级孔 beta 沸石。所得产物具有良好的结晶度，颗粒尺寸约为 600nm，可在 SEM 下清晰看到 5～40nm 不规则的介孔，该尺寸与阳离子聚合物的估计尺寸一致。介孔体积可以通过调节阳离子聚合物与二氧化硅的重量比进行调节。该方法也适用于其他沸石的合成，如 ZSM-5 或 Y 型沸石。

使用相同的聚合物，Möller 等[100] 采用了不同的合成策略获得了具有晶间介孔的 beta 沸石。他们首先合成了高质量的 beta 沸石纳米晶，然后将阳离子聚合物加入纳米沸石 beta 合成体系中使纳米晶体发生絮凝，从而以 100% 的收率获得了具有晶间介孔的等级孔 beta 沸石。颗粒间的介孔/大孔的大小取决于聚合物的加入量，可通过改变聚合物浓度和二氧化硅源比例在 40～400nm 范围内调变介孔/大孔结构。

在反应之初将表面活性剂直接加入到沸石合成体系不能成功获得等级孔沸石是因为表面活性剂对沸石结构的生成不仅没有导向作用，反而不利于沸石成核。Ryoo 等[101] 报道了用一种特殊设计的季铵盐表面活性剂合成等级孔级沸石的方法（图 4-22）。这种表面活性剂既能生成微孔又能生成介孔。以表面活性剂分子 $C_{18}H_{37}$-$N^+$$(CH_3)_2$-$C_6H_{12}$-$N^+$$(CH_3)_2$-$C_6H_{12}$-$N^+$$(CH_3)_2$-$C_{18}H_{37}(Br^-)_3$ 为例，该模板两端含有两个 C_{18} 的疏水长链，其作用相当于普通表面活性剂的疏水端，用于形成胶束，在分子中段有三个季铵结构，这部分结构与常规季铵阳离子类似，可以导向生成沸石的结构。可见，该表面活性剂既充当沸石结构导向剂，又充当介孔生成的模板剂。他们使用此类表面活性剂合成了一系列具有结晶微孔壁和沸石骨架的介孔分子筛。并且通过调变表面活性剂的分子结构可以控制壁厚、骨架结构和介孔尺寸。通过改变疏水性烷基链以及加入 1,3,5-三甲苯等溶胀剂，可以在 3.8～21nm 范围内调整介孔尺寸。在表面活性剂中段加入更多的氨基可以增加孔壁厚度，例如，从 3 个氨基增加到 8 个氨基可将孔壁厚度从 1.7nm 增大到 5.1nm。介孔壁中的沸石结构取决于两个氨基之间的连接基团，烷基—C_6H_{12}—单元促进 MFI 结构的形成，而苯基单元会导向 beta 沸石

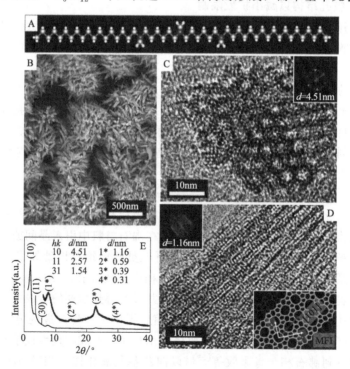

图 4-22　特殊设计的表面活性剂结构示意图以及等级孔沸石的电镜照片[101]

的形成。与传统沸石和有序介孔非晶材料相比，该分子筛在各种酸催化大分子底物反应中具有很高的催化活性。

　　硬模板，是指具有刚性外形的，可以在沸石中造孔的物质。可以作为等级孔沸石合成硬模板的材料有炭黑、碳纳米管或纳米纤维、有序或非有序介孔碳、炭化木材、稻壳、$CaCO_3$ 纳米颗粒、聚合物微球等。相比于软模板，硬模板惰性更强，对合成体系的影响比较小，一般在合成之初便可将硬模板加入沸石凝胶之中或在硬模板中加入沸石凝胶，待晶化之后将这些硬模板颗粒烧除，即可在沸石晶体中产生介孔（或大孔）（图 4-23）。

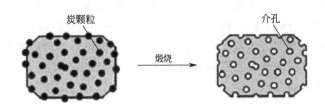

图 4-23　硬模板法合成示意图

　　与软模板分子不同，硬模板是刚性的，硬模板颗粒之间或颗粒内部可以形成具有固定体积的空间，在此空间内沸石也可以生长。可以利用此种物理空间上的限制，控制沸石晶体长成需要的形貌，这种合成方法称为限域合成。

　　限域合成策略是一种可以控制沸石的形貌的通用方法，既可用于合成沸石纳米晶也可用于合成等级孔沸石。如图 4-24 所示，当合成凝胶中晶核较多时可以获得纳米晶，而当凝胶中成核较少时，沸石会在多孔惰性基质内形成较大的单晶，将一部分基质包裹在晶体内，当去除惰性基质之后可以获得等级孔沸石。

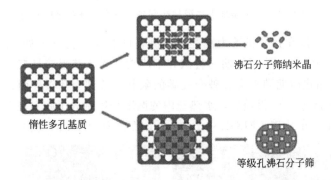

图 4-24　硬模板限域法合成沸石分子筛纳米晶和等级孔分子筛示意图

　　Jacobsen 等[102] 使用限域法合成了具有介孔的沸石单晶。他们的策略是使沸石晶体在炭颗粒晶间介孔中成核，然后沸石单晶生长过程中将炭颗粒包裹于晶体中。他们注意到沸石产物是纳米晶还是具有介孔的单晶是由限制空间中的沸石成核速率和晶体生长速率决定的。成核速率较高时，形成的沸石主要被限制在炭模板的孔隙中，有利于沸石纳米晶的形成。当晶核较少且沸石生长速率相对较高的时候，导致炭黑被包裹在形成的沸石中，有利于单晶介孔沸石的形成。可以通过调变合成凝胶组成、结晶温度及炭模板的结构来控制的沸石晶体的特殊形貌。与炭黑类似，碳纳米管和纳米纤维也可被用来控制形成等级孔结构。

　　炭黑的介孔没有规则的形状，因而由炭黑限域合成的沸石无法获得具有规则介孔的沸石。2008 年，Fan 和 Tsapasis 等[103] 提出一种使用三维有序介孔碳（3DOmC）作为硬模板限域合成沸石的方法。三维有序介孔碳是以 20～40nm 形状、尺寸均一的 SiO₂ 纳米球的密堆积结构胶体晶体为牺牲模板，在其孔隙内填充聚合物前躯体，经聚合、炭化，最后溶解 SiO₂ 制得。使用这种三维有序介孔碳模板进行沸石的限域合成，可以获得晶体尺寸精确可调、形状均一的 silicalite-1 纳米晶以及反相复刻 3DOmC 模板结构的单晶沸石颗粒。

对于限域合成法，如何防止沸石长到限域空间之外是核心问题。为防止沸石在硬模板之外生长，几乎所有限域合成都采用干胶转化法。这是因为凝胶中水量很少，可以有效地将干凝胶限制于硬模板孔中。然而干胶转化法并不适用于所有沸石的合成，因此有必要开发更为通用的水热法进行限域合成。Fan 和 Tsapatsis 等[104] 提出一种多次水热的合成方法，即精确控制每一轮次的生长时间，以避免沸石长出 3DOmC 模板，并可以提高多孔碳的孔隙的利用率。使用此法，可以成功获得具有反相复刻 3DOmC 结构的 Beta、LTA、FAU 沸石，突破了干凝胶转变法的限制（图 4-25）。

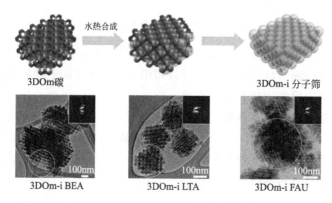

图 4-25 多次循环水热限域法制备三维有序介孔复刻沸石

除 3DOm 碳外，以介孔分子筛为牺牲模板制备的有序介孔碳（如 CMK-1、CMK-3 等）也被用于限域合成的尝试，然而初期的尝试并不成功，无法获得兼具有序介孔和高结晶度的沸石。主要原因是晶化后期沸石会突破介孔碳的限制生长到介孔碳外面，从而导致失去介孔结构。2012 年，Ryoo 等[105] 报道称，水热釜内的湿度是控制分子筛只在介孔中生长的关键因素。他们首次在有序介孔碳 CMK-L 中合成了孔径约为 10nm 的高晶态 ZSM-5（图 4-26）。

图 4-26 以 CMK-L 为模板合成的 silicalite-1 沸石

CMK-L 是以 KIT-6 介孔二氧化硅为牺牲模板制备的有序介孔碳，具有与 CMK-1 相似的四方相 $I4_1/a$ 结构，孔壁厚约 5nm，为分子筛的生长提供了足够的刚性结构。结果表明，在 CMK-L 的密闭空间内，高压釜内 85% 的湿度是高结晶 ZSM-5 的形成的理想条件。过高的湿度会导致合成凝胶迁移到碳模板的外表面，形成一个无约束生长的沸石相，而较低的湿度则不能产生足够的压力来促进沸石的结晶。目前，还没有在小于 10nm 的空间内成功限域合成沸石的实例。可能的原因是，根据目前晶化机理研究，沸石晶核的尺寸大概在 3nm 左右，如果限域空间太小，则不利于沸石晶核的产生。对介孔碳在受限空间中成核和晶体生长的理解不仅有助于控制沸石的形貌，而且有助于深入了解沸石的结晶机理。

硬模板限域合成的优势是可以精确控制晶体和介孔的尺寸，但是有序介孔结构硬模板往往制备过程烦琐，成本较高，不利于大规模生产。

（2）无模板直接合成法

目前合成等级孔沸石的方法大多是利用模板来控制介孔的生成。然而，在没有任何模板的情况下，在沸石材料中诱导介孔也是可能的。

不使用模板直接合成法，主要是基于纳米晶的聚集生长产生的晶粒间孔隙，或无定形凝胶结晶过程中产生的晶内介孔。这些方法能够在沸石材料中产生额外的孔隙率，而不需要借助任何介孔或大孔模板的模板作用。纳米晶体的聚集或自组装是在不利用任何造孔剂的情况下产生额外介孔或大孔孔隙率的广泛使用的方法。但这种纳米晶的自组装往往形成的是不稳定的晶间介孔或大孔，很容易在使用过程中因受外力影响导致介孔或大孔受到破坏。

王卓鹏和范炜等[106] 通过控制沸石晶化初期形成的沸石前驱体的成核、生长和无模板自组装，直接合成了等级孔 ZSM-5。在沸石结晶的早期阶段首先形成粒径约为 30nm 的前驱体颗粒，它们一开始时是非晶的，但在晶化过程中会慢慢演变成类似于 MFI 的晶体结构。前驱体纳米颗粒会在电荷的作用下自组装形成尺寸约为 500nm 球形聚集体，这些自组装的前驱体颗粒之间的孔隙形成了一个三维互连的介孔网络（图 4-27）。产物的介孔在晶化过程中会进一步发展，这是由于较小的或无定形的前驱体纳米颗粒在聚集体核心区域会不断溶解，产生更大的介孔，而同时处于最外层的晶体可以不受空间限制继续

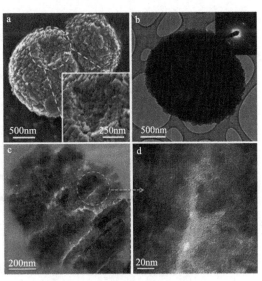

图 4-27　无模板直接合成的等级孔
ZSM-5 的 SEM 和 TEM 照片

生长，这样最终形成一层由典型 MFI 形貌的晶体相互交错生长而成的外壳。这种溶解-结晶机制可能遵循众所周知的"由内到外"奥斯特·瓦尔德熟化过程。催化和扩散性能表征结果表明，该等级孔 ZSM-5 具有增强的传质性能和对大分子的优越催化活性。

（3）后处理法

分子筛骨架中的原子，如 Al、Si、B 或 Ti 可以通过合成后处理的方式从晶体中脱除，从而在分子筛晶体内部形成介孔或大孔。后处理的方式包括酸或碱处理、蒸汽处理、辐射等。

沸石酸处理脱铝一般是在 50~100℃ 的温度下进行的，处理后的沸石会产生晶内的介孔或大孔。沸石脱铝也可以在 500~600℃ 的温度下使用蒸汽处理。蒸汽脱铝也可能会导致形成骨架外铝，这种骨架外铝物种作为 Lewis 酸中心，在某些催化反应中，可能导致催化剂积碳，从而加速催化剂失活，然而对于某些催化反应也可能是有利的。

骨架脱铝不仅会产生额外的晶内介孔或大孔，而且还会改变沸石的 Si/Al 比，从而改变沸石的酸性性质，可以利用这一特性来调节沸石材料的催化活性。脱铝处理一般仅适用于富铝沸石，通常以随机方式形成介孔，非常难以控制，而且产生的介孔连通性不好。此外，脱铝产生的非晶态物种可能会导致介孔和微孔的部分堵塞。

脱硅是另一种通过后处理的方式向沸石中引入介孔/大孔的有效方法。该方法适用于不同种类的沸石，可以在沸石晶体中产生具有高度互连性的晶内介孔。与脱铝相比，脱硅对沸石的酸度和晶体结构没有明显影响。研究表明沸石骨架中的铝原子对脱硅有重要影响，铝的存在会抑制其周围硅原子的溶解（图 4-28）。因此沸石骨架中铝的密度和分布会在很大程度上影响脱硅的效果以及所产生的介孔结构。通常脱硅处理对 Si/Al 比为 20~50 的沸石最有效，但也有研究表明，使用含有 TMA、TPA 等"孔导向剂"的碱溶液处理全硅沸石也可以有效地脱硅并产生介孔[107]。脱硅和脱铝有时可以联合使用以分别调控介孔结构以及酸性，但要注意脱硅和脱铝处理的先后次序，应先进行脱硅以避免脱铝后处理获得的铝物种影响后续脱硅的效果。

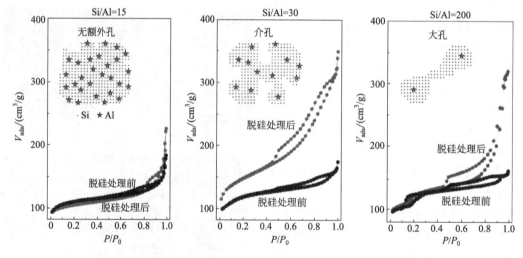

图 4-28   沸石分子筛骨架中铝原子密度对脱硅处理效果的影响

在 NaOH、氨水、有机碱等碱性溶液中，在有表面活性剂（如 CTAB）存在的条件下对沸石进行处理，可以获得具有良好介孔结构的等级孔沸石。此法已经被成功地商业化应用于沸石的生产。Zeolyst 公司生产销售的几种商业沸石，如 CBV720（FAU）、CBV3024E（ZSM-5）、CBV21A（MOR）等便是使用该方法生产的。以 CBV720 为例，在阳离子表面活性剂 CTAB 存在的条件下，将 H 型 Y 沸石在 150℃ 的氨水（或 TMAOH，四甲基氢氧化铵）溶液中水热处理 10h，然后经过滤、洗涤、干燥、煅烧去除表面活性剂模板，得到具有介孔结构的 Y 型沸石。在 CBV3024E 的生产过程中，需要先用稀氟化氢（HF）溶液预处理 H-ZSM-5，然后再进行介孔结构化。

以表面活性剂为模板对沸石进行介孔化处理的机理[108] 可由下面的示意图（图 4-29）表

示。沸石是亚稳相，具有相当大的骨架柔韧性。在温和的碱性反应条件下，部分 Si—O—Si 键断裂，形成缺陷位，进一步提高骨架的柔韧性。这些带负电荷的缺陷位和具有离子交换性能的位点，可以通过库仑力吸引带正电荷的十六烷基三甲基铵离子（CTA^+）进入晶体。当晶体内部有足够的 CTA^+ 时，它们可以自组装形成胶束，柔性沸石骨架同时相应地重新排列以容纳胶束。如果在晶体中形成的胶束足够多，甚至可以形成类似于 MCM-41 或 MCM-48 中的六方或立方有序结构。最后小心地煅烧去除表面活性剂模板，即可获得可控介孔尺寸的等级孔沸石。

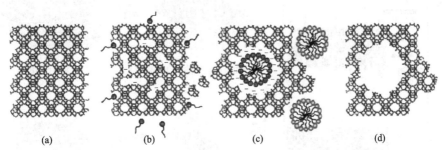

图 4-29　以表面活性剂为模板的沸石介孔化作用机理示意图[108]

4.8.2.3　二维薄层沸石的合成

为了提高沸石的传质，除了制备沸石纳米晶和将介孔引入沸石的孔道体系，也可以制备薄层/二维沸石，减小沸石的厚度，缩短一个方向孔道的长度。

Ryoo 等[109] 设计合成了一种类表面活性剂结构的结构导向剂来合成仅有单个晶胞厚度的 MFI 沸石纳米薄片。这种结构导向剂的结构如图 4-30 所示，它是由一个包含双季铵阳离子的"头"和有 22 个 C 原子的碳链组成的"尾"构成的，分子式为 $C_{22}H_{45}$-N^+ $(CH_3)_2$-C_6H_{12}-N^+ $(CH_3)_2$-C_6H_{13}。表面活性剂的"头"部的双季铵阳离子可以导向 MFI 沸石结构，而长烷基链"尾"部的作用则是禁止沸石晶体沿着这个"尾巴"方向生长，这样就限制了沸石只能沿着特定方向生长形成薄层结构。这种二维薄层沸石展现出优异的甲醇制汽油（MTG）的催化性能，这主要得益于两点，一是沸石纳米片外表面可接近催化位点的数目更多；二，扩散路径极小，大分子可快速扩散出去，从而减少沸石孔内积碳，大幅度延长催化剂寿命。值得一提的是，通过调变合成体系中的 Na^+ 的浓度，可以控制沸石纳米片呈单层无序排列或者呈多层有序整齐排列（图 4-30）。另外，也可控制表面活性剂中季铵盐阳离子基团数量调变纳米片的厚度[101,110]。最新的研究结果表明，通过设计使用 bola 形表面活性剂（即两个包含奎宁环的季铵亲水基团位于两端，分别通过 C_{10} 烷基链与联二苯酚基相连），甚至可以合成出具有 2.5nm 介孔的一维单壁沸石纳米管，其孔壁极薄（~1nm）且具有独特的骨架结构，其孔壁外侧拓扑结构与 beta 沸石一致而内侧拓扑与 MFI 沸石一致[111]。

Tsapatsis 课题组[112] 发现一种可以获得单晶胞厚度的沸石纳米片的简单方法。他们使用四丁基鏻阳离子作为模板剂获得了具有类似"纸牌屋（house of cards）"的"自柱撑"穿插结构的 MFI 沸石纳米片[图 4-31(a)]。作者认为这种结构是由 b 轴方向仅为一个晶胞厚度 MFI 片层与另一与其呈 90° 的孪晶薄片通过共同 c 轴的不断垂直交错生长而成。两个孪晶之间通过具有 MEL 沸石结构的一维链（沿 c 轴方向 1×1 晶胞）相连接。由于"自柱撑"沸石极薄，可以认为其没有扩散限制，催化剂有效利用率因子接近于 1[图 4-31(b)]。

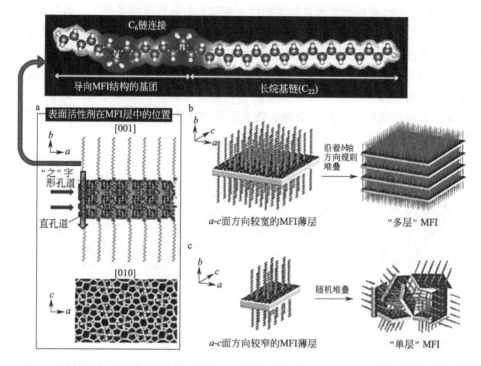

图 4-30   沸石纳米片的合成与自组装示意图以及用于合成沸石纳米片的表面活性剂分子结构图

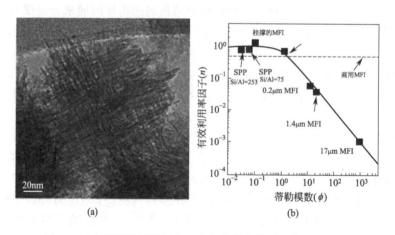

图 4-31   自柱撑薄层沸石分子筛以及其有效利用率因子评价

Valtchev 课题组[113] 提出采用陈化和氟化物辅助低温结晶相结合的方法合成了 b 轴方向仅有几十纳米的 MFI 沸石薄片。研究者提出 NH_4F 的加入对初始凝胶有两个影响：①破坏凝胶结构，生成纳米颗粒，纳米颗粒在形成薄片状晶体中起着重要作用；②降低 pH 值，从而改变二氧化硅物种的溶解度。这两个效应的结果是 MFI 晶体在 a 轴和 c 轴方向上的优先生长，最终形成薄片状晶体。值得注意的是，F^- 作为矿化剂对促进 MFI 分子筛晶体的结晶起着至关重要的作用。在类似的合成体系中，用 NH_4Cl 代替 NH_4F，晶化 2 周后只得到无定形产物。该合成策略同样适用于全硅 MFI（Silicalite-1）及其含铝和含镓的衍生物。在甲醇制烃（MTH）反应中，与商用纳米 ZSM-5 样品进行了催化活性比较，发现薄片 ZSM-5

具有更长的催化剂寿命。该合成方法可以放大到千克级。

4.8.3　分子筛活性位点的调控

4.8.3.1　含有杂原子的分子筛催化剂

　　杂原子分子筛是利用性质类似硅铝的其他元素取代分子筛骨架中的硅铝构成的沸石结构材料。引入杂原子后，分子筛仍保持原来的构型。但是杂原子引入分子筛骨架中显著地调变了分子筛的物化性能，如对分子筛的酸性、粒度大小、孔道结构、孔道性能进行了调整或较显著地改变，从而改变孔道吸附性、催化性能以及分子筛的活性和选择性，所以将杂原子引入分子筛骨架是分子筛改性的重要方法。杂原子分子筛的合成将推动分子筛的研究进展，是有潜在应用前景的催化剂材料。

　　与硅铝酸盐沸石分子筛具有的 Brønsted 酸性不同，含四配位钛和锡的沸石具有路易斯酸酸性，可催化氧化还原反应。含钛分子筛在杂原子分子筛合成和应用中研究较多，如 Ti-beta（钛硅 Beta 沸石）、TS-1（含钛 MFI 沸石）、TS-2、Ti-ZSM-12、Ti-ZSM-48、Ti-MCM-41、Ti-HMS 等。含钛分子筛兼有钛的催化作用和择形效果，主要用于有机分子的选择性氧化，尤其是在温和条件下有 H_2O_2 参与的选择性氧化，如苯和苯酚的羟基化、烯烃的环氧化、环己酮的氨氧化，以及用于脱除燃料油如汽油中有机硫化物[114] 等。其他杂原子分子筛用作烷基化反应、二甲苯异构化、环己烯氧化反应、环戊烯催化氧化合成戊二醛等反应的催化剂。例如，张海娟等[115] 研究 $ZrBSiAlPO_4$-5 催化剂不仅具有 $AlPO_4$-5 分子筛的性质，而且还具有 $AlPO_4$-5 所不具有的 B 酸酸性，在苯与长链烯烃的烷基化反应中有良好的催化活性和催化寿命，所以在烷基化工艺中，有可能替代 HF 成为一种环境友好的新型催化剂。王亚军等[116] 研究了双金属杂原子分子筛催化剂对环己醇、2-丁醇、2-丙醇、环己烯的选择氧化的催化性能，结果表明，反应物不同，活性亦不同，其顺序为环己烯＞环己醇＞2-丁醇＞2-丙醇；在杂原子分子筛中，CrNi-、CrCo-MEL 分子筛活性较高，而 VCo-、VCr-、VNi-MEL 分子筛活性较低。

　　Sn-beta 分子筛可用于醛酮的 Meerwein-Ponndorf-Verley（MPV）还原，醇的 Meerwein-Ponndorf-Verley-Oppenauer（MPVO）氧化和 Baeyer-Villiger 氧化反应。Davis 等[117] 研究发现，Sn-beta 在水溶液中能以较高的活性和选择性将葡萄糖异构化为果糖。最重要的是，由于 Sn-beta 是高硅沸石，其骨架具有耐酸性和疏水性，因而 Sn-beta 能够在高酸性的水相环境中进行异构化反应，这使得 Sn-beta 催化的异构化反应可以与无机酸均相催化的水解、脱水反应耦合，例如淀粉先水解、异构化生成果糖和葡萄糖，果糖和葡萄糖再脱水生成 5-羟甲基糠醛（HMF）。Sn-beta 也可以催化三糖（二羟基丙酮和甘油醛），戊糖（木糖和木酮糖）的异构化反应，其活性可与酶催化过程相媲美，对生物质转化有重要意义。Corma 等[118] 的研究表明在 Sn-beta 沸石中存在两种 Lewis 酸位：部分水解骨架锡中心（-Si-O-)$_3$Sn-OH（A 位）和完全骨架配位锡原子 Sn (-Si-O-)$_4$（B 位）。研究表明，部分水解 Sn（A 位点）比完全骨架配位 Sn（B 位点）对环酮的 Baeyer-Villiger 氧化反应有更大的活性，部分水解的 Sn 位点也是催化葡萄糖异构化的活性位点。

　　尽管 Sn-beta 具有良好的催化性能，但由于其合成困难，尤其是氢氟酸的使用和结晶时间长，阻碍了其工业应用和学术界的相关研究。根据 Moliner 等[119] 报道的方法，Sn-beta 是在近中性条件下以氟离子为矿化剂合成的，结晶时间长达 40 天。结晶时间长可能是由于氟离子合成体系中 pH 值近中性导致过饱和度相对较低，不利于沸石成核。为缩短晶化时间，有研究采用添加晶种法合成 Sn-beta，但仍需 22～30 天才能获得结晶良好的产品。Fan

等[120] 发现合成凝胶中沸石晶种的形貌和分散度对 Sn-beta 晶体的生长动力学有很大的影响。他们改进了晶种法，可以显著地将 Sn-Beta 的结晶时间缩短到两天。与以往方法的主要区别在于：①采用粒径小（200nm）、结晶度高的脱铝 beta 沸石晶体作为晶种；②为了避免晶种的聚集，制备了一种稳定的含有沸石晶种的悬浮液，直接加入到合成混合物中。这样晶种能够均匀地分散在合成混合物中，有效地加快了 Sn-beta 沸石的结晶，可以在 2 天内合成高质量的 Sn-beta，以硅源计产率接近 90%。用此方法合成的 Sn-beta 催化剂对三糖、戊糖和己糖的异构化反应具有较高的活性。该课题组随后进一步在不使用 HF 条件下使用干凝胶转化法合成了 Sn-beta[121]。

与铝同族的硼和镓很容易掺入沸石分子筛骨架中。浙江大学肖丰收课题组[122] 发现硼同晶取代的硼硅沸石（MFI）骨架中的孤立硼位点对丙烷氧化脱氢反应具有很高的活性和选择性。同时由于 $B-O-SiO_x$ 的存在阻碍了硼的充分水解，在潮湿的气氛中可以保持长时间的催化活性。研究者认为硼硅沸石中离散的 $-B[OH\cdots O(H)-Si]_2$ 结构是催化活性中心，能活化氧和碳-氢键催化丙烷氧化脱氢。

将过渡金属离子引入 MCM-41 分子筛骨架后，可以调变分子筛骨架和孔道性能，使 MCM-41 具有某些新的特性，如选择催化、离子交换性能等，或者增强其吸附性能和催化性能。MCM-41 分子筛引入的杂原子主要有单原子 B、Ti、V、Cr、Mn、Fe、Co、Ni、Cu、Ga、Zr、Cd、Sn、Ce、Nb、Ru、La、W、Pr、Sm 以及双杂原子 V-Ti、Nb-Ti 等[27~30]。所使用的杂原子源有：$Cr(NO_3)_3 \cdot 9H_2O$、$Fe(NO_3)_3 \cdot 9H_2O$、$FeCl_3 \cdot 9H_2O$、$Co(NO_3)_2 \cdot 6H_2O$、$Co(Ac)_2 \cdot 4H_2O$、$Cu(NO_3)_2$、$VOSO_4 \cdot 3H_2O$、$P(ClO_3)_3$、$(NH_4)_2WO_4$、H_2WO_4、$Ga(NO_3)_3$、$CeCl_3$、$SnCl_4 \cdot 5H_2O$、$NbCl_5$、硝酸镉、异丙醇锆、钛酸丁酯、草酸铌、钼酸铵等。在合成过程中，除了要重点考察反应物凝胶组成的影响因素，还要考察模板剂类型、凝胶 pH 值、晶化温度、晶化时间等影响因素。将杂原子引入 MCM-41 介孔分子筛骨架后，用于大分子有机化合物的催化氧化中，例如分子筛在液相选择性氧化还原反应中，如烯烃环氧化、异丙苯氧化、苯酚羟基化、低链烷烃的氧化、苯催化氧化、2，6-二甲基苯酚的催化氧化、脂肪醇乙氧基化等反应中表现出很好的催化性能。

其他类型杂原子分子筛有 Fe-ZSM-48、$ZrBSiAlPO_4$-5[31]、Zr-ZSM-11[32]、W-SBA-15[33]、Cr-Co-MEL、Cr-Ni-MEL[34]、Cr-Co-BEA[35]、Co(Mn)-APSO-18[36]、Cr-MCM-48[37]、B-NaY、Ti-NaY[38]等，在合成过程中引入的杂原子源有 $Fe_2(SO_4)_3 \cdot 6H_2O$、$Mn(Ac)_2$、氧氯化锆、硼酸、钨酸钠等。随着分子筛制备条件的提高、表征技术的增多，新型分子筛不断出现，相应的杂原子分子筛也层出不穷。而合成出大孔径、催化性能好、选择性好、热稳定性好的杂原子分子筛将是分子筛合成、改性的研究方向之一。

杂原子分子筛中除钛硅分子筛合成刚刚工业化外，其余的杂原子分子筛的合成至今没有工业化，这是因为分子筛中引入的杂原子多为过渡金属，所需要的杂原子源与负载金属过程相比较所用的量多，合成成本较高，而且后处理工艺要求高、所用设备多，母液处理比合成普通分子筛过程费用高，需要综合考虑废液处理、废液排放、是否产生副产品问题以及处理设备问题，这样限制了杂原子分子筛的工业合成和应用。若能采用循环原则，对合成生产杂原子分子筛的全过程进行优化，可降低成本，但这是一个较庞大、复杂的工程。杂原子引入分子筛后，部分杂原子分子筛的水热稳定性方面存在不足，这也是要解决问题之一。另外，还需深入探讨杂原子分子筛的合成机理，进一步研究同一杂原子分子筛对不同反应的催化性能、不同杂原子分子筛对同一反应的催化性能以及杂原子分子筛比普通分子筛对同一反应具有更优越的反应活性等问题,这样杂原子分子筛的应用更宽,更有利于推动杂原子分子筛合成和应用的工业化进程。对于杂原子引入的元素除有少数的非金属元素如B、F外,绝大多数是过渡金属元素。杂原子的引入调变了分子筛的催化活性、选择性和稳定性,如增强了氧化还原性能、酸性性能等,从而提高了加氢活性、裂化活性、氧化还原活性、氧化脱氢性能或光催化活性等。正是各种分子筛原有的性能以及引入杂原子后分子筛催化性能的调变引起人们广泛的关注,研究者致力于各种杂原子分子筛的合成和应用研究。杂原子分子筛不仅可以应用在选择性氧化特别是液相氧化反应、烷基化、羟基化、烷基芳构化、催化裂化等方面,而且还可应用于FT合成、渣油加氢脱硫、有机大分子合成反应以及作为光催化剂进行污水处理等方面。为了满足石油化工、精细化工、环保等领域的需要和应用,相信杂原子分子筛的合成和应用会有更大的发展空间。

4.8.3.2 向分子筛中引入金属位点

由于沸石分子筛晶体具有规则的亚纳米尺度的孔穴结构,长期以来一直被视为包覆小粒子的理想载体之一。众多沸石丰富的孔道、孔穴结构,为负载金属粒子提供了很大的选择空间。其中有一些分子筛的孔穴结构对负载金属粒子特别有利,例如Y/X型(FAU)沸石的结构中,大的孔穴通过较小的孔道或小孔穴交叉连通,当尺寸相当的纳米粒子被大的孔穴包含时,由于孔口尺寸小,它就会被限制在孔穴中,可以有效防止团聚,并且反应物可以通过孔道与金属表面接触。

除了作为防止金属烧结的载体,沸石的优势还在于:

(1)优异的催化性能

对于纳米粒子或团簇,粒径越小反应活性越高,由于沸石孔道的限域效应,沸石中的纳米粒子尺寸较小,显示出较好的催化活性。于吉红课题组[123]制备了全硅MFI沸石包覆Pd簇,其中Pd簇的粒径为1.5~1.8 nm,小于商业化的Pd/C催化剂(3.8 nm),该催化剂对于甲酸分解制氢气的反应显示出优于Pd/C催化剂的催化性能,当进一步在沸石孔内引入碱位点时,Pd-沸石催化剂展现出最高的活性,反应速率可达到Pd/C催化剂的6倍。

(2)提供择形性,赋予独特的催化反应选择性

分子筛是工业上一种重要的固体酸催化剂,其最吸引人的性质是其独特的择形性。研究表明,与无孔的氧化物载体相比,使用多孔的沸石,可以对反应物、过渡态以及反应产物进行选择。当以分子筛为载体负载Pt的Pt-GIS、Pt-ANA催化剂与以常规二氧化硅为载体的Pt-SiO$_2$催化剂同时接触噻吩时,Pt-SiO$_2$完全失活,而Pt-沸石催化剂的反应活性仅降低了15%~30%,可见利用分子筛效应,在某些条件下可以有效地防止催化剂中毒[124]。对于苯甲醛氧化的反应,反应物为苯甲醛与3,5-二叔丁基苯甲醛混合物,使用标准的Au/TiO$_2$催化剂,两者都被氧化成相应的醚产物,而使用全硅沸石Silicalite-1包覆金纳米粒子的催化剂时,只有苯甲醛被氧化,造成这种现象的原因是3,5-二叔丁基苯甲醛的分子尺寸太大无法进入沸石孔道,因而无法到达催化剂表面进行反应,显示出优异的底物选择性[125]。

(3)分子筛作为载体不只提供保护作用,也提供额外的活性位点

沸石是一种优异的固体酸催化剂,将金属粒子引入分子筛,金属位点与临近的沸石酸点协同作用,对某些反应具有良好的催化效果。Pt/HBeta双功能催化剂[126]被用于苯甲醚加氢脱氧生成苯、甲苯、二甲苯的反应中。原本HBeta沸石中的Brønsted酸位点催化甲基转移反应,金属Pt催化脱甲基、加氢脱氧和加氢反应。使用Pt/HBeta双功能催化剂时,由于金属Pt位点与临近B酸位点的协同作用,与单独使用HBeta和金属Pt催化剂相比,甲

基转移反应和加氢脱氧反应速率都加快了，并且氢气的消耗和碳的损失都减小了。

（4）可构建纳米反应器

与非孔载体不同，沸石分子筛具有相当大的内表面积和规则且结构丰富的孔道体系，其孔道内的微环境，例如表面性质，反应物、产物的浓度等与沸石晶体外有很大不同，因此可将沸石孔穴内部的空间视作一个纳米反应器，通过调变纳米反应器的微环境可以获得催化性能的提升。最近，肖丰收、王亮等[127]利用表面亲疏水效应构建了沸石负载金属纳米粒子的纳米反应器并将其用于甲烷氧化至甲醇的反应中。他们将负载 AuPd 纳米粒子的硅铝酸盐沸石催化剂表面进行疏水化修饰，该疏水层如同"栅栏"一样将原位生成的 H_2O_2 限制在沸石内部，大幅提高催化位点处的 H_2O_2 浓度，实现了温和条件下甲烷高效率转化为甲醇，转化率可达 17.3%，甲醇选择性达到 92%。

有很多制备沸石包覆金属纳米粒子的方法[128,129]，可以总结为以下几种制备策略：

（1）后处理法

将金属粒子引入沸石中最简单的、也最常用的方法是使用含有金属前驱体的溶液对沸石进行后处理[130]。对于含铝的沸石，由于骨架带有负电荷，可以通过离子交换将金属引入，然后再将金属离子还原。由于需保持骨架的电中性，金属离子的引入量受骨架电荷多少的影响。另外，离子交换的条件也是一个影响因素，有些金属离子在 pH 较低的条件下稳定存在，如 Ga，而沸石在此 pH 下不稳定。对于骨架呈电中性的分子筛，可通过浸渍法引入金属物种，这种情况，金属的引入量虽不受骨架电荷影响，但受限于分子筛孔穴的体积。使用后处理方法，产物中金属物种分布的均一性和金属粒子所占据的位置取决于金属前驱体在分子筛孔道中的扩散能力。金属离子在溶液中通常是以水合阳离子形式存在，更容易在较大的孔道中扩散，因而很难将金属通过后处理的方法引入中孔或小孔沸石中。

2018 年 Román-Leshkov 等[131]报道了一种制备沸石包覆双金属纳米粒子的方法。作者首先使用离子交换法将 Pt^{2+} 交换进入 Zn-MFI 的孔道，然后在程序升温煅烧和还原的作用下，在骨架脱金属的同时与 Pt 形成合金。最终获得包覆 $PtZn_x$ 双金属纳米簇的 MFI 沸石。

Fujdala 等[132]以 $[CuOSi(O^tBu)_3]_4$ 和 $[CuO^tBu]_4$ 为前驱体，采用后合成法把 Cu 嫁接到 SBA-15 上，并提出了两种可能的嫁接途径和最终产物的表面状态，如图 4-32 所示。Rioux 等[133]和 Song 等[134]分别成功的把 Pt 纳米粒子（1.7~7.1nm）引入到还原处理后的介孔 SBA-15 中，得到 Pt/SBA-15 纳米催化剂。Krawiec 等[135]用原位合成的方法得到 Pt/MCM-41 纳米催化剂。

（2）气相沉积法

气相沉积法是一种将金属组分通过气相引入沸石中的方法[136,137]。金属羰基配合物是常用的金属前驱体，通过气相沉积，可以均匀地分散于分子筛的孔中。金属羰基配合物分解之后直接生成金属原子或原子簇，不需再进行还原。常用的金属羰基配合物有 $Fe(CO)_5$、$Fe_2(CO)_9$、$Fe_3(CO)_{12}$、$Co(CO)_8$、$Ni(CO)_4$。由于 Mn、W、Cr 的离子很难在分子筛内被还原成金属状态，不能使用离子交换然后还原的方法，而使用 $Mn_2(CO)_{10}$、$Cr(CO)_x$、$W(CO)_6$ 可以将以上这些金属引入沸石中[138]。气相沉积法虽然简单，但只适用于一些大孔的沸石，如 NaX、NaY[139]。

（3）直接合成法

当分子筛的孔口尺寸小于金属粒子尺寸时，无法使用后处理的方法，有时可以使用直接

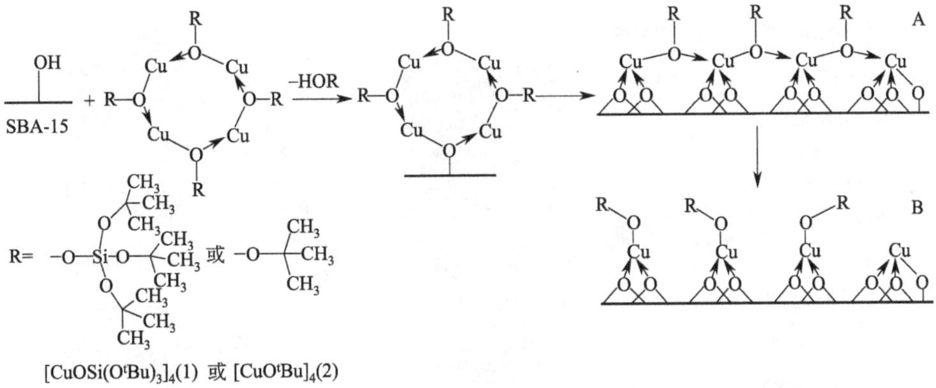

图 4-32　SBA-15 表面嫁接 Cu 的合成示意图

合成的方法。与后处理法不同，直接合成法是直接将金属前驱体或金属纳米粒子加入到分子筛的合成体系中，在分子筛的晶化过程中原位将金属包覆。

① 使用金属配合物前驱体原位水热合成。在沸石合成的凝胶中加入金属前驱体，金属前驱体与沸石的构筑基元通过静电力或范德华作用力相互作用，在沸石晶体生长时被包裹在沸石骨架中。Iglesia 等[124,140] 报道了一种直接水热合成方法，使用氨或有机胺作为配体稳定的金属前驱体，成功地将 Pt、Pd、Re、Ag 引入 LTA 沸石中，将 Pt、Pd、Ru、Rh 等贵金属簇包覆在小孔沸石 GIS、SOD 中。同一研究组使用相转变的方法，通过将含 Pt、Ru、Rh 的 BEA、FAU 转晶，获得了 Pt/Ru/Rh MFI[141]。然而，Iglesia 策略的成功仅限于硅铝酸盐分子筛。2016 年于吉红等[123] 以 [Pd (NH$_2$CH$_2$CH$_2$NH$_2$)$_2$] Cl$_2$ 为金属前驱体，成功地通过直接水热合成法，将 Pd 引入全硅沸石 Silicalite-1（MFI）中。后来使用同样的策略，直接煅烧可以获得 Rh 簇，而不除模板剂在 H$_2$ 下直接还原可以制备 Rh 单原子催化剂（图 4-33）[142]。2019 年李亚栋等[143] 使用原位水热合成法将金属（Pt、Ru、Rh、Co、Ni、Cu）乙二胺配合物限制在 Y 型沸石的 β 笼中获得沸石负载的金属单原子催化剂。李兰冬等[144] 使用五乙烯六胺作为配体制备了 MFI 沸石中原子级分散的 Rh 催化剂。然而，直接合成的方法也存在一些不足：直接将金属前驱体加入分子筛的合成凝胶中，必然会影响到沸石的成核与晶体生长，在某些情况下会加速分子筛的成核速率，导致分子筛晶体尺寸变小，也有可能抑制沸石晶化导致沸石结晶度降低；由于金属粒子位于分子筛的孔道内，因此与浸渍法类似，金属的负载含量也受孔道体积限制；金属前驱体在合成条件下容易分解。

② 直接封装金属纳米粒子。尽管纳米粒子的尺寸通常大于沸石的孔穴尺寸（＜2nm），预先制备好的金属纳米粒子也可以通过直接水热晶化被包覆进沸石晶体。但这时，金属纳米粒子不是被包裹在结构基元中，而是在晶体生长的时候，占据晶体的缺陷处。由于沸石的合成通常是在水热条件下，且体系呈碱性，如何保证金属纳米粒子在合成过程中的稳定是个挑战。Laursen 等[125] 提出了一个合成策略，他们成功地将 1～2 nm 的金纳米粒子包覆于全硅沸石 Silicalite-1 中。他们首先将金纳米粒子表面用带巯基的硅烷试剂修饰，然后将这些纳米粒子沉降下来，嵌入无定形二氧化硅中，进而在结构导向剂存在的条件下，以包含有金纳米粒子的二氧化硅为硅源，在水热条件下结晶生成 Silicalite-1。结果显示，除了有少量大尺寸金粒子存在于晶体表面，绝大多数的金纳米粒子都被包覆在沸石晶体中，在 500℃ 下灼烧，没有烧结的现象，而且这些金纳米粒子可以通过沸石的孔道与反应物接触。

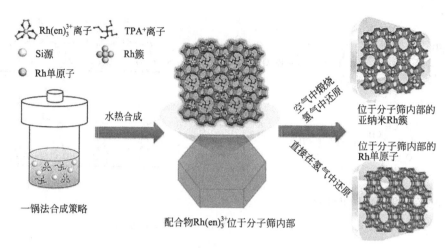

图 4-33　制备 Rh@S-1 催化剂方法示意图

陈接胜等[145] 报道了使用聚乙烯吡咯烷酮（PVP）保护，利用柯肯达尔效应，获得了包覆 Pd 纳米粒子的介孔 Silicalite-1 沸石。使用类似的保护方法，肖丰收等[146] 将 PVP 保护的 Pd 纳米粒子与二氧化硅混合形成干胶，使用无溶剂法进行合成，成功地得到了包覆 Pd 纳米粒子的 Silicalite-1 沸石，值得一提的是金属的负载率可以达到 96%，远超常规负载方法。

③ 二次生长包覆法。肖丰收等[147] 报道了一种将金属纳米粒子包覆于沸石中的方法。他们将金属纳米粒子首先负载于沸石晶种表面，然后将晶种加入合成凝胶中，晶种表面的金属纳米粒子被非晶硅铝凝胶覆盖和隔离，在晶化过程中防止纳米粒子聚集，最后在晶种外面形成一个沸石的晶化外壳将金属纳米粒包裹起来。这种方法可以制备包覆 Pt、Ag、Rh、Pd 金属纳米粒子的 Beta、MOR、Silicalite-1 沸石，催化剂具有优异的抗烧结性能。

韩宇等[148] 提出利用等级孔沸石二次生长过程固定金属氧化物/金属的方法。首先利用等级孔沸石的介孔或大外表面负载金属氧化物/金属前驱体，然后对等级孔沸石进行二次生长，在等级孔沸石继续生长转变为"块状"沸石的同时将氧化物/金属纳米粒子"裹挟"进沸石晶体中。结果表明，氧化物 CeO_2、TiO_2、MnO_x，金属 Pt、Au 的纳米粒子可以成功地包覆于 MFI 和 BEA 沸石骨架中。

④ 特殊方法。2D-3D 相转变过程中，将金属纳米粒子"困在"分子筛孔穴内。2017 年 Corma 等[149] 巧妙地利用 MCM-22 的层状前驱体转变成 3D MCM-22 的过程，将 Pt 亚纳米簇"包夹"在 3D MCM-22 的笼中。他们首先用表面活性剂将 MCM-22 的前驱体片层之间缝隙撑开，然后将 Pt 物种引入层间，在灼烧时，两个层中的半笼聚合形成一个完整的笼，同时也将 Pt 物种"扣"在笼中。使用高分辨透射电子显微镜，作者发现单原子的 Pt 和 $0.2\sim0.7$ nm 的 Pt 簇存在于笼中。

4.8.4　有序介孔二氧化硅材料的功能化及其应用

介孔二氧化硅材料的优越性在于其具有均一且可调的介孔孔径、稳定的骨架结构、一定壁厚且易于掺杂的无定形骨架组成和比表面积大且可修饰的内表面。由于介孔材料具有孔道空间或纳米笼的周期性和拓扑学的完美性，利用化学修饰手段将无机半导体、有机化合物、金属羰基化合物等物质引入其笼或孔道内，或以其他金属氧化物部分取代其无机骨架，可以大大改善介孔材料的性能，形成优异的功能化介孔材料。

实现介孔材料的功能化主要有直接合成（one-pot synthesis）和表面修饰（post-synthesis）两种方法（图 4-34）[150]，实现官能团化的产物可以是无机的（如：金属原子、团簇、碳管、纤维等），也可以是有机的（如：小分子有机硅、高分子聚合物、大分子的酶等）；功能化发生的位置可以是在孔壁上（杂原子骨架、有机-无机杂化骨架），孔道外或孔道中。

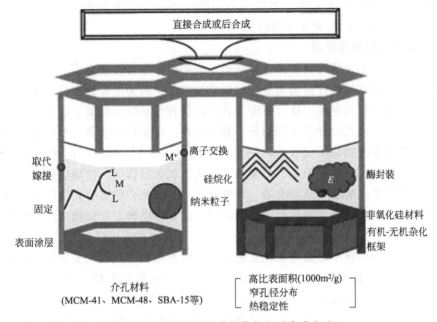

图 4-34 介孔材料的功能化的主要合成方法

介孔分子筛的结构和组成千变万化，不同的分子筛可以适用于不同客体的组装。同时，通过调变客体的种类以及组装的方法，在同一主体分子筛中也可以组装不同的客体物质，这些客体物质可以表现出多种多样的化学物理性质。由于分子筛孔道或孔笼的直径在纳米范围，因此由分子筛主体骨架约限的客体粒子大小也应该在纳米范围之内，这就为通过化学手段制备具有量子尺寸效应的客体物质创造了良好的条件[151,152]。根据客体类型的不同，可以将以介孔分子筛为主体的主客体复合材料大致分为五类。第一类是分子筛包合金属簇或金属离子簇形成的复合物，极少数情况下这些簇中还含有非金属配体如羰基等；第二类是染料分子与分子筛形成的主客体复合物；第三类涉及分子筛中的聚合物以及碳物质，包括富勒烯和碳纳米管等；第四类主要由分子筛与孔道或孔笼中形成的无机半导体纳米粒子构成；第五类是包合金属配位化合物的分子筛。这些主客体物质表现出各种各样的化学物理性质，具有广阔的应用前景。

4.8.4.1 染料的组装及应用

染料分子有团聚的倾向。在溶液中，即使在很小的浓度条件下也会发生染料分子的团聚。团聚后，染料分子受激发能量很容易通过热弛豫释放，因此它们的光活性得不到体现。如果将染料分子分散到具有孔道的分子筛中，则可以有效地避免染料分子的团聚，从而染料分子能表现出良好的光活性如激光等[153]。在介孔分子筛中装载染料的方法大致可以分为四种：阳离子型染料直接离子交换法、气相沉积法、结晶包合法以及前驱体原位合成法。Stucky 等[154,155] 在氧化硅介孔化合物中成功地装载了染料分子作为微激光器材料。利用嵌段聚合物分子作模板剂，Vogel 等[156] 成功地将罗丹明 6G 染料分子装载到介孔二氧化钛之中。由于嵌段聚合物的分散作用，装载的罗丹明 6G 分子在介孔物质中克服了团聚现象，因此表现出良好的激光发射性质。这种介孔主客体材料还可以制成膜，并通过刻蚀的方法做成各种图案。所以这种材料有望在微激光器以及其他光活性器件制作方面找到用途。罗丹明类染料分子组装在微孔或介孔分子筛中可以形成传感材料。例如，罗丹明 B 磺酸盐嫁接到介孔分子筛 MCM-41 的孔壁上之后，它的荧光光谱对 SO_2 分子非常敏感。在有 SO_2 存在时，荧光发生猝灭，清除 SO_2 后荧光立即恢复[157]。

4.8.4.2　聚合物的组装及应用

吸附到分子筛孔道中的有机单体在合适的反应条件下很容易聚合形成聚合物。在微孔和介孔分子筛中形成具有导电性质的高分子材料倍受关注。因为这样的高分子由于孔道的局限作用很可能以单链的形式存在，这对研究聚合物的物理性质以及在电子器件的小型化应用方面具有重要的意义。当乙炔分子吸附到分子筛中后在一定条件下会聚合形成含共轭双键的高分子片段。在分子筛中的单体聚合有时需要有氧化剂的存在。例如，在 Y 沸石和丝光沸石中，可以将 Cu^{2+} 以及 Fe^{3+} 等阳离子交换到孔道中起氧化剂作用，使随后吸附在孔道中的吡咯或噻酚发生聚合形成聚吡咯或聚噻酚。聚吡咯进一步氧化会使聚合物链产生导电性质。另外一种常用的聚合氧化剂是水溶性的过二硫酸盐。通常将吸附了聚合物单体的沸石分子筛与过二硫酸盐混合即可发生孔道内的氧化聚合反应。用这种方法可以在丝光沸石和 Y 沸石中制备聚苯胺。聚苯胺的导电性能与氧化及质子化程度密切相关，因此受所使用的主体沸石分子筛的结构和组成的影响较大。Bein 等还研究了甲基丙烯酸甲酯（MMA）在 MCM-41、MCM-48 等介孔分子筛内的主体孔道中聚合形成聚甲基丙烯酸甲酯（PMMA）的情况[158,159]，与丙烯腈一样，MMA 在分子筛中同样可以聚合，而且随着主体孔道的增大聚合度亦会增大。电镜观察结果表明，聚合反应主要在分子筛的孔道内进行，因为孔道外的分子筛颗粒表面几乎观察不到聚合物的存在。聚合物/分子筛主客体物质缺乏本体聚合物所特有的玻璃化转变温度也充分说明了这一点。Li 等[160] 用一种具有电活性的、可聚合的阳离子表面活性剂作为模板剂，直接加入到反应混合物中，待生成介孔之后，再引发孔道中的表面活性剂聚合，就得到了带有具氧化还原活性官能团的聚苯乙烯纤维。

4.8.4.3　半导体纳米粒子的组装及应用

从 1980 年以后，用化学方法来制备零维半导体簇（或量子点）的工作越来越受到学术界的关注，因为量子点会表现出异常的光电性质[161]。当半导体的尺寸小到纳米量级时，晶体中的电子和空穴的波长与晶体的大小相当，这时会产生量子尺寸效应，半导体的禁带宽度随晶体的尺寸变化而变化。晶体尺寸越小，禁带宽度越宽，即发生所谓的蓝移现象，同时会出现强的激子共振。利用金属有机化学气相沉积法（MOCVD）可以在沸石孔道内有效地制备半导体纳米粒子。通过这种方法可以获得包合在 Y 沸石中的 Ⅱ-Ⅵ、Ⅳ-Ⅵ 以及 Ⅲ-Ⅴ 型半导体化合物[162]。通过化学气相沉积法，不但可以在微孔分子筛中制备半导体纳米簇，而且还可以在介孔分子筛中制备粒子粒度更大的半导体簇。脱除模板剂的介孔氧化硅的孔道内壁拥有丰富的硅羟基，这些硅羟基很容易与金属有机分子发生化学反应从而使后者嫁接到介孔孔壁之上。研究表明，在脱模板的 MCM-41 中可以载入质量比为 104% 的二硅烷[163]。这些嫁接的二硅烷经热解处理后形成硅纳米簇。由于硅含量很高，实际上生成的硅纳米簇可以在介孔孔道中连成纳米线。与在微孔晶体中的纳米半导体相似，处于介孔分子筛中的纳米半导体簇也表现出量子尺寸效应。它们的禁带宽度以及发射光谱能量均与半导体载入量以及粒子粒度有关系。利用化学气相沉积法，还可以在介孔孔道内形成 Ge 纳米线[164]。Ⅲ-Ⅴ 型化合物半导体当今已越来越受到人们的重视。利用化学气相沉积法在介孔孔道内生长Ⅲ-Ⅴ型半导体纳米粒子或纳米簇线也有所报道。Ⅲ-Ⅴ化合物半导体纳米簇的制备原理与硅簇和锗簇一样。先将 Al、Ga、In 的有机金属化合物（如三甲基铟等）通过气相沉积反应嫁接到介孔孔壁之上，然后再通入磷化氢使之与嫁接的烷基金属反应即可生成Ⅲ-Ⅴ半导体化合物粒子。Srdanov 等[165] 研究了在介孔 MCM-41 中组装 GaAs 以及组装形成的主客体复合物的光学性质。他们采用特丁基胂和三甲基镓作为砷源和镓源，通过金属有机化学气相沉积法在 700℃条件下直接在 MCM-41 的孔道内沉积砷化镓。沉积形成的主客体复合化合物电子跃迁吸收光谱发生明显蓝移，表明存在量子尺寸效应。复合物在室温条件下产生光致发光现象，而且发光光谱谱带比较宽。发光性质与所用的主体材料 MCM-41 的孔径大小有关。进一步分析结果表明，沉积的 GaAs 纳米粒子粒径分布较宽，粒子不仅存在于 MCM-41 的孔道之内，而且存在于介孔分子筛外表面。在介孔材料外表面的 GaAs 粒子粒度较大。

对Ⅱ～Ⅵ族半导体如氧化物和硫化物研究得较多。赵东元等[166] 用一步合成的办法制得了高度有序的具有六方排列的单晶 In_2O_3 纳米线阵列。将硝酸铟直接加入到反应物中，用快速溶剂挥发法得到 In^{3+} 掺杂的介孔分子筛，在空气中烧除模板剂的同时，在孔道中就形成了高度有序的氧化铟纳米线。此方法可以扩展到其他氧化物，如 Fe_2O_3、Co_3O_4、NiO、SnO_2、ZnO、MnO_2、CuO 等[167]。他们还以 SBA-15 介孔分子筛为模板，用带有巯基的硅烷对萃取除去模板剂的分子筛表面进行修饰，然后向溶液中引入 Pb^{2+} 离子，经焙烧就得到了直径约 6 nm 的 PbS 纳米线[168]。将纳米尺度的 ZnS 组装在经表面修饰的介孔分子筛孔道中，发现其紫外光谱发生了蓝移[169]。

魏一伦等[170] 结合浸渍和微波辐射技术，分别采用浸渍、浸渍-微波、微波辐射等方法将醋酸镁高分散在 SBA-15 上而成为 MgO 改性介孔固体碱材料。合成的 MgO/SBA-15 样品具有较多的中强碱位，有望成为固体碱催化剂。席红安等[171] 用"后合成"法在介孔二氧化硅 SBA-15 的孔壁表面键接了二氧化钛，形成了锐钛型的 Ti-O-Ti 网络结构并表现出较高的光催化效率。翟青舟等[172] 首次报道用微波辅助合成方法合成出 La_2O_3/SBA-15 复合材料。Kawi 等[173] 湿法浸渍合成出 SnO_2/SBA-15，并发现其对氢气的灵敏度比纯 SnO_2 提高近 40 倍。

4.8.4.4　金属配合物的组装及应用

二氧四胺大环化合物是一种被广泛研究的非芳香性含氮大环配体。它与金属离子形成的配合物有很多特殊的性质。利用 MCM-41 孔径较大的特点，可以将二氧四胺大环配体 1，4，8，11-四氮杂环-12，14-十四二酮（简称 14O）和取代二氧四胺大环 4，8-二（2-噻酚甲基）-1，4，8，11-四氮杂环-12，14-十四二酮（简称 14T2）与 Cu（Ⅱ）形成的配合物（14OCu 和 14T2Cu）组装到纯硅 MCM-41 孔道之中[174]。漫反射吸收光谱、ESR 谱等研究结果表明，组装前后 14OCu 的吸收峰未发生变化而 14T2Cu 组装后吸收谱峰发生 19 nm 的蓝移，说明 14T2Cu 与 MCM-41 孔壁作用较 14OCu 要强。组装后 14OCu 及 14T2Cu 的 ESR 谱均表现出各向异性的性质。

生物体系中的酶是由蛋白质构成的，很多酶中含有过渡金属离子。这些受多肽链包裹或配位的金属离子在生物体系中有独特的催化作用。因此，人们一直在合成金属-氨基酸配合物以模仿天然含金属的酶。介孔分子筛 M41S（包括 MCM-41 和 MCM-48）具有孔径大（>1.5 nm）、能容纳较大分子的优点；一些体积较大的配合物分子能进入或负载于 M41S 介孔分子筛的孔道或孔穴之中形成具有特殊功能的复合材料[175]，如高性能催化剂等。介孔分子筛由于孔道直径较大，在引入配合物分子之后，依然有足够的空间允许客体分子通过，所以作为催化剂不受扩散的限制。因此，介孔分子筛作为主体组装配合物分子形成高效催化剂应用前景十分广阔。Evans 等[176] 将介孔氧化硅通过与氨基硅烷反应将后者嫁接到介孔孔壁之上。嫁接后的氨基硅烷的氨基具有较强的配位能力，可以与很多金属离子如 Mn^{2+}、Cu^{2+}、Co^{2+}、Zn^{2+} 等形成配位化合物。Evans 等详细研究了这种通过嫁接配位形成的配合物/介孔氧化硅主客体物质的化学物理性质以及它们作为催化剂催化芳香胺氧化的活性。

4.8.4.5　药物以及基因物质的组装、递送

介孔二氧化硅纳米颗粒（mesoporous silica nanoparticles，MSNs）具有孔径粒径可调性、表面可修饰性以及生物相容性好等优势，已成为新一代生物医学应用的无机平台，近年来，使用介孔材料组装药物以及基因物质并进行递送方面的研究是倍受关注的一个研究热点[7,8]。

理想的药物递送系统应具备大的载药量，能够根据需要，仅在病变处释放药物，以及在癌症治疗的情况下，深入肿瘤释放药物。药物装载量与载体的孔体积、孔径以及孔内表面性质有关，显然介孔分子筛具有的规则孔道以及大比表面对提高载药量非常有利。

向 MSNs 孔中装载药物的最常用的方法是将 MSNs 浸泡在药物溶液中。MSNs 表面的硅羟基团在装载药物过程中起着关键的吸附作用。由于 MSNs 的零电荷点为 2～3，在生理环境下如果无特定离子吸附，其表面带负电荷。因此，通过静电吸引力将带正电荷的药物吸附到 MSNs 孔中是非常有效的。对于一些药物，将 MSNs 的表面使用不同官能团修饰也可以进一步增加药物的吸附量。

除了常规的药物传递外，介孔二氧化硅还可以作为基因转染的载体。载体在基因传递中起着重要作用，因为裸露的核酸几乎无法穿透细胞膜。基因传递系统主要有两种，即病毒和非病毒系统。介孔二氧化硅纳米粒子作为一种非病毒系统，具有制备简单、表面功能化简单、生物相容性好、物化稳定性好等优点，因此，MSNs 被认为是一种有前景的基因传递载体。由于核酸带负电荷，未经表面修饰的 MSNs 也具有负电荷，不利于基因物质如 DNA 等的负载。因此，通常通过胺化修饰、金属阳离子和阳离子聚合物功能化等方法对介孔二氧化硅纳米粒子进行修饰以使表面带有正电荷。经过表面修饰的 MSNs 通过增强静电相互作用来促进基因物质负载。氨基化修饰是提高 MSNs 基因负载能力的一种简单而常用的方法，常用的修饰试剂有 3-氨基丙基三乙氧基硅烷（APTES）或氨基丙基三甲氧基硅烷（APT-MS）。

理想的纳米载体应该能够在应用刺激后按需释放高浓度的局部治疗货物。药物的释放受药物的物理化学性质，如极性、药物与载体孔内表面的相互作用、载体降解速率等因素影响，如果药物与孔表面的相互作用弱就会导致治疗分子在到达作用位点之前过早释放。因此，许多研究集中在设计和开发新的药物释放系统，这些系统可以通过细胞外过程或刺激触发，从而达到靶向释放和控制释放的效果。文献报道了两种主要的方法：①药物通过可断裂的共价键与载体结合；②MSNs 外表面使用不同官能团进行功能化。药物装载和药物在目标部位的控制释放有几种策略。这些策略是由表面化学和物理参数引起的，可分为 pH 敏感型、氧化还原触发型、酶触发型、光触发型、磁触发型、超声触发型等。

例如，pH 响应性药物载体是一种广泛应用的抗肿瘤和抗炎药物递送策略。Li 等[177] 开发了一种 pH 敏感的 MSN 来提高熊果酸（UA）对肝癌的抗癌效果。UA 是一种具有良好

抗癌活性的天然产物，具有低毒性和良好的保肝性能。但由于其溶解度低，生物利用度差，限制了其临床应用。在该研究中，利用 MSN 制备了一种 pH 敏感的前体给药系统，将 UA 分子通过对酸敏感的共价键结合到 MSN 表面，或者通过非共价相互作用负载到 MSN 的孔中。这两种作用均可提高 UA 的溶解性和生物利用度。随后，在低 pH 环境下，肿瘤细胞内的 UA 分子可以从 MSN 中释放出来。

有序介孔材料及其组装体是近年来材料科学领域兴起的一个前沿学科，已成为当今科学界研究的一个热点，其优良而广泛的应用性能是使其得以迅速发展的巨大推动力。从介孔材料的应用角度出发，如何有效地改善其结构和性能，使其功能化，从而扩大其应用范围、提高其应用水平始终是其发展的重点。近期的研究进展表明装入客体分子的新型功能复合介孔材料在化学、光电子学、电磁学、材料科学、环境科学、生物医学等诸多领域有着巨大的应用潜力，已采用不同的化学方法得到了若干结构独特、性能优异的新颖功能介孔材料。但是到目前为止，其合成路线大多比较复杂，成本比较高，存在一些技术上的问题，因此还无法实现工业化。随着研究的进一步深入，逐步掌握其规律之后，预期将能够合理实现功能介孔材料的工业化。这将为新型介孔材料提供广阔的发展空间，有望得到更多更优异的实用品种，以满足更高、更广泛的市场需求。

4.9 展望

正如英国诗人威廉·布莱克的诗句"To see a world in a grain of sand"，分子筛和相关多孔材料正是这样的沙子，每一粒都为我们呈现出奇妙的分子尺度的微观空间世界。也正如其名，分子筛是一种神奇的筛子，赋予人类筛分分子的能力，同时人类也不断地探索如何制造新的"筛子"，如何改进、升级，更好地利用这些"筛子"。

在 21 世纪的前 20 年中分子筛及多孔材料领域的研究取得了巨大的进步，沸石分子筛拓扑结构种类由 2001 年的 133 种增长到 2021 年的 255 种，数量几乎翻倍，新合成方法、新合成路线不断涌现，研究人员在更微观的层次上对分子筛材料进行"精雕细琢"，发展了制造纳米晶、等级孔沸石分子筛、二维薄层分子筛、有序介孔高分子、有序介孔碳的新方法、新技术，以分子筛为代表的多孔材料在催化、吸附、分离等传统领域的应用不断丰富，也不断拓展在能源、环境、传感、生物医学等方面的新应用。相信随着人们对分子筛合成机理、构效关系理解的深入，分子筛研究领域会向着以功能为导向的设计合成方向发展，未来分子筛及相关多孔材料会对人类科技发展产生更大的促进作用，为人们的生活创造更多的福祉。

参 考 文 献

[1] Zeolite market report. https：//www. fortunebusinessinsights. com/industry-reports/zeolite-market-101921.
[2] Beck J S, Vartuli J C, Roth W J, et al. J Am Chem Soc, 1992, 114 (27)：10834-10843.
[3] Kresge C T, Leonowicz M E, Roth W J, et al. Nature, 1992, 359：710-712.
[4] Triantafyllidis K S, Iliopoulou E F, Antonakou E V, et al. Microporous Mesoporous Mater, 2007, 99 (1)：132-139.
[5] Liang J, Liang Z B, Zou R Q, et al. Adv Mater, 2017, 29 (30)：1701139.
[6] Wagner T, Haffer S, Weinberger C, et al. Chem Soc Rev, 2013, 42 (9)：4036-4053.
[7] Manzano M, Vallet-Regi M. Adv Funct Mater, 2020, 30 (2)：1902634.
[8] Moller K, Bein T. Chem Mater, 2019, 31 (12)：4364-4378.
[9] Li W, Liu J, Zhao D Y. Nat Rev Mater, 2016, 1 (6)：16023.

[10] Walcarius A. Chem Soc Rev，2013，42（9）：4098-4140.

[11] Szczęśniak B，Choma J，Jaroniec M. Chem Commun，2020，56（57）：7836-7848.

[12] 徐如人，庞文琴，霍启升. 分子筛与多孔材料化学. 2版，2015.

[13] Gu D，Schuth F. Chem Soc Rev，2014，43（1）：313-344.

[14] Meng Y，Gu D，Zhang F Q，et al. Angew Chem Int Ed，2005，44（43）：7053-7059.

[15] 刘丹，胡艳艳，曾超，等. 物理化学学报，2016，32（12）：2826-2840.

[16] Wan Y，Zhao D Y. Chem Rev，2007，107（7）：2821-2860.

[17] Luc W，Jiao F. Acc Chem Res，2016，49（7）：1351-1358.

[18] Xiong H，Liu Z，Chen X，et al. Science，2022，376（6592）：491-496.

[19] Baerlocher C，Mccusker L B. Database of Zeolite Structures：http：//www.iza-structure.org/databases/.

[20] Wang Y，Li Y，Yan Y，et al. Chem Commun，2013，49（79）：9006-9008.

[21] Song X，Li Y，Gan L，et al. Angew Chem Int Ed，2009，48（2）：314-317.

[22] Liu Z，Song X，Li J，et al. Inorg Chem，2012，51（3）：1969-1974.

[23] Xu Y，Li Y，Han Y，et al. Angew Chem Int Ed，2013，52（21）：5501-5503.

[24] Han Y，Li Y，Yu J，et al. Angew Chem Int Ed，2011，50（13）：3003-3005.

[25] Shao L，Li Y，Yu J，et al. Inorg Chem，2012，51（1）：225-229.

[26] Luo Y，Smeets S，Peng F，et al. Chem Eur J，2017，23（66）：16829-16834.

[27] Luo Y，Smeets S，Wang Z，et al. Chem Eur J，2019，25（9）：2184-2188.

[28] Li Y，Yu J H. Chem Rev，2014，114（14）：7268-7316.

[29] Ma Y，Wu Q M，Xie Y Q，et al. Curr Opin Green Sustain Chem，2020，25：100363.

[30] Wu Q，Luan H，Xiao F S. Science China Chemistry，2022：1683-1690.

[31] Maclachlan M J，Coombs N，Ozin G A. Nature，1999，397（6721）：681-684.

[32] Brinker C J，Lu Y，Sellinger A，et al. Adv Mater，1999，11（7）：579-585.

[33] Lu Y，Ganguli R，Drewien C A，et al. Nature，1997，389（6649）：364-368.

[34] Yang P D，Zhao D Y，Margolese D I，et al. Nature，1998，396（6707）：152-155.

[35] Deng X H，Chen K，Tuysuz H. Chem Mater，2017，29（1）：40-52.

[36] Ryoo R，Joo S H，Jun S. J Phys Chem B，1999，103（37）：7743-7746.

[37] Jun S，Joo S H，Ryoo R，et al. J Am Chem Soc，2000，122（43）：10712-10713.

[38] Aragauer R J，Landolt G R. U. S. Patent，1972，7，21.

[39] 刘秀伍，李静雯，周理，等. 材料导报，2006，20（2）：86-90.

[40] Gu D，Zhang F，Shi Y，et al. J Colloid Interface Sci，2008，328（2）：338-343.

[41] Wang L，Zhang J，Chen F. Microporous Mesoporous Mater，2009，122（1）：229-233.

[42] 陈艳红，李春义，山红红，等. 中国石油大学学报（自然科学版），2004，28（6）：106-110.

[43] 刘春艳，荣志红，王小青. 无机化学学报，2008，24（7）：1068-1072.

[44] Meynen V，Cool P，Vansant E F. Microporous Mesoporous Mater，2009，125（3）：170-223.

[45] Zhao D，Feng J，Huo Q，et al. Science，1998，279（5350）：548-552.

[46] 齐晶瑶，强亮生，杜茂松. 稀有金属材料与工程，2007，36（增刊）：534-537.

[47] Yu M，Zhang J，Yuan P，et al. Chem Lett，2009，38（5）：442-443.

[48] Li D，Su D S，Song J，et al. J Mater Chem，2005，15（47）：5063-5069.

[49] Han Y，Ying J Y. Angew Chem Int Ed，2005，44（2）：288-292.

[50] Cundy C S，Cox P A. Microporous Mesoporous Mater，2005，82（1-2）：1-78.

[51] Kumar S，Wang Z P，Penn R L，et al. J Am Chem Soc，2008，130（51）：17284-17286.

[52] Feng G D，Cheng P，Yan W F，et al. Science，2016，351（6278）：1188-1191.

[53] Huo Q，Margolese D I，Ciesla U，et al. Nature，1994，368（6469）：317-321.

[54] Soler-Illia G J D a A，Sanchez C，Lebeau B，et al. Chem Rev，2002，102（11）：4093-4138.

[55] Hill C. An Introduction to Chemical Engineering and Reactor Design. 1st ed. New York：John Wiley & Sons, Inc. ，1977.

[56] Perez-Ramirez J，Christensen C H，Egeblad K，et al. Chem Soc Rev，2008，37（11）：2530-2542.

[57] Liang C，Hong K，Guiochon G A，et al. Angew Chem Int Ed，2004，43（43）：5785-5789.

[58] Zhang F Q，Meng Y，Gu D，et al. Chem Mater，2006，18（22）：5279-5288.

[59] Meng Y，Gu D，Zhang F Q，et al. Chem Mater，2006，18（18）：4447-4464.

[60] Jiao F，Harrison A，Jumas J C，et al. J Am Chem Soc，2006，128（16）：5468-5474.

[61] Zhou W，Li W，Wang J Q，et al. J Am Chem Soc，2014，136（26）：9280-9283.

[62] Crossland E J W，Noel N，Sivaram V，et al. Nature，2013，495（7440）：215-219.

[63] Yuan Q，Yin A X，Luo C，et al. J Am Chem Soc，2008，130（11）：3465-3472.

[64] Morris S M，Fulvio P F，Jaroniec M. J Am Chem Soc，2008，130（45）：15210-15216.

[65] Katou T，Lee B，Lu D，et al. Angew Chem Int Ed，2003，42（21）：2382-2385.

[66] Lee J，Christopher Orilall M，Warren S C，et al. Nat Mater，2008，7（3）：222-228.

[67] Thomas J M，Raja R，Lewis D W. Angew Chem Int Ed，2005，44（40）：6456-6482.

[68]　Gies H, Marker B. Zeolites, 1992, 12 (1)：42-49.

[69]　Jiang J, Xu Y, Cheng P, et al. Chem Mater, 2011, 23 (21)：4709-4715.

[70]　Jiang J X, Jorda J L, Diaz-Cabanas M J, et al. Angew Chem Int Ed, 2010, 49 (29)：4986-4988.

[71]　Sun J L, Bonneau C, Cantin A, et al. Nature, 2009, 458 (7242)：1154-1157.

[72]　Jiang J, Jorda J L, Yu J, et al. Science, 2011, 333 (6046)：1131-1134.

[73]　Huo Q, Xu R, Li S, et al. J Chem Soc, Chem Commun, 1992, (12)：875-876.

[74]　Liang J, Li J Y, Yu J H, et al. Angew Chem Int Ed, 2006, 45 (16)：2546-2548.

[75]　Ren X Y, Li Y, Pan Q H, et al. J Am Chem Soc, 2009, 131 (40)：14128-14129.

[76]　Zhang C Q, Kapaca E, Li J Y, et al. Angew Chem Int Ed, 2018, 57 (22)：6486-6490.

[77]　Lin Q F, Gao Z R, Lin C, et al. Science, 2021, 374 (6575)：1605-1608.

[78]　Wang Z, Yu J, Xu R. Chem Soc Rev, 2012, 41 (5)：1729-1741.

[79]　Deng Y, Yu T, Wan Y, et al. J Am Chem Soc, 2007, 129 (6)：1690-1697.

[80]　Deng Y, Cai Y, Sun Z, et al. Adv Funct Mater, 2010, 20 (21)：3658-3665.

[81]　Kruk M. Acc Chem Res, 2012, 45 (10)：1678-1687.

[82]　Deng Y, Liu J, Liu C, et al. Chem Mater, 2008, 20 (23)：7281-7286.

[83]　Persson A E, Schoeman B J, Sterte J, et al. Zeolites, 1994, 14 (7)：557-567.

[84]　Ng E P, Chateigner D, Bein T, et al. Science, 2012, 335 (6064)：70-73.

[85]　Lew C M, Li Z, Zones S I, et al. Microporous Mesoporous Mater, 2007, 105 (1)：10-14.

[86]　Watanabe R, Yokoi T, Tatsumi T. J Colloid Interface Sci, 2011, 356 (2)：434-441.

[87]　Kecht J, Mintova S, Bein T. Langmuir, 2008, 24 (8)：4310-4315.

[88]　Madsen C, Madsen C, J. H. Jacobsen C. Chem Commun, 1999, (8)：673-674.

[89]　Wang H T, Holmberg B A, Yan Y S. J Am Chem Soc, 2003, 125 (33)：9928-9929.

[90]　Landau M V, Vradman L, Valtchev V, et al. Ind Eng Chem Res, 2003, 42 (12)：2773-2782.

[91]　Camblor M A, Corma A, MartíNez A, et al. J Catal, 1998, 179 (2)：537-547.

[92]　Rajagopalan K, Peters A W, Edwards G C. Appl Catal, 1986, 23 (1)：69-80.

[93]　王学勤，王祥生. 石油学报（石油加工），1994, 10 (2)：38-43.

[94]　Yamamura M, Chaki K, Wakatsuki T, et al. Zeolites, 1994, 14 (8)：643-649.

[95]　Palcic A, Catizzone E. Curr Opin Green Sustain Chem, 2021, 27：100393.

[96]　Schwarz S, Corbin D R, Sonnichsen G C. Microporous Mesoporous Mater, 1998, 22 (1)：409-418.

[97]　Sugimoto M, Katsuno H, Takatsu K, et al. Zeolites, 1987, 7 (6)：503-507.

[98]　Liu Y, Zhang W, Pinnavaia T J. J Am Chem Soc, 2000, 122 (36)：8791-8792.

[99]　Xiao F S, Wang L, Yin C, et al. Angew Chem Int Ed, 2006, 45 (19)：3090-3093.

[100]　Möller K, Yilmaz B, Müller U, et al. Chem Mater, 2011, 23 (19)：4301-4310.

[101]　Na K, Jo C, Kim J, et al. Science, 2011, 333 (6040)：328-332.

[102]　Jacobsen C J H, Madsen C, Houzvicka J, et al. J Am Chem Soc, 2000, 122 (29)：7116-7117.

[103]　Fan W, Snyder M A, Kumar S, et al. Nat Mater, 2008, 7 (12)：984-991.

[104]　Chen H, Wydra J, Zhang X, et al. J Am Chem Soc, 2011, 133 (32)：12390-12393.

[105]　Cho H S, Ryoo R. Microporous Mesoporous Mater, 2012, 151：107-112.

[106]　Wang Z P, Li C, Cho H J, et al. J Mater Chem A, 2015, 3 (3)：1298-1305.

[107]　Verboekend D, Pérez-Ramírez J. Chem Eur J, 2011, 17 (4)：1137-1147.

[108]　García-Martínez J, Johnson M, Valla J, et al. Catal Sci Technol, 2012, 2 (5)：987-994.

[109]　Choi M, Na K, Kim J, et al. Nature, 2009, 461 (7261)：246-249.

[110]　Park W, Yu D, Na K, et al. Chem Mater, 2011, 23 (23)：5131-5137.

[111]　Korde A, Min B, Kapaca E, et al. Science, 2022, 375 (6576)：62-66.

[112]　Zhang X Y, Liu D X, Xu D D, et al. Science, 2012, 336 (6089)：1684-1687.

[113]　Dai W J, Kouvatas C, Tai W S, et al. J Am Chem Soc, 2021, 143 (4)：1993-2004.

[114]　许震中，曹贵平. 精细石油化工，2005, 4：55-60.

[115]　张海娟，连丕勇，高文艺，等. 辽宁化工，2002, 31 (6)：231-236.

[116]　王亚军，唐祥海，朱瑞芝，等. 南开大学学报，2000, 33 (1)：46-49.

[117]　Moliner M, Román-Leshkov Y, Davis M E. Proc Natl Acad Sci USA, 2010, 107 (14)：6164-6168.

[118]　Boronat M, Concepción P, Corma A, et al. J Catal, 2005, 234 (1)：111-118.

[119]　Bermejo-Deval R, Assary R S, Nikolla E, et al. Proc Natl Acad Sci USA, 2012, 109 (25)：9727-9732.

[120]　Chang C C, Wang Z P, Dornath P, et al. RSC Adv, 2012, 2 (28)：10475-10477.

[121]　Chang C C, Cho H J, Wang Z P, et al. Green Chem, 2015, 17 (5)：2943-2951.

[122]　Zhou H, Yi X F, Hui Y, et al. Science, 2021, 372 (6537)：76-80.

[123]　Wang N, Sun Q, Bai R, et al. J Am Chem Soc, 2016, 138 (24)：7484-7487.

[124]　Goel S, Wu Z, Zones S I, et al. J Am Chem Soc, 2012, 134 (42)：17688-17695.

[125]　Laursen A B, Højholt K T, Lundegaard L F, et al. Angew Chem Int Ed, 2010, 49 (20)：3504-3507.

[126]　Zhu X, Lobban L L, Mallinson R G, et al. J Catal, 2011, 281 (1)：21-29.

[127] Jin Z, Wang L, Zuidema E, et al. Science, 2020, 367 (6474): 193-197.
[128] Kosinov N, Liu C, Hensen E J M, et al. Chem Mater, 2018, 30 (10): 3177-3198.
[129] Wang L, Xu S, He S, et al. Nano Today, 2018, 20: 74-83.
[130] Gallezot P. Springer Berlin Heidelberg. 2002: 257-305.
[131] Iida T, Zanchet D, Ohara K, et al. Angew Chem Int Ed, 2018, 57 (22): 6454-6458.
[132] Fujdala K L, Drake I J, Bell A T, et al. J Am Chem Soc, 2004, 126 (35): 10864-10866.
[133] Rioux R M, Song H, Hoefelmeyer J D, et al. J Phys Chem B, 2005, 109 (6): 2192-2202.
[134] Song H, Rioux R M, Hoefelmeyer J D, et al. J Am Chem Soc, 2006, 128 (9): 3027-3037.
[135] Krawiec P, Weidenthaler C, Kaskel S. Chem Mater, 2004, 16 (15): 2869-2880.
[136] Guczi L, Kiricsi I. Appl Catal A, 1999, 186 (1): 375-394.
[137] Kulkarni A, Lobo-Lapidus R J, Gates B C. Chem Commun, 2010, 46 (33): 5997-6015.
[138] Okamoto Y, Inui Y, Onimatsu H, et al. J Phys Chem, 1991, 95 (12): 4596-4598.
[139] Weber W A, Gates B C. J Phys Chem B, 1997, 101 (49): 10423-10434.
[140] Wu Z, Goel S, Choi M, et al. J Catal, 2014, 311: 458-468.
[141] Goel S, Zones S I, Iglesia E. J Am Chem Soc, 2014, 136 (43): 15280-15290.
[142] Sun Q M, Wang N, Zhang T J, et al. Angew Chem Int Ed, 2019, 58 (51): 18570-18576.
[143] Liu Y, Li Z, Yu Q, et al. J Am Chem Soc, 2019, 141 (23): 9305-9311.
[144] Shang W, Gao M, Chai Y, et al. ACS Catal, 2021, 11 (12): 7249-7256.
[145] Cui T L, Ke W Y, Zhang W B, et al. Angew Chem Int Ed, 2016, 55 (32): 9178-9182.
[146] Wang C, Wang L, Zhang J, et al. J Am Chem Soc, 2016, 138 (25): 7880-7883.
[147] Zhang J, Wang L, Zhang B S, et al. Nat Catal, 2018, 1 (7): 540-546.
[148] Wang J, Liu L, Dong X, et al. Chem Mater, 2018, 30 (18): 6361-6369.
[149] Liu L, Diaz U, Arenal R, et al. Nat Mater, 2017, 16 (1): 132-138.
[150] Taguchi A, Schüth F. Microporous Mesoporous Mater, 2005, 77 (1): 1-45.
[151] Stucky G D, Dougall J E M. Science, 1990, 247 (4943): 669-678.
[152] Ozin G A. Adv Mater, 1992, 4 (10): 612-649.
[153] Schulz-Ekloff G, Wöhrle D, Van Duffel B, et al. Microporous Mesoporous Mater, 2002, 51 (2): 91-138.
[154] Yang P, Wirnsberger G, Huang H C, et al. Science, 2000, 287 (5452): 465-467.
[155] Scott B J, Wirnsberger G, Stucky G D. Chem Mater, 2001, 13 (10): 3140-3150.
[156] Vogel R, Meredith P, Kartini I, et al. ChemPhysChem, 2003, 4 (6): 595-603.
[157] Ganschow M, Wark M, Wöhrle D, et al. Angew Chem Int Ed, 2000, 39 (1): 160-163.
[158] Moller K, Bein T, Fischer R X. Chem Mater, 1998, 10 (7): 1841-1852.
[159] Zhang F A, Lee D K, Pinnavaia T J. Polym Chem, 2010, 1 (1): 107-113.
[160] Li G, Bhosale S, Bhosale S, et al. Chem Commun, 2004, (15): 1760-1761.
[161] Wang X, Zhuang J, Peng Q, et al. Nature, 2005, 437 (7055): 121-124.
[162] Shi Y, Wan Y, Liu R, et al. J Am Chem Soc, 2007, 129 (30): 9522-9531.
[163] Chomski E, Dag Ö, Kuperman A, et al. Chem Vap Deposition, 1996, 2 (1): 8-13.
[164] Leon R, Margolese D, Stucky G, et al. Phys Rev B, 1995, 52 (4): R2285-R2288.
[165] Srdanov V I, Alxneit I, Stucky G D, et al. J Phys Chem B, 1998, 102 (18): 3341-3344.
[166] Yang H, Shi Q, Tian B, et al. J Am Chem Soc, 2003, 125 (16): 4724-4725.
[167] Han B H, Antonietti M. J Mater Chem, 2003, 13 (7): 1793-1796.
[168] Gao F, Lu Q, Liu X, et al. Nano Lett, 2001, 1 (12): 743-748.
[169] Zhang W H, Shi J L, Chen H R, et al. Chem Mater, 2001, 13 (2): 648-654.
[170] 魏一伦, 曹毅, 朱建华, 等. 无机化学学报, 2003, 19 (3): 233-239.
[171] 席红安, 方能虎, 朱子康, 等. 化学学报, 2002, 60 (12): 2124-2128.
[172] Yu H, Zhai Q Z. J Solid State Chem, 2008, 181 (9): 2424-2432.
[173] Yang J, Hidajat K, Kawi S. Mater Lett, 2008, 62 (8): 1441-1443.
[174] 曹希传, 李国栋, 陈接胜, 等. 高等学校化学学报, 1999, 20: 25-27.
[175] Luan Z, Xu J, Kevan L. Chem Mater, 1998, 10 (11): 3699-3706.
[176] Evans J, Zaki A B, El-Sheikh M Y, et al. J Phys Chem B, 2000, 104 (44): 10271-10281.
[177] Li T, Chen X, Liu Y, et al. Eur J Pharm Sci, 2017, 96: 456-463.

第5章

稀土配合物智能发光材料

5.1 稀土元素的分离及应用发展

稀土元素是指钪（Sc）、钇（Y）、镧（La）、铈（Ce）、镨（Pr）、钕（Nd）、钷（Pm）、钐（Sm）、铕（Eu）、钆（Gd）、铽（Tb）、镝（Dy）、钬（Ho）、铒（Er）、铥（Tm）、镱（Yb）、镥（Lu）共17种元素，其中La和Ce～Lu 14个依次填充4f轨道电子的元素统称为镧系元素[1]。对于这些元素，尤其是镧系元素，其4f电子的主量子数$n=4$，轨道角动量$l=3$，量子数较大，形成的能级数量多，发生在4f电子轨道能级间的f-f跃迁丰富，因此它们普遍具有优异的光、电、磁等物理和化学特性[2]。得益于这些优异的性质，稀土元素在新型显示与照明、石油化工、航空航天、国防军工等领域中均发挥着重要作用，是不可或缺的核心基础材料，有着"工业维生素"的美称[3]。

5.1.1 稀土元素的分离

稀土元素的应用与发展离不开高纯度稀土化合物的分离与制备，但是稀土离子的化学性质非常相似，它们常共存于矿物中，彼此很难分离。从1787年瑞典人C. A. Arrhenius在Ytterby小镇的一个采石场中发现黑色矿物并在1794年由芬兰化学家J. Gadolin从中分离出钇的氧化物开始，到1947年J. A. Marinsky、L. E. Glendenin、C. D. Coryell用离子交换法分离出核裂变产物中的钷为止，化学家们用了漫长的160年才发现全部的17种稀土元素[4]。对于这些相互之间难以分离的稀土元素，国外的稀土产业经历了分级结晶法、离子交换法、有机溶剂萃取法三次技术革新，才最终获得低成本、高纯度的稀土金属及其氧化物。

我国一直是稀土资源大国，2020年全球稀土资源储量为1.2亿吨，其中中国储量为4400万吨，约占全球稀土储量的38%，处在世界第一位。稀土资源在我国分布广泛，共有22个省市自治区发现稀土矿藏，且各种轻重稀土元素品类齐全。我国的主要稀土矿有[5]：内蒙古白云鄂博稀土矿、四川冕宁稀土矿、山东微山稀土矿等。江西赣州、福建龙岩等地也有大量矿藏。其中，内蒙古包头白云鄂博是我国最大的稀土矿山，也是我国最早发现稀土资源的地方。白云鄂博稀土矿与铁铌共生，稀土矿以氟碳铈矿和独居石等轻稀土元素矿物为主，它的储量极为丰富，占我国稀土储量的83.7%。我国南方的稀土资源则以中重稀土为主，且均为离子吸附型稀土矿，储量大、品位高、类型全，主要矿物类型为富镧钕型、中钇富铕型和高钇型。总的来说，稀土是我国得天独厚的优势资源。

早在1956年，我国就在《1956—1967年科学技术发展远景规划纲要》中规划了国内稀土产业的发展。但是，直至20世纪70年代，受限于提纯技术不足、冶炼条件匮乏以及国外技术封锁，我国稀土产业仍只能生产少数几种（钇、铕、铽、镝）高纯稀土成品，对于其他难分离的稀土元素则长期依赖进口，这严重阻碍了我国稀土产业的发展。1972 年，北京大学化学系接到紧急任务分离稀土元素中性质最相近的"孪生兄弟"镨和钕，并且对纯度要求很高，以徐光宪为代表的化学人毅然承担了这项任务[6]。徐光宪领导的科研组从研究镨和钕的分离着手，系统地展开了稀土分离方法的理论和实验研究，经过反复实验发现了"恒定混合萃取比"规律，针对国际上常用的 Alders 液液萃取理论难以应用于稀土实际生产工艺的缺点，首次创建了适用于稀土分离的"串级萃取理论"，并推导出计算最优化工艺参数所需的全部理论公式[7]。在生产工艺的开发上，徐光宪带领团队共同创建了"一步放大法"并在上海跃龙化工厂试验成功，彻底改变了稀土分离工艺从研制到应用的试验放大模式，引导了我国稀土分离技术的全面革新。在徐光宪先生的指导下，以李标国、金天柱、王祥云、严纯华、高松、廖春生为代表的研究者将计算机技术引入到了串级萃取分离工艺最优化参数的静态设计和动态仿真验证中，进一步发展了这项属于中国人自己的稀土分离技术。徐光宪先生始终坚持"立足基础研究，面向国家目标"的研究理念，将国家重大需求和学科发展前沿紧密结合，在稀土分离理论及其应用、稀土理论和配位化学、核燃料化学等方面做出了重要的科学贡献，荣获 2008 年度国家最高科学技术奖。继"串级萃取理论"之后，严纯华等化学人继续在稀土分离领域潜心研究，在中重稀土串级萃取工艺参数的准确设计及高纯重稀土的大规模工业生产方向不断完善和发展新理论，并提出"联动萃取工艺"的设计和控制方法。正是几代中国化学人在稀土分离与提纯领域呕心沥血的努力，使得我国打破了美国、德国等其他国家的技术垄断，实现了从稀土资源大国到稀土生产和应用大国的飞跃，为进一步研究稀土功能材料、把稀土变为能应用在各种高精尖领域的材料铺平了道路，大大提高了我国稀土产业的国际竞争力。截至 2020 年，我国稀土产量为 14 万吨，占全球产量比重为 58.33%，位居全球首位。

5.1.2　稀土元素的应用发展

我国不仅是稀土生产大国，也是稀土资源利用大国，2018 年中国稀土产业链产值约为 900 亿元，其中稀土功能材料占比为 56%，产值约为 500 亿元，稀土功能材料已经发展成为我国最具有资源特色的关键战略材料之一[8]。通过在功能材料中引入相应稀土元素，依托稀土优异的物理、化学特性提升原有材料性质，稀土功能材料已经在新一代信息技术、航空航天与现代武器装备、新能源汽车、高性能医疗器械等高新技术领域发挥重要作用。在稀土应用的理论和实践研究过程中，我国化学家始终发扬徐光宪等老一辈化学人的刻苦钻研精神，以我国稀土事业的发展为己任，取得了丰硕的研究成果，如在稀土化合物的电子结构方面取得成就的黎乐民院士；从事光电功能材料方向研究的黄春辉院士；在磁性配位高分子的设计、合成、结构与性能研究，高核分子的结构与磁性，纳米金属团簇的化学制备和磁性研究方面取得重要突破的高松院士以及从事稀土分离和纳米功能材料研究的严纯华院士。一大批优异的学术成果也获得了社会的普遍认可，中科院长春应用化学研究所张洪杰、武志坚、张思远、苏锵为主要完成人的"新型稀土杂化及纳米复合光电功能材料的基础研究及应用探索"项目获 2010 年国家自然科学奖二等奖，该成果解决了有机/无机杂化及纳米复合光电功能材料传统的合成方法反应周期过长、稀土发光组分和基质网络没有形成共价键、稳定性差发光性能不好的问题，创新性地将稀土配合物通过 Si-C 共价键嫁接到有机/无机杂化材料的骨架上和杂化中孔薄膜材料的骨架上，为制备有机/无机杂化及纳米复合光电材料提供了新方法和新技术，为材料的设计和性能预测提供科学依据；北京大学严纯华、张亚文、孙聆东、高松为主要完成人的"稀土纳米功能材料的可控合成、组装及构效关系研究"项目获得了 2011 年国家自然科学奖二等奖,该项目建立了基于配位化学原理,可控制备稀土纳米功能材料的方法,揭示了材料的发光、催化等性质与纳米结构间的关联性,对稀土功能纳米和有序介孔材料的可控制备、功能调控和应用探索有创造性贡献。这些研究成果对于我国发展具有自主知识产权的稀土先进材料,将我国的稀土资源优势转化为技术和经济优势,具有十分重要的现实意义。

稀土功能材料可以根据其性质不同分为永磁材料[9]、催化材料[10,11]、储氢材料[12]、发光材料[13] 和抛光材料[14] 等。从我国稀土功能材料的消费结构来看,在新能源汽车以及风电等相关产业的迅猛发展刺激下,稀土永磁材料占比最大,超过 40%;稀土催化材料受石油化工与催化产业影响,占比约 17%;稀土发光材料与稀土储氢材料占比均为约 7%。在工业应用中,以烧结钕铁硼磁体为代表的稀土永磁材料兼具高磁积能和高矫顽力的特征被广泛使用在永磁电机、磁力机械以及微波管、卫星推进器等国防尖端科技中[15~17];以镧、铈、镨为主的稀土催化材料在石油催化裂化[18]、机动车尾气净化催化[19]、燃料电池[20]、催化燃烧和催化制氢[21] 等领域普遍具有长足的发展空间;以稀土镧镍系储氢合金 LaNi₅ 为代表的稀土储氢材料目前主要用于氢镍燃料电池[22];稀土发光材料囊括三基色荧光粉、LED 荧光粉、上转换发光材料、激光晶体、闪烁晶体等多种产品并且在照明显示、无损探测和激光工业等领域应用广泛[23]。作为稀土大国,我国已经建立了完善的稀土产业链,是全球最大的稀土功能材料生产国和消费国。稀土科学科技创新与新型稀土功能材料的应用发展对我国产业升级和战略性新兴产业发展有着不可替代的作用。

5.2　稀土配合物智能发光材料

在众多稀土功能材料中,稀土发光材料相比于稀土永磁材料和稀土催化材料而言在工业应用中范围小、用量少、占比低。但是实际上 13 种三价镧系离子(镧、镥除外)的 $4f^n$(n = 1~13)组态中共有 1639 个能级,可能的光学跃迁有 199177 个,激发和发射光谱展现出范围宽泛且内涵丰富的发光特性,是取之不尽的光学宝库(如图 5-1),目前已经应用于发光材料中的约 50 种跃迁仅占可能跃迁数目的四千分之一,因此稀土在发光领域还有非常广阔的发展空间。

近年来,稀土配合物发光材料作为稀土发光材料的一个重要分支,由于其发光波长取决于中心稀土离子,具有发射峰窄、色纯度高、理论量子效率高的优势,受到了越来越多的关注。对于镧系元素而言,4f 轨道不仅在很大程度上穿透了氙原子实,还被外层的 5s、5p 和 6s 轨道很好地屏蔽,导致由镧系元素作为中心离子的配合物中,镧系离子与配体轨道的相互作用较小,成键仅为弱共价键;配合物的性质由配体的空间性质所决定,配位场效应影响很小。因此,镧系配合物的光谱和磁性等性质几乎不受环境的影响[24,25]。另一方面,除了 La^{3+} 和 Lu^{3+} 之外所有的 Ln^{3+} 都是可发光的,它们的 f-f 发射谱线覆盖了近乎整个光谱范围,从紫外区(Gd^{3+})到可见光(如 Pr^{3+},Sm^{3+},Eu^{3+},Tb^{3+},Dy^{3+} 和 Tm^{3+})和红外区(如 Pr^{3+},Nd^{3+},Ho^{3+},Er^{3+} 和 Yb^{3+})[26]。而且稀土 4f-4f 跃迁是宇称禁阻的,Ln^{3+} 的激发态属于"亚稳态",发光寿命也较长,通常能够到达 10^{-6} ~ 10^{-2} s[27,28]。但也正因为 4f-4f 跃迁宇称禁阻,导致其跃迁强度弱,表现在稀土离子的性质上为吸收截面小,摩尔吸收系数很少大于 10L/(mol·cm),且通常小于 1L/(mol·cm),这限制了稀土离子在

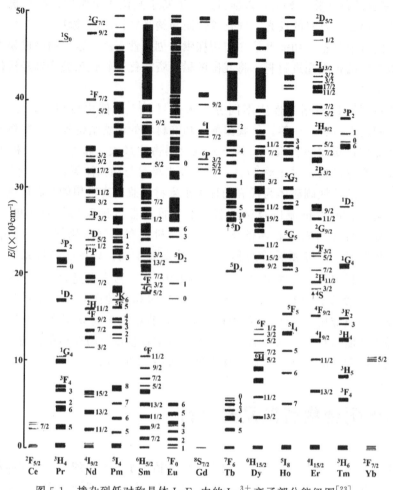

图 5-1 掺杂到低对称晶体 LaF_3 中的 Ln^{3+} 离子部分能级图[23]

发光领域的应用。应对这一问题，1942 年 Weissman 等人发现在部分铕的 β-二酮配合物中，对有机配体进行激发，可以得到 Eu^{3+} 的特征荧光谱线，表明稀土配合物分子中存在从配体向稀土离子进行能量传递，进而敏化稀土离子发光的过程[29]。这一现象被称为敏化作用或"天线效应"，其机理如图 5-2 所示。敏化作用极大地增加了稀土离子的激发态产率，提高了稀土离子发光效率，使得稀土配合物发射峰宽窄、发光寿命长、量子产率高、光谱分布广等独特的发光性质优势有了用武之地，并在工业、农业、生物学等许多领域获得了广泛的应用，例如稀土配合物可制成太阳能荧光聚集器用于太阳能电池[30]；将其掺入聚合物基质中，还可制成商用荧光防伪油墨[31]；稀土配合物发光材料应用于农用光能转换薄膜还可促使农作物增产和早熟[32]。

稀土配合物智能发光材料是指基于稀土配合物的，光学性质能够对外界环境的物理或化学刺激（包括光、热、酸碱、电场、磁场、力、分子、离子等）做出响应性变化的稀土发光材料，是稀土功能材料的一个重要分支[33]。智能材料的物质状态能够响应周围环境的物理和化学刺激，发生可逆变化，具有可感知、可响应等功能[34]，自 1989 年日本的高木俊宜提出智能材料这一概念以来，就已经成为现代高技术新材料发展的重要方向之一。刺激响应型智能发光材料是智能材料在发光领域的一个重要方向，其光学性质能够对外界环境的物理或

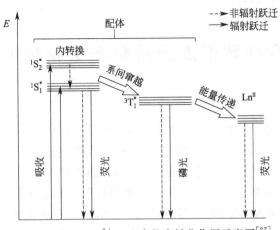

图 5-2　稀土（Ln^{3+}）配合物中敏化作用示意图[27]

化学刺激做出响应，这种光信号的变化对于诸如光电传感、生物检测、信息防伪、数据存储等应用都至关重要[35~37]。将智能材料的理念结合到发光稀土配合物的设计中，利用稀土配合物配体可设计性强和配位键动态可调的优势，实现基于配体的刺激响应型设计，调控稀土离子的发光光谱与寿命，最终制备具有刺激响应能力的稀土配合物智能发光材料。

　　稀土配合物智能发光材料的合成方法随材料的变化而不同，一般分为稀土配合物分子和稀土配合物杂化材料两大类别。基于配合物分子的稀土配合物智能发光材料的合成方法与制备一般配合物的方法相同，主要包括取代反应、加成和消去反应、热分解合成、氧化还原合成、模板合成和原位合成等。而对于基于稀土配合物杂化材料的稀土配合物智能发光材料来说，由于杂化材料种类繁多，其制备方法也多种多样，几种常见的合成路线包括传统的溶胶-凝胶法（conventional sol-gel），纳米构筑单元（nano-building blocks），模板诱导组装（template-directed assembly）和自组装（self-directed assembly）等[38]。当配合物与杂化材料基质间仅存在弱的相互作用如氢键、范德华力和静电作用时，主要制备方法为：①浸渍法，即将合成好的基质材料浸泡于稀土配合物溶液中，通过洗涤或挥发溶剂等后处理，得到含稀土配合物的杂化材料；②掺杂（包埋）法，在合成基质的前体溶液中加入配合物或配体与稀土离子，使稀土配合物分子在基质形成的过程中包埋于基质网络结构中，最后通过加热等后处理形成分散程度高的杂化材料，此方法常见于合成以凝胶或高分子为基质的杂化材料。由于配合物在基质中的溶解度一般较差，这种方法合成的杂化材料中常发生配合物的聚集，从而导致材料的透明度和荧光强度降低，且无法得到稀土配合物掺杂浓度高的杂化材料。目前的研究工作往往通过加入其他相容改性剂，或对形成基质的前体进行修饰改性，来改善配合物分子在溶胶-凝胶体系中难以分散均匀，配合物掺入浓度不大，以及因分子间缔合导致的浓度猝灭效应等缺点。当稀土配合物杂化材料的内部是通过共价键或配位键等强化学键将各组分连接在一起时，各组分的杂化更接近分子水平，此类材料合成方法可分两种：①后嫁接法：在合成好的基质材料表面修饰可与稀土离子配位的官能团［一般为第二配体如邻菲啰啉（phen）等］，使稀土配合物以配位键结合于基质；②原位合成法：通过对基质前驱体进行有机修饰，在合成基质的过程中引入可与稀土离子配位的官能团。

　　近年来，稀土配合物智能发光材料蓬勃发展，本章重点介绍了其在生物传感与成像、信息存储与防伪两个方面的表现，我们希望通过结合近几年应用发展实例，展示稀土配合物在智能发光材料领域的独特魅力。

5.3 稀土配合物智能发光材料在生物传感与成像领域的应用

深入了解生命系统的结构和功能特性是生物学和医学领域的一项重要挑战，研究过程对细胞、器官和活体表征方法的需求推动着智能分析与成像技术的发展。在实际研究中，以癌症的诊断和治疗为例，癌症的诊疗需要因"症"制宜的检测方法，即要求快且好的病理分析以及高对比度的实时生物图像[39]。与正电子发射型计算机断层显像（PET）、电子计算机断层扫描（CT）、磁共振成像（MRI）、超声成像（USI）等传统成像方法相比，光学探针兼具实时、精准、便捷、无创的优势，是实现这些要求的有力候选者。对于光学探针而言，其光信号可以很容易传递出分子信使无法传达出的化学或生物精细结构信息，同时光携带的能量可以传输到周围环境中，诱导特定的反应或变化。此外，调整光的波长还可以增加生物组织穿透深度，从而深入生物组织的内部。目前常见的发光探针种类有：有机染料分子[40]、半导体量子点及其生物偶联体[41]、纳米碳点和碳纳米管[42,43]、过渡金属配合物[44]（金属离子主要有 Re^+、Ru^{2+}、Ir^{3+}、Pt^{2+}、Au^+ 等）以及基于三价镧系离子的稀土发光材料[45]。这其中稀土配合物智能发光材料凭借如较窄的发射峰宽度、较长的发光寿命、较大的斯托克斯位移等独特的发光性质，在抵抗光漂白[46]、避免生物组织的背景荧光[47]、近红外生物成像[48]等方面都有着优异的表现，自 20 世纪 70 年代被用于生物传感与成像领域以来[49]，已经得到了长足的发展。

5.3.1 pH 响应

生物体的酸碱平衡是保证生物体各项生理活动正常进行的关键因素，对组织和细胞 pH 值的精确检测对研究各种生理过程至关重要[50]，健康组织与肿瘤或炎症之间 pH 值的微小差异已被广泛用于病理组织的成像与可控药物释放。将对 pH 敏感的基团引入稀土配合物中，利用配体质子化或去质子化过程中稀土中心离子能量传递效率的差异，可以调控稀土配合物在不同 pH 条件下的发光性质，进而构筑具有 pH 响应性的稀土配合物智能发光材料，这在生物体的 pH 监测中具有重要意义[51,52]。

如图 5-3 所示，Parker 等[53] 合成了一系列 Eu^{3+}、Tb^{3+} 配合物用于实时监测细胞中溶酶体的 pH 变化。在该配合物探针中，磺酰胺基中的 N 随着 pH 从酸性变为碱性的过程逐渐取代与中心稀土离子配位的水分子成为新的配位点，使得富电子的 p-MeOPh 基团对氮杂蒽酮基团的激发态分子内电荷转移猝灭，阻断其向稀土离子的能量传递，进而导致配合物的荧光衰减，这一荧光强度的变化可以达到 10 倍左右。在该过程中，稀土中心离子配位环境的改变是可逆的，因此可以实现对 pH 变化的实时响应监测。结合该分子对细胞内溶酶体良好的定位作用，最终获得了用于监测细胞内溶酶体 pH 变化的稀土配合物智能发光材料。

2019 年，张俊龙课题组[54] 设计合成了一种 pH 响应的 Yb^{3+}-卟啉近红外荧光探针，用于动态监测胃部 pH 变化过程。如图 5-4 所示，在该系列配合物中，羧基被引入到卟啉配体的外围，羧基的质子化和去质子化过程调节了配体三线态到稀土离子激发态的能量传递过程，实现不同 pH 条件下稀土配合物响应型发光强度和寿命变化。在进一步的研究中，该系列配合物还应用于小鼠胃部在不同进食情况下的时间分辨荧光寿命成像。值得注意的是，受

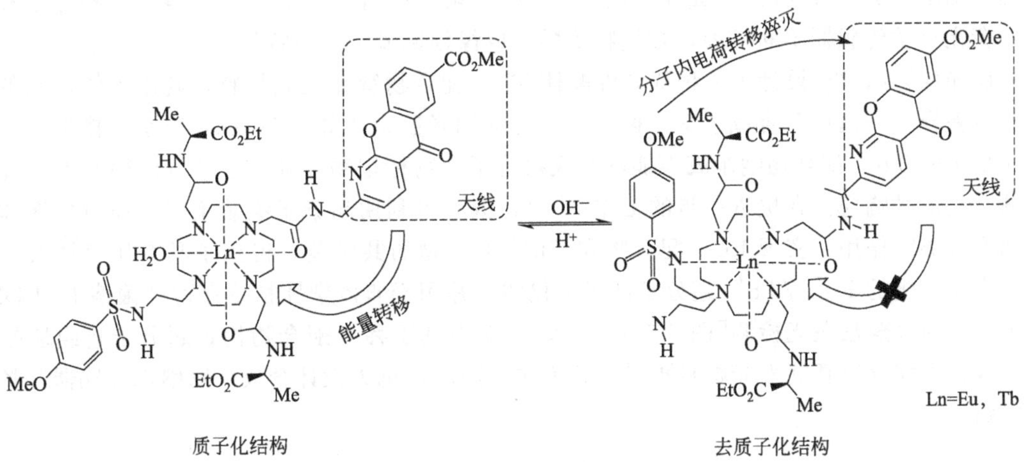

图 5-3 基于 ITC 机理的 pH 响应稀土配合物荧光探针的工作原理[53]

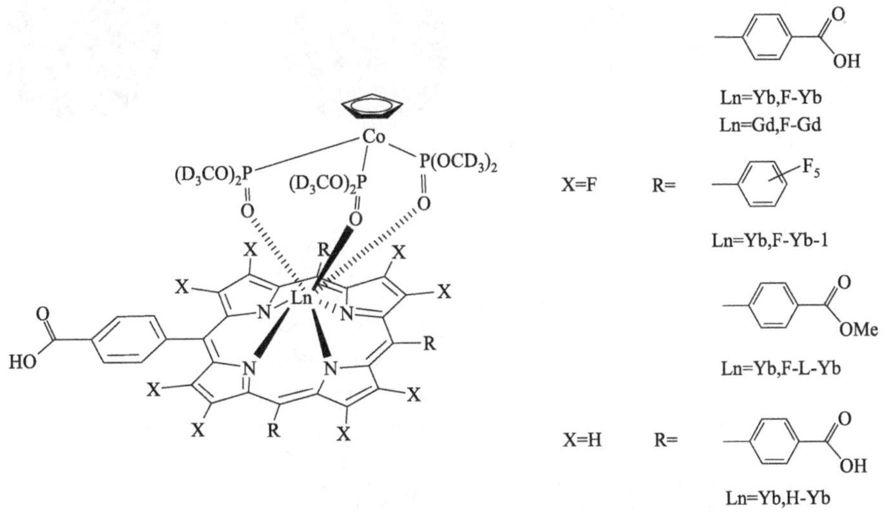

图 5-4 pH 响应 Yb^{3+}-卟啉稀土配合物荧光探针[54]

限于配体敏化效率低、近红外发射易被生物体系内普遍存在的 O—H 键振动猝灭等问题，近红外区域发光稀土配合物的研究一直相对滞后于可见区域发光的稀土配合物。该研究选用的卟啉配体具有吸光系数大、配位能力好、三线态能级可调的优点，通过对卟啉的修饰，精准调控配体分子的激发态性质，使之有效敏化稀土离子，这为设计和优化近红外发光稀土探针提供了新思路[55,56]。

5.3.2 分子离子响应

在生物组织和细胞中存在着许多与生理过程息息相关的分子或离子，如 GSH、H_2S、H_2O_2、NO、Zn^{2+}、Ca^{2+}、Fe^{3+} 等，它们有的分布广泛，有的局限于特定区域，但都在生命体的各项生理过程中扮演重要角色，其表达量或含量的高低往往与许多疾病有着重要联系，因此对这些分子或离子的监测是生理学和病理学的重要研究课题。稀土配合物智能发光材料可以通过合理分子设计实现对特定分子和离子的响应，借助发光强度和寿命等信号变化，反馈所需分子、离子的信息。例如早些年 Tetsuo Nagano 等[57] 利用稀土配合物荧光探

针用于细胞内 Zn^{2+} 的检测和成像。近年来，基于稀土配合物智能发光材料的生物分子和离子的荧光化学传感器不断发展，在生物传感与成像领域显示出独特的魅力。

唐瑜课题组[58] 设计了一种双亲性配体 Tb^{3+} 配合物智能发光材料，利用配体端基的亲疏水性差异"一锅法"合成了基于稀土配合物的纳米胶束。如图 5-5(a) 所示，掺杂了参比荧光分子的 Tb^{3+} 配合物纳米胶束能够对炭疽孢子生物标记物吡啶二羧酸（DPA）产生比率型的荧光信号响应。在更进一步的工作中[59]，该小组利用超分子组装策略，通过主客体识别和配位协同作用，实现 Eu^{3+} 配合物和 Tb^{3+} 配合物的共组装，得到了具有比率性荧光变化及寿命变化的 Eu^{3+}/Tb^{3+} 超分子纳米杂化体，并用于非传染性枯草芽孢杆菌溶液中 DPA 分子的时间分辨法荧光检测[图 5-5(b)]。该工作为基于稀土配合物构筑超分子自组装平台并合成稀土配合物智能发光材料提供了新方法，同时，也为设计合成生物纳米传感器开拓了新思路。

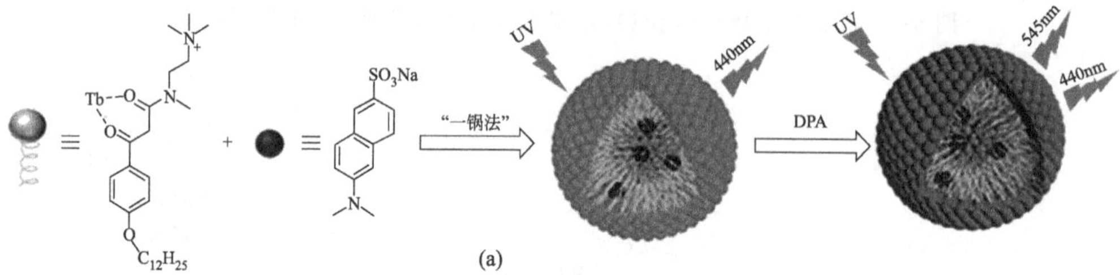

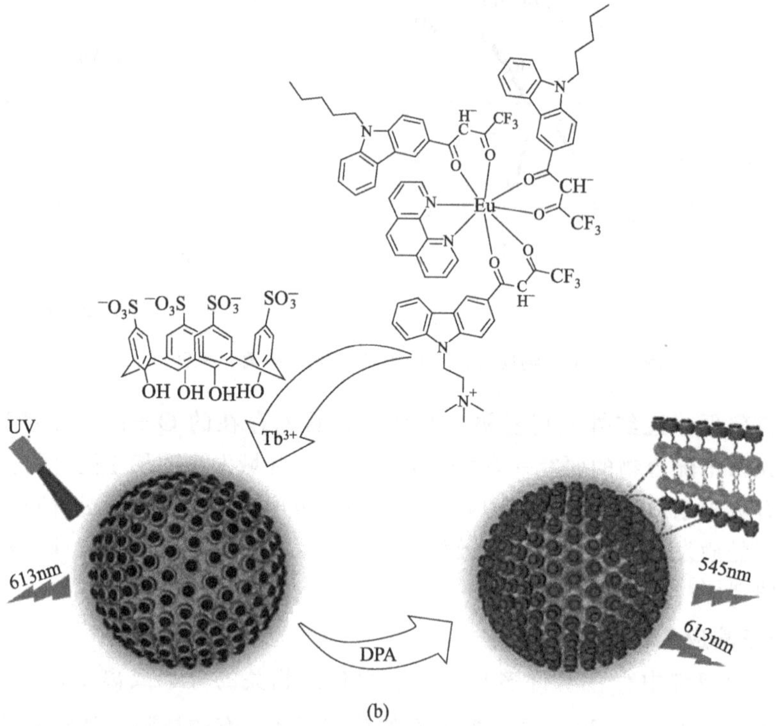

图 5-5　两种用于 DPA 分子检测的稀土配合物自组装纳米胶束[58]

生物体中，单线态氧（$^1O_2$）在酶反应、细胞分裂、机体衰老、吞噬杀菌、肿瘤等方面都起着重要作用，对 $^1O_2$ 的检测成像对揭示生物细胞氧化衰老、诱发癌变等重大问题的机理具有重要意义。袁景利课题组长期致力于利用稀土配合物检测细胞中的单线态氧[60~63]。在近期的工作中[64]，他们合成的稀土配合物荧光探针利用配体中 Hpdap 分子的 9，10-二甲基蒽基团在正常状态下对配体三重态的猝灭以及对 $^1O_2$ 捕集作用，实现对细胞中单线态氧的响应性荧光增强，并将其用于细胞和小鼠肿瘤组织中 $^1O_2$ 的荧光成像（图 5-6）。

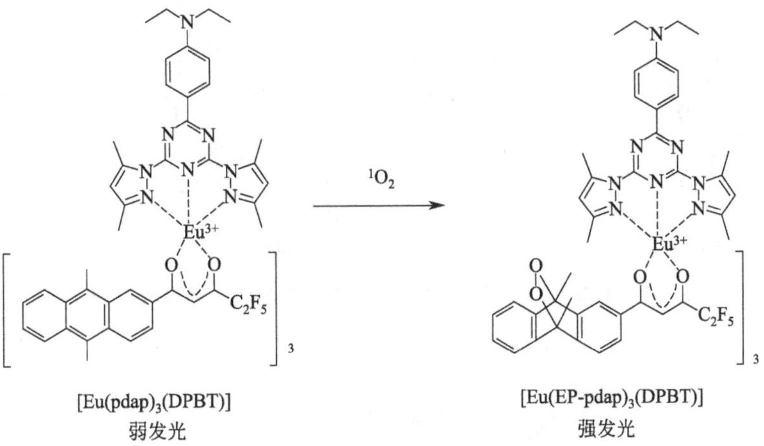

图 5-6　稀土配合物 ［Eu（pdap）$_3$（DPBT）］用于单线态氧（$^1O_2$）的检测机理[64]

5.3.3　光响应

光化学一般研究物质在受到光的作用后发生的化学变化[65]。由于光的波长、功率、辐射时间以及辐射位点易于调控，将具有光响应（如光裂解、光异构化、光诱导重排和光交联等）的分子或基团应用于载药平台中，可以轻易实现在非侵入条件下药物的精准光控制释放[66]。将具有光响应性的稀土配合物智能发光材料作为光控位点结合到纳米给药平台中，稀土配合物又能借助其独特的发光性质反馈药物释放的过程和结果，因而受到研究者们的青睐。

黄嘉良课题组[67] 设计合成了一种水溶性的镧系-顺铂配合物。在该配合物中，天线配体在紫外光或双光子激发时会发生敏化电荷转移，使得异烟酰胺基与顺铂（cis-Pt^{II}）配位解离释放顺铂药物，同时配体能级结构的改变使其具有敏化 Eu^{3+} 发光的能力，实现光分解后实时监测顺铂药物的释放（如图 5-7）。进一步的细胞实验也证明了该配合物用于体外控制监测药物释放的潜力，因此该稀土配合物智能发光材料具有成为发光成像和抗肿瘤化疗药物的潜力。

光响应治疗药物在癌症化疗中起着关键作用，以金属配合物作为光敏剂在光动力疗法（PDT）和光活化化学疗法（PACT）中作用也越来越受到研究者的关注[68~70]。Ashis K. Patra 课题组在探索和设计同时具备生物成像和光动力治疗能力的稀土配合物智能发光材料这一方向有着深入的研究[71~74]。如图 5-8 所示，在最近的工作中，该小组设计合成了一系列基于 DTPA 修饰三联吡啶配体（dtntp）双敏化可见光发射的稀土配合物［Ln（dtntp）(H$_2$O)］(Ln = Eu,Tb,Gd,Sm,Dy)，并验证了它们的细胞成像能力和光细胞毒性[75]，该系列配合物对开发用于光响应治疗诊断应用的多模式 Ln(Ⅲ) 生物探针提供了更优的模块化策略。

5.3.4　温度响应

温度是影响生物体生理行为的关键因素，原位精确测量生物体内特定位置中在生理变化

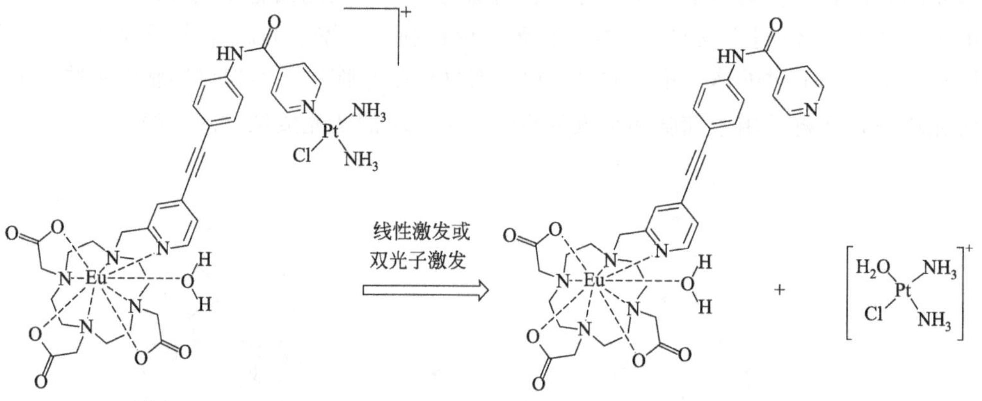

图 5-7   水溶性镧系-顺铂配合物 PtEuL 光响应药物释放机理[67]

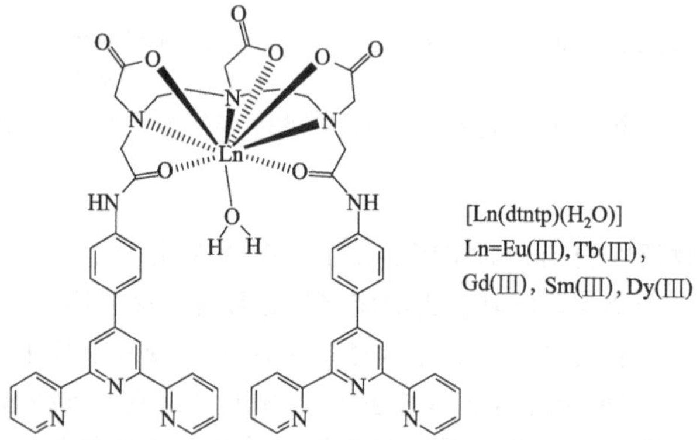

图 5-8   兼备细胞成像能力和光动力治疗作用的稀土配合物
[Ln(dtntp)(H₂O)](Ln＝Eu,Tb,Gd,Sm,Dy)[68]

过程的温度变化对于揭示生命活动过程至关重要[76,77]。热响应纳米发光材料是刺激响应型智能发光材料的重要组成部分，一般包括贵金属光热材料、碳基光热材料、有机分子光热材料和半导体光热材料四类[78~82]。将热响应纳米发光材料用于生物体内的温度测量可以满足原位、实时、精确、非侵入的要求，这在一些疾病早期诊断中的温度评估以及癌症的光热治疗中提供实时温度反馈方面具有重要意义。发光稀土配合物由于其敏化作用受温度影响，温度变化时发光强度和寿命均具有热响应能力，且其发光波长稳定、寿命长，将其应用于细胞或活体温度传感和肿瘤治疗领域的光热疗法，均有较大的发展潜力[83]。

赵强课题组[84] 设计合成了一种基于丙烯酰胺的热响应稀土配合物热敏聚合物探针，如图 5-9 所示，在该聚合物探针中，Ir^{3+} 和 Eu^{3+} 配合物被引入到聚合物链中，当温度升高时，分子热运动导致氢键作用减弱，聚合物主链亲水性降低，稀土离子配位微环境极性降低使得 Ir^{3+} 和 Eu^{3+} 的发光强度和寿命改变，进而得到双发光的温度响应聚合物热敏探针。同时，将该材料应用于细胞和斑马鱼活体实验中，进一步证明了该热敏材料具有用于生物体温度检测的潜力。

Angel Millán 等[85] 将 Eu^{3+} 和 Sm^{3+} 的配合物分子包裹到由两亲性嵌段构筑的聚合物纳米胶束中，并利用疏水嵌段保护 Ln^{3+} 免受其他介质的猝灭影响，合成了基于稀土配合物

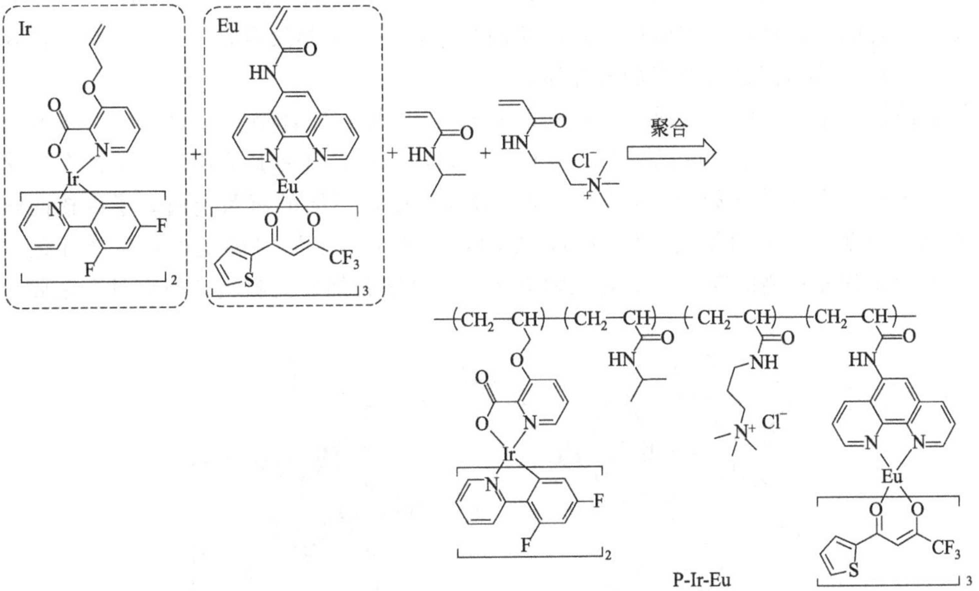

图 5-9 基于丙烯酰胺的热响应稀土配合物热敏聚合物探针的合成图示[84]

的热响应纳米胶束发光材料。该胶束在温度升高时发光强度减弱，且具有较高的灵敏度，并可用于细胞内温度成像。使用这些带有 Ln^{3+} 的聚合物胶束进行实时细胞内温度成像为详细筛选由于内源性或外源性刺激引起的活细胞内的热梯度开辟了新途径，从而有助于理解一些亚细胞产热细胞器在细胞功能中的作用。

5.4 稀土配合物智能发光材料在信息存储与防伪领域的应用

　　信息数据是新时期工业经济向知识经济转变的重要特征，影响着人们生活的方方面面。一方面，信息存储的方法不断推陈出新，其中光学编码凭借其能够多维度记录信息，借助发达的光学读取工具以非侵入性的快速解码读取信息的优势，在众多信息存储方法中脱颖而出。另一方面，随着生产力的发展与消费水平的提高，货币、微电子、药品、服装等产业的假冒伪劣产品层出不穷，不仅给消费者和版权人造成经济损失，也给大众的生命健康安全带来威胁，极大地扰乱了市场秩序[86]。以光致发光材料印刷光学编码（如条形码、二维码等）或防伪标签可以集信息存储、过程控制、信息加密、产品防伪等功能于一身，满足企业和消费者对信息存储与产品防伪的诉求，是众多信息存储、加密与防伪技术中应用最为广泛的方法之一[87~89]。稀土配合物智能发光材料具有毒性低、可见光和近红外范围内发光强、发射谱线尖锐、受环境影响小、发光寿命长等特点，并具有刺激响应下的可控发光，将其负载到光学编码或防伪标签的油墨等载体中就能发挥稀土的巨大优势。因此，稀土配合物智能发光材料在信息存储与防伪领域一直受到众多研究人员的青睐[90~92]。

5.4.1 光响应

　　作为光学信息存储的基础，材料的荧光光谱及寿命的可调性对于其光学编码的能力及信息存储的安全性具有极其重要的作用，也是设计智能发光配合物一个重要指标[93]。光响应稀土配合物智能发光材料能够响应特定波长的光，利用光化学反应，定向调控材料的荧光光谱性质，实现对编码信息的多维加密存储。

梁福沛课题组[94] 设计合成了一系列的双核 Ln（Ⅲ）配合物[Ln$_2$(L^1)$_2$(NO$_3$)$_4$]（HL^1 = 2-氨基-1,2-二(吡啶-2-yl)乙醇；Ln = Dy,Tb,Ho,Er），并将其应用于挥发性有机化合物（VOCs）的检测和防伪（如图 5-10）。在该设计体系中，不同的镧系金属离子内核能够分别用于光响应检测 VOCs 和荧光防伪油墨，在同一框架平台下同时满足多重生物标记、多色显示、防伪和紫外检测的需求，这对光响应稀土配合物智能发光材料的研究具有重要意义。

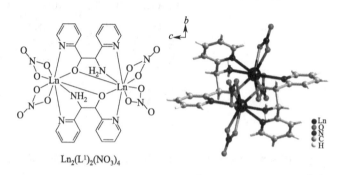

$$Ln_2(L^1)_2(NO_3)_4$$

图 5-10   双核镧系配合物 [Ln$_2$ (L^1)$_2$ (NO$_3$)$_4$] 的结构[94]

2021 年，李焕荣课题组[86] 选择具有高光异构化率、优异的抗疲劳性和热不可逆性特征的二芳基乙烯衍生物阳离子单元作为光控开关，将其与以稀土 Eu^{3+} 和烷基桥连双-2,6-吡啶二羧酸配体配位组成阴离子镧系元素配位聚合物结合到一起，开发出一种能够进行可逆多维信息加密/解密的光响应超分子配位聚电解质。如图 5-11，光响应阳离子基元的光异构开环/闭环过程控制 Eu^{3+} 发光中心和二芳基乙烯衍生物组分之间的 FRET 过程，进而实现了远程交替紫外和可见光照射控制发光信号的可逆开/关切换，并最终用于制造可多次验证使用的荧光防伪标签。

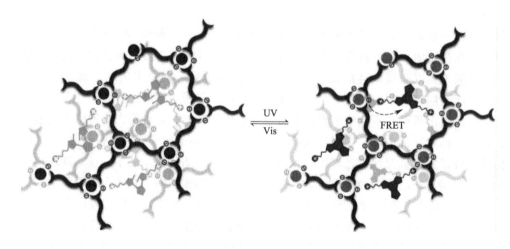

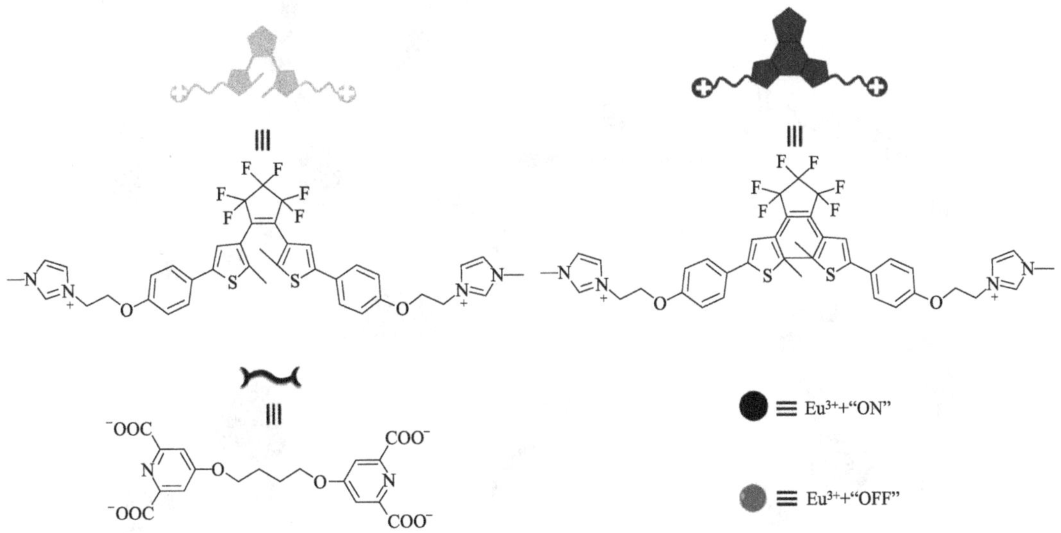

图 5-11 光响应性超分子稀土配位聚电解质的结构[86]

刘育课题组[95] 利用偶氮苯结构在紫外/可见光交替照射下的结构变化实现与 α-环糊精的可逆结合，并利用 α-环糊精的纳米空腔限制偶氮苯构象的作用调控具有偶氮苯结构的配体的能级，从而得到光响应环糊精限制的超分子镧系元素光开关（如图 5-12）。将 α-环糊精进一步用丙烯酰胺修饰，再与 Ln^{3+}@Azo-DPA 构筑发光水凝胶，可得到大环限制的光异构镧系元素配合物光响应智能材料，该材料具备防伪与信息存储的潜力。

5.4.2 pH 响应

具有酸碱刺激响应的发光材料可以接收外部环境的酸碱性条件变化，使自身分子结构状态发生改变，从而影响其光学性质[96]。将信息以编码形式存储在这些具有 pH 响应性的发光材料的光学信号中或者与性质稳定的发光材料组合到一起获得的比率型光学信号中，利用环境 pH 变化实现光学信号的可控输出，就能实现信息的存储、加密与解密。在具有 pH 响应的纳米材料中引入智能发光稀土配合物，发挥稀土的独特发光优势，对于信息存储与防伪领域而言，具有较大的应用潜力。

唐瑜课题组[97] 从超分子组装的角度出发，利用配位作用将碳量子点和镧系配合物结合起来，合成了一种新型的具有酸碱性气体刺激响应性的智能镧系复合材料（CDs-Eu-HL）。如图 5-13 所示，在该设计思路中，Eu^{3+} 配合物的配体受 pH 影响在不同比例 Et_3N/HCl 气氛中具有或能敏化 Eu^{3+} 或不能敏化 Eu^{3+} 的不同能级，因此稀土配合物的发光受 pH 调控，并与稳定的碳量子点的发光形成对比。再将两者发光分别编为 "0" 和 "1"，结合 ASCII 编码规则，就能实现多维度信息加密和存储。

李光明课题组[98] 从环保的角度出发，选用天然氨基酸（苯丙氨酸，如图 5-14）作为稀土 Tb^{3+} 和 Eu^{3+} 的配体，合成两种环境友好型水凝胶 Phe-Tb 和 Phe-Eu。这两种基于配位作用的水凝胶中，动态配位键通过在 pH 刺激下苯丙氨酸结构变化实现可逆的缔合和解离，赋予水凝胶可逆的发光转换能力。同时，该水凝胶的剪切稀化特性使 Phe-Tb/Eu 发光水凝胶能够直接用作防伪发光油墨。

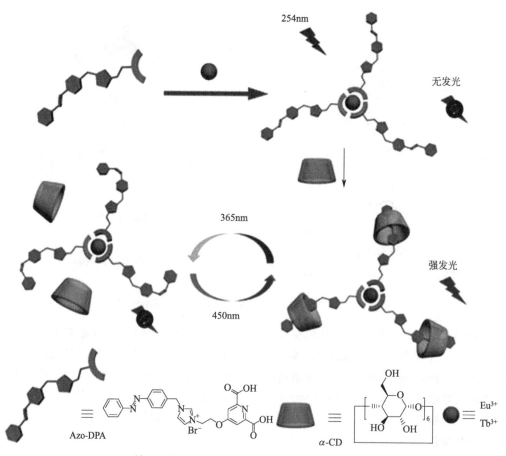

图 5-12 （Ln³⁺@Azo-DPA）⊂α-CD 超分子光响应示意图和分子结构[95]

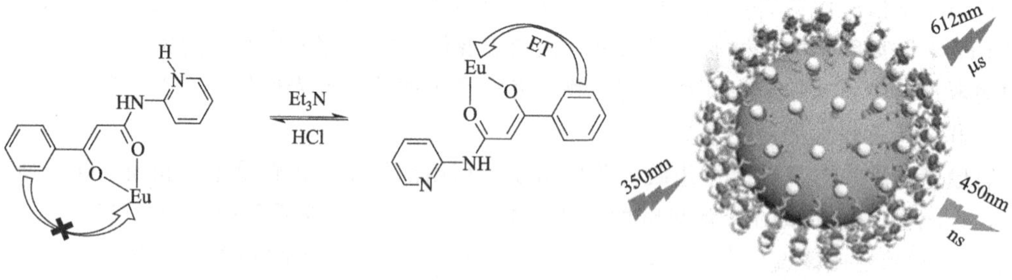

图 5-13 具有 pH 刺激响应性的智能镧系复合材料（CDs-Eu-HL）可调发光机理[97]

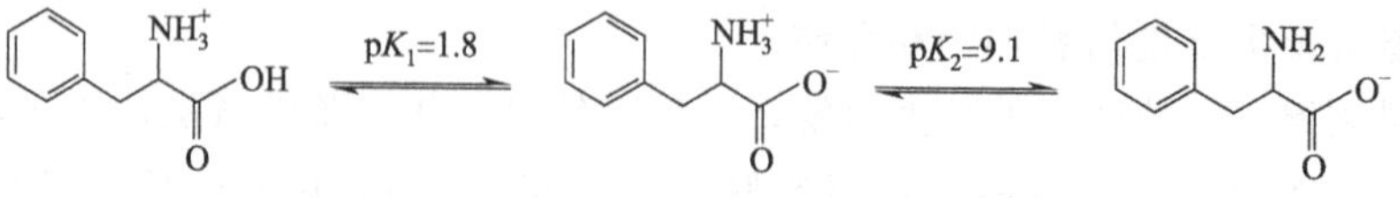

图 5-14 稀土水凝胶 Phe-Tb/Eu 中苯丙氨酸不同 pH 条件下的结构[98]

5.4.3 温度响应

光学性质对温度的刺激响应现象广泛存在于众多发光材料中[76,77,99]。稀土配合物的敏化发光机理决定了稀土发光材料对温度的响应性，以此为基础合成的基于稀土配合物智能发光材料的荧光纳米温度传感器既可以实现对温度的监测，同时又能借助自身光谱性质变化存储和加密多重信息，为光学信息存储提供了更加丰富的编码及解码的手段。

Rik Van Deun 课题组[100] 报道了一种仅需紫外光照射就能够展示出波长和温度双依赖性的荧光防伪材料。如图 5-15，在该设计体系中，铝基金属有机框架 MOF-253 作为负载平台，功能化的 Ln^{3+}-β-二酮配合物被引入到 MOF 的孔隙中，构筑 MOF 的 2,2'-联吡啶-5,5'-二羧酸（bpydc）配体中与 Al^{3+} 配位后残余的联吡啶位点再与新引入的稀土离子配位进而锚定配合物，通过调整稀土离子中 Sm^{3+}、Eu^{3+}、Tb^{3+} 比例，借助不同稀土离子发光对温度的依赖性差异，最终合成具有波长、温度双依赖性的荧光防伪材料。

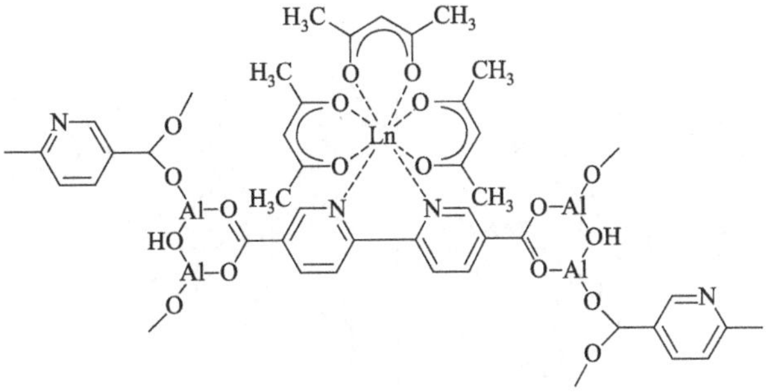

图 5-15　稀土配合物修饰 MOF-253 结构图示[100]

值得一提的是，Ln-MOFs 虽然也具有出色的温度响应发光特性，但通常都在较为宽泛的温度范围内（如 10～310K），这对防伪所需要的接近室温的较为狭窄的温度范围来说并不适合。上述引文将稀土配合物和 MOFs 结合到一起构筑新型温度响应复合荧光防伪材料为解决这一问题提供了一种独特的思路。

5.4.4　多重响应

在实际应用中，用于信息存储与防伪的智能发光材料除了能够对光、酸碱、温度等刺激产生响应外，还可以在磁[101]、电[102]、力[103] 等作用下改变材料的光学性质，也可以在多种刺激响应的共同作用下实现多重发光性质改变。其中具有多重响应性的稀土配合物智能发光材料在受到机械、化学、电、磁等作用的刺激后，其有机配体到稀土离子的能量传递过程也会受到影响，引起发光性质的改变，最终用于信息存储、加密以及防伪等实际应用中。

唐瑜课题组[104] 设计并组装了一种基于铕（Ⅲ）-环多胺配合物（EuL）的分子机器人，如图 5-16 所示，该配合物可以有效的在单一体系内，借助 Eu^{3+} 作为"信息中心"，三联吡啶单元作为"机器手臂"，实现了在紫外-可见、荧光和磁共振成像三个通道对 Fe^{2+}、Zn^{2+}、Mn^{2+} 三种过渡金属离子的分别检测，并借此构建多模态分子逻辑门器件（OR，INHIBIT 和 YES 逻辑门），具有潜在的信息存储价值。

郑丽敏课题组[105] 将单分子磁体的磁性和光致变色行为有效结合，利用蒽环配体构筑了两种单核镝配合物。在这两种配合物种，具有大量 π-π 堆积作用的配合物 Dy^{3+} $(depma)_3$ $(NO_3)_3$[如图 5-17(a)]能很好地实现研磨变色发光和研磨磁弛豫行为的调控，同时存在光致诱导发光变色行为。而仅存在 C—H···π 作用的配合物 Dy^{3+} $(depma)_4$ $(NO_3)_2$ (CF_3SO_3)[图 5-17(b)]对研磨行为的响应不灵敏。这一研究结果为发展磁、光双功能的存储技术拓宽了研究思路。

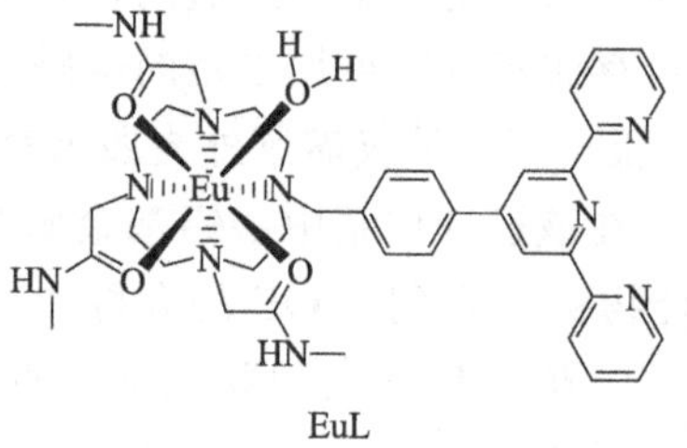

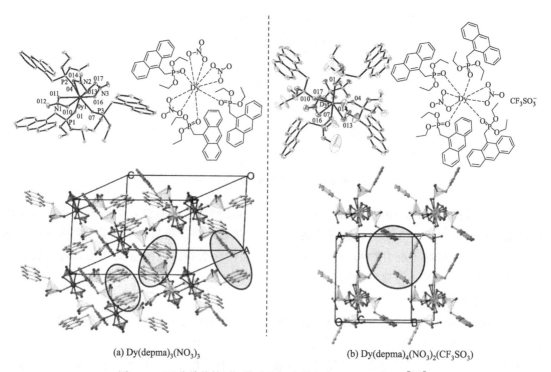

图 5-16　稀土配合物 EuL 分子机器人示意图[104]

(a) Dy(depma)₃(NO₃)₃　　　(b) Dy(depma)₄(NO₃)₂(CF₃SO₃)

图 5-17　两种单核镝-蒽-膦酸盐配合物的三维分子结构图[105]

5.5　小结

　　稀土配合物因其发光寿命长、发射峰宽窄、斯托克斯位移大等独特的发光性质，在许多领域具有重要的应用价值。利用合理的结构设计、分子组装和杂化等手段，构筑新型刺激响应型稀土配合物智能发光材料，在化学传感、生物成像、信息存储、防伪加密、光学元件等许多领域都具有广阔的前景。本章重点介绍了稀土配合物智能发光材料在生物传感与成像以及光学信息存储与防伪两个方向的最新研究进展，以材料对光、热、酸碱等不同外界刺激的响应能力为分类依据，从多角度出发，展示稀土配合物智能发光材料在具体应用研究中的优势。稀土配合物智能发光材料对数据安全、细胞生物学、光学成像和医学等领域都有着深远的影响，在未来的研究中，研究者们仍然要面对如何提高稀土配合物智能发光材料的生物相容性、对生物标记物的灵敏性和特异性，如何提高稀土配合物智能发光材料信息存储容量、简化多重加密信息的获取等问题，任重而道远。稀土配合物智能发光材料的研究方兴未艾，它的不断发展终将为生物、医学、信息等领域带来深远的影响与变革。

参 考 文 献

[1] Cheisson T，Schelter E J. Science，2019，363：489-493.
[2] 洪广言. 稀土发光材料. 北京：冶金工业出版社，2011.
[3] 中国科学技术协会. 2014—2015 稀土科学技术学科发展报告，2016.
[4] 苏锵. 稀土化学. 郑州：河南科学技术出版社，1993.
[5] 黄小卫. 中国稀土. 北京：冶金工业出版社，2015.
[6] 肖丹. 中国科技奖励，2020，7：3.
[7] 严纯华. 中国科学：化学，2020，50：4.
[8] 朱明刚，孙旭，刘荣辉，等. 中国工程科学，2020，22：37-43.
[9] Coey J M D. Engineering，2020，6：119-131.
[10] Zhang S，Saji S E，Yin Z Y，et al. Adv Mater，2021，33，2005988.
[11] Zhan W C，Guo Y，Gong X Q，et al. Chin J Catal，2014，35：1238-1250.
[12] Liang F，Lin J，Cheng Y，et al. Sci. China：Technol. Sci，2018，61：1309-1318.
[13] Zhang H，Zhang H Q，Pan A Z，et al. Adv. Mater. Technol.，2021，6. 2000648.
[14] 李永绣，周新木，辜子英，等. 稀土，2002，05：71-74.
[15] Fischbacher J，Kovacs A，Gusenbauer M，et al. J Phys D：Appl Phys，2018，51：193002.
[16] Collocott S J，Dunlop J B，Lovatt H C，et al. Trans Tech Publications Ltd，2007：77-83.
[17] Fastenau R H J，Vanloenen E J. J Magn Magn. Mater.，1996，157：1-6.
[18] Kitto M E，Anderson D L，Gordon G E，et al. Environ Sci Technol，1992，26：1368-1375.
[19] Wang L Y，Yu X H，Wei Y C，et al. J. Rare Earths，2021，39：1151-1180.
[20] Antolini E，Perez J. Int. J Hydrogen Energy，2011，36：15752-15765.
[21] Muroyama H，Matsui T，Eguchi K. J Jpn Pet Inst，2021，64：123-131.
[22] Wang L B，Ma C A，Mao X B，et al. Electrochem Commun，2005，7：1477-1481.
[23] Carnall W T，Goodman G L，Rajnak K，et al. J Chem Phys，1989，90：3443-3457.
[24] Bünzli J C G. J. Coord Chem，2014，67：3706-3733.
[25] Cotton，S. Lanthanide and Actinide Chemistry，2006：35-60.
[26] Bünzli J C G. Kirk - Othmer Encyclopedia of Chemical Technology，2013，1-43.
[27] Bünzli J C G，Piguet C. Chem Soc Rev，2005，34：1048-1077.
[28] Amoroso A J，Pope S J A. Chem Soc Rev，2015，44：4723-4742.
[29] Weissman S I. J. Chem Phys，1942，10：214-217.
[30] Wang T X，Zhang J，Ma W，et al. Sol Energy，2011，85 (11)：2571-2579.
[31] Saif M，Fouad R. Appl Organomet Chem，2019，33：e5131
[32] Liu Y，Gui Z G，Liu J L. Polymers，2022，14 (5)：851.
[33] Yang Y W，Hu B B，Tang Y. Chin Sci Bull，2019，64：3730-3746.
[34] Wojtecki R J，Meador M A，Rowan S J. Nat Mater，2011，10：14-27.
[35] Huang F，Zhang X，Tang B Z. Mater Chem Front，2019，3：10-11.
[36] Wang C，Li Z. Mater Chem Front，2017，1：2174-2194.
[37] Lou X Y，Yang Y W. Adv Opt Mater，2018，6：1800668.
[38] Carlos L D，Ferreira R A S，Bermudez V D Z，et al. Adv Mater，2009，21：509-534.
[39] Bünzli J C G. Chem Rev，2010，110：2729-2755.
[40] Liu Y C，Teng L L，Liu H W，et al. Sci China：Chem，2019，62：1275-1285.
[41] Freeman R，Willner I. Chem Soc Rev，2012，41：4067-4085.
[42] Peng Z L，Han X，Li S H，et al. Coord Chem Rev，2017，343：256-277.
[43] Vardharajula S，Ali S Z，Tiwari P M，et al. Int J Nanomed，2012，7：5361-5374.
[44] Coogan M P，Fernández-Moreira V. Chem Commun，2014，50：384-399.
[45] Bünzli J C G. J Lumin，2016，170：866-878.
[46] Jin G Q，Ning Y Y，Geng J X，et al. Inorg Chem Front，2020，7：289-299.
[47] Hagan A K，Zuchner T. Anal Bioanal Chem，2011，400：2847-2864.
[48] Wang Z M，Xing B G. Chem Asian J，2020，15：2076-2091.
[49] Soini E，Hemmilä I. Clin Chem，1979，25：353-361.
[50] Izumi H，Torigoe T，Ishiguchi H，et al. Cancer Treat Rev，2003，29：541-549.
[51] Lowe M P，Parker D，Reany O，et al. J Am Chem Soc，2001，123：7601-7609.
[52] Mcmahon B K，Pal R，Parker D. Chem Commun，2013，49：5363-5365.
[53] Smith D G，Mcmahon B K，Pal R，et al. Chem Commun，2012，48：8520-8522.

[54] Ning Y，Cheng S，Wang J X，et al. Chem Sci，2019，10：4227-4235.
[55] Jin G Q，Ning Y，Geng J X，et al. Inorg Chem Front，2020，7：289-299.
[56] Ning Y，Jin G Q，Zhang J L. Acc Chem Res，2019，52：2620-2633.
[57] Hanaoka K，Kikuchi K，Kojima H，et al. J Am Chem Soc，2004，126：12470-12476.
[58] Luan K，Meng R，Shan C，et al. Anal Chem，2018，90：3600-3607.
[59] Su P，Wang X，Wang T，et al. Talanta，2021，225：122063.
[60] Song B，Wang G，Tan M，et al. J Am Chem Soc，2006，128：13442-13450.
[61] Dai Z，Tian L，Xiao Y，et al. J Mater Chem B，2013，1：924-927.
[62] Wu J，Xing Y，Wang H，et al. New J Chem，2017，41：15187-15194.
[63] Sun J，Song B，Ye Z，et al. Inorg Chem，2015，54：11660-11668.
[64] Ma H，Wang X，Song B，et al. Dalton Trans，2018，47：12852-12857.
[65] Garcia C G，De Lima J F，Iha N Y M. Coord Chem Rev，2000，196：219-247.
[66] 张留伟，钱明，王静云. 化学学报，2017，75：770-782.
[67] Li H，Lan R，Chan C F，et al. Chem Commun，2015，51：14022-14025.
[68] Monro S，Colón K L，Yin H，et al. Chem Rev，2019，119：797-828.
[69] Law G L，Pal R，Palsson L O，et al. Chem Commun，2009，47：7321-7323.
[70] Zhang J X，Li H，Chan C F，et al. Chem Commun，2012，48：9646-9648.
[71] Dasari S，Singh S，Sivakumar S，et al. Chem -Eur J，2016，22：17387-17396.
[72] Dasari S，Singh S，Kumar P，et al. Eur J Med Chem，2019，163：546-559.
[73] Dasari S，Maparu A K，Abbas Z，et al. Eur J Inorg. Chem. ，2020，31：2998-3009.
[74] Abbas Z，Singh P，Dasari S，et al. New J Chem，2020，44：15685-15697.
[75] Dasari S，Singh S，Abbas Z，et al. Spectrochim Acta，Part A，2021，256：119709.
[76] Zhao Y，Wang X S，Zhang Y，et al. J Alloys Compd，2020，850：817.
[77] Bednarkiewicz A，Marciniak L，Carlos L D，et al. Nanoscale，2020，12：14405-14421.
[78] Xia Y，Li W，Cobley C M，et al. Acc Chem Res，2011，44：914-924.
[79] Yang K，Feng L，Shi X，et al. Chem Soc Rev，2013，42：530-547.
[80] Yang K，Xu H，Cheng L，et al. Adv Mater，2012，24：5586-5592.
[81] Cheng L，He W，Gong H，et al. Adv Funct Mater，2013，23：5893-5902.
[82] Tang S，Chen M，Zheng N. Small，2014，10：3139-3144.
[83] Bednarkiewicz A，Drabik J，Trejgis K，et al. Appl Phys Rev，2021，8：011317.
[84] Liu B，Zhang D，Ni H，et al. ACS Appl Mater Interfaces，2018，10：17542-17550.
[85] Piñol R，Zeler J，Brites C D S，et al. Nano Lett，2020，20：6466-6472.
[86] Li Z，Liu X，Wang G，et al. Nat Commun，2021，12：1363.
[87] You M，Zhong J，Hong Y，et al. Nanoscale，2015，7：4423-4431.
[88] Hou X，Ke C，Bruns C J，et al. Nat Commun，2015，6：6884.
[89] An Z，Zheng C，Tao Y，et al. Nat Mater，2015，14：685-690.
[90] Xu J，Zhang B，Jia L，et al. ACS Appl Mater Interfaces，2019，11：35294-35304.
[91] Li Z R，Xi P，Zhao M A，et al. J Rare Earths，2010，28：211-214.
[92] Molina G J，Arellano M A，Meza O，et al. J Alloys Compd，2021，850：156709.
[93] Xu J T，Zhou J J，Chen Y H，et al. Coord Chem Rev，2020，415：213328.
[94] Wang H F，Zhu Z H，Peng J M，et al. Inorg Chem，2020，59：13774-13783.
[95] Yu H J，Wang H，Shen F F，et al. Small，2022，18：2201737.
[96] Li Y，Zhang Y H，Niu H J，et al. New J Chem，2016，40：5245-5254.
[97] Li X，Xie Y，Song B，et al. Angew Chem，Int Ed，2017，56：2689-2693.
[98] Li J，Li W，Xia D，et al. Dyes Pigm，2019，166：375-380.
[99] Ansari A A，Parchur A K，Nazeeruddin M K，et al. Coord Chem Rev，2021，444：214040.
[100] Kaczmarek A M，Liu Y Y，Wang C，et al. Adv Funct Mater，2017，27：1700258.
[101] Liu Y，Wang D，Shi J，et al. Angew Chem，Int Ed，2013，52：4366-4369.
[102] Hao J，Zhang Y，Wei X. Angew Chem，Int Ed，2011，50：6876-6880.
[103] Zhang Y，Jiao P C，Xu H B，et al. Sci Rep，2015，5：9335.
[104] Chen H，Cao J，Zhou P，et al. Biosens Bioelectron，2018，122：1-7.
[105] Huang X D，Kurmoo M，Bao S S，et al. Chem Commun，2018，54：3278-3281.

第6章
石墨烯材料的制备及应用

6.1 引言

  石墨烯（graphene）是碳原子以 sp^2 杂化轨道沿平面呈蜂窝状排列而成的二维碳纳米材料。除石墨烯外，碳家族还有富勒烯、碳纳米管、碳纳米"洋葱"、石墨炔及熟知的石墨和金刚石等多个同素异形体（图 6-1）。简单地讲，石墨烯可理解为单原子层石墨。2004 年，英国曼彻斯特大学的两位科学家安德烈·盖姆（Andre Geim）和康斯坦丁·诺沃肖洛夫（Konstantin Novoselov）用胶带反复粘撕高定向热解石墨，获得了仅由一层碳原子构成的薄片，即石墨烯[1]。1 毫米厚的石墨可剥离出约 300 万片石墨烯。他们研究发现，石墨烯在室温下稳定，颠覆了 Landau 和 Peierls 关于二维晶体室温下不能稳定存在的理论预测结果，还具有强的双极化电场效应及高的室温载流子迁移率，预示着巨大的应用潜力，共同获得 2010 年诺贝尔物理学奖。石墨烯的发现促进了二维晶体理论的再认识，也打开了二维纳米材料体系研究的大门，已有数百种二维材料被报道制备出来。

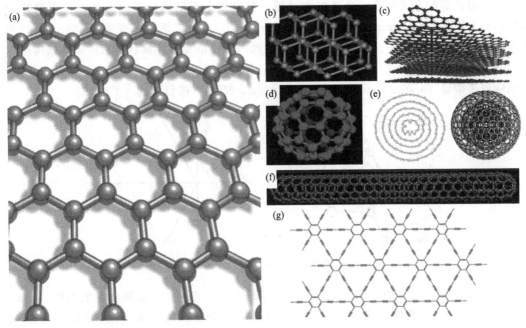

图 6-1 石墨烯的结构示意图及常见的碳同素异形体

(a) 石墨烯（graphene），(b) 金刚石（diamond），(c) 石墨（graphite），(d) 富勒烯 C_{60}（fullerene），
(e) 碳洋葱（carbon onion），(f) 碳纳米管（carbon nanotube），(g) 石墨炔（graphdiyne）

后来的研究进一步揭示了石墨烯的诸多神奇性能，包括已知材料最高的力学强度及模量、最快的载流子迁移率、最高的电导率和热导率、最宽的波谱吸收频带等。美国麻省理工学院的研究者还发现当两层或少层石墨烯按照一定的角度堆垛时，会出现超导现象[2]。诸多研究者发展了多种制备方法，如机械剥离法、氧化还原法、电化学剥离法、化学气相沉积法（chemical vapor deposition，CVD）、SiC 外延生长法、单体聚合法等[3]。这些优异的性能及可量产的制备方法极大地促进了石墨烯的应用研究。石墨烯在多功能复合材料、高效电热材料、散热均热、吸波及电磁屏蔽、防腐涂料、健康及智能穿戴、储能及能量转化、高性能纤维、海水淡化、传感器、新一代光电子器件等领域应用前景广阔或已实现应用[3,4]。因此，石墨烯是战略前沿新材料，被誉为"新材料之王"和"可以改变 21 世纪的革命性新材料"，有望成为继石器、陶器、青铜、钢铁、硅之后的第六代文明载体。《烯望》诗云：石陶铜铁竞风流，信息时代硅独秀。量子纪元孰占优，一片石墨立潮头。

6.2   石墨烯的结构与性质

6.2.1   石墨烯的结构

严格的单层石墨烯是由碳原子通过 sp^2 杂化轨道组成六角型蜂巢状晶格的极薄片，可以被视为是超大的芳香族分子，每一个正六边形单元类似一个苯环。碳的原子序数是 6，电子排布为 $1s^2 2s^2 2p^2$，成键时碳原子外层 3 个电子通过 sp^2 杂化形成强 σ 键，相邻两个键之间的夹角为 120°，第 4 个电子是公共的，形成弱 π 键。石墨烯中碳碳键的键长为 0.142 nm，键能为 615 kJ/mol，每个晶格内有三个 σ 键，所有碳原子的 p 轨道均与 sp^2 杂化轨道平面垂直，并以肩并肩的方式形成一个离域大 π 键，贯穿整个石墨烯分子（图 6-2）。石墨烯的边缘结构分为锯齿型（Zigzag）和扶手椅型（Armchair）。石墨烯的厚度为 0.335nm，约为头发丝直径的二十万分之一。以六个碳原子组成的六元环单元呈蜂窝状排布的晶体结构可以通过高分辨透射电子显微镜（high resolution transmission electron microscope，HRTEM）和扫描隧道显微镜（scanning tunneling microscope，STM）进行观测[5]。

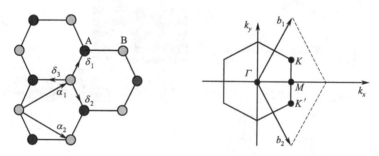

图 6-2   石墨烯的六方晶格结构及简约布里渊区

单层石墨烯堆垛起来可形成双层和少层石墨烯（3~9 层），层间存在范德华（van der Waals）相互作用。堆垛方式主要有三种（图 6-3）：简单六角堆垛（AA 堆垛，AAA…）、六角堆垛（AB 堆垛，或 Bernal 堆垛，ABAB…）、三角晶系堆垛（ABC 堆垛，ABC…）。其中的 AA 堆垛为第二层的碳原子位于第一层碳原子的正上方，层间距为 0.350 nm；AB 堆垛为第三层的碳原子与第一层碳原子在平面上投影相同，层间距为 0.335 nm；ABC 堆垛为第四层的碳原子与第一层碳原子在平面上投影相同，层间距为 0.337 nm。AB 堆垛是石墨及少层石墨烯中较普遍的堆垛方式，多层堆垛时可能存在多种堆垛方式，层间还可能会发生扭转[6]。

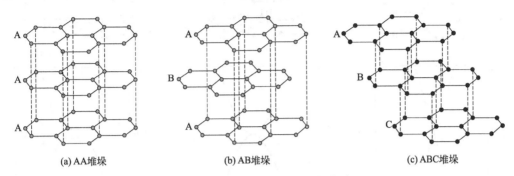

(a) AA堆垛   (b) AB堆垛   (c) ABC堆垛

图 6-3　石墨烯典型的三种堆垛方式

除了单层石墨烯及多层石墨烯，还有其他形式的石墨烯及其衍生物，如石墨烯纳米带（graphene nanoribbon，GNR）、石墨烯量子点（graphene quantum dot，GQD）、氧化石墨烯（graphene oxide，GO）、还原氧化石墨烯（reduced graphene oxide，rGO）、功能化石墨烯、掺杂石墨烯等。石墨烯及其衍生物可以通过组装形成宏观材料，如纤维、薄膜、气凝胶等。

6.2.2　石墨烯的带隙

单层石墨烯的电子完全填满价带，而空出导带。理论计算得到的能带结构如图 6-4 所示。这种在费米能级处呈上下对顶的圆锥形能带结构被称为狄拉克锥，单层石墨烯在第一布里渊区有 6 个狄拉克锥。处于价带和导带相接位置的点被称为狄拉克点[2]（图 6-4）。单层石墨烯在狄拉克点处的能态密度为零，因此是一种零带隙的导体或半金属（semimetal）。单层石墨烯的自由电子有效质量为零，费米速度可达 10^6 m/s，具有超高的电子迁移率，还具有量子霍尔效应及优良的输运性质，使其在高速晶体管、自旋电子器件等纳米电子领域具有应用潜力。

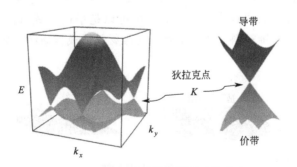

图 6-4　石墨烯的能带结构及狄拉克点

单层石墨烯的带隙可通过打破石墨烯本征的对称性来打开，如掺杂、化学改性、衬底吸附、引入周期性缺陷、宽度限制形成纳米带、外加应力等方法。

双层和多层石墨烯的能带结构视外场作用会有所变化。无电场作用时完美双层石墨烯的带隙也为零；在电场作用下，Bernal 堆垛的双层石墨烯的带隙有 0.1～0.3 eV 的改变（图 6-5）。

对于扭转双层石墨烯，扭转角度决定了其能带杂化效应。在一定的扭转角度下，狄拉克

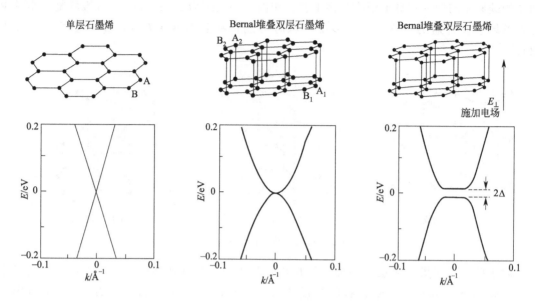

图 6-5　单层石墨烯与双层石墨烯的带隙

点上的费米速度为零，此时的扭转角度被称为"魔角"，对应的双层石墨烯称为"魔角石墨烯"。研究发现，当扭转角度为 1.16° 和 1.05° 时，"魔角石墨烯"出现了超导性，超导温度为 1.7 K[7]。

6.2.3　石墨烯异质结

　　石墨烯的狄拉克锥形能带结构赋予其诸多优异物理性质的同时，亦带来零带隙这一问题和巨大挑战。这意味着石墨烯沟道难以被关闭，极大地限制了石墨烯在电子学和光电子学领域的应用。

　　通过石墨烯与其他二维材料如六方氮化硼（h-BN）、半导体过渡金属硫族化合物（transition metal dichalcoginides，TMDs）等形成异质结，不仅可以突破本征局限性，还能发现新奇的性能。异质结可以是垂直或面对面式，也可以是平面内式（图 6-6）。石墨烯还可以与零维材料如量子点、一维材料如碳纳米管、三维材料形成异质结，实现功能电子或光电子器件。

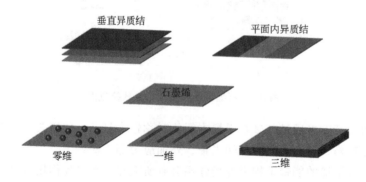

图 6-6　石墨烯异质结

6.2.4　石墨烯的电学性质

完美石墨烯在室温下的电阻率极低，约 $10^{-8}\Omega\cdot m$，电导率是银的 1.6 倍。石墨烯具有极高的载流子迁移率，约 $2\times10^{5}cm^{2}/(V\cdot s)$，高出传统半导体材料及二维电子气两个数量级[6]（表 6-1）。

表 6-1　石墨烯与传统半导体材料及二维电子气的电学性能

性能	Si	Ge	GaAs	二维电子气	石墨烯
E_g① (300K)/eV	1.1	0.67	1.43	3.3	0
$m*/m_e$②	1.08	0.55	0.069	0.19	0
μ_e③ (300K)/[cm²/(V·s)]	1350	3900	4600	1500	约 2×10^{5}
V_{sat}④ $\times10^{-7}$/(cm/s)	1	0.6	2	3	约 4

注：①E_g 为带隙；②$m*/m_e$ 为电子有效质量；③μ_e 为电子迁移率；④V_{sat} 为电子饱和速度。

石墨烯的边缘结构、褶皱、缺陷、吸附的杂质、掺杂、层数、基底材料等会对电导率和迁移率产生较大影响。如氟化石墨烯的电阻大于 $10^{12}\Omega$，为高绝缘性。通过调控还原条件，rGO 可从绝缘体到半导体再到半金属进行调节。宏观组装石墨烯膜的电导率在 10^{6} S/m 量级，掺杂后可达到 10^{7} S/m，仍然低于铜和银的电导率。宏观组装纳米石墨烯膜的载流子迁移率约 1770 $cm^{2}/$（V·s）。

通过晶体管的栅压可以调控石墨烯中载流子浓度，在负栅压和正栅压区域分别观察到了空穴导电和电子导电，即双极化电场效应。

单层石墨烯具有半整数量子霍尔效应，且在室温下即可测量，有利于理解和利用材料的凝聚态物理性能。

6.2.5　石墨烯的光学性质

石墨烯的零带隙及在狄拉克点处线性的色散，为其带来了神奇的光学性质，如超宽光谱吸收、高的非线性光学响应、电学可调且低损耗的表面等离激元等，有望用于下一代光学及光电子器件。

石墨烯的光吸收主要分为带内跃迁和带间跃迁。从可见光到中红外波段，不同频率的入射光激发石墨烯带间跃迁产生光生载流子的概率相同，单层石墨烯的吸收率都为 2.3%，约为相同厚度 GaAs 的 50 倍。因此，石墨烯的光吸收在该波段很容易达到饱和，可用作光纤激光器锁模的可饱和吸收体，产生超快激光。在紫外及深紫外波段（光子能量>3 eV），石墨烯能量及动量不再遵循线性色散关系，其吸收也不再是精细常数，而是有强烈的吸收峰（>10%）。在太赫兹波段，石墨烯对光子的吸收主要源于自由载流子的带内跃迁，其吸收率与入射光的频率相关。

6.2.6　石墨烯的热学性质

热导、热阻、热容及热膨胀系数是石墨烯热学性质的四个主要参数。这里主要介绍热导。

固体材料中热量传导的载体主要有电子、声子和光子。金属材料热传导的载体主要是电子。介电材料在低温下主要由声子传导热量，而在高温下光子导热起到重要作用。石墨烯的热传导主要通过声子散射来实现，包括高温下的扩散传导和低温下的弹道传导。单层石墨烯在室温下的热导率为 5300W/(m·K)，比已知最高热导率材料金刚石还高 1.5 倍。热导率会受到缺陷、边界、堆垛层数、温度等因素影响，除了声子间碰撞引起的声子-声子散射外，还有声子与边界、晶界、杂质、缺陷等作用引起的缺陷散射，导致热导率的降低。石墨烯的面内热导率随层数的增加而减小，数十纳米厚度的宏观组装石墨烯薄膜的热导率为 2027～2820W/(m·K)，微米厚度的石墨烯组装膜的热导率为 1800～2000W/(m·K)。

6.2.7 石墨烯的力学性质

石墨烯中每个碳原子通过强 σ 键与相邻的 3 个碳原子相连接，并形成稳定的正六边形平面结构，使其具有极高的拉伸强度、杨氏模量及拉伸应变。实验测得单层石墨烯的本征强度为 125GPa，超过钢的 100 倍；杨氏模量达 1000GPa（1TPa），约为钢的 5 倍；弹性拉伸应变达 6%，泊松比（横向变形系数）约为 0.2。缺陷、晶界、横向尺寸、褶皱、堆积规整度等因素会影响石墨烯，特别是宏观组装石墨烯材料的力学性能。纳米厚度的宏观组装石墨烯薄膜的拉伸强度可达 5.5～11.3GPa[8]，微米厚度组装膜的拉伸强度可达 1.55GPa[9]，石墨烯纤维的拉伸强度达 3.4GPa，模量可大于 300GPa[10]。宏观三维石墨烯气凝胶具有零泊松比和超弹性，可压缩 99% 或拉伸 200% 后还能回弹。

6.2.8 石墨烯的化学性质

石墨烯化学性质较惰性，在 400℃ 的大气中可保持不被氧化，耐酸、碱、盐及有机溶剂。通过等离子体处理，石墨烯的碳碳双键可以发生氟化、氢化和氧化反应，生成与石墨烯性质截然不同的氟化石墨烯、氢化石墨烯和氧化石墨烯。

GO 和 rGO 的化学活性高，类似于含羟基、羧基、环氧基及其他含氧官能团的有机分子，常规条件下即可发生多种化学反应；其平面结构中的碳碳双键亦被活化，可以发生自由基加成和环加成反应，形成功能化石墨烯。rGO 可以被 B、N、P、S、I 等原子掺杂或共掺杂，在电化学、光催化及碳基非金属催化剂等领域有重要应用价值。

石墨烯有离域大 π 键，表面电子云排列紧密，因此具有很好的阻隔性。除了质子，石墨烯可阻挡一切气体和液体分子穿过。这样石墨烯打孔后可用来选择性分离分子，多层堆垛或宏观组装石墨烯膜可利用层间狭缝进行分子或离子的分离纯化。

6.2.9 石墨烯的其他性质

石墨烯没有局域自旋净磁矩，本身没有磁性。在石墨烯中引入杂原子或缺陷，使得外层具有未配对的电子，则可能产生磁性。

石墨烯的光、热、电等多种性能可以耦合转化，如光电、电光、电热、热电、光热转化等，使石墨烯具有更广的应用范围。

6.3 石墨烯的制备

石墨烯的制备可以分为石墨路线和非石墨路线。石墨路线以石墨为原料，通过机械、化学、电化学、超声等方法克服石墨层间范德华作用，得到石墨烯或氧化石墨烯，产品主要以水性浆料或粉体形式存在，俗称粉体石墨烯。我国石墨矿产资源丰富，石墨产量约占全球总产量的 62%，有利于发展石墨烯大产业。非石墨路线以 CVD 法为主，得到的石墨烯主要以透明薄膜形式存在，俗称薄膜石墨烯。CVD 法亦可制备粉体石墨烯。

6.3.1 机械剥离法

机械剥离是通过物理作用剥离石墨、膨胀石墨、插层石墨等原料来制备石墨烯的方法，可分为不需要溶剂的干法和使用溶剂的湿法[11]。干法主要有胶带剥离法、微机械加工剥离法、球磨法等。湿法主要有超声剥离法、剪切剥离法、插层剥离法等。如榨汁机类的旋片式剪切搅拌器可用于制备石墨烯。胶带剥离法可以获得单层高质量石墨烯,其他机械剥离法所得的石墨烯基本为多层,虽片径较小,但晶区较完整,导电率较高。导电、导热型石墨烯浆料可用机械法制备。

6.3.2 氧化还原法

石墨在浓硫酸、浓硝酸等强酸和高锰酸钾、氯酸钾等强氧化剂作用下,发生插层-氧化反应,得到氧化石墨,进一步超声剥离,得到少层或单层 GO[图 6-7(a)]。GO 经过化学还原,得到 rGO,再通过高温还原修复,可得到高结晶度石墨烯。

典型的氧化石墨制备法有 Brodie 法、Staudenmaier 法、Hummers 法及其改进法。1859 年,B. C. Brodie 将发烟硝酸、氯酸钾与石墨混合反应,得到氧化石墨。1898 年,L. Staudenmaier 改进了 Brodie 法,使用浓硫酸与发烟硝酸,将氯酸钾分次加入反应,提高了石墨的氧化程度。这两种方法的主要缺点是会产生有毒的氯氧化物和氮氧化物气体。1958 年,Hummers 等提出用浓硫酸和高锰酸钾与石墨反应制备氧化石墨的方法,不会产生有毒气体,被后来的研究者广泛使用或改进。需要特别注意的是,氧化反应时有爆炸等危险,实验前要经过专门培训且做好防爆安全措施。实验过程中,要注意控制氧化剂加入速率和剂量,不断搅拌,保持体系温度不超过 20℃。加料完毕,控制反应温度在 35℃左右。氧化法可量产无分散剂的 GO 和 rGO。可喜的是,源自浙江大学高超团队成果转化的杭州高烯科技有限公司采用自主研发的氧化法建成了全球首条单层氧化石墨烯生产线,并通过了 IGCC(国际石墨烯产品认证中心)的认证,其单层率大于 99%,适合用作科研试剂(研究者不再需要冒自制过程的爆炸风险),也为石墨烯宏观组装材料的宏量制备及工业应用铺平了道路。

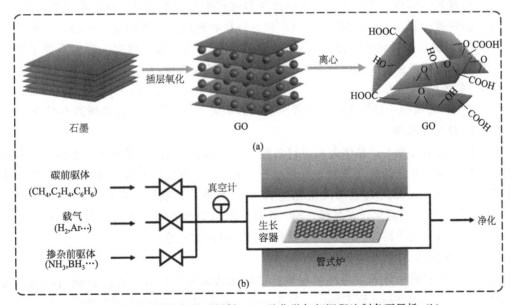

图 6-7 氧化法制备氧化石墨烯(a)及化学气相沉积法制备石墨烯(b)

6.3.3 电化学氧化法

以柔性石墨纸为阳极、铂为阴极,中科院沈阳金属研究所 Pei 等[11] 发展了一种安全、快速的电化学氧化法制备 GO。先在浓硫酸中恒电压极化(1.6V)20min,石墨纸因插层反应变为蓝色。然后，在 50％硫酸中恒电压极化（5V），石墨纸变为黄色并开始剥离。将产物抽滤、洗涤后在水中超声处理，得到 GO 分散液。该法的优点是高效、耗水量较少。

6.3.4　化学气相沉积法

CVD 是指气态或蒸气态物质在气相或气固界面发生化学反应，生成固态沉积物的过程。CVD 法可以制备石墨烯薄膜、粉体和泡沫，其中薄膜的可控制备最具优势。CVD 法制备石墨烯薄膜可实现晶畴区尺寸可调、横向可连续、层数可控、折层（folds）和皱褶（wrinkles）可消减。2009 年，Ruoff 课题组首次实现在铜箔表面 CVD 法制备石墨烯薄膜[12]。之后，国内外多个研究团队如北京大学刘忠范、中科院谢晓明、韩国高等科技学院 Kim 等课题组取得了突破性进展[13,14]。目前，CVD 法可制备出连续达千米级的透明石墨烯薄膜、六英寸晶圆级单晶石墨烯及纯平无皱褶纯单层石墨烯。

CVD 法制备石墨烯的一般过程如下：先预处理，将管式炉升温至生长温度（如 1000℃），通入合适的载气对预先放置好的生长衬底（如铜箔等）退火，对其表面进行清洁、氧化层还原、活性位点钝化等。随后，将甲烷碳源和还原性气体氢气及保护用气体氩气通入管式炉中，裂解催化生长［图 6-7（b）］。此阶段，衬底种类及其纯度和晶面、反应温度及温度场的均匀性、压强及分布、气体组分及比例、流速、碳源滞留时长等因素对石墨烯薄膜的质量均有影响。最后，通入保护性气体，终止反应，体系降温，取出样品，根据需要，进行衬底转移等操作。

石墨烯薄膜可在多种金属基底上进行生长，常见的金属基底催化活性顺序为：Ru～Rh～Ir＞Co～Ni＞Cu＞Au～Ag。生长机制主要有两种：基于铜基底的自限制生长和基于镍基底的偏析生长。铜具有较低的碳溶解度（1084℃下质量分数约为 0.001％～0.008％）、较强的催化活性及较弱的铜-碳相互作用，因此碳在铜表面的迁移势垒较低，裂解产生的活性碳物质不会进入铜体相，而是在铜表面快速迁移成核生长。当铜衬底被石墨烯完全覆盖后，铜的催化活性被抑制，石墨烯即停止生长[15]。镍具有较高的碳溶解度（1326℃下质量分数约为 0.6％），催化碳源裂解的能力强于铜，其催化生长石墨烯，增加了裂解碳原子溶解进入金属体相以及在降温时又从体相偏析到表面完成成核生长的过程。

非金属材料如 TiC、MoC、SiC、SiO_x、MgO、Al_2O_3、Ga_2O_3、ZrO_2、SiGe、Sr-TiO_3、h-BN、玻璃等亦可作为石墨烯薄膜生长的基底，但目前其生长机理尚不明确。

6.3.5　SiC 外延生长法

石墨烯可以直接在 SiC 晶体表面进行外延生长。高温下硅原子的蒸气压更高，具有比碳更快的升华速度，剩余的碳在表面上生长成石墨烯。除了常用的射频感应加热外，激光或脉冲激光可实现 SiC 表面的石墨烯图案化生长[16]。另外，富勒烯、石墨等可作为碳源，在 SiC 表面进行分子束外延生长石墨烯。SiC 外延生长石墨烯的优势在于不需要转移，可直接用于制备电子或光电子器件，但目前还没有规模化制备的报道。

6.3.6　有机聚合法

特定的共轭有机小分子可通过液相聚合或固态表面辅助聚合的方法合成石墨烯。2010 年，Mullen 研究组和 Fasel 研究组[17] 首先报道了表面辅助合成石墨烯纳米带。目前可以合成石墨烯纳米带、石墨烯纳米片、多孔石墨烯，并可控制纳米石墨烯的宽度、长度、边缘结构、异质原子等。2014 年，他们[18] 进一步采用依次加入前驱体分子的策略构筑了石墨烯纳米带异质结。先将双卤素前驱体挥发到金属表面，加热反应使前驱体脱卤形成自由基，偶联聚合，环化脱氢形成原子精确的石墨烯纳米带。

6.3.7　其他

制备石墨烯的方法较多,还有金属偏析法、电弧放电法、电子束辐照法、焦耳热法等。2020 年,美国莱斯大学的 J. Tour 研究团队用"闪蒸"法制备了石墨烯,在 10 毫秒内加热到 3000 K,含碳原料如食物残渣、废旧塑料、橡胶轮胎、木屑及生物碳等即转化为多层石墨烯[19,20]。另外,通过氧化切开碳纳米管可以制备石墨烯纳米带[21]。

6.4　氧化石墨烯

在实际应用中,石墨烯面临着难浸润、难分散、难加工的问题。GO 是石墨烯重要的前驱体,可以认为是二维大分子,由于引入较多含氧官能团,具有可溶解、易改性、易加工的特性,是一种活的组装基元 (living building block),在化学、材料、工程学等领域具有广泛的应用价值[22]。

6.4.1　结构

GO 受制备工艺的影响,没有恒定的化学计量比,因此其化学结构难以统一。GO 通常以石墨为原料,采用化学氧化剥离的方法制得。和石墨烯相似,GO 具有类似环己烷的椅状碳网络结构,由 sp^3 和 sp^2 碳原子键合而成,不同的是,其碳六角骨架由含氧官能团进行修饰,主要包括羟基、羧基、环氧基和酯基 (图 6-8)[23]。此外,大量含氧官能团的存在使得 GO 层间距增大,从石墨烯的 0.334 nm 增大到 0.8~1.2 nm。

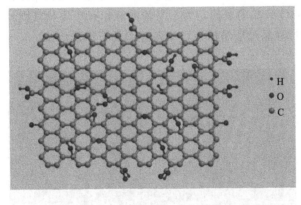

图 6-8　氧化石墨烯的基本化学结构

6.4.2　基本性质

GO 在制备过程中会形成孔洞和缺陷,并在片层表面生成大量的含氧官能团[24],因此力学性能相较于单层石墨烯有明显的下降。GO 的断裂强度为 63GPa,约为单层石墨烯的二分之一,模量为 0.25TPa,约为单层石墨烯的四分之一。同时,GO 不具备导电性,它的导热率也由于含氧官能团和缺陷结构的存在而明显下降,约为 10W/(m·K)。

含氧官能团降低了 GO 的物理性质,却丰富了化学性质。GO 片层表面丰富的含氧官能团,使其能够很好地分散在水或者其他极性有机溶剂中[25],例如 N,N-二甲基甲酰胺 (DMF)、N-甲基-2-吡咯烷酮 (NMP)、乙二醇及其混合溶剂。GO 在上述溶剂中极高的溶解性赋予了其易加工、易改性的特点,为石墨烯宏观组装材料的大规模可控制备奠定了基础。

6.4.3 二维大分子构象

除化学结构外，GO 片层的构象结构（如褶皱、卷曲等）也是影响材料性能的重要参数[26]。石墨烯宏观组装体性能的设计，很重要的一点就是对 GO 前驱体的分子构象进行调控。作为一种二维拓扑聚合物，GO 的横向尺寸达到几十到几百微米，单分子也容易被光学显微镜检测和观察到，在水和极性有机溶剂中，GO 会形成向列相和层状相液晶结构；在不良溶剂中，由于 GO 片层的塌缩效应，会形成多级褶皱构象。

调控 GO 片层的构象具有重要的实际意义。例如，增加其褶皱，可以减弱其面面堆叠的倾向，增强其电化学性能，提高石墨烯宏观组装体的柔性；减少其片层的褶皱，可以促进宏观组装体中片层的密实堆叠，提升材料的力学强度及面内导热、导电性能。

6.4.4 液晶

由于 GO 片具有大长径比或宽厚比，即单原子厚度（T）和微米级横向宽度（W），使其可在水和极性有机溶剂中形成向列相、层状相及手性相液晶，用偏光显微镜（polarizing microscope，POM）可观察其生动的纹理（图 6-9）。早在 1948 年，海因里希·蒂勒（Heinrich Thiele）在研究石墨酸（石墨氧化物的旧名称）的黏度特性时观察到了石墨酸的流动双折射现象，这被认为是首次观察到石墨氧化物的流动诱导液晶。2011 年，浙江大学高超[27]、韩国先进科学技术研究所 Kim[28] 以及美国科罗拉多大学 Smalyukh[29] 等课题组对 GO 的液晶行为进行了重新观察和系统研究，开启了 GO 液晶行为研究的新篇章。

影响 GO 液晶行为的因素有：片层的宽厚比及其分布、溶液 pH 值、外界引入的离子浓度以及离子电荷数。GO 液晶的发现，为石墨烯的液相有序化及其固相有序化材料的制备奠定了基础。例如，通过液晶湿法纺丝法可制备连续的石墨烯纤维。

图 6-9   GO 液晶在偏光显微镜下呈现出美丽的纹理

6.4.5 还原

为了进一步提高 GO 的力学、电学和热学性质，需要对 GO 进行还原，得到 rGO。目前已报道多种还原方法，包括化学还原、热处理还原、焦耳热还原、微波还原、光还原、电化学还原、热压还原等。理想的还原工艺应当同时满足两个条件：调控含氧官能团的数量，同时对 sp^2 碳进行修复。研究表明，2000℃高温热处理可以完全消除 rGO 的面内缺陷[8,30]，在此基础上继续升高温度，可以对 rGO 的堆叠结构进行调控。

6.4.6　抗菌性

近年来的研究表明，GO 具有独特的抗菌活性。特殊的二维结构及表面所携带的含氧官能团是其能够限制细菌存活的主要因素，与细菌接触时会分别产生物理和化学相互作用。GO 可以大范围地覆盖、包裹细菌，使其与外界的生长环境隔绝而逐渐凋亡。此外，表面丰富的含氧官能团（羟基、羧基、环氧基等）可以与细菌表面的磷脂层发生化学作用形成氢键，对细菌产生束缚，同时对细胞膜的膜电位产生影响，从而造成膜的功能性损伤。

6.5　石墨烯宏观组装体

氧化石墨烯的分散液或液晶经过湿法组装、化学还原及高温后处理，可以得到石墨烯宏观组装体，如纤维（fiber）、薄膜（film）、气凝胶泡沫（foam）及无纺布（fabric）等，统称为"F4"材料。石墨烯宏观组装材料连通了纳米微粒与宏观物质，为石墨烯的现实应用铺平了道路。

6.5.1　纤维

2011 年，浙江大学高超团队[31] 首次用液晶湿法纺丝技术制备出连续的石墨烯纤维。将较高浓度的 GO 液晶（20~57mg/mL）分散液注射到旋转的氢氧化钠/甲醇或氯化钙/乙醇等凝固浴中（图 6-10），形成凝胶纤维。经过水洗、干燥、化学还原等步骤，收集到数米级长度的石墨烯纤维。所制备的石墨烯纤维是一种新型碳纤维，强度为 140 MPa，有较好的韧性，可以打结和编织。石墨烯纤维的成功制取开辟了石墨-石墨烯-碳纤维的新路线，使二维纳米片基元通过"自下而上"组装来制备碳纤维的策略成为现实，有利于突破传统碳纤维"分子裂解融合"制备原理对石墨晶畴尺寸的限制，达到结构功能一体化，满足未来空天重大装备的材料需求。石墨烯纤维打结图入选《自然》2011 年度最具影响力图像之一。

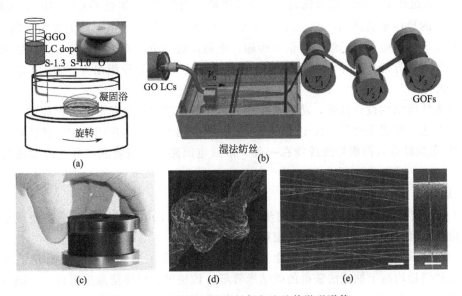

图 6-10　石墨烯纤维的制备方法及其微观形貌

GO 二维片状结构及可记忆的构象转变特性，使 GO 纤维显示出可逆融合与分裂现象，被称为"材料界的孙悟空"[33]。数百乃至数万根纤维可通过溶剂蒸发融合为一根纤维，融合的纤维可以干燥使用，还可以通过溶剂溶胀后解组装，分裂为原来的数百或数万根纤维，这一融合与分裂过程可反复多次进行。这一发现为揭示二维大分子的独特界面性及制备又粗又强的石墨烯基碳纤维打开了新思路。

高超团队建立了较系统的氧化石墨烯液晶纺丝方法学，并进行了高性能化和多功能化探索。通过大片氧化石墨烯原料及离子交联法，进一步提升强度至 500MPa[32,34]。发现石墨烯纤维的性能主要受制于从原子尺度到纳米、微米至宏观的缺陷，提出了多尺度缺陷工程策略，指导纤维的高性能化研究。通过拉伸、细旦化及高温石墨化等办法[35,36][（图 6-10（b）]，大大降低了缺陷，石墨烯纤维的强度提高至 2.2GPa，杨氏模量达 400GPa，导电率达 8×10^5 S/m。发现了插层塑化效应，通过吸附溶剂分子进入石墨烯层间，控制层间距为 1.2~1.8 nm 时，GO 纤维可塑化拉伸 30% 以上，重塑构象，改变其中的 GO 褶皱态为伸展态，经过化学还原及高温石墨化，显著提高了取向度、致密度和结晶度，纤维内部轴向晶畴尺度达 174.3 nm，纤维的拉伸强度达 3.4GPa，导热率达 1480W/(m·K)，导电率达 1.19×10^6 S/m[10]。相较于高导热沥青基碳纤维的王牌——美国 K1100[导热率 950W/(m·K)]，石墨烯纤维的导热率超过了 55%。除湿法纺丝外，还有一维受限水热法、薄膜加捻法、石墨烯卷或无纺布卷绕法、模板辅助 CVD 法等亦可制备石墨烯纤维。在超高分子量聚合物的复合辅助下，通过电纺或吹纺，经高温还原，可制备亚微米级石墨烯纤维及纤维布[37]。

GO 的氧化程度与片径、褶皱与构象、层间作用力、纤维的取向度、致密度、直径、还原方法及程度、晶畴尺寸等因素对石墨烯纤维的力学性能及导热导电功能性有明显影响。美国 Lian 团队[37] 通过大小尺寸的 GO 混合纺丝，制得了结构致密的石墨烯纤维（1.8 g/cm^3），拉伸强度为 1GPa，导热率达 1290W/(m·K)。通过微流控技术控制 GO 的排列取向，得到的石墨烯带状纤维，拉伸强度达 1.9GPa，杨氏模量 309GPa，导热率达 1300W/(m·K)[38]。通过掺杂，可以显著提高石墨烯纤维的导电性[39]。如经 $FeCl_3$、Br_2、K 掺杂后，石墨烯纤维的导电率提高 15~20 倍，达 2.24×10^7 S/m，其比导电率约为镍的 8 倍、铜的 2 倍，在轻质导线、电动马达线圈、信号传输、电磁屏蔽等方面有应用价值。金属钙掺杂的石墨烯纤维具有超导性，超导转变温度为 11 K，与商用 NbTi 超导线相当，实现了宏观碳材料首例超导纤维[40]。

石墨烯纤维结构设计性强，功能调控度大，在脑机接口电极及可穿戴器件如纤维状超级电容器、电池、智能驱动器、光电子通信等方面有应用潜力。高超团队[41] 通过同轴纺丝法制备了核-壳型纤维，两根纤维缠绕在一起，形成电回路，即组装成可弯折的柔性纤维超级电容器。

6.5.2　组装膜

GO 分散液或液晶可通过真空抽滤法、刮涂法、湿纺法、喷涂法等制成薄膜或纸，经过化学还原及高温热修复，得到石墨烯宏观组装膜。

2008 年，Ruoff 课题组[42] 首先用真空抽滤法制备了 GO 膜，并对比研究了其力学性能，强度和模量均高于抽滤法获得的碳纳米管纸。该法可利用稀溶液组装成膜，结构可控性好，成为实验室常用的经典制备方法。随后，澳大利亚 Li 团队用水合肼还原的均匀分散的 rGO 为原料，抽滤得到有金属光泽的石墨烯膜。这种方法的缺点是效率低，膜面积小，不能连续成膜。

刮涂法是将石墨烯或 GO 浆料刮涂在 PET 基膜上，通过烘道进行干燥，脱离基膜后还原、高温碳化或石墨化，得到连续的石墨烯膜，这一工艺已经实现了工业化，用以制备石墨烯散热膜。彭等[30] 提出"大片石墨烯分子内折叠"的思路，利用大片 GO 刮涂成膜，通过加热还原形成了微气囊，经过机械辊压得到了有许多微褶皱的石墨烯膜，导热率达 1900W/(m·K)，断裂伸长率达 16%，可耐数万次的弯折，解决了材料的高导热与高柔性不可兼得的科学难题[图 6-11(a)]。

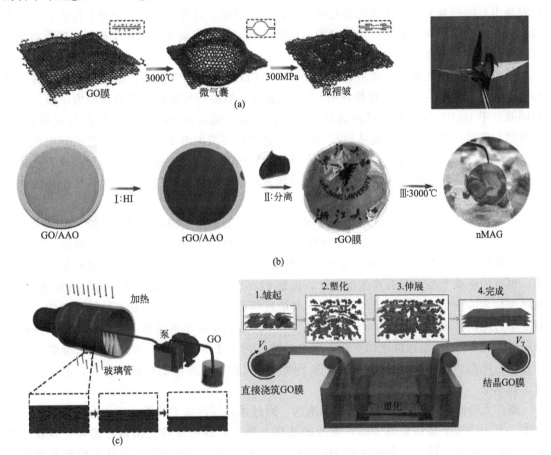

图 6-11 石墨烯膜的制备方法

石墨烯组装膜的发展方向是超厚、超薄及高力学性能。张等[43] 利用 GO 的可粘接性，先将刮涂的膜叠层粘接起来，经过还原及高温处理，得到了厚度达 200μm 的石墨烯膜，导热率达 1224±110W/(m·K)。彭等[8] 通过稀溶液抽滤、樟脑挥发冷缩及高温热处理路径，得到了自支撑高结晶度石墨烯组装纳米膜，厚度为 16~48nm，导热率为 2027~2820W/(m·K)，导电率为 1.8~2.1MS/m，载流子迁移率为 1770cm²/Vs、弛豫时间长达 23ps，打通了从商业化低成本 GO 到高性能光电子器件用高质量石墨烯纳米膜的路径[图 6-11(b)]。中科院任文才及合作者[44] 用离心涂膜法制备了大面积高取向和致密的 GO 膜，其还原后拉伸强度达 660MPa，导电率达 65000S/m[图 6-11(c)]。李等[45] 通过溶剂插层塑化拉伸，制得高取向 rGO 膜，拉伸强度达 1.1GPa，模量 62.8GPa，导电率 1.1×10⁵S/m，导热率 10⁹W/(m·K)[图 6-11(d)]。北京航空航天大学程群峰团队[9] 提出了外力牵引下有序界面交联的组装策略，揭示了界面交联"冻结"外力牵引诱导取向结构的科学原理，制备出高强度高导电的石墨烯膜，拉伸强度达 1.55GPa，杨氏模量为 64.5GPa，韧性为 35.9MJ/m³，电导率为 1.394×10^5 S/m，电磁屏蔽系数为 39.0dB（薄膜厚度 2.8μm）。

6.5.3　气凝胶

气凝胶是由纳米颗粒或聚合物分子相互聚集而形成的三维多孔固体材料，具有高孔隙率、大比表面积、低表观密度、低热导率等特点。自从 Kistler 在 1931 年首次制备出二氧化硅气凝胶以来，金属、无机氧化物、聚合物、碳等多种材质的气凝胶被合成出来。石墨烯气凝胶是由石墨烯基元搭接而成的多孔材料，具有低密度、高弹性、高导电率等特点，在超快吸油、宽频吸波、高温隔热、相变储能、电池电极、催化剂载体、光热水蒸发、轻质高灵敏压力传感器等方面具有应用价值。

石墨烯气凝胶的制备方法主要有模板导向 CVD 法、冷冻干燥法、水塑化发泡法等。成会明团队[46] 2011 年首次用模板导向 CVD 法制备了石墨烯气凝胶。以泡沫镍为模板、甲烷为碳源，于 1000℃下在泡沫镍表面沉积生长石墨烯，随后用 FeCl₃/HCl 溶液刻蚀镍骨架，即得到石墨烯气凝胶。这种高品质石墨烯及其连贯的三维网络结构赋予了出色的导电性，灌注高分子聚二甲基硅氧烷后，可制备出高可拉伸导电复合材料。在碳纳米管气凝胶表面涂覆一层聚丙烯腈，经过热处理后形成了石墨烯包覆的碳纳米管气凝胶，具有优异的压缩弹性和抗疲劳性[47]。

高超团队[48] 用大片 GO 水分散液直接冷冻干燥制备出超轻石墨烯气凝胶，最低表观密度低至 0.16mg/cm³，是常温常压空气密度的 1/8，被称为"世界最轻材料"，获得吉尼斯世界纪录认证，入选 2013 年中国十大科技进展新闻[图 6-12(a)、(b)]。与碳纳米管复合协同组装，得到的全碳气凝胶具有高压缩弹性，压缩 82% 后可以回弹。高分辨扫描电镜观测证实，这种弹性来源于负载碳纳米管的石墨烯本身的弯折弹性，而不是常见的搭接滑移弹性。澳大利亚李丹团队、大连理工大学邱介山团队[49,50] 用冷冻干燥法也制备了高弹性超轻石墨烯气凝胶[图 6-12(c)]。通过湿法纺丝法，用乙二胺、钙离子等将 GO 交联，形成水凝胶，再干燥还原，可制得石墨烯气凝胶[27]。冷冻干燥法可以控制气凝胶的形貌和体积，但耗能、耗时、效率低，材料尺度受限。

浙江大学高超团队[51] 提出水塑发泡法，通过水插层溶胀 GO 膜，用水合肼还原的同时发泡，不用冷冻干燥和低温干燥，常规的加热干燥工艺即可连续化制备石墨烯气凝胶，快速、简便、高效，适合大规模生产[图 6-12(d)]。所制备的气凝胶的石墨烯孔壁具有双曲面非欧几何结构，压缩弹性及抗疲劳性极佳，压缩 99% 后仍能回弹。这种方法还可制备小型化微气凝胶，用作高灵敏微型应力传感器，通过机器学习后，可以高准确识别微标识和图案。拓展该方法，在聚合物泡沫内吸附 GO 并发泡，其中的石墨烯孔壁仅有纳米级厚度，可共振协同吸声，获得高效吸声泡沫[52]。南开大学陈永胜团队[53] 通过石墨烯边缘交联法制备了石墨烯气凝胶，其从高温到极低温区都具有不变的优异压缩回弹性。他们还观察到超轻石墨烯气凝胶的独特负/零泊松比及光驱移动现象，打开了气凝胶的物理性能及光电催化研究新视野。

除了高可压缩气凝胶，郭等[54] 还制备出高可拉伸气凝胶。通过 3D 打印，制得石墨烯与碳纳米管的协同组装多级结构超轻纯碳气凝胶，拉伸 200% 后仍具有高回弹性，可用作多向扭曲机械臂的传感控制器。

6.5.4　其他组装体

除纤维、薄膜、气凝胶宏观组装体外，GO 及 rGO 还可组装成无纺布，经过高温还原，

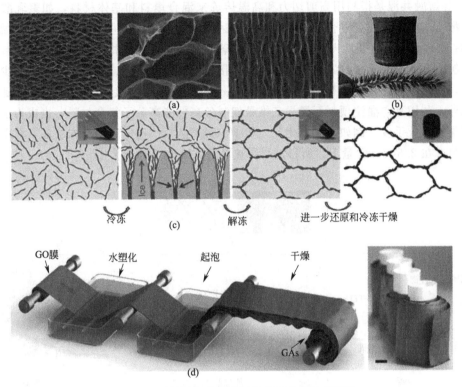

图 6-12　石墨烯气凝胶的制备方法及其微观形貌

其具有很高的比导热率和比导电率，可用来制备高面积和体积比容量超级电容器[55,56]。利用 GO 膜的自粘接性，通过简便的剪切-粘贴，可制备出多种复杂的三维结构[57]。GO 与带正电荷的支化聚乙烯亚胺组装成具有层状结构的水凝胶球[58]。在钙离子诱导下，GO 在基体表面可快速实现层叠层（layer-by-layer）组装[59]。GO 液晶通过钙离子诱导滴落组装法，制备出了多种复杂形貌的水凝胶[60]。GO 液晶还可组装成泪珠状的非对称结构，其可自融合组装成稳定的复杂形状液晶体[61]。通过超声辅助汽化组装法，黄嘉兴团队[25]制备了 GO 泡泡。利用喷雾干燥法，陈等[62]制备出玫瑰花瓣状石墨烯微球，还原后，可用作低填充量高效吸波材料。

6.6　石墨烯复合材料

复合材料，即是将两种或两种以上不同物理或化学性质的材料，通过专门的成型工艺和制造方法复合而成的一种高性能材料。利用石墨烯高性能优势提升现有复合材料的性能，或设计各种新型的复合材料，已成为科学与工程领域中的热点话题。

6.6.1　石墨烯-高分子复合材料

将石墨烯作为增强组分加入高分子基体中，可显著改善高分子力学、电学、热学等方面的性能，主要有溶液共混、熔融共混、原位聚合及预制骨架回填等制备方式（图 6-13）。自 2006 年 Ruoff 等[63]首次利用溶液共混法制备石墨烯/聚苯乙烯（PS）纳米导电复合材料后，石墨烯已被引入到多种高分子基体中，如聚甲基丙烯酸甲酯、聚苯胺、聚己内酯及聚氨酯等[64]。熔融共混是指利用高剪切力和高温熔炼来混合填料和基体材料，如聚乳酸及聚对苯二甲酸乙二醇酯石墨烯复合材料。然而，上述两种方法中，石墨烯基纳米片的重新堆叠、聚集和折叠是不可避免的，导致其比表面积显著降低，进而削弱材料理论性能。

为解决上述问题，通过原位聚合将石墨烯接枝到高分子主链或侧链，可显著减少石墨烯的聚集，如通过原位阳离子聚合制备聚苯胺复合材料、预聚体接枝制备环氧树脂复合材料等。此外，利用真空灌注预制石墨烯三维骨架制备高性能高分子复合材料，也成为了避免石墨烯聚集的有效手段。例如，北京化工大学于中振团队[65]利用定向冷冻制备了有序多孔石墨烯填料，在 2.5wt% 含量下，所得复材导热率达到 8.87W/(m·K)。

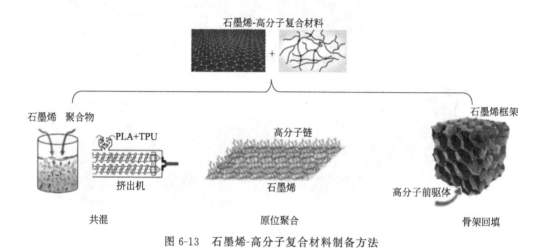

图 6-13　石墨烯-高分子复合材料制备方法

6.6.2　石墨烯-无机纳米粒子复合材料

无机纳米材料在电学、光学、能量转换与储存及能量收集等领域展现出应用潜力[66]。石墨烯与其他无机纳米粒子复合材料引起了研究者的广泛关注，如碳纳米管、金属纳米粒子、金属化合物等无机非金属复合材料。其复合材料的制备主要可分为非原位杂化及原位结晶生长两种方法。非原位杂化是将石墨烯纳米片与其他无机纳米材料直接混合，通过两者间非共价相互作用（如 π-π 相互作用、静电相互作用等）或化学键结合实现杂化。原位结晶生长主要是采用无机纳米材料的前驱体作为原料，利用化学还原、溶胶凝胶、水热及电化学沉积等方法将前驱体原位反应并负载到石墨烯片层表面，进而制得石墨烯-无机纳米复合材料。

6.6.3　其他石墨烯复合材料

除了高分子及无机纳米粒子复合材料，生物材料（如 DNA）、金属有机框架等也可用于与石墨烯复合进而满足不同的应用需求。如石墨烯-DNA 复合材料可用于生物传感、纳米电子学等领域。

6.7　石墨烯的应用

6.7.1　原创硬科技演进模式及石墨烯产业化三生模型

原创硬科技从原创科学研究到原创产品应用，一般要经过"I to P"（ideas to papers）、"P to P"（papers to papers）、"P to I"（papers to industry）三大阶段。"I to P"，把思想转

变为科学认识，猜想或原理通过实验得到论证，形成论文公开发表，以供存阅验证、借鉴启发。"P to P"，论文再引发多篇论文发表，不断积累认识、改进方法、提升性能、完善理论，形成一个研究方向。"P to I"，一部分论文成果通过转化孵化工程化，得到新产品，经过市场竞争，逐渐形成新产业。"P to I"的实现，反过来会促进"I to P"及"P to P"进程，螺旋式发展，形成新产业链和新价值链。一个小周期，一般需要 10～20 年。科技与产业这样迭代式演进，促进生产力发展和人类文明进步。

石墨烯的应用面很广很深，需要根据技术发展的客观规律，循序渐进、有条不紊地梯度式推进。石墨烯产业化可按"三生"模型规划发展，即伴生、共生、创生。伴生，就是石墨烯作为功能助剂或"工业味精"添加到高分子、陶瓷、金属等传统材料中，制备纳米复合材料。共生，就是石墨烯作为材料主要成分，起到功能主体作用，如电热膜、散热膜、打印电路、传感器等。创生，就是石墨烯作为材料支撑骨架，相较于传统竞品材料，有功能或性能颠覆性，起到决定性或杀手锏级作用，如燃料电池电极、海水淡化膜、石墨烯纤维、光电子芯片等。

6.7.2 石墨烯多功能复合纤维

浙江大学高超团队 2010 年发表首篇关于制备石墨烯复合纤维的论文。此后，与杭州高烯科技有限公司合作，攻克原料量产、均匀分散、纤维细旦化等技术难题，实现了石墨烯复合纤维的规模化生产。石墨烯多功能复合纤维由单层 GO 与己内酰胺、乙二醇等单体进行原位聚合-熔融纺丝制得（图 6-14）。GO 的特定基团、超大比表面积、共轭结构等，赋予复合纤维及其纺织品稳定而高效的抗菌抑菌、抗病毒、抑螨、防紫外、远红外发射、负离子发生等多功能性，被称为继天然纤维、化学纤维、功能纤维后的第四代康护纤维。

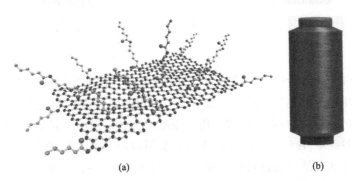

(a)   (b)

图 6-14　石墨烯与纤维基体共价键连接（a）及石墨烯锦纶复合纤维（b）

6.7.3 防腐涂料

钢铁应用时面临着腐蚀问题。这主要源于环境中的水、氧气、电解质等与金属接触形成原电池腐蚀。欧美每年用于腐蚀防护资金高达 5000 亿美元。我国用于防护腐蚀的费用也居于高位。一般用于防腐的技术主要是镀铬和锌层，但铬对人体有危害。因此，各国对高效、环保、低成本防腐技术的需求日益迫切。石墨烯可阻挡气体、水、盐离子的通过，可用于腐蚀防护。石墨烯能够防腐的内在机制是：①石墨烯片通过片片组装成防腐涂层，内部存在着弯折通道，使得水、氧等腐蚀金属变得困难；②石墨烯片是碳六元环结构，水、氧等难以通过石墨烯片，防止金属被腐蚀；③对于聚合物防腐涂层，当腐蚀发生时，发生阳极反应，电子经过金属到达阴极（金属离子的产生），而高导电石墨烯的存在，可以为电子提供其他通道，抑制腐蚀的发生。中科院宁波材料所王立平团队[67]将硅烷化三苯胺插层石墨烯与环氧涂料复合，将其涂覆在 Q235 钢表面形成涂层，展现出优异的防腐性能。其石墨烯基重防腐涂料已实现规模量产，已在国家电网沿海地区和工业大气污染地区大型输电铁塔、西南地区光伏发电支架、石化装备以及航天装备等领域进入示范应用阶段。

6.7.4　电热膜

电热，即电流的（焦耳）热效应，是指电流流过电阻做功使电能转化为热能的现象。因导电性高、电阻率低及热传导率高等特性，石墨烯膜是理想的电热材料，相较传统电阻丝发热，其具有以下特点：①电热转化效率高（＞99％），基本无机械能、光能及化学能等形式的能量损失，因而节能、环保；②发热快，且温度可控；③热量通过远红外波（生命光波）形式向外辐射，且无电磁辐射，具有理疗保健功效。应用上，石墨烯电热膜已实现产业化并走进千家万户，是日常地暖、壁暖、衣暖等关键发热材料，如 2022 年北京冬奥会采用了柔性石墨烯发热材料用于运动员、工作人员和户外场馆的防寒保暖。科研上，石墨烯电热膜被用于金属纳米颗粒等前沿材料的超快、可控制备（图 6-15）[68]。

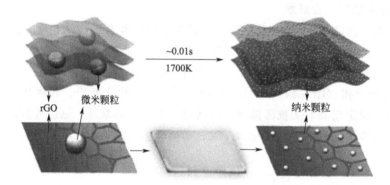

图 6-15　石墨烯电热膜在材料超快合成中的应用[68]

6.7.5　导热膜

高频电子器件的运行会产生大量的热，影响设备运行的稳定性和寿命。为此，高效热管理材料被广泛应用以分散热量、降低设备温度。商用的热管理材料主要有两类：金属（铜、铝等）、碳材料（金刚石、高定向热解石墨、聚酰亚胺热裂解石墨膜等）。有限的电子数量限制了金属材料的热导率$[K \leqslant 429W/(m \cdot K)]$；金属材料具有良好的延展性，易加工但耐弯折性差。声子主导的高结晶碳材料具有较高的热导率$[1700 \sim 2000W/(m \cdot K)]$[69]。聚酰亚胺基石墨烯膜的热导率有较强的厚度依赖性，即随厚度的增加热导率下降较明显。宏观组装石墨烯膜可以引入微褶皱，兼顾导热和柔性（图 6-16）[30]。GO 膜独特的湿法组装方式、自融合特性，使其可以制备厚度可控的高导热石墨烯膜（纳米到亚毫米）[8,30]。这种高导热、高柔性及高通量的石墨烯膜可应用于（柔性）电子器件中，如航空航天（例如，遥感卫星均热）及智能终端（如手机散热）。此外，石墨烯可被用于高频电子器件（如射频天线等），其卓越的导热性质可降低器件温度，保证器件稳定运行。

6.7.6　分离膜

石墨烯及其衍生物是构筑高性能分离膜的理想材料，既具有优异的机械性能、化学和热稳定性，又有独特的单原子层厚度、亚纳米级层间/孔道结构和丰富的活性位点，可通过尺寸排阻、静电作用和化学键合等途径筛分、截留目标物而实现提纯与分离（图 6-17）[70]。完

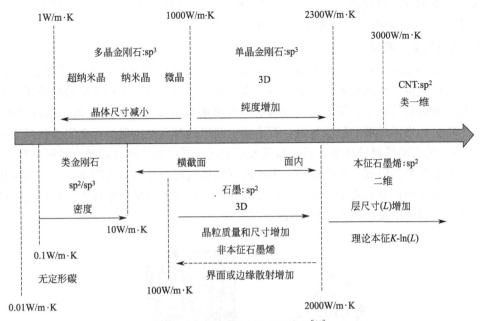

图 6-16　各种碳材料的热导率[69]

美的单层石墨烯膜具有亚原子选择精度，仅允许质子及其同位素快速跨膜而其他原子/分子不渗透，可用于氢同位素分离与应用（如燃料电池、核裂变工业重氢提纯等）[71]。进一步可在石墨烯晶格表面引入纳米孔，并通过控制孔的尺寸、形状及其边缘官能团种类[72,73]，或

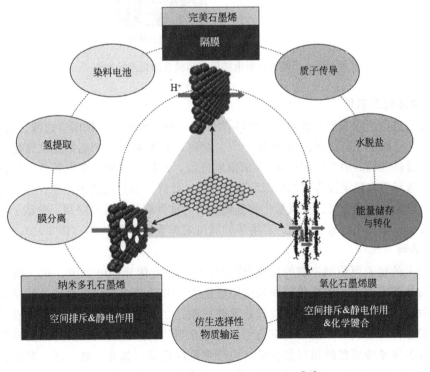

图 6-17　石墨烯在分离膜领域的应用[70]

通过离子控制 GO 膜层间距[74]，精确调控分离膜的选择传质特性，可用于气体分离、离子筛分、油-水分离、海水淡化、水净化等领域。

6.7.7　电磁屏蔽及吸波

电磁屏蔽和吸波材料主要用于需要衰减或吸收电磁波的场景中，消除其对电子元器件、人体、环境产生的干扰或危害。金属材料具有高电导率的性质已应用于电磁屏蔽领域，但存在密度高，易腐蚀等缺点，限制了使用场景。石墨烯有望成为一种新型的，兼具"薄、轻、宽、强"特性的电磁屏蔽和吸波材料。石墨烯宏观组装材料在电磁屏蔽和吸波领域应用潜力大[75]。致密的石墨烯膜经掺杂，具有高载流子浓度，其屏蔽性能可超越金属铜材料[76]。吸波材料需要平衡界面阻抗和吸收损耗。多孔的石墨烯气凝胶具有高孔隙率、轻质和可压缩的优势，经物理压缩调节孔道结构取向和谐振电路密度，可实现良好阻抗匹配和电磁波的强吸收，甚至可实现在太赫兹波段的宽频吸收[77]（图 6-18）。

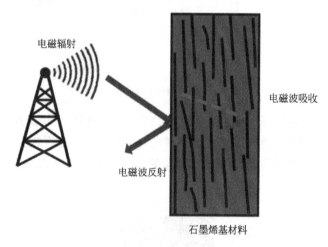

图 6-18　石墨烯材料电磁屏蔽和吸波的机理示意图[78]

6.7.8　限域催化及载体

石墨烯及其衍生物表面存在着丰富的活性位点，如共轭结构、缺陷、边缘、含氧官能团、掺杂原子等，这赋予了其优异的催化能力[79]。同时，石墨烯独特的晶格及二维层状结构还可为催化反应提供独特的纳米尺度空间/界面限制环境，通过改变催化位点特性，可进一步提升反应活性、选择性和稳定性等（纳米限域催化）[80]。此外，具有大比表面积、高导电性和高机械强度的石墨烯片还是金属、金属氧化物等催化剂的优良载体，通过限制、分散、耦合等途径协同提升反应效率，在能源、化工、环境等领域可发挥重要作用[81,82]（图 6-19）。

6.7.9　传感器

得益于大的比表面积和丰富的反应/修饰位点，以及优异的电、声、光、热、磁学等性质，石墨烯及其宏观组装体在传感领域应用价值大，其传感器在信息通信、航空航天、环境监测、生命健康与智慧医疗等领域发挥着重要作用。在传感器构建中，石墨烯既可以充当敏感元件直接感知外界刺激并输出响应信号，也可充当转换元件将其他感知过程转化为可读信号输出。石墨烯基传感器感知对象多样，包括常见物理量（如光、电、磁、温度、压力等），化学物质（如无机离子、气体、有机物等），微生物（如新型冠状病毒 COVID-19、细菌）等，具有灵敏度高、响应快速、轻便、稳定性好等特点（图 6-20），正向智能化、微/小型

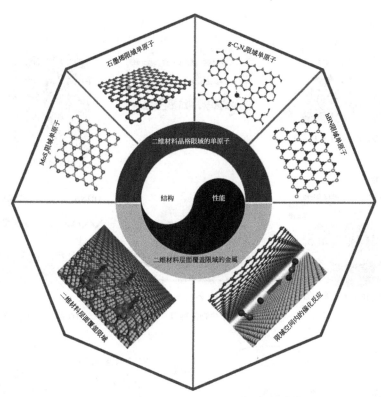

图 6-19　石墨烯在限域催化领域的应用[80]

化、柔性可穿戴等方向发展[83~85]。

6.7.10　石墨烯在能量存储和转换中的应用

（1）石墨烯材料在超级电容器中的应用

超级电容器由电极（正极、负极）、电解液、隔膜等组成（图 6-21），通过离子在电极表面的吸/脱附或表面氧化/还原反应，实现能量的存储。具有快速充放电、高功率密度、长寿命等优势，但也展现出低比容量、低能量密度等弱点。

石墨烯，以其高比表面积、高电导等优点在众多碳材料中脱颖而出，成为超级电容器电极材料的首选[86]。Ruoff 课题组[87]采用"微波辅助膨胀"并结合"氢氧化钾活化"制备了高比表面积多孔石墨烯材料，使用该材料组装的超级电容器在离子液体电解液中具有高能量密度和功率密度（74Wh/kg，338kW/kg）。黄富强团队[88]采用"氢氧化钾活化"制备了氮掺杂有序介孔类石墨烯材料，用作电极材料具有 855F/g 的比容量。Dan Li 团队[89]采用毛细管自适应压缩法制备了石墨烯膜电极，其组装的超级电容器具有 40 Wh/L 能量密度。

（2）石墨烯材料在电池中的应用

电池由电极（正极、负极）、电解液、隔膜等组成（图 6-22），通过离子在阴极和阳极之间的穿梭-嵌入/脱出，实现电能的储存和释放，具有高能量密度等优势。

锂金属阳极因其高理论比容量（3860mA·h/g）和低电势（−3.04V 氢标电极），受到青睐[90]。石墨烯因其高机械强度、高电导、高比表面积等优势，可作为锂电镀/剥离的基

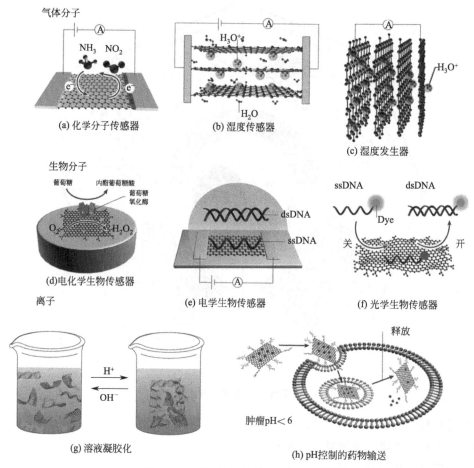

(a) 化学分子传感器　　(b) 湿度传感器

(c) 湿度发生器

(d) 电化学生物传感器　　(e) 电学生物传感器　　(f) 光学生物传感器

离子

(g) 溶液凝胶化

(h) pH控制的药物输送

图 6-20　石墨烯在传感领域的应用[84]

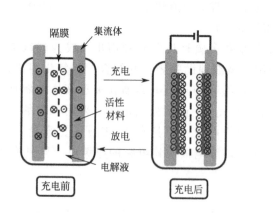

图 6-21　超级电容器结构

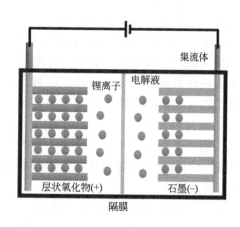

图 6-22　锂离子电池结构

底。Lin 等[91]将熔融金属锂注入到还原 GO 层间，制备了自支撑锂-rGO 复合电极，rGO 降低了锂金属阳极在循环过程中的维度变化，并具有 3390mA·h/g 的比容量和低过电势。Chen 等[92]将熔融锂金属渗透到辊压过的自支撑 rGO 层间，制备了厚度在 $0.5\sim20\mu m$ 的自支撑锂-rGO 复合电极，使得锂离子全电池容量增加 8%。除了锂金属可以作为锂电池阳极之外，具有高理论比容量（4200mA·h/g）的硅材料也可以作为锂离子电池阳极。斯坦福大学崔屹团队[93] 使用石墨烯笼封装微米硅颗粒，改善初始库伦效率。

（3）石墨烯在能量转化器件中的应用

石墨烯在染料敏化太阳能电池中的应用：染料敏化太阳能电池由工作电极（光阳极）、电解液、对电极等组成。光阳极二氧化钛纳米粒子在进行光电转换过程中伴随着电荷复合，这降低了转换效率。降低电荷复合，能够提高光电转换效率。石墨烯具有高电子迁移率，可以综合提高二氧化钛光阳极的电子传输性能。例如，将 rGO 掺杂到二氧化钛和氧化锌中，可降低电荷载流子的复合来提高电子传输速率[94]。此外，石墨烯还可用于制备厚光阳极，提高燃料负载量，增强光捕获能力，提升光电转换效率[95]。

石墨烯材料在燃料电池中的应用：燃料电池作为化学能-电能转换的范例，因其环保、高能量密度受到青睐。以氢（气）-氧（气）燃料电池为例，阳极通入氢，在阳极催化剂的催化下，氢失去电子转换成氢离子，并通过质子交换膜扩散至阴极，阴极通入氧，氧得到电子，与氢离子结合生成水。电子从阳极迁移至阴极的过程中，将化学能转化成电能供给用户使用。整个过程中，放电产物只有水，不污染环境。缺陷石墨烯对氧还原反应（oxygen reduction reaction，ORR）具有强的催化活性。杂原子作为电子施主或者受主，替换石墨烯中的碳原子，促进电子转移，实现对 ORR 的催化[96]。在所有杂原子掺杂石墨烯结构中，氮掺杂石墨烯在催化方面是研究较深入的。包信和团队[97] 研究表明，氮掺杂石墨烯可以用作氢-氧燃料电池中 ORR 的低成本无金属催化剂。

6.7.11 光电子探测

石墨烯兼具零带隙结构、超快载流子迁移率、宽光谱吸收、强库伦散射及弱电子-声子相互作用等性质，使其可以用作优异的光电转换材料。石墨烯光电器件的响应机制主要有光伏效应、光热电效应、光热效应、等离子波辅助效应和光场栅效应[98,99]。在光照下，这五种效应都可以高效改变器件的电导率，进而实现宽光谱（紫外到太赫兹）、高速、高灵敏光电探测[100] 以及高速光子通信[101]。然而，石墨烯单原子层的结构削弱了光和物质的相互作用。为了增强石墨烯和光的相互作用，可采用增加厚度，引入等离子体、量子点、共振腔、异质结等策略[102]。特别的是，提升石墨烯厚度可以同时改善光吸收和延长电子弛豫时间，增强热载流子的热化效应。其中，俄歇过程[103] 可以突破半导体带隙对器件响应波长的限制（图 6-23），实现中红外宽光谱高速探测[104~106]；载流子倍增效应可以极大地增益内量子效率，弥补超轻元素对高能射线吸收的不足，用于 X 射线探测。宽光谱石墨烯光电子器件的实现将同步获取空间、辐射和光谱信息，对环境进行泛在融合感知，可应用于超视觉成像、环境识别、勘探与监测、矿物资源开采以及安防预警等领域。其高速响应特性结合5G 通信技术，可用于保密通信、空间遥感与导航、目标识别与跟踪、自动驾驶等领域。

6.7.12 其他应用

（1）石墨烯用于太阳能电池电极

钙钛矿太阳能电池因其高光电转换效率（photoelectric conversion efficiency，PCE）、低成本等优势，受到广泛关注。吸收更多的太阳光，则会产生更高的 PCE。Roldán 等[107] 在钙钛矿层表面热蒸发一层金薄膜电极，展现出 7% 左右的 PCE。理想的透明电极须具有高透明度、低耐张性、高化学稳定性、低成本及高效的电荷收集能力。石墨烯因其高透明度、

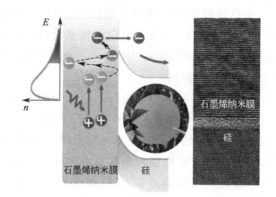

图 6-23　石墨烯纳米膜/硅肖特基光电探测器

高离子电导和光滑的表面而成为最佳候选者之一。Yan 等[108] 将 CVD 法生长的堆垛石墨烯层压至钙钛矿层表面，作为顶电极。所制备钙钛矿太阳能电池的 PCE 达到 11.65%。

（2）石墨烯用于储氢

氢在自然界中储量丰富。氢能热值高，是清洁能源中替代传统能源的优先选择。我国和欧美等发达国家都制定了长期氢能源发展蓝图。氢能的存储则是氢能应用的关键环节。开发新型、安全、环保、经济、高效的储氢材料对氢能源的发展至关重要。石墨烯储氢是通过石墨烯对氢的吸附来实现的。从热力学角度来讲，单层石墨烯与氢的相互作用力很弱，需对其进行掺杂来获得储氢能力。金属掺杂就是一种提高石墨烯储氢能力的有效方法。Ao 等[109] 研究了铝修饰对石墨烯储氢能力的影响。铝能增加石墨烯和氢之间的相互作用，可将石墨烯的质量储氢密度增加至 10.5wt%。此外，锂掺杂的石墨烯，其质量储氢密度可增加至 12%[110]。

（3）石墨烯用于污水处理

污水处理的主要途径是通过物理吸附、化学降解等方法去除水体中的生物、化学、物理污染。石墨烯因其大的比表面积、高的化学稳定性等优势，可以吸附和降解污水中的污染物[110]。GO 可去除水中的金属离子和有机物等污染物[111]。

（4）石墨烯用于海水淡化

淡水的大规模、低成本获取，是缓解全球淡水危机的有效途径，尤其是在一些偏远地区。石墨烯应用于海水淡化的途径之一是用作电极材料，使用电容去离子技术，吸附海水中的盐离子[112]。Ramaprabhu 等[113] 将修饰过的 GO 作为电极去净化海水，降低了水中砷酸盐、亚砷酸盐、钠盐等的含量。多孔石墨烯膜也可直接用于过滤盐离子。Grossman 等[114] 将多孔石墨烯用作过滤膜，研究了其对钠盐的过滤效果，显示出优异的净水能力。另外，石墨烯可用于光蒸发水，实现海水淡化或净水制取。

（5）石墨烯用于土壤治理

土壤是人类赖以生存和获取食物的基础。改良污染土壤是我国和全球环境保护领域研究的重点。GO 和功能化的 GO 可显著影响土壤环境中的微生物环境、细菌群落分布等，由此改善土壤品质[42,115]。

（6）石墨烯用于染发剂

GO 及 rGO 可用于制造水基染发剂，在头发上形成光滑和连续的涂层。这可避免普通染发剂有毒小分子的使用，提高抗静电性能和散热性。干燥后，石墨烯可牢固的黏附在头发表面，能抵抗反复清洗，从而达到永久性的染发。GO 涂层的颜色可以逐渐变暗或图案化创造梯度染色的效果，并且 rGO 涂层的亮度可以通过负载水平进行调整，以产生不同的色调[116]。

6.8　展望

石墨烯的未来已来，石墨烯的远方将至。一首《未来烯世界》，畅想石墨烯的无限应用前景：衣住用行玩，智芯能电感。星空天地海，烯用疆无边。"衣住用行玩"，穿戴服饰、家居用品、百货商品、交通出行、文娱产品等 2C 端产品用得上石墨烯；"智芯能电感"，智能、芯片、能源、电力、传感等 2B 端产品用得上石墨烯；"星空天地海"，星辰、空天、陆地、海洋等 2N 端国家重大需求上可用到石墨烯。

展望未来，继石陶铜铁硅之后的烯碳文明，已初露曙光。石墨烯材料和其他新材料的未知宇宙还很辽阔，我们仍然处在新发现新发明新创造的黄金时代。我们每解决了一个科学问题，就像点亮了科学的一颗星辰，为人类文明之路添加了一座灯塔。

石墨烯在制备与应用的过程中，也存在不少有待解决的问题，比如可控制备、可控组装、微纳结构精准调控等。在问题与需求导引下，科学研究与工程化攻关相结合，打通产学研用之路，石墨烯的优异性能才能真正为人类科技进步和文明发展助力赋能。

参 考 文 献

[1]　Novoselov K S，Geim A K，Morozov S V，et al. Science，2004，306：666-669.
[2]　Cao Y，Fatemi V，Fang S，et al. Nature，2018，556：43-50.
[3]　Sun Z，Fang S，Hu Y. Chem Rev，2020，120：10336-10453.
[4]　Georgakilas V，Tiwari J N，Kemp K C，et al. Chem Rev，2016，116：5464-5519.
[5]　刘开辉，徐小. 石墨烯的结构与基本性质. 上海：华东理工大学出版社，2021.
[6]　张锦，童廉明. 石墨烯表征技术. 上海：华东理工大学出版社，2021.
[7]　Törmä P，Peotta S，Bernevig B A. Nat Rev Phys，2022，4：528-542.
[8]　Peng L，Han Y，Wang M，et al. Adv Mater，2021，33：2104195.
[9]　Wan S，Chen Y，Fang S，et al. Nat Mater，2021，20：624-631.
[10]　Li P，Liu Y，Shi S，et al. Adv Funct Mater，2020，30：2006584.
[11]　Pei S，Wei Q，Huang K，et al. Nat Commun，2018，9：145-154.
[12]　Li X，Cai W，An J，et. al. Science，2009，5932：1312-1314.
[13]　Zhou F，Shan J，Cui L，et al. Adv Funct Mater，2022，2202026.
[14]　Shi Z，Ci H，Yang X，et al. ACS Nano，2022：11646-11675.
[15]　Xu X，Zhang Z，Qiu L，et al. Nat Nanotechnol，2016，11：930-935.
[16]　Sprinkle M，Ruan M，Hu Y，et al. Nat Nanotechnol，2010，5：727-731.
[17]　Cai J，Ruffieux P，Jaafar R，et al. Nature，2010，466：470-473.
[18]　Cai J，Pignedoli C A，Talirz L，et al. Nat Nanotechnol，2014，9：896-900.
[19]　Luong D，Bets K V，Algozeeb W A，et al. Nature，2020，577：647-651.
[20]　Algozeeb W A，Savas P E，Luong D X，et al. ACS Nano，2020，14：15595-15604.
[21]　Kosynkin D V，Higginbotham A L，Sinitskii A，et al. Nature，2009，458：872-876.
[22]　Fang W，Peng L，Liu Y，et al. Chinese J Polym Sc，2021，39：267-308.
[23]　Hummers W S，Offeman R E. J Am Chem Soc，1958，80：1339-1339.
[24]　Erickson K，Erni R，Lee Z，et al. Adv Mater，2010，22：4467-4472.
[25]　Kim J，Cote L J，Kim F，et al. J Am Chem Soc，2010，132：8180-8186.
[26]　Wang Y，Wang S，Li P，et al. Matter，2020，3：230-245.
[27]　Xu Z，Gao C. ACS Nano，2011，5：2908-2915.
[28]　Kim J E，Han T，Lee S H，et al. Angew Chem Int Ed，2011，50：3043-3047.
[29]　Dan B，Behabtu N，Martinez A，et al. Soft Matter，2011，7：11154-11159.

[30]　Peng L，Xu Z，Liu Z，et al. Adv Maters，2017，29：1700589.
[31]　Xu Z，Gao C. Nat Commun，2011，2：571.
[32]　Xu Z，Sun H，Zhao X，et al. Adv Mater，2013，25：188.
[33]　Chang D，Liu J，Fang B，et al. Science 2021，372：614.
[34]　Xu Z，Liu Y，Zhao X，et al. Adv Mater，2016，28：6449.
[35]　Han Z，Wang J，Liu S，et al. Adv Fiber Mater. 2021，4：268.
[36]　Liu S，Wang Y，Ming X，et al. Nano Lett，2021，21：5116.
[37]　Xin G，Sun H，Scott S，et al. Science 2015，349：6252.
[38]　Xin G，Zhu W，Deng Y，et al. Nat Nanotechnol，2019，14：168.
[39]　Liu Y，Xu Z，Zhan J，et al. Adv Mater，2016，28：7941.
[40]　Liu Y，Liang H，Xu Z，et al. ACS Nano 2017，11：4301.
[41]　Kou L，Huang T，Zheng B，et al. Nat Commun，2014，5：3754.
[42]　Dikin D A，Stankovich S，Zimney E J. et al. Nature，2007，448：457.
[43]　Zhang X，Guo Y，Liu Y，et al. Carbon，2020，167：249.
[44]　Zhong J，Sun W，Wei Q，et al. Nat Commun，2018，9：3484.
[45]　Li P，Yang M，Liu Y，et al. Nat Commun，2020，11：2645.
[46]　Chen Z，Ren W，Gao L，et al. Nat Mater，2011，10：424.
[47]　Kim K H，Oh Y，Islam M F，Nat Nanotechnol，2012，7：562.
[48]　Sun H，Xu Z，Gao C. Adv Mater，2013，25：2554.
[49]　Hu H，Zhao Z，Wan W，et al. Adv Mater，2013，25：2219.
[50]　Qiu L，Liu J，Chang S，et al. Nat Commun，2012，3：1241.
[51]　Pang K，Song X，Xu Z，et al. Sci Adv，2020，6：eabd4045.
[52]　Pang K，Liu X，Pang J，et al. Adv Mater，2022，34：e2103740.
[53]　Zhang T，Chang H，Wu Y，et al. Nat Photonics，2015，9：471.
[54]　Guo F，Jiang Y，Xu Z，et al. Nat Commun，2018，9：881.
[55]　Li Z，Xu Z，Liu Y，et al. Nat Commun，2016，7：13684.
[56]　Li Z，Huang T，Gao W. et al. ACS Nano 2017，11：11056.
[57]　Luo C，Yeh C N，Baltazar J M L，et al. Adv Mater，2018，30：e1706229.
[58]　Zou J，Kim F，Nat. Commun，2014，5：5254.
[59]　Zhao X，Gao W，Yao W，et al. ACS Nano，2017，11：9663.
[60]　Yang Q，Jiang Y，Fan D. et al. ACS Nano，2019，13：8382.
[61]　Ma P，Li P，Wang Y，et al. Chinese J Polym Sci 2021，39：1657.
[62]　Chen C，Xi J，Zhou E，et al. Nano Micro Lett，2018，10：26.
[63]　Stankovich S，Dikin D A，Dommett G H B，et al. Nature，2006，442：282-286.
[64]　Huang X，Qi X，Boey F，et al. Chem Soc Rev，2012，41：666-686.
[65]　Min P，Liu J，Li X F，et al. Adv Funct Mater，2018，28：1805365.
[66]　Patil A J，Vickery J L，Scott T B，et al. Adv Mater，2009，21：3159-3164.
[67]　Ye Y，Zhang D，Liu T，et al. Carbon，2019，142：164-176.
[68]　Chen Y，Egan G C，Wan J，et al. Nat Commun，2016，7：12332.
[69]　Balandin A A. Nat Mater，2011，10：569-581.
[70]　Sun P，Wang K，Zhu H. Adv Mater，2016，28：2287-2310.
[71]　Hu S，Lozada H M，Wang F，et al. Nature，2014，516：227-230.
[72]　Han Y，Xu Z，Gao C，Adv Func Mater，2013，23：3693-3700.
[73]　Nie L，Goh K，Wang Y，et al. Sci Adv，2020，6：eaaz9184.
[74]　Chen L，Shi G，Shen J，et al. Nature，2017，550：380-383.
[75]　Liang L，Gu W，Wu Y，et al，Adv Mater，2022，34：2106195.
[76]　Zhou E，Xi J，Liu Y，et al，Nanoscale，2017，9：18613.
[77]　Zhang Y，Huang Y，Zhang T，et al，Adv Mater，2015，27：2049.
[78]　Yousefi N，Sun X，Lin X，et al. Adv Mater，2014，26：5480.
[79]　Bie C，Yu H，Cheng B，et al. Adv Mater，2021，33：e2003521.
[80]　Tang L，Meng X，Deng D，et al. Adv Mater，2019，31：e1901996.
[81]　Zhuo H，Zhang X，Liang J，et al. Chem Rev，2020，120：12315-12341.
[82]　Cui X，Li H，Wang Y，et al. Chem，2018，4：1902-1910.
[83]　Nguyen N H L，Kim S，Lindemann G，et al. ACS Nano，2021，15：11743-11752.
[84]　Yu X，Cheng H，Zhang M，et al. Nat Rev Mater，2017，2：17046.
[85]　Zhu J，Huang X，Song W. ACS Nano，2021，15：18708-18741.
[86]　Raccichini R，Varzi A，Passerini S，Scrosati B. Nat Mater，2015，14：271-279.
[87]　Kim T，Jung G，Yoo S，et al. ACS Nano，2013，7：6899-6905.
[88]　Lin T，Chen I W，Liu F，et al. Science，2015，350：1508-1513.

[89]　Yang X，Cheng C，Wang Y，et al. Science，2013，341：534-537.
[90]　Liu J. Nat Nanotechnol. ，2014，9：739-741.
[91]　Lin D，Liu Y，Liang Z，et al. Nat Nanotechnol，2016，11：626-632.
[92]　Chen H，Yang Y，Boyle D T，et al. Nat Energy，2021，6：790-798.
[93]　Li Y，Yan K，Lee H W. ，et al. Nat Energy，2016，1：16010.
[94]　Wang J，Ball J，Barea E M，et al. Nano letters，2014，14：724-730.
[95]　Xu F，Chen J，Wu X，et al. J Phys Chem C，2013，117：8619-8627.
[96]　Zheng Y，Jiao Y，Ge L，et al. Angew Chem Int Ed，2013，52：3110-3116.
[97]　Deng D，Novoselov K S，Fu Q，et al. Nat Nanotechnol，2016，11：218-230.
[98]　Wang X，Gan X. Chinese Physics B，2017，26：034203.
[99]　Koppens F H L，Mueller T，Avouris P，et al. Nat Nanotechnol，2014，9：780-793.
[100]　Xia F，Mueller T，Lin Y，et al. Nat Nanotechnol，2009，4：839-843.
[101]　Mueller T，Xia F，Avouris P. Nature Photonics，2010，4：297-301.
[102]　Akinwande D，Huyghebaert C，Wang C，et al. Nature，2019，573：507-518.
[103]　Bistritzer R，MacDonald A H. Phys Rev Lett，2009，102：206410.
[104]　Tielrooij K J，Piatkowski L，Massicotte M，et al. Nat Nanotechnol，2015，10：437-443.
[105]　Peng L，Liu L，Du S，et al. InfoMat，2022，4：e12309.
[106]　Liu W，Lv J，Peng L，et al. Nature Electron，2022；5 (5)，281-288.
[107]　Roldán-Carmona C，Malinkiewicz O，Betancur R，et al. Energy Environ Sci，2014，7：2968-2973.
[108]　You P ，Liu. Z ，Tai Q，et al. Adv Mater，2015，27：3632-3638.
[109]　Ao Z，Dou S，Xu Z，et al. Int J Hydrogen Energy，2014，39：16244-16251.
[110]　Du A ，Zhu Z ，Smith S C. J Am Chem Soc，2010，132：2876-2877.
[111]　Liu X ，Ma R ，Wang X，et al. Environ. Pollut，2019，252：62-73.
[112]　Suss M E，Porada. S，Sun X，et al. Energy Environ Sci，2015，8：2296-2319.
[113]　Mishra A K，Ramaprabhu S. Desalination，2011，282：39-45.
[114]　Cohen T D，Grossman J C . Nano lett，2012，12：3602-3608.
[115]　Du J，Hu X ，Zhou Q . RSC Advances，2015，5：27009-27017.
[116]　Luo C，Zhou L，Chiou K，et al. Chem，2018，4：784-794.

第7章

金属－有机骨架配位聚合物的合成、结构及应用

7.1 前言

金属-有机骨架配位聚合物（MOF）是有机配体和金属离子/金属簇之间通过配位键形成的具有高度规整的无限网络结构的聚合物[1]，其实就是将晶体工程概念引入到超分子构筑的设计中而延伸出来的一个分支，它是有机配体和过渡金属通过配位键、氢键或其他分子间弱作用力自组装而形成的一维、二维或三维结构的聚合物。从结构上看，MOF 具有许多新颖的拓扑结构类型和配位模式，它们内部的一维、二维或三维结构是独立成网，但在许多配位聚合物晶体中，这些彼此独立的网又相互交错穿插，呈现出许多新型、美丽而壮观的结构，具有重要的理论研究价值和潜在的应用价值，对它们的研究可以大大丰富结构化学和配位化学的内容。金属-有机骨架配位聚合物是一类具有巨大应用价值的新型骨架固体材料。从应用上看，在非线性光学材料、磁性材料、超导材料、分子与离子交换、吸附分离与选择性催化等多方面都有极好的应用前景。在制备时可在较大的范围内选择更合适的金属离子和有机配体，使之更符合特定性能的要求。金属-有机骨架配位聚合物的合成是现代化学分子设计的重要对象，为制备具有特定性能的配位聚合物材料，可通过分子设计对配位中心的金属离子（模板，templating）、多齿有机配体（构件，building block）和辅助配体进行选择，然后进行自组装，实现有目的的设计合成。

20 世纪 90 年代以来，金属-有机骨架配合物在超分子和材料化学领域得到了迅速发展，由于其结构可以调控、修饰，热稳定性较好，具备了一般有机化合物与无机物的特点，结合了复合高分子和配位化合物两者的特性，表现出了其在分子识别、多相催化、选择性吸附、化学传感、气体储存、离子交换等方面的独特性质。因而，在磁性材料、非线性光学材料、超导材料及催化等诸多方面有极好的应用前景[2~4]。结构新颖和性能优良的 MOF 化合物源源不断地被设计出来[5~7]，取得了许多令人鼓舞的成果。

7.2 金属-有机骨架配位聚合物的研究进展

自 20 世纪以来，人们对金属-有机骨架配位聚合物的合成、性质与功能已进行了相当多的研究，并取得了一系列的成果。他们利用不同的合成方法、不同的有机配体、不同的金属离子，合成了大量不同结构和性能的 MOF 化合物。根据其配体的不同，可分为羧酸类MOF、含氮杂环类 MOF、混合配体类 MOF、有机膦配体构筑的 MOF 等金属-有机骨架配

位聚合物。

7.2.1　羧酸类金属-有机骨架配位聚合物

羧酸根与过渡金属有很强的配位及螯合作用，而且配位方式很多，因此被广泛应用于金属-有机骨架配位聚合物的合成中。尤其有机羧酸类配体，可以合成类分子筛型具有微孔结构的有机多羧酸配位聚合物，而且通过调整多羧酸配体的结构及尺寸的大小可以合成含有孔洞形状、大小迥异的类分子筛化合物，所以近年来在这方面的研究受到高度重视。

最简单的羧酸为一元酸，一元酸一般不能作为桥连配体，但两个氧原子有多变的配位方式，也可以起到桥连的作用，组成多变的结构（图 7-1）。到目前为止，仅由一元酸为配体构成的配位聚合物还是很有限的。

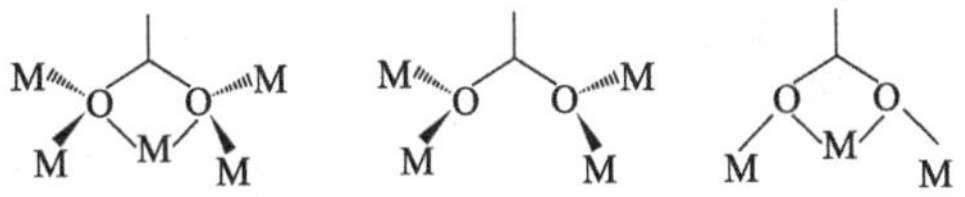

图 7-1　羧酸的特殊配位方式

再复杂一点的羧酸类配体有草酸，草酸具有多种几何配位形式，为金属中心提供刚性的和更佳的配位方式，从而使其更易形成一维链和高维骨架，并且通过自身的桥连形式使其具有很有效的转移磁相互作用的能力。草酸负离子作为刚性的二齿配体可以通过桥连金属中心形成扩展的结构[8]；草酸离子有着特别的性质，可以作为较短的连接体在顺磁性金属离子之间作为电子效应的中介，从而引起大量关注。同时草酸部分可以作为金属离子之间的桥连体将结构从零维到三维扩展开来。二维蜂巢形结构是草酸类化合物最常具有的结构，这种结构通常具有较大的孔道[9]。

目前研究主要集中于对苯二甲酸、均苯三酸、羧基取代的苯氧乙酸等芳香羧酸配体体系（图 7-2）。其中最为出色的当属 Yaghi 小组。他们合成的系列 MOF 化合物几乎可以说是记录了整个晶态多孔配位聚合物材料发展的历史。这些配位聚合物的孔穴是非常大的（纳米数量级），热稳定性和 Langmuir 比表面积也更接近或超过了沸石分子筛。与此同时，Yaghi 等人还发展了"次级结构单元"（secondary building block）概念以及"网络合成"（reticular synthesis）方法，在一定程度上实现了有目的性地设计和合成类分子筛材料。他们以网络合成的方法，通过合理的次级结构单元来构筑预想中的配位聚合物孔材料，在一定程度上实现了定向设计、合成类分子筛材料。

1996 年，Yaghi 等[10] 以 Co、Ni 和 Zn 的醋酸盐和 1,3,5-间苯三甲酸（H_3BTC）为原料，用水热法合成了具有 $SrSi_2$ 结构的三维骨架配合物 $M_3(BTC)_2(H_2O)_{12}$。在这个结构中，结点为金属离子，联结桥是 BTC。图 7-3(a) 是该水合晶体的无孔二维结构。当加热去水后，可得到能吸收气体 NH_3 的三维骨架结构 [图 7-3(b)]。

1999 年，Yaghi 小组[11] 采用对苯二甲酸（H_2BDC）为配体，合成得到了孔径在 12.94Å 的 MOF-5[$ZnO_4(BDC)(DMF)_8C_6H_5Cl$]，消除了多年来存在于微孔分子筛领域的"微孔分子筛的有效直径能否突破 12Å"的疑问，这被认为是晶态多孔材料发展中的第一次飞跃。MOF-5 具有简单立方拓扑结构，是以八面体次级结构单元 [$Zn_4O(CO_2)_6$ 簇] 作为六连接节点（node），BDC 作为连接体（linker）将节点桥连在一起形成的三维配位聚合物网络结构。MOF-5 在空气中可稳定存在到 300℃，并且在客体分子完全除去后，仍能够保持晶体完整性。MOF-5 可以吸附氮气、氩气和多种有机溶剂分子，吸附曲线与绝大多数微

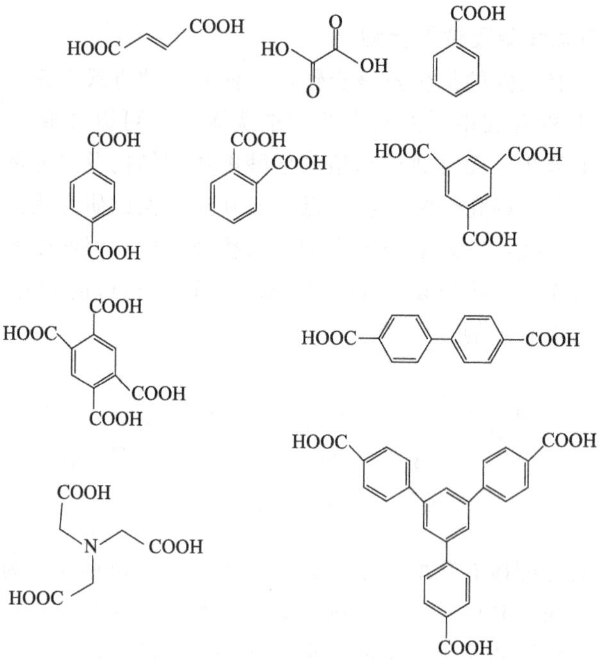

图 7-2　用于构筑配位聚合物的代表性含氧配体

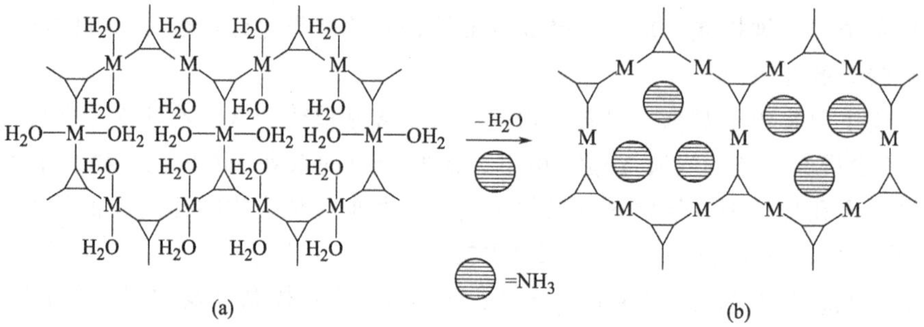

图 7-3　$M_3(BTC)_2(H_2O)_{12}$ 水合晶体的无孔二维结构（a）及去水并吸收 NH_3（b）

孔分子筛的相类似，属于 I 型吸附等温线，吸附过程是可逆的并且在脱附过程中没有滞后现象。MOF-5 的骨架空旷度约为 55%～61%，比表面积高达 2900m^2/g。传统的晶态微孔分子筛比表面积最大也只有 700m^2/g，但它们的分子量通常要比 MOF-5 大。

2002 年，Yaghi 等又在 Science 上报道了其后续工作。通过配体拓展策略，利用一系列不同长度对苯二甲酸的类似物成功合成了孔径跨度从 3.8Å 到 28.8Å 的 IRMOF（isoreticular metal-organic framework）系列类分子筛材料（图 7-4）[12,13]。

IRMOF 系列化合物具有良好的稳定性，在去除客体分子后，仍然能够保持原来的晶体结构。其中 IRMOF-6 具有吸附甲烷的最佳孔道尺寸，在 298K、36atm [155cm^3（STP）/cm^3，1atm=101325Pa，下同] 条件下，每克 IRMOF-6 吸附甲烷气体的量可达到 240cm^3。较大的甲烷吸附量和良好的热稳定性，使得 IRMOF-6 可作为汽车工业中安全的甲烷存储材料。另外，IRMOF-8，IRMOF-10，IRMOF-12，IRMOF-14，IRMOF-16 的孔径尺寸超过了 20Å。从孔径尺寸上来讲，它们可以被认为是晶态介孔材料，并且它们是所有已见报道的

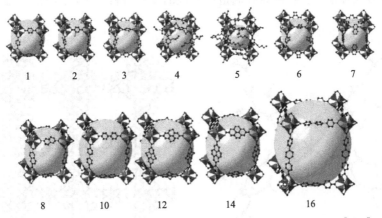

图 7-4 孔径跨度从 3.8Å 到 28.8Å 的 IRMOF 系列类分子筛材料[12,13]

晶体材料中密度最低的。晶态介孔材料的出现被认为是晶态多孔材料发展中的第二次飞跃。所以，网络合成法可以在一定程度上实现定向设计并合成出具有更大孔道或孔穴结构的类分子筛材料。

对苯二甲酸是一类直线型的双连接配体，具有严格的平面结构，羧基处在完全相同的化学环境中。如果有机配体仅选择对苯二甲酸的话，那么配位方式过于单调，合成结构新颖的MOF 概率较小，所以可以选择含氮杂环类功能多齿配体为第一有机配体，对苯二甲酸为协同配体，合成出了新型的 MOF 化合物。

Yaghi 等[14] 还通过水热/溶剂热反应得到了对苯二甲酸与 Tb^{3+} 的配合物 $Tb_2(1,4-BDC)_3(H_2O)_4$，在去除配位水分子后，可得到十分稳定且具有不饱和活性金属中心的 1-D 孔道结构化合物 $Tb_2(1,4-BDC)_3$，它还可以重新吸附 NH_3 分子生成化合物 $Tb_2(1,4-BDC)_3(NH_3)_4$。该不饱和金属中心还可用作检测小分子的荧光探针。通过将三乙胺扩散到硝酸锌和间苯二甲酸的 N,N-二甲基甲酰胺/氯苯 (DMF/C_6H_5Cl) 溶液中，再加入少量的 H_2O_2，可得到具有较高热稳定性的 3-D 配合物 $Zn_4O(1,3-BDC)_3(DMF)_8(C_6H_5Cl)$，该物质的结构在失去溶剂分子及交换客体分子或加热到 300℃ 以上时均能够保持稳定。此外，通过将吡啶扩散到硝酸钴和 1,3,5-均苯三酸 (H_3BTC) 的乙醇溶液中，Yaghi 等[15] 还得到了具有中性孔道结构的配合物 $[Co_3(BTC)(PY)_6] \cdot 2PY$，它能够选择性吸附如氯苯、苯、硝基苯、氰基苯等芳香客体分子，但却不能吸附乙腈、硝基甲烷、二氯乙烷等非芳香性分子。利用该配体与醋酸钴反应，还可得到配合物 $Co_3(BTC)_2 \cdot xH_2O$，它可以选择性地吸附 H_2O、NH_3，但对 CS_2、H_2S、乙腈、吡啶等不具有吸附性能[10]。

利用类似的方法，Yaghi 小组已合成了几十种金属羧酸螯合骨架配位聚合物，这些配位聚合物的孔均匀，密度低，具有良好的气体吸附性能，是一类很有应用前景的气体储存材料。

除 Yaghi 外，其他研究小组也报道了许多这方面的成果。Williams 等[16] 选用间苯三甲酸 (H_3BTC) 为配体，合成了 $[Cu_3(BTC)_2(H_2O)_3]_n$ 配合物晶体。其结构是以 $Cu_2(O_2CR)_4$ 为构筑单元（R 为苯环），如图 7-5(a)，相互连接成三维网格结构，产生孔径约为 1nm、具有四重轴对称性的孔道，如图 7-5(b)。其晶体骨架可稳定至 240℃ 而不坍塌，且配位水分子可为其他配体（例如吡啶）所取代，即孔道内壁可进行化学修饰。这一报道已引起极大关注，由形成骨架配合物的途径制造纳米级的多孔材料，实现纳米反应器的设想是有可能实现的。

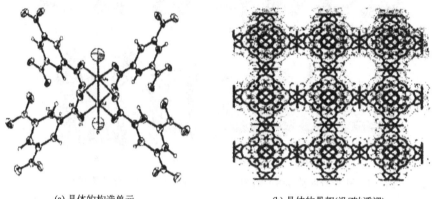

(a) 晶体的构造单元   (b) 晶体的骨架(沿Z轴透视)

图 7-5 $[Cu_3(BTC)_2(H_2O)_3]_n$ 配合物晶体

东北师范大学许洪彬[17] 利用 $Cd(CH_3COO)_2 \cdot 2H_2O$ 和均苯四酸（H_4BTEC）合成了具有三维孔道结构的$\{[Cd_2(BTEC)(H_2O)_2] \cdot 0.25H_2O\}_n$ 配合物。在这个聚合物中，每个不对称单元有两种 Cd^{2+}，一种为八配位构型，分别由来自 4 个苯四酸配体的一个羧基以螯合方式键合，另一种为扭曲的八面体配位方式。每个金属离子连接四个苯四酸配体，每个配体又桥连了六个金属中心，其中，两个不同种 Cd 将配合物扩展为三维构型，沿 c 轴方向有较大的孔道，孔道直径为 9.3Å×4.7Å，其中嵌有大量水分子，如图 7-6 形成一条特有的"水管"。

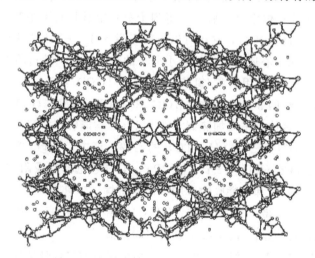

图 7-6 配合物的三维孔道结构（沿 c 轴方向）

2005 年，东北大学刘术侠等[18] 利用三角形的桥连苯三羧酸根（BTC）和变形的双核羧酸簇构筑嵌段通过溶剂热反应得到具有类金红石结构的三维骨架 $Zn(BTC) \cdot NH_2(CH_3)_2 \cdot DMF$，网络结构中的一维通道被质子化的 N,N'-二甲基甲酰胺（DMF）阳离子所占据。该化合物可以选择性地吸收 H_2 和 CO_2，因此可能在气体分离中发挥作用。

除了多为刚性配体的芳香羧酸外，以脂肪酸为代表的柔性配体在合成骨架配合物中也发挥着不可或缺的作用。北京大学王哲明等[19] 用甲酸为配体得到了 $Mn_3(HCOO)_6$ 的三维配合物，该配合物有很好的热稳定性和灵活的开放型骨架结构，可以容纳不同的溶剂分子作为客体分子（其结构见图 7-7），构成了一系列新的骨架配合物，同时还表现出长程磁有序。

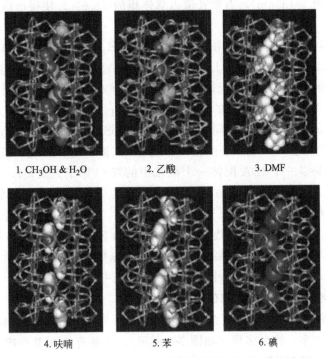

1. CH$_3$OH & H$_2$O 2. 乙酸 3. DMF

4. 呋喃 5. 苯 6. 碘

图 7-7 Mn$_3$(HCOO)$_6$ 孔道中嵌有不同分子的三维配合物

Kurmoo 等[20] 以 Co(NO$_3$)$_2$·6H$_2$O、反式-1,4-环己烷二羧酸盐（CHDC）等为原料在水热条件下合成了能进行客体交换的骨架配合物 Co$_5$(OH)$_8$(CHDC)·4H$_2$O，结构分析表明，该配合物中存在着四面体-八面体-四面体交替排列的 Co$_3^{(oct)}$Co$_2^{(tet)}$(OH)$_8$ 层，层与层间通过 CHDC 柱层连接起来，非配位水位于 CHDC 柱层间的一维通道中（图 7-8）。对该化合物加热或抽真空时，将经历 Co$_5$(OH)$_8$(CHDC)·4H$_2$O ⟶ Co$_5$(OH)$_8$(CHDC)·2H$_2$O ⟶ Co$_5$(OH)$_8$(CHDC) 的过程。在整个失水过程中，其结构并不坍塌；且不论是否含水，该化合物在 60.5K 以下都表现出磁性。这种柱层连接方式也有效地避免了网络互穿。

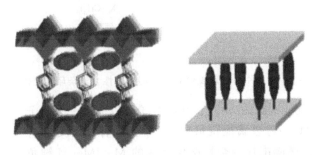

图 7-8 Co$_5$(OH)$_8$(CHDC)·4H$_2$O 的柱层结构及其简化图

河北大学周秋香等[21] 利用 NdCl$_3$·xH$_2$O、己二酸、4,4'-bipy 按摩尔比 1:1:2 水热合成了骨架配位聚合物 [Nd$_2$(C$_6$H$_8$O$_4$)$_3$(H$_2$O)$_2$]$_n$·n(4,4'-bipy)，该九配位聚合物是由 [Nd$_2$(C$_6$H$_8$O$_4$)$_3$(H$_2$O)$_2$] 单元自组装而成的，Nd 与 Nd 原子之间以己二酸根配体中羧基

为桥，相互连接形成一个三维骨架结构，4,4'-bipy 存在于所形成的孔道中，由己二酸根相互连接形成的孔道大小为 1.03nm×1.18nm，每个单胞体积为 31377nm^3，而孔道中由 4,4'-bipy 所占有的体积为 1.135nm^3，有效孔道占总体积的 33.6%。使得形成的配位聚合物具有一定的应用价值。

东北师范大学许洪彬[17] 运用 La_2O_3、$Zn(CH_3COO)_2 \cdot 2H_2O$ 和亚氨基二乙酸（H_2IDA）合成了具有孔道结构的 $[LaZn(HIDA)(IDA)_2 \cdot 0.5H_2O]_n$ 配位聚合物，该聚合物中每个 Zn 原子由来自一个 IDA 配体的一个 N 原子和两个 O 原子以螯合方式配位，形成一个五元环，配体 IDA 表现出典型的 fac-NO+O (apical) 的三齿配位方式，同时 Zn(Ⅱ) 由另一个完全一样的 IDA 配体以相同的螯合方式配位形成八面体配位方式。每个 La^{3+} 中心被来自 8 个 IDA 配体的 10 个氧原子配位，邻近的 La(Ⅲ) 离子由 IDA 配体以两种不同的方式桥连起来。一种是以一个 IDA 配体一个羧基中的双 O 原子方式，La—Zn—La 有共享一条边的方式连接起来。另一种桥连方式是单 O 原子方式，通过来自一个 N 原子质子化的 HIDA 配体的一个羧基中的一个氧原子连接起来。Zn^{2+} 和 La^{3+} 就这样通过共享 IDA 配体的羧基氧原子连接成"之"字形无机链，八面体配位的 Zn^{2+} 交替位于链的两侧。质子化的 HIDA 配体以螺旋的配位方式将一维的无机链进一步连接成二维层状结构，邻近的无机链之间的距离为 0.88nm，同时层状结构中还有孔道，孔道中嵌有水分子。

7.2.2　含氮杂环类金属-有机骨架配位聚合物

自从对 MOF 研究以来，研究最多、成果最显著的当属含 N 杂环配体的配位聚合物。含 N 杂环类配体种类繁多，构型多样（如图 7-9 所示），主要有 Z-甲基咪唑、4,4'-联吡啶（4,4'-bipy）、吡嗪（pyz）、嘧啶（pym）及其衍生物。用该类配体构筑的配位聚合物已经有很多报道，这些配位聚合物大都是通过咪唑、吡啶及其衍生物与过渡金属盐反应获得。尽管人们对羧酸类配体构筑 MOF 的研究已经很广泛，但是含有两个或多个配位点的含氮配体在合成骨架聚合物领域也备受青睐。

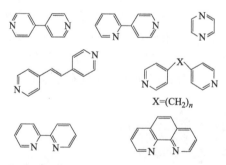

X=(CH$_2$)$_n$

图 7-9　用于构筑配位聚合物的代表性含氮杂环类配体

以咪唑衍生物为配体构筑的 MOF：咪唑分子可以失去一个质子形成咪唑阴离子（IM），与金属配位形成 MN$_4$ 四面体，常见的有 ZnN$_4$ 与 CoN$_4$ 两种。咪唑配体与金属配位形成的 M—IM—M 键角接近 145°（图 7-10），与传统沸石中 Si—O—Si 键角一致，使得这类 MOF 具有沸石拓扑结构；这类化合物因此而得名为沸石咪唑酯骨架（Zeolitic Imidazolate Framework，ZIF）。

南京大学游效曾等[22] 利用二价钴和咪唑，以哌嗪为结构导向

图 7-10　ZIF 中金属与配体的配位方式与金属－配体－金属键角（145°）

剂、3-甲基-1-丁醇（MB）为溶剂和孔道填充剂，通过溶剂热法合成了具有沸石骨架的配位聚合物 $[Co_5(im)_{10} \cdot 2MB]$。钴与咪唑以四连接方式组成了四面体型的结构单元 $Co(im)_4$，咪唑配体将结构单元彼此连接形成类沸石网络结构，孔道大小为 $9.42Å \times 3.87Å$，骨架稳定，而且能够实现溶剂分子的交换（例如：甲苯、二甲苯）。合成的二价金属咪唑配位聚合物可以通过配体的改变和结构导向剂的选择使得孔洞率大大增加。

ZIF-8（也称 MAF-4）是 ZIF 家族中最受欢迎的一种，最早是由中山大学陈小明等通过 2-甲基咪唑与氢氧化锌在甲醇体系中合成出来的[23]。ZIF-8 主要由锌（Zn）与 2-甲基咪唑（mim）以四配位的方式与咪唑上的氮原子配位构成的笼状配位聚合物 $Zn(mim)_2$，具有方钠石（sod）晶体结构，孔道内径为 $11.6Å$，孔道窗口为 $3.4Å$。许多咪唑衍生物包括 2-甲基咪唑(mim)、2-乙基咪唑(eim)、2-醛基咪唑(lca)、苯并咪唑(bim)、嘌呤(pur) 等可与金属 Zn、Co 等形成 ZIF-7、ZIF-8、ZIF-14、ZIF-20、ZIF-67、ZIF-90 等（图 7-11）。这类配位聚合物普遍具有高的热稳定性以及高的孔隙率[24]。

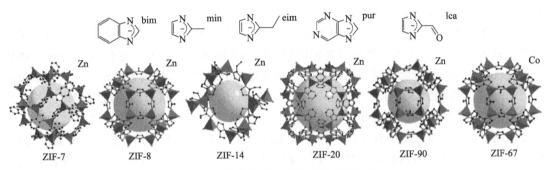

图 7-11　代表性咪唑配体以及 ZIF 结构

在种类繁多的含 N 杂环类配体中，4,4'-bipy 由于具有较强的配位能力、较好的几何构型受到广泛的青睐。4,4'-bipy 与金属离子在自组装过程中能形成各种一维、二维及三维空间结构的配合物[25~30]，构筑了许多拓扑结构，这些不同结构的配合物大多有较大的孔洞、空穴或管道，能包合一些体积大的有机分子作为客体分子，表现出特殊的包合现象。4,4'-bipy 配合物的这种特殊的包合现象可用于物质的分离提纯、化学反应的催化及离子间的交换[31~33]。4,4'-bipy 能与 Cu、Zn、Co、Ag 等重金属盐反应生成多种配位聚合物[34~37]。

Michael 教授合成出了具有纳米孔（nanoporosity）网络结构的聚合物 $[Cu(4,4'\text{-}bipy)_2]$ (SiF_6)，$[Zn(4,4'\text{-}bipy)_2](SiF_6)$，它们具有很高的稳定性，在 300℃ 以上除去客体或交换客体后仍具有相当好的稳定性，且仍能保持晶体状态[38]。

南开大学顾文等将 $Ni(ClO_4)_2 \cdot 6H_2O$ 和 $Co(ClO_4)_2 \cdot 6H_2O$ 分别与 4,4'-联吡啶、1,4,7-三氮杂环壬烷（tacn）反应，得到了两种配合物。这两种配合物由 4,4'-联吡啶桥连过渡金属形成一维链状结构。单齿配位的吡啶环上的未配位氮原子与配位水形成了氢键，将链连接成二维铁轨形结构。此结构再通过未配位的 4,4'-联吡啶、配位水、氢氧根之间形成的氢键而连接成三维网状结构。未配位的 4,4'-联吡啶、甲醇、氢氧根离子、高氯酸根离子被包合在网状结构中。所以在这种网络中，展示出一定的包合现象[39]。

Felloni 等人通过控制反应物的摩尔比，将 4,4'-bipy 与硝酸钴反应获得了 3 种空间结构不同的配合物，分别为一维线性结构、二维层状结构以及三维空间网络结构，整个结构由氢键作用和 π-π 堆积作用支撑[25]。

Fujita 等人发现 Cd（Ⅱ）与 4,4'-联吡啶反应生成的聚合物 $\{[Cd(4,4'\text{-}bipy)_2](NO_3)_2\}_n$ 具有很好的催化活性，能加速氨基甲硅烷基化反应[40]。在该聚合物中，每个 Cd（Ⅱ）与 4 个 4,4'-联吡啶配位，而每个 4,4'-联吡啶又通过 2 个 N 原子与 2 个 Cd（Ⅱ）键合，形成二维平面结构，Cd（Ⅱ）位于 4 个 N 原子形成的正方形的中心。

Kondo 等[41] 利用 M^{2+}（M=Co，Ni，Zn）的硝酸盐与 4,4'-bipy 在丙酮/乙醇溶液中反应，合成了三维的配位聚合物 $\{[M_2(4,4'\text{-}bipy)_3(NO_3)_4](H_2O)\}_n$，该配位聚合物可以吸附 CH_4、N_2、O_2 等气体分子，而且在相同温度、压力下吸附甲烷的量为最多。

Yaghi 等[42] 用水热合成的方法得到了 $Ag(4,4'\text{-}bipy)NO_3$，在该聚合物中，2 个联吡啶分子以对称的方式与 Ag（Ⅰ）离子配位，形成直线链，相邻的长链之间通过 Ag—Ag 键以近乎垂直的方式与其相连，进而形成三维骨架配位聚合物。该聚合物中的 NO_3^- 可以与 PF_6^-、MoO_4^{2-}、BF_4^- 及 SO_4^{2-} 进行交换。

含 4,4'-bipy 的配位聚合物都具有笼效应，这与骨架的网络结构有关，因而在催化和分离方面有很好的应用前景[43]。

其潜在应用主要源于聚合物结构所含的孔的大小和形状，而这些是由配体和金属离子控制的。目前对 4,4'-bipy 为配体构筑的配位聚合物较为成熟，已有很多关于 4,4'-bipy 与各种金属盐反应得到的配合物报道，但是大部分都只局限于对其晶体结构的解析。文献中报道的 4,4'-bipy 作为有机配体存在着一定的不足。一方面，由于 4,4'-bipy 作为刚性配体的长度的限制，获得大孔道结构的配合物并不多。4,4'-bipy 的配位点不多，配位方式比较单一。如果合成配合物时，有机配体仅采用一种 4,4'-bipy 的话，就很难获得结构新颖的骨架配合物。另一方面，有些大孔结构的聚合物由于互穿网络结构（interpenetration）、晶体堆积或结构的不稳定影响了空隙率和形状的大小从而限制了其应用。怎样获得大孔道结构的配合物，并在客体分子移除后仍能保持空间结构的稳定性，成为这一领域的难题。

以 4,4'-bipy 类衍生物为配体构筑的配位聚合物除吡啶外，其他吡啶的衍生物或其他含氮的配体在构筑金属-有机骨架有机配位聚合物中也发挥了巨大作用。4,4'-bipy 类的含氮衍生物也是较为常见的配体，人们通过选择不同的含氮衍生物为配体，来控制配合物的孔洞大小，来避免互穿网络结构的形成，获得了各种新颖的拓扑结构。

1999 年，Biradha 等人通过设计不利于互穿网络的有机配体，使用了一种 panel-like 配体（图 7-12），从而解决了互穿网络现象的发生[44]。

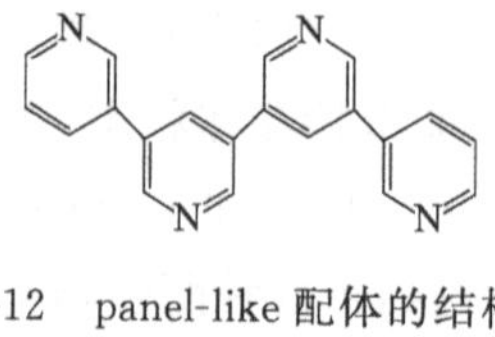

图 7-12　panel-like 配体的结构[41]

到 2000 年，Biradha 等人又使用了一种新配体（图 7-13），以其 *o*-xylene 溶液与 Ni 盐的甲醇溶液反应，得到了一种具有非互穿网络的平方格子网络结构的单晶配位聚合物 $[\{[Ni(L_2)_2(NO_3)_2] \cdot 4(o\text{-}xylene)\}]$[45]，这个聚合物的配体比常用配体 4,4'-bipy 长得多。

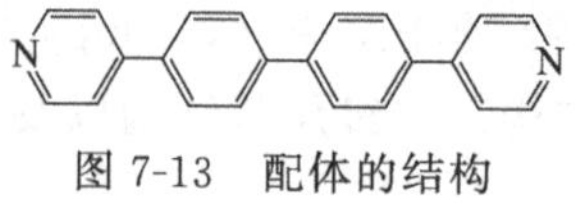

图 7-13　配体的结构

　　该聚合物具有特殊的平方格子网状结构，因为它的空间大并且可预测，所容纳的客体分子具有选择性。格子堆积能形成较大长方形孔道，孔道的均匀性和较小的层间距使得该聚合物在即使客体分子除去后，仍具有很高的热稳定性。

　　Loye 等人报道了通过在 2 个吡啶基团之间引入刚性且位阻较大的基团而得到的配体 L（图7-14），实际上可以看作类似 4,4'-bipy 的近似直线形的双齿刚性有机配体。利用配体 L 和硝酸铜通过分层扩散缓慢反应的方法得到配合物 $[Cu(L)_2(NO_3)_2]$[46]。这是一个具有二维方格状结构的配位聚合物，其中每个方格的大小为 2.5nm×2.5nm。但是从图 7-15 的堆积图可以看出，由于二维层状结构并不是完全对齐地排列，而是以 ABAB 方式堆积，因此堆积之后形成的孔道结构的孔径是 1.6nm×1.6nm，也就是说，晶体堆积使其孔道大小减小了许多。

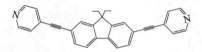

图 7-14　配体 L 的结构

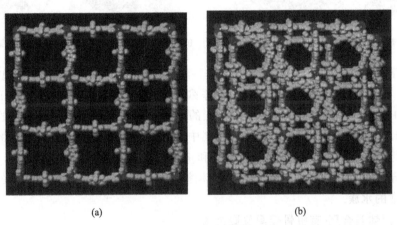

(a)　　　　　　　　　　　　　(b)

图 7-15　$[Cu(L)_2(NO_3)_2]$ 的单层正方形格子结构图

(a) 每个氟原子朝每个格子的相反方向旋转了近 90°，形成一边的长链平行、垂直
于格子的平面；四个正方形格子的堆积图　(b) 格子以 ABAB 方式堆积，
形成一个 16Å×16Å 的大的孔道[46]

　　中国科学院福建物质结构研究所洪茂椿等[43,47] 用 tpst 配体合成了具有高对称立方体金属纳米笼结构的 $[Ni_6(tpst)_8Cl_{12}]$·24DMF·13H_2O 和金属纳米管结构 $[Ag_2(tpst)_4(ClO_4)_2(NO_3)_5(DMF)_2]_n$。由于这两个化合物的内孔都是纳米尺寸级别的，它能容纳多个客体溶剂分子。

　　Eremenko 等[48] 由 $Ni_9(HOOCCMe_3)_4(\mu_3-OH)_3(OOCCMe_3)_{12}$ 和 3-(3,5-二甲基吡唑)-6-(3,5-二氨基-1,3,4-噻重氮基)-1,2,3,4,5-四嗪(L) 合成了微骨架一维材料。根据 X 射线单晶衍射，这个具有纳米尺寸的管道材料由堆积的阳离子 Ni(Ⅱ) 八核环状配合物 $[Ni_8(\mu-OH_2)_4(\mu-OOCCMe_3)_4(h_2-OOCCMe_3)(OOCCMe_3)_{10}L_4]^+$ 和有规则地排列在管道旁边三甲基乙酸盐组成，管道内充满了形成内含化合物的氰化甲烷。

　　中山大学苏成勇等[49] 在 2004 年用一种新的含氮双齿长链配体（nbpy_4）分别与 Co (NO_3)_2 和 Cd(NO_3)_2 合成得到了具有很大尺寸的一维梯状结构和稀有的多互锁的三维梯状

结构。

Kepert 等利用 Fe(Ⅱ)(NCS)$_2$ 与反式-4,4'-偶氮吡啶（azpy）在乙醇中反应得到具有柔性的骨架聚合物 [Fe$_2$(azpy)$_4$(NCS)$_4$·EtOH]$_n$（图 7-16），该聚合物不仅可以与客体分子进行可逆的交换，而且客体分子会诱导中心 Fe(Ⅱ) 的电子发生自旋跃迁，间接影响配位聚合物中磁核的磁性变化，使该聚合物具有磁性。此外，当加热 [Fe$_2$(azpy)$_4$(NCS)$_4$·EtOH]$_n$ 使其失去客体分子时，伴随着结构对称性的改变，这与许多经典的骨架聚合物是不同的[50]。

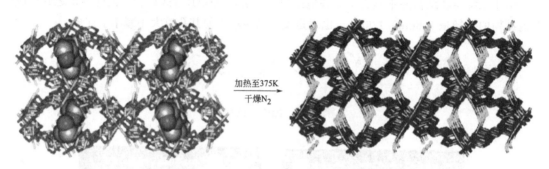

图 7-16　[Fe$_2$(azpy)$_4$(NCS)$_4$·EtOH]$_n$ 的晶体结构图及失去客体分子后的框架

天津大学郭亚梅等[51] 利用 5-(4-吡啶基)-1,3,4-氧二唑-2-硫醇和具有典型八面型配位的 (Co-Ni) 在不同的条件下水热合成了一系列骨架配位聚合物 {[M(pyt)$_2$(H$_2$O)$_2$](solvents)}$_n$。在这些化合物中，多面配位的 pyt 的阴离子配体随着 μ-N$_{py}$、N$_{oxa}$ 的键合方式的不同而呈现硫代酰胺异构体，pyt 连接着金属中心，提供了相同的 2-D 格子状的主体配位骨架，并以平行的方式堆积成最终的水晶格子和 1-D 开放的管道，特别对于 Co，不同的反应路径和中介导致形成四种类似的包含各种客体溶剂分子的化合物。而且在其中的一个化合物中含不同寻常的水簇。

7.2.3　混合配体类金属-有机骨架配位聚合物

由于这类配体同时含有配位原子 N、O，而氧原子比较容易与硬金属离子配位，氮原子比较容易与软过渡金属离子配位，因此这类配体可以同时与稀土金属、过渡金属等不同的离子配位，从而形成具有特殊功能的材料。吡啶酸类配体是典型含氮和羧基的多功能配体（图 7-17）。这类配体由于同时具有不同功能的配位原子 N 和 O，因此可以结合不同的金属离子，呈现出各种各样的配位方式和拓扑结构。

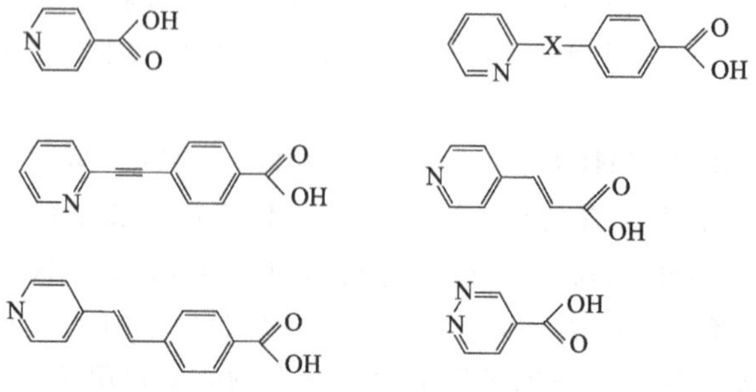

图 7-17　用于构筑配位聚合物的代表性吡啶酸类配体

　　通过对合成新型含氮配体和对已有含氮配体进行修饰，同时引入适合的第二羧酸配体，可以预期得到一些具有特殊性质的新型功能材料。Rao、Kitagawa、Yaghi 等在这方面做了出色的工作[31,52~55]，合成出大量功能性骨架材料配位聚合物和具有互穿结构的配位聚合物。2000 年，Seo 等用含氧和氮的手性配体 1 合成了单一手性的金属-有机骨架 POST，具有二维层状结构，层与层之间由分子间力堆积而成[56]。

　　吉林大学裴式纶等[57] 运用顺,顺式-1,3,5-环己烷三羧酸盐（CTC）和 1,3-丙二胺（PDA）合成了一种新的三维骨架有机结构配位聚合物 Cd(CTC)(HPDA)·(H$_2$O)，X-射线单晶衍射显示两个镉原子中心通过六个不同的羧酸盐基团配位构成一个双核八面体次级构筑单元（SBU），这些八面体 SBU 通过 CTC 的环己胺环进行相互连接，产生了四边形、尺寸为 10Å×17Å 管道。在这种结构中，双核八面体 SBU 可以被定义为 6-连接点。CTC 连接三个 SUB，可以作为 3-连接点。因此，该配合物最终的结构是一个金红石拓扑双节点的（3，6）网络。而且，该配合物在室温下的固相中在 364nm 处存在着强烈的荧光性，在 240nm 处为激发点。

　　中国科学院福建物质结构研究所廖正代等[58] 以碳酸锰、对苯二甲酸和 4,4'-联吡啶为原料，以乙醇/水为溶剂，采用水（溶剂）热法得到了含有大小为 11.598Å×10.922Å1-D 孔道的 3-D 网状结构配位聚合物 [Mn(1,4-BDC)(4,4'-bipy)]$_n$（图 7-18）。

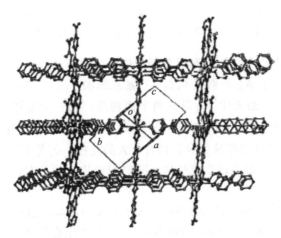

图 7-18　[Mn(1,4-BDC)(4,4'-bipy)]$_n$ 中由 4,4'-联吡啶连成的 3-D 网状结构

　　Biswas 等采用 Cu 和 4,4'-联吡啶及甲酸溶液合成了具有三维孔道结构的配位聚合物 [{Cu(HCO$_2$)$_2$(H$_2$O)(4,4'-bipy)}·3H$_2$O]$_n$，该化合物包含了由甲酸盐和 4,4'-联吡啶配体连接的 [Cu(HCO$_2$)(H$_2$O)]$^+$，Cu 原子几乎处于八面体的环境，被两个反式 N 原子和四个氧原子（其中两个来自桥连的甲酸盐，一个来自终端的甲酸盐配体，第四个来自终端的水配体）环绕。这个聚合物形成的通道被水分子所占据，然而这个三维骨架并没有因为通道中的水分子消除而破坏，室温下有磁性[59]。

7.2.4　有机膦配体构筑的金属-有机骨架配位聚合物

　　大多数被研究过的二价过渡金属-有机膦酸盐是二维层状结构，直接合成骨架配位聚合物的报道不多。2002 年，James 等利用 1,3,5-三(二苯基膦)苯(tripho) 与三氟甲基磺酸银反应，得到了具有纳米孔径的骨架配位聚合物 [Ag$_4$(tripho)$_3$(CF$_3$SO$_3$)$_4$]。在该聚合物中，每个配体通过 Ag—P 键连接 3 个金属离子，而每个 Ag 周围有的是 2 个 P 配位，有的是 3 个

P 配位 [图 7-19(a)]，这种相互作用形成了由 18 个 Ag 和 12 个 tripho 组成的具有六边形孔洞的三维网状、类似沸石 MCM-41 的结构。孔洞的有效直径约为 1.6nm，但由于配位 P 原子周围有苯环存在，所以避免了相互贯穿结构的产生。这些孔洞中可以填充水、乙醇、乙醚等溶剂分子，并且当这些客体分子被加热除去后，骨架结构并未坍塌 [图 7-19(b)]，表明 $[Ag_4(tripho)_3(CF_3SO_3)_4]$ 具有较好的稳定性[60]。

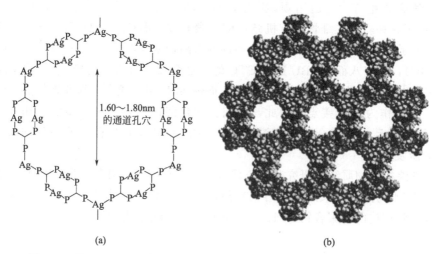

图 7-19　$[Ag_4(tripho)_3(CF_3SO_3)_4]$ 的六边形孔洞（a）及其骨架结构（b）

7.2.5　含有 CN 的有机配体的金属-有机骨架配位聚合物

1995 年 Moore 报道了 Ag 分别同 1,3,5-三氰基苯和 1,3,5-三(对氰基苯基乙炔基)苯形成的两种配位聚合物[61]。前者中 Ag 是三角平面构型，同三个配体连接，同时每个配体也同三个 Ag 配位，形成了二维蜂窝状结构，后者为三维的 α-ThSi₂ 结构，由于第二配体比第一配体的长度长，使得形成的配位聚合物拥有更大的孔径。另外 $C(CN)^{3-}$ 与 Cr，Mn，Fe，Co，Ni，Cu 等金属盐反应都可以生成结构不同的配合物，并且它们的磁学性质也得到了相应的研究。

江苏大学张蓉仙等[62] 将 $(Et_4N)_3Mn(CN)_6$ 和 $Cu(en)_2(ClO_4)_2$ 反应获得了三维骨架配合物 $\{[Cu(II)(en)_2 \cdot H_2O][Cu(I)(CN)_4]\}_n$，在该化合物中，Cu(I) 离子通过氰基桥连形成蜂窝状的骨架结构，Cu(II) 配离子 $[Cu(II)(en)_2 \cdot H_2O]$ 被包含在骨架孔道的中央。

7.2.6　含两种配体的金属-有机骨架配位聚合物

两种配位能力相近的多齿配体可与同一种或几种过渡金属配位形成聚合物。一般而言，配体的配位能力具有如下顺序：

$$I^- < Br^- < F^- < OH^- < C_2O_4 \sim H_2O < NCS^- < Py \sim NH_3 < en < bipy < NO_2 < CN^- < CO_2^-$$

常见的双配体组合有：Py、bipy、Pyz、Pym 等分别与 $N(CN)^-$ 组合共同与中心离子配位形成聚合物。如 4-苯甲酰吡啶和 $N(CH_2NH)_2^{2-}$ 同 Mn(II) 反应生成一维链状聚合物[63]（如图 7-20）。

二维配位聚合物 $[\{Cu(bipy)(H_2O)Pt(CN)_4\}_2] \cdot 2H_2O$ 是双齿配体 bipy 和 CN^- 同两个过渡金属 Cu(II) 和 Pt(III) 作用而形成的[64]。经测定，这类双配体型配位聚合物多数显示出了新颖的磁性能或铁磁性能，这主要是由于它们无限延展的结构和通过共价键连接两个相邻金属原子所产生的超交换偶合行为所致[64,65]。该类配位聚合物在磁性材料方面具有较高的实用价值。

7.2.7 含双中心的金属-有机骨架配位聚合物

在两种以上的金属与配体组装的方面，日本的 Ohba 等做了很多工作，在《J. A. C. S》《J. C. S》《Angew. Chem.》等刊物上发表了一系列研究论文，其中有许多是关于 $Fe(CN)_6$ 与 Cu，Mn，Ni，Cr 等其他金属反应生成的聚合物。

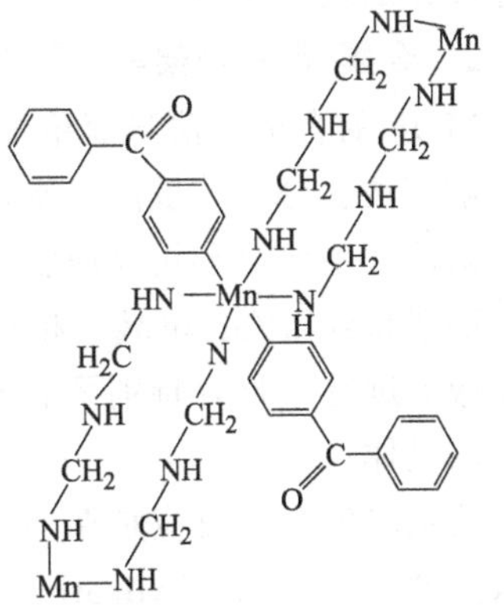

图 7-20　4-苯甲酰吡啶和 $N(CH_2NH)_2^{2-}$ 同 Mn（Ⅱ）反应生成的配合物的结构

由两种金属与相应的配体组装而成的配位聚合物是近年来发展的一种趋势，其合成步骤与单一金属不同，先将其中一种金属与有机配体成离子化合物即含金属的配体（metal-containing ligand），然后再以此作为"复合配体"（complex ligand）与另一种金属盐反应合成所需要的配位聚合物。在这方面，Smith 等人做的工作比较多，他们所用的配体主要是吡嗪、吡啶的羰基化合物与 Cu（Ⅱ）/Ag（Ⅰ），Cu（Ⅱ）/Hg（Ⅱ）等离子的盐反应组装而形成三维网络结构聚合物。通常先制成 Cu（Ⅱ）复合配体，再与 $AgNO_3$、$AgBF_4$ 或 HgI_2 溶液反应。一般先成一维链，再由氢键连接成二维、三维网，如络合物 $Ag[Cu(2\text{-}pyrazinecarboxylate)_2](H_2O)(Na)$ 以线性链为特征，由水分子交叉耦合成二维阴离子平面网，进一步被层间 $Ag\cdots NO_3^-\cdots Cu$ 耦连成新型骨架三维网络结构[66~70]。此类聚合物也都具有很好的磁性能，这主要源于通过适当的通道连接的相邻不同金属中心间的相互作用。这类聚合物是具有较好应用前景的分子磁体。

目前，金属-有机骨架配位聚合物已成为化学、物理、材料生物等众多交叉学科的热门研究领域，由于这类材料具有结构多样化、比表面积大等特点，其表现出在光、电、磁等方面独特的性能，因此，在非线性光学材料和传感器、离子电导、磁性材料等研究领域有着相当广泛的应用前景和重要的理论研究价值。

7.3　金属-有机骨架配位聚合物的合成方法

7.3.1 合成原则

金属-有机骨架配位聚合物 MOF 由两个核心部分组成：连接器和连接体，它们都是组成 MOF 的构件，也就是起始反应物。连接器和连接体决定着配位数和几何构型。金属离子在构建 MOF 中起到多变的连接器的作用，根据它们氧化态及配位数的不同，可以得到不同的立体几何构型：直线形、T 或 Y 形。配位聚合物依据不同的立体几何构型可以形成四面体、平面四方形、四方锥、三角双锥、八面体、三棱柱、五角双锥等。例如，具有 d^{10} 价电子结构的 AgI 和 CuI 可以通过改变反应条件（溶剂、平衡离子和配体）能够得到不同配位数和几何构型的配位聚合物。具有配位数从 7 到 12 的镧系离子可以产生新颖的网络结构。不同结构的连接体能够提供各种连接点，可以调节配位键的强度和方向。各种不同的连接体和连接器通过配位键结合在一起，可以形成具有不同结构的网络骨架结构[71]。

7.3.2　金属-有机骨架配位聚合物的合成方法

MOF 的合成方法与简单配合物的合成方法基本一样，目前培养 MOF 单晶的方法主要包括溶液法、分层扩散法、水热法、溶剂热法和模板法等。

溶液法主要是利用反应物分子的自组装原理，将反应物按照一定摩尔比溶解在溶剂中，通过静置得到 MOF 单晶。相对而言，这种方法比较简便，但是也需要选择合适的反应配比和反应温度等条件，特别是需要在静止环境中放置，这样有利于分子有序的堆积，得到质量较好的晶体。

溶剂热的合成反应是在一个密闭的高压容器内进行的。在反应体系中加入适当极性的低沸点溶剂，如：水（hydrothermal，水热法），甲醇（methothemal，醇热法）等。反应温度在溶剂沸点之上，部分溶剂汽化，使反应体系处于高压状态。可以根据实验需要选用具有不同沸点、不同极性及带有不同官能团的有机溶剂或混合溶剂，以得到多种高维且热力学稳定的骨架结构。其具体做法：将反应物按一定的摩尔比放入 Teflon 衬底的不锈钢高压釜内并放入一定量的水或有机溶剂密封，将反应釜置入烘箱内，在加热条件下自动升压进行反应，然后过滤，用水、乙醇洗涤后干燥得到产物。

扩散合成法包括界面扩散、蒸气扩散和凝胶扩散。一般主要采用的是界面扩散法，就是在常温常压下，将不良溶剂缓慢扩散到澄清透明溶液中，使 MOF 晶体缓慢析出的过程。但是，在选择惰性溶剂时既要考虑 MOF 在其中的溶解度要小，另外还要考虑惰性溶剂与反应液溶剂或者是用于溶解沉淀的溶剂（即良性溶剂）之间要能够互溶，否则惰性溶剂扩散到反应液后会出现分层现象，而不会有 MOF 晶体析出。选择何种溶剂以及溶剂之间的配比也是我们要探讨的。对于反应物一经混合即生成沉淀的反应，扩散法可以较好地控制反应速度，有利于晶体缓慢地生成。其具体做法：将适当的金属盐、配体分别溶解在不同溶剂中，小心地将一种溶液放置在另一种溶液上，密封放置一段时间，当一种溶液慢慢扩散进另一种溶液时，会在界面附近生成产物。

模板合成法有些配体本身很难或者不能用常规的方法合成，只有在合适的金属离子或有机分子、离子存在的条件下才能合成得到，这就是模板合成。这些金属离子或有机分子、离子被当成模板剂。模板剂主要通过与金属离子的作用将要形成环的分子和离子固定在金属离子周围，起到定向作用；将反应部位聚集到合适位置；由于与金属离子间的配位和静电作用，改变了配位原子的电子状态，从而使得反应更容易发生。

在 MOF 自组装反应中，往往采用加入一些有机分子或离子（如有机胺类）来达到合成所需化合物的目的。

7.4　金属-有机骨架配位聚合物合成的影响因素

目前已知的影响金属-有机骨架配位聚合物 MOF 的合成因素很多。不仅与其中心金属离子、配体、溶剂、阴离子、反应物配比，甚至反应体系的酸碱度有关，还跟模板和合成方法相关。其中配体和金属离子的影响是决定性的。整体结构可由配体分子的几何形状和金属离子的配位倾向预先加以预测，但是其他细微的控制因素也会对骨架结构起着复杂的影响。下面分别对几种重要的因素加以讨论。

7.4.1 中心金属离子对 MOF 的影响

金属离子是 MOF 构成的一个重要组成部分，在 MOF 的形成中起着极为重要的作用，对于其的最终结构具有决定性作用。通过选择不同的金属离子可对组装过程进行调控。在自组装领域中选择不同配位构型的金属离子，可以得到具有不同拓扑结构的超分子网络结构。金属离子能在预先指定的几何形状和配体产生所谓的"集结模板效应"，形成具有多种结构的化合物。中心离子的电荷越高，则吸引配体的数目越多；中心离子的半径越大，在引力允许的条件下，其周围可容纳的配体越多，即配位数也就越大。金属离子可以选择 d、ds 区过渡金属和 f 区内过渡金属离子。

7.4.2 配体对 MOF 的影响

配体是具有构件作用的一些有机分子或离子。在众多配体中，既有刚性的，又有柔性的，配体本身又是电子给体或电子受体，有着平衡整个 MOF 电荷的作用。因此，有机配体对 MOF 的合成起着至关重要的作用，配体种类的不同不仅影响到化合物的合成，而且还影响到配位网络的空间结构，控制着金属-金属之间的距离和晶体结构维数。目前对这一方面的研究焦点主要集中在对有机配体的选择和设计合成上，有机配体在金属原子中心起着间隔或桥连的作用，这要求配体含有两个或两个以上的给电子原子。配体对 MOF 的合成、空间结构及稳定性的影响可分为：配体给体基团的性质（N、O、S、P 等）、配位齿的数目、配体配位点间的距离、配体配位点间的连接基团、配体异构、配体的模板效应、电负性、酸碱性、配位方式等。有机配体的多样性、配体和中心金属离子配位方式的多样性，构建了空间结构多样的 MOF。为了能够得到目标化合物，在选择有机配体时，我们通常需要考虑以下几个方面：①有机配体的结构要尽可能与目标化合物的结构骨架一致；②有机配体与金属离子合成的目标配合物，除了要保持有机配体的结构，同时还要使该配位聚合物具有特殊的性质和功能；③合成高维数的 MOF 应避免选择一些端接配体，而选用一些桥连和对称性高的多齿配体，以及选择合适的溶剂或模板剂；④所选择的有机配体要尽量能够与金属离子形成高质量的单晶，有利于用 X-射线单晶衍射技术来测定其结构。易于形成孔道结构的配体有芳香多羧酸、含氮类有机物等。

7.4.3 溶剂对 MOF 的影响

绝大多数对自组装的研究都是在溶液中进行的，溶剂自身也能进入到金属配位的空间，对于反应过程发挥重要作用或填充满晶格孔隙。溶剂的性质及结构上的微小变化都可能导致自组装体系结构的重大改变。溶剂分子对骨架的构建有着巨大的影响。它不仅可作为客体分子填充在化合物孔洞中，避免产生太大的空间，还可作为客体分子诱导形成具有不同结构和功能的化合物。此外还可以通过和金属离子配位来改变化合物的空间结构。另外，对于水性溶剂，pH 值控制着体系中的质子数，直接影响着配体的结构和配位能力，对于对 pH 敏感的配体，如草酸、对苯二酚、对苯二甲酸等的影响尤其显著。

7.4.4 阴离子对 MOF 的影响[72]

阴离子不仅能够起到平衡电荷的作用，同时也将对其拓扑产生重要影响。某种程度上，阴离子的配位能力将在很大程度上决定最终网络结构的形成。

阴离子通过与金属离子配位而影响网络结构。首先，当阴离子对金属离子的配位能力较强时，它可以通过与金属离子配位占据金属离子的配位点，从而使得与金属离子配位的配位数发生改变，导致由金属和配体构成的重复单元的大小和对称性都发生变化，进而形成不同结构。

阴离子体积对网络结构的影响：在不参与配位的情况下，阴离子往往作为客体占据网络结构内的空穴并对网络结构起到平衡电荷和支撑的作用，因此阴离子体积的变化会引起网络内自由空间的变化而导致网络结构的自发调整。

阴离子模板效应对网络结构的影响：少数情况下，阴离子对 MOF 结构的形成还具有模板作用。通常，在合成多核封闭体系（分子三角形、分子五角星以及笼状化合物）时，经常使用阴离子作为模板。在构筑 MOF 的过程中，阴离子的模板效应主要表现在通过诱导配体异构从而形成不同的网络结构。

7.4.5　酸碱度对 MOF 的影响

反应体系的酸碱度对组装过程有着重要的影响。它可以使有机配体表现出各种灵活的配位模式，产生不同结构的化合物。较高的酸度可产生共价键和氢键协同作用的化合物。较高的碱度可避免小的溶剂分子配位到金属中心，产生共价键连接的、多维的 MOF。此外，控制反应体系的酸碱度，使配体中功能基团的质子可逆地脱掉，可以实现化合物的可逆转变。

7.4.6　有机或无机模板分子对 MOF 的影响

有机胺离子（如乙二胺、三乙胺、二甲胺、芳胺等）、无机阴离子、中性客体分子（如联吡啶）都可以在 MOF 的形成中起到模板效应。在反应体系中加入大的离子，利用大离子的模板效应，也是构筑含有孔洞结构 MOF 的常用方法。

7.4.7　反应物配比对 MOF 的影响

在合成 MOF 时，改变反应体系中配体与中心离子的比例，可能引起金属离子配位数的变化，因此，控制中心离子与配体的比例对最终结构的形成也是很重要的。

7.4.8　反离子对 MOF 的影响

中心离子的电荷控制着晶体中反离子的排列数，反离子的作用主要依赖于其给电子性，对于强给予体，会阻止或限制聚合或使链、层间产生交联，因而，对 MOF 产生不良的影响。在合成 MOF 时，所选择的配体大多数具有对称结构，但是也有不对称结构的配体，应用不对称配体可以合成不对称的骨架结构，从而满足分离和催化的特殊用途。

7.4.9　合成方法对 MOF 的影响

MOF 合成的方法很多，常见的有溶液生长法、扩散法、溶剂热法。不同的合成方法，对配合物的自组装过程有着重要的影响。溶液生长法是将配体和金属一同溶解于某一溶剂中，随着溶剂的挥发，配合物从溶液中析出。主要适用于分子量较小而且易溶解于常见溶剂中的配体。这种方法比较简单，对实验的条件要求比较低，但是要求配体的溶解性要好，和金属混合后不能立即出现沉淀。而且使用这种方法难以合成较高维数结构的 MOF。扩散法主要适用于溶解性好，但是和金属离子混合后会立即出现沉淀的配体。使用扩散法最好用特制的扩散管，也可以用一根一端封口的长玻璃管，将金属溶液放在下部，中间放一段纯溶剂，然后将配体的溶液放在上部，注意放金属溶液时不要沾在玻璃壁上。扩散法的操作较溶液生长法要复杂，且所需反应时间较长，但因反应速率较慢，形成的配合物的形状很规则，有助于配合物结构的测试。水热法由于反应是在高温密闭系统中进行的，这使溶液的黏度下降，有利于反应物的扩散、输运和传递，提高了反应速率，而且许多有机配体在这种条件下不会发生分解。水热和溶剂热的另一个特点是由于水热和溶剂反应的可操作性和可调变性，将成为衔接合成化学和合成材料的物理性质之间的桥梁。特别适用于合成特殊结构、特种凝聚态的新化合物以及制备具有规则取向和晶型完美的晶体材料。一般来讲，在常温常压的水溶液合成中,金属离子易和水配位,产生含较多水分子的化合物,而水热反应则使金属离子和配体的作用加强,减小了与水分子的竞争,容易得到一些高维结构的化合物[73]。

除了上述因素对 MOF 的合成有影响外,体系的温度、压力等也对 MOF 的形成有一定影响。

7.5 特殊聚集态的金属-有机骨架配位聚合物

上述介绍合成的金属-有机骨架配位聚合物 MOF 一般是单晶,尺寸大小通常在 $10\mu m$ 以上。当这些晶体随着晶粒尺寸的降低、晶粒之间的物理堆积或化学连接时,形成具有特殊聚集态的 MOF 材料,展示出与微米级单一晶体所具备不一样的物理化学性质。基于 MOF 纳米晶与 MOF 薄膜广泛的应用前景与较坚实的研究基础,本节主要介绍这两大类特殊聚集态材料。

7.5.1 MOF 纳米晶

一般合成的 MOF 化合物为微晶 $(1\sim10\mu m)$ 或大单晶 $(\geqslant50\mu m)$,这些晶体通常具有孔道完整性与内表面大的特点。纳米 MOF 是指在一个维度或多个维度下尺寸在纳米级的晶体 $(\leqslant1000nm)$,由于外表面增大,可用活性中心增多,有利于化学反应、传质、传热、延长材料使用寿命等[74]。此外,纳米 MOF 在传感材料、低介电常数材料、薄膜材料、载药材料等显示出一定的应用前景[75]。随着晶粒的减小,纳米 MOF 的物化性质与结构随之而变化,因而讨论具有特殊聚集形态的 MOF 时,MOF 纳米晶是其一个重要方面。

合成纳米尺寸 MOF,目前一般采用下列几种途径:快速成核法、配位调节法、限域反应法。经典液相结晶过程包括三步:金属离子与有机配体在溶剂中的溶解,浓度逐渐增大达到过饱和度进而促使成核,随着浓度急剧降低成核终止而引发晶体生长,直至晶体表面浓度与液相母体浓度相等 (图 7-21)。快速成核法与配位调节法都是基于液相结晶机理,通过控制 MOF 结晶过程,实现晶体纳米化的合成方法。限域反应法与自发的结晶过程稍有不同,它是 MOF 通过物理的方式在纳米反应器中进行成核与晶体生长进而产生纳米晶的过程。

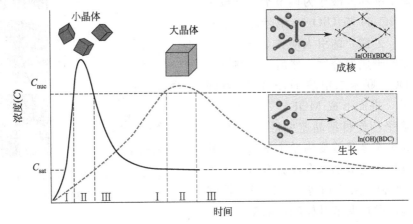

图 7-21 MOF 的成核和生长过程:快速产生丰富晶核,形成 MOF 纳米晶(黑色),
少量晶核缓慢生长成 MOF 块状晶体(灰色)。C_{sat} 为过饱和浓度,
C_{nuc} 为成核临界浓度,小图为 In(OH)(BDC) MOF 纳米晶和块状晶体形成示意图

（1）快速成核法

由上述结晶模型可知液相中晶体生长通常遵循成核与生长两个过程，快速成核法是通过调节反应体系（金属或配体浓度、pH 值、成核助剂等）加快 MOF 的形成速度，使得在短时间内产生大量晶核，从而降低晶粒大小。2010 年，东北师范大学的邹小勤、朱广山与吉林大学裘式纶等[76] 提出了有机碱辅助快速成核策略合成 In(OH)(BDC) 纳米晶（图 7-21）。在含有对苯二甲酸（H_2BDC）、硝酸铟（In$(NO_3)_3$）的 N，N-二甲基甲酰胺溶液中加入吡啶，通过溶剂热合成了粒径为 80nm 的 In(OH)(BDC) 晶体。吡啶的加入有利于对苯二甲酸的脱质子化，加快了与金属铟离子的反应，促进了 In(OH)(BDC) 的成核。通过调节反应前驱体中吡啶浓度，不仅可以控制晶粒大小而且能够调节晶体形貌（球状、六方状、柱状）。

此外，快速加热也是实现快速成核的一种手段，包括：微波加热、超声波等。Serre 等[77] 采用微波加热技术，通过优化合成条件制备了粒径小于 100nm 的均匀 Fe-MIL-88 晶体。Jhung 等[78] 通过研究传统电加热、微波加热、超声波对 Fe-MIL-53 结晶动力学的影响，发现在微波加热和超声波下成核速度远大于传统电加热，形成了大小与形貌都均一的 Fe-MIL-53 纳米晶。

采用快速成核法合成的 MOF 纳米晶还有 MOF-5[79]、ZIF-7[80]、ZIF-8[81] 等。由反应液晶化成 MOF 纳米晶，是通过控制晶化过程中的配体脱质子速度、配体与金属离子结合速度来实现的；其他反应条件也会对产物纳米晶粒的尺寸、分布与形状产生影响。进一步研究晶化条件对粒度的影响，为定向合成 MOF 纳米晶提供指导方向。

（2）配位调节法

上述快速成核法是通过加快成核速度来制备 MOF 纳米晶的，与此同时，也可以通过控制晶体的生长过程而实现晶体纳米化，也称配位调节法（图 7-22）。配位调节是通过化学方法控制配体-金属之间的相互作用达到纳米晶的形成。配位调节剂一般为单一或非桥连配体，当加入到反应溶液中将影响配体脱质子化平衡或以可逆方式参与到配体与金属间的竞争配位，改变成核方式或晶体生长速度。配位调节剂的 pKa、空间构型和浓度是改变 MOF 晶体大小、形状和均一性的主要变量。Behrens 等[82] 采用苯甲酸和乙酸作为调节剂，合成了尺寸可控的 UiO-66 与 UiO-67 纳米晶。单一羧酸（苯甲酸、乙酸）的引入使得 Zr 离子/簇优先与单一羧酸形成配合物，然后二羧酸（对苯二酸 H_2BDC、联苯二甲酸 H_2BPDC）逐渐取代单一羧酸，进而形成 MOF。二羧酸与单一羧酸的交换平衡使得结晶速率得到了控制，并将产物从共生微米晶改变为单个纳米晶。其他羧酸也可以用作调节剂来合成具有纳米大小的 MOF，邹小勤、朱广山等[83] 选用月桂酸为配位调节剂，通过调节月桂酸的浓度合成了

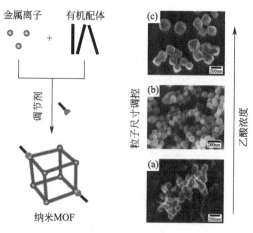

图 7-22　调节剂控制 MOF 的生长，形成 MOF 纳米晶

大小为 600nm、$4\mu m$、$35\mu m$ 的 CaSDB（sulfonyldibenzoic acid，H_2SDB）晶体。除此之外，含 N-杂环、烷基胺类非桥连配体也可充当配位调节剂。

（3）限域反应法

与快速成核法或配位调节法不同，限域反应法是通过物理受限空间来调节 MOF 晶体的大小。在这种方法中，两种互不相溶的溶剂（例如：水和油）混合时将产生单分散纳米级液滴的乳液，当存在金属离子/有机配体或其前驱体时，这些液滴充当纳米反应器（图 7-23）。反应器大小可以通过改变两亲性表面活性剂种类和浓度来调节。纳米反应器是动态的，MOF 在反应器中的成核受乳液大小、混合速率和反应温度等影响，并且在颗粒生长后期，表面活性剂层提供的空间稳定性可以防止纳米晶的团聚。林文斌等[84] 首先尝试了在异辛烷/1-己醇/水组成的乳液体系中，通过改变表面活性剂十六烷基三甲基溴化铵（CTAB）的量，合成了 $Ln_2(BDC)_3(H_2O)_4$（$Ln=Eu^{3+}$，Gd^{3+}，Tb^{3+}）晶体纳米棒（图 7-23）。通过将水与表面活性剂的比例从 10：1 降低到 5：1，纳米棒的大小从 $2\mu m \times 100nm$ 缩小至 $125nm \times 40nm$，平均粒径随着反应物浓度的增加而减小。郑南峰等[85] 通过在反相胶束中合成了粒径分布窄的 ZIF-8 纳米晶。通过改变前驱体浓度、反应温度和表面活性剂种类，ZIF-8 粒径大小可以在 $30nm \sim 300nm$ 之间进行调变。限域合成法是调节 MOF 粒径和减小粒径分布的一种有效方法，然而，也存在一定的缺点，例如：化合物产率较低，复杂胶束形成与液滴聚结过程导致重现性较差，反应调节苛刻或多步洗涤带来的烦琐后处理过程。

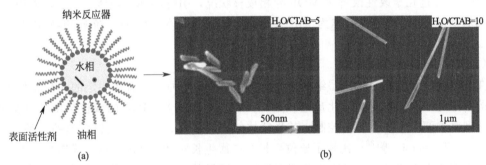

图 7-23　限域法合成纳米 MOF 的示意图（a）及不同水/表面活性剂比例下的 $Gd(BDC)_{1.5}$ $(H_2O)_2$ 纳米棒扫描电子显微镜图（b）[84]

7.5.2　MOF 薄膜

当 MOF 晶体在一个特定方向进行延展时，晶体与晶体在平面上进行连接，将形成连续薄膜结构，即 MOF 薄膜（图 7-24）。薄膜的主要功能是以选择性的方式进行物质传输，将气体或液体（A+B）从膜一侧运输至另一侧（A）。一般分为支撑膜与独立膜两大类。在本节中将介绍支撑膜，因为实际应用中的 MOF 薄膜，通常将 MOF 生长在载体和基质上。常用的载体包括多孔性载体（诸如：多孔陶瓷、多孔氧化铝、多孔不锈钢等），光滑表面载体（诸如：单晶硅片、石英片、特种玻璃等）。

总体来讲，MOF 薄膜的制备主要包括以下四个环节：①载体的预处理，例如：物理上的打磨、化学上的表面活化、从物理或化学角度上的铺种；②MOF 前驱体的制备；③载体表面上的晶化成膜；④膜中少量缺陷的修补。一般来说，原位合成与二次生长是制备 MOF 薄膜的主要方法。

（1）原位合成法

直接将载体浸入 MOF 前驱体溶液中，在水热或溶剂热的条件下，在载体上同时发生晶体成核、生长和共生的过程[图 7-25(a)]。为了使 MOF 能够在载体上优先成核，往往需要

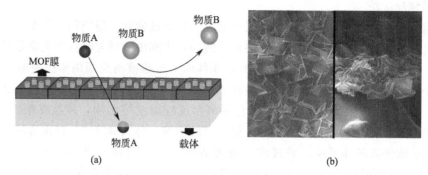

图 7-24　MOF 晶体构成的薄膜及物质（A＋B）选择性传输的示意图（a）及 Co_3（HCOO）$_6$
MOF 膜正面（左）与截面（右）扫描电子显微镜图（b）

对载体进行精心选择或预处理。2009 年，东北师范大学的朱广山与吉林大学的裘式纶等[86]
率先报道了具有气体分离性能的连续 Cu_3（BTC）$_2$（HKUST-1）薄膜的合成。以铜网为载体，
在 100℃ 下氧化使得铜网表面形成一层氧化铜；采用"双铜源"策略在含有硝酸铜与均苯三
甲酸（H_3BTC）的水/乙醇的溶液中直接在铜网上结晶生成 $60\mu m$ 厚的 Cu_3（BTC）$_2$ 膜。
Caro 等[87] 通过化学改性改善了 MOF 异相成核状况，引导晶体在载体上生长，采用 3-氨丙
基三乙氧基硅烷（APTES）作为 ZIF-90 层和 Al_2O_3 载体之间的共价连接物制备了 ZIF-
90 膜。

（2）二次生长法（晶种法）

在载体表面负载或生长一层纳米级晶粒作为 MOF 晶种，然后在一定的晶化条件下在前
驱体溶液中进一步使纳米晶晶化成连续膜。二次生长法是将 MOF 的成核与生长过程分开，
从而达到对这两个过程更好的控制，其受载体的影响较小，是目前比较成熟的一种方法[图
7-25（b）]。Tsapatsis 等[88] 比较了原位生长与二次生长对微孔 MOF 的成膜影响，发现原位
生长并不能产生连续膜，而二次生长能够形成高质量的薄膜，并且膜中的晶体具有取向性。
二次生长法中核心步骤就是晶种的合成与二次晶化的控制，其中上一节中的纳米晶是晶种的
理想选择，原位合成为二次晶化奠定了基础。2012 年，在熔砂片上制备了 NH_2-MIL-53
（Al）膜[89]。首先通过微波法制备了粒径为 600nm 左右的纳米晶，并将纳米晶分散液滴涂
沉积在熔砂片上形成晶种层，然后将含有晶种层的熔砂片竖直立于前驱体溶液中在 150℃ 下
晶化成连续膜。吉林大学裘式纶[90] 等发展了原位铺种技术以提高晶种与载体的结合力，将
镍网置于天冬氨酸与吡嗪的配体溶液中在镍网丝上反应成核，然后将附有晶种的镍网在较稀
的反应溶液中二次生长成 JUC-150 膜。

直至目前已经有数十种 MOF 通过原位合成与二次生长法制备成膜材料，诸如：
HKUST-1、CAU-1、MIL-53（Al）、MOF-5、Cu（bipy）$_2$（SiF_6）、Co_3（HCOO）$_6$、Zn_2
（bdc）$_2$dabco、Zn_2（cam）$_2$dabco、Cuhfipbb、Cu_2（bza）$_4$（pyz）、ZIF-7、ZIF-22、ZIF-8、
ZIF-90、ZIF-95、ZIF-78、ZIF-69 等。MOF 薄膜主要用作分离材料（例如：氢气纯化、二
氧化碳捕获、丙烯/丙烷分离、手性物质拆分）与化学传感材料（例如：湿度传感、VOCs
检测、有毒/爆炸性物质监测）。从膜的性能要求来说，除了密（无颗粒间缝隙）之外，理想
的结构特点还有薄（一般小于 $1\mu m$）、均匀且有序排列。中国科学院大连化学物理研究所杨
维慎等[91] 发展了 MOF 纳米片技术，大幅降低了薄膜的厚度。通过剥离手段合成了 5.9nm
厚的 Zn_2（bim）$_4$（bim＝benzimidazole)纳米片，并以纳米片为构筑基块制备了具有 H_2/CO_2

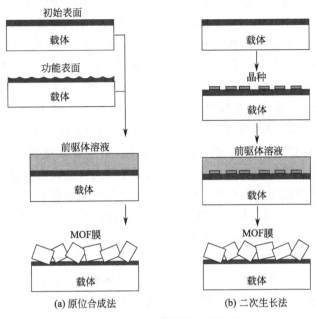

图 7-25　MOF 薄膜的合成方法

分离能力的超薄膜。大连理工大学的刘毅等[92] 在动态气/液界面上自组装单层 NH_2-MIL-125（Ti）晶种层，通过单模微波加热制备了具有 c-取向的 NH_2-MIL-125(Ti)膜，H_2/CO_2 分离指数比随机取向膜高 6.1 倍。从上述结果可以看出合成连续膜、降低膜的厚度、增加膜的有序性与均匀性以及提高膜中晶体的取向性等已成为 MOF 薄膜合成化学中的焦点问题。

7.6　金属-有机骨架配位聚合物的性能及应用

　　MOF 通常是指由过渡金属离子或金属簇与有机配体通过配位共价键连接并利用分子组装和晶体工程的方法得到的具有单一尺寸和形状的空腔的配位聚合物。从上述定义可知，MOF 的结构特点要素为金属离子/簇、有机配体、配位共价键、空腔，因此金属与配体的电子结构、金属与有机配体的配位方式、有机配体的几何结构、空腔的大小/形状/可及性决定了它的性质，进而影响它的潜在应用。MOF 比其他骨架的无机材料（如沸石）有很多优越性，如：多样的晶体结构、非寻常的孔形状、温和的合成条件和更好地控制孔的尺寸及形状的潜力。此外，MOF 具有有机功能团、不饱和金属位点、可调电子结构与轨道结构、电子跃迁/转移能力、主客体化学行为等方面的独特性质，因而其在分子/离子识别、离子交换、多相催化、选择性吸附、化学传感、气体贮存、非线性光学材料、磁性材料、超导材料等多方面都有极好的应用前景。

7.6.1　分子识别

　　所谓分子识别就是底物或客体分子存储和受体分子读取分子信息的过程。MOF 中的空腔是有一定大小和形状的，只有那些立体（形状和尺寸大小）和作用力（静电、氢键、疏水作用等）互补的底物分子才能结合到空腔中。因此，MOF 具有分子识别的功能。这种识别将会在分子探针、分子器件、异构体分离和手性拆分等方面得到应用。近十几年，研究者相继发现一些 MOF 具有柔性，显示出客体分子驱动的骨架结构的变化，例如 MIL-53（Al）。当邻二甲苯（OX）与 MIL-53（Al）接触时，邻二甲苯分子诱导骨架发生微小形变，使得邻二甲苯上的两个甲基与孔角上的羧基充分作用[93]。对二甲苯（PX）与间二甲苯（MX）由于苯环上的两个甲基相隔较远，只有一个甲基与羧基作用，从而使得 MIL-53（Al）对邻二甲苯表现出分子识别性，这种现象后来被利用于 OX/PX/MX 分离中[94]。多金属氧酸盐（简称多酸）是一种分子晶体，大部分多酸分子的大小在 1.0nm 左右，例如：$H_3PW_{12}O_{40}$。$Cu_3(BTC)_2$ 中最大的孔穴大小是 1.3nm，孔穴中的 $H_3PW_{12}O_{40}$ 分子与 Cu-O 簇间产生大量的氢键作用[95]，使得 $Cu_3(BTC)_2$ 稳定性得到提高，并且使多酸的氧化还原能力得到充分体现，具有良好的催化活性。此外，由过渡金属离子导向自组装可构建出许多三维立体超分子结构，如方形、螺旋形和套索形等。这些结构的超分子通过静电引力或者疏水作用吸引客体分子，即主-客体相互作用，从而使其具有分子识别能力[96~106]。上述主-客体作用的强弱主要取决于主体孔尺寸的大小、形状和电荷的多少。

7.6.2　离子识别与离子交换

与客体分子一样，不同的离子也具有不同的尺寸和形状。因此，MOF 的孔道结构对离子同样可能具有识别作用。另外，这些阴离子通常情况下都存在于 MOF 孔道中，并通过静电力、氢键等弱相互作用与骨架相连接。这些通过非共价键弱相互作用结合的阴离子可能被其他阴离子交换，这一类 MOF 可能具有离子交换的性能。重氧阴离子，如：ReO_4^-、CrO_4^{2-}、TcO_4^-、$Cr_2O_7^{2-}$、MnO_4^-、AsO_4^{3-}、SeO_3^{2-}，对人类健康和环境造成严重危害，被美国环保部列为优先处理污染物。Ag（Ⅰ）基阳离子 MOF $\{[Ag_2(4,4'\text{-bipy})_2(O_3SCH_2CH_2SO_3)\cdot 4H_2O]\}$ 由 Ag-bipy 阳离子链组成，层间由 1,2-乙二磺酸盐阴离子平衡骨架电荷。通过离子交换，乙二磺酸盐阴离子可以选择性地被废水中的 MnO_4^- 取代，48h 内取代率和取代容量分别达到 94% 和 283mg/g[107]。Zn 基三维阴离子 MOF $[Zn(ox_3)^{2-}]$ 骨架中的抗衡离子为二甲基铵阳离子（DMA），孔道中硫酸根与二甲基铵之间存在大量氢键作用，形成超分子网络，为质子传导提供了途径（环境条件下，质子传导率为 $7\times 10^{-5}S/cm$）[108]。

7.6.3　非线性光学性质[82]

MOF 与无机材料相比较，最实质性的差别在光电机理上。MOF 材料的光电效应主要来自极易移动和极化的非定域的 π 电子。π 电子在分子内部易于移动并且不受晶格振动的影响，因此，MOF 材料不仅非线性光学效应比无机材料明显，而且响应速度也快得多。MOF 中存在大量的金属离子，致使体系中产生很多低的电子能级，这就增加了电子迁移的概率，从而增加了体系的非线性光学效应。像所有的偶数阶光学效应一样，二阶非线性光学效应只存在于具有非对称中心的材料中。合理设计和合成具有非中心对称的 MOF 是获得二阶非线性光学材料的前提和关键。产生非中心对称的直接策略是选用手性有机配体或使用手性模板诱导骨架手性；间接途径是选用不对称配体使得其在晶体生长过程中帮助消除骨架的中心对称性，例如具有金刚石或网格拓扑的骨架。在金属方面，一般选用 d^{10} 电子构型的 Zn^{2+} 和 Cd^{2+} 或 d^5 构型的 Mn^{2+}，这样可以避免可见光区的 d-d 跃迁，从而减少二次谐波产生（second-harmonic generation，SHG）过程中的光学损耗。手性 MOF 一般具有 SHG 活性，例如：S-羧甲基-L-半胱氨酸（S-carboxymethyl-L-cysteine，SCMC）与 Zn^{2+} 和 Cd^{2+} 反应产生了手性的 $Zn(H_2O)(SCMC)$ 和 $[Cd(H_2O)(SCMC)]\cdot 2H_2O$，它们的 SHG 强度是尿素的

0.05 和 0.06 倍[109]。一些天然手性羧酸，例如：D-樟脑酸（D-camphoric acid），也能与 Cd^{2+} 配位形成具有 SHG 活性的 $MOF^{[110]}$。一些非手性配体，例如：非对称桥连配体，是合成具有非中心对称 MOF 的廉价配体，不仅可以提高材料制备效率，也可以合成一维、二维、三维结构的 MOF。研究最多的三维 MOF 是具有金刚石或类金刚石结构的配合物。林文斌等人发现当金属四面体节点通过不对称配体桥连时，金刚石结构的中心对称性就会被打破，因此，他们采用 $Zn(ClO_4)_2$ 与 4-氰基吡啶通过溶剂热反应合成了双（异烟酸）锌（异烟酸是由氰基吡啶原位水解产生的）。双（异烟酸）锌具有手性空间群 $P2_12_12_1$ 与三重贯穿金刚石结构，SHG 信号是 α-石英的 1.5 倍[111]。以反向设计思路，南京大学杜红宾等以四羧酸配体为四节点、金属离子为连接体，选用四［4-（羧基苯乙烯基）］甲烷分别与 $ZnCl_2$ 和 $CdBr_2$ 反应，合成了两例具有非中心对称的金刚石结构的 MOF 化合物[112]。一些低维MOF，例如二维网格、一维链和螺旋形 MOF，也会产生非中心对称结构。MOF 的二阶非线性光学性质主要应用于制造非线性光学器件[113]，例如，$Zn(pvb)_2$[pvb=$trans$-2-(4-pyri-dyl)-4-vinylbenzoate]经过激光照射（λ=950nm）后获得了波长为 475nm 的蓝光，当 MOF 结构由七重贯穿变成八重贯穿后蓝光强度增大了 125 倍[114]。

7.6.4　荧光性及化学传感

　　MOF 含有丰富的荧光发射中心，包括：金属离子、有机配体、金属-配体间的电荷转移。金属离子的发光主要集中在稀土离子上，这是因为稀土元素含有未充满的 4f 轨道，由此可产生多种多样的电子能级及电子跃迁。有机配体的荧光多发生在芳香性配体上，配体吸收一定能量的光子，促使电子从基态跃迁到单线态激发态，当电子从激发态转回基态时将发射荧光。电荷转移可由配体到金属的电荷转移，也可以是金属到配体的电荷转移，这种电荷转移将产生荧光现象。配体-金属电荷转移多发生在 Zn 和 Cd 基 MOF 中，金属-配体电荷转移通常存在于 Cu 和 Ag 基 MOF 中。MOF 的荧光性质广泛应用于化学传感中，当物质与 MOF 接触时将导致 MOF 荧光淬灭或增强，通过荧光的变化可以专一性识别或检测特定物质或分子。东北师范大学邹小勤等[115] 报道了一例 MOF 材料 $Zn_3(BTC)_2$（H_3BTC=均苯三酸），并将其制备成薄膜器件用于挥发性有机物的检测。当少量二甲胺接触到 Zn_3 $(BTC)_2$ 时，二甲胺分子将扰动 Zn 与 BTC 间的配位形式，改变配体-金属电荷转移方式，进而发生荧光淬灭。当甲醇、丙酮、正丙胺、正丁胺、苯胺与 $Zn_3(BTC)_2$ 接触时，并未产生明显荧光淬灭现象，说明 $Zn_3(BTC)_2$ 在二甲胺的检测方面具有专一性。中国科学院长春应用化学研究所张洪杰团队[116] 合成了一种镧系 MOF 材料 Yb(BPT)（H_3BPT=联苯-3,4,5-三羧酸），并将镧系 MOF 的选择性传感功能拓展至近红外光。去溶剂化后，Yb（BPT）在 326nm 光激发下产生波长为 980nm 的荧光发射。当 Yb(BPT) 暴露于丙酮的气氛中，它的荧光强度出现降低，表现出典型的近红外传感功能，这在无光损的生物组织检测方面具有重要应用前景。检测物质接触 MOF 时有时会产生荧光增强效应，例如：浙江大学钱国栋等人[117] 发现当 Br^-、Cl^-、F^-、SO_4^{2-}、CO_3^{2-} 存在于甲醇溶液中时，Tb(BTC) 荧光强度都有不同程度上的增强，并且 F^- 与 MOF 间的氢键作用诱导 Tb^{3+} 荧光强度急剧增大，表明 Tb(BTC) 适用于阴离子特别是氟离子检测。盐城工学院谢明华等[118] 报道了一例由镉与 3,3′-(蒽-9,10-二基)二丙酸配位形成的蒽基 MOF，由于骨架中含有蒽基团，其在 515nm 处发射出强荧光信号。当溶液中存在少量的硝基苯时，该 MOF 将发生显著的荧光淬灭，适合于硝基芳烃化合物的检测。除 MOF 自身荧光外，骨架上或孔道中也可以引入荧光染料、量子点等发光基团，拓宽 MOF 在化学传感中的应用领域（pH 响应、有害离子检测、食品变质监测）[119]。

7.6.5　磁性及磁性材料

过渡金属具有空的 d 轨道，由过渡金属构成的 MOF 大部分具有磁性。金属元素采用杂化轨道接受电子以达到 16 或 18 电子的稳定状态。当配合物需要价层 d 轨道参与杂化时，d 轨道上的电子就会发生重排，有些元素重排后可以使电子完全成对，这类物质具有反磁性。相反，当价层 d 轨道不需要重排，或重排后还有单电子时，生成的配合物就具有顺磁性。例如：2000 年，Real 等[120] 合成了配合物 $[Fe(bpb)_2(NCS)_2] \cdot 0.5CH_3OH$[bpb＝1,4-双（4-吡啶）-丁二炔]。它具有三面相互垂直的网络结构，通过测定该配合物的自旋状态随温度的变化，发现它存在自旋交叉现象。2005 年，Kitagawa 等[121] 利用金属-有机-多金属簇作为桥连单元连接金属离子，其在组成上类似于聚金属氧酸盐，这样既可以得到骨架结构又可以通过簇和金属的耦合作用而表现出良好的磁学性质。他们选择萘并二羧酸为起始原料，得到了一个三维变磁的 $[Co(1,4\text{-}napdc)]_n$（napdc＝napthalene-1,4-dicarboxylic acid）；该 MOF 在 2K 时观察到磁滞回线。华东师范大学高恩庆等[122] 报道了一种三维 Mn^{2+} 骨架配合物 $Mn_2(tzc)_2(bpea)$，其中 tzc 组成的二维层经过 bpea 柱撑，形成三维结构。骨架中 Mn^{2+} 之间存在反铁磁耦合现象。Long 等[123] 以 1,2,3-三氮唑为配体与金属铬配位合成了一种铁磁性的 $Cr(tri)_2(CF_3SO_3)_{0.33}$。该 MOF 具有短的金属-金属距离以及八面体配位构型，有利于长程电荷传输和磁相互作用，使得它拥有很高的铁磁有序温度（225K）。南开大学程鹏等[124] 报道了铜/钆、铜/镝混合金属构成的 $Gd_6Cu_3HPC_6$、$Dy_6Cu_3HPC_6$（$H_2HPC＝$ 3-hydroxypyrazine-2-carboxylic acid）。这两种同构化合物呈现不同磁性，主要取决于稀土自旋载流子的各向异性的差别。上述研究结果表明金属和配体的种类以及金属-配体作用方式（距离、对称性）是调控 MOF 磁性的主要策略。

磁性 MOF 在自旋电子器件、高密度磁存储器、分子传感器及医学诊断等方面有一定的应用前景[125]，其中磁性 MOF 近几年在核磁共振成像中的应用受到关注，例如：纳米 Fe-MIL-53-NH$_2$ 注入小鼠体内一小时后肿瘤部位随即变暗，形成明显对比度[126]。

7.6.6　生物医学应用

MOF 材料在生物医学领域同样展示出潜在的应用价值，尤其是作为治疗和诊断材料。生物医学材料的基本要求是无毒/低毒性、化学稳定性和生物相容性，因此，Zn 基 MOF、Cu 基 MOF、Fe 基 MOF、药物分子 MOF、氨基酸 MOF、多肽 MOF 等（bioMOF）被应用于生物医学方面。载药 MOF 是一类非常重要的医学治疗材料，备受科研工作者的关注。Serre 等[127] 首次报道利用 MIL-100 和 MIL-101 作为负载布洛芬的多孔基质用于药物递送，这两种 MOF 对布洛芬的负载量大（1.4g/g），并且在生理条件下于 3 天和 6 天内将布洛芬全部释放。随后，他们以纳米 MOF 为研究对象，系统研究了 Fe 基 MOF 的药物载送效果以及生物相容性。几种抗癌和抗病毒药物，包括白消安、阿霉素（DOX）、三磷酸叠氮胸苷（AZT-TP）和西多福韦（CDV），被装载于 MIL-53、MIL-88A、MIL-88Bt、MIL-89、MIL-100 以及 MIL-101-NH$_2$ 纳米 MOF 中。在生理条件下，封装的 AZT-TP、CDV 和 DOX 显示出很好的药物缓释效果。毒性评估表明纳米 MOF 对小鼠的行为、体重/器官重量以及血清参数均无影响[128]。东北师范大学朱广山等[129] 以药物分子姜黄素为配体与金属锌配位，合成了一例高孔隙率的药物配合物 medi-MOF-1。姜黄素自身作为一种天然化合物，赋予了 medi-MOF-1 良好的抗炎和抗癌特性。同时，medi-MOF-1 的高孔隙率可以负载其他药物分子，例如：镇痛抗炎药，布洛芬。药物释放实验表明，medi-MOF-1 负载布洛芬可以起到缓释及协同释放姜黄素和布洛芬的效果，共同抑制肿瘤细胞的生长。MOF 中磁性的研究促进了其在核磁共振成像（MRI）技术的发展。商用 MRI 造影剂一般为钆化合物，因此，Gd 基 MOF 是制作造影剂的候选材料。Gd-BDC 弛豫水平比临床上使用的 Omniscan 高一个数量级[84]，然而，Gd^{3+} 会从 Gd-BDC 中溶出，限制其进一步开发。为了解决毒性问题，Mn 基 MOF，Mn-BDC 和 Mn-BTC 将替代 Gd-BDC 作为造影材料[130]。这两种 MOF 兼具了低毒性和高弛豫性的优点。此外，磁性纳米粒子与 MOF 的复合将进一步增强造影效果。

7.6.7　气体储存功能

　　能源和环境污染是 21 世纪人类面临的几大难题之一，更加安全与多样化的能源是其解决途径之一。氢气和甲烷由于洁净燃烧和高热值，被认为是理想的高效清洁能源，为实现"碳达峰、碳中和"目标起到促进作用。但是，储藏、运输等问题一直制约着氢气和甲烷的利用。为此，科学家一直在努力寻找能够储藏包括氢气、甲烷在内的气体储藏材料。MOF由于表面积大、孔大小分布均匀、孔隙率高等特点，因而可储存气体（如甲烷、氢气等）和溶剂分子（如氰化甲烷、水等），从而为研究开发具有使用价值的气体储藏材料提供基础。2003 年，Yaghi 课题组[131,132] 首次报道了 MOF-5 对氢气的吸附性能，在 77K 和 1atm 下可逆吸附氢气的质量分数为 4.5％。2006 年，他们报道了对氢气有更高吸附能力的多孔性 MOF-177，其在 77K 和 78atm 下质量分数达到 7.5％，主要归功于 MOF-177 高的比表面积（MOF-5：$3800m^2/g$、MOF-177：$4750m^2/g$）。大多数 MOF 骨架与氢气分子之间的相互作用非常弱，使得随着温度升高，氢气存储能力急剧下降。周宏才研究组[133] 发现骨架贯穿能够提高 MOF 对氢气的吸附性能，其中 PCN-6′比同构的 PCN-6 对氢气的吸附重量比增加29％。Long 等[134] 发现不饱和金属位点可以增强氢气的吸附作用，体现在提高骨架对氢气分子的吸附焓。2007 年，他们合成了一例含有锰开放金属中心的 $Mn_3[(Mn_4Cl)_3(BTT)_8 \cdot (CH_3OH)_{10}]_2$(BTT=1,3,5-苯并四唑酯)，当脱除溶剂后，化合物在 77K 和 90atm 下的吸氢量为 6.9wt％，氢气的吸附焓为 10.1kJ/mol，高于大多数 MOF 材料的 5～9kJ/mol。最近，他们又合成了一例具有钒开放金属位点的 $V_2Cl_{2.8}$(btdd)，进一步提高了氢气的吸附焓（21kJ/mol）。自 MOF-5 被报道以来，许多 MOF 材料的氢气存储能力被发掘出来，同时发现更高的比表面积和更好的孔隙率有利于氢气的存储。除氢气外，甲烷的存储也备受关注。1997 年，Kitagawa 等[41] 首次报道了 MOF 在高压下对甲烷的吸附行为。2002 年，Yaghi课题组[31] 研究了 IRMOF-n 系列金属-有机骨架配位聚合物对甲烷的存储效果。在此之后，大量 MOF 材料在甲烷存储方面展现出优异性能，主要案例包括：$Zn_2(bdc)_2(dabco)$在 296K 和 35atm 下的甲烷吸附量为 $160cm^3$（STP）$/cm^{3[135]}$，UTSA-20 在 300K 和35atm 下的甲烷吸附量为 $195cm^3$（STP）$/cm^{3[136]}$，HKUST-1 在 298K 与 65atm 下的甲烷吸附量为 $267cm^3$（STP）$/cm^3$，并且合成与活化条件对其吸附能力影响较大[137]。与氢气存储一样，高孔隙率、贯穿结构与孔道表面正负电荷是调节 MOF 材料对甲烷存储性能的主要参数。

7.6.8　气体分离与液体分离

　　分离是一种重要的化工过程，其所需能耗占世界工业能耗的 45％～55％。MOF 材料具有的孔道有序性、结构多样性、合成方便性使得其在分离领域应用广泛，在近十年逐渐成为研究热点。MOF 材料主要应用于气体分离和液体分离，分离方式可以为吸附分离和膜分离，分离尺度在分子水平。孔道大小、孔壁环境、孔道维度是影响分离性能的三大要素，因而孔道化学的精确调控是实现 MOF 材料对气体/液体高效分离的捷径。

(1) 气体分离

石油化工行业许多分离过程是在气相中进行的，包括：乙烯中乙炔的去除、烯烃/烷烃的分离、天然气的纯化（H_2O、CO_2、SO_2 的去除）等。其他体系，例如：Xe/Kr 分离，与核料净化或核废物处理息息相关。二氧化碳的大量排放已经引起了全球温室效应，因此二氧化碳的捕获成为气体分离中的一个重要方向。二氧化碳分离涉及的三类气体体系为后燃烧气（CO_2/N_2）、预燃烧气（CO_2/H_2）、天然气（CO_2/CH_4）。2011 年，Long 等[138] 首次研究了在变温环境下 MOF-74 和 MOF-177 对二氧化碳的捕获行为，发现 MOF-74 具有高密度的不饱和金属镁位点，增强了二氧化碳与吸附位点的结合，在选择性和工作容量上均优于 MOF-177。除不饱和金属位点外，缩孔也能提高 MOF 对二氧化碳的选择性。中山大学张杰鹏等[139] 发现 Qc-5-Cu-sql 在溶剂存在下孔径大小为 3.8Å，当脱除溶剂后，其孔径缩小至 3.3Å，与 CO_2（3.3Å）分子的动力学直径相当，小于 N_2（3.64Å）和 CH_4（3.8Å）。基于分子筛分机理，Qc-5-Cu-sql 能够吸附 CO_2 而排斥 CH_4 和 N_2，使得 CO_2/N_2 与 CO_2/CH_4 选择性分别高达 40000 与 3300。依据传统二氧化碳捕获通常选用烷基胺液体，Long 等[140] 通过烷基胺分子接枝到 MOF 上，制备了 N,N'-二甲基乙二胺(mmen)接枝的 $Mg_2(dobpdc)$（$dobpdc^{4-}$＝4,4'-dioxidobiphenyl-3,3'-dicarboxylate）。$Mg_2(dobpdc)$-mmen 展现出阶梯形 CO_2 吸附等温线，通过协同插入方式与 mmen 结合，增强了 CO_2 作用力，可以通过较小温度变化和较低再生能耗就能达到较大二氧化碳分离能力。通过配体修饰将官能团引入 MOF 孔道中是另一种调节二氧化碳吸附分离性能的方法。北京工业大学李建荣等[141] 合成了两例 UiO-67 同构化合物 BUT-10 与 BUT-11。MOF 所用的配体长度差不多，唯一不同的是 BUT-10 与 BUT-11 配体上分别含有酮与砜基。结果显示 BUT-10 与 BUT-11 在 CO_2 吸附量与 CO_2/N_2 分离比都比 UiO-67 高，分别从 22.9cm^3/g 增大至 50.6cm^3/g 与 53.5cm^3/g，由 9.4 提升至 15.6 与 31.5。

烯烃（包括乙烯、丙烯、丁二烯和丁烯异构体）是制造聚乙烯和聚丙烯等塑料的基本原料，全球乙烯和丙烯的年产量超过 2 亿吨。由于烯烃与其对应的烷烃具有相似的物理化学性质，烯烃/烷烃分离成为化工领域中七大极具挑战的分离体系之一，致使从碳氢化合物裂解混合物中回收烯烃非常困难。Yoon 等[142] 最早报道了使用 MIL-100 来分离丙烯与丙烷。MIL-100 经过真空活化后，骨架中含有部分还原态的铁，能够与丙烯分子形成反馈 π 键，增强了丙烯的吸附作用，从而使得丙烯与丙烷能够有效分离。大多数含有空 d 轨道或不饱和金属位点的 MOF（例如：MOF-74、MIL-101-SO₃Ag）都可以通过 π-络合作用与烯烃分子进行选择性结合，达到乙烯/乙烷、丙烯/丙烷的分离[143]。Eddaoudi 等[144] 合成了一种柱撑方形网格结构的 NbOFFIVE-1-Ni（也称 KAUST-7），$(NbOF_5)^{2-}$ 作为无机柱撑单元使得金属-氟距离变长至 1.95Å 和导致配体吡嗪分子的倾斜，从而使得孔隙开口显著变窄。由此产生的小孔仅允许较小的丙烯分子进入，在动力学上对丙烯/丙烷进行分离。暨南大学李丹团队[145] 开发了基于正交阵列动态筛分丙烯/丙烷的 MOF 材料 JNU-3。该结构含有一维通道，在此通道两侧存在整齐排列的分子口袋，分子口袋和一维通道通过一个约 3.7Å 的动态窗口相连，窗口的动态调整可以使得小分子丙烯（4.0Å）进入口袋中，从而在动力学上选择性地捕获丙烯分子。1,3-丁二烯（C_4H_6）是制造橡胶的一种重要原料，用于分离 C4 碳氢化合物的传统材料通常优先吸附丁二烯而非丁烯和丁烷。中山大学陈小明团队[146] 合成了十种 MOF 化合物，包括四种具有开放金属位点的化合物、两种具有疏水性孔表面的化合物、四种具有亲水性孔表面的化合物。柱穿透实验发现具有开放金属位点或疏水性孔表面的化合物都不能分开 C4 混合物。在四种亲水性的 MOF 化合物中，只有具有准离散型孔道结构的 Zn-BTM 能够从 C_4H_8 和 C_4H_{10} 中有效分离出 C_4H_6，证明了特定形状、大小和表面功能的离散空腔有助于吸附优势构象的 C_4H_6 分子，同时连续通道又能加速 C_4H_6 的扩散。乙炔作为乙烯生产过程中的副产物，它的存在将对乙烯聚合的催化剂产生毒化作用，因此从乙烯中除去乙炔显得十分必要。浙江大学邢华斌团队[147] 通过六氟硅酸盐和有机配体调控 MOF 的孔道大小和孔壁环境，合成了具有乙炔分离性能的 SIFSIX-2-Cu-i 和 SIFSIX-1-Cu 两例化合物。研究表明六氟硅酸阴离子中的氟能够与乙炔分子中的氢形成氢键，同时四边形孔道能够优化骨架与乙炔的主客体相互作用。

惰性气体，如氙气（Xe）在许多工业领域具有重要应用。氙气的分离对空气中提取氙或核废气中回收氙都有重要意义。惰性气体彼此之间，例如：Xe、Kr，主要差别为分子直径和极化率。因此，孔径是决定 Xe/Kr 选择性的一个关键因素，同时理论计算表明最佳的孔径应该接近 Xe 分子动力学直径（4.1Å）[148]。东北师范大学邹小勤等[83] 合成了一例孔径为 5Å 左右的 CaSDB。较小的孔道结构能够优化 CaSDB 与较大分子 Xe 之间的范德华作用力而非较小分子 Kr，从而实现 Xe/Kr 的选择性分离。在大多数情况下，氙气与 MOF 材料之间的相互作用力相对较弱，因此引入强极性位点将提高 MOF 对极化率高的 Xe 分子的作用力。东华理工大学罗峰等[149] 合成了一例含有两种独立金属中心的 UTSA-74，双金属中心可以诱导 Xe 分子的极化，从而达到从 Xe/Kr 混合气中选择性吸附 Xe。

（2）液体分离

有些分离过程也是在液相体系下进行的，例如：废水中污染物的去除、化工液相产品的分离、生物医药中活性物种的提取等。液体分离的驱动力主要是 MOF 对液体中某一物种的特异性吸附，废水中有机污染物的去除主要取决于 MOF 孔道的疏水性，化工产品中芳香烃的分离主要受有机配体的弱作用所影响，生物医药中对映异构体的分离主要由 MOF 的手性诱导所产生。北京工业大学李建荣等[150] 采用多苯环羧酸配体（H_3CTTA，H_3TTNA）合成了两种高稳定性、介孔结构的锆基 MOF（BUT-12、BUT-13），可以用于吸附水中的抗生素和爆炸性有机物。多苯环结构与 24.7～30.2Å 有利于高容量、快速吸附水中的硝基呋喃酮（NZF）和硝基呋喃妥因（NFT）等抗生素以及三硝基苯酚（TNP）和硝基苯酚（NP）等爆炸性硝基化合物。苯、甲苯、乙苯和二甲苯等 BTEX 是生产聚对苯二甲酸乙二酯和聚苯乙烯的重要原料。它们相近的沸点（苯：80.1℃，甲苯：110.6℃，乙苯：136.2℃，对二甲苯：138.5℃，邻二甲苯：144.4℃，间二甲苯：140.6℃）使得通过蒸馏方式进行分离变得十分困难。De Vos 等[151] 系统研究了三种 MOF 材料（MIL-47、MIL-53、HKUST-1）对二甲苯和乙苯的分离情况。结果发现 HKUST-1 只能分离间二甲苯和邻二甲苯，分离系数只有 2.4，MIL-53 和 MIL-47 均显示出良好的对二甲苯/乙苯的分离效果，MIL-47 还能将间二甲苯和对二甲苯分开。分离外消旋混合物以获得单一手性化合物在医药和精细化工中具有重要意义。手性 MOF 作为一类特殊多孔固体，结合了手性和筛分效应，是一种手性拆分的候选材料。手性 MOF 材料既可以作为色谱中的固定相进行手性物质的拆分，也可以作为固相萃取剂对手性物质进行吸附提纯。Stoddart 研究团队[152] 采用 CD-MOF

（CD：cyclodextrin）作为高效液相色谱的固定相对各种有机化合物进行拆分，其中
(R)-$(+)$-柠檬烯和(S)-$(-)$-1-苯乙醇对其对映体的选择因子分别为 1.72 和 2.26。北京
理工大学王博等[153]通过一锅法将 D-组氨酸（D-histidine）引入 ZIF-8 骨架上，并将 D-
his-ZIF-8 制成固相萃取剂实现了对映体的分离，其中丙氨酸和谷氨酸的 ee 值分别为
78.52%和 79.44%。

（3）膜分离

相比吸附分离，膜分离具有能耗低、物料无相变、操作简单、分离效果好、适用性强等
特点，在气体分离中已实现工业化。与吸附分离类似，MOF 的孔道化学性质包括孔道大小
和孔壁环境是决定分离性能的关键因素。然而不同之处是膜分离的前提条件是 MOF 膜必须
大面积连续，没有晶间或相间缺陷。上节介绍的原位合成与二次生长是制备连续 MOF 膜的
主要方法，本节将着重介绍 MOF 膜在气体和液体分离中的应用。Caro 课题组[154]采用二
次生长法在多孔氧化铝片上制备了孔径仅为 3Å 的 ZIF-7 膜，适合于氢气分离（H_2：
2.9Å），其中 H_2/CO_2、H_2/N_2、H_2/CH_4 的分离比分别为 6.5、7.7、5.9。东北师范大学
邹小勤等[155]同样采用二次生长法在多孔熔砂片上制备了 $Co_3(HCOO)_6$ 支撑膜。Co_3
$(HCOO)_6$ 结构中的富含金属钴以及 5.5Å 的孔径赋予其良好的 CO_2/CH_4 分离效果，双组
份气体渗透结果显示在 25℃时 CO_2/CH_4 分离指数为 12.63。赖志平等[156]合成具有 c-取
向的 ZIF-69 膜，使得十二元环直通孔道沿着气体的渗透方向，不仅加快了 CO_2 的渗透速
度，而且提高了 CO_2/N_2、CO_2/CO、CO_2/CH_4 分离指数。清华大学王海辉团队[157]发展
了快速电流驱动技术，在短时间内合成了 ZIF-8 膜。在 ZIF-8 的合成过程中，快速电流促使
优先形成 ZIF-8-Cm 相（含量为 60%~70%），在该相中 2-甲基咪唑配体的转动受到限制，
骨架的刚性得到提高，因此在丙烯/丙烷分离中的分离指数高达 300。除气体分离外，MOF
膜还适合液体分离。李康等[158]在钇稳定的氧化锆中空纤维（YSZ HFs）外表面制备了厚
度为 $1.0\mu m$ 的 UiO-66 膜。由于其高稳定性，UiO-66 膜可以从水相中提取生物燃料（乙
醇、异丙醇、异丁醇）和有用有机物（糠醛、四氢呋喃、丙酮）。

7.6.9　多相催化

MOF 作为一种无机-有机杂化固体材料，在多相催化方面展示良好的应用前景。同时来
自金属和配体赋予 MOF 本征催化活性，MOF 还可以作为主体材料固载具有催化性能的客
体。在 MOF 上发生的催化反应类型也众多，包括：酸催化、碱催化、光催化、不对称催化
等。催化体系的拓展与 MOF 催化新材料的开发在精细化工领域引起越来越多的关注。

（1）金属位点催化

一些 MOF 中的不饱和金属位点可作为催化中心，类似于均相催化中的金属络合物分
子。根据金属类型和价态，具有不饱和金属位点的 MOF 主要催化反应有路易斯酸催化和氧
化还原催化。$Cu_3(BTC)_2$（HKUST-1）是一种较早研究的路易斯酸催化剂。Kaskel 等[159]
选用 $Cu_3(BTC)_2(H_2O)_3 \cdot xH_2O$ 来研究 $Cu_3(BTC)_2$ 对苯甲醛的氰基硅烷化及其催化机理。
他们发现，在催化剂存在下产率达到 57%，但是无催化剂情况下，产率低于 10%。通过对
该反应的催化机理研究，发现主要是由于醛配位到活性中心铜原子而导致了反应产率的提
高。MOF 中其他金属 Mn、Al、Cr、Ni、Co 等可充当酸催化中心进行异构化、重排反应以
及环氧化物的开环反应等。对于含有变价金属中心的 MOF 来说，氧化还原反应也经常发
生，其中代表性的金属中心为 Fe（Ⅱ）/Fe（Ⅲ）。Fe（BTC），也称 MIL-101（Fe），作为

一种固体催化剂可以将黄原烯（99％转化率，70℃/24h）氧化成黄原酮（99％选择性）[160]。为了进一步提高催化效果，晶体缺陷的引入可以增加金属位点数目。合成条件的改变可以生成无缺陷和有缺陷的 UiO-67。苯乙烯氧化实验表明缺陷的引入可以提高 UiO-67 对苯乙烯的转化率将近八倍[161]。

（2）功能配体催化

配体的催化活性主要来源于配体上的功能基团，例如—NH_2、—SO_3H、金属-有机小分子。碱性 MOF 的首选反应是 Knoevenagel 缩合反应。氨基 MOF，例如：Fe-MIL-101-NH_2 和 Al-MIL-101-NH_2 可以催化苯甲醛和丙二腈进行 Knoevenagel 缩合，在 80℃下缩合产物的产率为 90％[162]。磺酸基羧酸配体可以用于合成布朗斯特酸型 MOF（BUT-8），骨架上的磺酸可以催化一元酸、二酸、酸酐和醇的酯化反应，转化率和酯收率都在 99％和 90％以上[163]。IRMOF-3 上含有席夫碱配体，可以锚定 Pd(Ⅱ) 生成 IRMOF-3-Pd。骨架上的有机钯有效促进了溴苯与苯硼酸的交叉偶联反应，在 80℃下的产率为 98％，催化剂可重复利用至少五次[164]。

（3）纳米粒子及单原子催化

MOF 中的固有空隙可以封装或固载纳米颗粒或单原子，使它们的稳定性提高，从而更好地在纳米尺度或原子尺度上发挥催化作用。MIL-101(Cr) 是一种超大孔 MOF 材料，含有 2.9nm 和 3.4nm 的孔隙，适合封装金属纳米粒子。MIL-101(Cr) 通过浸渍 $Pd(NO_3)_2$ 及 H_2 还原后形成 Pd/MIL-101(Cr)，Pd 粒子直径为 1.9nm。4-氯苯甲醚与苯硼酸在 Pd/MIL-101 (Cr) 催化下发生 Suzuki-Miyaura 偶联反应，生成 82％的 4-甲氧基联苯[165]。MIL-101 系列（MIL-101-Cr、MIL-101-Fe、MIL-101-Al）材料中的超大孔可以用来生长亚纳米级的 TiO_2，稳定的 TiO_2 具有锐钛矿晶体结构。TiO_2/MIL-101 展示了优异的光催化性能，CO_2 还原产生 O_2，表观量子效率达到 11.3％[166]。具有笼状孔道结构的 ZIF-8 可以用于稳定金属单原子。通过原位合成法将乙酰丙酮钌或羰基钌封装于 ZIF-8 孔隙中，通过加热还原成单原子钌。Ru@ZIF-8 结合了孔道尺寸的筛分性以及单原子 Ru 的高活性，在炔烃的加氢反应中具有高效性和选择性[167]。

（4）光催化

部分 MOF 中的金属簇具有半导体特性，有机配体具有共轭性，金属簇与配体之间可以进行电子传输，这为 MOF 光催化奠定了基础。Ti—O、Zr—O、Zn—O 等金属簇一般具有半导体属性，因此它们组成的 MOF 被广泛开发成光催化剂。NH_2-MIL-125(Ti) 是由 Ti—O 无机链与 2-氨基对苯二甲酸（NH_2-BDC）组成的，其中 Ti—O 无机链可充当半导体量子点。因此，在可见光照射下，NH_2-MIL-125(Ti) 可以将二氧化碳还原成甲酸[168]。卟啉类化合物具有很好的共轭性，因此，多芳基卟啉羧酸与金属铟离子配位形成的 MOF 在可见光区有强吸收，在 LED 灯光照射下及氧气氛围中，该 MOF 材料能够将烷基硫化物氧化生成亚砜类化合物[169]。MOF 的光催化性能可以通过拓宽配体的光吸收、配体功能化、增大无机簇、染料敏化、离子置换/贵金属沉积等方式进行增强。

（5）不对称催化

手性 MOF 在不对称催化中占有重要地位。2000 年，Kim 等[56] 用光学纯的金属-有机簇合物作为次级构筑基块，构建了一种纯手性 MOF，第一次发现手性 MOF 具有对映体选择分离和催化功能。他们以光学纯的有机构筑基块与锌离子反应得到骨架材料 D-POST，用它进行酯交换反应得到的对映选择性约为 8%。这个值虽然小，但这是首次发现 MOF 的不对称催化性质，为今后不对称催化奠定了基础。2005 年，林文斌等[170]利用 (R)-6′-二氯-2,2′-二羟基-1,1′-双萘-4,4′-双吡啶与 CdCl$_2$ 合成了一种纯手性 MOF。该化合物与 Ti (OiPr)$_4$ 共同作为 ZnEt$_2$ 与芳香醛加成反应的活性催化剂，反应产率一般都在 90% 以上，对映选择性也都在 90% 左右。含稀土元素的 MOF 材料也是有效的不对称催化剂。林文斌等利用镧系元素的硝酸盐或高氯酸盐与有机配体 2,2′-二乙氧基-6,6′-二磷酸-1,1′-双萘 (H$_4$L) 进行配位反应，得到了一系列手性镧系 MOF[Ln(L-H$_2$)(L-H$_3$)(H$_2$O)$_4$]·xH$_2$O(Ln＝La，Ce,Pr,Nd,Sm,Gd,Tb;x=9~14)[171]。研究发现 Sm 配合物对苯甲醛、1-萘甲醛和丙醛的不对称氰基硅烷化反应的转化率为 55%~69%，对映选择性在 5% 左右。为了进一步提高选择性，大连理工大学段春迎等[172]选择 Ce (NO$_3$)$_3$ 与亚甲基二异丙基苯甲酸 （H$_4$MDIP） 在 L-N-叔丁氧基羰基-2-（咪唑）-1-吡咯烷存在下溶剂热反应生成 Ce-MDIP。以 Ce-MDIP 为催化剂进行芳香醛的氰基硅烷化，对映选择性与转化率分别提高至 98% 与 95%。在催化剂重复使用中，转化率和对映选择性并未出现明显下降。上述结果表明手性配体和手性诱导都可以构筑手性 MOF，并且不对称催化在精细化工中应用广泛。

7.6.10　纳米空间的聚合反应

考虑到 MOF 孔道大小和维度的特征和特性，对于构建独特纳米尺寸的反应孔洞，利用 MOF 的孔道至关重要。利用 MOF 孔道可以进行小分子有机反应、无机簇合反应，特别是应用 MOF 纳米孔道进行聚合反应是吸引人的概念，其能够多级控制聚合反应（立体化学、区域选择性、分子量、螺旋等），有利于新材料的制备[173]。MOF 功能纳米空间中的聚合反应包括三个步骤：第一步是包裹单体到 MOF 主体中；第二步是通过几种机理之一（自由基、氧化、配位插入等）发生聚合反应；最后一步是在 MOF 中合成聚合物并将聚合物脱离主体骨架。一般来说，聚合方法可以分为三类：加聚反应，缩聚反应和聚加成反应。所有这些反应都可以在 MOF 纳米孔道中发生。通过对 MOF 骨架中的聚合反应研究发现，苯乙烯的自由基可以在规则稳定的一维 M$_2$(BDC)$_2$(TEA)(BDC＝1,4-benzenedicarboxylate,TEA ＝triethylenediamine;M＝Cu^{2+},Zn^{2+};channel sizes＝7.5Å×7.5Å)孔道中发生聚合反应[174]。在这个体系中，在没有孔道结构塌陷的情况下聚合反应发生了 71% 的转化，合成的聚苯乙烯完全包裹在纳米孔道中，分子量分布窄。若 MOF 骨架上含有可聚合的配体，孔道中的单体和配体还可以共聚，并且可以控制单体序列。由铜和苯乙烯-3,5-二羧基酯 （S） 构成的 MOF，其配体 S 在骨架中的位置非常明确。当丙烯腈单体 （A） 引入孔道中时与苯乙烯-3,5-二羧基酯发生共聚。由于苯乙烯-3,5-二羧基酯之间的距离只允许三个丙烯腈单体反应，因而形成了 SAAAS 特定序列结构的聚合物[175]。许多 MOF 都可以用于这类反应，说明孔道中聚合反应具有普适性，同时当除去 MOF 后可以形成特定功能的聚合物材料。虽然 MOF 孔道中聚合反应可以在温和条件下发生，但是单体在孔道中的扩散速度有时不均匀，可能会导致聚合不均匀现象。如果单体引入过量，聚合反应还可能发生在 MOF 外表面，甚至激烈反应会引起 MOF 的分解。

7.7　展望

与任何人造材料一样，设计和合成功能金属-有机骨架配位聚合物是近年来一个热门研究课题，但该领域仍然存在一些问题与挑战。①结构设计方面：虽然基块构筑学以及后来发展的网格化学在延展型 MOF 的结构设计中具有指导意义，但是针对特定性质（如：孔径、疏水性、稳定性）或复杂结构的 MOF 材料仍然采用的是试错法，缺乏更为先进的设计理念和策略。计算方法在结构的设计与筛选方面的应用，已经成为人们研究的新热点，为指导 MOF 材料的设计合成开拓了一条崭新的道路。机器学习通过大数据方式对结构进行筛选、优化、设计等，是结构化学家的一个强有力的助手[176]。②精确合成方面：目前的溶液法和固相法在 MOF 的合成上取得了一定成功，然而具有精确结构的 MOF 材料的靶向合成依然存在不小的挑战。与无机沸石相比其热/化学稳定性较低，在高于300℃时大多 MOF 骨架结构主体会被破坏，在溶剂中浸泡时骨架结构通常不稳定而易分解；移去微孔中的客体分子时通常会导致主体骨架的坍塌；结构中穿插现象降低了孔隙率，甚至导致致密结构的产生；固体中构筑基块的定位和立体化学很难控制。因此，今后要求合成化学家不断地去探索和研究新的合成策略，例如，采用不同的反应体系、新的模板，应用较大的簇单元或不同种类的簇单元等。人工智能技术能够解放合成化学家的双手，开展组合化学实验，消除平行实验误差等，为设计切实可行的 MOF 合成提供技术支持[177]。③功能强化与开发方面：MOF 材料在气体存储与分子分离、化学传感、多相催化等领域已崭露头角，然而 MOF 在这几方面的功能需要进一步强化，例如，储氢性能依旧未能达到商用标准。进一步对 MOF 的结构和性能关系进行研究，发现结构组成与性能之间的规律及其影响因素，大幅提升 MOF 的功能性。为了实现"双碳"目标，开发新型功能 MOF 材料是未来四十年所要走的道路。规模化生产 MOF 对其寻找工业应用至关重要，有利于该领域的持续发展。展望未来，MOF 在以下几个领域将形成新的研究热点。

7.7.1　高稳定性 MOF

高稳定性是 MOF 应用的基础，稳定型 MOF 的设计与合成一直是该领域的一个难点，也是一个热点。MOF 的稳定性仍然取决于本身的金属-配体键的性质，而金属-配体配位共价键是 MOF 中最薄弱的环节。发展先进合成方法提高现有 MOF 材料的稳定性，设计新型簇结构与优化连接方式达到稳定骨架将是 MOF 合成领域中的前沿方向[178]。

7.7.2　大孔及手性 MOF

化学与生物医学交叉是未来化学的主旋律。在 MOF 领域中与生物医学最为相关的就是孔道控制，因此 MOF 在生物医药中面临的挑战是如何获得具有大孔尺寸的 MOF（介孔 MOF）以及如何调控 MOF 的手性。孔道大小与排列的控制、等级孔/多级孔的产生，将有利于多肽、蛋白质、DNA 等的选择性识别与快速分离。对映体分离和不对称手性催化的手性 MOF 的合成是另一个挑战。功能手性 MOF 将推动精细化工的发展，特别是手性药物的开发与高效分离[179]。制备这类 MOF 材料，手性模板分子和光学异构现象的纯有机配体的选择非常重要[180]。

7.7.3　导电 MOF

设计和合成具有离域电子结构的 MOF 是一个诱人的领域。具有能带导电性的 MOF 极为罕见，并且关于 MOF 中载流子的研究还处于起步阶段。理想导电的 MOF 应该具有足够的带色散，从而使得电荷载流子能够进行快速传输。当 MOF 中存在混合价态的金属或氧化还原活性的配体能够增强 MOF 的导电性。导电 MOF 的开发将为传感器、热电、储电、光伏、电催化等技术提供新途径[181]。

7.7.4 低维（二维）MOF

低维 MOF，特别是二维 MOF，在 z 轴上是以 π-π 堆积或氢键相互作用形成的骨架结构。这种层-层间的弱相互作用，使得 MOF 层可以出现滑动、错位，甚至分离现象，使得孔道与外界连通增强，金属与配体活性位点的可及性增大，在催化和气体分离领域中优势显著。此外，二维 MOF 较三维 MOF 的柔性更强，在柔性电子领域将发挥独特优势。因此，制备二维 MOF 材料的新方法将是未来一个研究重点[182]。

7.7.5 MOF 骨架中的功能协同作用

迄今为止，MOF 的功能性主要体现在金属中心和配体上，然而多功能的协同效应（不同金属位点间、不同配体官能团间、金属与配体之间）将赋予 MOF 材料新的应用[183]。同时，精确调控功能之间的协同作用将进一步增强 MOF 在气体存储与捕获、手性分离、分子识别、类酶催化等领域的性能。在 MOF 主客体化学中，功能客体与骨架性质（非线性光学、磁性、自旋交叉、发光性质）几乎是独立研究，客体分子的性质没有起到相应的作用。下一步的研究将集中在骨架和客体的协同性质上。在限定的微孔中，具有主-客体协同性质的 MOF 就是所谓的新一代配位聚合物。

7.7.6 MOF 材料的规模化制备

MOF 作为第二代有序多孔材料，在工业应用中具有广阔前景，然而，MOF 材料的规模化生产已成为一个关键性问题，必须考虑以下因素：原料价格、合成条件、合成过程、活化过程、高产率、避免大量的不纯物出现、尽可能使用少量的溶剂和避免使用有机溶剂等。目前关于较大规模的合成方法，例如：机械化学法、电化学法等，已经在专利和科学文献中发表[184]。一些 MOF 材料，例如：MIL-53（Basolite A100）、ZIF-8（Basolite Z1200）、MOF-5（Basolite Z100H）已经实现了公斤级的生产。新的、绿色的制备方法还在不断地报道[185]，更多的 MOF 材料也可以通过经济的合成技术得到生产。

参 考 文 献

[1] Battern S R, Robson R. Angew Chem Int Ed, 1998, 37：1460-1494.
[2] Meng X R, Song Y L, Hou H W, et al. Inorg Chem, 2003, 42：1306-1315.
[3] 贾超，原鲜霞，马紫峰. 化学进展，2009，21：1954-1962.
[4] Sun C Y, Liu S X, Liang D D, et al. J Am Chem Soc, 2009, 131：1883-1888.
[5] Rodriguez-Albelo L M, Ruiz-Salvador A R, Sampieri A, et al. J Am Chem Soc, 2009, 131：16078-16087.
[6] Dong Y B, Wang H Y, Ma J P, et al. Cryst Growth Des, 2005, 5：789-800.
[7] Wu T, Yi B H, Li D. Inorg Chem, 2005, 44：4130-4132.
[8] Eddaoudi M, Kim J, Wachter J B, et al. J Am Chem Soc, 2001, 123：4368-4369.
[9] Evans O R, Lin W B. Cryst Growth Des, 2001, 1：9-11.
[10] Yaghi O M, Li H, Groy T L. J Am Chem Soc, 1996, 118：9096-9101.
[11] Li H, Eddaoudi M, O' Keeffe M, et al. Nature, 1999, 402：276-279.
[12] Juergen E, Judith A K H, Yaghi O M. Science, 2005, 309：1350-1354.
[13] Rosi N L, Eddaoudi M, Yaghi O M. CrystEngCommun, 2002, 4：401-404.
[14] Reineke T M, Eddaoudi M, Fehr M, et al. J Am Chem Soc, 1999, 121：1651-1657.
[15] Yaghi O M, Li G M, Li H L. Nature, 1995, 378：703-706.
[16] Chui S S Y, Lo S M F, Charmant J P H, et al. Science, 1999, 283：1148-1150.
[17] 许洪彬. 硕士论文. 长春：东北师范大学, 2004.
[18] Xie L H, Liu S X, Gao B, et al. Chem Commun, 2005, 41：2402-2404.
[19] Wang Z M, Zhang B, Fujiwara H, et al. Chem Commun, 2004, 40：416-417.
[20] Kurmoo M, Kumagai H, Hughes S M. Inorg Chem, 2003, 42：6709-6722.
[21] 周秋香，王延吉. 光谱学与光谱分析，2005，25：730-733.
[22] Tian Y Q, Cai C X, Ji Y, et al. Angew Chem Int Ed, 2002, 41：1384-1386.
[23] Huang X C, Lin Y Y, Zhang J P, et al. Angew Chem Int Ed, 2006, 45：1557-1559.

[24] Phan A，Doonan C J，Uribe-Romo F J，et al. Acc Chem Res，2010，43：58-67.

[25] Felloni M，Blake A J，Champness N R. J Supramol Chem，2002，2：63-174.

[26] Wang X L，Qin C，Wang E B. Cryst Growth Des，2006，6 (2)：439-443.

[27] Lawandy M A，Huang X Y，Wang R J，et al. Inorg Chem，1999，38：5410-5414.

[28] Tong M L，Chen H J，Chen X M. Inorg Chem，2000，39：2235-2238.

[29] Hao N，Shen E H，Li Y H，et al. Inorg Chem Commun，2004，7：510-512.

[30] Woodward J D，Backov R V，Abboud K A，et al. Polyhedron，2006，25：2605-2615.

[31] Wachter J，O'Keeffe M，Yaghi O M，et al. Science，2002，295：469-472.

[32] Ryo K，Susumu K，Yoshiki K. Science，2002，298：2358-2361.

[33] 孙为银. 配位化学. 北京：化学工业出版社，2004：156-158.

[34] Wen L L，Dang D B，Duan C Y，et al. Inorg Chem，2005，44：7161-7170.

[35] Noro S I，Kitaura R，Kondo Mi，et al. J Am Chem Soc，2002，124：2568-2583.

[36] Liu Y H，Lu Y L，Wu H C，et al. Inorg Chem，2002，41：2592-2597.

[37] Sun D F，Ma S Q，Ke Ya X，et al. Chem Commun，2005，41：2663-2665.

[38] Zaworotko M J. Angew Chem Int Ed，2000，39：3052-3054.

[39] 顾文，谢承志，边贺东，等. 南开大学学报（自然科学版），2002，35：90-95.

[40] Fujita M，Kwon Y J，Washizu S，et al. J Am Chem Soc，1994，116：1151-1152.

[41] Kondo M，Okubo T，Asami A，et al. Angew Chem Int Ed，1997，36：1725-1727.

[42] Yaghi O M，Li H L. J Am Chem Soc，1996，118：295-296.

[43] Hong M C，Zhao Y J，Su W P，et al. J Am Chem Soc，2000，122：4819-4820.

[44] Biradha K，Aoyagi M，Fujita M. J Am Chem Soc，2000，122：2397-2398.

[45] Biradha K，Hongo Y，Fujita M. Angew Chem Int Ed，2000，39：3843-3845.

[46] Smith M D，Bunz U H F，Loye H C，et al. Angew Chem Int Ed，2002，41：583-585.

[47] Hong M C，Zhao Y J，Su W P，et al. Angew Chem Int Ed，2000，39：2468-2470.

[48] Igor L E. Inorg Chim Acta，2002，334：334-342.

[49] Su C Y，Goforth A M，Smith M D，et al. Chem Commun，2004，40：2158-2159.

[50] Halder G J，Kepert C J，Moubaraki B，et al. Science，2002，298：1762-1765.

[51] Zhang Z H，Tian Y L，Guo Y M. Inorg Chim Acta，2007，360：2783-2788.

[52] Vaidhyanathan R，Natarajan S，Rao C N R. Inorg Chem，2002，41：4496-4501.

[53] Maji T K，Ohba M，Kitagawa S. Inorg Chem，2005，44：9225-9231.

[54] O' Keeffe M，Adam J M，Yaghi O M. Science，2005，310：1166-1170.

[55] Kim J，O' Keeffe M，Yaghi O M. Science，2003，300：1127-1129.

[56] Seo J S，Whang D，Lee H，et al. Nature，2000，404：982-986.

[57] Jin Z，Zhu G S，Zou Y C，et al. J Mol Struct，2007，871：80-84.

[58] Ma C B，Chen C N，Liu Q T，et al. New J Chem，2003，27：890-892.

[59] Biswas M，Masuda J D，Mitra S. Struct Chem，2007，18：9-13.

[60] Xu X，Nieuwenhuyzen M，James S L. Angew Chem Int Ed，2002，41：764-767.

[61] Gardner G B，Venkaraman D，Moore J S. Nature，1995，374：792-795.

[62] 张蓉仙，马敏，董振益. 化学研究与应用，2003，15：36-39.

[63] Escuer A，Mautner F A，Sanz N，et al. Inorg Chem，2000，39：1668-1673.

[64] Falvello L R，Garde R，Tomas M. J. Clust Sci，2000，11：125-133.

[65] Jensen P，Batten S R，Fallon G D，et al. J Solid State Chem，1999，145：387-393.

[66] Dong Y B，Smith M D，Loye H C. Inorg Chem，2000，39：1943-1949.

[67] Dong Y B，Smith M D，Loye H C. Angew Chem Int Ed，2000，39：4271-4273.

[68] Dong Y B，Smith M D，Loye H C. Solid State Sci，2000，2：335-341.

[69] Kamiyama A，Noguchi T，Kajiwara T，et al. Angew Chem Int Ed，2000，39：3130 -3132.

[70] Smith H Y，Yan S P，Wang G L. Inorg Chem，2000，39：2239-2242.

[71] 韩银锋. 博士论文. 南京：南京大学，2008.

[72] 杜淼，卜显和. 无机化学学报，2003，19：1-6.

[73] 蒯海伟，桑海云. 高校理科研究，2006，23：66-67.

[74] Wang S，McGuirk C M，d' Aquino A，et al. Adv Mater，2018，30：1800202.

[75] Cai X，Xie Z，Li D，et al. Coord Chem Rev，2020，417：213366.

[76] Zou X Q，Zhu G S，Zhang F，et al. CrystEngComm，2010，12：352-354.

[77] Chalati T，Horcajada P，Gref R，et al. J Mater Chem，2011，21：2220-2227.

[78] Haque E，Khan N A，Park J H，et al. Chem Eur J，2010，16：1046-1052.

[79] Hermes S，Witte T，Hikov T，et al. J Am Chem Soc，2007，129：5324-5325.

[80] Li Y S，Bux H，Feldhoff A，et al. Adv Mater，2010，22：3322-3326.

[81] Cravillon J，Münzer S，Lohmeier S J，et al. Chem Mater，2009，21：1410-1412.

[82] Schaate A，Roy P，Godt A，et al. Chem Eur J，2011，17：6643-6651.

[83]　Yu G L，Liu Y Q，Zou X Q，et al. J Mater Chem A，2018，6：11797-11803.

[84]　Rieter W J，Taylor K M L，An H Y，et al. J Am Chem Soc，2006，128：9024-9025.

[85]　Zhao X J，Fang X L，Wu B H，et al. Sci China Chem，2014，57：141-146.

[86]　Guo H，Zhu G S，Hewitt I J，et al. J Am Chem Soc，2009，131：1646-1647.

[87]　Huang A，Dou W，Caro J. J Am Chem Soc，2010，132：15562-15564.

[88]　Ranjan R，Tsapatsis M. Chem Mater，2009，21：4920-4924.

[89]　Zhang F，Zou X Q，Gao X，et al. Adv Funct Mater，2012，22：3583-3590.

[90]　Kang Z，Xue M，Fan L，et al. Energy Environ Sci，2014，7：4053-4060.

[91]　Peng Y，Li Y S，Ban Y J，et al. Science，2014，346：1356-1359.

[92]　Sun Y，Liu Y，Caro J，et al. Angew Chem Int Ed，2018，57：16088-16093.

[93]　Alaerts L，Maes M，Giebeler L，et al. J Am Chem Soc，2008，130：14170-14178.

[94]　El Osta R，Carlin S，Guillou N，et al. Chem Mater，2012，24：2781-2791.

[95]　Yuan M，Sun C Y，Liu Y W，et al. J Chem Educ，2020，97：4152-4157.

[96]　Kitagawa S，Kitaura R，Noro S. Angew Chem Int Ed，2004，43：2334-2375.

[97]　Yaghi O M，O' Keeffe M，Ockwig N W，et al. Nature，2003，423：705-714.

[98]　James S L. Chem Soc Rev，2003，32：276-288.

[99]　Kitagawa S，Uemura K. Chem Soc Rev，2005，34：109-119.

[100]　Maspoch D，Ruiz-Molina D，Veciana J. Chem Soc Rev，2007，36：770-818.

[101]　Férey G. Chem Soc Rev，2008，37：191-241.

[102]　游效曾. 分子材料——光电功能化合物. 上海：上海科学技术出版社，2001.

[103]　Uemura T，Horike S，Kitagawa S. Chem-Asian J，2006，1 (1-2)：36-44.

[104]　Férey G，Mellot-Draznieks C，Serre C，et al. Acc Chem Res，2005，38：217-225.

[105]　Balzani V，Gómez-López M，Stoddart J F. Acc Chem Res，1998，31：405-414.

[106]　Stang P J，Olenyuk B. Acc Chem Res，1997，30：502-518.

[107]　Fei H，Rogow D L，Oliver S R J. J Am Chem Soc，2010，132：7202-7209.

[108]　Nagarkar S S，Unni S M，Sharma A，et al. Angew Chem Int Ed，2014，53：2638-2642.

[109]　Wang Y T，Fan H H，Wang H Z，et al. J Mol Struct，2005，740：61-67.

[110]　Liang X Q，Li D P，Li C H，et al. Cryst Growth Des，2010，10：2596-2605.

[111]　Evans O R，Xiong R G，Wang Z Y，et al. Angew Chem Int Ed，1999，38：536-538.

[112]　Liang L L，Ren S B，Zhang J，et al. Dalton Trans，2010，39：7723-7726.

[113]　Cong C，Ma H. Adv Optical Mater，2021，9：2100733.

[114]　Chen Z，Gallo G，Sawant V A，et al. Angew Chem Int Ed，2020，59：833-838.

[115]　Zou X Q，Zhu G S，Hewitt I J，et al. Dalton Trans，2009，38：3009-3013.

[116]　Guo Z，Xu H，Su S，et al. Chem Commun，2011，47：5551-5553.

[117]　Chen B，Wang L，Zapata F，et al. J Am Chem Soc，2008，130：6718-6719.

[118]　Yang X L，Chen X H，Hou G H，et al. Adv Funct Mater，2016，26：393-398.

[119]　Shu Y，Ye Q，Dai T，et al. ACS Sens，2021，6：641-658.

[120]　Moliner N，Muñoz C，Létard S，et al. Inorg Chem，2000，39：5390-5393.

[121]　Maji T K，Kaneko W，Ohba M，et al. Chem Commun，2005，36：4613-4615.

[122]　Jia Q X，Wang Y Q，Yue Q，et al. Chem Commun，2008，44：4894-4896.

[123]　Park J G，Collins B A，Darago L E，et al. Nat Chem，2021，13：594-598.

[124]　Bing Y，Xu N，Shi W，et al. Chem Asian J，2013，8：1412-1418.

[125]　Li H Y，Zhao S N，Zang S Q，et al. Chem Soc Rev，2020，49：6364-6401.

[126]　Gao X，Zhai M，Guan W，et al. ACS Appl Mater Interfaces，2017，9：3455-3462.

[127]　Horcajada P，Serre C，Vallet-Regí M，et al. Angew Chem Int Ed，2006，45：5974-5978.

[128]　Horcajada P，Chalati T，Serre C，et al. Nat Mater，2010，9：172-178.

[129]　Su H，Sun F，Jia J，et al. Chem Commun，2015，51：5774-5777.

[130]　Taylor K M，Rieter W J，Lin W. J Am Chem Soc，2008，130：14358-14359.

[131]　Rosi N L，Eckert J，Eddaoudi M，et al. Science，2003，300：1127-1129.

[132]　Wong-Foy A G，Matzger A J，Yaghi O M. J Am Chem Soc，2006，128：3494-3495.

[133]　Ma S，Sun D，Ambrogio M，et al. J Am Chem Soc，2007，129：1858-1859.

[134]　Jaramillo D E，Jiang H Z H，Evans H A，et al. J Am Chem Soc，2021，143：6248-6256.

[135]　Kim H，Samsonenko D G，Das S，et al. Chem Asian J，2009，4：886-891.

[136]　Guo Z，Wu H，Srinivas G，et al. Angew Chem Int Ed，2011，50：3178-3181.

[137]　Peng Y，Krungleviciute V，Eryazici I，et al. J Am Chem Soc，2013，135：11887-11894.

[138]　Mason J A，Sumida K，Herm Z R，et al. Energy Environ Sci，2011，4：3030-3040.

[139]　Chen K J，Madden D G，Pham T，et al. Angew Chem Int Ed，2016，55：10268-10272.

[140]　McDonald T M，Mason J A，Kong X，et al. Nature，2015，519：303-308.

[141]　Wang B，Huang H，Lv X L，et al. Inorg Chem，2014，53：9254-9259.

[142] Yoon J W，Seo Y K，Hwang Y K，et al. Angew Chem Int Ed，2010，49：5949-5952.
[143] Yang S，Ramirez-Cuesta A J，Newby R，et al. Nat Chem，2015，7：121-129.
[144] Cadiau A，Adil K，Bhatt P M，et al. Science，2016，353：137-140.
[145] Zeng H，Xie M，Wang T，et al. Nature，2021，595：542-548.
[146] Liao P Q，Huang N Y，Zhang W X，et al. Science，2017，356：1193-1196.
[147] Cui X L，Chen K J，Xing H B，et al. Science，2016，353：141-144.
[148] Sikora B J，Wilmer C E，Greenfield M L，et al. Chem Sci，2012，3：2217-2223.
[149] Tao Y，Fan Y，Xu Z，et al. Inorg Chem，2020，59：11793-11800.
[150] Wang B，Lv X L，Feng D，et al. J Am Chem Soc，2016，138：6204-6216.
[151] Alaerts L，Kirschhock C E A，Maes M，et al. Angew Chem Int Ed，2007，46：4293-4297.
[152] Hartlieb K J，Holcroft J M，Moghadam P Z，et al. J Am Chem Soc，2016，138：2292-2301.
[153] Zhao J，Li H，Han Y，et al. J Mater Chem A，2015，3：12145-12148.
[154] Li Y S，Liang F Y，Bux H，et al. Angew Chem Int Ed，2010，49：548-551.
[155] Zou X Q，Zhang F，Thomas S，et al. Chem Eur J，2011，17：12076-12083.
[156] Liu Y，Zeng G，Pan Y，et al. J Membr Sci，2011，379：46-51.
[157] Zhou S，Wei Y Y，Li L B，et al. Sci Adv，2018，4：eaau1393.
[158] Liu X L，Wang C H，Wang B，et al. Adv Funct Mater，2017，27：1604311.
[159] Schlichte K，Kratzke T，Kaskel S. Micropor Mesopor Mat，2004，73：81-88.
[160] Dhakshinamoorthy A，Alvaro M，Garcia H. J Catal，2009，267：1-4.
[161] Liu Y，Klet R C，Hupp J T，et al. Chem Commun，2016，52：7806-7809.
[162] Hartmann M，Fischer M. Microporous Mesoporous Mater，2012，164：38-43.
[163] Dou Y，Zhang H，Zhou A，et al. Ind Eng Chem Res，2018，57：8388-8395.
[164] Saha D，Sen R，Maity T，et al. Langmuir，2013，29：3140-3151.
[165] Yuan B，Pan Y，Li Y，et al. Angew Chem Int Ed，2010，49：4054-4058.
[166] Jiang Z，Xu X，Ma Y，et al. Nature，2020，586：549-554.
[167] Ji S，Chen Y，Zhao S，et al. Angew Chem Int Ed，2019，58：4271-4275.
[168] Fu Y，Sun D，Chen Y，et al. Angew Chem Int Ed，2012，51：3364-3367.
[169] Johnson J A，Zhang X，Reeson T C，et al. J Am Chem Soc，2014，136：15881-15884.
[170] Wu C D，Hu A G，Zhang L，et al. J Am Chem Soc，2005，127：8940-8941.
[171] Evans O R，Ngo H L，Lin W B. J Am Chem Soc，2001，123：10395-10396.
[172] Dang D，Wu P，He C，et al. J Am Chem Soc，2010，132：14321-14323.
[173] Ouay B L，Uemura T. Isr. J Chem，2018，58：995-1009.
[174] Uemura T，Kitagawa K，Horike S，et al. Chem Commun，2005，48：5968-5970.
[175] Mochizuki S，Ogiwara N，Takayanagi M，et al. Nat Commun，2018，9：329.
[176] Boyd P G，Chidambaram A，García-Díez E，et al. Nature，2019，576：253-256.
[177] Burger B，Maffettone P M，Gusev V V，et al. Nature，2020，583：237-241.
[178] Nandy A，Duan C，Kulik H J. J Am Chem Soc，2021，143：17535-17547.
[179] Zhou S，Shekhah O，Ramírez A，et al. Nature，2022，606：706-712.
[180] Jiang H，Yang K，Zhao X，et al. J Am Chem Soc，2021，143：390-398.
[181] Hendon C H，Rieth A J，Korzyński M D，et al. ACS Cent Sci，2017，3：554-563.
[182] Zhao M，Lu Q，Ma Q，et al. Small Methods，2017，1：1600030.
[183] Ji Z，Li T，Yaghi O M. Science，2020，369：674-680.
[184] Kong X J，Li J R. Engineering，2021，7：1115-1139.
[185] Lin J B，Nguyen T T T，Vaidhyanathan R，et al. Science，2021，374：1464-1469.

第8章
无机－有机杂化材料的制备及应用

8.1 引言

随着科学技术的发展，人们对材料的要求也越来越高，将不同种类的材料通过一定的工艺方法制成复合材料，可以使它保留原有组分的优点，克服缺点，并显示出一些新的性能。无机-有机杂化材料综合了无机材料和有机材料的优良特性，是一种均匀的多相材料，其中至少有一相的尺寸有一个维度在纳米数量级，纳米相与其他相间通过化学（共价键、配位键）和物理（氢键等）作用，在纳米水平上复合。无机-有机杂化材料具有纳米材料的小尺寸效应、表面效应、量子尺寸效应等性质。另外，这种材料的形态和性能可在相当大的范围内调节，使材料的性能呈现多样化。因此，无机-有机杂化材料在力学、热学、光学、电学、催化、食品包装、生物、环保等领域中展现出广阔的应用前景[1]。近年来，该研究已成为高分子化学和物理、物理化学及材料科学等多门学科交叉的前沿领域，受到各国科学家的重视。

多金属氧酸盐（polyoxometalate，缩写为 POM）是一类含有氧桥的多核配合物，兼有有机和无机基块的性能，同时也是一类优秀的受体分子，能够与许多有机分子尤其是具有强给电子能力的、含大 π 共轭体系的有机体结合形成具有新型功能特性的杂化材料，通过特定的物理和化学修饰，还可以获得特定功能的无机-有机杂化材料。多金属氧酸盐-有机杂化材料在催化、导电、光致变色、磁性、非线性光学材料以及生物制药等领域具有潜在的应用前景，越来越受到人们的关注，已经成为无机-有机杂化材料研究领域的一个热点[2]。

本章对无机-有机杂化材料进行了简单分类，主要以多金属氧酸盐-有机杂化材料为例，综述了无机-有机杂化材料的制备方法、性能及其应用。

8.2 无机-有机杂化材料的分类

根据无机-有机两相间的结合方式和组成材料的组分可分为以下三种类型[3]。

类型Ⅰ：有机分子或聚合物简单包埋于无机基质中，此时无机、有机两组分间通过弱键相结合，如范德华力、氢键、静电作用或亲水-疏水平衡相互作用，如大多数掺杂有机染料或酶等的凝胶即属于此类。

类型Ⅱ：无机组分与有机组分之间通过形成分子水平的杂化，存在强的化学键如共价键、离子键或配位键，所以有机组分不是简单包裹于无机基质中。以共价键结合的无机-有机杂化材料主要是无机前驱体与有机功能性官能团共水解与缩合。无机组分与有机组分彼此带有异性电荷，可以形成离子键而得到稳定的杂化材料体系。以配位键结合的无机-有机杂化材料基体与粒子以孤对电子和空轨道相互配位的形式产生化学作用构成杂化材料。

类型Ⅲ：在上述类型Ⅰ和类型Ⅱ杂化材料中加入掺杂物（有机的或无机的）时，掺杂组分嵌入无机-有机杂化基质中得到。

另外，有机组分在无机-有机杂化材料中可以扮演多种角色，主要有以下四种作用：①起电荷平衡、空间填充和结构导向作用；②作为有机配体同金属原子配位，形成配位阳离子；③作为有机配体直接和无机骨架连接，起柱撑作用；④通过与骨架上的杂原子配位连接无机骨架。

8.3 无机-有机杂化材料的制备方法

无机-有机杂化材料最初是通过溶胶-凝胶法制备的[4]。随着科学家们研究的深入与技术的突破，制备方法也越来越多并越来越完善。目前无机-有机杂化材料的制备方法主要有溶胶-凝胶法、水热合成法、离子热合成法、共混法和自组装等方法。

8.3.1 溶胶-凝胶法

溶胶-凝胶法（sol-gel process）始于 1846 年 Ebelmen 发现正硅酸乙酯在空气中水解形成凝胶，是目前制备无机-有机杂化材料最常用的也是最完善的方法。溶胶-凝胶法制备杂化材料的原理是以金属烷氧化物或金属盐为前驱体，经水解脱醇和脱水及缩合形成溶胶（sol），然后经溶剂挥发或加热使溶胶转化为空间网状结构的凝胶（gel）。

张铁锐等[5]采用溶胶-凝胶法利用四乙氧基硅烷和胺丙基三乙氧基硅烷的共水解制备出包埋 12-钨磷酸的光致变色无机-有机杂化薄膜，在红外光谱中可以清楚看出 $PW_{12}O_{40}^{3-}$ 阴离子的 Keggin 结构，多酸阴离子与 $R—NH_3^+$ 离子之间有强的相互作用共存于硅胶网络骨架中。Zhang 等以石英为基片通过溶胶-凝胶法合成了铕取代杂多钨酸盐的超薄膜，复合膜中可观测到固体中无法观测到的谱带。

Nogami 等[6]采用溶胶-凝胶法，经过四乙氧基硅烷（TEOS）、γ-(甲基丙烯酰氧) 丙基三甲氧基硅烷（GPTMS）、三磷酸甲基酯 $[PO(OCH_3)_3]$、羟基膦乙酸（HPA）的水解和缩合作用制得一种新型的无机-有机杂化硅磷酸纳米复合膜。这种杂化膜具有良好的质子导电性，在空气中的热稳定温度达到 200℃。这是由于在杂化体系中产生了具有一定耐受能力的无机 SiO_2 骨架结构。具有柔韧性和均一性的透明膜有一定的湿度，这决定了它的传导能力，因此随着湿度的增加其导电性能也增强。

与其他方法相比，溶胶-凝胶法制备的优点有：①反应在液相中进行，有机物与无机物混合得相当均匀，达到亚微米级甚至分子级复合；②最终材料是无机物和有机物的互穿网络结构，从而加强了无机物和有机物之间的键合能力；③室温或略高于室温的温和的制备温度允许引入有机小分子、低聚物或高聚物而最终获得具有精细结构的有机-无机杂化材料；④制得纯度高，组分计量比准确等；⑤反应物各种组分的比例可以精确控制。溶胶-凝胶法的缺点是整个溶胶-凝胶过程所需要的时间比较长，常常是几天或几周；其次凝胶中存在大量微孔，在干燥过程中又将会逸出许多气体及有机物并产生收缩，在制备膜材料时会使膜材料易脆裂，很难获得大面积或较厚的杂化膜材料。因此，如何采取有效措施减少或消除凝胶的收缩是今后制备研究中不可忽视的课题。尽管如此，溶胶-凝胶法仍然是目前应用得最多的方法之一。在溶胶-凝胶反应过程中，前驱体将经历复杂的水解、缩合和缩聚过程。这些反应过程，特别是溶胶阶段水解和缩合过程的不同将直接影响生成的无机-有机杂化材料的结构和性能。在今后的研究阶段中，对微观溶胶-凝胶反应过程进行探索，并将反应过程与材料的宏观性能进行联系，改变反应过程的条件与参数，指导和控制材料的制备，这对无机-有机杂化材料的发展具有重要意义。

8.3.2　水热合成法

水热合成法（hydrothermal method）是指在一定的温度（100～1000℃）和压强（1MPa～1GPa）下利用溶剂中的反应物所进行的特定化学反应，其包括有通常所说的溶剂热反应。反应一般在特定类型的密闭的容器或高压釜中进行。在水热合成中，水处于亚临界和超临界状态，物质在水中的物性和化学反应性能均异于常态，反应活性很高。在多酸合成化学中，水热合成由于具有独特的优点，曾经合成出无数的新奇结构化合物。在水热条件下，原料的溶解性得到增加，一些溶解性降低的原料和前驱体将更好地反应，有利于晶体的生长，对于中间态及平衡时间长的物种（如含 W 系列的化合物）的制备是有利的。但它的不足之处也逐渐显露，有些产物的产量低，有时只产生几粒且很难重复，所以有的文章没有性质报道，原因之一是不能得到可重复的样品，为文章的科学性埋下隐患。其次，得到的产品大多数难溶于水和有机溶剂，为应用的开展造成困难。例如，在药物应用上需要可溶性、生物利用度高、产率高的多酸化合物。当然，产物的难溶性正在开拓，例如，碳糊电极的测定已为难溶的多酸化合物开辟了道路。但无论怎样，可重复是科学的底线，这是不能含糊的[7]。

吉林大学的冯守华院士等[8]　在水热合成方面做了大量科研工作。在无机-有机纳米复合及螺旋结构的合成研究中，他们在大量无机-有机杂化材料水热合成的基础上，从简单的反应原料出发合成出具有螺旋结构的无机-有机杂化材料 [M(4,4'-bipy)$_2$][(VO$_2$)HPO$_4$]$_2$(M=Co,Ni)。王恩波教授等[9]采用水热法制备了一系列的多酸-有机杂化材料。图 8-1 表示的是他们用水热法合成的一种二维网络结构的有机-无机杂化钒酸盐配合物 [Co(2,2'-bipy)$_2$V$_3$O$_{8.5}$](2,2'-bipy=2,2'-联吡啶)。该化合物由左旋和右旋的两条链组成，这两条链由钒氧砌块相互作用缠绕形成螺旋结构。

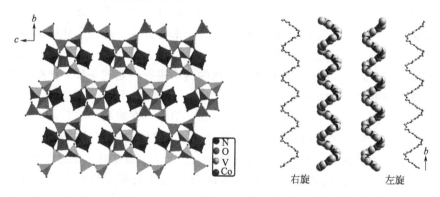

图 8-1　[Co(2,2'-bipy)$_2$V$_3$O$_{8.5}$] 及其存在的螺旋链结构[9]

杨国昱等[10,11]　采用水热法成功合成出一系列含有 {Ni$_6$PW$_9$} 次级结构单元和刚性羧酸连接基团的新型多金属氧酸盐-有机骨架结构（POMOFs）杂化材料和具有混合价的 Cu-8 sandwich 型配合物，由于羧酸盐的不同，可分别生成 1D、2D、3D 的 POMOF 化合物。研究结果表明，二-/三-/六-缺位的杂多阴离子在水热条件下可转化为单缺位的 Keggin 型杂多阴离子。他们还对过渡金属氧簇、稀土氧簇及主族元素氧簇，分别采用了三种不同的合成策略：缺位位点的"结构导向"策略、"协同配位"策略和"簇单元构建"策略。这三种策略都可以归结为"结构导向"作用，也就是由"缺位位点的诱导"到"配体的诱导"，再到"簇单元的诱导"，进而构建一系列相应的新型化合物。他们认为，包含高核过渡金属簇的多阴离子有很好的磁特性及多样的拓扑性质，因而在合成此类多阴离子时，POM 前驱体与过渡阳离子的物质的量之比十分重要。当然，不同的过渡金属阳离子、反应温度及有机胺的种类等都会影响到整个化合物的组成和结构。

由于水热与溶剂热化学的可操作性和可调变性，它将成为衔接合成化学和合成材料的物理性质之间的桥梁。总体来看，水热与溶剂热合成化学的研究重点仍然是新化合物的合成、新合成方法的开拓、新理论的建立[12]。

8.3.3 离子热合成法

近年来，离子液体（ILs）在许多领域都受到广泛的关注。离子液体表现出一系列使它们能适合于作为无机和无机-有机杂化材料制备中介质的特性。它们是一种使无机前驱体具有相当好的溶解性的极性溶剂。一般由有机阳离子和无机阴离子组成。离子液体被称为"绿色溶剂""绿色介质"，主要源于它具有如下的特点：第一，离子液体具有非挥发性；第二，溶解能力强且可调控；第三，黏度大；第四，密度大，易于分离；第五，液程宽，化学稳定性高；第六，电化学稳定性高，电化学窗口宽；第七，可循环使用[13]。许多但不是所有的 ILs 在温度升高后都具有很好的热稳定性。它可以被用来作为溶剂和模板制备各种类型的固体物质，其中最有趣、最重要的用途之一是在金属有机骨架结构（即配位聚合物）上的应用。所制得的材料提供广阔的应用前景，特别是在天然气存储方面。通常这些材料的制备采用溶剂热法，如乙醇、二甲基甲酰胺作为有机溶剂。但是采用离子热合成这些材料在过去一段时间里也有所报道。配体聚合物的低热稳定性往往导致了离子模板从材料中除去离开多孔材料的若干问题[14]。通常，在结构没有毁坏的情况下，IL 阳离子就被除掉是不可能的。但是使用深共晶溶剂制备多孔材料后再除掉 IL 阳离子是有可能的[15]。采用离子热合成法制得的许多材料都是具有相对应的三维固体。在离子热合成中，离子液体不仅被用来作为溶剂，而且在固体的形成中潜在作为结构导向剂模板。它与溶剂为水的水热合成法相似。

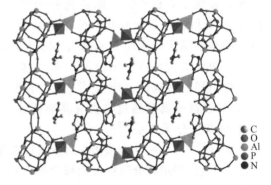

图 8-2 ［MIAH］+ 和［EMim］+ 作为共模板的铝磷酸盐网络结构示意图[16]

于吉红等[16] 利用离子热合成法，通过将离子液体[EMim][Br] 和有机芳香胺 1-甲基咪唑（MIA）作为共模板制备铝磷比率为 6/7 的开口式铝磷酸盐新型网络结构杂化材料。在其结构中，[EMim]+ 阳离子和质子化的 ［MIAH］+ 阳离子共存于三方位通道的交叉点上（如图 8-2）。

8.3.4 共混法

共混法（blending method）也称纳米微粒填充法（nanoparticle filling process），是有机物（聚合物）与无机纳米粒子的共混，该方法是制备杂化材料最简单的方法，适合于各种形态的纳米粒子。共混法的工艺流程可以简单归结为以下三步：①制备纳米粒子；②合成聚合物；③均匀混合两种物系。根据共混方式，共混法大致分为以下五种：①溶液共混；②乳液共混；③溶胶-凝胶共混；④熔融共混；⑤机械共混。Li 等[17] 用共混法制备了掺杂钨磷酸（PWA）的聚乙烯醇（PVA）膜。室温下，膜的电导率为 10^{-3} S/cm。通过红外光谱和 X 射线衍射，可以发现 PWA 已经包埋在 PVA 中，膜的含水率、电导率和甲醇透过系数随着膜中 PWA 含量的上升而增大。随后制备了掺杂 PWA 的磺化聚醚醚酮（SPEEK）的复合膜，做了同样的测试，得到类似的结论。

共混法操作方便、工艺简单、容易控制粒子的形态和尺寸分布，其难点在于粒子分布不均匀，易发生团聚，不利于材料的均匀化。为防止无机纳米粒子的团聚，与有机物共混之前，必须对其表面做改性处理或加入增溶剂进行改进。

8.3.5 自组装法

自组装是多酸合成化学的传统理念，2005 年，《科学》杂志（Science）在期刊创刊 125 周年时，曾提出 21 世纪的 25 个重大科学问题，其中"我们能够使化学自组装走多远"是 25 个 21 世纪重大科学问题中仅有的一个化学问题，其重大意义不言而喻。自组装法（self assembly method）制备无机-有机杂化材料的基本原理是体系自发地向自由能减少的方向移动，形成共价键、离子键或配位共价键，得到多层交替无机-有机膜。自组装的复合聚合物的结构中不仅包含金属离子与有机配体间作用的配位键，还包含分子间弱的相互作用如氢键、π-π 相互作用、范德华力和其他的静电力等。因此，制备的无机-有机杂化材料具有丰富的构型，如一维的直链、螺旋链；二维的蜂巢型、石墨型、方格型和砖墙型等；三维的金刚石和立方格子等拓扑结构类型。

彭中华等[18] 利用自组装法选择性合成了双功能有机亚胺六钼酸盐。这种方法是将两个功能团轻易地引入到六钼酸盐簇中，因此为含有 POM 主链的杂化材料的合成铺平了道路。接着他们又把六钼酸阴离子和含三重键的有机胺共轭分子通过 Mo≡N 键连接起来，合成了有机桥链共轭杂化分子[19]。他们又合成了 POM 和有机 π 共轭桥链连接的无机-有机杂化分子哑铃：位于两端的两个六钼酸盐同多阴离子球和一个含三重键及芳环的棒状结构的末端氨基通过 Mo≡N 键连接起来，形成哑铃形无机-有机杂化分子。其中，哑铃的柄可以分别由两个苯环和一个三重键以及由三个苯环和两个三重键形成的长度不同的共轭体系组成[20,21]。在此基础上，他们于 2005 年又成功地合成第一例 POM 和过渡金属簇通过有机 π 共轭桥链连接起来的杂化材料。这些都是非常有趣的无机-有机杂化分子体系[22]。

他们[23] 还第一次合成出一种含有以金属含氧簇合物作为侧链悬垂物的共轭聚合物（图 8-3）。并通过利用共价键将六钼酸盐簇合物植入到聚对苯乙炔主链上[24]。Cabuil 等[25] 通过利用 $[POM(RSH)_2]^{4-}$ 的—SH 基团将二缺位 Keggin 结构的 γ-SiW$_{10}$ 键连于金属纳米粒子周围，制备了界面功能化的 γ-SiW$_{10}$-Au 无机-有机杂化纳米粒子。

在脂肪胺中，多金属钼酸盐能激发 sp^3 C—H 键。出人意料的是，通过激发作用和六钼酸盐氮原子附近的两个 sp^3 C—H 键的脱氢偶联，由两种初始的脂肪胺形成碳-碳双键。这种有机-无机杂化分子有两种末端取代的亚胺六钼酸盐笼状物。这种笼状物是由过渡四取代物、共轭的和刚性的乙烯体系组成的。这一发现为通过饱和的 C—H 键的功能化作用直接阐述 C—C 双键开辟了途径[26]。

与溶胶-凝胶法、水热法、共混法等制备方法相比，自组装法合成无机-有机纳米杂化材料具有有序结构，可从分子水平上控制无机粒子的形状、尺寸、取向和结构，更便于精确调控纳米材料的结构和形态。但存在着操作流程和结构控制复杂等问题，从而限制了其应用。

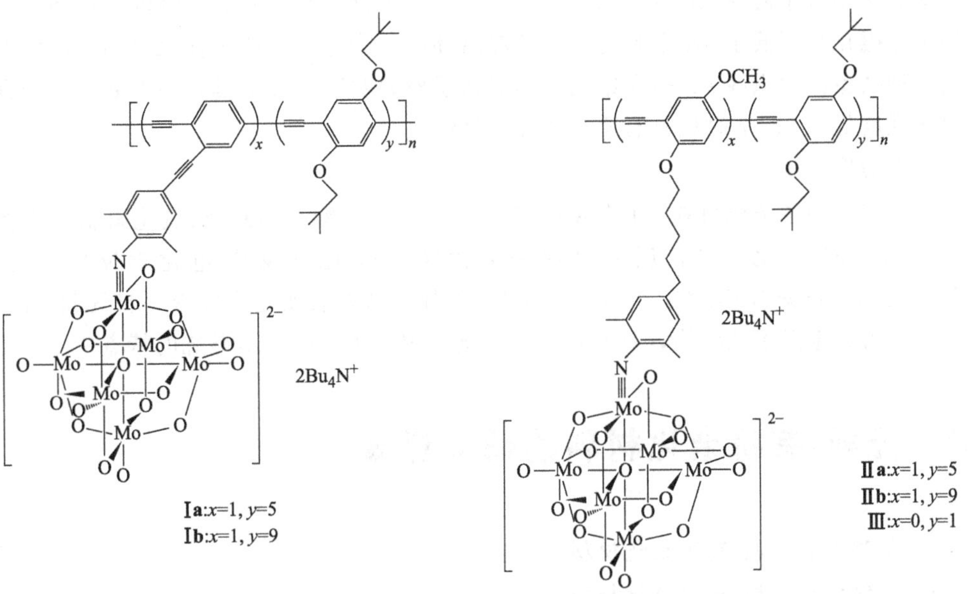

图 8-3　两种含有以金属含氧簇合物作为侧链悬垂物的共轭聚合物[23]

8.3.6　其他方法

（1）插层法

该法的原理是利用许多如硅酸类黏土、磷酸盐类、石墨、金属氧化物、二硫化物、三硫化磷配合物和氧氯化物等具有典型的层状结构的无机化合物，在这些无机物中插入各种有机物。插层法是制备高性能杂化材料的方法之一，根据有机高聚物插入层状无机物中形式的不同，可分为以下三种：熔体插层法、溶液插层法、插层聚合法。该法原料来源极其丰富廉价，而且由于纳米粒子的片层结构在杂化材料中高度有序，使得杂化材料具有很好的阻隔性和各向异性，但是其中插层聚合法受单体浓度、反应条件、引发剂（自由基聚合时）品种和用量等因素的影响。

（2）微波法

利用微波"内加热"，物体的各个深度均被加热，加热速度快，且加热均匀。在强电磁场的作用下，有望产生一些用普通加热法难以得到的高能态原子、分子和离子，从而引发一些在热力学上较难进行甚至不能进行的反应。Jhung 等[27] 采用微波法合成了多孔无机-有机杂化材料 $Ni_{20}(C_5H_6O_4)_{20}(H_2O)_8$，与常规电加热合成需要几小时或者几天相比，微波辐射大大加快了结晶速度（仅需要几分钟）。

（3）LB 膜技术（Langmuir-Blodgett technique）

首先是由 Langmuir 及 Blodgett 提出的，其制备无机-有机杂化材料的原理是：利用具有疏水端和亲水端的两亲性分子在气-液界面的定向性质，在侧向施加一定压力的条件下，形成分子的紧密定向排列的单分子膜，再通过一定的挂膜方式均匀地转移到固定衬基上，制备出纳米微粒与超薄有机膜形成的无机-有机层交替的杂化材料。

各种具有磁性或光性质的金属分子配合物的 LB 膜被合成出来。①多金属氧酸盐（POM）的 LB 膜是利用具有能沿着分散于水中的有机表面活性剂的正电荷单分子层的吸附性质制备出来的。利用 POM 制得具有磁性、电致变色或发光性质的 LB 膜是一个很好的选择。②Mn-12 单分子磁体 LB 膜由 Mn_{12} 二十二碳烷酸的苯甲酸酯衍生物混合制备而成。这些磁性膜在磁化强度低于 5K 下有明显的滞后环线。③合成分别含有 4220 个和 3062 个 Fe 原子的两种铁蛋白的磁性 LB 多层结构。磁测量手段表明这些分子具有超顺磁性。因此这些膜在磁化强度低于 5K 下时也具有明显的滞后环线。

(4) 电解聚合法

利用电能来制备杂化材料。Josowicz 等[28] 以 1,4-苯醌（BQ）和氯化磷腈三聚体为原料制备了 PPBQ 杂化材料，反应机理是电化学反应-化学反应-电化学反应-化学反应（ECEC）机制。根据 XPS、^{31}P-NMR，FT-IR 等分析结果表明，产物是一种无机-有机复合结构。外观为无定形多孔结构，具有对化学试剂稳定、不导电、不燃烧的特点。

8.4　无机-有机杂化材料的研究进展

8.4.1　水热法制备无机-有机杂化材料
8.4.1.1　一维结构无机-有机杂化材料

王恩波教授等合成了 $[Cu_2（I）(2,2'\text{-bipy})_2(4,4'\text{-bipy})][Cu_{1.5}（I）(2,2'\text{-bipy})(4,4'\text{-bipy})]_2[H_3W_{12}O_{40}]$（$2,2'\text{-bipy}=2,2'\text{-联吡啶},4,4'\text{-bipy}=4,4'\text{-联吡啶}$）。该配合物是第一个由钨磷酸盐砌块 $[H_2W_{12}O_{40}]^{6-}$ 和带有混合配体的过渡金属配合物片段组成的具有 1D 结构的物质。并且还合成了一种含有杂多酸离子和同多酸离子的链式的有机-无机杂化物 $\{Cu（II）(2,2'\text{-bipy})\}_6[(Mo^VMo_5^{VI}O_{22})][(PMo_{12}^{VI}O_{40})] \cdot H_2O$。

牛景扬课题组[29] 在水溶液中合成含有镧系（III）阳离子的具有 1D 无限延展结构的有机-无机杂化物：$[Sm(H_2O)_6]_{0.25}[Sm(H_2O)_5]_{0.25}H_{0.5}\{Sm(H_2O)_7[Sm(H_2O)_2(DMSO)(\alpha\text{-}SiW_{11}O_{39})]\} \cdot 4.5H_2O$（DMSO = 二甲亚砜）（如图 8-4），$[Dy(H_2O)_4]_{0.25}[Dy(H_2O)_6]_{0.25}H_{0.5}\{Dy(H_2O)_7[Dy(H_2O)_2(DMSO)(\alpha\text{-}GeW_{11}O_{39})]\} \cdot 5.25H_2O$。这些杂化物含有单缺位 Keggin 型硅钨酸盐和锗钨酸盐。

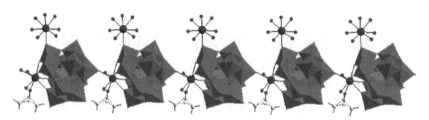

图 8-4　$[Sm(H_2O)_6]_{0.25}[Sm(H_2O)_5]_{0.25}H_{0.5}\{Sm(H_2O)_7[Sm(H_2O)_2$
$(DMSO)(\alpha\text{-}SiW_{11}O_{39})]\} \cdot 4.5H_2O$ 的 1D 链式结构图[29]

他们[30] 采用该方法合成 1D 无限长链的有机-无机配合物 $[Cu（I）(en)_2(H_2O)]_2\{GeW_{12}O_{40}[Cu（II）(en)_2]\} \cdot 2.5H_2O$，并利用 IR、UV 光谱、TG 分析和单晶 X 射线衍射对其进行表征。结构分析显示 $[GeW_{12}O_{40}]^{4-}$ 杂多阴离子通过 $W—Ot—Cu_3$ 桥与 $[Cu_3(en)_2]^{2+}$ 取代基体相连，形成 1D 长链结构。并且，这种配合物在室温固体状态下显示光致发光性。他们由 Keggin 型杂多阴离子与过渡金属配合物水热合成三种有机-无机杂化物：$[Mn(2,2'\text{-bipy})_3]_{1.5}[BW_{12}O_{40}Mn(2,2'\text{-bipy})_2(H_2O)] \cdot 0.25H_2O(1)$，$[Fe(2,2'\text{-}$

bipy)$_3$]$_{1.5}$ [BW$_{12}$O$_{40}$Fe-(2,2'-bipy)$_2$(H$_2$O)] · 0.5H$_2$O (2) 和 [Cu$_2$(phen)$_2$(OH)$_2$]$_2$ H[Cu(H$_2$O)$_2$BW$_{12}$O$_{40}$Cu$_{0.75}$(phen)(H$_2$O)] · 1.5H$_2$O(3)。配合物 1 和 2 是同结构的，都具有单支撑的多金属氧酸盐簇结构，并且它们都含有一个由过渡金属配合物修饰的 [BW$_{12}$O$_{40}$]$^{5-}$ 阴离子。配合物 3 含有双支撑的多金属氧酸盐簇离子。在这种多金属氧酸盐簇中两个 {Cu$_{0.75}$(phen)(H$_2$O)}$^{0.75+}$ 断片支撑在多金属氧酸盐二聚体 {Cu(H$_2$O)$_2$(BW$_{12}$O$_{40}$)$_2$}$^{8-}$ 上。它是第一个基于 Keggin 型多金属氧酸盐二聚体双支撑的多金属氧酸盐。他们[31] 还合成了有机-无机杂化多金属氧酸盐 [Ni(phen)(H$_2$O)$_3$]$_2$[Ni(H$_2$O)$_5$][H$_2$W$_{12}$O$_{40}$] · 6H$_2$O(phen=1,10-菲咯啉)。该配合物含有两个支撑的 [Ni(phen)(H$_2$O)$_3$]$^{2+}$ 配位阳离子、一个支撑的 [Ni(H$_2$O)$_5$]$^{2+}$ 单元、一个偏钨酸盐杂多阴离子 [H$_2$W$_{12}$O$_{40}$]$^{6-}$ 以及六个结晶水分子。

杨国昱课题组[32] 利用水热法由 Keggin 型三缺位杂多金属阴离子 [α-A-PW$_9$O$_{34}$]$^{9-}$ 与 Ce(Ⅲ) 或者 Er(Ⅲ) 离子在 Cu^{2+} 和乙二胺 (en) 存在下，合成出两种有机-无机杂化钨磷酸盐：[H$_9${Ce(α-PW$_{11}$O$_{39}$)$_2$}Cu(en)$_2$] · 6H$_2$O(1) 和 H$_7$[Cu(en)$_2${Er(α-PW$_{11}$O$_{39}$)$_2$}Cu(en)$_2$] · 12H$_2$O(2)。X 射线晶体学分析出它们是由 sandwich 型 [Ln(α-PW$_{11}$O$_{39}$)$_2$]$^{11-}$ [Ln=Ce(Ⅲ)，Er(Ⅲ)]杂多酸阴离子和 [Cu(en)$_2$]$^{2+}$ 阳离子结合产生的无数多个 1D 片段组装而成。这种由 sandwich 型 Ln 单取代的 POM 单元与过渡金属杂合阳离子组成的这种 1D 链结构是非常少见的。该课题组[33] 还合成两种无机-有机杂化物：[Ni(2,2'-bipy)$_3$]$_2$[{Ni(en)$_2$}As$_6$V$_{15}$O$_{42}$(H$_2$O)] · 9.5H$_2$O(1)，[Zn$_2$(dien)$_3$(H$_2$O)$_2$]$_{1/2}${[Zn$_2$(dien)$_3$]As$_6$V$_{15}$O$_{42}$(H$_2$O)} · 2H$_2$O(2)。配合物 1 中含有 [{Ni(en)$_2$}As$_6$V$_{15}$O$_{42}$(H$_2$O)]$^{4-}$ 和[Ni(2,2'-bipy)$_3$]$^{2+}$ 阳离子组成的 1D 链。其中的链主体对手性个体阳离子具有分子识别能力。配合物 2 是由 [As$_6$V$_{15}$O$_{42}$]$^{6-}$ 杂多酸离子和新型的二核[Zn$_2$(dien)$_3$]$^{4+}$ 连接而成的首个 1D 螺旋状的 As—V—O 胶簇链。

他们还[34] 利用水热合成两种含有过渡金属单取代的多金属氧酸盐的新型有机-无机杂化材料：[Ni(2,2'-bipy)$_3$]$_3$[Ni(H$_2$O)SiW$_{11}$O$_{39}$] · 11H$_2$O 和 [Cu(dien)(H$_2$O)][Cu(dien)(H$_2$O)$_2$]$_2$ [CuSiW$_{11}$O$_{39}$] · 5.5H$_2$O(2,2'-bipy=2,2'-联吡啶，dien=二亚乙基三胺)。并利用该方法合成两个镉取代的钒砷酸盐：[Cd(enMe)$_3$]$_2${α-[(enMe)$_2$Cd$_2$As$_8$V$_{12}$O$_{40}$(0.5H$_2$O)]} · 5.5H$_2$O(1)(enMe=1,2-二氨基丙烷) 和 [Cd(enMe)$_2$]$_2${β-[(enMe)$_2$Cd$_2$As$_8$V$_{12}$O$_{40}$(0.5H$_2$O)]}(2)。采用元素分析、IR、TGA、UV-vis、电磁测量、单晶结构分析进行了表征，X 射线衍射分析显示出配合物 1 和 2 分别展示出孤立的一维无机-有机杂化结构。前者是从 α-{As$_8$V$_{14}$O$_{42}$}壳体衍生而来的第一个二镉取代的钒砷酸盐，而后者是从 β-{As$_8$V$_{14}$O$_{42}$}壳体衍生而来的另外一种二镉取代的钒砷酸盐。变温磁化率测量表明在配合物 1 和 2 中 V(Ⅳ) 阳离子间出现了反铁磁相互作用。

徐吉庆教授等[35] 报道了一例由 β-{Sb$_8$V$_{14}$} 单元通过 Sb—O 键构成的一维双链结构的 Sb—V—O 簇合物。他们将 Sb^{Ⅲ} 原子作为帽原子与 Keggin 结构的杂多钼氧簇形成具有二帽 Keggin 结构的簇合物，先后报道了六例含有 {XMo$_{12}$Sb$_2$}(X=P 和 Si) 结构单元的多金属氧酸盐[36]，其中三例是由配合物结构单元而成的一维链状结构（如图 8-5）。这三种化合物分别为：[PMo$_{12}$Sb$_2$O$_{40}$][Cu(enMe)$_2$] · 4H$_2$O(1)，[PMo$_{12}$Sb$_2$O$_{40}$][Ni(enMe)$_2$] · 4H$_2$O (2) 和 [PMo$_{12}$Sb$_2$O$_{40}$][Cu(en)$_2$] · H$_3$O · H$_2$O(3)(enMe=1,2-二氨基丙烷，en=乙烯二胺)。由于引入了 Sb(Ⅲ) 原子，所以此类化合物都是高度还原的杂多蓝类化合物。

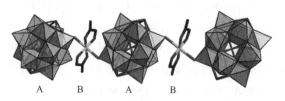 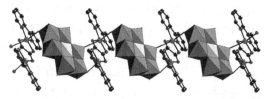

图 8-5　配合物 [PMo₁₂Sb₂O₄₀]
[Cu(enMe)₂]·4H₂O 的 1D 链结构图[36]

图 8-6　配合物 [Cu₂(bipy)₂(mu-ox)]
[Al(OH)₇Mo₆O₁₇] 的 1D 链示意图[38]

刘术侠等[37] 采用水热法由 Keggin 型多金属氧酸盐、硝酸铜和 4,4′-联吡啶（4,4′-bipy）合成出一维（1D）有机-无机配合物 $\{(H_3O)[Cu(I)(4,4'-bipy)]_3[SiW_{12}O_{40}]\}\cdot 1.5H_2O(1)$。单晶 X 射线衍射显示饱和的 Keggin 型多氧阴离子和无数的 $[Cu(I)(4,4'-bipy)]_n^{n+}$ 单元结构建构成一维 1D 的 Z 字形长链。在配合物 1 中的 Cu 原子是与 T 型几何三配位的，说明它们在所产生的化合物中是单价的。配合物 1 的 EPR 光谱信号进一步证实了这一结果。并且合成含有 Anderson 型杂多酸的两种有机-无机杂化物 $[Cu_2(bipy)_2(mu-ox)][Al(OH)_7Mo_6O_{17}](1)$ 和 $[Cu_2(bipy)_2(mu-ox)][Cr(OH)_7Mo_6O_{17}](2)$。晶体结构分析显示在这两种配合物中都存在着由 Anderson 型杂多离子和草酸桥链连接的双核 Cu 化合物构成的 1D 链（如图 8-6）[38]。

由万胜等[39,40] 水热合成两种含有 Anderson 型 $[TeMo_6O_{24}]^{6-}$ 阴离子的有机-无机杂化材料：$[(H_2O)_2Co(TeMo_6O_{24})][(C_{10}N_2H_{10})_2]\cdot 9.5H_2O(1)$，$[(C_{10}N_2H_9)Ni(H_2O)_3]_2[TeMo_6O_{24}]\cdot 8.5H_2O(2)$。配合物 1 中 $[TeMo_6O_{24}]^{6-}$ 离子胶簇与 Co^{2+} 沿着中轴交替，形成带有两个 4,4′-bipy(4,4′-联吡啶) 垂饰配体的 1D 链结构。配合物 2 由 $[TeMo_6O_{24}]^{6-}$ 离子胶簇和 $[Ni(bipy)(H_2O)_3]^{2+}$ 基团组成，通过大量的氢键相互作用进一步形成超分子结构[40]。

Wang 等[41] 合成 Zn(Ⅱ) 配体基团修饰的 Keggin 型钴钨酸盐有机-无机杂化材料 $[Zn(2,2'-bipy)_3]_3\{[Zn(2,2'-bipy)_2(H_2O)]_2[HCoW_{12}O_{40}]_2\}\cdot H_2O$。采用元素分析、IR、TG 分析和 X 射线单晶衍射进行表征。结构分析显示晶体结构由单支撑的 Keggin 型钴钨酸盐杂多阴离子 $\{[Zn(2,2'-bipy)_2(H_2O)]_2[HCoW_{12}O_{40}]_2\}^{6-}$、三个 $[Zn(2,2'-bipy)_3]^{2+}$ 阳离子和一个水分子组成。$[Zn(2,2'-bipy)_3]^{2+}$ 阳离子通过氢键的相互作用形成螺旋链。另外，该化合物在空气中稳定，并在室温下发光激烈。

周百斌等[42] 用水热法合成了链状有机-无机钼砷酸盐配合物 $[As(phen)]_2[As_2Mo_2O_{14}]$(phen=1,10′-菲咯啉)。第一次合成了这种由菲咯啉配体直接配合到 As 原子上的不常见的 1D (As/Mo/O) 链的配合物。并且，这些 1D 链可以进一步通过相邻链间菲咯啉基团的 π-π 相互重叠形成超分子层。

马慧媛等[43] 采用水热法合成出一维的无机-有机配合物 $(C_2H_{10}N_2)[Mo_3O_{10}]$，利用单晶 X 射线衍射对其进行表征。这种配合物作为一种散装剂，利用直接混合法制备一种可再生的立体化学修饰的碳糊电极（钼 CPE）。随着 BrO_3^-、IO_3^-、NO_2^- 和 H_2O_2 的减少，复合材料大量修饰后的 Mo-CPE 不仅展示了良好的电化学催化活性，而且具有良好的稳定性和在湿滤纸表面简单的抛光的多重复性，这种多重复性质对于实际的应用具有重要的作用。

Lin 等[44] 采用水热法合成了一种新型的有机-无机杂化材料 $[Cu(enMe)_2(H_2O)][\{Cu(enMe)_2\}\{Cu(enMe)_2(H_2O)W_{12}O_{40}H_2\}]\cdot nH_2O(n=0.33$，enMe=1,2-二氨基丙烷）。结构分析显示 $[\{Cu(enMe)_2\}\{Cu(enMe)_2(H_2O)W_{12}O_{40}H_2\}]^{2-}$ 显现出独特正

弦曲线波的一维链结构。其结构是由修饰后的 Keggin 型簇和 $\{Cu(enMe)_2\}^{2+}$ 桥基团通过共享离子簇中的一个末端和一个双桥连氧原子构成。其在 H_2O_2 分解中具有很好的催化活性。

Kortz 等[45] 由 Na_2WO_4 与 $(CH_3)_2SnCl_2$ 在 pH＝7 的水溶液中反应生成含有一个由二甲基锡基团稳定的六钨酸盐核组成的有机-无机杂多酸离子 $[\{(CH_3)_2Sn\}_2(W_6O_{22})]^{4-}$。该配合物带有胍基阳离子，其通过结晶作用生成 $[C(NH_2)_3]_4[\{(CH_3)_2Sn\}_2(W_6O_{22})]\cdot 2H_2O$。生成的这种配合物再通过变形的三角双锥型顺式—$(CH_3)_2SnO_3$ 基团形成 1D 结构。

王敬平教授等采用水热法合成出新型有机-无机硼钨酸杂化材料 $[Cu(I)(2,2'-bipy)(4,4'-bipy)_{0.5}]_2\{[Cu(I)(2,2'-bipy)]_2Cu(I)(4,4'-bipy)_2(\alpha-BW_{12}O_{40})\}$ $(2,2'-bipy=2,2'-联吡啶，4,4'-bipy=4,4'-联吡啶)$。利用元素分析、红外光谱（IR）、紫外光谱（UV）、粉末 X 射线衍射（PXRD）、热重分析（TGA）、单晶 X 射线衍射（XRD）、X 射线光电子衍射（XPS）以及荧光分析进行表征。结构分析显示出该配合物是通过交替方式由 $[\alpha-BW_{12}O_{40}]^{5-}$ 杂多阴离子和 $[Cu(I)(2,2'-bipy)]_2Cu(I)(4,4'-bipy)_2]^{3+}$ 阳离子构成的 1D 结构。

8.4.1.2 二维结构无机-有机杂化材料

王恩波等[46] 合成出新型有机-无机配合物 $(Cu_4Cl)-Cl-(2,2'-bipy)_4(4,4'-bipy)_3(4,4'-Hbipy)_2[PMo_{12}O_{40}]_2\cdot 2H_2O$。该配合物最吸引人注意的特征是 Cu—Cl 键。它具有由 $\{PMo_{12}O_{40}\}^{3-}$ 杂多阴离子结构单元和经过悬挂着的杂多阴离子簇修饰过的一维的 $[Cu_4(2,2'-bipy)_4(4,4'-bipy)_5Cl]_n^{n-}$ 杂化链构建而成的 2D 栅格层状结构。悬挂的杂多阴离子处于层面的反方向。该配合物是第一个以多金属氧酸盐簇作为悬垂体的 2D 结构的配合物。

杨国昱等[47] 合成了 $[Co(enMe)_2]_3[As_6V_{15}O_{42}(H_2O)]\cdot 2H_2O$。该配合物是第一个以 $[As_6V_{15}O_{42}]^{6-}$ 为砌块的 2D 网状结构［如图 8-7(a)］。并合成由 sandwich 型金属四取代的钨酸盐和过渡金属配合物组成的 2D 结构配合物 $[Cu(dien)(H_2O)]_2\{[Cu(dien)(H_2O)]_2Cu(dien)(H_2O)_2]_2[Cu_4(SiW_9O_{34})_2]\}\cdot 5H_2O$ (1) (dien＝二亚乙基三胺)，$[Zn(enMe)_2(H_2O)]_2\{[Zn(enMe)_2]_2[Zn_4(HenMe)_2(PW_9O_{34})_2]\}\cdot 8H_2O$ (2) (enMe＝1,2-二氨基丙烷) 和 $[Zn(enMe)_2(H_2O)]_4[Zn(enMe)_2]_2(enMe)\{[Zn(enMe)_2]_2[Zn_4(HSiW_9O_{34})_2]\}\{[Zn(enMe)_2(H_2O)]_2[Zn_4(HSiW_9O_{34})_2]\}\cdot 13H_2O$ (3)。配合物 1 中的 $[Cu_4(SiW_9O_{34})_2]^{12-}$ 阴离子与 Cu 化合物连接而成 2D 结构。配合物 2 中的无机-有机杂多阴离子 $[Zn_4(HenMe)_2(PW_9O_{34})_2]^{8-}$ 与 Zn 化合物连接形成 2D 结构。而配合物 3 则具有独特的 2D 网状结构，它含有带有两种桥链基团结构：Zn 化合物和 1,2-二氨基丙烷配体的 $[Zn_4(PW_9O_{34})_2]^{10-}$ 阴离子。他们利用该方法制得两种新型 Keggin 型多金属氧酸盐配合物 $\{[Cu_2(4,4'-bipy)_2][PW_{10}(VI)W_2(V)O_{40}]\}[Cu_2(obpy)_2]_4\cdot 2H_2O$ 和 $\{[Cu_4(2,2'-bipy)_4(4,4'-bipy)_3][SiW_{12}O_{40}]\}\cdot 2H_2O(4,4'-/2,2'-bipy=4,4'-/2,2'-联吡啶，Hobpy=6-羟基-2,2'-联吡啶)$。通过表征发现这两种配合物具有基于 π-π 堆积和氢键连接的超分子结构［如图 8-7(b)］[48]。

杨国昱等[49] 利用该方法制得无机-有机杂化钨酸盐：$\{[Ni(dap)_2(H_2O)]_2[Ni(dap)_2]_2[Ni_4(Hdap)_2(\alpha-B-PW_9O_{34})_2]\}\cdot H_2O$ (dap＝1,2-二氨基丙烷) 和含有六核 Cu 簇的 sandwich 型多金属氧酸盐的杂化材料 $[Cu(enMe)_2]_2\{[Cu(enMe)_2(H_2O)]_2[Cu_6(enMe)_2(B-\alpha-SiW_9O_{34})_2]\}\cdot 4H_2O$ (enMe＝1,2-二氨基丙烷)［如图 8-8(a)］。该配合物分子含有 10 个 Cu 离子：其中的六个通过两

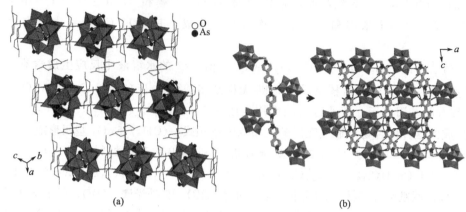

图 8-7 $[Co(enMe)_2]_3[As_6V_{15}O_{42}(H_2O)] \cdot 2H_2O$ 沿着 [111] 方向的 2D 结构（a）

及 $\{[Cu_2(4,4'-bipy)_2][PW_2^VW_{10}^{VI}O_{40}]\}_\infty$ 1D 杂化链（b）（左）

和由其通过氢键形成的 2D 超分子层（b）（右）[48]

个 CuO_6 正八面体，两个 CuO_5 以及两个 CuO_3N_2 正方锥形边边共享和两个 $\{B-\alpha-SiW_9O_{34}\}$ 单元间被包裹形成新型无机-有机杂化 Cu-6 簇。另外的两个 Cu 离子形成两个 $[Cu(enMe)_2(H_2O)]^{2+}$ 配合物，进一步与用来作为修饰体的两个 $\{B-\alpha-SiW_9O_{34}\}$ 单元通过 Cu—O—W 桥链连接。这两个 Cu 原子形成 $[Cu(enMe)_2]^{2+}$，起到电荷补偿和空间填料的作用[49,50]。

徐庆吉等[51] 合成一例以 $Co(dien)^{2+}$ 为帽的四帽 ξ-Keggin 结构 $\{[Co(dien)]_4[(As^VO_4)Mo_8^VW_4^{VI}O_{33}(\mu_2-OH)_3]\} \cdot 2H_2O$，它也是首例钼钨混配型的多金属氧酸盐。他们还合成两例由 Sb···O 弱键构成的二维无机层状结构：$[H_4PMo_7^VMo_5^{VI}O_{40}Sb_2^{III}](im)_2 \cdot 2H_2O$ (im＝咪唑)[52] [如图 8-8(b)] 和 $[SiMo_8^{VI}Mo_4^VO_{40}Sb_2](H_2en)_2(en)_{0.5} \cdot (H_2O)_{8.5}$[53]。

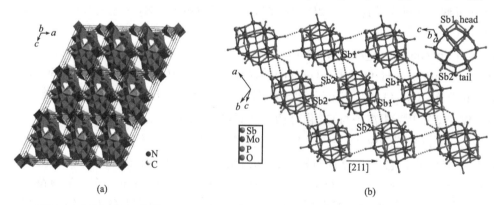

图 8-8 $[Cu(enMe)_2]_2[Cu(enMe)_2(H_2O)]_2[Cu_6(enMe)_2(B-\alpha-SiW_9O_{34})_2] \cdot 4H_2O$

沿着 b 轴的晶体填充图（a）及 $[H_4PMo_7^VMo_5^{VI}O_{40}Sb_2^{III}](im)_2 \cdot 2H_2O$

中 $\{PMo_{12}Sb_2\}$ 的 2D 无机层的球棍图（b）[52]

刘术侠等[54] 合成一种超分子配合物 $Na_3(HABOB)(H_2ABOB)[MnMo_9O_{32}] \cdot 5.5H_2O$(ABOB＝吗啉胍)，并利用元素分析、IR 光谱、漫反射光谱、室温磁矩、单晶 X 射线衍射以及 TG 分析技术进行表征。其结构中 Waugh 型杂多阴离子 $[MnMo_9O_{32}]^{6-}$ 和 Na^+ 组成二维层状无机骨架结构。质子化的 ABOB 分子通过氢键与左右旋的

$[MnMo_9O_{32}]_6$ 对映体相连，构建成两种无限长的有机-无机杂化链。

对于目标产物的合成，新型多金属氧酸盐（POM）基团以及有机-无机 POM 材料的设计，POMs 的水热合成是一个重要的挑战。POMs 的系统氟化有待充分探索。阳离子对的结构导向作用对多聚氟代钼酸盐（Ⅵ）的初级和二级结构的影响在目前的研究中仍然被探讨。Patzke 报道了杂化氟代钼酸盐的水热合成策略。在第一步中，混合碱二氟八钼酸盐 [(M, M')Mo_8O_{26}F_2 \cdot nH_2O; M, M' = K, Cs]$ 说明了碱性阳离子对最终产物类型的选择性控制。根据静电计算可以得知阳离子的结构导向潜力。阳离子对作为结构"间隔器"和"剪刀"被应用到新型二级结构的构建中，如 $[Mo_6O_{18}F_6]^{6-}$ 和 $[Mo_7O_{22}F_3]^{5-}$ 氟代钼酸盐阴离子。选择性二环有机阳离子的使用得到新型的有机-无机氟代钼酸盐 $asn_2Na_4Mo_6O_{18}F_6 \cdot 6H_2O$，$adu_3Na_3Mo_6O_{18}F_6 \cdot 3H_2O$ 和 $adu_4NaMo_7O_{22}F_3 \cdot 4H_2O$（asn＝1-氮阳离子螺旋 [4,4] 壬烷；adu＝1-氮阳离子-4，9-二镊螺旋 [5,5] 十一烷）。并且针对这三种化合物在构建 POM 材料时作为建筑砌块的潜力，其在层状有机-无机结构的形成中有机阳离子的转向效应也被进行了比较[55]。

彭军等[56] 利用水热法，通过将不同长度的刚性配体植入到多金属氧酸盐（POM）系统中，形成四种含有 POMs 修饰的多孔 Cu—N 配体聚合链的无机-有机杂化材料 ${[Cu(4,4'-bipy)]_3[HGeMo_{12}O_{40}]} \cdot 0.5H_2O$，$[Cu(4,4'-bipy)]{[Cu(4,4'-bipy)]_2[W_6O_{19}]} \cdot 4H_2O[Cu(bpe)]{[Cu(bpe)]_2[GeMo_{12}O_{40}(VO)_2]}$[bpe＝二 (4-吡啶基) 乙烯] 和 $[Cu_2(phnz)_3]_2[SiW_{12}O_{40}]$（phnz＝吩嗪）。

Sato 等[57] 在 150℃下，水热合成杂化配合物 $[(H_5O_2)(H_2bipy)(bipy)_4][NaMo_8O_{26}] \cdot 2H_2O$（bipy＝4,4'-联吡啶）。其结构包含有两个基团：一个是由钠离子通过内部连接形成的无限长的 β-$[Mo_8O_{26}]$ 簇链；另外一个是由双重质子化的 bipy 离子和它的中性分子构建而成的二维网络结构。该中性分子与水分子通过氢键作用连接在一起。网络结构的堆积为 Na-β- $[Mo_8O_{26}]$ 链提供了合适的一维通道。

Cheng 等[58] 由 Wells-Dawson 杂多阴离子簇与金属有机复合亚单元水热合成有机-无机杂化物 $[Cu(phen)_3][Cu(phen)_2Cu(phen)_2(P_2W_{18}O_{62})] \cdot 2H_2O$。晶体结构分析显示 Wells-Dawson 杂多阴离子的两个末端氧原子位于与 Cu^{2+} 配位的带点上。三个 Cu 离子具有不同的配位环境：Cu1 和 Cu2 是五配位的，而 Cu3 则是六配位的。双支撑的杂化阴离子 $[Cu(phen)_2Cu(phen)_2(P_2W_{18}O_{62})]^{2-}$ 通过氢键间的相互作用聚合到 1D 中。然后通过补偿、面面间的 π-π 重叠作用进一步堆积成二维结构。

Lin 等[59] 在水热条件下合成二维固体 $[{Cu(en)_2}_4(H_4W_{12}O_{42})] \cdot 9H_2O$（en＝乙二胺）。单晶 X 射线衍射显示在该配合物中每个仲十二钨酸盐 $[H_4W_{12}O_{42}]^{8-}$ 簇都通过八个 ${Cu(en)_2}^{2+}$ 桥基团与它附近的四个簇相连，从而形成二维的层状结构。

Wang[60,61] 利用 NH_4VO_3，WO_3，$NiCl_2$ 和 4,4'-联吡啶通过水热反应合成 2D 有机-无机杂化材料 $Ni(V_2W_4O_{19})(bipy)(Hbipy)_2$（bipy＝4,4'-联吡啶）和 $Mn(V_2W_4O_{19})(bipy)(Hbipy)_2$。利用元素分析、IR、单晶 X 射线衍射分析以及 UV-Vis-NIR 漫反射等手段对其进行表征。在晶体结构中，每个 Ni(Ⅱ) 都是六配位的，其中两个氧原子来自两个 $[V_2W_4O_{19}]^{4-}$ 离子，两个氮原子来自两个双齿吡啶配体，另外两个氮原子来自两个质子化的末端吡啶配体。

Kortz 等[62] 在水溶液介质中，在不同 pH 的情况下，由 $(CH_3)_2SnCl_2$ 与 Na_2MoO_4 反

应生成三种不同配合物 $[\{(CH_3)_2Sn\}(MoO_4)]$(1)，$[\{(CH_3)_2Sn\}_4O_2(MoO_4)_2]$(2) 和 $[\{(CH_3)_2Sn\}\{Mo_2O_7(H_2O)_2\}]\cdot H_2O$(3)。这三种配合物都是由 $(CH_3)_2Sn^{2+}$ 基团与钼酸盐离子延展连接形成的有机-无机杂化物，其中心的 Sn(Ⅳ) 的配位数在 5～7 间变化。其中配合物 2 和 3 是 2D 结构。他们在水溶液中、pH 为 3 时，以胍盐阳离子 $[C(NH_2)_3]^+$ 作为结晶剂，$(CH_3)_2SnCl_2$ 和 $Na_9[B\text{-}\alpha\text{-}XW_9O_{33}]$ 以 3∶1 的摩尔比进行反应，选择性地得到二聚 $[\{(CH_3)_2Sn(H_2O)\}\{(CH_3)_2Sn\}(B\text{-}\beta\text{-}XW_9O_{33})_2]^{8-}$ [1，X = As(Ⅲ)；2，X = Sb(Ⅲ)][63]。众所周知，该反应产生的重要产物是单聚的 $[\{(CH_3)_2Sn(H_2O)_2\}_3(B\text{-}\beta\text{-}XW_9O_{33})]^{3-}$。杂多阴离子 1 和 2 都含有一个八面体反式—$(CH_3)_2SnO_4$ 基团。这种反式基团桥链有两个三缺位的 Keggin 型 $[B\text{-}\beta\text{-}XW_9O_{33}]^{9-}$ 亚单体，进一步由两个结构非等效的 $\{(CH_3)_2Sn\}^{2+}$ 官能团修饰：一个是扭曲的八面体反式—$(CH_3)_2SnO_4$ 连接基团，一个是三角双锥顺式—$(CH_3)_2SnO_3$ 侧基。在二聚中心对称的组合体中，每个 $[B\text{-}\beta\text{-}XW_9O_{33}]^{9-}$ 亚单体都通过两个 Sn—O(W) 键连接到三个 $\{(CH_3)_2Sn\}^{2+}$ 官能基团上。杂多阴离子 1 和 2 通过形成分子间的 Sn—O—W 桥连，聚合结晶成同结构的 2D 杂化材料 $[C(NH_2)_3]_8[\{(CH_3)_2Sn(H_2O)\}_4\{(CH_3)_2Sn\}(B\text{-}\beta\text{-}XW_9O_{33})_2]\cdot 10H_2O$ [1a，X = As(Ⅲ)；2a，X = Sb(Ⅲ)]。

马建芳等[64] 利用 Keggin 型多金属氧酸盐砌块与 Cu(Ⅱ)/Cu(Ⅰ) 以及氟康唑配体 1-(2,4-二氟苯基)-1,1-二 [1H-1,2,4-三氮唑-1甲基] 甲醇（Hfcz）水热合成 2D 网络结构的无机-有机杂化材料：$[Cu_4(Ⅱ)(fcz)_4(H_2O)_4(SiMo_{40})]\cdot 6H_2O$，$(Et_3NH)_2[Cu_2(Ⅰ)(Hfcz)_2(SiW_{12}O_{40})]\cdot 2H_2O$，$(Et_3NH)_2[Cu_2(Ⅰ)(Hfcz)_2(SiW_{12}O_{40})]\cdot H_2O$ 和 $[Cu_4(Ⅰ)(Hfcz)_4(SiMo_{12}O_{40})]$。

王敬平等[65] 合成出 $\{[Cu(Ⅰ)(4,4'\text{-}bipy)]_3H_2(\alpha\text{-}BW_{12}O_{40})\}\cdot 3.5H_2O$。该杂化物具有由 $[\alpha\text{-}BW_{12}O_{40}]^{5-}$ 杂多阴离子和—Cu(Ⅰ)-4,4'-bipy—线性链阳离子构成的 2D 延展结构，其中一个 $[\alpha\text{-}BW_{12}O_{40}]^{5-}$ 杂多阴离子作为一种四配位基的无机配体提供三个末端氧原子和一个二桥氧原子（如图 8-9）。

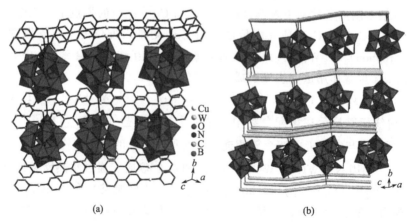

图 8-9　杂化物的 2D 片状结构多面体/球棍图 (a) 及杂化物的 2D 结构多面体/线形图 (b)[65]

8.4.1.3　三维结构无机-有机杂化材料

（1）手性结构　1993 年，Zubieta 等[66] 在《Science》上报道了一例利用水热法制备的手性双螺旋结构配合物 $(Me_2NH_2)K_4[V_{10}O_{10}(H_2O)_2(OH)_4(PO_4)_7]\cdot 4H_2O$。其为合成

具有螺旋结构的手性多酸化合物掀开了崭新的一页，表明在生命创生期的地球上，在高温高压下，DNA 结构是最稳定的核酸盐高级结构。

王恩波课题组[67] 利用手性的脯氨酸也合成出对映异构体纯相的多氧钨酸盐配合物 $KH_2[(C_5H_8NO_2)_4(H_2O)Cu_3][BW_{12}O_{40}] \cdot 5H_2O$（L 型和 D 型）（如图 8-10）。直接合成原手性多酸阴离子簇，它可以进一步与金属或有机配体作用，合成新结构的手性多金属氧酸盐配合物。

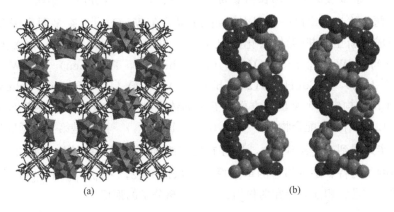

(a) (b)

图 8-10 $KH_2[(C_5H_8NO_2)_4(H_2O)Cu_3][BW_{12}O_{40}] \cdot 5H_2O$ 的 3D 开放式框架图（a）及
分别在 D 型和 L 型中左右螺旋结构（b）[67]

他们还通过金属锌 Zn^{2+} 与 $[Mn^{IV}Mo_9O_{32}]^{6-}$ 反应实现了手性的传递，得到了三维手性拓展结构[68]（如图 8-11）。

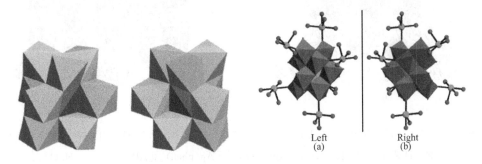

Left Right
(a) (b)

图 8-11 L-1 的多面体结构和球棍结构（Left）及
D-1 的多面体结构和球棍结构（Right）[68]

（2）其他 东北师大的王恩波教授等[69] 利用水热法第一次合成了由饱和 Keggin 型杂多酸离子与三核 Cu（I）通过共价连接形成的三维有机-无机杂化物 $[Cu_5Cl(4,4'-bipy)_5]$ $[SiW_{12}O_{40}] \cdot 1.5H_2O$。并合成三种带有 $4,4'$-联吡啶和 $2,2'$-联吡啶混合配体的有机-无机杂化材料 $K[\{Cu(I)(2,2'-bipy)\}(4,4'-bipy)\{Cu(I)(2,2'-bipy)\}_{0.5}]_2[Mo_8O_{26}]$（1），$[Cu(I)(4,4'-bipy)]_3[PMo_{10}^{VI}Mo_2^VO_{40}\{Cu(II)(2,2'-bipy)\}]$（2）和 $[Cu(I)(2,2'-bipy)(4,4'-bipy)_{0.5}]_2[Cu(I)(4,4'-bipy)]_2[SiW_{12}O_{40}]$（3）（$2,2'$-bipy＝$2,2'$-联吡啶，$4,4'$-bipy＝$4,4'$-联吡啶）。配合物 1 含有一种带有 $4,4'$-联吡啶及 $2,2'$-联吡啶混合配体的 Cu（I）配位阳离子双支撑的 β-$[Mo_8O_{26}]^{4-}$ 杂多酸离子。配合物 2 含有带有 $[PMo_{10}^{VI}Mo_2^VO_{40}]^{5-}$ 砌块帽的 $\{Cu(II)(2,2'-bipy)\}^{2+}$ 离子。这种砌块由 $\{Cu(4,4'-bipy)\}_n^{n+}$ 线性阳离子链形成新型的

网状结构。其结构中含有带有二价 Cu 帽的多金属氧酸盐砌块。配合物 3 的结构是由一维杂化 Z 字形 $\{Cu(4,4'\text{-bipy})\}_n^{n+}$ 链连接形成 3D 网络结构[70]。

他们[71]利用过渡金属-氨基酸配合物形成功能化的多金属氧酸盐 $H_4[Na(H_2O)_2]$ $[Cu_6Na(gly)_8(H_2O)_2][BW_{12}O_{40}]_2 \cdot 13H_2O(1)(gly=甘氨酸)$。这种配合物是一种由 $[BW_{12}O_{40}]^{5-}$ 砌块、六核 $[Cu_6Na(gly)_8]$ 配体簇以及 Na^+ 构成的 3D 骨架结构。该配合物的 $[BW_{12}O_{40}]^{5-}$ 杂多酸离子仍然保留着带有 Td 点体系的 Keggin 型结构。

王恩波课题组[72]合成出一系列由 Keggin 型 $[AlW_{12}O_{40}]^{5-}$ 杂多阴离子和过渡金属有机亚胺结合而成的新型有机-无机杂化物 $\{Ag_3(2,2'\text{-bipy})_2(4,4'\text{-bipy})_2\}\{Ag(2,2'\text{-bipy})_2\}$ $\{Ag(2,2'\text{-bipy})\}[AlW_{12}O_{40}] \cdot H_2O(1)$，$[Ag(phen)_2]_3[Ag(phen)_3][AlW_{12}O_{40}] \cdot H_2O$ (2)和$\{Co(2,2'\text{-bipy})_3\}_3\{Co(H_2O)(2,2'\text{-bipy})_2[AlW_{12}O_{40}]\}_2 \cdot H_2O(3)(phen=1,10\text{-菲咯}$啉)。配合物 1 的结构中一个突出的方面是五个晶体上独立的 Ag 中心存在着四种类型的配位构型 [如图 8-12(a)]。在配合物 2 中三聚 $\{[Ag(phen)_2]_3\}^{3+}$ 胶簇是第一个延展到一维波像阵列，然后进一步延展到有 $[AlW_{12}O_{40}]^{5-}$ 存在的三维的超分子网络结构 [如图 8-12(b)]。配合物 3 最突出的结构特点是在邻近的单支撑 $\{Co(H_2O)(2,2'\text{-bipy})_2[AlW_{12}O_{40}]\}^{3-}$ 中三个水分子呈线性排列，导致相互间存在弱作用力的三维超分子的形成。

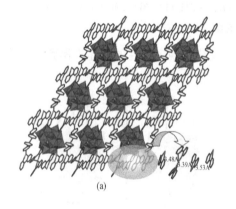 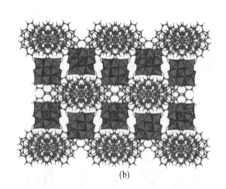

(a)　　　　　　　　　　(b)

图 8-12　$\{Ag_3(2,2'\text{-bipy})_2(4,4'\text{-bipy})_2\}\{Ag(2,2'\text{-bipy})_2\}\{Ag(2,2'\text{-bipy})\}[AlW_{12}O_{40}] \cdot H_2O$
的 3D 超分子网状图 (a) 及$[Ag(phen)_2]_3[Ag(phen)_3][AlW_{12}O_{40}] \cdot H_2O$
的 3D 超分子网状图 (b)[72]

他们又利用水热法合成三种有机-无机杂化材料 $H[Cu(Ⅰ)(dafo)_2]_3$ $\{[Cu(Ⅰ)(dafo)_2]_2P_2W_{18}O_{62}\} \cdot AH_2O(1)$，$[Cu(Ⅰ)(dafo)_2]_3PMo_{12}O_{40}(2)$ 和 $[Cu(Ⅰ)$ $(dafo)_2]_4SiW_{12}O_{40}(3)(dafo=4,5\text{-二氮芴-9-酮})$。配合物 1 是一种由 Dawson 型 $P_2W_{18}O_{62}^{6-}$ 单元和铜配合物结构单元双支撑之间通过弱的相互作用形成的 3D 超分子网状物。而配合物 2 则是由含有多金属氧酸盐（POM）阴离子的超分子网状结构通过 π-π 重叠和氢键间的相互作用形成的。配合物 3 具有与 2 类似的结构单元，只是这些单元是以不同的形式形成的。它们结构间的区别显示出 POMs 在最终产物的网状结构中是主要的因素[73]。他们还合成了 3D 配合物 $\{K_3H_2[Cu(Gly)_2]_3BW_{12}O_{40}\} \cdot 10H_2O(Gly=甘氨酸)$。该配合物含有 K^+ 和 Cu-甘氨酸配体混合物构成的正方格子层。$[BW_{12}O_{40}]^{5-}$ 在正方格子中作为模板，并与 K 原子连接以达到电荷平衡。K 原子与不同层中的 $[BW_{12}O_{40}]^{5-}$ 相连形成 3D 结构。

曹荣等[74] 采用水热法合成新型配合物 $[Cu(2,2'-联吡啶)_2]_2[H_2V_{10}O_{28}] \cdot (2,2'-联吡啶) \cdot H_2O$。其结构是由杂多阴离子形成的超分子层。这种超分子层被支撑在由单个的 $[H_2V_{10}O_{28}]^{4-}$ 簇通过 C—H…O 氢键间弱的相互作用形成的柱形 Cu 化合物上，进一步形成具有两种"客体"联吡啶存在于通道中的三维微孔骨架。他们[75] 通过改变配体，调节 pH 值以及引入低价的金属（V^{5+}），在水热条件下原位合成多核铜簇和多金属氧酸盐：$[Cu_6 (PO_4)_2(H_2O)_2(bipy)_6](H_3O)_2[P_2W_{18}O_{62}]$（1）（bipy = 2,2'-联吡啶），$[Cu_6(PO_4)_2 (H_2O)_4(phen)_6](H_2O)_2[P_2W_{18}O_{62}]$（2）（phen = 1,10-菲略啉），$[Cu_2Cl(phen)_4] [PW_{12}O_{40}]$（3），$[Cu_4(HPO_4)_2(H_2O)_4(phen)_4](H_3O)_2[PV_3W_9O_{40}]$（4）和 $[Cu_4(HPO_4)_2(H_2O)_2(bipy)_4](H_2O)_2[PVW_{11}O_{40}]$（5）。且水热合成基于 Keggin 型多金属氧酸盐砌块的杂化物 $[Cu_2(bipy)_2(Hbipy)(H_2O)](PW_{12}O_{40})$（bipy=4,4'-联吡啶），该杂化物具有金刚石网状结构，其中的三褶层相互连通[76]。

牛景杨等[77] 合成新型的钨锑酸盐有机-无机杂化物 $Na[Cu(2,2'-bipy)(H_2O)]_2 \{Cu(2,2'-bipy)\}_2(B-\alpha-SbW_9O_{33}) \cdot 2H_2O$。X 射线电子衍射显示，其含有被植入到三缺位的 $B-\alpha-[SbW_9O_{33}]^{9-}$ 杂多阴离子骨架结构中的两个 $[Cu(2,2'-bipy)]^{2+}$ 和两个 $[Cu(2,2'-bipy)(H_2O)]^{2+}$。他们还合成一种基于 Dawson 型钨酸盐簇 $\{SbW_{18}O_{60}\}$ 类的新型有机-无机杂化物 $[Cu(2,2'-bipy)_3]_2[Cu(2,2'-bipy)_2Cl][Cu(2,2'-bipy)_2]H_6 [(SbW_4W_{14}O_{60})-W(V)-O(Ⅵ)] \cdot H_2O$[78]。采用该方法又合成了有机-无机多金属氧酸盐配合物 $[Co(2,2'-bipy)_3]H[Al(OH)_6(Mo_6O_{18})] \cdot 17H_2O$[79]。

他们由 $Cu(CH_3COO)_2 \cdot 4H_2O$，$Y(NO_3)_3$，$V_2O_5$，$K_9BW_{11}O_{39}$，2,2'-联吡啶以及 γ-吡啶甲酸水热合成出有机-无机杂多金属氧酸盐配合物 $[Cu_2(2,2'-bipy)_2(Inic)_2(H_2O)_2][Y(Inic)_2(H_2O_5)]H_3[V_2W_{18}O_{62}] \cdot 5.5H_2O$。配合物的不对称分子单元中含有具有独立晶系的 $[V_2W_{18}O_{62}]^{6-}$，一个双核的 Cu 阳离子 $[Cu_2(2,2'-bipy)_2(Inic)_2(H_2O)_2]^{2+}$，一个九配位的钇阳离子 $[Y(Inic)_2(H_2O)_5]^+$，5.5 个结晶水分子以及平衡电荷的三个质子。其中的杂多阴离子仍然保留着经典的 Wells-Dawson 型结构。这种带有 V 杂原子的 Dawson 型阴离子还是首次被报道[80]。

杨国昱课题组[81,82] 在水热条件下合成的 Ln_{36} 轮形化合物受到关注，该簇连接在一起组成一个二维层状化合物，进一步通过 CuX 化合物连接成三维结构。同时，他们还在乙二胺和 1,2-二氨基丙烷（en/enMe）中，由 $CuCl_2 \cdot 2H_2O$ 和三缺位的 Keggin 型多氧酸阴离子 $Na_9[A-\alpha-PW_9O_{34}] \cdot 7H_2O$ 反应合成五种新型有机-无机杂多氧钨酸盐[83]，并由三缺位的 $Na_9[\alpha-A-PW_9O_{34}] \cdot 7H_2O/Na_{12}[\alpha-P_2W_{15}O_{56}] \cdot 18H_2O$ 与 $NiCl_2 \cdot 6H_2O$ 合成出两种新型无机-有机杂化 sandwich 型钨磷酸盐：$[H_2en][Ni(en)_2]_2[\{(\alpha-B-PW_9O_{34})_2Ni_4(H_2O)_2\}\{Ni(en)_2(H_2O)\}_2] \cdot 5H_2O$（1）和 $[Ni(en)_2][Ni(en)_2(H_2O)_2][\{(\alpha-B-PW_9O_{34})_2Ni_4(Hen)_2\}\{Ni(en)_2(H_2O)\}_2] \cdot 10H_2O$（2）（en=乙二胺）。配合物 1 是由经过 Ni-有机胺基团修饰后的无机杂多阴离子 $[Ni_4(H_2O)_2(\alpha-B-PW_9O_{34})_2]^{10-}$ 组成，而配合物 2 则是由经过 Ni-有机胺基团修饰后的无机-有机杂化杂多阴离子 $[(\alpha-B-W_9O_{34})_2Ni_4(Hen)_2]^{8-}$ 组成。并以三缺位的 Keggin 型杂多阴离子为配体水热合成出两种锗钨酸盐无机-有机杂化物 $[Ni(en)_2]_{0.5}[\{Ni_6(mu_3-OH)_3(en)_3(H_2O)_6\}(B-\alpha-$

$GeW_9O_{34})] \cdot 3H_2O$ 和 $[\{Ni_6(mu_3\text{-}OH)_3(dap)_3(H_2O)_6\}(B\text{-}\alpha\text{-}GeW_9O_{34})] \cdot H_3O \cdot 4H_2O$(en=乙二胺和 dap=1,2-二氨基丙烷)。单晶 X 射线衍射分析出这两种配合物都含有六-Ni(Ⅱ) 取代的 Keggin 单元 $[\{Ni_6(mu_3\text{-}OH)_3(L)_3(H_2O)_6\}(B\text{-}\alpha\text{-}GeW_9O_{34})]$(L=en 或 dap)。磁化率测量显示这两种配合物中的六-Ni(Ⅱ) 簇中有铁磁耦合作用存在[84]。

李阳光等[85] 利用 $Na_2MoO_4 \cdot 2H_2O$，H_3PO_4，$CuCl_2 \cdot 2H_2O$，o-菲咯啉和 $SrCl_2$ 水溶液水热反应合成篮状混合价聚合钼磷酸盐杂化物 $[Cu(phen)(H_2O)_3][\{Cu(phen)(H_2O)_2\}\{Cu(phen)(H_2O)_3\}\{Sr \subset P_6Mo_4^V Mo_{14}^{VI}O_{73}\}] \cdot 3H_2O$。单晶 X 射线衍射分析显示这种四电子还原的篮状杂多阴离子 $[Sr \subset P_6Mo_4^V Mo_{14}^{VI}O_{73}]^{10-}$ 含有新型四缺位 γ-Dawson 型单元和一个"把柄"形 $[Cu(phen)(H_2O)_x]$（x=1～3）结构单元修饰的 $\{P_4Mo_4\}$ 断片。电化学分析显示该配合物修饰的碳糊电极（CPE）对过氧化氢的还原具有很好的电催化活性。

吉林大学徐庆吉等[86] 水热合成两种钼磷酸盐 $(H_3dien)_4[Mo_{12}O_{24}(OH)_6(HPO_4)_4(PO_4)_4] \cdot 10H_2O$(M=Co 或 Ni；dien=二亚乙基三胺)。这两种配合物都是三维超分子网络结构。并且合成两种有机胺和钒酸盐类有机-无机杂化物 $(H_2dien)_4[H_{10}V_{18}O_{42}(PO_4)](PO_4) \cdot 2H_2O$(1)(dien=二亚乙基三胺)和 $(Him)_8[HV_{18}O_{42}(PO_4)]$(2)(im=咪唑)。配合物 1 含有带有钒酸盐类 $[H_{10}V_{18}O_{42}(PO_4)]^{5-}$ 的质子化的二亚乙基三胺，并由其连接成三维网络结构。而配合物 2 则是由质子化的咪唑和钒酸盐 $[HV_{18}O_{42}(PO_4)]^{8-}$ 组成。在这两种配合物中存在钒酸盐与不同有机胺间的氢键作用。

刘术侠等[87] 在水热条件下，合成两种含有多核 Cu(Ⅱ) 配位阳离子的新型 3D 杂化材料 $[Cu_2(phen)_4Cl][Cu_2(phen)_3(H_2O)Cl][P_2W_{18}O_{62}] \cdot H_2O$ 和 $[Cu_7(phen)_7(H_2O)_4Cl_8][P_2W_{18}O_{62}] \cdot 6H_2O$(phen=1,10-菲咯啉)。

薛岗林等[88] 合成了两种无机-有机复合多氧钨酸盐 $[Cu(en)_2(H_2O)]_2[Cu(en)_2(H_2O)_2]\{[Cu(en)_2]_3[Cu_4(GeW_9O_{34})_2]\} \cdot 10H_2O$(en=乙二胺) 和 $(H_2en)\{[Zn(en)_2]_4[Zn_4(Hen)_2(GeW_9O_{34})_2]\} \cdot 10H_2O$，并利用单晶 X 射线衍射对其结构进行了分析。

由万胜等[89] 由 $\{Cu(4,4'\text{-}bipy)\}^+$（bipy=联吡啶）和同多钼酸盐阴离子 $[三角形\text{-}Mo_8O_{26}]^{4-}$ 水热合成一种三维（3D）延展性固体 $[Cu(Ⅰ)(4,4'\text{-}bipy)]_4[\delta\text{-}Mo_8O_{26}]$。在该配合物中六个 Cu 原子与 $[三角形\text{-}Mo_8O_{26}]^{4-}$ 相连形成无机平板面，进而再与 $4,4'$-bipy 连接形成 3D 网状结构。这种配合物所具有的多形态体现在分子式相同，但是可以具有完全不同的结构。

Hundal 等[90] 采用两种不同合成方式制得含有 Keggin 型 $[PW_{12}O_{40}]^{3-}$ 和 $[Cu_3(BTC)_2(H_2O)_3]_n$ 离子配合物的两种 3D 杂化材料 $[Cu_3(C_9H_3O_6)_2(H_2O)_3]_2Na_3PW_{12}O_{40} \cdot nH_2O$(1) 和 $[Na_6(BTCH_2)_3(H_2O)_{15}][PW_{12}O_{40}]$(2)。配合物 1 采用水热合成，利用 HKUST-1 和 $Na_3[(PW_{12}O_{40})]$ 为前驱体。而配合物 2 则在室温下，从含有 $[Cu_3(BTC)_2(H_2O)_3]_n$ 和 $Na_3[(PW_{12}O_{40})]$ 盐的水溶液中获得。

Cao 等[91] 由 Wells-Dawson 簇和 Cu(Ⅱ) 配合物合成出一种杂多钨酸盐 $[\{Cu(enMe)_2(H_2O)\}\{Cu(enMe)_2\}_3P_2W_{18}O_{62}] \cdot nH_2O$(enMe=1,2-二氨基丙烷，$n$=0.81)。单晶 X 射线衍射显示出所制得的配合物中的 Wells-Dawson 簇的一个末端和三个桥链氧原子配位到 Cu(Ⅱ) 原子上，并且形成一种独特的四支撑多金属氧酸盐结构。在水电解质中它的循环伏安特征显示出它的涂炭修饰电极具有很好的稳定性。并且它在顺丁烯二酸酐的环氧化作用中有很好的催化活性。

东北师范大学许林教授等[92] 水热合成出无机-有机杂化材料 [{Cu(Ⅱ)(pda)(H$_2$O) Cu$_2$(Ⅰ)(bipy)$_3$}][GeMo$_{12}$O$_{40}$]$_n$·2nH$_2$O(pda=1,2-丙二胺，bipy=4,4'-联吡啶)。杂化材料上的 Cu(Ⅰ/Ⅱ) 配合物具有不常见的内消旋-螺旋状链式结构。各种不同的交织链通过 Cu—O-t (O-t=来自杂多阴离子的末端氧原子) 的共价键进一步与 Keggin 型杂多阴离子连接形成 3D 网状结构。他们还合成两种 sandwich 型配合物 Na-gn[Cu(im)$_4$(H$_2$O)$_2$]$_{1.51}$[Cu(im)$_4$(H$_2$O)]$_n$[{Cu(im)$_4$}{Na(H$_2$O)$_2$}$_3${Cu$_3$(im)$_2$(H$_2$O)}(XW$_9$O$_{33}$)$_2$]$_{2n}$·(xH$_2$O)$_n$ [im=咪唑，X=Bi(1)，Sb(2)，x=42.5(1)，40(2)]。这两种配合物的基本网状结构是由 sandwich 型的 [{Na(H$_2$O)$_2$}$_3${Cu$_3$(im)$_2$(H$_2$O)}(XW$_9$O$_{33}$)$_2$]$^{9-}$ (X=Bi 或 Sb) 阴离子和 [Cu(im)$_4$]$^{2+}$ 阳离子组成的。在中心带上的 Cu^{2+} 和 Na$^+$ 与 α-[XW$_9$O$_{33}$]$^{9-}$ 单体、咪唑以及水分子配位，部分 Cu^{2+} 被 im 配体修饰形成 {CuO$_4$(im)}、{CuO$_4$(H$_2$O)} 和 {NaO$_4$(H$_2$O)$_2$} 基团。在这些基团中交替连接形成一个含有六个 α-[XW$_9$O$_{33}$]$^{9-}$ 单体的六元环。其相邻的阴离子进一步被 [Cu(im)$_4$]$^{2+}$ 连接形成新型的阴离子链。这在 sandwich 型铋钨酸盐 (-亚锑酸盐) 体系中还是第一次被观测到。两种 Cu 类配合物和 Na$^+$ 被用来作为抗衡离子，使得配合物 1 和 2 三维堆积形成一种笼状结构[93]。并且合成 Keggin 型 Co(Ⅱ)/Ni(Ⅱ) 中心核杂多钼酸盐 (C$_3$H$_5$N$_2$)$_6$[(CoMo$_{12}$O$_{40}$)-Mo(Ⅲ)]·10H$_2$O 和 (NH$_4$)$_3$(C$_4$H$_5$N$_2$O$_2$)$_3$[(NiMo$_{12}$O$_{40}$)-Mo(Ⅱ)]。这两种配合物是常见的 α-Keggin 型结构，其中含有由边共享的正八面体形成的四个 Mo$_3$O$_{13}$ 单元。这四个 Mo$_3$O$_{13}$ 单元中每个单元都通过顶点相连，Co^{2+} 或 Ni^{2+} 处在其中心位置。磁测量显示中心的 Co^{2+} 和 Ni^{2+} 处于高自旋态 (S 分别为 3/2 和 1)，具有顺磁性。循环伏安法实验显示，配合物 1 中具有准可逆的单电子氧化还原的 Co^{3+}/Co^{2+} 对，以及因 Mo 中心而引起的两个四电子的氧化还原可逆过程。而配合物 2 中只显示出在 pH=0.5 的 H$_2$SO$_4$ 溶液中，中心 Mo 的两个四电子氧化还原过程[94]。

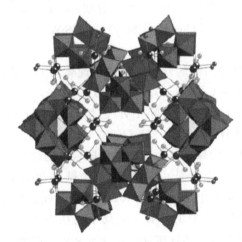

图 8-13　[{Sn(CH$_3$)$_2$(H$_2$O)}$_{24}$ {Sn(CH$_3$)$_2$}$_{12}$(A-XW$_9$O$_{34}$)$_{12}$]$^{36-}$ 的结构示意图[97]

Kortz 等[95] 首次证实了多缺位的杂多阴离子 [H$_2$P$_4$W$_{24}$O$_{94}$]$^{22-}$ 与亲电子试剂起反应。这种前驱体杂多阴离子与二氯二甲基锡在酸性水溶液介质中反应生成有机-无机杂化物 [{Sn(CH$_3$)$_2$}$_4$(H$_2$P$_4$W$_{24}$O$_{92}$)$_2$]$^{28-}$。由两个 [H$_2$BW$_{13}$O$_{46}$]$^{9-}$ 离子簇与新型的二维平面六聚体 [{(CH$_3$)$_2$Sn}$_6$(OH)$_2$O$_2$]$^{8+}$ 有机氢化锡基团连接形成二甲基锡杂多阴离子 [{(CH$_3$)$_2$Sn}$_6$(OH)$_2$O$_2$(H$_2$BW$_{13}$O$_{46}$)$_2$]$^{12-}$[96]。另外，他们利用有机锡连接 XW$_9$ (X=P, As) 得到了新颖的球形十二聚体簇 [{Sn(CH$_3$)$_2$(H$_2$O)}$_{24}${Sn(CH$_3$)$_2$}$_{12}$(A-XW$_9$O$_{34}$)$_{12}$]$^{36-}$[97] (如图 8-13)。

北京理工大学的胡长文教授等[98] 水热合成出一类有机-无机杂化网络结构配合物，{[Ln(H$_2$O)$_4$(pdc)]$_4$}[XMo$_{12}$O$_{40}$]·2H$_2$O(Ln=La, Ce, Nd; X=Si 和 Ge; H$_2$pdc=吡啶-2,6-二羧酸)。单晶 X 射线衍射显示所有的六种配合物都是同结构的。每个都包含有一个沸石类四位连接的三维阳离子网状结构 $\{[Ln(H_2O)_4(pdc)]_4\}^{4+}$，其中球形的 Keggin 型 $[XMo_{12}O_{40}]^{4-}$ 被用来作为模板。

马慧媛等[99,100] 水热合成钒取代的多金属氧酸盐 $[Cu(phen)_2]_2PVW_{11}O_{40}$ 的无机-有机配合物。该配合物是由 Keggin 型阴离子 $PVW_{11}O_{40}^{4-}$ 与两个 $[Cu(phen)_2]^{2+}$ 单体配位形成。一个 $[Cu(phen)_2]^{2+}$ 单体与其中的末端氧进行配位，另一个 $[Cu(phen)_2]^{2+}$ 与杂多阴离子中的桥链氧进行配位。循环伏安法显示该配合物具有很好的电催化活性，这不仅仅是因为 IO_3^-、NO_2^- 和 H_2O_2 的还原作用，而且还因为 L-半胱氨酸的氧化作用。由于在室温、固态下，出现了配体向 Cu 以及 O 向 V 的电荷转移，该配合物也显示强烈的发光性质。他们还合成出两种 Keggin 型多金属氧酸盐 $[Co(phen)_3]_2[SiW_{12}O_{40}] \cdot 6H_2O$ 和 $(ppy)_6H_4SiMo_{12}O_{40} \cdot 0.4H_2O$[phen=1,10'-菲咯啉，ppy=4-(5-苯基吡啶-2-yl) 吡啶]。这两种配合物都是由有机配体分子与无机 Keggin 型阴离子形成超分子结构，再由这种超分子相互连接进一步形成 3D 网状结构。

彭军教授等[101,102] 在水热条件下合成两种有机-无机杂化多金属氧酸盐 $[Cu(2,2'-bipy)_2]_2[(H_mXMo_{10}Mo_2O_{40})-Mo(VI)-O(V)] \cdot 2H_2O(X=P，m=11；X=Si，m=22)$。这两种配合物都是由 Keggin 型杂多阴离子簇与 $[Cu(2,2'-bipy)_2]^{2+}$ 通过弱的共价键形成层状框架结构，再通过超分子间的相互作用形成的 3D 网状结构。同时他们还合成出两种新型超分子组合体十六钒酸盐衍生物 $H[Cd(phen)_3]_2\{[Cd(H_2O)(phen)_2](V_{16}O_{38}Cl)\} \cdot 2.5H_2O(1)(phen=1,10'-菲咯啉)$ 和 $H_2[Cd(bipy)_3][Cd(H_2O)(bipy)_2]\{[Cd(H_2O)(bipy)_2](V_{16}O_{38}Cl)\} \cdot 1.5H_2O(2)(bipy=2,2'-联吡啶)$。单个的垂饰 $[CdL_2](L=phen，1 和 L=bipy，2)$ 被用来修饰十六钒酸盐。配合物 1 和 2 被用来作为固体块状修饰基团，通过直接混合法生成块体修饰碳糊电极 (CPEs) (1-CPE 和 2-CPE)。他们还利用 Keggin 型多金属氧酸盐 (POMs) 作为初始原料，水热条件下合成出两种含有经过 Cu(I) 过渡金属和 N-配体有机基团修饰的 Keggin 型 POMs 六支撑三维 (3D) 有机-无机杂化物 $\{[Cu(4,4'-bipy)]_3[PW_{12}O_{40}]\}[4,4'-bipy] \cdot 2H_2O$ 和 $\{[Cu(4,4'-bipy)]_3[HSiW_{12}O_{40}]\}[4,4'-bipy] \cdot 2H_2O$。

他们通过使用相同的 Keggin 多金属氧酸盐模板和相同的双（三氮唑）配体与 Cu(II) 的摩尔比，水热合成四种有机-无机杂化配合物 $[Cu_4(I)(bte)_4(SiW_{12}O_{40})](1)$，$[Cu_2(II)(bte)_4(SiW_{12}O_{40})] \cdot 4H_2O(2)[bte=1,2-二(1,2,4-三氮唑-1-yl) 乙烷]$，$[Cu_4(I)(btb)_2(SiW_{12}O_{40})] \cdot 2H_2O(3)$ 和 $[Cu_2(II)(btb)_4(SiW_{12}O_{40})] \cdot 2H_2O(4)[btb=1,4-二(1,2,4-三氮唑-1-yl) 丁烷]$。双（三氮唑）配体与 Cu(II) 的摩尔比对这一系列配合物的结构有重要的影响。单晶 X 射线衍射分析，配合物 1 的结构是由四核环连接链和聚合的 $[Cu(bte)]^+$ 链构建而成，SiW_{12} 阴离子再插入到其结构中形成三维 (3D) 结构。配合物 2 具有 (4(4).6(2)) 二维格子板。这些格子板将形成的离散的 SiW_{12} 阴离子夹在中间，如 "汉堡"。配合物 3 具有类似通道的 $[Cu_2(btb)]^{2+}$ 聚合链，并且更进一步地由 SiW_{12} 阴离子连接构建成一个 3D 网络结构。配合物 4 是一种具有四配位基 SiW_{12} 阴离子的带有六角通道的[6(6)]3DCu-btb 网络结构（如表 8-1）。他们还直接利用 $Li_3[AsMo_{12}O_{40}] \cdot nH_2O$ 作为原材料，水热合成两种具有二氧钒根帽的 Keggin 型多金属氧酸盐无机-有机杂化物：$[M(2,2'-bipy)_2(H_2O)]_2[AsMo_{12}O_{40}(VO)_2](M=Co 或 Zn)$。

表 8-1　配合物 1~4 中 L（L＝bte 和 btb）与 Cu 离子的晶体图，配位数和类型[102]

配合物	晶体图	配位数和 L 的类型	配位数和 Cu 离子的类型
1		a-type　b-type　c-type　d-type	
2			
3			
4			

马建芳等[103] 水热合成出五种有机-无机杂化物 $[Co_2(fcz)_4(H_2O)_4][\beta\text{-}Mo_8O_{26}] \cdot 5H_2O(1)$，$[Ni_2(fcz)_4(H_2O)_4][\beta\text{-}Mo_8O_{26}] \cdot 5H_2O$（2），$[Zn_2(fcz)_4(\beta\text{-}Mo_8O_{26})] \cdot 4H_2O(3)$，$[Cu_2(fcz)_4(\beta\text{-}Mo_8O_{26})] \cdot 4H_2O(4)$ 和 $[Ag_4(fcz)_4(\beta\text{-}Mo_8O_{26})](5)$（fcz＝氟康唑[2-(2,4-二氟苯基)-1,3-二(1H-1,2,4-三氮唑-1-yl)丙醇-2-ol]）。在配合物 1 和 2 中，金属阳离子由氟康唑连接在一起形成铰链结构，此时 $[\beta\text{-}Mo_8O_{26}]^{4-}$ 阴离子作为抗衡离子。在配合物 3 中 Zn(Ⅱ) 阳离子由氟康唑配体桥链连接而成。在配合物 4 中，Cu(Ⅱ) 阳离子与氟康唑配体桥链连接形成 2D (4,4) 网状结构，这些网状结构再由 $[\beta\text{-}Mo_8O_{26}]^{4-}$ 离子连接形成 3D 骨架结构 [图 8-14(a)]。在配合物 5 中，Ag^+ 阳离子和 $[Ag_2]^{2+}$ 单元与氟康唑配体桥链连接形成 2D Ag-fcz 层，这些层状物进一步与 $[\beta\text{-}Mo_8O_{26}]^{4-}$ 阴离子连接形成复杂的 3D 结构 [图 8-14(b)]。

渤海大学的王秀丽教授等[104] 在水热条件下合成出基于咪唑和多金属氧酸盐（POMs）的无机-有机杂化超分子配合物：$(H_2bbi)_2[Mo_8O_{26}]$ 和 $(H_2bbi)_2[SiW_{12}O_{40}] \cdot 2H_2O$[bbi＝1,1'-(1,4-丁烷)双(咪唑)]。$[Mo_8O_{26}]^{4-}$ 和 $[SiW_{12}O_{40}]^{4-}$ 分别通过氢键作用与 H_2bbi 连接形成 3D 网状结构。

Li 等[105] 由 Anderson 型杂多阴离子和铜化合物经混合配体形成两种配合物 $(H_3O^+)[Cu(C_6NO_2H_4)(phen)(H_2O)]_2[Al(OH)_6Mo_6O_{18}] \cdot 5H_2O$ 和 $(H_3O^+)[Cu(C_6NO_2H_4)$

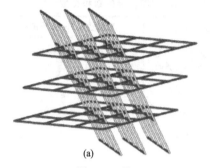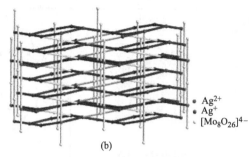

$\cdot Ag^{2+}$
$\cdot Ag^{+}$
$\cdot [Mo_8O_{26}]^{4-}$

(a)　　　　　　　　　　　　　　(b)

图 8-14　$[Cu_2(fcz)_4(\beta\text{-}Mo_8O_{26})]\cdot 4H_2O$ 的 3D 超分子图（a）及

$[Ag_4(fcz)_4(\beta\text{-}Mo_8O_{26})]$ 的 3D 超分子图（b）[103]

$(phen)(H_2O)]_2[Cr(OH)_6Mo_6O_{18}]\cdot 5H_2O$。这两种配合物是同晶型的。它们是一种负载在 Anderson 型杂多阴离子上的、由铜化合物与 1,10-邻菲咯啉和吡啶-4-羧酸配体混合物形成的三维超分子有机-无机杂化物。而且，这两种配合物在室温下都显示出光致发光特性，并解释了金属离子（Cu^{2+} 或 Cu^{2+}/Cr^{3+}）的电性质。

Halligudi 等[106,107] 先将同多阴离子和杂多阴离子固载到胺类-功能化的介孔二氧化硅（SBA-15）上得到无机-有机杂化材料。再用这种杂化材料为催化剂，在丁腈溶剂中功能氧化 30% 的金刚烷水溶液。其具有很高的催化活性，主要生成 I-金刚烷醇。该课题组首先合成 12-钼钒磷酸 $H_{3+x}PMo_{12-x}V_xO_{40}$（$x=0\sim3$）$\cdot nH_2O$，例如 $H_4[PMo_{11}VO_{40}]\cdot 32.5H_2O$，$H_5[PMo_{10}V_2O_{40}]\cdot 32.5H_2O$ 和 $H_6[PMo_9V_3O_{40}]\cdot 34H_2O$（分别为 V_1PA，V_2PA 和 V_3PA），再将钼钒磷酸通过有机官能团的连接负载在介孔硅，如 MCM-41、MCM-48 和 SBA-15 上，形成无机-有机杂化材料。固载到胺类-功能化的 SBA-15 后的 V_2PA 在蒽的选择性氧化反应中具有很高的活性，生成的 9,10-蒽醌能达到 100% 的选择性。

8.4.2　离子热法制备无机-有机杂化材料

第一个采用离子热法合成的有机-无机杂化材料是利用 1-丁基-3-甲基咪唑四氟硼酸盐（$BMImBF_4$）作溶剂得到的 $Cu(bpp)BF_4$[bpp＝1,3-二（4-吡啶基）丙烷][108]。BF_4^- 阴离子被掺杂到延展的一维配位聚合物中作为一种电荷补偿物，而 $BMIm^+$ 则仍然留在溶液中。第一个三维配位聚合物（MOF）有机-无机杂化材料也是利用相同的离子液体作为溶剂和电荷补偿被合成出来。其结构为 $Cu_3(tpt)_4(BF_4)_3\cdot(tpt)_{2/3}\cdot 5H_2O$ [tpt＝2,4,6-三羧甲基氨基甲烷（4-吡啶基）-1,3,5-三嗪]，其具有大的通道（直径大约为 5Å），且被非配位自由的 tpt、H_2O 和 BF_4^- 填满[109]。Liao 等[110] 也利用离子液体 EMImBr 作为溶剂，通过微波加热采用离子热合成法得到金属阳离子-有机骨架结构的 EMIm-Cd(BTC)（EMIm＝1-乙基 3-甲基咪唑；BTC＝1,3,5-苯三羟酸酯）。

Lin 等[111] 也利用 EmimBr 作为溶剂合成出（Emim）$_2Ni_3$-(TMA)$_2$(OAc)$_2$。与之前不同的是，此时的离子液体是作为结构导向剂（SDA）和电荷平衡物。这可能是由于不同阴离子使得离子液体具有不同的特点。憎水的离子液体越多（如 BF_4^- 和 Tf_2N^-），在最后合成得到的材料中被掺杂进入作为模板的有机阳离子可能越少[112]。Lohmeier 等[113] 也采用离子热法，利用由氯化胆碱和四氢-2-嘧啶酮组成的深共晶溶剂（DES）合成一种新型的丙烯-1,3-镓磷二铵配合物（$C_3H_{12}N_2$）$_6[Ga_{12}P_{16}O_{64}]\cdot 4.3H_2O$。Cheetham 等[114] 采用离子热法，由 1-乙基-3-甲基溴化物（Emim-Br）和三氟甲磺酰亚胺（Emim-Tf$_2$N）合成含全氟羧酸配体的两种无机-有机骨架结构的杂化材料 Co（Ⅱ）四氟代琥珀酸盐 $[Emim]_2$ $[Co(H_2O)_2(O_2CCF_2CF_2CO_2)_2]$ 和 $[Emim]_2[Co_3(O_2CCF_2CF_2CF_2CO_2)_4(H_2O)_4]$（如图 8-15）。Dietz 等[115] 也利用适量的四烷基𫓧阳离子与 Keggin 型或 Lindqvist 型多金属氧酸盐（POM）阴离子配合产生一类新型离子液体（ILs）。通过表征发现它们具有与之前所报道的无机-有机 POM-IL 杂化物相同的导电性和黏性，但是热稳定性从本质上得到提高。

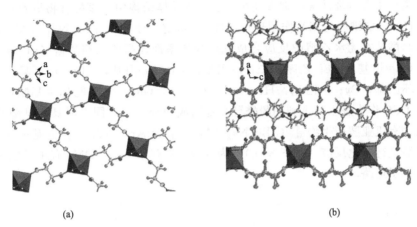

(a)   (b)

图 8-15 在 bc 面上的格子网（a）及沿着 b 轴
$[Emim]_2[Co_3(O_2CCF_2CF_2CF_2CO_2)_4(H_2O)_4]$ 的结构示意图（b）[114]

8.4.3 共混法制备无机-有机杂化材料

Nomiya 等[116~118] 通过共混法合成一种改性过的有机硅的新型 Dawson 型多金属氧酸盐（POM）$[\alpha_2\text{-}P_2W_{17}O_{61}\{CH_2{=}C(CH_3)COO(CH_2)_3Si\}_2O]^{6-}$。并且由单缺位的 Dawson 型多金属氧酸盐（POM）$[P_2W_{17}O_{61}]^{10-}$ 与 N-三甲氧基硅丙基-N,N,N-三甲基氯化铵（$[Me_3N(CH_2)_3Si(OMe)_3]Cl$）以 1∶2 的摩尔比在水/乙腈混合酸性溶液中反应生成 $Bu_4N_4[\alpha_2\text{-}P_2W_{17}O_{61}\{Me_3N^+(CH_2)_3Si\}_2O]\cdot CH_3CN$，产率为 77.1%（4.21g 规模级）。同时还合成含有负载在单缺位的 Dawson 型多金属氧酸盐（POM）上的有机硅衍生物的三种烯烃 $[\alpha_2\text{-}P_2W_{17}O_{61}\{(RSi)_2O\}]_6$（$R{=}\{CH_2{=}C(CH_3)COO(CH_2)_3\}$，$\{CH_2{=}CHCOO(CH_2)_3\}$ 和 $\{CH_2{=}CH\}$）。在酸性的 $MeOH/H_2O$ 混合液中，有机硅前驱体 $RSi(OCH_3)_3$ 与 $K_{10}[\alpha_2\text{-}P_2W_{17}O_{61}]\cdot 19H_2O$ 以 2∶1 的摩尔比，Me_2NH_2 与盐能作为在聚合物骨架结构上 POM 固载的前驱体。

清华大学的魏永革等[119,120] 利用共混法合成了三种刚性杆共轭的有机-无机哑铃状纳米杂化物 $(Bu_4N)_4[O_{18}Mo_6N(C_6H_4)NMo_6O_{18}]$，$(Bu_4N)_4[O_{18}Mo_6N(C_{12}H_8)NMo_6O_{18}]$ 和 $(Bu_4N_3)_4[O_{18}Mo_6N(C_{14}H_{12})NMo_6O_{18}]$。这三种配合物是一种长度大约为 2~3nm，在杆上具有不同的取代元素，终端为多金属氧酸盐（POM）的笼状结构。前驱体为八钼酸盐，适量的芳香胺盐酸盐 N,N'-二环己基碳二亚胺（DCC）为脱水剂。他们同样利用 DCC 作为脱水剂，由八钼酸盐离子和 1-萘基胺氢氯化物反应首次合成出一种六钼酸盐萘基亚胺的衍生物 $(Bu_4N)_2[Mo_6O_{18}N(Naph-1)]$。紫外-可见光谱分析显示，其最低能量的电子跃迁发生在 383nm，与文献报道的 $[Mo_6O_{19}]^{2-}$ 以及其他单取代苯基亚氨基六钼酸盐相比有明显的红移。并且，配合物的循环伏安研究显示可逆还原波在 $-0.53V$，这相对于 $[Mo_6O_{19}]^{2-}$ 的可逆还原波向阴极转移。配合物另一个有趣的特征是这些胶簇阳离子通过 C—H⋯O 氢键作用形成超分子 1D 链。

魏永革等[121~123] 由 $(n\text{-}Bu_4N)_2[Mo_6O_{19}]$ 和适量的 o-茴香胺的乙腈溶液通过回流反应得到有机-无机杂化材料：$(n\text{-}Bu_4N)_2[Mo_6O_{17}(NAr)_2]$（$Ar=o\text{-}CH_3OC_6H_4$）。X-射线衍射分析显示两个末端 o-茴香胺配体以末端形式分别与六钼酸盐中的一个 Mo 原子相连，展示出 $Mo\equiv N$ 三键近乎线性的配位模型。两个 o-茴香胺芳香环以顺式位连在六钼酸盐簇上的，使得在该阴离子中芳香环的 π-π 键重叠在一起。在晶体结构中，该配合物沿着 α 轴通过 π-π 重叠和 C—H⋯O 氢键间的相互作用聚集形成 1D 双链。他们由 $[Bu_4N]_4[\alpha\text{-}Mo_8O_{26}]$ 与适量的脂肪胺盐酸盐在无水乙腈中反应合成纯度和产率都很高的六钼酸盐 $(Bu_4N)_2[Mo_6O_{18}(N\text{—}R)]$（R＝甲基，Me；乙基，Et；$n$-丙基，$n$-Pr；$i$-丙基，$i$-Pr；$n$-丁基，$n$-Bu；$t$-丁基，$t$-Bu；环己基，Cy；$n$-己基，Hex；$n$-十八烷基，Ode）单功能化烷基酰亚胺衍生物。同样他们以 DCC 作为脱水剂，利用酚醛羟基基团成功合成了在固态时具有氢键的超分子组装体六钼酸盐有机亚胺衍生物 $[(nBu_4N)_2][Mo_6O_{18}(NAr)]$（$Ar＝p$-羟基-$o$-甲苯基），它能与各种羧酸进行酯化反应（如图 8-16）。为合成一系列新型的 POMs 有机衍生物和相应的杂化材料开辟了道路。

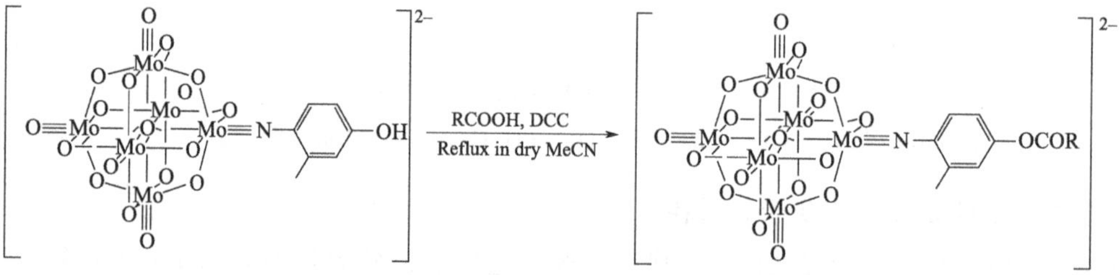

图 8-16　带有羧酸的 $[(nBu_4N)_2][Mo_6O_{18}(NAr)]$ 的酯化作用[123]

8.4.4　自组装法制备无机-有机杂化材料

许林等[124] 采用逐层自组装法，由聚乙烯醇（PVA）、Dawson 型磷钨酸阴离子 $[P_2W_{18}O_{62}]^{6-}$（P_2W_{18}）以及聚烯丙胺盐酸盐（PAH）合成了 P_2W_{18}/PVP 无机-有机复合多层膜，发现该薄膜同时具备电致变色与光致变色的性能。并考察了在水和 N,N-二甲基甲酰胺溶液中钼单取代的 Keggin 型多金属氧酸盐 $[XW_{11}MoO_{40}]^{n-}$（X＝P，Si，Ge；n＝3，4）的电化学性质。这三种离子簇在两种介质中显示不同的电化学性质。

Akutagawa 等[125] 合成了由多金属氧酸盐冠醚配合物与超分子阳离子组合而成的有机-无机复合分子材料。Douvas 等[126] 采用层层自组装法合成有机-无机杂化膜，这种膜包含有 Keggin 结构多金属氧酸盐（POM：12-钨磷酸 $H_3PW_{12}O_{40}$）和覆盖在经过 3-氨基丙基三乙氧基硅烷（APTES）修饰的硅表面的 1,12-二氨基十二烷（DD），是一种作为电子设备的分子材料。

Hiskia 等[127] 通过层层（LBL）自组装法，由多金属氧酸盐（POM）$SiW_{12}O_{40}^{4-}$ 和聚乙烯亚胺合成制得具有有机光致变色和光催化的多层结构膜。Xue 等[128] 采用自组装法制备得到无机-有机复合材料 $NaH_3(C_6H_5NO_2)_4[GeW_{12}O_{40}]\cdot7H_2O$。Wang 等[129] 也合成出两个以多金属氧酸盐为模板的有机-无机杂化多孔骨架 $[Cu_2(H_2O)_2(bpp)_2Cl][PW_{12}O_{40}]\cdot20H_2O$[bpp＝1,3-二（4-吡啶基）丙烷] 和 $[Cu_2(H_2O)_2(bpp)_2Cl][PMo_{12}O_{40}]\cdot20H_2O$，并利用元素分析、耦合等离子体分析、红外光谱和单晶 X 射线衍射等技术对其进行了表征。

吉林大学的吴立新等[130] 将 4-(4-吡啶亚乙烯基)苯基功能基团引入到表面活性剂包裹

的多金属氧酸盐配合物（SEC）形成一种末端基团修饰的有机-无机杂化配合物 SEC-1。这种配合物作为基本的构建部分在有机相中由金属离子（$ZnCl_2$）的配位和辅助剂媒介作用，合成尺寸控制的纳米组装体。

Cronin 等[131~134] 采用自组装法合成了 Mn-Anderson-C_6 和 Mn-Anderson-C_{16}。它们是含有大型多金属氧酸盐（POM）阴离子簇，以及分别含有 C_6 和 C_{16} 烷基链的一类无机-有机复合分子，这一合成表明在乙腈和水混合溶剂中表面活性剂具有两亲性。通过激光散射和透射电镜技术说明利用 POM 簇作为极性头基团时，两性复合分子能慢慢组装成薄膜状囊泡。空心泡囊具有典型的双层结构，在结构中亲水的 Mn-Anderson 簇向外，而疏水烷基链长在内，从而形成憎溶剂层。由于 POM 极性头具有刚性，两个烷基 "尾巴" 不得不充分地弯曲以形成囊泡。与一些传统的表面活性剂相比，囊泡更难形成。这是第一次利用具有极性头基团的亲水性 POM 离子作为表面活性剂。同时还自组装合成一种非对称的 Mn-Anderson 多金属氧酸盐簇 $[N(C_4H_9)_4]_3[MnMo_6O_{18}(C_4H_6O_3NO_2)(C_4H_6O_3NH_2)][N(C_4H_9)_4^+ = TBA^+]$，并且利用 X 晶体射线和电喷雾电离质谱(ESI-MS)对其进行表征。还将高度离域的芘（pyrene）芳香环体系植入到 Mn-Anderson 簇中生成一种与多金属氧酸盐母体簇的基本物理性质不同的有机-无机杂化结构单元。通过这种 $[Mn\text{-}Anderson(Tris\text{-}pyrene)_2]^{3-}$ [Tris＝三（羟甲基）氨基甲烷] 结构单元与 TBA 阳离子自组装生成一种纳米孔结构 $[N(C_4H_9)_4]_3[MnMo_6O_{18}\{(OCH_2)_3CNH—CH_2—C_{16}H_9\}_2] \cdot 2DMF \cdot 3H_2O$，其具有纳米尺寸的溶液可及的 1D 通道。这种材料尽管只是由非常弱的 CH···O ＝Mo 氢键间相互作用构建而成，但是其稳定性可达到 240℃。由 $[Mn\text{-}Anderson(Tris - pyrene)_2]^{3-}$ 两种类型离子（这两种离子只是指向 Mn-Anderson 型簇的芘 "臂" 的相对方位不同）构建成的网状结构似乎完全改变了结构单元中施体和受体的性质。并且由四丁基铵（TBA）与二甲基二八癸基铵（DMDOA）反应形成新型多金属氧酸盐（POM）组合体。在该组合体中 POM 核心由亲水性的烷基链共价功能化，并且被 DMDOABr 表面活性剂包裹，从而合成出被表面活性剂包裹的含有亲水性材料的 POM。

Ramanan 等[135] 在次苯基联铵离子（p-，m-，和 o-）的同分异构体中自组装合成三种新型有机-无机杂化固体。在这一合成过程中钼磷酸盐固态组装体的结构中非键间的相互作用起着重要作用。王秀丽等[136] 也利用自组装法合成两种以多金属氧酸盐为模板的有机-无机杂化多孔网状材料：$[Cu_2(H_2O)_2(bpp)_2Cl][PM_{12}O_{40}]$ 及带 20 个结晶水的 $[Cu_2(H_2O)_2(bpp)_2Cl][PM_{12}O_{40}] \cdot 20H_2O(1, M＝W; 2, M＝Mo; bpp＝1,3-双(4-吡啶)丙烷)$。大连理工大学段春迎教授[137] 利用 $\{[Ho_4(dpdo)_8(H_2O)_{16}BW_{12}O_{40}](H_2O)_2\}^{7+}$ 纳米笼作为辅助砌块合成镧系多金属氧酸盐 POM 的有机网络结构。

马慧媛等[138] 通过层层自组装方法制备了一种包含混合齿顶杂多酸盐 $K_{10}H_3[Eu(SiMo_9W_2O_{39})_2]$ 和联吡啶钌 $Ru(bipy)_3^{2+}$ 的无机-有机复合膜。利用 XPS 光电子能谱和 UV 光谱对复合膜进行了表征。复合膜的紫外特征吸收峰随着层数的增加而线性增强，说明膜的生长过程是层层均一、线性生长。利用原子力显微镜图像对膜的表面形貌进行了研究，结果显示，膜的表面是光滑和均匀的。复合膜呈现了 Ru^{2+} 和 Eu^{3+} 的特征光致发光性和双功能电催化活性。其对 IO_3^-、H_2O_2、BrO_3^-、NO_2^- 的还原和 $C_2O_4^{2-}$ 的氧化均具有良好的催化活性。这种复合膜作为双功能催化剂和荧光探针在生物化学，荧光传感器等领域具有潜在的应用。

Konishi 等[139] 合成了含有杯 [4] 芳烃-Na^+ 配合物和 Keggin 型多金属钨酸盐（$Na_3PW_{12}O_{40}$）的两种孔状有机-无机组装体。Maatta 和他的同事利用无水吡啶作溶剂制得一系列的有机亚胺衍生物[140~143]，例如二茂铁亚氨基配合物，如图 8-17(a)[141] 和双酰亚胺桥联的六钼酸盐，如图 8-17(b)[142]。

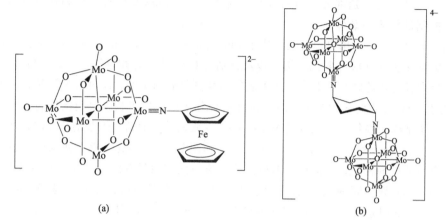

图 8-17　二茂铁亚氨基配合物（a）[140] 和双酰亚胺桥联的六钼酸盐（b）[142]

Zhang 等[144] 采用离子自组装（ISA）由 Preyssler 型多金属氧酸盐（POM）铕取代的衍生物 $[EuP_5W_{30}O_{1.10}]_{12}$ 和功能有机表面活性剂合成一系列功能纳米结构有机-无机复合材料，并研究了有机表面活性剂对 POM 阴离子的结构、光致发光性、电化学以及电致变色性能的影响。Han 等[145] 为了探讨网络连接和阴离子、阳离子类型的关系，采用自组装法制得了由不同的多金属氧酸盐（POM）阴离子和卤素取代的吡啶阳离子上组成的超分子化合物。

Alizadeh 等[146] 合成了 12-钼磷酸盐 $[C_5H_{10}NO_2]_3[PMo_{12}O_{40}] \cdot 4.5H_2O$。其结构中含有 $[PMo_{12}O_{40}]^{3-}$ 和与之连接的 $C_5H_{10}NO_2^+$ 阳离子、氢键键合的水分子。L-脯氨酸（$C_5H_{10}NO_2$）仍然保留着手性。Keggin 型单元具有类似于 DNA 结构的 Z 字形结构。他们又合成出一种固相消旋的 3D 层状有机-无机杂化材料 $[D/L-C_6H_{13}O_2NH]_3$ $[(PO_4)W_{12}O_{36}] \cdot 4.5H_2O$。采用元素微量分析、单晶 X 射线衍射、红外光谱、拉曼光谱以及质子核磁共振光谱对其进行了表征。该配合物最独特的结构特点是它的三维无机无限隧道网状结构，这种结构使得沿着中轴方向有弱的范德华相互作用力。3D 层与层之间弱的相互作用提供了一个理想的条件来探究在主客体配合物中作为主体的潜力，同时考察了在中心带有空间群的晶体结构的外消旋作用。并且他们[147] 合成了两种新型无机-有机复合膜 $[L-C_2H_5NO_2H]_3[H_2BW_{12}O_{40}] \cdot 5H_2O(1)$ 和 $[CH_4N_2OH]_2[H_3BW_{12}O_{40}] \cdot 5H_2O(2)$，其中的 $C_2H_5NO_2$ 和 CH_4N_2O 分别是甘氨酸和尿素。并采用 CHN 微量分析、IR、UV 和 ^1H-NMR 光谱对其进行表征。根据分析结构，配合物 1 中的分子结构包含有通过范德华力和氢键与 $C_2H_6NO_2^+$ 阳离子连接的硼钨酸阴离子。三个 $[L-C_2H_5NO_2H]^+$ 基团对应一个 $[H_2BW_{12}O_{40}]^{3-}$，几乎可以肯定的是配合物 2 应该也是一样的。多金属氧酸盐和水中的 O 原子，与 L-甘氨酸和尿素中的 N 原子一样都参与了氢键连接。Keggin 型杂多阴离子 α-H_5 $[BW_{12}O_{40}] \cdot 19H_2O$ 的 UV 特征波段在 257nm。

Patzke 等[148] 报道了一种多功能的有机基片/带有特殊缺位 Keggin 类型的 $[AsW_9O_{33}]^{9-}$ 离子多金属氧酸盐（POMs）的传导聚合物聚苯胺（PAni）。尽管具有很大应用潜力和多样结构的 POMs 为复合材料提供了几乎无限多的选择，但是迄今为止，只有极少数 POM 簇合物已被详细讨论研究。因此研究了 PAni 与 $[AsW_9O_{33}]^{9-}$ 中杂原子上孤对电子的出现与构建结构相联系的独特反应相互作用。

随着人们对多酸的生物学性质和在药物应用中的兴趣不断增强，如何根据生物学的特定需要将各种有机基团连接到多酸中成为当前的迫切需要。根据新的研究成果，将具有一定官能团的有机锡嫁接到多酸上，得到的多酸有机锡衍生物可以作为一个平台，通过有机锡侧链上的官能团与各种有机分子反应，可将各种功能的有机分子连接到多酸上。法国的 Hasen-knopf 等[149,150] 在该领域开展了一系列工作。①通过功能化的三氯氢化锡与缺位的 α_1-和 α_2-位的 $[P_2W_{17}O_{61}]^{10-}$ 反应来合成多酸的有机锡衍生物，首次得到了 α_1-位的 $[P_2W_{17}O_{61}]^{10-}$ 有机锡衍生物。从 ^1H、^{13}C 和 ^{31}P NMR 光谱特征上可以看出胺类和醇类偶合到之前不知名的有机锡取代的衍生物中，使得非镜像异构体分离出来。通过该方法得到的含羧基的多酸有机锡衍生物，其侧链可以作为一个连接体，将各种胺和醇分子连接到其酸部位上。②利用酰胺合成得到了含炔基和叠氮基团的 Dawson 和 Keggin 型多酸的有机锡衍生物。并以其为前体，首次利用铜催化 1,3-二极环加成反应，将各种亲酯性的、水溶的以及生物学相关的有机体连接到多酸的有机金属衍生物上。③通过 α_1-和 α_2-$[P_2W_{17}O_{61}\{Sn(CH_2)_2(CO_2H)\}]$ 的特定选择的单氧酰化，将其转化成无机内酯 TBA$_6$ $[\alpha_1$-$P_2W_{17}O_{61}\{SnCH_2CH_2C(=O)\}]$ 和 TBA$_6$ $[\alpha_2$-$P_2W_{17}O_{61}\{SnCH_2CH_2C(=O)\}]$。所得到的化合物可作为一种无机酰基活化试剂，通过亲核进攻其羰基部分可得到高度功能化的杂化酰胺和硫代酸酯衍生物[151]。多金属氧酸盐在材料科学、催化学以及生物学等方面的频繁使用，使得在这些领域中手性特性方面的研究也受到越来越广泛的关注[152]。

李阳光等[153] 在聚乙二醇（PEG/H_2O）中合成了有机-无机杂化材料 Na$_6$ $[HO(CH_2CH_2O)_4H]_3\{Mo_{36}O_{108}(H_2O)_{14}(OH)_6[HO(CH_2-CH_2O)_3H]_2\}\cdot75H_2O$。该配合物含有的 {Mo-36} 簇是通过 PEG 片断共价修饰的结构基体。这些杂多阴离子由 Na$^+$ 阳离子连接在一起，形成一维链状结构。相邻链通过在杂多阴离子和游离水分子中的氢键堆积在一起形成三维超分子网络结构。并且还合成出两种有机-无机杂化配合物 1 和 2。单晶 X 射线衍射分析显示配合物 1 是一种由 Cu(Ⅰ) 配体阳离子和 2,2′-联吡啶配体双支撑的新型 Lindqvist 型杂多阴离子，并且由芳香烃堆积形成三维（3D）超分子网状结构。配合物 2 是由 Mn(Ⅲ) 取代的 sandwich 型 $[AsW_9O_{33}]^{9-}$ 杂多阴离子和被用来作为电荷补偿离子的、离散的、质子化的吡啶-4-羧酸组成的。

如果在聚合物的溶液自组装体系中加入多金属氧酸盐，当聚合物溶胀时，聚合物网络变得疏松，作掺杂剂的多酸嵌入其中，并通过化学键或氢键与有机底物结合。Peng 教授等[154,155] 利用层层自组装技术，制备了光敏性的"重氮树脂/悬臂式多酸衍生物"的无机-有机纳米复合薄膜$\{DR/SiW_{11}O_{39}CoH_2P_2O_7\}_n$ 与"壳聚糖（chitosan）/Keggin 型多金属氧酸盐"无机-有机纳米复合薄膜$\{chitosan/\alpha$-$H_4SiW_{12}O_{40}\}_n$ 和$\{chitosan/\alpha$-$H_3PMo_{12}O_{40}\}_n$。研究结果表明，上述各种无机和有机组分均被组装到复合膜中，且保持了原来的结构和性能。自组装复合膜的增长是一个线性均一的、层层增长的过程，复合膜表面是由粒径较为均匀的球状粒子均匀分布而成的，在较大范围内的光滑平坦，成膜组分的结构与化学性质在成膜之后依然保留在复合膜中。该课题组又合成了 $\{[Cu_2(phen)_2(OH)_2(H_2O)]_2[\alpha$-$SiW_{12}O_{40}]\}\cdot8H_2O$(phen= 1,10-菲咯啉) 和带有咪唑（Im）垂饰配体的 (HIm)$_6$ $[SiW_{11}O_{39}NiIm]_{0.8}$ $[SiW_{11}O_{39}Ni(H_2O)]_{0.2}\cdot7H_2O$。

Das 等[156] 将由晶格水分子形成的"水管"结构固定在有机-无机杂化材料上。它含有一个 Anderson 型杂多酸、一个醋酸铜二聚体和 28 个晶格水分子。一旦相关的水晶体从母液中除去，水分子将会失去，以致"水管"的拆卸。并利用 $Na_2MoO_4 \cdot 2H_2O$ 与 2-氨基嘧啶（2-Amp）在酸性水溶液中反应合成 $[2\text{-}AmpH]_4[Mo_8O_{26}]$ 有机-无机杂化材料。在较低的 pH 时，有机分子（2-Amp）形成为单一质子化的（2-AmpH$^+$），在该杂化物中作为阳离子用来稳定八钼酸盐阴离子。通过 N—H⋯O 和 C—H⋯O 氢键形成具有明显孔道的三维超分子。在这之中，质子化了的有机阳离子起着重要的作用。并且合成了 $[HMTAH]_2$ $[\{Zn(H_2O)_5\}\{Zn(H_2O)_4\}\{Mo_7O_{24}\}] \cdot 2H_2O$（HMTAH=质子化的六亚甲基四胺）。两种不同 Zn（Ⅱ）水溶液配合物 $[Zn(H_2O)_5]^{2+}$ 和 $[Zn(H_2O)_4]^{2+}$，与七钼酸盐阴离子 $[Mo_7O_{24}]^{6-}$ 共价配合形成一种由 Zn 水溶液配合物支载，六亚甲基四胺阳离子稳定的多金属氧酸盐阴离子 $[\{Zn(H_2O)_5\}\{Zn(H_2O)_4\}\{Mo_7O_{24}\}]^{2-}$。

陈亚光等[157]采用传统自组装法制备得到基于在 Keggin 型多金属氧酸盐（POMs）$[SiW_{12}O_{40}]^{4-}$（SiW$_{12}$）的两种新型配合物 $[Na(H_2O)_3(H_2L)SiW_{12}O_{40}](H_2L)_2 \cdot 6H_2O$（1）和 $[Ce(H_2O)_3(HL)_2(H_2L)]_2[SiW_{12}O_{40}]_2 \cdot 10H_2O$（2）（HL=$C_6H_5NO_2$=异烟酸），并利用常规手段对它们进行了表征。配合物 1 具有由 $SiW_{12}O_{40}{}^{4-}$ $\{SiW_{12}\}$ 和 $[Na(H_2O)_3(HL)]$ 结合而成的 1D 右手螺旋结构。有趣的是，这些右手螺旋链通过氢键的连接形成一种新型手性层 [如图 8-18（a）]。通过采用与配合物 1 类似的合成方法，特别是将 Ce^{3+} 阳离子代替 La^{3+} 后得到具有 SiW$_{12}$ 和 Ce^{3+} 配位阳离子的 3D 超级大分子配合物 2 [如图 8-18（b）]，它包含有沿轴线的一维渠道 [如图 8-18（c）]。并对配合物 2 的发光特性进行了研究。

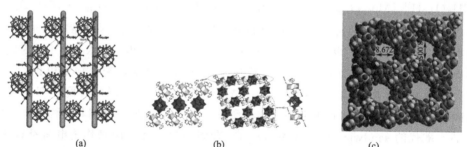

（a）　　　　　　　　（b）　　　　　　　　（c）

图 8-18　（a）$[Na(H_2O)_3(H_2L)SiW_{12}O_{40}](H_2L)_2$ 中手性层的球棍连接；
（b）$[Ce(H_2O)_3(HL)_2(H_2L)]_2[SiW_{12}O_{40}]_2$ 中 ab 面上的 2D 超分子网状结构的多面体/球棍连接图（左），3D 超分子网状结构（中）和 2D 超分子网状结构间的联系（右）；
（c）$[Ce(H_2O)_3(HL)_2(H_2L)]_2[SiW_{12}O_{40}]_2$ 沿着 a 轴的 1D 渠道的空穴填充图[157]

8.4.5　插层法制备无机-有机杂化材料

Ito 等[158]利用十六烷基吡啶（C$_{16}$py）成功制备出含有 π 电子表面活性剂的多金属氧酸盐层状结晶。单晶 X 射线衍射分析显示出六钼酸盐（Mo$_6$）的单层结构和 C$_{16}$py 的双层结构是交替堆叠的。在双层机构中 C$_{16}$py 的十六烷基链相互交叉。吡啶环插入到 Mo$_6$ 的单层结构中，形成与 Mo$_6$ 阴离子连接的无机层。Hasenknopf 等[159]第一次报道了将氨基化合物插入到多金属氧酸盐 $[P_2V_3W_{15}O_{59}\{(OCH_2)_2C(Et)NHCOCH_3\}]^{5-}$ 中，并且酰胺残留的变化证明在有机配体和无机簇之间具有有效的电子效应。

8.4.6　微波法制备无机-有机杂化材料

Walczak 等[160]采用微波法以聚丙二醇为非离子模板、环氧乙烷的加聚物 P$_{123}$ 为结构导向剂合成 Nb-POMs 有机-无机杂化介孔材料。Chang 等[161] 由具有相同 Cu(Ⅱ) 盐、均苯三酸、苯-1,3,5-三羧酸（BTC－H_3）混合物，在不同温度条件下采用微波法合成三种不同配合物 $[Cu_3(BTC)_2(H_2O)_3]$，$[Cu_2(OH)(BTC)(H_2O)] \cdot 2nH_2O$ 和 $[Cu(BTC-H_2)_2(H_2O)_2] \cdot 3H_2O$。Stock 等[162] 采用微波法合成出稀土磷酸乙烷磺酸盐 Ln$(O_3PC_2H_4SO_3)(Ln=Ho,Er,Tm,Yb,Lu,Y)$。

8.4.7　LB 技术制备无机-有机杂化材料

Liu 等[163] 用 Langmuir-Blodgett(LB) 技术制备了新型的有机-无机杂化分子膜并考察了其电化学性质。此膜含有 Keggin 型结构的多金属氧酸盐 PW_{12} 以及一系列较长的柔曲间距的双亲分子。当带有正电荷的含 PW_{12} 的双亲分子在水溶液面之下展开时，静电作用使得空气与溶液接触面产生杂化单分子层。这些单层膜随后被转移到固体负载物上并形成多层膜。紫外光谱、X 射线光电子能谱、原子力显微镜等技术可对其进行表征。他们用循环伏安法考察了此杂化多层膜的电化学活性，发现当膜附着在玻碳电极表面时，被修饰的电极对 NO_2^- 的还原具有很强的活性。

Coronado 等[164~166] 利用四硫富瓦烯和多金属氧酸盐簇的单分子层的交替组合形成 LB 复合膜。利用该合成路径得到了包括两种能够赋予 LB 膜特定意义的不同类型功能单位的多层结构。多金属氧酸盐的高磁矩和四硫富瓦烯的性质相结合使得电子具有不定域性。同时他们还利用杂多阴离子在有机表面活性剂正电荷单层上的吸附性能，制备了不同形式、大小和电荷的多金属氧酸盐的 LB 膜。对三个不同方面进行讨论。①含有易还原的多酸阴离子 $[P_2Mo_{18}O_{62}]^{6-}$ 的 LB 膜的电化学和电致变色性能。所施加电势的反复转换使得沉积在基片 ITO 上的这些 LB 膜的吸光度发生变化。这些变化取决于有色聚阴离子的减少。LB 膜的着色和漂白发生得很快，并且是可逆的。②磁性金属氧酸盐 LB 膜的制备，或者是基于 Co_4O_{16} 簇上的磁簇以及基于九核 M_9O_{36} 簇的多金属氧酸盐。③大的杂化金属氧酸盐 $[Na_3(NH_4)_{12}][Mo_{57}Fe_6(NO)_6O_{174}(OH)_3(H_2O)_{24}] \cdot 76H_2O$ 的 LB 膜的制备。使用 LB 技术制得具有如可作为磁存储器的有机薄膜。并介绍了含磁活性的过渡金属的多金属氧酸盐阴离子组合成二十二碳烷酸单层之间的离散簇层。

8.4.8　电解聚合法制备无机-有机杂化材料

Coronado 等[167] 采用电解聚合法首次合成了含有金属性质低于 2K 的盐基团的多金属氧酸盐有机/无机复合膜：$[BEDO-TTF]_6K_2[BW_{12}O_{40}] \cdot 11H_2O$。其由多金属氧酸盐离子 $[BW_{12}O_{40}]^{5-}$ 和有机基团二（乙烯二氧代）四硫富瓦烯（BEDO-TTF）结合形成。结果证明，可以利用体积大、高电荷的多金属氧酸盐阴离子作为一种新基团盐的成分。盐基团具有金属特征，并且其为合成新型材料提供了可能。这种新型材料具有导电电子的共存甚至耦合以及磁矩的局部化。合成过程中包括了 BEDO-RIF 给予体与 Keggin 型多金属氧酸盐磁体的无机层，以及 K^+ 的结合。合成出了新型分子系列，与之前报道的带有 BEDO-RIF 给予体系列类似，但是我们合成的这种新型分子系列在温度降到很低时仍然具有金属特性的优点。他们还利用手性多金属氧酸盐 $[H_4Co_2Mo_{10}O_{38}]^{6-}$ 合成晶体或聚合薄膜形式的杂化材料。采用电解法合成含有这种多金属氧酸盐的两种旋光对应体二（乙烯联硫基）四硫杂富瓦烯（BEDT-TTF 或 ET）给予体的新型盐基团。这种盐在室温下具有半导体性质，电导率为 9S/cm，活化能为 40meV。

Fernandez-Otero 等[168] 利用电能在乙腈溶剂中由多金属氧酸盐（POM）阴离子 [SiCr

$(H_2O)W_{11}O_{39}]^{5-}$ 合成聚吡咯取代的杂化材料。Chen[169] 在乙腈和含有聚阴离子的 1,2-二氯乙烷中电化学氧化制得一种新型有机-无机盐。这种有机-无机盐是由混合价的二苯并四硫富瓦烯（DBTTF）基团阳离子和球形 Keggin 型多金属氧酸盐阴离子 $[H_3BW_{12}O_{40}]^{2-}$ 合成。

许林等[170] 将水溶性阳离子酞花青 Alcian 蓝（AB）和以 2∶18 结合而成的钨磷酸（P_2W_{18}）阴离子分别以层层沉积法在经 α-氨丙基三乙氧基硅烷修饰的透光导电膜（ITO）涂层的玻璃电极或石英基片上，得到有机-无机复合膜。并且采用电泳沉积法将由阳离子表面活性剂双十八烷基二甲基氯化铵（DODA-Cl）包裹的 Keggin 型杂多酸阴离子 $H_3PMo_{12}O_{40}$ 在 ITO 基体上进行组装。原子力显微镜图显示出表面活性剂复合封装（SEC）的纳米颗粒为球形组装结构，颗粒大小均一。利用这种方法第一次制得了 SEC 薄膜，为多金属氧酸盐的无机-有机材料的开发利用提供新的途径。

8.5 无机-有机杂化材料的应用

无机-有机杂化材料的应用前景极为广阔，现对其一些应用做简要介绍。

8.5.1 结构材料

无机物的加入限制了聚合物链的移动，因此无机-有机杂化材料的力学及机械性能优良、韧性好、热稳定好，适于作耐磨及结构材料。制备出的聚酰亚胺（PI）/SiO_2 杂化材料中 SiO_2 质量分数高达 25%，材料的拉伸强度为 175MPa，热分解温度达 475℃，是一种性能优良的结构材料。Wu 等[171] 采用 FT-IR 技术考察了含有表面活性剂包覆金属含氧簇合物（SECs）的有机-无机杂化液体晶体材料的热致相变行为。利用差示扫描仪的测量证实在加热过程中有四种相变。在振动光谱测定基础上，有证据表明，前两种相变与构象的增加以及在加热过程中包覆的烷基链中断有关。第三阶段的相变是由于覆盖在多金属氧酸盐（POMs）上的烷基链的全构象障碍。在第四种相变过渡时没有发现明显的 C—H 延伸或摇摆振动。发现第四个吸热峰对于 POMs 的电荷是敏感的，这种过渡温度随着 POM 电荷依次从 13，11，9 的下降，也分别下降为 185℃，177℃，164℃。有意思的是，第三个 SECs 相变过渡态的温度与 POM 电荷基本无关。并且将末端不饱和、表面活性剂包覆的多金属氧酸盐和甲基丙烯酸甲酯经共聚作用合成多金属氧酸盐杂化物。这种杂化物具有可塑造的加工性能、聚合物高的透明度以及无机簇高的荧光性。所介绍的方法为在聚合物基体中制得无机-有机静电复合型材料提供了途径[172]。在药物传送和催化剂等潜在应用方面，对于纳米结构材料的制备和客体分子的包裹，纳米尺寸的笼状自组装结构能被用来作为被束缚的外围。Douglas 等[173] 在《Nature》上报道了通过控制病毒粒子空隙的 pH 依赖的闸口，两种多金属氧酸盐（仲钨酸盐和十钒酸盐）的矿化作用和在病毒内部阴离子聚合物的包裹。这些病毒颗粒的尺寸和形貌的差异为材料合成和分子诱捕提供了一种通用途径。

8.5.2 电学材料

在杂化材料制备中，通过加入有机导电聚合物或无机成分可以得到具有电子性能的材料。有机导电聚合物如聚苯胺、聚吡咯、聚噻吩等具有优良的导电性和掺杂效应；而杂多酸具有强酸性和强氧化性，是优良的高质子导体，用杂多酸作掺杂剂可大幅度提高聚合物的导电性能。一般来说，杂多酸与聚合物形成复合材料后，杂多酸在聚合物中仍保持其原有骨架结构，只发生轻度畸变，但聚合物与杂多阴离子存在电荷相互作用，产生了新的共轭体系。浙江大学吴庆银教授等[174~179]制备了一系列取代型杂多酸-有机杂化材料，研究了其质子导电性能。大量的研究表明：不同杂多酸掺杂同一种聚合物，会得到电导率不同的复合材料。对聚苯胺来说，用含钨杂多酸作掺杂剂比用含钼杂多酸作掺杂剂的效果好，所制备出的复合材料电导率更高；而含钒的 11-钼磷酸（$H_4PMo_{11}VO_{40}$）作掺杂剂比不含钒的 12-钼磷酸（$H_3PMo_{12}O_{40}$）作掺杂剂所得到的复合材料的电导率高。而且从总体来看，含氢多的杂多酸对提高复合材料的电导率贡献更大。Carapuca 等利用含有一系列 α-Keggin 型多氧硅钨酸阴离子的四-n-丁基铵（TBA）复合盐制得新型玻碳修饰电极。这种复合盐通过采用液滴蒸发法得到微米厚涂层，进一步经过沉积处理被固载。这种阴离子复合盐包含有缺位阴离子化合物 $[(C_4H_9)_4N]_4H_4[SiW_{11}O_{39}]$ 和金属取代衍生物 $[(C_4H_9)_4N]_4H[SiW_{11}Fe^{III}(H_2O)O_{39}]$ 和 $[(C_4H_9)_4N]_4H_2[SiW_{11}Co^{II}(H_2O)O_{39}] \cdot H_2O$。王恩波教授等考察了在水和 N,N-二甲基甲酰胺溶液中钼单取代的 Keggin 型多金属氧酸盐 $[XW_{11}MoO_{40}]^{n-}$（X＝P,Si,Ge;n＝3,4）的电化学性质。这三种离子簇在两种介质中显示不同的电化学性质。多金属氧酸盐-聚合物杂化材料还可作为质子交换膜应用于燃料电池中，东北师范大学臧宏瑛教授等[180~183]用多金属铋氧酸盐精确分子级掺杂"靶向组装"策略构筑 Nafion/$\{H_6Bi_{12}O_{16}\}$杂化膜来优化其质子传导性能和甲醇燃料电池性能以及机械稳定性能，相比于传统的无机-有机杂化方法，分子水平杂化膜的质子传导性能和甲醇燃料电池性能得到显著提升。同时，采用实验和理论结合的研究方法，从分子动力学角度揭示了其结构的特性和组装机制。Nafion-Bi12-3％杂化膜在 80℃水中的质子传导率可达到 0.386S/cm。$\{Bi12\}$ 团簇的引入，促使杂化膜保持较高质子传导率的同时抑制了甲醇渗透率。在甲醇燃料电池性能测试中，Nafion-Bi12-3％杂化膜展现出了比 Nafion 膜更优异的性能，直接甲醇燃料电池的最高功率密度和电流密度分别达到 110.2mW/cm^2 和 432.7mA/cm^2。此外，研究者也分析了在恒定电压（0.35V）下直接甲醇燃料电池的电流衰减情况，即连续 50h 内总电流衰减率仅为 2.46％，为通过多金属氧酸盐杂化设计多功能聚合物电解质膜提供了新的思路，这一领域的研究进展十分迅速。

8.5.3　光学材料

多金属氧酸盐通常具有可逆的氧化还原性质并且在还原态时呈现出不同程度的颜色，因此是一种比较重要的电致变色材料。王恩波教授等报道了一系列有序且稳定的多金属氧酸盐纳米光致发光和光致变色薄膜，在光学器件的发展中有潜在的应用。胡长文教授等制备的两种含有有机染料分子的 α-SiW$_{12}$/RB 和 α-SiW$_{12}$/RBG 纳米复合膜均显示出染料分子的特征荧光发射峰，从而为制备高发光品质和高亮度的无机-有机复合膜发光材料提供了一定的理论依据。柱芳烃作为荧光材料的多功能构筑块已经制备出一系列性能优异的无机-有机杂化荧光材料[184]。

苏忠民等[185]使用时间密度泛函反应理论研究三羧甲基氨基甲烷（tris）有机锡取代的 Keggin 型钨酸盐 $[XW_9O_{37}(S_nR)_3]^{(11-n)-}$（X＝P,Si,Ge,R＝Ph;X＝Si,R＝PhNO$_2$,Ph-CtCPh）的偶极子极化率、二阶极化率和二阶非线性光学（NLO）性质。这种有机-无机杂化配合物具有相当大的分子二阶非线性光学响应，特别是对于含有静态二阶极化值（vec 值）为 1569.66×10^{-30}esu 的 $[SiW_9O_{37}(SnPhCtCPh)_3]^{7-}$ 的杂化配合物。因此这种配合物有可能成为良好的二阶非线性光学材料。结构分析中 vec 值显示电荷沿着 z 轴从杂多阴离子向有机部分的转移过程在 $[XW_9O_{37}(S_nR)_3]^{(11-n)-}$ 的 NLO 响应中起着重要的作用。计算得到的 vec 值随着杂化中心原子的重量变化，顺序为 Ge＞Si＞P。并且，在芳烃基上硝基的取代和有机锡 π 共轭的加长，尤其是后者，对于提高光学非线性有重要的作用。该课题组使用时间密度泛函反应理论对六钼酸盐的有机亚胺衍生物的偶极子极化、偶极矩、态密度以及二阶非线性光学（NLO）性质进行了研究。一系列有机-无机杂化复合材料都拥有相当大的分子二阶非线性光学响应，特别是 $[Mo_6O_{17}(NC_{16}H_{12}NO_2)(FeNC_{10}H_9)]^{2-}$ 和 $[Mo_6O_{17}(NC_{16}H_{12}NO_2)(NC_6H_2(NH_2)_3)]^{2-}$，它们的静态二阶极化率（β）分别为 $15766.27×10^{-30}$ esu 和 $6299.59×10^{-30}$ esu。因此它们有可能成为非常好的二阶非线性光学材料。

8.5.4　磁性材料

有人利用二茂铁衍生物 1-二茂铁基-3-苯基丙-2-烯-1-酮（FcBAK）与钼磷酸盐 $Na_2HPMo_{12}O_{40}·xH_2O$ 经室温固相合成得到有机-无机杂化分子，通过元素分析、IR、ICP、AAS 和 TG 等表征手段确证产物的分子组成和结构为（FcBAK）$_3HPMo_{12}O_{40}·2H_2O$。固体电子光谱及 ESR 谱表明，FcBAK 与钼磷酸之间发生了电荷转移作用，生成电荷转移型有机-无机分子配合物，该配合物的磁学行为表现出较强的铁磁性质，粉末样品的室温饱和磁化强度为 $0.41A·m^2/kg$，矫顽力为 0.0105T，属于软磁性有机-无机分子复合材料。Coronado 等[186~189]报道了在对含有简并轨道金属离子的混合价簇进行交换时会产生强大的磁各向异性。他们还合成第一个单分子磁体（SMM）的多金属氧酸盐 $[ErW_{10}O_{36}]^{9-}$。它显示了频变的异相磁化强度和具有 55.8K 有效屏障的单一热激活弛豫过程。这种单一稀土离子多金属氧酸盐是二（酞菁）镧系 SMMs 的无机模拟，它们具有与稀土离子配位场非常相似的对称性（理想化的 D-4D），这为加工和合成化学性质稳定的单分子磁体提供了新途径。此外，不受核自旋影响和开放性被用来进行单分子量子比特的消相干研究。同时他们还合成出两类单分子磁体（SMMs）多金属氧酸盐 $[Ln(W_5O_{18})_2]^{9-}$（Ln(Ⅲ)＝Tb,Dy,Ho,Er）和 $[Ln(SiW_{11}O_{39})_2]^{13-}$（Ln(Ⅲ)＝Tb,Dy,Ho,Er,Tm,Yb），利用静态和动态测量法证明它们具有磁性特征。同时，他们利用 N-甲基吡啶盐 [p-MepyNN$^+$ 型] 阳离子中的氮氧自由基与 $[Mo_8O_{26}]^{4-}$ 和 Keggin 型 $[SiW_{12}O_{40}]^{4-}$ 杂多阴离子结合，形成两种盐（p-MepyNN）$_4[Mo_8O_{26}]$·DMSO（DMSO＝二甲亚砜）和（p-MepyNN）$_4[SiW_{12}O_{40}]$·6DMF（DMF＝二甲基甲酰胺），以及合成包裹有七核 Co 簇合物的杂化钨酸盐 $[Co_7(H_2O)_2(OH)_2P_2W_{25}O_{94}]^{16-}$（Co-7），对其结构以及磁性进行了研究。

同时，与金属氧酸盐分子磁性有关的自旋量子为量子计算机的运行提供了最有希望的途径之一。半导体量子点的成果显示电子门控途径特别适合于一套通用量子逻辑门的实现。然而，可测量的量子比特数量较多，对于这种半导体量子点仍然是一个问题。与此相反，自上而下的化学方法则容许单个量子形成相同的单元，在这些单元中局部旋转显示量子比特。分子磁性产生了一系列与该属性相关的各种系统，但到目前为止，还没有在该自旋态下可以由一个电子门控制的分子。Coronado 等还合成出金属氧酸盐 $[PMo_{12}O_{40}(VO)_2]^{9-}$，这个化合物中能产生耦合中央核心电子的带有 S＝1/2 两个局部旋转。通过对分子的氧化还原电位的电气操纵，核心的电荷是可以改变的。有了这个设置，可以输出双门和量子比特结果值。

｛V_8O_{14}｝簇合物可以由两个捆绑的 1,3,5-三脱氧顺环己六醇部分生成高自旋基态的钒氧簇合物，后者是簇合物内相互影响的强铁磁性引起的。多金属氧酸盐-有机导电性杂化物的实现意味着同时结合多金属氧酸盐簇合物和有机导体以及聚合物的器件是可能实现的。手性多金属氧酸盐导体也可用手性簇合物 $[H_4Co_2Mo_{10}O_{38}]$ 和（BEDT-TTF 或 ET）电结晶合成，同时拥有可流动锂离子的多金属氧酸盐材料的制备也已实现。

8.5.5　催化材料

自 20 世纪 70 年代日本在丙烯水合生产上用杂多酸催化剂成功地实现了工业化以来，多酸作为有机合成和石油化工中的催化剂已经备受人们的关注。之前有人采用自组装技术合成负载型多酸-有机胺-二氧化钛杂化催化剂 $Ks[Mn(H_2O)PW_{11}O_{39}\text{-}APS\text{-}TiO_2]$ $[APS=(C_2H_5)SiCH_2CH_2CH_2NH_2]$。结果表明，该杂化催化剂很好地解决了非均相反应中负载型多金属氧酸盐易脱落的问题。此类光催化剂耐水性好，不易溶脱，可重复使用。Keggin 型多酸目前最广泛的应用就是作为工业催化剂，它可以广泛地用于氧化催化、酸催化以及光催化，如杂钨氧簇阴离子作为酸催化剂由烯烃和液相水反应工业生产 2-丁醇和叔丁醇，也常用作工业加氢脱硫（HDS）、加氢脱氮（HDN）以及化石燃料中加氢脱金属（HDM）催化剂。

Neumann 等[190,191]利用 sandwich 型多金属氧酸盐 $[ZnWZn_2(H_2O)_2(ZnW_9O_{34})_2]^{12-}$ 和枝状三脚架的有机铵盐反 [2-(三甲胺) 乙基-1,3,5-苯三羰化物] 或 1,3,5-反 [4-(N,N,N-三甲胺乙基羰基) 苯基] 均苯三阳离子的共结晶作用合成三维多孔的珊瑚状非晶型无机-有机杂化介孔材料。在这些材料中，有机阳离子分布在多金属氧酸盐阴离子周围。杂化材料的 BET 比表面积大约为 $30\sim50m^2/g$，平均孔径大小为 $36Å$，这使得这些材料被分类为具有中等表面积的中孔材料。这种杂化材料在过氧化氢作为氧化剂的情况下，烯丙基醇的环氧化作用和二级醇氧化到酮是一种有效的选择性多相催化剂。这种多相杂化材料催化剂的活性和选择性与带有相同 $[ZnWZn_2(H_2O)_2(ZnW_9O_{34})_2]^{12-}$ 多金属氧酸盐的同相催化剂的活性和选择性类似。并且在单氧合酶酵素，如铁-卟啉-细胞色素 P-450 分子氧的非自由基活化作用中涉及 O_2 的单氧原子插入到有机底物中，而其他氧气在电子给予体存在下被还原成水。另外，双氧合酶酵素在没有还原剂时催化插入之的两个氧原子。带有由过渡金属配合物催化分子氧的烃类的氧化作用与其采用自由基途径还不如采用双氧合酶型反应途径，因此不能利用分子氧进行烯烃的环氧化作用。在双氧合酶模式中具有位阻的四 (2,4,6-三甲苯基) 钌卟啉配合物显示出之前所预测的能活化分子氧的作用。同时，还利用多金属氧酸盐 $\{[WZnRu_2(OH)(H_2O)](ZnW_9O_{34})_2\}^{11-}$ 作为非自由基分子氧活化的催化剂和烯烃的环氧化作用。多金属氧酸盐可以作为一种无机双氧合酶的催化剂。相对于有机金属配合物，利用多金属氧酸盐无机催化剂的好处是它们不易自我氧化分解，具有很好的稳定作用。并由氯化锡取代的多金属氧酸盐 $[PSn(Cl)W_{11}O_{39}]^{4-}$ 与反-(2-氨基乙基) 胺盐，以及聚 (丙烯) 亚胺 (DAR-Am) 四胺和八胺的树枝状物反应生成有机-无机杂化物。该课题组还合成了氨基酸多金属氧酸盐配合物。氯化锡取代的多金属氧酸盐 $[PSn(Cl)W_{11}O_{39}]^{4-}$ 的季铵盐与含有伯胺、仲胺和叔胺，以及叔膦的一系列 n-亲核试剂反应生成以锡为中心的 Lewis 酸碱加合物 $[PSn(Cl)W_{11}O_{39}]^{4-}\text{-}n$-亲核试剂；这种季铵盐与更具有亲核能力的仲胺如二异丙胺反应时，则会有副产物 $[PSnN[CH(CH_3)_2]_2W_{11}O_{39}]^{4-}$ 产生。Sn—Cl 中心与胺类主要是由 Sn—H 间的偶联作用连接在一起。

Mizuno 等将一个 N-辛基二氢咪唑阳离子断片通过共价键固定在 SiO_2（命为 1-SiO_2）上形成一种有机-无机杂化物。这种改性载体是一种很好的阴离子交换剂，它能催化活化多

金属氧酸盐阴离子 $[\gamma\text{-}1,2\text{-}H_2SiV_2W_{10}O_{40}]^{4-}$（Ⅰ），使其通过化学计量的阴离子交换作用固定在载体上。在过氧化氢是唯一的氧化剂的情况下，利用 I/1-SiO$_2$ 对烯烃和硫化物进行催化氧化。发现这种负载的催化剂在烯烃和硫化氢的氧化反应时，与均一的配合物 1 做催化剂相比，具有高的定向性、非对映选择性、区位选择性以及对过氧化氢具有很高的利用率，并且催化剂在本质上没有损失。在除去催化剂后，反应能立即停止，并且对除去催化剂后的滤液进行检测发现几乎不再有钒和钨存在。这种催化剂在环氧化作用和磺化氧化作用中由于不会有损失，所以可以重复使用[192]。

Bigi 等[193] 将烷基胺十钨酸盐共价固定在硅胶上得到具有高供给效率的多相催化剂，其能在硫化物到亚砜的选择性氧化中激活 H$_2$O$_2$。Inumaru 等[194] 合成出一种耐水的高活性固体酸催化剂 PW/C$_8$-AP-SBA。这种催化剂含有 Keggin 型多金属氧酸盐 H$_3$PW$_{12}$O$_{40}$，这种杂多酸连接在经有机物改性过的介孔硅的纳米疏水部分上。这种催化剂比 H$_3$PW$_{12}$O$_{40}$ 和 H$_2$SO$_4$ 液体酸催化剂的活性都要高，其中催化活性是 H$_2$SO$_4$ 的六倍。Kulesza 等利用循环伏安法和安培法对用钼磷酸盐（PMo$_{12}$）修饰后的多壁层的碳纳米管（CNTs）的电催化性质（在 0.5mol/dm^3 H$_2$SO$_4$ 中的溴酸盐的还原）进行表征。用 CNTs 修饰后的 PMo$_{12}$ 负电荷能吸附膜。通过对带正电荷的导电聚合物（噻吩或聚吡咯）结构的控制，从而控制有机-无机电网薄膜的增长。由于三维分布的 CNTs 的出现，膜的导电性和多孔性都有所提高。利用聚吡咯形成的杂化系统，比 PEDOT 形成的体系具有更高的溴酸盐催化电化学电流。同样，与经 PMo$_{12}$ 修饰的 CNTs 的 Nafion 膜稳定分散相比，后者相对于含有溴酸盐的体系具有更好的稳定性和相对高的灵敏度。

环氧衍生物是一类能被用来作为化学中间产物的重要的工业化学制品。烯烃的还原化催化作用提供了一种具有意义的生产技术。Mizuno 在 2003 年发表于《Science》上的文章报道了利用多金属氧酸盐做催化剂催化烯烃得到环氧化物。他们发现了一些可利用的生产环氧衍生物的绿色制备途径。利用双缺位 Keggin 型 $[\gamma\text{-}SiW_{10}O_{36}]^{8-}$ 多金属氧酸盐合成制得硅钨酸盐配合物 $[\gamma\text{-}SiW_{10}O_{34}(H_2O)_2]^{4-}$，并且利用过氧化氢（H$_2O_2$）控制温度在 305K 时对包括丙烯在内的各种烯烃的环氧化作用具有很高的催化活性。该催化剂对环氧化物的选择性达到甚至高于 99%，H$_2$O$_2$ 的利用率达到甚至高于 99%。这是因为这种催化剂在单相反应混合物中具有很高的空间选择性，并且易于回收[195]。

Dumesic 等在《Science》上报道了以多金属氧酸盐和金属金作为催化剂，CO 为燃料的电池。在室温下，利用金做催化剂催化氧化 CO 产生电流。反应速率比传统操作更快。传统的反应操作过程是在 500K 甚至更高温度下利用水煤气转化（WGS）将 CO 与 H$_2$O 反应生成 H$_2$ 和 CO$_2$。通过淘汰掉 WGS 反应，排除了在能量产生过程中去除和蒸发掉液态水的必要步骤，这便于方便携带应用。该过程可以利用含有由碳氢化合物催化重整而来的蒸汽的 CO 来生成被还原后的多金属氧酸盐配合物的水溶液。在多金属氧酸盐配合物被还原的过程中能产生能量，并且它在含有简易碳阳极的燃料电池中能被再次氧化[196]。

尽管许多酵素能在水中较容易地、有选择性地使用氧气，这也是所有氧化剂和溶剂最让人熟悉和吸引人的地方，但是在使用分子氧的氧化过程中，选择水来合成催化剂的设计仍然是个使人气馁的任务。问题尤其是底物氧化作用是由 O$_2$ 的自由基引起的，这从本质上说非选择性是比较难控制的。另外，金属有机催化剂本质上是易于被 O$_2$ 中的自由基降解的，而它们的过渡金属离子活性中心常常与水起反应生成不溶物，得到无活性的氧化物或氢氧化物。而且，pH 值的控制经常要避免有机底物和产物的酸碱性降解。不同于金属-有机催化剂，通过 O_2 的利用，多金属氧酸盐阴离子具有氧化稳定性，也是可逆的氧化剂。利用在水中的稳定性和内部 pH 的控制，发现杂化钨酸盐离子 $[AlV^VW_{11}O_{40}]^{6-}$ 作为主要成分的多金属氧酸盐的平衡组合体的自组装是由热力学控制的。在调节 pH 值为中性的设计操作中，这种系统对于木纤维（木质纤维素）的选择性去木质作用中易于发生 O_2 的两步反应过程[197]。通过直接监测中心 Al 原子，发现多金属氧酸盐阴离子平衡反应中体系的 pH 值始终保持在 7 左右。吴庆银教授等[198~202] 制备了一系列取代型杂多酸-有机杂化材料，并研究了其光催化性能。

8.5.6 生物材料

已经应用于临床的骨修复材料主要是生物活性陶瓷和金属如钛及其合金制成的生物材料，它们能与生物骨结合，但与人体松质骨相比，弹性模量高且柔韧性较低。需要研究一种具有与天然生物骨相类似力学性能的生物活性材料。目前已通过溶胶-凝胶法分别用 PDMS、明胶、MPS 及 PTMO 与无机系统结合合成了生物活性的有机-无机杂化材料，材料通过在有机基体中引入 Ca^{2+} 和特殊的功能化基团如 Si—OH 等获得生物活性。最近，科研人员总结了多种类型的无机-有机近红外-Ⅱa/Ⅱb 荧光团的设计、分子成像和治疗诊断学的研究进展[203]。

8.5.7 絮凝和吸附材料

絮凝剂在污水处理中具有很重要的作用。无机絮凝剂具有一定的腐蚀性和毒性，对人类健康和生态环境会产生不利影响；有机高分子絮凝剂的残余单体具有"三致"效应（致畸、致癌、致突变），因而使其应用范围受到限制。由于天然有机和无机高分子絮凝剂各自存在的优缺点，使得复合絮凝剂成为发展方向。王莉等将聚合氯化铝（PAC）与壳聚糖（CTS）复合，制备了新型的无机-有机天然高分子复合絮凝剂 PAC-CTS。PAC 表现稳定，对高浓度、高色度及低温水都有较好的混凝效果，其形成的矾花大，易沉降，而且具有易生产、价廉、适用范围广等优点。壳聚糖是自然资源十分丰富的线型聚合物——甲壳质脱 *N*-乙酰基的衍生物，因其天然、无毒、对人体无任何损害而在水处理中展示了其独特的优越性。王莉等探讨了其组成、投加量以及废水 pH 值对城市废水和金属合成水样絮凝效果的影响。结果表明复合絮凝剂 PAC-CTS 兼有无机和有机絮凝剂的优点，是一种使用范围较广的新型絮凝剂。张海彦等研究了无机-有机复合絮凝剂 PAC-PDMDAAC 用于废水除磷，探索了其除磷的最佳配比范围和最佳用量。研究表明，在最佳条件下对模拟废水磷去除率为 94.4%，浊度去除率为 97%。将该复合絮凝剂应用于实际生活废水，对于实际废水的磷去除率为 95%，浊度去除率为 94.5%，达到国家含磷污水排放一级标准。

东北师范大学王新龙教授课题组[204] 通过溶剂热方法合成一例具有立方八面体几何构型的多酸基金属-有机纳米分子笼：$[NH_2Me_2]_8\{[V_6O_6(OCH_3)_9(SO_4)]_4(TATAB)_4\}\cdot(MeOH)_8$（缩写为 VMOP-20，$H_3$TATAB 为 4,4′,4″-s-三嗪-1,3,5-三对氨基苯甲酸）。该分子笼通过 4 个多金属钒酸盐建筑单元 $[V_6O_6(OCH_3)_9(SO_4)]$ 连接 4 个柔性有机配体 H_3TATAB，通过共价键构成。每个八面体纳米分子笼通过 C—H⋯π 超分子作用力与周围相邻的 8 个多面体连接，形成三维超分子化合物。从网络拓扑学角度分析 VMOP-20 的超分子结构，如果将每一个纳米分子笼简化为八连接节点，VMOP-20 则可以简化成具有 bcu 拓扑结构的三维超分子网络，在结构中含有 3 种不同尺寸和形状的一维隧道。通过单晶 X 射线衍射、粉末 X 射线衍射、红外光谱和热重分析等手段对该化合物进行表征。此外，由于

VMOP-20 分子笼具有电负性，还研究了其在甲醇溶液中对有机染料的吸附和分离性能。结果表明，该化合物利用离子选择性吸附作用，在溶液中对阳离子染料有吸附作用，而对于中性和阴离子染料不具备吸附能力，说明这种吸附是一种离子选择性交换原理。

苏忠民和王新龙教授课题组[205~207]以多金属钒酸盐为研究对象，成功分离出具有三角形构型的 [V_6S] 簇，该多酸簇作为分子构筑单元，在溶液中定向组装金属－有机多面体，并以该多面体为合成单元采用自下而上的方法，成功合成出两个真正的超分子异构体（VMOP-α 和 VMOP-β）。当分子四面体以角对角的形式在空间堆积时，形成较为空旷的结构，堆积后孔径可以达到 5.4nm，能够吸附生物分子维生素 B_{12} 等客体分子。当分子四面体以角对面的形式堆积时，形成较为致密的结构，其孔道尺寸仅为 0.8nm。同时该研究还实现了两种超分子异构体在温度和溶剂诱导下的可逆结构转换，为理解基于大分子构造的三维超分子聚集和晶体生长提供了良好的机会，该课题组还研究了多酸基纳米分子笼作为分子容器，对于富勒烯 C_{60}、维生素 B_{12} 和尺寸匹配的多环芳烃等客体分子的吸附性能。

最近，浙江大学唐睿康教授课题组[208]利用有机物对无机离子寡聚体的相互作用调控无机离子聚合反应，通过聚乙烯醇（PVA）和海藻酸钠（SA）作为仿生有机分子来调控磷酸钙（CaP）离子寡聚体的无机离子聚合，制得了具有周期性结构缺陷的 CaP 纳米纤维。由于周期性结构缺陷降低了离子交联度，使其低于一般的羟基磷灰石晶体。因此，所制得的 CaP 纳米纤维表现出柔韧的特性，单根纤维能有 11.5°以上的弯曲弧度。通过进一步的分级组装过程，能够形成宏观尺度上的体相材料。由于这种新型材料主要是由 CaP 矿物和少量高分子组成，因此他们将之命名为"Hybrid Mineral"（杂化矿物）。该杂化矿物克服了矿物固有的脆性，并表现出塑性特征，并比传统聚合物塑料具有更高的硬度和更好的热稳定性。此外，该新型复合矿物材料对环境友好，在自然界中可降解，残余的 CaP 会转变为地质中存在的羟基磷灰石，进而有望参与地质循环。因此，这种新型矿物材料有望作为一种新型塑料替代品，来缓解并逐步解决塑料污染。而通过构建无机离子化合物内的周期性缺陷，将会是一种赋予无机材料柔性的策略。同时，无机离子的可控聚合，将有望进一步实现无机化学与高分子化学的学科交叉融合。

8.6 展望

研究无机-有机杂化材料的最终目标是设计合成具有不同孔径、高度有序结构、有潜在应用价值的无机-有机聚合物材料。目前虽然已经能够通过一定的合成路线制备出热稳定性、力学性能、耐腐蚀等方面性能优良的杂化材料，应用和潜在应用领域广泛，但还有很多的工作有待拓展和深入探索。无机物与有机物的杂化机理、材料的结构与性能关系、杂化条件对材料功能的影响、如何有针对性精确控制材料结构等都有待于进一步研究。

相信随着科学技术的进步、科学研究的深入，无机-有机杂化材料的制备技术将日臻完善，性能将进一步提高并得以广泛应用。

参 考 文 献

[1] Miao J, Lang Z L, Zhang X Y, et al. Adv. Funct. Mater., 2019, 29: 1805893.
[2] 陈维林，王恩波. 多酸化学. 北京：科学出版社，2013.

[3]　刘镇，吴庆银，钟芳锐. 石油化工，2008，37（7）：649-655.

[4]　Hench L L, West J K. Chem Rev, 1990, 90 (1)：33-72.

[5]　Wang Z, Wang J, Zhang H J. Mater Chem Phys, 2004, 87 (1)：44-48.

[6]　Lakshminarayana G, Nogami M. Electrochimi Acta, 2009, 54：4731-4740.

[7]　王恩波，李阳光，鹿颖，等. 多酸化学概论. 长春：东北师范大学出版社，2009.

[8]　Shi Z, Feng S H, Gao S, et al. Angew Chem Int Ed, 2000, 39 (13)：2325-2327.

[9]　Xiao D R, Wang E B, An H Y, et al. J Mol Struct, 2004, 707 (1-3)：77-81.

[10]　Zheng S T, Zhang H, Yang G Y. Angew Chem Int Ed, 2008, 47 (21)：3909-3913.

[11]　杨国昱. 氧基簇合物化学. 北京：科学出版社，2012.

[12]　徐如人，庞文琴. 无机合成与制备化学. 2 版. 北京：高等教育出版社，2009.

[13]　Cooper E R, Andrews C D, Wheatley P S, et al. Nature, 2004, 430：1012-1016.

[14]　Morris R E. Chem Commun, 2009, (21)：2990-2998.

[15]　Zhang J, Wu T, Chen S M, et al. Angew Chem Int Ed, 2009, 48 (19)：3486-3490.

[16]　Xing H Z, Li J Y, Yan W F, et al. Chem Mater, 2008, 20 (13)：4179-4181.

[17]　Li L, Wang Y X. Chin J Chem Eng, 2002, 10 (5)：614-617.

[18]　Xu L, Lu M, Xu B B, et al. Angew Chem Int Ed, 2002, 41 (21)：4129-4132.

[19]　Lu M, Wei Y G, Xu B B, et al. Angew Chem Int Ed, 2002, 41 (9)：1566-1568.

[20]　Xu B B, Peng Z H, Wei YG, et al. Chem Commun, 2003, 20：2562-2563.

[21]　Peng Z H. Angew Chem Int Ed, 2004, 43：930-935.

[22]　Kang J, Xu B B, Peng Z H. Angew Chem Int Ed, 2005, 44：6902-6905.

[23]　Xu B B, Lu M, Kang J, et al. Chem Mater, 2005, 17 (11)：2841-2851.

[24]　Lu M, Xie B H, Kang J, et al. Chem Mater, 2005, 17 (2)：402-408.

[25]　Mayer C R, Neveu S, Cabuil V. Angew Chem Int Ed, 2002, 41 (3)：501-506.

[26]　Li Q, Wei Y G, Hao J, et al. J Am Chem Soc, 2007, 129 (18)：5810-5811.

[27]　Jhung S H, Lee J H, Forster P M et al. Chem-Eur J, 2006, 12 (30)：7899-7905.

[28]　Li J, Josowicz M. Chem Mater, 1997, 9 (6)：1451-1453.

[29]　Wang J P, Zhao J W, Duan X Y, et al. Cryst Growth Des, 2006, 6 (2)：507-513.

[30]　Wang J P, Feng Y Q, Ma P T, et al. J Coord Chem, 2009, 62 (12)：1895-1901

[31]　Wang J P, Ren Q, Zhao J W, et al. J Coord Chem, 2008, 61 (2)：192-201.

[32]　Li B, Zhao J W, Zheng S T, et al. J Clust Sci, 2009, 20 (3)：503-513.

[33]　Zheng S T, Chen Y M, Zhang J, et al. Eur J Inorg Chem, 2006, (2)：397-406.

[34]　Zhao D, Zheng S T, Yang G Y. J Solid State Chem, 2008, 181 (11)：3071-3077.

[35]　Hu X X, Xu J Q, Cui X B, et al. Inorg Chem Comm 2004, 7 (2)：264-267.

[36]　Shi S Y, Sun Y H, Chen Y, et al. Dalton Trans, 2010, 39 (5)：1389-1394.

[37]　Cao J F, Liu S X, Ren Y H, et al. J Coord Chem, 2009, 62 (9)：1381-1387.

[38]　Cao R G, Liu S X, Xie L H, et al. Inorg Chem, 2007, 46 (9)：3541-3547.

[39]　Dai L M, You W S, Li Y G et al. Chem Commun, 2009, (19)：2721-2723

[40]　Liu Y, Liu S X, Ji H M, et al. J Clust Sci, 2009, 20 (3)：535-543.

[41]　Wang H, Cheng C G, Tian Y M. Chin J Chem, 2009, 27 (6)：1099-1102.

[42]　Zhang Y A, Zhou B B, Su Z H, et al. Inorg Chem Commun, 2009, 12 (2)：65-68.

[43]　Li C X, Zhang Y, O'Halloran K P, et al. J Appl Electrochem, 2009, 39 (7)：1011-1015.

[44]　Lin B Z, Li Z, He L W, et al. Inorg Chem Commun, 2007, 10 (5)：600-604.

[45]　Reinoso S, Dickman M H, Kortz U. Inorg Chem, 2006, 45 (26)：10422-10424.

[46]　Yuan L, Qin C, Wang X, et al. Eur J Inorg Chem, 2008, (31)：4936-4942.

[47]　Zheng S T, Wang M H, Yang G Y. Chem-Asian J, 2007, 2 (11)：1380-1387.

[48]　Wang C M, Zheng S T, Yang G Y. J Clust Sci, 2009, 20 (3)：489-501.

[49]　Zhao J W, Li B, Zheng S T, et al. Cryst Growth Des, 2007, 7 (12)：2658-2664.

[50]　Zheng S T, Yuan D Q, Zhang J, et al. Inorg Chem, 2007, 46 (11)：4569-4574.

[51]　Yu H H, Cui X B, Cui J W, et al. Dalton Trans, 2008, 37 (2)：195-197.

[52]　Lu Y K, Xu J N, Cui X B, et al. Inorg Chem Commun, 2010, 13 (1)：46-49.

[53]　Shi S Y, Wang Y, Cui X B, et al. Dalton Trans, 2009, (31)：6099-6102.

[54]　Cheng H Y, Liu S X, Xie L H, et al. Chem Lett, 2007, 36 (6)：746-747.

[55]　杨万丽，马荣华. 杂多酸无机-有机杂化材料. 北京：化学工业出版社，2016.

[56]　Sha J, Peng J, Tian A X, et al. Cryst Growth Des, 2007, 7 (12)：2535-2541.

[57]　Kobayashi H, Ikarashi K, Uematsu K, et al. Inorg Chim Acta, 2009, 362 (1)：238-242.

[58]　Wang J, Li F B, Tian L H, et al. J Coord Chem, 2008, 61 (13)：2122-2131.

[59]　He L W, Lin B Z, Liu X Z, et al. Solid State Sci, 2008, 10 (3)：237-243.

[60]　Wang C C. Asian J Chem, 2009, 21 (6)：4919-4926.

[61]　Wang C C. Asian J Chem, 2009, 21 (6)：4755-4762.

[62]　Reinoso S，Dickman M H，Reicke M，et al. Inorg Chem，2006，45 (22)：9014-9019.

[63]　Reinoso S，Dickman M H，Kortz U. Eur J Inorg Chem，2009，(7)：947-953.

[64]　Li S L，Lan Y Q，Ma J F，et al. Dalton Trans，2008，37 (15)：2015-2025.

[65]　Zhao J W，Song Y P，Ma P T，et al. J Solid State Chem，2009，182 (7)：1798-1805.

[66]　Soghomonian V，Chen Q，Haushalter R C，et al. Science，1993，259 (5101)：1596-1599.

[67]　An H Y，Wang E B，Xiao D R，et al. Angew Chem Int Ed，2006，45：904-908.

[68]　Tan H Q，Li Y G，Zhang Z M，et al. J Am Chem Soc，2007，129：10066-10067.

[69]　Jin H，Qin C，Li Y G，et al. Inorg Chem Commun，2006，9 (5)：482-485.

[70]　Jin H，Qi Y F，Wang E B，et al. Cryst Growth Des，2006，6 (12)：2693-2698.

[71]　An H Y，Wang E B，Li Y G，et al. Inorg Chem Commun，2007，10 (3)：299-302 .

[72]　Yuan L，Qin C，Wang X L，et al. Dalton Trans，2009，38 (21)：4169-4175.

[73]　Meng J X，Wang X L，Wang E B，et al. Transit Met Chem，2009，34 (3)：361-366.

[74]　Li T H，Lu J，Gao S Y，et al. Chem Lett，2007，36 (3)：356-357.

[75]　Yang H X，Guo S P，Tao J，et al. Cryst Growth Des，2009，9 (11)：4735-4744.

[76]　Yang H X，Li L，Xu B，et al. Inorg Chem Commun，2009，12 (7)：605-607.

[77]　Wang J P，Ma P T，Li J，et al. Chem Lett，2006，35 (9)：994-995.

[78]　Wang J P，Ma P T，Zhao J W，et al. Inorg Chem Commun，2007，10 (5)：523-526.

[79]　Wang J P，Li S Z，Niu J Y. J Coord Chem，2007，60 (12)：1327-1334.

[80]　Wang J P，Li S Z，Shen Y，et al. Cryst Growth Des，2008，8 (2)：372-374.

[81]　Cheng J W，Zhang J，Zheng S T，et al. Angew Chem Int Ed，2006，45：73-77.

[82]　Sun Y Q，Zhang J，Chen Y M，et al. Angew Chem Int Ed，2005，44：5814-5817.

[83]　Li B，Zhao J W，Zheng S T，et al. Inorg Chem，2009，48 (17)：8294-8303.

[84]　Zhao J W，Zhang J，Song Y，et al. Eur J Inorg Chem，2008，(24)：3809-3819.

[85]　Yu K，Li Y G，Zhou B B，et al. Eur J Inorg Chem，2007，(36)：5662-5669.

[86]　Zhang X，Xu J Q，Yu J H，et al. J Solid State Chem，2007，180 (6)：1949-1956.

[87]　Zhang C D，Liu S X，Sun C Y，et al. Cryst Growth Des，2009，9 (8)：3655-3660.

[88]　Chen L L，Zhang L，Gao Y R，et al. J Coord Chem，2009，62 (17)：2832-2841.

[89]　Wang C L，Liu S X，Sun C Y，et al. J Coord Chem，2008，61 (6)：891-899.

[90]　Hundal G，Hwang Y K，Chan J S. Polyhedron，2009，28 (12)：2450-2458.

[91]　Cao X G，He L W，Lin B Z，et al. Inorg Chim Acta，2009，362 (7)：2505-2509.

[92]　Wang W J，Xu L，Gao G G，et al. Inorg Chem Commun，2009，12 (3)：259-262.

[93]　Liu H，Qin C，Wei Y G，et al. Inorg Chem，2008，47 (10)：4166-4172.

[94]　Gao G G，Xu L，Wang W J，et al. Inorg Chem，2008，47 (7)：2325-2333.

[95]　Hussain F，Kortz U，Keita B，et al. Inorg Chem，2006，45 (2)：761-766.

[96]　Reinoso S，Dickman M H，Matei M F，et al. Inorg Chem，2007，46 (11)：4383-4385.

[97]　Kortz U，Hussain F，Reicke M. Angew Chem Int Ed，2005，44 (24)：3773-3777.

[98]　Li C H，Huang K L，Chi Y N，et al. Inorg Chem，2009，48 (5)：2010-2017.

[99]　Li C X，Cao R，O'Halloran K P，et al. Electrochim Acta，2008，54 (2)：484-489.

[100]　Li C X，Zhang Y，O'Halloran K P，et al. J Appl Electrochem，2009，39 (7)：1011-1015.

[101]　Sha J Q，Peng J，Liu H S，et al. J Coord Chem，2008，61 (8)：1221-1233.

[102]　Tian A X，Ying J，Peng J，et al. Inorg Chem，2009，48 (1)：100-110.

[103]　Li S L，Lan Y Q，Ma J F，et al. Inorg Chem，2007，46 (20)：8283-8290.

[104]　Wang X L，Chen B K，Liu G C，et al. Solid State Sci，2009，11 (1)：61-67

[105]　Zhang S W，Li Y X，Liu Y，et al. J Mol Struct，2009，920 (1-3)：284-288.

[106]　Bordoloi A，Vinu A，Halligudi S B. Appl Catal A—Gen，2007，333 (1)：143-152.

[107]　Bordoloi A，Lefebvre E，Halligudi S B. J Catal，2007，247 (2)：166-175.

[108]　Jin K，Huang X Y，Pang L，et al. Chem Commun，2002，(23)：2872-2873.

[109]　Dybtsev D N，Chun H，Kim K. Chem Commun，2004，(14)：1594-1595.

[110]　Liao J H，Wu P C，Huang W C. Cryst Growth Des，2006，6 (5)：1062-1063.

[111]　Lin Z，Wragg D S，Morris R E. Chem Commun，2006，(19)：2021-2023.

[112]　Parnham E R，Morris R E. Acc Chem Res 2007，40 (10)：1005-1013.

[113]　Lohmeier S J，Wiebcke M，Behrens P. Z Anorg Allg Chem，2008，634 (1)：147-152.

[114]　Hulvey Z，Wragg D S，Lin Z J，et al. Dalton Trans，2009，38 (7)：1131-1135.

[115]　Rickert P G，Antonio M R，Firestone M A，et al. J Phys Chem B，2007，111 (18)：4685-4692.

[116]　Hasegawa T，Murakami H，Shimizu K，et al. Inorg Chim Acta，2008，361 (5)：1385-1394.

[117]　Hasegawa T，Kasahara Y，Yoshida S，et al. Inorg Chem Commun，2007，10 (12)：1416-1419.

[118]　Hasegawa T，Shimizu K，Seki H，et al. Inorg Chem Commun，2007，10 (10)：1140-1144.

[119]　Zhu Y，Wang L S，Hao J，et al. Cryst Growth Des，2009，9 (8)：3509-3518.

[120]　Zhu Y，Xiao Z C，Ge N，et al. Cryst Growth Des，2006，6 (7)：1620-1625.

[121] Xia Y, Wu P F, Wei Y G, et al. Cryst Growth Des, 2006, 6 (1): 253-257.

[122] Li Q, Wang L S, Yin P C, et al. Dalton Trans, 2009, 38 (7): 1172-1179.

[123] Zhu L, Zhu Y L, Meng X G, et al. Chem-Eur J, 2008, 14 (35): 10923-10927.

[124] Xu B B, Xu L, Gao G G, et al. Appl Surf Sci, 2007, 253 (6): 3190-3195.

[125] Akutagawa T, Endo D, Noro S I, et al. Coord Chem Rev, 2007, 251: 2547-2561.

[126] Douvas A M, Makarona E, Glezos N, et al. ACS Nano, 2008, 2 (4): 733-742.

[127] Triantis T M, Troupis A, Chassiotou I, et al. J Adv Oxid Technol, 2008, 11 (2): 231-237.

[128] Yang W, Liu Y, Xue G L, et al. J Coord Chem, 2008, 61 (15): 2499-2505.

[129] Wang X L, Bi Y F, Chen B K, et al. Inorg Chem, 2008, 47 (7): 2442-2448.

[130] Zhang H, Li H L, Li W, et al. Chem Lett, 2006, 35 (7): 706-707.

[131] Zhang J, Song Y F, Cronin L, et al. J Am Chem Soc, 2008, 130 (44): 14408.

[132] Song Y F, Long D L, Kelly S E. et al. Inorg Chem, 2008, 47 (20): 9137-9139.

[133] Song Y F, Long D L, Cronin L . Angew Chem Int Ed, 2007, 46 (21): 3900-3904.

[134] Song Y F, McMillan N, Long D L, et al. Chem-Eur J, 2008, 14 (8): 2349-2354.

[135] Upreti S, Ramanan A. Cryst Growth Des, 2006, 6 (9): 2066-2071.

[136] 王秀丽, 田爱香. 多酸基功能配合物. 北京: 化学工业出版社, 2014.

[137] Dang D B, Bai Y, He C, et al. Inorg Chem, 2010, 49 (4): 1280-1282.

[138] Dong T, Ma H Y, Zhang W, et al. J Colloid Interface Sci, 2007, 311 (2): 523-529.

[139] Ishii Y, Takenaka Y, Konishi K. Angew Chem Int Ed, 2004, 43 (20): 2702-2705.

[140] Strong J B, Yap G P A, Ostrander R, et al. J Am Chem Soc, 2000, 122: 639-649.

[141] Stark J L, Young V G, Maatta E A. Angew Chem Int Ed, 1995, 34: 2547-2548.

[142] Stark J L, Rheingold A L, Maata E A. Chem Commun, 1995, (11): 1165- 1166.

[143] Strong J B, Haggerty B S, Rheingold A L, et al. Chem Commun, 1997, (12): 1137-1378.

[144] Zhang T R, Liu S Q, Kurth D G, et al. Adv Funct Mater, 2009, 19 (4): 642-652.

[145] Han Z G, Gao Y Z, Zhai X L, et al. Cryst Growth Des, 2009, 9 (2): 1225-1234.

[146] Alizadeh M H, Mirzaei M, Salimi AR, et al. Mater Res Bull, 2009, 44 (7): 1515-1521.

[147] Alizadeh M H, Eshtiagh-Hosseini H, Mirzaei M, et al. Pol J Chem, 2009, 83 (9): 1583-1589.

[148] Chimamkpam E F C, Hussain F, Engel A, et al. Z Anorg Allg Chem, 2009, 635 (4-5): 624-630.

[149] Bareyt S, Piligkos S, Hasenknopf B, et al. J Am Chem Soc, 2005, 127 (18): 6788-6794.

[150] Bareyt S, Piligkos S, Hasenknopf B, et al. Angew Chem Int Ed, 2003, 42 (29): 3404-3406.

[151] Boglio C, Micoine K, Derat E, et al. J Am Chem Soc, 2008, 130 (13): 4553-4561.

[152] Hasenknopf B, Micoine K, Lacote E, et al. Eur J Inorg Chem, 2008, (32): 5001-5013.

[153] Chen W L, Wang Y H, Li Y G, et al. J Coord Chem, 2009, 62 (7): 1035-1050.

[154] Wang T, Peng J, Liu H S, et al. J Mol Struct, 2008, 892 (1-3): 268-271.

[155] Liu H S, Gomez-Garcia C J, Peng J, et al. Dalton Trans, 2008, (44): 6211-6218.

[156] Shivaiah V, Chatterjee T, Srinivasu K, et al. Eur J Inorg Chem, 2007, (2): 231-234.

[157] Pang H J, Zhang C J, Chen Y G, et al. J Clust Sci, 2008, 19 (4): 631-640.

[158] Ito T, Yamase T. Chem Lett, 2009, 38 (4): 370-371.

[159] Li J, Huth I, Chamoreau L M, et al. Angew Chem-Int Ed, 2009, 48 (11): 2035-2038.

[160] Walczak K, Nowak I. Catal Today, 2009, 142: 293-297.

[161] Seo Y K, Hundal G, Jang I T, et al. Microporous Mesoporous Mat, 2009, 119: 331-337.

[162] Sonnauer A, Stock N. J Solid State Chem, 2008, 181: 3065-3070.

[163] Jiang M, Zhai X D, Liu M H. J Mater Chem, 2007, 17 (2): 193-200.

[164] Clemente-Leon M, Coronado E, Delhaes P, et al. Adv Mater, 2001, 13 (8): 574.

[165] Coronado E, Gimenez-Saiz C, Gomez-Garcia C J. Coord Chem Rev, 2005, 249 (17-18): 1776-1796.

[166] Coronado E, Mingotaud C. Adv Mater, 1999, 11 (10): 869.

[167] Coronado E, Gimenez-Saiz C, Gomez-Garcia C J, et al. Angew Chem-Int Edit, 2004, 43 (23): 3022-3025.

[168] Cheng S, Fernandez-Otero T, Coronado E, et al. J Phys Chem B, 2002, 106 (31): 7585-7591.

[169] Shi D M, Chen Y G, Pang H J, et al. Z Naturforsch B, 2007, 62 (2): 195-199.

[170] Wang Y Y. Xu L, Jiang N, et al. J Colloid Interface Sci, 2009, 333 (2): 771-775.

[171] Li W, Yi S Y, Wu Y Q, et al. J Phys Chem B, 2006, 110 (34): 16961-16966.

[172] Li H L, Qi W, Li W, et al. Adv Mater, 2005, 17 (22): 2688.

[173] Douglas T, Young M. Nature, 1998, 393 (6681): 152-155.

[174] Tong X, Wu W, Wu Q Y, et al. Mater Chem Phys, 2013, 143: 355-359.

[175] Tong X, Tian N Q, Wu W, et al. J Phys Chem C, 2013, 117: 3258-3263.

[176] Wu X F, Wu W, Wu Q Y, et al. J Non-Cryst Solids, 2015, 426: 88-91.

[177] Cai H X, Wu X F, Wu Q Y, et al. RSC Adv, 2016, 6: 84689-84693.

[178] Wu H, Wu X F, Wu Q Y, et al. Compos Sci Technol, 2018, 162: 1-6.

[179] Sun X W, Liu S M, Wu Q Y, et al. Inorg Chem Front, 2021, 8: 3149-3155.

［180］ Liu B L，Cheng D M，Zang H Y，et al. Chem Sci，2019，10：556-563.
［181］ Zhai L，Li H L. Molecules，2019，24：3425.
［182］ Liu B L，Hu B，Zang H Y，et al. Angew Chem Int Ed，2021，60：6076-6085.
［183］ Guo H K，Li L B，Li H L，et al. Angew Chem Int Ed，2022，61：e202210695.
［184］ Zhu H，Li Q，Huang F H. Acc Mater Res，2022，3：658-668.
［185］ Guan W，Yang G C，Yan L K，et al. Inorg Chem，2006，45：7864-7868.
［186］ AlDamen M A，Clemente-Juan J M，Coronado E，et al. J Am Chem Soc，2008，130：8874-8875.
［187］ AlDamen M A，Cardona-Serra S，Clemente-Juan J M，et al. Inorg Chem，2009，48：3467-3479.
［188］ Clemente-Juan J M，Coronado E，Forment-Aliaga A，et al. Inorg Chem，2004，43：2689-2694.
［189］ Lehmann J，Gaita-Arino A，Coronado E，et al. Nat Nanotechnol，2007，2：312-317.
［190］ Vasylyev M V，Neumann R. J Am Chem Soc，2004，126：884-890.
［191］ Neumann R，Dahan M. Nature，1997，388：353-355.
［192］ Kasai J，Nakagawa Y，Uchida S，et al. Chem-Eur J，2006，12：4176-4184.
［193］ Bigi F，Corradini A，Quarantelli C，et al. J Catal，2007，250：222-230.
［194］ Inumaru K，Ishihara T，Kamiya Y，et al. Angew Chem Int Ed，2007，46：7625-7628.
［195］ Kamata K，Yonehara K，Sumida Y，et al. Science，2003，300：964-966.
［196］ Kim W B，Voitl T，Rodriguez-Rivera G J，et al. Science，2004，305：1280-1283.
［197］ Weinstock I A，Barbuzzi E M G，Wemple M W，et al. Nature，2001，414：191-195.
［198］ Ai L M，Zhang D F，Wu Q Y. Catal Commun，2019，126：10-14.
［199］ Yan J S，Wang Z Q，Wu Q Y. RSC Adv，2019，9：8404-8410.
［200］ Zhang D F，Liu T，Wu Q Y. Mater Lett，2020，262：126954.
［201］ Ai L M，Zhang D F，Wu Q Y. J Mater Sci：Mater Electron，2020，31：3166-3171.
［202］ Wang Z J，Ai L M，Wu Q Y. J Coord Chem，2020，73：2402-2409.
［203］ Liu Y S，Li Y，Koo S，et al. Chem Rev，2022，122：209-268.
［204］ Gong Y R，Wang X L，Zhao H M et al. Chin Sci Bull，2018，63：3350-3357.
［205］ Gong Y R，Zhang Y T，Wang X L，et al. Angew Chem Int Ed，2019，58：780-784.
［206］ Xu N，Gan H M，Wang X L，et al. Angew Chem Int Ed，2019，58：4649-4653.
［207］ Gong Y R，Qin C，Wang X L，et al. Angew Chem Int Ed，2020，59：22034-22038.
［208］ Yu Y D，Guo Z X，Zhao Y Q，et al. Adv Mater，2022，34：2107523.

第9章
纳米材料的制备及应用

　　纳米材料是指微观结构至少在一维方向上受纳米尺度调制的各种固态材料，其晶粒或颗粒尺寸在 1～100nm 范围内，主要由纳米晶粒和晶粒界面两部分组成。当金属纳米晶的粒径在 10nm 时，界面体积可达 $6 \times 10^{25} \, \mathrm{m}^3$，晶界原子占比达 15%～50%，这是一种新的介于晶态与非晶态之间的结构状态。与普通微粉相比，纳米材料具有独特的物理、化学和生物效应，如量子尺寸效应、小尺寸效应、表面效应、介电效应、宏观量子隧道效应等，在功能材料、传统材料改性、新型电子或光电子器件开发和催化领域具有广阔的应用前景[1]。

　　随着科学技术的不断发展以及纳米科技的进步，纳米材料科学已经从简单的粉体制备向纳米材料组装、杂化及器件构筑等方向转变，纳米材料的形态已不满足于传统的零维颗粒和二维薄膜，正在向以其构建的各种组装体系，如单原子限域材料、空心球、核壳结构材料、有序介孔材料、表面修饰材料和层层自组装材料等研究领域转变。因此，区别于传统的微粉材料和普通的纳米材料，纳米结构材料被定义为：以具有纳米尺度的物质单元为基础，按一定规律构筑的一类新物系，包括一维、二维及三维的体系，或至少有一维的尺寸处在 1nm～100nm 范围内的结构。这些物质单元包括纳米微粒、稳定的团簇或人造原子（artificial atom）、纳米管、纳米棒、纳米线及纳米尺寸的孔洞。通过人工或自组装的途径，这类纳米尺寸的物质单元可组装或排列成维数不同的体系，它们是构筑纳米世界中块体、薄膜、多层膜等材料的基础构件[1]。

　　本章选择纳米材料领域的几个热点方向，如零维纳米颗粒、一维纳米材料和核壳结构纳米材料等，介绍其基本概念、制备方法和主要应用领域。

9.1 零维纳米材料的制备及应用

　　零维纳米材料是指三维尺度均在纳米尺寸的材料，通常也称为纳米颗粒。在纳米颗粒中，由于载流子的运动受到三维的限制，失去了体相材料特性，使得能量发生量子化，其电子结构由连续能带转变为分裂能级。因此也可以把尺寸在 10nm 以下的纳米颗粒叫做量子点。对于纳米颗粒而言，其最突出的特性是电子能谱的量子尺寸效应，造成吸收光谱和光致发光的波峰蓝移。在电学性质方面，由于在纳米颗粒中，电荷也会发生量子化，电子只能一个一个地通过，因而存在库仑阻塞效应。纳米颗粒的另一个重要特性是表面效应。当纳米颗粒的尺寸为 5nm 时，表面原子数占 50% 以上；随着纳米晶粒尺寸的进一步减小，其比表面积会越来越大，表面原子数越来越多，而当尺寸减小为 2nm 时，表面原子数占 80% 以上；表现为表面原子的配位不足，表面活性得以增强。由于纳米颗粒本身具有的这些量子尺寸效应、小尺寸效应、表面效应和宏观量子隧道效应，因而展现出许多特有的性质，从而在催化、滤光、光吸收、医药、磁介质及新材料等方面有广阔的应用前景，纳米颗粒的奇特效应使其日益成为纳米科技领域的一个重要研究方向[2]。

9.1.1 零维纳米材料的制备方法

纳米材料制备的核心问题是如何利用现有的物理、化学的手段在纳米尺度对物质的组成、结构、尺寸及形貌进行调控，并进而实现对其物理和化学性质的人工剪裁。纳米材料制备方法很多，按制备体系和形态分为固相法、液相法和气相法，按反应性质又分为物理法、化学法和综合法。其目的都是满足表面洁净，形貌及尺寸、粒度分布可控，易于收集，有较好的稳定性、分散性，产率高等要求。不论采取何种方法，在制备过程中，根据晶体生长规律，都需要包括增加成核、抑制或控制生长过程，使产物成为所需的纳米材料。下面简单介绍零维纳米材料的制备方法[3]。

9.1.1.1 溶胶-凝胶法

溶胶-凝胶法是指前驱物质（水溶性盐或油溶性醇盐）溶于水或有机溶剂中形成均质溶液，溶质发生水解反应从而生成纳米级的粒子并形成溶胶，溶胶经蒸发干燥转变为凝胶而制备纳米材料的方法。该法为低温反应过程，允许掺杂大剂量的无机物和有机物，可以制备出许多高纯度和高均匀性的材料，并易于加工成型。其优势为在从过程的初始阶段就可在纳米尺度上控制材料结构。该法制备的纳米材料具有纯度高，粒径分布均匀，不同物质混合均匀和容易制备不同形状材料的优点。目前已为大多数科学工作者所熟悉，而且在工业上也获得了比较广泛的应用。例如此法常常被用来制备钛酸钡、氧化锌和碳酸锶等电子材料、氧化锡和氧化铟等气敏材料、发光材料或陶瓷材料等。

有机改性溶胶-凝胶法（ormosils）也可用于形成纳米颗粒。它们的孔隙率可以通过适当的材料选择和不同的实验条件（例如酸或碱催化）进行优化。溶胶-凝胶是通过四烷氧基硅烷的缩聚制备的，而有机硅是通过四烷氧基硅烷与不同比例的烷基-烷氧基硅烷的混合物或仅由烷基-烷氧基硅烷共聚而制备的[3]。

9.1.1.2 化学沉淀法

化学沉淀法是制备纳米颗粒的经典方法，其原理是在包含一种或多种金属离子的可溶性盐溶液中，加入沉淀剂（OH^-、CO_3^{2-} 等）使其与金属离子形成难溶物质而析出，然后经热解或脱水得到纳米颗粒材料。用此方法可向具有氧化性的可溶性金属盐溶液中加入还原剂使金属离子还原为单质而析出，用于制备金、银、铜等活泼性较差的金属单质纳米颗粒[1~4]。如果在金属离子还原之前，在溶液中引入能够选择性吸附金属离子的纳米颗粒种子，然后再进行还原，则可以制备具有核-壳(core-shell)结构的复合纳米材料[5]。利用沉淀反应还可以将纳米颗粒材料沉积到固体材料表面，从而使固态材料获得某种或某些特殊性能。如利用均匀沉淀法制备的 $Bi_2O_3/Bi_2S_3/MoS_2$ 复合物，可以大大提高其在室温下的传感性能[4]。

9.1.1.3 微波合成法

溶液中纳米粒子成核和生长速度及其反应环境是影响最终粒子大小和粒径均匀程度的重要因素。微波作为一种快速而均匀的加热方法，能使反应速度提高 1~2 个数量级，且可避免液相温度和浓度的不均匀性。在溶液体系中制备纳米颗粒时，可以保证整个体系在极短时间内均匀地形成晶核，而不让晶核继续生长，从而达到控制颗粒粒径的目的。例如，以柠檬酸三钠为还原剂、聚丙烯酰胺为稳定剂，与一定量的 Pt 盐溶液混合均匀，在微波高压条件下（最大压力为 115MPa）辐照 4min，可以得到粒径为 10nm 左右的 Pt 纳米颗粒。再如，微波合成方法制备亚铬酸铜纳米粒子时，柠檬酸、油酸、椰子油和尿素等的用量对亚铬酸铜纳米粒子（$CuCr_2O_4$纳米颗粒）晶体结构和尺寸具有不同程度的影响[5]。微波合成法制备纳米颗粒具有颗粒小、粒径分布窄和稳定性好等优点。

9.1.1.4　微乳液法

微乳液法是通过两种互不相溶的溶剂在表面活性剂的作用下形成的乳液。微乳液通常由表面活性剂、助表面活性剂、溶剂和水（或水溶液）组成。在此体系中，两种互不相溶的连续介质被表面活性剂双亲分子分割成微小空间形成微型反应器，其大小可控制在纳米级范围。由于微乳液能对纳米材料的粒径和稳定性进行精确控制，从而限制了纳米粒子的成核、生长、聚结和团聚等过程，并形成包裹有一层表面活性剂的凝聚态结构。例如 Haneda 等[6]通过油-水微乳液体系作为反应介质合成了具有可控尺寸和形貌的多功能性硅纳米晶。用该法制备纳米粒子的实验装置简单，能耗低，操作容易，具有以下明显的特点：① 粒径分布较窄，粒径可以控制；② 选择不同的表面活性剂修饰微粒子表面，可获得特殊性质的纳米微粒；③ 粒子的表面包覆一层（或几层）表面活性剂，粒子间不易聚结，稳定性好；④ 粒子表层类似于"活性膜"，该层基团可被相应的有机基团所取代，从而制得特殊的纳米功能材料；⑤ 表面活性剂对纳米微粒表面的包覆改善了纳米材料的界面性质，显著地改善了其光学、催化及电流变等性质。

9.1.1.5　溶剂热/水热法

溶剂热/水热方法可以系统地控制纳米材料的形貌。水热/溶剂热的一个典型特征，就是当原材料被封闭在特殊的高温高压条件中，让一些难以预料的反应可以发生并形成特殊形貌的材料，这些物质或形貌在传统的反应体系是很难生成的。水热条件下晶体的结晶形貌与生长条件密切相关，在不同的水热条件下同种晶体可能得到不同形貌的结晶。因此，纳米材料的形貌可以通过改变实验的参数得以控制，比如可以通过选择溶剂、表面活性剂、有机金属和配位剂，控制反应温度，改变 pH 值等。当然水热和溶剂热还存在许多的不同点。例如：溶剂热的方法（使用非水作为溶剂）能有效地避免产物被氧化，对各种非氧化物纳米材料的合成是非常重要的。溶剂热反应是在密闭的容器中进行，由于加热在密闭容器中进行，使得容器内的压力增加，溶剂的温度有可能超过溶剂的沸点而达到超临界温度。然而水热的方法也有其优点，因为它使用环境友好的水作溶剂，在超临界时水在反应中有着特殊的功能，从而产生奇特效果。钱逸泰院士及其研究集体在非水介质中成功地合成出氮化镓、金刚石及其碳材料和硫属化合物的纳米晶。徐甲强课题组[7]利用水作为溶剂，在 200℃ 直接合成出尺寸为 10nm 的方块形 PdRh，对其进行酸法刻蚀得到了 Rh 立方框架。这种小而均匀的纳米颗粒是一种非常优良的增敏剂，在传感领域有着广阔的应用前景。

9.1.1.6　化学气相沉积法（CVD）

CVD 是将原物质在特定温度、压力下蒸发到固体表面使其发生表面化学反应，形成纳米颗粒沉积物。这种方法的发展相对较早，是一种相当成熟的方法[8]。它制得的微粒大小可控，粒度均匀，无黏结，已经具有规模生产价值。近年来，人们将 CVD 与其他物理技术成功结合，发展起了等离子体气相沉积法（PECVD）、激光诱导化学气相沉积法（LICVD）、微波气相沉积法（MWCVD）等，这些新型纳米材料制备技术的出现，使得化学气相沉积法适用范围更广，可以制备的纳米材料类型更多，材料的性能也更加优越。

9.1.1.7　机械化学法

机械化学法的基本原理是利用机械能来诱发化学反应或诱导材料组织、结构和性能发生变化，以此来制备新材料。作为一种新技术，它能明显降低反应活化能、细化晶粒、极大提高粉末活性、改善颗粒分布均匀性及增强其与基体之间界面的结合，促进固态离子扩散，诱发低温化学反应，从而提高了材料的密实度、电学、热学等系列性能，是一种节能、高效的材料制备技术。通过高能球磨，产生大量的应力、应变、缺陷和相界，使系统内能和粉末活性大大提高。目前已在很多体系中实现了低温化学反应，成功合成出许多新物质。该法既可以制备纳米级的单质金属材料，也可以制备大多数金属碳化物、金属间化合物、金属氧化物、硫化物及其复合材料和氟化物等。例如，贾殿增课题组采用机械球磨法，通过一步固相反应成功制备了氧化物纳米晶(CuO)和硫化物纳米晶(CuS、ZnS、CdS、PbS)等。近期该课题组又在 PEG 辅助下通过室温的固相反应制备出均匀的 $ZnSnO_3$ 纳米晶，显示出较好的酒敏性能[9]。然而该方法也具有一些很难克服的缺点，如产品纯度低、粒度分布不均匀、球磨过程易于引入杂质等，只能适用于对材料要求不高、需求量大的纳米材料的制备。

9.1.1.8 等离子体法

等离子体法是在惰性气氛或反应性气氛中通过直流放电使气体电离产生高温等离子体，从而使反应原料蒸发，蒸气达到衬底周围，通过冷却形成纳米材料。等离子体温度高，能制备难熔的金属或化合物，产物纯度高，在惰性气氛中，等离子法几乎可制备所有的金属纳米材料。由于其制备过程中不涉及复杂的化学反应，因此在控制合成不同形貌结构的纳米材料时具有一定的局限性。

9.1.2 单分散纳米晶的合成

1993 年，Murray 等[10]以金属有机化合物 Me_2Cd 为镉源，$(TMS)_2S$ 和 TOPSe 分别为硫源和硒源，在三正辛基氧化膦(TOPO)溶剂中采用热注入(hot-injection)的方法成功得到了微量的 CdS/CdSe 单分散半导体量子点，开创性地引领大家进入了一个单分散纳米晶合成的精彩世界。随后，各研究组相继发展了该方法[11]。尤其是水热法由于所得产物纯度高、分散性好、粒度易控制等优点被大家所熟知。例如 Sang-Yeob Oh 课题组[12]通过一种简便的水热方法合成 Pd@ZnO 核壳纳米颗粒。Li[13]等人将 $NiCl_2 \cdot 6H_2O$ 和六亚甲基四胺溶解到去离子水中，再通过水热反应和随后的热处理合成了尺寸约为 8nm 的 NiO 纳米颗粒。赵东元院士课题组[14]提出一种改进的溶剂热法制备 Fe_3O_4 颗粒，主要区别在于添加了柠檬酸钠作为稳定剂。柠檬酸钠中三个羧基可以有效地络合 Fe^{3+} 离子，有助于吸附在 Fe_3O_4 颗粒表面阻止前驱体聚集形成大的单晶颗粒，而形成了由许多 5～10nm 的磁性晶体封装成的球形体。

归纳来说，合成单分散纳米晶的一般思路为：选择合适的金属前驱物和有机溶剂，在适当的条件下反应。目前，常用的反应前驱物为金属羰基化合物、乙酰丙酮盐、醇盐等金属有机化合物；溶剂有油酸、油胺、十二硫醇、丙烯酸羟丙酯(HPA)等。该方法虽然实现了系列金属、化合物半导体、铁磁性金属氧化物单分散纳米晶的合成，但由于此类方法成本高、产量较低，很难实现工业化生产。因此，发展通用的纳米晶合成方法是当前纳米科技领域研究的热点和难点之一。2005 年，针对这一重要的问题，李亚栋研究组在前人工作的基础上[15]，利用物质相界面转移与分离原理，发展出一种普适性的通用合成方法(liquid-solid-solution 合成策略，如图 9-1 所示)，用简单、廉价的无机盐类（如普通的硝酸盐和氯化物等）为原料成功合成了各种类型的单分散纳米晶。在这一策略中，他们选用水/乙醇混合溶剂作为反应环境，可以很好地溶解大部分硝酸盐和氯化物等无机盐类以及油酸和十八胺等长链烷基表面活性剂，因此该方法能适用于各种类型单分散纳米晶的合成。采用这一策略，他们能方便地得到各种类型的单分散纳米晶，如：金属（Ag、Au、Pt、Pd等）；半导体（ZnS、CdS、ZnSe、CdSe、CdTe等）；氧化物及复合氧化物（SnO_2、ZnO、ZrO_2、TiO_2、Fe_3O_4、$CoFe_2O_4$、$ZnFe_2O_4$、$BaTiO_3$等）；氟化物（LaF_3、YF_3、$NaYF_4$等）。该方法克服了已有合成路线中采用大量有机溶剂所带来的成本及环境污染问题，突破了现有合成方法通常只能适用于某些单一或有限种类纳米材料的局限。

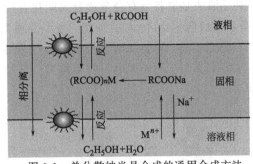

图9-1 单分散纳米晶合成的通用合成方法
（liquid-solid-solution 合成策略）

受界面反应原理的启发，他们进一步发展了一种在正相微乳体系中通过油/水界面控制反应合成单分散纳米晶的方法[16]。以合成 $BaCrO_4$ 纳米晶为例（如图9-2所示），在水/表面活性剂/正己烷正相微乳体系中加入 Ba^{2+}，一方面，Ba^{2+} 在水中存在溶解性，另一方面，Ba^{2+} 与带负电荷的表面活性剂油酸根离子存在静电吸引作用，于是，Ba^{2+} 将稳定存在于油/水界面处。当 CrO_4^{2-} 加入后，平衡立即被破坏，Ba^{2+} 与 CrO_4^{2-} 在界面处迅速发生沉淀反应，生成的 $BaCrO_4$ 颗粒表面由于被表面活性剂包覆而进入油滴内核中，通过分离可以得到单分散

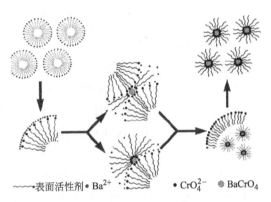

—— 表面活性剂 • Ba^{2+} • CrO_4^{2-} ● $BaCrO_4$

图9-2 正相微乳体系中通过油/水界面控制反应合成单分散 $BaCrO_4$ 纳米晶过程示意图

$BaCrO_4$ 纳米晶。这种方法进一步简化了单分散纳米晶的合成，缩短了反应时间，具有很好的工业化前景。

随着对纳米晶深入的研究，人们发现单一金属的性能往往并不完美，由两种不同金属组成的纳米催化剂具有优异的催化性能和相对较低的成本，正在成为无机化学、纳米科学和催化化学交叉学科研究的前沿基础课题。通过改变合金的成分，可以调节金属的d带位置与费米能级的距离，不断改变粒子表面的电子结构和几何构型水平，进而影响催化剂的活性、选择性和稳定性。上海大学徐甲强课题组[11,17]通过水热法，溶剂热法和溶液还原法等合成了PdAu、PdPt等双金属纳米颗粒。夏幼南等[18]通过种子生长法制备了形态相同的Pd、PdPt和PdAu双金属纳米晶体。张华等[19]开发了一种简便的两步法，合成了Pd@Pt核壳纳米颗粒，即首先通过Pd种子外延生长法分别制备暴露于Pt(100)和Pt(111)晶面的Pd@Pt核壳纳米粒子，然后通过氢插层将Pd核转化为$PdH_{0.43}$，Pd核的晶格膨胀导致Pt壳的晶格扩大最终生成Pd@Pt核壳纳米颗粒。

双金属纳米晶的可控合成对于进一步优化其功能和应用性能具有重要意义。一般来说，双金属纳米晶的生长过程可以分为成核和生长两个阶段。这两个过程往往是连续的，难以分开。在整个合成过程中，反应温度、环境压力和反应时间，反应物的种类、浓度和还原电位等都会影响纳米晶的形貌。共还原、种子介导的生长、热分解和电置换反应等合成策略可以获得具有良好控制性能的双金属纳米晶[20,21]。值得注意的是，由于基本机理或反应途径的相似性，不同的合成方法也可能产生结构相似的产物。

共还原法是制备具有合金或金属间化合物纳米结构双金属的最简单和直接的策略，如图9-3所示。根据 LaMer[22] 的研究，为了获得高度单分散的纳米晶体，应将成核和生长分为两个不同的过程。双金属纳米粒子的成核和生长过程主要取决于金属离子前驱体的还原速率，这与金属离子的还原电位密切相关。已知金属离子的还原电位越高，金属离子越容易被还原。

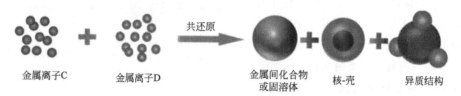

金属离子C　　　金属离子D　　　共还原　　　金属间化合物或固溶体　　　核-壳　　　异质结构

图 9-3　共还原法合成过程示意图

9.1.3　限域材料的合成

限域效应因其反应物在限域空间内的扩散可调、活性位点可设计、微环境中纳米结构可控等优点，而在传感[23]、能源存储[24,25]、催化转化[25,26]和纳米药物[27,28]等研究领域备受关注，如2021年包信和院士因其限域催化领域的贡献获得了国家自然科学一等奖。

限域效应分为空间限域和界面限域2种，两种限域效应均可有效提升纳米晶的分散和稳定性。包信和院士团队[25]报告了一种利用湿化学合成的方法，得到了碳纳米管限域的高分散 Pt、Ru 和 Ag 等纳米晶。碳纳米管限域的高分散纳米晶在催化活性和选择性等方面表现出非常明显的优势。Christoph Janiak 等[29]报道了近年来利用分子筛孔道限域贵金属提高贵金属纳米晶分散度的工作进展，限域在分子筛孔道内的高分散贵金属纳米晶催化剂利用孔道选择性、超笼效应和串联催化效应等使催化剂具有高催化活性、选择性和稳定性。利用纳米空间的限域效应还可以调节其化学性质来提高生物分子和药物的反应速率、选择性和稳定的产物。Itamar Willner 等[30]报道了利用 MOF 等限域多酶实现了细胞类似物和超分子化合物合成的工作进展，限域结构实现了生物串联催化，在提高生物催化速率、选择性等方面展现出独特的优势。龙亿涛、应轶伦等[31,32]报道了利用 FIB 剪切石英管构造纳米管，进而利用限域效应实现了单分子、单粒子和单细胞的实时高灵敏度生物检测。徐甲强教授团队[33]报道了利用原子层沉积法合成 SnO_2 限域 NiO 纳米晶气敏材料，该材料对氢气具有富集作用，从而实现了对低浓度氢气的高灵敏检测。

9.1.4　纳米颗粒的物理、化学性能及其应用

小尺寸效应、量子尺寸效应、表面效应、界面效应以及宏观量子隧道效应使纳米颗粒呈现许多奇特的性质而表现出某些优异的性能。这些优异的物理化学性能具有潜在的应用价值。

(1) 化学反应活性　纳米粒子与相应的常规物质比较，具有较高的反应活性。如报道的激光气相法制备的超微 Si 粉在 1300℃可全部氮化生成 Si_3N_4，反应活性提高。以不同形貌的 Pd 纳米晶修饰 SnO_2 将其对甲醛和氢气的气敏工作温度下降了十几度。

(2) 光学特性　纳米颗粒具有很好的光谱迁移性、光吸收效应和光学催化性，在光反射材料、光通信、紫外线防护材料、吸波隐身材料及红外传感器等领域有很广泛的应用前景[34]。荧光纳米粒子的衰减时间在 0.35～1.87ms 之间（这有助于门控光谱），不会光漂白，并且显示出镧系离子的典型窄发射带。纳米颗粒的光吸收表现出蓝移，这主要与量子尺寸效应相关。如纳米 MnO_2 光吸收谱表现出蓝移特征。纳米 CdS/染料亚甲蓝（MB）分子复

合体系的光谱性质研究表明该体系存在较高的光致电荷转移效率，非常有利于光催化、光存储及太阳能转化[35]。

（3）电学特性　纳米颗粒在电学方面也具有优异的性能，可以利用其制作导电材料、绝缘材料、电极修饰材料、超导体、量子器件、静电屏蔽材料、压敏和非线性电阻以及热电和介电材料等[36]。高濂、杨秀健等通过对 ZnO 纳米晶的研究发现其有很强的界面效应，有着很高的电导率、透明性和传输率等优异性能，其有效介电常数比普通 ZnO 高出 5～10 倍，而且具有非线性伏安特性，可用于压电器件、超声传感器、太阳能电池等的制造。

（4）磁学性能　纳米磁性材料是应用非常广泛的功能材料。它也是纳米材料中最早进入工业化生产的材料之一。由于这类材料的磁畴单尺寸、超顺磁性临界尺寸、交换作用长度和电子平均自由路程等均处于 1～100nm 数量级范围内，其性能会呈现非常的磁学与电学性质。纳米晶软磁材料正在向高频和多功能方向发展，其应用领域遍及软磁材料应用的各方面，如功率变压器、高频变压器、磁屏蔽、磁头、磁开关、传感器等，它将成为铁氧体的有力竞争者。

（5）催化性能　半导体氧化物纳米晶（如 TiO_2、ZnO、WO_3 等）、金属（如 Au、Pd、Pt 等）和合金（如 Pt-Ni）纳米晶等因自身结构的特殊性而具有促使其他物质快速进行化学变化的性质[37,38]，从而具有杀菌、消毒、除臭、防霉、自洁等作用，在家电制品、建筑材料、文具、玩具、日用品等方面有广阔的应用前景。纳米 TiO_2 陶瓷是目前光催化的首选材料，在紫外线的照射下，纳米级的 TiO_2 不但能有效地减少光生电子和光子的复合，使得更多的电子和空穴参与氧化还原反应，还能利用其巨大的表面能吸附反应物，从而消除和降解有机物污染，可用于室内甲醛消除和生活污水的处理。

（6）敏感性能　纳米颗粒表面积巨大，表面活性高，对周围环境（温度、湿度、气氛、光等）有很高的灵敏度，据此可制作敏感度高的超小型、低功耗、多功能的传感器。徐甲强等采用水热法制备了不同晶粒尺寸的金属氧化物纳米材料，开发出对酒精、甲醛、丙酮、氢气、硫化氢、一氧化碳和甲烷等气体敏感的气体传感器，通过与贵金属纳米晶、双金属纳米晶的复合进一步提升了气体传感器的选择性和灵敏度，在环境监测和医学诊断等领域取得了实际应用，并且得出纳米材料的气敏性能与材料的晶粒尺寸、暴露晶面和异质结构等有很强的依赖关系[39]。

（7）力学性能　晶界对于物质的力学性能也有重大影响。由于纳米晶材料有很大的比表面积，杂质在界面的浓度便大大降低，因此提高了材料的力学性能。晶界纯度的提高和晶粒的减小，可以提高陶瓷类材料的反应活性及降低烧结温度。据报道，不少纳米陶瓷和金属的硬度均高于普通材料 4～5 倍以上。纳米金属以 Pd 为例，其硬度平均高出普通多晶 Pd 达4～5 倍。与硬度相对应，Pd 纳米晶的屈服应力强度也比普通的 Pd 高出 5 倍．研究结果表明，纳米材料的弹性范围大幅度展宽，屈服应力大幅度提高。

9.1.5　本节小结

纳米材料和纳米技术发展到今天，已取得相当大的成就，同时仍存在着诸多需要进一步解决的难题。在零维纳米材料的制备上，已发展出多种方法合成各类纳米颗粒并能实现对其组成、结构、形貌和尺寸的精确调控。然而尚存在的问题是，大多数方法条件苛刻、成本高昂、产量低，不适宜工业化生产。为实现零维纳米材料的规模化生产及应用，简易、经济、快速、宏量的制备方法是零维纳米材料合成领域未来的发展方向。在纳米材料的应用上，虽已取得一定进展，但在工业化应用方面仍未取得实质性突破。例如，贵金属/载体催化剂因其重要的工业应用价值一直是科学家们热衷的重大课题。然而长期以来，人们一直很难克服由于贵金属颗粒团聚长大而使催化剂失活以及由于贵金属从载体上脱落而使活性位点减少等技术难题。因此，进一步发展和完善纳米材料合成、组装和应用技术，必将为相关领域带来伟大变革和进步。令人欣喜的是李亚栋院士和张涛院士在单原子催化剂制备与应用，包信和院士和赵东元院士在限域催化剂的合成与应用方面取得了积极进展，期待零维纳米材料的工业化应用迎来爆发的增长。

9.2 一维纳米材料的制备与应用

早在 20 世纪初，随着胶体化学的建立，人们就已经对直径为 10^{-9} m 的微粒进行了初步研究。经过近一个世纪的努力，人们已经发展了一系列方法来制备零维纳米材料，由最初的"自上而下（top-down）"的机械方法，逐渐发展到"自下而上（bottom-up）"的化学可控合成[40,41]，并对其进行组装，设计成宏观固体材料，为零维纳米材料的实际应用和工业化生产奠定了理论基础。与之相比较，一维纳米结构材料的制备和研究发展相对迟缓。直到1991 年日本 NEC 公司饭岛（Iijima）等发现纳米碳管以来，其他的一维纳米材料才引起了科学家们的广泛关注[42,43]。一维纳米材料被认为是研究电子运输行为、光学特性和力学性能等物理性质的尺寸和维度效应的理想系统。它们将在构筑纳米电子和光电子器件等的进程中充当非常重要的角色[44,45]。哈佛大学著名科学家 C. M. Lieber 教授认为，"一维体系是可用于有效光电传输的最小维度结构，因此可能成为实现纳米器件集成与功能化的关键"。英国

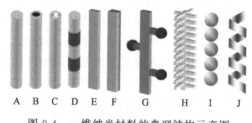

图 9-4   一维纳米材料的典型结构示意图

自然杂志（Nature）以"Wired for Success"为题专门撰文介绍一维纳米材料的发展，高度评价了一维纳米材料在当今纳米结构领域的重要地位（Nanowires, nanorods or nanowhiskers. It dosen't matter what you call them, they're the hottest property in nanotechnology.）。目前，见诸于文献报道的一维纳米材料比较多。常见的有纳米管、纳米棒、纳米线、半导体量子线、纳米带和纳米线、棒阵列等。其中，关于纳米线（棒）、纳米管和纳米带的研究最多，最具有代表意义。近年来人们已经利用多种方法相继合成了各种类型的一维纳米结构材料[46,47]（如图 9-4 所示）。

9.2.1 一维纳米材料的制备

在各种纳米材料中，ZnO 具有较高的激子束缚能（60meV）[48]，远大于室温热离化能（26meV）；而且它既是半导体又是压电体，在纳米尺度下可以将机械能转化成电能；此外它还是光电材料[49]，在室温下可以获得高效的激子发光，是实现室温紫外发光与激光的重要材料；并且在光波导、透明导电薄膜、声光器件和表面声波传感器等方面也具有重要的应用，另外，它还是无毒性的、生物可降解的[48,50]；更重要的是，从纳米结构上来说，它是可塑性非常好的一个材料，可以做成各种各样的形态，且易于和半导体工业结合[51,52]。因此在本章节中，以一维 ZnO 纳米材料为例，来论述一维纳米材料的制备方法、性能及应用。

  一维 ZnO 纳米材料的制备，既可以采用直接的热解法、化学气相沉积或者是水热/溶剂热法等直接定向生长成一维纳米结构，也可以采用两步或多步法先合成零维的纳米基本单元，然后再自组装成一维的纳米结构[46,53]。从本质上讲，一维纳米结构的制备就是研究晶体的定向生长。在一定的生长条件下，ZnO 晶粒的结晶形态与晶体结构密切相关。ZnO 是一种典型的纤锌矿结构的离子晶体，其(0001)面和(000$\bar{1}$)面分别以 Zn 和 O 结尾，形成了带正或负电荷的极化面。以 Zn 结尾的 (0001) 极化面表现为正极面，以 O 结尾的(000$\bar{1}$)极化面表现为负极面。因此，人们可以利用 ZnO 晶体自身的极性特征，同时控制外在的生长条件（物理和化学条件）来改变晶体中各个面之间的生长速率来得到一维的 ZnO 纳米结构。

  一维 ZnO 纳米结构的制备有很多种方法，为方便起见，在本文中列举最常用到的一些方法：物理气相沉积、催化生长法、化学气相沉积、水热/溶剂热、模板法等。

9.2.1.1 物理气相沉积法

  纳米材料制备的物理方法——蒸发冷凝法，又称为物理气相沉积法，是用真空蒸发、激光、电弧高频感应、电子束照射等方法使原料气化或形成等离子体，然后在介质中骤冷使之凝结（设备如图 9-5 所示）。由于其生长过程中涉及气相和固相的存在，因此又可称做气-固（vapor-solid，VS）生长。在采用 VS 生长法制备一维纳米材料过程中，通过蒸发、化学还原或气相反应生成蒸气，蒸气接下来传输并冷凝在基底上。VS 法已用于制备一维的 ZnO 纳米材料[54]。如果可以通过控制温度和压力等参数来控制材料的成核和生长，那么采用 VS 过程合成一维纳米材料将有更大的发展前景。制备装置的加热部分一般分为两个温区：反应物气化区和生长区。生长区温度较低，固态催化剂通常置于该温区；气化区温度较高，起气化反应物的作用，一般都在 1000K 以上。在生长区，原料气体、载气和催化剂蒸气经气-固（V-S）、气-液-固（V-L-S）等状态变化后可在器壁沉积出纳米线（管）。气相法的优点是产物纯度高、结晶好、形貌可控[55]。

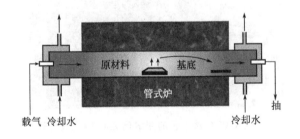

图 9-5 物理气相沉积法所用设备

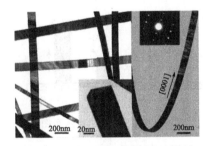

图 9-6 金属氧化物纳米带

  佐治亚理工学院的王中林教授课题组通过两步的高温固-气沉积过程合成了 ZnO 纳米螺旋桨阵列，该纳米螺旋桨中间的轴是 ZnO 纳米线，在中间轴上外延生长的是具有六对称性的刀片状的一维 ZnO 纳米结构。其生长过程主要分为两步：首先是 ZnO 纳米线沿 c 轴方向的生长，而后是六对称性的纳米刀片在垂直于纳米线的六对称面上的外延生长。采用热化学气相输运和沉积的方法可以在无定形碳上自组装成龙舌兰状的 ZnO 纳米结构，该龙舌兰状的结构主要是通过单个的 ZnO 晶核先团聚成小簇，而后每一个晶核再作定向的一维生长，最后得到龙舌兰状的纳米结构。文中还提出了一种热动力学的理论解释该龙舌兰状结构在无定形碳上的自组装过程，指出 ZnO-C 体系不仅提供了热力学推动力迫使 ZnO 晶核移动聚积形成小簇；而且还提供了一个能使晶核一维生长的环境。此外，在 Ar 气流中，烧结 ZnO 和石墨粉体的混合物，在涂敷有 Ag 的硅基底上得到了三维 ZnO 纳米结构。

另外，王中林教授课题组[41]还利用高温固相蒸发法成功合成了 ZnO、SnO$_2$、In$_2$O$_3$、CdO 和 GaO 等宽禁带半导体的单晶纳米带（如图 9-6 所示）。这些带状结构纯度高、产量大、结构完美、表面干净，并且内部无缺陷，是理想的单晶线型结构。在 Al$_2$O$_3$ 基底上利用简单的物理气相沉积的方法，在 450℃ 的较低温度下得到了排列一致的单晶 ZnO 纳米线阵列。利用 VS 自催化机制在碳纤维上沉积了 ZnO 纳米线阵列，并且通过控制不同的温度和生长时间，得到不同形貌和密度的纳米线阵列。值得一提的是，利用该方法得到的这种 ZnO 纳米线阵列具有很强的场发射性能。

9.2.1.2　化学气相沉积

20 世纪 60 年代，Wagner 等人在研究晶须生长过程中，提出了所谓的气-液-固（vapor-liquid-solid，VLS）生长机制（如图 9-7 所示）。VLS 机制的主要内容是材料的气相分子在一定温度下与作为催化剂的熔融态金属颗粒形成共熔体，达到过饱和浓度后，所需要的材料从催化剂中析出成核。由于气相分子不断地进入到液态金属中溶解、析出，从而使晶体得以生长。VLS 机理生长的一个显著标志是：在获得的一维纳米结构的顶端存在作为催化剂的金属或合金颗粒，且产物的尺寸与催化剂颗粒的尺寸密切相关[56,57]。

化学气相沉积法是利用挥发性金属化合物的化学反应来合成所需要物质的方法。其反应温度比热解法低，一般在 550～1000K 之间。该法中纳米线（管）的生长机理多为 VLS 生长机理，需使用催化剂，效果较好的催化剂有 Fe、Co、Ni 及其合金。生长中催化剂颗粒作为纳米线（管）的成核点，在反应过程中以液态存在，不断地吸附生长原子，形成过饱和溶液，析出固态物质而成纳米线（管）。在生长过程中催化剂是传递原子组元的中间媒介，并起着固定纳米线（管）周边悬挂键的作用。生成的产物具有纯度高、化学分散性好、有利于合成高熔点无机化合物等优点。

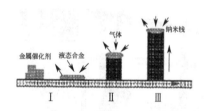

图 9-7　VLS 生长机制示意图

图 9-8　CVTC 法生长的图案化 ZnO 纳米线阵列

利用气相沉积法，以 AAO 为模板合成了致密、有序的 ZnO 纳米线阵列，该纳米线阵列具有紫外线发射能力。CVD 法合成了具有高载流子浓度、不含其他杂质的 N 型 ZnO 纳米线。接下来，他们还利用该法得到的 ZnO 纳米线制作场效应晶体管，用于氧气的检测。此外，北京大学的奚中和等人用简单的无催化剂 CVD 法制备了具有良好晶体结构和规则外形的 ZnO 纳米棒。与其他制备方法不同的是没有加入催化剂，因此相应的生长机制也就不是 VLS 机制。他们认为 ZnO 纳米棒的生长主要依赖于两个因素：热蒸发动力和 ZnO 的晶体结构特点。就是说沸点低的 Zn 元素先被蒸发出来，Zn 原子在到达衬底的过程中被氧化成 ZnO，并在衬底上形成高密度的纳米级 ZnO 晶核；后续蒸发出来的 ZnO 到达衬底以后，优先在先形成的 ZnO 晶核上发生定向黏附并且结晶化，沿 ZnO 晶体的 c 轴方向定向生长，最终形成棒。利用简单的化学气相输运和凝聚的方法(CVTC)可控生长了具有特定图案的 ZnO 纳米线阵列（如图 9-8 所示）。该方法主要采用 Au 作为催化剂，因此其相应的生长机制也是 VLS 机制。由于利用 VLS 机制得到产物都是在催化剂所在的位置定向生长的，因此通过控制催化剂 Au 簇（薄层）的方位来达到控制纳米线阵列的图案；在文中讨论的 ZnO 生长方向与合成时的底物和控制反应条件有关，ZnO 的 a 轴方向与石墨的 c 轴方向上的晶格失配度小于 0.08%，因此 ZnO 纳米线可以在石墨的 (110) 方向上外延取向生长；ZnO 纳米线的直径与催化剂 Au 薄层的厚度有关，依据文中所述当 Au 薄层的厚度为 40nm 时，可以得到最小直径的纳米线；如果将 Au 簇分散在石墨基底上，可以控制分散量或者是密度来合成不同密度的纳米线列。

　　直接通过 TEM 观察 VLS 机制下纳米线的生长过程（如图 9-9 所示）。首次用激光烧蚀法合成了硅、锗纳米线，通过控制生长纳米线的合金颗粒以及生长时间，实现了对多种半导体纳米线的直径与长度控制。同时，他们还提出了纳米线的激光辅助催化生长（Laser-assisted catalytic growth，LCG）机理。该机理实际本质为纳米团簇催化的气-液-固（vapor-liquid-solid，VLS）生长机理，即激光照射在目标靶上，产生高温高密度的混合蒸气，混合蒸气与载气碰撞而导致温度下降，凝聚成纳米团簇，液态催化剂纳米团簇限制了纳米线的直径，并通过不断吸附反应物使之在催化剂——纳米线界面上生长；只要

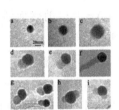

图 9-9　TEM 下 VLS 机制下纳米线的生长过程

催化剂纳米团簇还保持在液态，反应物可以得到补充，纳米线就可以一直生长。将含有金纳米颗粒的锌粉装在氧化铝舟中，盖上石英片，放入管式炉中央，在氢（90%）氧（10%）气氛中快速加热到 900℃，保持 10 分钟后冷至室温，可制得直径 30～60nm 的氧化锌纳米线。在氢气或氨气中加热锌、二氧化硅与氧化铝负载的三氧化二铁催化剂可以制得四足式的氧化锌纳米结构。

　　VLS 机理需要一定的温度才能进行晶体生长，以获得两相材料的共熔体。但同时存在的一个问题是，生长温度太高，一方面会使催化剂颗粒团聚长大，所得到的纳米线的直径也会随之变大；另一方面，反应物原子的活性也大大增强，生长速度加快，也使得到的产物更加粗大。

9.2.1.3　水热/溶剂热法

　　尽管气相法可以合成高度有序、形貌一致的一维纳米材料，然而总的来说，上述方法所用仪器昂贵，合成条件苛刻，不易控制，实验结果较难重复或合成样品量极少，而且如果采用催化剂合成时，在产物中还会有催化剂杂质存在，难以满足应用要求。

　　最近，在结构定向表面活性剂的辅助下，通过控制纳米晶的生长而大量合成一维纳米材料的湿化学法，如水热法和溶剂热法等，引起了人们的广泛关注[58]。目前，通过各国学者几年的努力，水热/溶剂热法已经被广泛用于制备多种一维纳米结构材料。该方法条件温和，可以实现各向异性生长。各向异性可通过固体材料晶体结构或模板设计来控制。前面述及 ZnO 的晶体结构具有极性，因此可以直接利用 ZnO 本身所存在的极性特征来控制生长。利用这些方法，许多课题组成功合成了氧化锌纳米棒、纳米线等[59]。

　　关于水热/溶剂法制备一维 ZnO 纳米材料，除了晶体自身的结构特点外，还有很多因素影响晶体生长及形貌，如反应温度、时间、溶液的酸碱性以及添加剂的使用等。通过调控 [Zn^{2+}] 与 [OH^-] 在适当的摩尔比下，在水-乙醇-乙二胺体系中合成直径均一的 ZnO 纳米棒；在 PEG 辅助下合成了 ZnO 纳米棒及纳米线；在硝酸锌和六亚甲基四胺（HMT）的溶液中水热合成了各种形貌的 ZnO 纳米结构，在机理讨论中，他们提出基底会对产物的形

貌有较大的影响，分别在 ITO 和 Si 底物上水热处理不同的时间，可以得到塔状、棒状和管状的纳米结构，而如果在 ITO 和 Si 表面再覆盖上 ZnO 的晶种，则可以得到致密的、定向生长的 ZnO 纳米棒阵列。清华大学李亚栋课题组也在一维 ZnO 纳米材料的合成方面做出了卓越的工作。例如，他们在 CTAB 表面活性剂辅助下成功合成了氧化锌纳米棒。将乙酸锌溶解在乙醇中，然后将醋酸锌前体溶液简单地滴在 FTO 玻片上，然后在具有 1∶1 硝酸锌/HMTA 摩尔比的 25mmol/L 水基生长溶液中，在 90℃ 下生长两小时，制备了 ZnO 纳米线阵列[60]。另外，徐甲强课题组也采用纯水体系或者正己烷体系，利用表面活性剂 CTAB 兼以助表面活性剂辅助合成了众多的一维 ZnO 纳米材料，如纳米晶[61]、纳米棒、纳米线等。

9.2.1.4　模板法

利用模板的空间限域作用可以完全或者部分减小一维纳米结构的无序性，从而形成纳米线阵列以及其他有序阵列。模板法根据其模板自身的特点和限域能力的不同又可分为软模板和硬模板两种。硬模板主要采用有序多孔材料为模板，在孔内合成各种微米和纳米有序阵列，有序阵列包括纳米线和纳米管。用这种方法可以制备金属、半导体、碳、聚合物等纳米管或纳米线，它们可以是单组分材料，也可以是复合材料（在管内甚至可包裹生物材料）[62]。通过调整模板的结构参数或选择不同的模板可以制得不同尺寸的纳米结构。目前，被广泛用于硬模板合成的纳米多孔模板主要有多孔 Al_2O_3 膜、有机聚合物膜、多孔硅、胶态晶体、碳纳米管等[63]。

图 9-10　GaN 基底上生长 ZnO 纳米线阵列

利用 MOCVD 法在石墨上生长 $3\mu m$ 的 GaN 层，而后以此 GaN 为模板，通过控制反应物的浓度、反应温度和 pH 值水热合成了直径在 $80\sim120nm$、长度达到 $2\mu m$ 的 ZnO 纳米棒阵列（如图 9-10 所示）。

9.2.1.5　化学浴沉积法

化学浴沉积法制备一维纳米材料通过使用薄膜或者纳米颗粒作为晶种，硅晶片、聚二甲基硅氧烷（PDMS）、热塑性聚氨酯（TPU）、纸和碳纤维等作为基底材料，然后在水浴条件下制备各种一维纳米材料，尤其是生长纳米线阵列[64]。通过控制种子层厚度可以调控纳米线的密度。晶种层制备有很多种方式，大体积材料制备可使用溅射法和胶体粒子旋涂法[65~67]。下面以氧化锌纳米线制备举例说明。生长过程中，ZnO 纳米线优先在 ZnO 晶种膜的两个相邻晶粒之间的晶粒边界处成核[68]。生成的纳米线宽度通常小于 100nm，这主要取决于多晶种子的晶粒尺寸，纳米线的长度可以超过 $10\mu m$，所以长径比可以超过 100[69]。ZnO 晶种层在平面内随机排布，尽管偶尔存在不完美的 c 轴取向[70]，但是大多都具有垂直于衬底的 c 轴生长。由于种子的多晶特性，纳米线阵列的竖直排列通常不好[71]。Green 等[72]通过前驱体醋酸锌热分解制备的 ZnO 纳米晶种子，可以得到良好的垂直排列的 ZnO 纳米线阵列，排列程度强烈取决于接种过程中的环境湿度。

金属锌也可以作种子，因为它在空气和溶液中很容易氧化成 ZnO。Fang 等[73]展示了一种在氨/醇/水混合溶液中使用 Zn 金属基底制备超薄 ZnO 纳米线阵列的方法。如上所述，ZnO 可以在没有 H_2O 的碱性介质下生长。Kar 等[74] 的研究表明，在 NaOH 存在下，使用乙醇作为唯一溶剂，在 Zn 箔上可以合成不同形貌的 ZnO 纳米结构，比如纳米片、纳米球和纳米棒阵列，通过使用 NaOH 可以改善纳米棒的排列程度。

徐甲强课题组[75] 以乙酸锌乙醇溶液（0.005mol/L）为前驱体，将其滴涂到玻璃基片上，并放入马弗炉中 350℃下退火 20min 得到晶种层；然后将带有晶种的玻璃片放入等体积 1∶1 的 NaOH(0.5mol/L) 和 $Zn(NO_3)_2$(4mol/L) 混合溶液中，在 60℃下生长不同时间，获得不同直径的纳米针阵列，研究表明所得氧化锌纳米针阵列具有超亲水性，对环境湿度具有高的敏感性。

除了上面介绍的方法外，制备薄膜的一些传统方法［比如分子束外延（MBE）[76]、等离子增强化学气相沉积（PECVD）[77]、磁控溅射等（RFMS）等[78]］，如若改变一些制备条件（比如加入催化剂等），现在也可以用来制备一维纳米材料。

9.2.2 一维纳米材料的性能与应用

与零维纳米材料相比，一维纳米材料由于拥有较大的比表面积和可能的量子效应，而展现出独特的电学、光学、化学及热学性能，在光电器件、复合材料、微纳电子器件、催化剂、传感器等方面有广阔的应用前景，从而引起了人们的广泛关注。

9.2.2.1 光电器件

当纳米线的直径降低至一个临界值（玻尔半径）时，尺寸效应对纳米线的能级起重要作用。与块体硅（间接能隙约 1.1eV）相比，硅纳米线（用己烷超临界液体作为溶剂合成）的吸收边有显著的蓝移现象。同时还可以观察到其相对较强的能带边缘的光致发光。这些光学特性很可能是由于量子效应而产生的。此外，硅纳米线的生长方向不同会产生不同的光学特征。与量子点的光发射相比，纳米线发射的光沿它们的纵向轴线方向偏振。Lieber 及其合作者进一步阐明了利用这种大的偏振效应可制造偏振敏感的纳米尺寸光检测器，用于组装光学线路、光学开关、近场成像及高倍检波。

由于纳米线的直径很小，存在着显著的量子尺寸效应，因此它们的光物理和光化学性质迅速成为目前最活跃的研究领域之一，其中纳米线所具有的光致发光特性备受瞩目。在蓝宝石基底上用 VLS 方法生长的氧化锌纳米棒阵列在室温下具有紫外激光发射能力，有望用于制备常温激光发射器。非晶 SiO_2 纳米线的稳定强蓝光发射，有望在近场光学扫描显微镜的高分辨镜头和光学器件的连接上得到应用。

Mi 等[79] 报道了一种基于 N 极化 InGaN/GaN 纳米线的亚微米级 LED 的红色光谱发射，他可以克服传统微 LED 红色发光的效率差异。发现 N 极化的 InGaN/GaN 纳米线发射波长可以从黄色逐渐转变为橙色和红色，这是传统 InGaN 量子阱或 Ga 极化的纳米线难以实现的。值得注意的是，通过对 InGaN 活性区域进行原位退火，其光发射强度可以提高一个以上的数量级，这表明缺陷的形成显著减少。LED 由大约 5 根纳米线组成，尺寸可以小到 0.75pm，最大外部量子效率约为 1.2%，与之前报道的传统量子阱微 LED 相当，但器件尺寸却小了 3 到 5 个数量级。

9.2.2.2 功能复合材料

利用一维纳米材料与其他材料复合可得到具有良好物理特性的复合材料。如碳纳米管具有特别优异的力学性能，有极高的杨氏模量，强度高，密度小，可以作为复合材料的理想增强材料；利用碳化硅、氮化硅、石墨、钛酸钾、氧化铝、氧化锌晶须等，作为金属材料增强剂，可得到高强度的复合材料；把碳化物或氧化镁等一维纳米棒引入超导体中，可大大提高材料的载流能力；在二氧化钛纳米管中用化学聚合方法形成导电的聚吡咯纳米线后，就可以得到很好的光电转换材料——二氧化钛/聚吡咯复合纳米材料。近年来，由金属纳米线、碳纳米管或半导体纳米线与聚合物、纸张和纤维素等形成的复合物用于制备柔性电子器件的研究日益增多，在传感、储能、吸波和催化等领域都展示了良好的应用前景[80]。

9.2.2.3 组装微纳电子器件

受大幅度提高计算机速度的限制，通过用所谓"从上到下"制造技术的改进来实现电子学上的微型化已接近其临界点。显而易见，其主要问题在于当特征尺寸接近100nm时制造成本的大幅度增加。将"从下到上"的方法引入纳电子学将有潜力突破传统的"自上而下"的制造技术的界限。目前已经可以将纳米管和纳米线用作构筑单元，通过自组装——一种典型的"自下而上"的方法来制造纳米尺度的电子元件，如场发射晶体管、P-N结、双极晶体管、互补变换器、共振隧道二极管[81]。

9.2.2.4 催化剂

TiO_2的一个重要应用是作为有机分子光催化降解的催化剂，TiO_2纳米线具有很大的表面积，将其用于分解有机物时反应效率将会增加，如Martin等发现用溶胶-凝胶法制备的TiO_2纳米线的比表面积约为$315cm^2/cm^2$膜，这意味着其催化速率可能比TiO_2薄膜要大315倍。Patzke制备的MoO_3纳米纤维由于其纳米级尺度而产生大量表面原子，预计可以作为很有前途的乙醇氧化的催化剂材料。

Choi等研究了PtCo双金属纳米线催化剂在氧还原反应（ORR）中的晶界效应。以富有晶界的Pt-Co纳米线和单晶Pt-Co纳米线为模型催化剂。除了晶界数量不同外，它们具有非常相近的直径、Pt/Co比和富Pt表面结构，这种结构可以在合成过程中施加外部磁场得到精确控制。晶界的存在促进了特定电化学电位下PtCo纳米线中Co的浸出，导致表面Pt/Co比发生显著变化。与无晶界的PtCo纳米线相比，有晶界的PtCo纳米线ORR活性低了一倍。结果表明，表面晶界位点由于元素浸出而失活，不能作为PtCo纳米线催化ORR的促进剂[82]。

9.2.2.5 传感器

一维纳米结构所具有的高比表面积，电学性能随吸附气体物种和环境的温度、湿度和光强等因素改变而改变，因此，可用作医学、环保或安全领域检测重要分子的传感器。如碳纳米管具有一定的吸附特性，其上通常会吸附一些气体分子。由于吸附的气体分子会与碳纳米管之间发生相互作用，从而改变其费米能级，导致其宏观电阻发生较大改变。因此，纳米管可用作气敏传感器，通过检测其电阻变化来检测气体的成分。用单根单壁碳纳米管制作化学传感器可用来检测NO_2和NH_3，研究发现，当暴露在NO_2或NH_3中时，半导体单壁碳纳米管的电阻会增大或减小。与现有的固态传感器相比，纳米管传感器在室温下具有更快的响应速度和更高的灵敏度（可达10^3）。近年来，杨培东、王中林、马丁等研究小组利用单根氧化锡、氧化铟、氧化钛纳米线和纳米带等制作成纳米气体传感器，对氨气、一氧化碳、二氧化氮、氢气等进行检测，研究其气敏特性。王中林等人将单根SnO_2纳米带制作成气体传感器，用于测量CO及NO_2，展示了这一材料在纳米气敏传感领域所具有的应用前景。之后，许多研究小组也进行了这方面的研究。马丁研究小组也用单根氧化锡纳米线制作成检测CO及氧气的传感器，并对其气敏性能进行了研究。这些研究结果表明，单根氧化物一维纳米带、纳米线可用于制作灵巧的传感器。这些传感器具有灵敏度高、稳定性好的优点，有的传感器还能在常温下工作。但由于受到制作成本高昂、检测条件苛刻等的限制，目前这些传感器仅在少数实验室处于初步研究阶段。

9.2.2.6 纳米发电机

由于一维纳米结构所具有的超高机械弹性，可以承受很大机械形变的同时几乎不会发生机械劳损。一维纳米结构具有很大的长径比，相对微小的机械激励就可以使之产生足够大的应变，产生压电极化电荷。2020 年 Anh Thi Le 等[83]利用 $ZnSnO_3$@PDMS 微结构复合材料制备的纳米发电机，使单根 $ZnSnO_3$ 纳米线的压电常数 d_{33}（"33"表示极化方向与测量时的施力方向相同）达到 $23\pm4pm/V$，使用小于 $1cm^2$ 的有源面积，这种纳米发电机能照亮多个 LED 和其他小型电子设备。2018 年 Ioana Voiculescu 研究小组[84]制备了一种可拉伸的、微制造的发电装置，它附着在皮肤上，并根据人体的运动来产生能量。该装置是在弹性聚合物聚（二甲基硅氧烷）（PDMS）片上制造的。它由夹在两个可拉伸金电极之间的 ZnO 压电薄膜组成。ZnO 薄膜的厚度为亚微米级，表面为 cm 级。在 8% 的应变下，这个发电装置的电压输出等于 2V，功率输出等于 $160\mu W$，相应的功率密度为 $1.27mW/cm^2$。2019 年 Napatporn Promsawat 小组[85]介绍了利用溅射技术在 PET 基底上沉积 ZnO 来制造柔性压电发电机的情况。所制造的柔性发电机能够通过 $750 k\Omega$ 的最佳电阻性负载产生 $14\mu W$ 的输出功率。随后获得了 2.00V 的输出电压和在 $750k\Omega$ 的电阻上测量的 $150\mu A$ 的电流。纳米发电机的发展，极大地促进了智能、自供能和可穿戴领域的发展。

9.2.3 本节小结

近年来，一维纳米材料由于其电学、光电子性能可调，在场发射、常温激光器、光学器件等领域潜在的应用前景而引起了人们的广泛关注，关于其制备及性能研究的报道日益增多。一维纳米材料制备的成功不仅为探索小尺度量子效应，以及分子水平纳米光电子器件等基础物理研究提供了理想的研究对象，也预示着巨大的应用前景和经济利益，必将给传输材料、微电子和医药等领域带来革命性的改变，并会影响到人们的日常生活。

9.3 核壳结构纳米材料的制备与应用

纳米复合材料是指由两种或两种以上的固相物质复合而成的材料，其中至少有一相在纳米级大小（1~100nm）。它既具有复合材料的多样性和协同效应，又具有纳米材料的特殊效应。这类材料按照复合方式可以分为包覆式（又称核壳式）和混合式两大类。纳米材料粒径小，比表面积和比表面能大，易于发生团聚而失去纳米材料的特性，因此对其表面进行改性成为技术上的难关和应用的关键。常用的有沉淀法改性、机械化学改性、表面化学改性、高能粒子法改性和外包覆改性，其中外包覆改性是在纳米粒子的表面均匀包覆一层其他物质，从而形成纳米级的核壳粒子，使粒子表面性质发生变化。该方法可使纳米材料长期保存而不团聚，因此外包覆改性技术在纳米材料制备领域得到了广泛的研究和较快的发展。

核壳结构是一种复合纳米材料，由壳材料包围的内芯材料组成，每种材料都具有结构和/或组成特征，其尺寸在纳米尺度上。核壳式复合粒子由中心粒子和包覆层组成，按照包覆层的形态不同可分为层包覆和粒子包覆，粒子包覆又可以分为沉积型和嵌入型两种。核壳材料外貌一般为球形粒子，也可以是其他形状。随着人们对核壳催化剂的兴趣日益浓厚，它们的定义已经扩展到包括两种（或多种）组成材料之间具有不同边界的结构。由于核壳粒子的结构和组成能够在纳米尺度上进行设计和剪裁，因而具有许多不同于单组分胶体粒子的性质，因此，核壳纳米材料为集成催化活性、吸附能力、电导率、光催化活性、介电性能、生物相容性等多种功能提供了灵活性，使其对催化、储能、光电子和生物纳米技术的应用具有吸引力[86~89]。

9.3.1 核壳结构材料形成机理

（1）过饱和机理 在某一 pH 下，过饱溶液中有异相物质存在时，将会有大量的晶核立即生成，沉积到异相颗粒表面，晶体析出的浓度低于无异物时的浓度。非均相体系的晶体成核与生长过程中，新相在已有的固相上成核或生长时，体系表面自由能的增加量小于自身成核（均相成核）体系表面自由能的增加量，所以分子在异相界面的成核与生长优先于体系中的均相成核[90]。很多情况下，可以在核的表面直接沉积壳层的物质得到核壳结构。但是这种方法需要考虑核和壳物质之间的相关性质，比如说晶格匹配等问题。

（2）库仑静电引力相互吸引机理 相反电荷分子间的静电作用是一种很好的驱动力，不需要形成任何化学键。通过 LBL（layer-by-layer）技术，可以把不同电荷的材料交替包裹上去。通常情况下先沉淀一层负电荷材料，然后再包裹带正电荷的材料；带不同电性的纳米粒子会相互吸引而凝聚，如果一种纳米粒子的粒径比另一种带异号电荷的纳米粒子粒径小，那么这两种细粒子在介质中混合时，小粒子会吸附在大粒子表面，形成包覆层。此过程易于实现，适用于多种粒子之间的复合，其关键步骤是调节两种粒子的表面电荷。如通过调节介质酸碱度，或者是先对粒子进行表面修饰而实现。

（3）化学键机理 通过化学反应使基体和包覆物之间形成牢固的化学键，这种机理包覆的结合力是化学键。由于在包覆层和基体之间形成了化学键，从而生成了均匀致密的包覆层。该法的包覆层与基体结合牢固，不易脱落，但该机理需要载体表面具备一定的官能团。

9.3.2 无机/无机核壳结构纳米粒子制备

核壳材料大致分为无机、有机、无机-有机材料 3 种。无机物包括金属、金属氧化物、金属盐等；有机物包括聚合物、石墨烯、碳纳米管等。具有无机核和壳的核壳材料是研究最广泛的类别，其大部分工作集中在催化，光电子学，半导体器件和生物成像方面。无机芯可以是金属、金属氧化物、金属硫化物等的纳米颗粒，其中金属芯是最常见的。半导体材料，如 TiO_2 已被用作光催化剂的核心。外壳通常是金属或金属氧化物。纳米锡、硅以及纳米氧化锡已成为锂离子电池负极材料的研究热点，由于它们能与更多的锂发生合金反应，从而产生非常高的能量密度。但由于纳米材料本身低的热力学稳定性、高的比表面积，单独将纳米硅、锡作为阳极材料，循环性能差，而在它们表面包覆一层碳类材料，形成核壳结构，循环性能可得到大幅度提高。

wang 等[91]采用两步法成功地合成了芯-壳可调复合材料，如图 9-11（a）。首先将中空的 SnO_2 纳米球固定在无定形碳的空隙中制备 $SnO_2@C$。将 $SnO_2@C$ 置于 H_2/N_2 混合气氛中，SnO_2 逐渐还原为金属 Sn，生成 Sn/SnO_2 或 Sn 芯。随后，核内原有的 SnO_2 空心纳米球发生坍缩，由团簇转化为纳米粒子。与 SnO_2 空心球、$SnO_2@C$ 和 $Sn@C$ 制品相比，二元复合材料（$Sn/SnO_2@C$）的电磁吸收性能有显著提高。Lv 等[92]分别以偏锡酸钠（Na_2SnO_3）和 d-葡萄糖为源，通过简单的水热法制备 $SnO_2@PB$。在氮气气流下，在不同温度（600~750 ℃）下退火，得到了 $SnO_2@C$、$Sn/SnO_2@C$ 或 $Sn@C$、$SnO_2@PB$ [图

9-11(b)]。Zhang 等[93]通过 PVA 辅助溶胶-凝胶工艺构建了核壳型 SnO_2@C 纳米粒子装饰的 3D 分层-Ti_3C_2（d-Ti_3C_2）干凝胶骨架，其中 SnO_2@C 纳米粒子通过一步水热法合成，然后封装到 d-Ti_3C_2 框架中。其作为锂离子电池（LIB）负极的电化学性能显著提高。

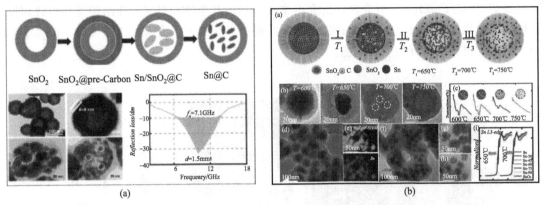

图 9-11 成分可调 Sn/SnO_2@C 核壳结构的制备（a）及 Sn/SnO 形成过程的示意图（b）

橄榄石结构 $LiFePO_4$ 是极具竞争力的锂离子电池正极材料之一，其价格低廉，安全性较高，毒性较低，但低电导率限制了其倍率性能，近年来主要采用碳包覆纳米 $LiFePO_4$ 的方法对其进行改性。如图 9-12 所示，Zou 等[94]开发了一种利用废 $LiFePO_4$ 电池的新策略，以正极板为原料，通过简单的碱法浸出工艺合成介孔核壳吸附剂 Mm@SiO_2（Mm 为磁性材料）。合成的 Mm@SiO_2 显示了 Cu^{2+}、Cd^{2+} 和 Mn^{2+} 高稳定性的吸附能力。与此同时该材料具有磁性，通过施加磁场可以很容易地从溶液混合物中分离出来，这表明该吸收剂具有很好的可循环利用性。

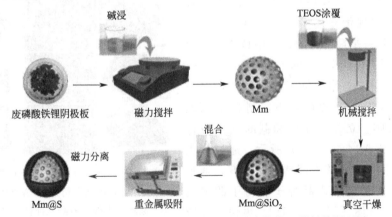

图 9-12 废 $LiFePO_4$ 阴极板转化为多孔核壳结构吸附剂的原理图

Fe_2O_3（或 Fe_3O_4）作为磁性材料在很多领域得到应用，如：轴承、润滑剂、热载体、涂料、磁带、抛光剂等。最近，其在生物相关领域也得到了很多应用，包括磁共振成像（MRI）、药物载体、快速药物分离和治疗等。在这些领域，控制粒子的形状，大小分布和表面性质都是很重要的。Hui 等[95]报道了一种不含表面活性剂的 Stober 法合成水溶性核壳 Fe_3O_4@SiO_2 纳米颗粒的方法。以分散良好的 20nm 亲水 Fe_3O_4 纳米颗粒为芯材［如图 9-13(a)]。通过改变 Fe_3O_4 纳米颗粒存在下正硅酸乙酯的水解条件，将二氧化硅壳的厚度控制在 12.5～45nm。所制备的核壳型纳米颗粒在室温下表现出超顺磁性。这些具有可控二氧

化硅壳厚度的核壳 $Fe_3O_4@SiO_2$ NPs 对于急需的生物偶联应用非常有前景。Zhao 及其团队[96]采用化学气相沉积（CVD）和水热反应的方法制备了新型 $CNC/Fe_3O_4@C$ 分级纳米复合材料。如图 9-13(b)，将核壳结构的 $Carbon@Fe_3O_4$ 纳米复合材料均匀地装饰在表面。所制备的 $CNC/Fe_3O_4@C$ 复合材料的介电常数可通过其手性和多层异质结构得到有效调控。分层异质结构的存在显著地改善了吸波材料的阻抗匹配特性。结果表明，$CNC/Fe_3O_4@C$ 纳米复合材料具有良好的吸波性能。

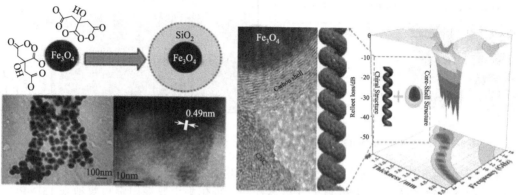

图 9-13　改进的 Stober 法合成水溶性核壳 $Fe_3O_4@SiO_2$ 纳米颗粒 （a） 及
$CNC/Fe_3O_4@C$ 复合材料的制备工艺示意图 （b）

核壳结构的双金属纳米粒子（尤其是贵金属如 Au、Ag、Pt 等）由一种金属原子组成的壳组成，围绕着由其他金属原子制成的核心，受到人们越来越多的关注。$Au@Pt$ 或 $Pt@Au$ 纳米粒子在催化方面表现优异而受到普遍关注[97,98]。同心核壳纳米颗粒是最常见的，其中核心金属 A 完全被不同材料（金属 B）的外壳包覆。zhang 等[99]使用八面体 Au 作为种子，在十六烷基三甲基溴化铵（CTAB）的存在下，制备了八面体、截断八面体、立方八面体和截断的立方体 $Au@Pd_2$，如图 9-14(a)～(c) 所示。通过引入不同体积的八面体 Au 核来调整形状演变。通过使用少量的八面体金纳米晶种子制备了凹陷的 $Au@Pd$ 纳米立方体 ［图 9-14(d)］。更快的反应速率导致更多的 Pd 原子沉积到 Au 种子上，从而形成比八面体或截断的八面体更厚的壳。此

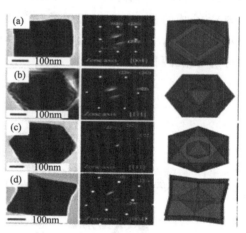

图 9-14　（a）～（d）透射电子显微镜（TEM）图像，选区电子衍射（SAED）模式和截断立方体、截断八面体、八面体和凹立方体 $Au@Pd$ 纳米立方体模型

外，核壳结构纳米粒子的制备还必须考虑一个重要参数——晶格参数，也就是说核和壳界面要晶格匹配。晶格不匹配，在壳层生成的过程中会产生应力。

9.3.3　无机/有机核壳结构纳米粒子

有机-无机核壳材料以无机金属或金属氧化物纳米颗粒上的有机聚合物壳为例。例如，胶体金属或金属氧化物纳米颗粒可以涂覆聚合物，通过悬浮介质中的静电作用或空间位阻排斥来稳定它们。金属芯可以通过限制氧气输送的聚合物涂层来阻止氧化。聚合物壳可能含有

有助于与有机分子（如药物）共轭的官能团，从而提高这种有机/无机复合材料的药物结合和递送能力。混合功能材料，如金属有机框架（MOF）作为核心或壳，已经被研究和探索。作为壳的 MOF 可以作为影响运输的选择性膜，因为它们具有有序的多孔结构和有机连接物上存在的功能或锚定在节点上。MOF 晶体可用于通过有机连接子的碳化形成封装在碳或氮化碳结构内部的高度分散的金属纳米颗粒。

SiO_2 小球是最为普遍的一种无机材料，这是因为：① SiO_2 小球合成方法简单，技术成熟；② 基于 SiO_2 小球的体系应用前景十分广阔。Fleming 等[100]将氨基改性过的 SiO_2 小球（粒径为几个微米）用戊二醛再次改性后，与氨基改性过的 PS 小球（粒径为 100～200nm）反应可得到小球吸附于大球的模型，然后再在 1，2-亚乙基二醇的作用下，加热到 170～180℃到达 PS 的玻璃化转变温度，使得 PS 流动包裹到 SiO_2 小球整个表面，制备 SiO_2/PS 球。他们还用另一种类似但更为复杂的方法制得到了 SiO_2/PS 小球。将氨基和戊二醛改性过的 SiO_2 小球用维生素 H-磺基琥珀酰亚胺酯作为耦合剂，与 PS 小球反应得到同样的小球吸附于大球的模型，接下来是同样的处理方法。这两种方法得到的 SiO_2/PS 小球表面不是光滑的，而是有很多沟壑的。

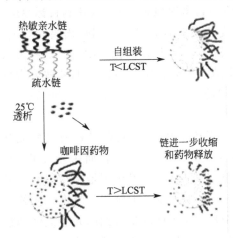

图 9-15 具有代表性的 PBMA-b-PNIPAAm 聚合物胶束形成示意图以及推测胶束载药和药物释放的示意图

聚甲基丙烯酸苄酯（PBMA）是一种易得的高分子材料，应用也颇为广泛。Luo 等[101]通过"嫁接"途径报道了由疏水性聚（甲基丙烯酸叔丁酯）链和热响应 PNIPAAm 链 PBMA-b-PNIPAAm 组成的新型嵌段聚合物刷的合成和胶束化。首先通过自由基链转移聚合工艺合成单羟基封端的聚（甲基丙烯酸叔丁酯）（PBMA-OH）和聚（N-异丙基丙烯酰胺）（PNIPAAm-OH）前体。丙烯酰氯与 PBMA-OH 或 PNIPAAm-OH 发生酯化反应后，得到大单体 PBMA-AA 和 PNIPAAm-AA，根据其不同的质量比和链长进行共聚（图 9-15）。

金属氧化物也可以作为核，但是很多金属氧化物容易水解且在水中容易聚集，这就在一定程度上限制了包裹金属氧化物核，因为很多包裹行为是在水环境下完成的。在氧化物小球表面先用 LBL 技术吸附一层或多层聚电解质，可以比较好地解决这个问题。因为包裹一层聚电解质有几个优点：① 聚电解质层可以比较薄（1～2nm）；② 可以作为纳米反应器继续包裹其他材料；③ 可以阻止小球聚集（带电的缘故）。Guo 等[102]使用一种水热合成方法制备出单分散、核壳结构 Ag/酚醛树脂球，球的尺寸可在 180～1000nm 范围内调控。Ag^+ 在 160℃热液中被 HMT 释放出来的 HCHO 还原成 Ag，同时苯酚和甲醛的聚合反应在 Ag 胶粒表面发生，形成核壳结构。通过调控苯酚与 HMT 的摩尔比，可调节壳层的厚度，最终核壳结构 Ag/酚醛树脂球可以作为人体肺癌细胞 H1299 的生物成像标记材料。王彦斌等[103]以正硅酸乙酯（TEOS）为前驱液、氨水为催化剂和去离子水、无水乙醇为溶剂，以甲醛、间苯二酚缩合形成酚醛树脂作为包覆层，采用溶胶-凝胶法制备了砖红色二氧化硅（SiO_2）/酚醛树脂（RF）（SiO_2/RF）核壳纳米颗粒。研究结果表明：制得的 SiO_2/RF 核壳纳米颗粒微观形貌为规整的圆球状，形成了核壳结构。纳米颗粒平均粒径 280nm，纳米颗粒的壳层平均厚度为 11nm。SiO_2/RF 核壳纳米颗粒的 C、O、Si 元素的摩尔浓度比为 1：1.72：0.75。

9.3.4 有机/无机核壳结构纳米粒子

PS 小球广泛地应用为核，不仅仅是因为苯乙烯单体容易得到，而且合成 PS 小球的技术已经比较完善。TiO_2 包裹的小球在催化剂、涂料等方面有着广泛的应用，受到人们的普遍关注。但是，想要在聚合物表面包裹一层 TiO_2 比较困难，因为 TiO_2 前驱体反应活性高，很难对它的沉淀进行控制，容易形成核聚集或生成游离的 TiO_2 颗粒。可以用乙醇做溶剂，水解四异丙醇钛包裹到 PS 纳米小球（带正电）上的方法来制备 PS/TiO_2 小球。因为生成的 TiO_2 略带负电荷，反应进行得比较快，但还是有严重的核聚集现象。加入少量的 PVP、NaCl 可以比较好地缓解这种现象。与包裹 SiO_2 小球一样，水的存在对实验有着很大的影响，只有把水的含量控制在 $0.5 \sim 1.5 mol/L$ 才能比较好地控制实验的进展。当包裹的 TiO_2 比较厚（50nm）的时候，不可避免地会有二次 TiO_2 小球出现。另一种方法，在含有以 Ni 为核的 PS 小球的正丁醇、无水乙醇混合溶剂中逐滴加入丁氧（醇）钛的正丁醇溶液，再搅拌回流 8h，可以得到比较光滑的 PS/TiO_2 小球[104]。令人惊奇的是，纳米级的 TiO_2 小薄片也可以包裹到 PS（或 PMMA）小球表面，得到规则的核壳结构。这种方法可以很好地控制得到超薄的 TiO_2 壳层，而且可以在用聚电解质改性后，多次包裹 TiO_2 薄片到目标厚度。

用浓硫酸对 PS 小球表面进行磺化，通过控制温度和反应时间可以控制磺化层的厚度，通过水解 TEOS，把 SiO_2 包裹到 PS 小球表面，并且 SiO_2 是沉积在磺化层中的。这种方法可以得到一系列核径不同而壳外径相同的 PS/SiO_2 小球。如果在磺化后，先把苯胺聚合到磺化层，再水解 TEOS，就可以得到 SiO_2-PANi（聚苯胺）复合壳层。由于 PANi 的导电性，使得 PS/SiO_2-PANi 小球有一定的导电能力。

用 PS 为核来包裹无机材料（半导体材料、稀土元素掺杂物等），可使其拥有某些光学性能。在 PS 小球表面组装 PAH/PSS 层，使小球（粒径为 640nm）表面带上正电荷，HgTe 微胶束水溶液加入其中反应 1h，可以得到 PS/HgTe 小球，对其进行堆积可以得到光子晶体[88]。这样不仅可以改变 PS 小球的粒径，而且有效地增强了折射率，使得光子禁带能系统地红移。由于 HgTe 在近红外有强发射，与 PS/HgTe 小球堆积得到的光子晶体的禁带正好重合，HgTe 光致发光效率得到明显加强。而 Breen 等用硫代乙酸胺与乙酸锌反应得到 ZnS，超声沉淀到羰化的 PS 小球表面，制备了 PS/ZnS 小球。由于 ZnS 与 PS 的折射率相差比较大，同样可以形成光学禁带。

Bhattacharya 等采用这种方式分两步制备了核壳结构的复合粒子，第一步制备了聚苯乙烯核粒子，第二步制备了纳米磁铁矿粒子，利用异相絮凝法，磁铁矿粒子沉积在预先生成的聚苯乙烯粒子表面，通过控制 $FeCl_2$ 或者 $FeCl_3$ 的浓度，以及原始生成的聚苯乙烯粒子的粒径可以改变聚合物粒子外表面的包覆量（图 9-16）。

Shiho 等[105] 在有 PVP、尿素和盐酸存在的条件下，水解陈化 $FeCl_3$ 生成 Fe_3O_4 包裹到 PS 小球表面，得到磁性材料。调节尿素和盐酸的浓度，控制体系反应前后的 pH，可以得到比较光滑的 Fe_3O_4 壳。随着尿素的浓度变大，壳也随之变厚，同时也会影响壳的光滑程度。

9.3.5 多壳层纳米颗粒

多层壳纳米颗粒是近年来新兴并发展起来的一类材料。多层壳纳米颗粒以纳米颗粒为基本构筑单元，纳米颗粒由外至内次序排列的多孔壳层将其内部物理分割为多个相对独立的空间。这种材料结构既易于调控物质的传输，又具有高度的内部可调节性，是一种极具竞争力的新型功能材料，在电化学储能、太阳能转换、电磁波吸收、催化、吸附、传感、药物释放等领域具有广泛的应用前景。

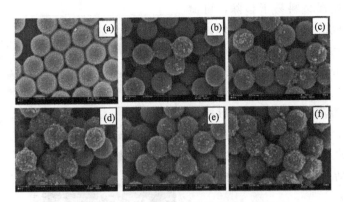

图 9-16　四氧化三铁包覆量的扫描电镜图片

(a) core，(b) 7.28%，(c) 7.30%，(d) 11.05%，(e) 13.77%，(f) 19.96%

1998 年，Caruso 等[106]首次采用模板法成功合成多壳层中空球形硅材料。在随后的 20 年里，合成多壳层中空结构的方法层出不穷，其中具有代表性的有硬模板法，软模板法，无模板法（奥斯瓦尔德熟化法、柯肯达尔效应法、离子交换法、选择性刻蚀法、热诱导迁移法、喷雾干燥法等）。

（1）以聚苯乙烯球、二氧化硅球为模板的硬模板法

硬模板法是指将目标材料包覆在预先设计好的模板上，再使用物理化学方法除去模板得到所需中空材料的方法。该方法利用模板材料形貌的确定性，可实现对目标材料形貌和结构的调控，合成过程简单高效，易于调控。该方法多应用于模板体较易合成和移除的多壳层中空材料的制备中，同时要求目标材料结构稳定，不会因模板的移除而坍塌。Su 等[107]以 SiO_2 球为模板，采用化学气相沉积法，将碳前驱体沉积在 SiO_2 模板上，其上再依次沉积 $SiCl_4$ 和碳前驱体，形成第二层模板和前驱体，通过氢氟酸刻蚀掉 SiO_2，得到了双壳层的中空碳球。Wang 和 Zeng[108]同样使用 SiO_2 作为模板，在包覆 TiO_2 层之后，在其表面包覆了聚苯胺（PAN）层，最后又在表面包覆了 TiO_2 层，去除 SiO_2 模板后即形成了中空结构的 TiO_2/PAN/TiO_2 复合三层结构。

李亚栋课题组[110]以水热法制备的碳球为模板，因碳球模板表面富含—OH、—C $=$ O 等基团，能够吸附金属离子，再经热处理除去碳球模板，合成了各种金属氧化物单壳层空心球，如 SnO_2、Al_2O_3、Ga_2O_3、CoO、NiO、Mn_3O_4、Cr_2O_3、La_2O_3 等。在此基础上，王丹课题组建立了顺序模板法合成多壳层结构。顺序模板法是一种制备均质性高分子材料的简单有效的方法。在典型的顺序模板法过程中，前驱体模板在模板去除过程中依次牺牲，从外到内帮助形成多个壳，直到模板被完全移除 [图 9-17(a)]。通过改变前驱体和模板的性质，可以制备出层间异质高分子材料。前驱体在模板中的分布可以通过改变不同的配体来调节前驱体的离子半径和离子电荷来控制扩散速度，或者通过调节模板的内外性质来实现选择性吸附。Wei 等[110]报道了一种 TiO_2/Cu_xO 多壳层结构材料，其中外壳的 Ti/Cu 比率从外壳的 15 下降到内壳的 6 [图 9-17(b)、(c)]。这一开创性工作为解决层间异质高分子材料制造的瓶颈提供了希望。

（2）以胶束或囊泡为模板的软模板法

软模板法通常采用有机大分子聚合物、生物模板、表面活性剂等作为模板材料。分子模板通过分子间作用力维持结构稳定，可起到引导和调控目标材料制备的作用。相比于硬模板

法，软模板法的模板材料易于移除，可避免因模板移除造成的结构坍塌和破坏。以表面活性剂溴化十六烷基三甲铵（cetyltrimethyl ammonium bromide，CTAB）形成的囊泡为软模板，以硫酸铜为前驱体，通过调控 CTAB 水溶液的浓度，使其形成单层或多层的囊泡，分别合成了单壳层、双壳层以及三壳层的 Cu_2O 空心球[111]。

（3）利用奥斯特瓦尔德熟化或柯肯达尔效应的无模板法

自模板法通常利用一些特殊的物理及化学过程，例如奥斯特瓦尔德（Ostwald）熟化、柯肯达尔（Kirkendall）效应、电化学置换、热诱导空心化以及选择性化学刻蚀的方法等，实现对颗粒自身形貌演变的控制，从而原位构筑空心结构。与传统模板法不同的是，自模板法制备的颗粒自身不仅用于产生内部的空腔，同时也作为壳层材料的来源。

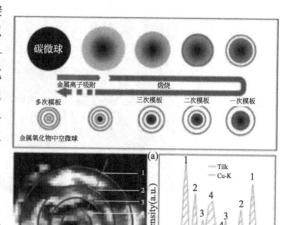

图 9-17　用于合成 HoMS 的 STA 示意图（a），4S-TiO2/CuxO HoMS 切片的暗场 TEM 图像（b）及沿中青色线扫描的 EDS 线（c）

因此，自模板法具有合成步骤简单、重现性高、生产成本低、结构可控性好、易于大规模制备的优点，相比而言，自模板法在形成空心的过程中不需要额外模板剂的辅助即可直接得到空心结构，因而制备的成本显著降低，并且大部分自模板法合成工艺简单易行，是实际应用中更优选的策略。Lu 等人[112]以三异丙醇氧钒（$C_9H_{21}O_4V$）作为钒源，以含有 Co_3O_4 的 ZIF-67 纳米立方体作为钴源和模板体，制备了多壳层中空纳米盒状 $Co_3O_4/Co_3V_2O_8$ 复合材料 [图 9-18(a)]。Leng 等人[113]以 PVP 代替蔗糖作为模板材料，使用喷雾热解法成功制备了多壳层蛋黄-壳结构的 $NiCo_2O_4$ 材料，并通过改变 PVP 的加入量、烧结制度等调控了壳层的数量 [图 9-18(b)]。

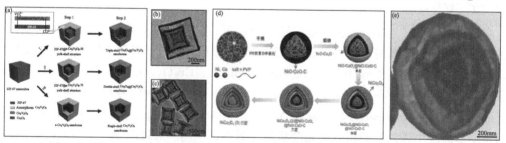

图 9-18　多壳层中空纳米盒状 $Co_3O_4/Co_3V_2O_8$ 复合材料的合成机理示意图（a）及多壳层蛋黄-壳结构的 $NiCo_2O_4$ 材料合成机理图（b）

9.3.6　本节小结

随着科学技术的发展，核壳结构复合粒子作为一种新型复合材料，必将受到人们越来越多的重视，成为未来复合材料领域内的一个重要分支。方法简单易行、反应条件温和、产物形态均一和单分散性好的核壳材料的制备正在被广大的科研工作者所关注。同时，追求产率大、效率高的制备方法也是核壳材料研究的努力方向。另外注重结合不同材料的优点，实现材料的多功能化也将成为核壳材料的研究重点。总之，只有尽快完善核壳材料的宏量制备，尽早实现核壳型功能材料的产业化，才能真正实现化学合成对社会发展的推动和促进作用。

参 考 文 献

[1] 王中林，刘义，张泽，等. 纳米相和纳米结构材料—合成手册. 北京：清华大学出版社，2002.
[2] 徐甲强，陈玉萍，王焕新. 郑州轻工业学院学报，2004，19 (1)：1-5.
[3] Clemens B，Chen X，Radha N，et al. Chem Rev，2005，105 (4)：1025-1102.
[4] Ikram M，Liu L，Lv H，et al. J Hazard Mater，2019，363，335-345.
[5] Bisht N，Rao S，Sridhar D，et al. Inorg Chem Commun，2021，134，109072.
[6] Qiao G Y，Xu Q Q，Wang A，et al. ACS Sus Chem Eng，2020，9，129-136.
[7] Luo N，Chen Y，Zhang D，et al. ACS Appl Mater Interf，2020，12，56203-56215.
[8] Tyurikov K，Alexandrov S，Speshilova A，et al. Solid State Sci，2021，115，106583.
[9] Cao Y L，Jia D Z，Zhou J，et al. Eur J Inorg Chem，2009，27：4105-4109.
[10] Murray C B，Norris D J，Bawendi M G. J Am Chem Soc，1993，115，8706-8715.
[11] Zhang W，Yuan T，Wang X，et al. Sens Actuators B，2022，354，131004.
[12] Nguyen T T D，Dao D V，Lee I H，et al. J Alloys Compd，2021，854，157280.
[13] Li P，Cao C，Shen Q，et al. Sens Actuators B，2021，339，129886.
[14] Liu J，Sun Z，Deng Y，et al. Angew Chem Int Ed，2009，48，5875-5879.
[15] Wang X，Zhuang J，Peng Q，et al. Nature，2005，437：121-124.
[16] Ge J P，Chen W，Liu L P，et al. Chem Eur J，2006，12：6552-6558
[17] Li G J，Ma Z H，Hu Q M，et al. ACS Appl Mater Interf，2019.11，26116-26126.
[18] Huang H，Chen R，Liu M，et al. Top Catal，2020，63，664-672.
[19] Liu G，Zhou W，Ji Y，et al. J Am Chem Soc，2021，143，11262-11270.
[20] Le H J，Dao D V，Yu YT. J Mater Chem A，2020，8，12968-12974.
[21] Sasaki K，Naohara H，Choi Y，et al. Nat Commun，2012，3，1115.
[22] LaMer V K and Dinegar R H. IEEE，1950.
[23] Hu J，Sang G，Zeng N，et al. Sens Actuators B，2022，356，131344.
[24] Wang N，Sun Q，Y M. J，Adv Mater，2019，31，1：e1803966.
[25] Shifa T A，Vomiero A. Adv Energ Mater，2019，9，40：1902307.
[26] Pan X，Bao X. Acc Chem Res，2011，44，8：553-562.
[27] 包信和. 科学通报，2018，63，14：1266-1274.
[28] Vazquez-Gonzalez M，Wang C，Willner I Nat Catal，2020，3，3：256-273.
[29] Grommet A B and Feller R K. Angew Chem Int Ed，2019，58，36：12340-12354.
[30] Lu S M，Peng Y Y，Ying Y L，et al. Analytical Chemistry，2020，92，8：5621-5644.
[31] Yu R J，Ying Y L，Gao R，et al. Angew Chem Int Ed，2019，58，12：3706-3714.
[32] Hu Q M，Wu C，Dong Z，et al. J Mater Chem，2022，10，6：2786-2794.
[33] Jia H，Li D，Zhang D，al. ACS Appl Mater Interf，2021，13，4402-4409.
[34] Zhang W X，Wang H，Zhao P，et al. Eur J Inorg Chem，2012，2012，2828-2837.
[35] Zhang W X，Wang H，Zhao P，et al. Ionics，2021，27，1-9.
[36] 封志鹏，王燕，邓绍娟，等. 功能材料，2015，6，6062-6065.
[37] Yan Z，Zhang Y，Dai C，et al. Carbon，2022，186，36-45.
[38] Xue Z，Cheng Z，Xiang Q，et al. ACS Appl Mater Interf，2017，9，41559-41567.
[39] Galdámez-Martínez A，Bai Y，Santana G R S. Sprick，et al. Int J Hydrog Energy，2020，45：31942-31951.
[40] Navarrete E，Güell F，Martinez-Alanis P R，et al. J Alloys Compd，2022，890：161923.
[41] Le A T，Ahmadipour M，Pung SY. J Alloys Compd，2020，844：156172.
[42] Nehra M，Dilbaghi N，Marrazza G，et al. Nano Energy，2020，76：104991.
[43] Yadav A，Singh V. Discip Elect Eng，IIT Indore，2021.
[44] Liu J，Liu F，Liu H，et al. Nano Today，2021，36：101055.
[45] Galdámez-Martinez A，Santana G，Güell F，et al. Nanomaterials，2020，10：857.
[46] Bagga S，Akhtar J，Mishra S，et al. AIP Conf Proc，2018，1989 (1)：020004.
[47] Lv Y，Liu J，Zhang Z，et al. JMPC，2021，267：124703.
[48] Huo Z，Zhang Y，Han X，et al. Nano Energy，2021，86：106090.
[49] Abdallah B，Kakhia M，Zetoun W，et al. Microelectronics J，2021，111：105045.
[50] Ditshego N. Int J Elect Electron Eng Telecom，2022，11 (2)：162-166.
[51] Ghazali N. University of Southampton，2018.
[52] Zhao X，Nagashima K，Zhang G，et al. Nano Lett，2019，20：599-605.
[53] Zhao X，Li Q，Xu L，et al. Adv Funct Mater，2022，32 (11)：2106887.
[54] Hamid N，Suhaimi S，Othman M Z，et al. Nano Hybrids Compos Trans Tech Publ，2021，31：55-63.

[55] Oh D K, Choi H, Shin H, et al. Ceram Int, 2021, 47 (2): 2131-2143.
[56] Nakahara R, Sakai M, Kimura T, et al. Jpn J Appl Phys, 2021, 60 (5): 058002.
[57] Lin C, Li Q, Guang H. Mater Lett, 2022, 314: 131848.
[58] Duan Y, Ma J, Dai J, et al. Appl Surf Sci, 2021, 535: 147657.
[59] Hezam M, Algarni A, Ghaithan H, et al. Mater Res Express, 2021, 8 (10): 105501.
[60] Luo N, Chen Y, Zhang D, et al. ACS Appl Mater Interf, 2020, 12 (50): 56203-56215.
[61] Miao Q, Huang X, Li J, et al. J Porous Mater, 2021, 28 (6): 1895-1906.
[62] Shcherban N, Shvalagin V, Korzhak G, et al. J Mol Struct, 2022, 1250: 131741.
[63] Lausecker C, Salem B, Baillin X, et al. Nanomaterials, 2022, 12 (7): 1069
[64] Xu S, Wei Y, Liu J, et al. Nano Lett, 2008, 8 (11): 4027.
[65] Sun H, Luo M, Weng W, et al. Nanotechnology, 2008, 19 (39): 395602.
[66] Ma T, Guo M, Zhang M, et al. Nanotechnology, 2007, 18 (3): 4024-4027.
[67] Hsiao C S, Peng C H, Chen S Y, et al. J Vacuum Sci Technol B, 2006, 24 (1): 288-291.
[68] Qiu J, Li X, He W, et al. Nanotechnology, 2009, 20 (15): 155603.
[69] Cao X, Zeng H, Wang M, et al. J Phys Chem C, 2008, 112 (112): 5267-5270.
[70] Vayssieres L. Adv Mater, 2003, 15 (5): 464-466.
[71] Unalan H E, Hiralal P, Rupesinghe N, et al. Nanotechnology, 2008, 19 (25): 255608.
[72] Fang Y, Pang Q, Wen X, et al. Small, 2006, 2 (5): 612.
[73] Kar S, Dev A, Chaudhuri S. J Phys Chem B, 2006, 110 (36): 17848-17853.
[74] Chao X L, Yu F F, Fan Y, et al. Sens Actuator B, 2018, 263: 436-444
[75] Dubrovskii V G. Nanomaterials, 2022, 12 (7): 1064
[76] Ahmed N, Ramasamy P, Bhargav P B, et al. Phys E, 2022, 121: 114101
[77] Ranjan B, Sharma G K, Kaur D. Appl Phy Lett, 2021, 118 (22): 223902
[78] Pandey A, Malhotra Y, Mi Z. Photon Res 2022, 10 (4): 1107-1116
[79] Niu S C, Chang X T, Sun S B. ACS Appl Mater Interf, 2021, 13 (46): 55296-55307
[80] Garcia J C, Justo J F. EPL, 2014, 108 (3): 36006
[81] Kabiraz M K, Ruqia B, Kim J, et al. ACS Catal, 2022, 12 (60): 3516-3523
[82] Rovisco A, Dos S A, Cramer T, et al. ACS Appl Mater Interf, 2020, 12 (6): 18421-18430.
[83] Voiculescu I, Li F, Kowach G, et al. Micromachines, 2019, 10 (10): 661.
[84] Promsawat N, Wichaiwong W, Pimpawat P, et al. Integrat Ferroelect, 2019, 195 (1): 220-229.
[85] Van Embden J, Jasieniak J, Mulvaney P. J Am Chem Soc, 2009, 131: 14299-14309.
[86] Wang Y G, Wang Y R, Hosono E J, et al. Angew Chem Int Ed, 2008, 47: 7461-7465.
[87] Abou-Hassan A, Bazzi R, Cabuil V, et al. Angew Chem Int Ed, 2009, 48: 7180-7183.
[88] Lee Y W, Kim M, Kim Z H, et al. J Am Chem Soc, 2009, 131: 17036.
[89] 刘志平, 黄慧民, 邓淑华, 等. 无机盐工业, 2006, 38: 13-15.
[90] 杨磊, 沈高扬, 黎坚, 等. 化学通报, 2005, 5: 361-367.
[91] Wang H, Zheng Y, Cui W, et al. Applied Surface Science, 2018, 455, 1057-62.
[92] Lv H, Yang Z, Xu H, et al. Adv Funct Mater, 2019, 30: 1907251
[93] Zhang H, Zhang P, Zheng W, et al. Electrochim Acta, 2018, 285, 94-102.
[94] Zou W, Feng X, Wang R, et al. J Hazard Mater, 2021, 402, 123583.
[95] Hui C, Shen C, Tian J, et al. Nanoscale, 2011, 3, 701-705.
[96] Zhao Y, Zhang X, Yang H, et al. Carbon, 2021, 171, 395-408.
[97] Zaleska-Medynska A, Marchelek M, Diak M, et al. Adv Colloid Interf Sci, 2016, 229, 80-107.
[98] Yang C W, Chanda K, Lin P H, et al. J Am Chem Soc, 2011, 133, 19993.
[99] Zhang L, Xie Z, Gong J. Chem Soc Rev, 2016, 45, 3916-3934.
[100] Fleming M S, Mandal T K, Walt D R. Chem Mater, 2001, 13 (6): 2210-2216.
[101] Luo Y L, Zhang L L, Xu F. Chem Eng J, 2012, 189, 431-442.
[102] Guo S R, Gong J Y, Jiang P, et al. Adv Funct Mater, 2008, 18: 872-879.
[103] 王彦斌, 张紫朋, 张德华, 等. 化工新型材料, 2018, 3 (46): 172-174.
[104] Pich A, Bhattacharya S, Adler H J P. Polymer, 2005, 46: 1077-1086.
[105] Shiho H, Kawahashi N J. Colloid Interf Sci, 2000, 226: 91-971.
[106] Caruso F, Caruso R A, Moehwald H. Science, 1998, 282: 1111-1114.
[107] Su F, Zhao X S, Wang Y, et al. J Mater Chem, 2006, 16: 4413-4441.
[108] Wang D P, Zeng H C. Chem Mater, 2009, 21: 4811-4823.
[109] Sun X, Liu J, Li Y. Chem Eur J, 2006, 12: 2039-2047.
[110] Wei Y, Wan J, Yang N, et al. Nat Sci Rev, 2020, 7: 1638-1646.
[111] Xu H, Wang W. Angew Chem Int Ed, 2007, 46: 1489-1492.
[112] Lu Y, Yu L, Wu M, et al. Adv Mater, 2018, 30: 1702875.
[113] Leng J, Wang Z, Li X, et al. J Mater Chem A, 2017, 5: 14996-15001.

第10章

新型热电材料的制备及应用

10.1 热电基本原理及热电材料的性能优化

10.1.1 概述

19世纪，德国科学家塞贝克（T. J. Seebeck）、法国科学家帕尔贴（J. C. A. Peltier）和英国科学家汤姆森（W. Thomson）先后发现并建立了以他们名字命名的三大热电基本物理效应。三大热电效应的发现奠定了热能与电能直接转换的理论基础，也由此打开了至今两百多年的热电发展史。热电科学的发展之路并不平坦，虽然三大热电效应早在19世纪就被发现，但直到1950年以后，科学家们才陆续发现了Bi_2Te_3、$PbTe$、$SiGe$等性能优异的热电材料，使得热能与电能的直接转换应用成为可能。然而，在1970年至1990年这近二十年时间里，热电科学的研究再一次陷入低谷，尽管科学家们在提升热电材料性能上做了大量的努力，但仍未能取得质的突破。1990年以后，通过对电声输运及耦合的研究，科学家们找到了新的热电性能优化策略，并开发出方钴矿等新型高性能热电材料体系。进入21世纪，不断增长的能源消耗和日益严峻的环境问题使得寻找新的能源替代方案迫在眉睫，热电材料及器件因具有纯固态、无污染、无气体排放、可靠性强等优点，被认为是最有前景的替代方案之一。热电材料的研究也因此再一次变得活跃，新型高性能热电材料体系不断涌现，材料的热电性能不断提升，与热电相关的基本理论也不断完善，热电材料及器件在废热利用、可穿戴设备供能、主动控温等领域展现出巨大的应用潜力。

10.1.2 热电基本物理效应

（1）Seebeck效应

当一种材料的两端存在温度梯度时，热端的载流子能量相对较高，而冷端的载流子能量相对较低，因此会造成载流子由热端向冷端的定向运动，并在材料内部形成电势差和反向电流。当温度梯度带来的电流与电势差带来的反向电流达到动态平衡时，即可在材料冷热端之间形成稳定的温差电势，这种效应称为Seebeck效应，也被称作第一热电效应。该效应于1821年由德国科学家Seebeck发现，是热电器件温差发电的理论基础。

起初，人们将金属材料作为研究重点，而在一个世纪后，科学家发现半导体材料拥有更优异的热电性能。这是因为半导体材料的载流子浓度和费米能级随温度变化更为显著，可以产生更高的温差电动势。如图10-1所示，p型半导体与n型半导体通过金属导体构成了一个完整的电回路，我们将其中一种半导体材料命名为a，另一种半导体材料命名为b，当半导体材料两侧存在温差时，在冷热两端之间便会测量到电势差，电势差的大

小可通过式(10-1)表示:

$$V_{ab} = S_{ab} \Delta T \tag{10-1}$$

式中,V_{ab} 为产生的温差电动势,ΔT 为冷热两端的温度差,S_{ab} 为两种材料的相对 Seebeck 系数,单位为 $\mu V/K$,与两种材料的绝对 Seebeck 系数存在式(10-2)的关系:

$$S_{ab} = S_a - S_b \tag{10-2}$$

绝对 Seebeck 系数的符号取决于电势差与温度梯度的方向,对于 p 型半导体来说,其载流子为空穴,产生的电势差与温度梯度方向相同,因此其 Seebeck 系数为正值,反之,n 型半导体 Seebeck 系数为负值。

（2）Peltier 效应

Seebeck 效应是热能向电能的转换,而 Peltier 效应则是其逆过程,即电能向热能的转换。该效应于 1834 年由法国科学家 Peltier 发现,是热电器件制冷的理论基础。当对两种不同材料构成的回路通电时,材料上除了会产生焦耳热外,还会在接点处产生吸热或放热的现象,可以认为是在电场的作用下,载流子发生定向移动,将热能从一端带到了另一端。以半导体为例,如图 10-2 所示,在由 p 型半导体与 n 型半导体构成的完整回路中,我们不在两端施加温差而是通以电流,在材料两端便会观察到吸热和放热现象,其单位时间的热量 q 可通过式(10-3)表示:

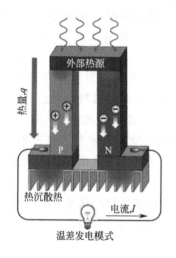

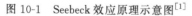

图 10-1　Seebeck 效应原理示意图[1]

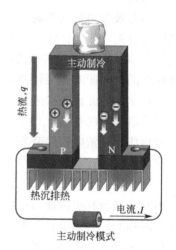

图 10-2　Peltier 效应示意图[1]

$$q = \pi_{ab} I \tag{10-3}$$

式中,I 为回路中施加的电流,π_{ab} 为两种材料的相对 Peltier 系数,单位为 V,与两种材料的绝对 Peltier 系数存在式(10-4)的关系:

$$\pi_{ab} = \pi_a - \pi_b \tag{10-4}$$

由于 Seebeck 效应与 Peltier 效应互为逆效应,其必然存在关联性,二者之间的关系可以用式(10-5)表示:

$$\pi_{ab} = S_{ab} T \tag{10-5}$$

（3）Thomson 效应

1855 年,英国科学家 Thomson 将 Seebeck 效应与 Peltier 效应联系在了一起,预测并提出了第三种热电效应:当电流通过一个具有温度梯度的单一均匀导体时,在产生焦耳热的同时，还会存在一定的吸热或放热效应，即 Thomson 效应，可以通过式(10-6) 表示：

$$q = \beta \Delta T I \tag{10-6}$$

式中，q 为单位时间内吸收（或释放）的热量，β 为 Thomson 系数，单位与 Seebeck 系数相同，单位为 $\mu V/K$，ΔT 为冷热两端的温度差，I 为施加的电流。

上述三种理论共同构成了热电的基本物理效应，也奠定了热电理论的发展基础。

10.1.3 热电材料性能优化策略

材料的热电性能通常由一个无量纲的物理量热电优值（ZT）来进行评判，ZT 可定义为：

$$ZT = \frac{S^2 \sigma}{\kappa} T \tag{10-7}$$

其中，S 为 Seebeck 系数，σ 为电导率，κ 为热导率，T 为绝对温度。热电优值 ZT 的表达式源自三大热电效应，集中反映了在温度场下热电材料的载流子和声子的传输特性以及载流子和声子间的相互作用。热电材料研究的首要目标就是要发展高 ZT 值的热电材料，而一种理想的热电材料需要较高的功率因子（$S^2\sigma$）或较低的热导率（κ），或者二者兼备[2]。从式(10-7) 可以看出，提高热电性能需要同时提高 Seebeck 系数和电导率，并降低热导率。而这三个物理量相互耦合，难以独立调控，需综合调节材料的电子、声子输运性能，才能获得材料的最佳热电性能。

经典热电材料多为窄带隙半导体，因此材料的电输运特性主要由材料中的载流子输运特性决定。其中，Seebeck 系数、电导率和电子热导率等物理量都主要受电子输运特性影响。在玻尔兹曼输运理论中，电子的电导率、Seebeck 系数以及电子热导率由输运分布函数 $\Sigma(E)$ 和费米能级 E_F 决定。基于抛物线能带近似，可以进一步推导出式(10-7) 中 S、σ 和 κ 的表达式，如下所示：

$$S = \frac{8\pi^2 \kappa_B^2}{3eh^2} m^* T \left(\frac{\pi}{3n}\right)^{\frac{2}{3}} \tag{10-8}$$

$$\sigma = ne\mu \tag{10-9}$$

$$\kappa = \kappa_e + \kappa_l = ne\mu LT + \kappa_l \tag{10-10}$$

其中，κ_B 为玻尔兹曼常数，e 为电荷数，h 为普朗克常数，m^* 为态密度有效质量，n 为载流子浓度，μ 为载流子迁移率，L 为洛伦兹系数，κ_e 为电子热导率，κ_l 为晶格热导率。从上述三个公式中可以看到，热电材料的功率因子取决于载流子浓度、载流子迁移率和态密度有效质量，可以通过成分调控[3,4]、择优取向[5,6]和能带工程[7,8]等方式进行调控和优化。

热电材料的热导率包括电子热导和晶格热导两部分，而根据魏德曼-弗兰兹定律，材料的电子热导率与电导率成正比。因此，在提升材料导电性能的同时，也势必会导致电子热导率的提高。除载流子贡献外，声子的输运也会影响材料的热导率。而声子的输运机制也可由玻尔兹曼输运理论描述，其散射机制主要有本征声子-声子散射、点缺陷散射、晶界/界面散射等。为了在降低材料热导率的同时，不影响其电导率，研究人员主要利用声子工程实现[9~11]。通过调控材料的微观结构，加强由晶格等引起的声子散射作用，从而有效降低晶格热导率。在利用载流子工程、织构工程、能带工程和声子工程等优化热电材料性能的主要策略时，也应注重各物理参数之间的去耦合化，即在改进某一特性的同时，不损失其他的性能。

近年来，通过合理设计材料成分及其微观结构，平衡材料内部的电、热输运特性，研究者得到了多种具有优异热电性能的材料[12~16]，极大地推动了热电材料的实际应用。

（1）成分调控

由式(10-8)、式(10-9)、式(10-10)可知，Seebeck系数、电导率和电子热导率与材料载流子浓度以及有效质量深度关联，并互相耦合。材料的载流子浓度过低则会使得电学输运受限，载流子浓度过高又会影响Seebeck系数并使电子热导率升高，因此需要将热电材料的载流子浓度调控在一个合适的范围。以Bi_2Te_3基热电材料为例，理论计算表明Bi_2Te_3基热电材料的最优载流子浓度约为$5 \times 10^{19}/cm^3$，材料的电导率达1×10^5 S/m，此时功率因子最好[17]。

热电材料中载流子的调控一般可通过掺杂引入非本征点缺陷实现。当掺杂材料的晶体结构或原子半径与基质材料差别不大时，掺杂元素将占据晶格位点，形成带电的置换缺陷。而当二者差别较大时，由于异质原子的固溶度有限，难以在晶格位置形成取代，因此间隙原子就成为了主要的点缺陷类型，间隙原子本身带有电荷，也可以提供额外的电子或空穴，优化载流子浓度。

但是，通过掺杂的方法调节晶体中的载流子浓度通常会使得材料的机械性能受到影响，而空位工程则可以有效解决这一问题。空位工程一般通过改变材料制备时的工艺参数，使晶体在生长过程中的成分偏离化学计量值，产生更多的本征点缺陷，从而优化载流子浓度。例如，在使用溶剂法合成SnSe时，Sn原子在高温高蒸气压的环境下会脱离平衡位置，产生Sn空位，可以有效调节载流子浓度[18]。

（2）择优取向

一般多晶中的晶粒取向是任意的，呈随机分布状态，而经过电镀、气相沉积、铸造、热加工等处理后，多晶中的晶粒取向会呈现一定的规则性，可用于形成具有各向异性的择优取向。Bi_2Te_3基等多种热电材料中存在各向异性的载流子输运，因此沿特定晶面形成择优取向有益于改善材料的载流子迁移率，从而增加热电优值。

区熔法和直拉法等定向凝固技术是目前主要的商用制备热电材料的方法，可以获得择优取向性强、晶粒尺寸大的大块铸锭。放电等离子烧结、热挤压、剪切挤压等先进粉末冶金方法也可以用于制备具有择优取向的热电材料，但是上述方法得到的材料热导率较高，ZT值难以进一步提高。

使用磁控溅射、蒸镀、脉冲激光沉积等气相沉积方法制备热电薄膜，由于参与生长的入射原子或等离子体带有极高的能量，因此它们在衬底沉积时可沿着特定方向进行生长，从而得到取向性极高的薄膜热电材料。薄膜择优取向的控制可以极大地提高薄膜的稳定性和热电性能，研究表明，沿着［001］晶面生长的n型Bi_2Te_3热电薄膜相较于［015］取向的薄膜有更高的载流子迁移率和Seebeck系数，可以获得更好的热电性能[19,20]。例如，Zhu等[21]利用磁控溅射和原位热处理的方法调控薄膜取向，得到了［001］择优生长的$Bi_{0.5}Sb_{1.5}Te_3$薄膜，使其载流子迁移率提高了3倍，样品的功率因子达到了$48.2\mu W/(cm \cdot K^2)$。

（3）能带工程

热电材料中的载流子浓度、迁移率和有效质量都与其能带结构密切相关，因此，近年来科研人员也将能带工程作为热电材料研究中的重点。不同散射机制的散射率对能带结构、有效质量和载流子能量的依赖关系存在显著差异，通过选择性调控能带结构与散射机制，可实现物理量σ、S、κ_e的相对独立调控或同步优化。对于某种特定的热电材料，其成分和微观结构的变化可在能带中引入共振能级、改变禁带宽度和诱导产生能带收敛，从而进一步影响材料的热电性能。

① 引入共振能级：在基体中掺杂某些元素，可在费米能级附近形成缺陷态与共振能级，从而大幅增加费米能级附近态密度，改善材料的 Seebeck 系数[22,23]。在掺杂元素的选择上，通常会选择与基体元素处于同一周期，并与基体具有相似电子构型的元素。

② 增加禁带宽度：在窄禁带半导体中，由于少数载流子的热激发，可同时存在电子和空穴参与的双极输运。然而电子与空穴存在电荷差异，两者对 Seebeck 系数的贡献相反，会相互抵消，损害热电效应强度。在窄禁带半导体中，其最大 Seebeck 系数通常正比于禁带宽度。因此，增加材料的禁带宽度能够在温度升高时有效地抑制晶格中的双极传导，减少价带和导带之间的载流子跃迁，降低整体载流子浓度及电导率，从而提升 Seebeck 系数并降低热导率[24]。

③ 能带收敛：通过引入额外能谷加大能谷简并度，可在不降低 Seebeck 系数的同时提高有效载流子数，或等效地在相同载流子浓度下提高相应的 Seebeck 系数，这一手段通常被称为能带收敛。能带简并度越大，参与输运的能谷越多，材料的态密度有效质量就越大，Seebeck 系数也就越高，并且可创造出更多导电通道，提升电学输运性能。然而引入新能谷会提高载流子谷间的散射强度，降低弛豫时间及载流子迁移率，从而减小电导率。因此，与提高单一能谷简并度相比，在布里渊区不同位置引入额外能谷，使能谷在动量空间分离，可减少谷间散射强度，从而实现 σ、S 的独立优化。目前主要的能带收敛工程手段主要是通过调控材料的纳米结构或者材料的掺杂和成分调控来增加材料的简并度等[25,26]。

（4）声子工程

由于材料的电子热导率与电导率密切相关，而晶格热导率是唯一一个不受其他参数影响的物理量，因此调节晶格热导率是一种可有效避免影响材料电导率的热电性能优化手段。通过调控材料的微观结构，在晶格中引入点缺陷、线缺陷、面缺陷等不同维度的散射中心，并基于热电输运的基本原理进行合理设计，增强对于特定波段的声子散射作用，可有效提高材料的热电性能。

① 点缺陷：晶体中的点缺陷主要有空位缺陷、反位缺陷和间隙原子三种，这些缺陷发生在晶体中一个或几个晶格常数范围内，其特征是在三维方向上的尺寸都很小。点缺陷的形成可以有效调控晶体的载流子浓度，从而改善材料的功率因子。大量的实验结果和理论计算都表明点缺陷的形成会在晶格中引入应力场，使原子明显偏离了平衡位置，通过加强短波长声子散射，可有效实现材料晶格热导率的降低[27,28]。

② 线缺陷：线缺陷主要包括刃型位错和螺型位错两种。刃型位错通常是由于局部点缺陷大量堆积形成的，会造成严重的晶格畸变，并在位错周围形成明显的应力场，从而增强声子散射，降低晶格热导率[29]。螺型位错是由于晶体的某一部分相对于其余部分发生滑移，原子平面沿着一根轴线盘旋上升，每绕轴线一周，原子面上升一个晶面间距，在中央轴线处即形成螺型位错。螺型位错对于声子的散射作用远小于刃型位错，但是螺型位错的产生会给材料带来其他物理特性，在热电材料中引入高密度的螺型位错可以加强晶格声子散射，从而显著降低材料的热导率。

③ 面缺陷：晶界是晶体结构中最常见的面缺陷，晶界周围存在着许多空位、位错和键变形等缺陷，使晶格处于应力畸变状态，所以晶界上的原子往往比晶粒内的原子具有更高的能量。晶界对于声子的散射包括界面对于长波声子的散射以及晶界周围分布的位错对于中波声子的散射两部分作用，这就是大部分同一组分的多晶材料晶格热导率低于单晶材料的原

因[30]。因此，高密度小晶粒的材料不仅可以提高材料的机械性能，还可以有效降低热导率从而提高材料的热电性能。但是晶粒的细化程度需要控制在一定的范围内，因为过高密度的晶界同样会影响载流子的传输，降低材料的电学性能[31]。另一种常见的面缺陷是层错，层错是正常堆积顺序中引入非正常顺序堆积的原子面而产生的一类面缺陷，多见于面心立方和密排六方结构的晶体。层错并不改变缺陷处原子配位数、键长、键角等最近邻的关系，只改变次近邻关系，因此所引起的畸变能很小。但是，层错破坏了晶体中正常的周期场，使得声子传导受到明显阻碍，因此也会降低材料的热导率，提升整体的热电性能[32]。

④ 体缺陷：在基相中引入微小夹杂物，形成界面缺陷，可以加强声子散射，从而降低材料整体热导率。此外，当纳米夹杂物的尺寸降低到10nm以下时，会在基相中形成量子阱的结构，诱导产生能量过滤效应。在这种状态下，高能电子可以克服量子点的囚禁势进行传导，而低能电子则在量子点阵列发生了散射。实验和理论的结果表明，这种载流子在纳米结构界面上的能量过滤作用几乎不影响载流子迁移率，同时可以提高 Seebeck 系数，因此引入纳米尺寸的夹杂物是一种提升热电性能的有效手段[33,34]。此外，纳米夹杂物除了可以产生能量过滤效应外，还可以诱导产生调制掺杂机制以增强材料的热电性能[35]。调制掺杂最早应用于提高半导体异质结的电学性能，在具有量子效应半导体异质结的其中一种材料中掺入 n 型或 p 型杂质原子，而另一种材料不掺杂，即形成了调制掺杂。它能使载流子在空间上与其母体分离，减少了电子在晶体中的散射，获得很高的迁移率。

多孔材料的热导率相对于相同组分的体相材料要低很多，这是由于声子在介孔表面会发生明显的散射。因此，为了得到更低的热导率，制备具有高密度纳米级的介孔结构也是有效提升热电材料性能的方法[36]。但是需要指出的是，过多的介孔数量会阻碍载流子的传导，损害材料的电学性能。因此，多孔结构设计的关键是引入合适数量的纳米级介孔，使其对于降低热导率的正面贡献大于对电导率的负面影响。

10.2　常见热电材料体系

不同热电材料性能随温度的变化趋势各异，ZT 峰值所在温度也各有不同，因此可以将热电材料根据其最佳性能所在温区划分为低温热电材料、中温热电材料和高温热电材料（图10-3）。目前，对于各温区的划分没有明确统一的标准，本章中的"低温区"特指 300 K 以下，"中温区"特指 300～900K，"高温区"特指 900K 以上。我们将展开介绍各温区常见的热电材料体系，主要包括低温区碲化铋基和锑化铋基热电材料，中温区Ⅳ～Ⅵ族半导体和方钴矿以及高温区硅锗合金和半哈斯勒体系等。

10.2.1　低温热电材料

低温区热电材料主要指最佳工作温度在 300K 以下的热电材料。相比近年来中高温区不断涌现的新型热电材料，低温区热电材料体系较少。较为经典的体系有近室温区的碲化铋基材料和超低温区（<200K）的锑化铋基材料。其中，碲化铋基热电材料是近室温区性能最为优异的热电材料，也是目前唯一能在室温条件下应用于商用器件的热电材料。

（1）碲化铋基热电材料

碲化铋（Bi_2Te_3）是一种带隙宽度为 0.15eV 左右的窄禁带半导体材料，其晶体结构如图 10-4 所示。Bi_2Te_3 晶体呈层状结构，由 Bi 原子层和 Te 原子层按照 Te-Bi-Te-Bi-Te 的顺序排列，组成五原子层，相邻的五原子层之间通过 Te-Te 间的范德华力相互作用结合。在 Bi_2Te_3 晶体生长过程中，如果 Bi 原子占据了 Te 的位置，会形成反位缺陷，产生由空穴主导的载流子输运，材料就呈现 p 型；如果形成 Te 空位，则会贡献 n 型载流子。Bi_2Te_3 基材料中天然存在的反位和空位缺陷与窄禁带宽度结合，使其具有优良的导电性能。而 Bi 与 Te 中较强的自旋轨道耦合作用使其成为潜在的拓扑材料，相应的复杂能带结构也为高 Seebeck 系数提供了基础。结合其范德华层状结构与 Bi/Te 的重原子质量带来的低晶格热导率，Bi_2Te_3 基材料在热电性能相关的各物理参数上都具有天然优势。

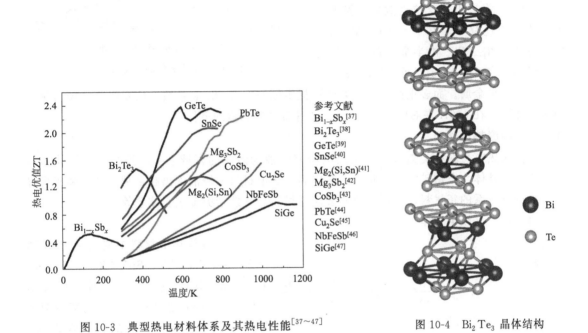

图 10-3　典型热电材料体系及其热电性能[37~47]　　　图 10-4　Bi_2Te_3 晶体结构

对 Bi_2Te_3 材料热电性能的调控一般从结构和组分两个方面入手。结构调控包括对晶粒生长取向的织构化调控，以及对点缺陷、位错、晶界等微结构的调控。通过结构调控，材料的散射机制、电声输运性质得到改变，进而可以优化其热电性能。Bi_2Te_3 的层状结构带来较强的各向异性，在面内方向，电导率和热导率都会大幅提高，因此，Bi_2Te_3 的晶体取向可控生长以及织构化调控研究尤为重要。通过热压等方法，可以制备高取向性材料，从而提高载流子迁移率[48,49]。通过热变形等方法可调控织构化比例，在降低晶格热导率的同时提高其力学性能[50]。而近年来得到广泛关注的还有通过微结构调控实现缺陷工程，例如通过位错、晶界等微结构有效散射声子，可大大降低晶格热导率从而提高材料的 ZT 值[12,51]。

材料的组分调控一般可以通过掺杂等方法改变载流子浓度，实现能带工程[52~54]，从而优化材料的热电性能。这种调控方法可以通过引入杂质元素来实现，例如在 Bi_2Te_3 中掺杂 Sb 得到 p 型 $Bi_{2-x}Sb_xTe_3$ 或是掺杂 Se 得到 n 型 $Bi_2Te_{3-x}Se_x$ 等[55]。这一类 Bi_2Te_3 基材料中，p 型最优组分一般在 $Bi_{0.5}Sb_{1.5}Te_3$ 附近，而 n 型最优组分一般在 $Bi_2Te_{2.7}Se_{0.3}$ 附近。此外，还可通过缺陷工程调控带电缺陷（即反位缺陷、Te 空位）来优化载流子浓度[56]。

（2）锑化铋基热电材料

在 200K 以下的低温区，另一种经典体系锑化铋（$Bi_{1-x}Sb_x$）基热电材料表现出更为优秀的热电性能。Bi 单质是半金属，$Bi_{1-x}Sb_x$ 材料的能带结构会随着 Sb 含量的变化而发生显著演化[57,58]，如图 10-5 所示。图中，x 表示 Sb 元素的含量，随着 Sb 含量的增加，在 $x=0.04\sim0.05$ 附近出现狄拉克能带，提供了高载流子迁移率。在 $x=0.07$ 附近，禁带打开，$Bi_{1-x}Sb_x$ 由半金属转变为拓扑绝缘体。在 $x=0.22$ 附近，$Bi_{1-x}Sb_x$

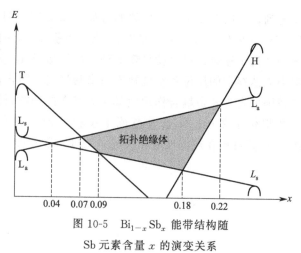

图 10-5　$Bi_{1-x}Sb_x$ 能带结构随 Sb 元素含量 x 的演变关系

再次转变为半金属。而多重简并的能谷则可提供较高的 Seebeck 系数，从而能获得较为优异的热电性能，在 100K 左右时，$Bi_{1-x}Sb_x$ 材料热电性能达到最佳[37,59]。

10.2.2　中温热电材料

中温区热电材料种类繁多，也是热电研究中最为活跃的领域之一，经典的材料体系有 Ⅳ～Ⅵ 族半导体、方钴矿等。近年来，在中温区热电材料领域涌现出越来越多结构和机理异于传统材料体系的新材料，包括轻质元素镁基材料和宽禁带类金刚石体系等。

（1）Ⅳ～Ⅵ 族半导体

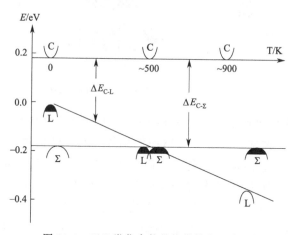

图 10-6　PbX 类化合物的能带结构示意图

Ⅳ～Ⅵ 族热电材料主要包括 PbX（X=S，Se，Te）[60]、SnX（X=S，Se，Te）[61] 和 GeTe 基[62] 等。其中，PbX（X=S，Se，Te）是具有双价带的窄带隙半导体，一个是位于 L 点的轻空穴带（L 带），另外一个是位于 Σ 点的重空穴带（Σ 带），如图 10-6 所示。L 带和 Σ 带在能量上的差异（ΔE）会影响载流子迁移率和 Seebeck 系数，从而影响其热电性能。PbTe 是中温区最具代表性的热电材料，其在结晶过程中会形成 Te 空位、Te-Pb 反位和 Pb 空位等缺陷，其中 Te 空位和反位缺陷会贡献 n 型导电，Pb 空位会贡献 p 型导电。因此通常会在富 Pb 条件下形成 n 型导电的 PbTe，在 Te 适宜的条件下会形成 p 型导电的 PbTe[63,64]。目前报道的 p 型 PbTe 最高 ZT 值可以达到 2.5[65,66]，而 n 型的最高 ZT 值能接近 2.0[67,68]。

（2）方钴矿

方钴矿是一种笼状结构材料，可用化学式 MX_3（M=Fe，Co，Rh，Ir；X=P，As，Sb）表示。每个单位晶胞有 32 个原子，包含 8 个 MX_3 单元。MX_3 单元为小立方体结构，其中有 6 个立方体的中心被 X 原子占据，剩余两个形成了两个本征晶格空洞。这两个本征晶格空洞半径可达 1.89 Å[69]，可以被稀土原子、碱土金属原子或镧系原子等填充成为填充方钴矿，由化学式 RM_4X_{12} 表示，其中 R 代表填充原子。两个填充原子 R 在晶格空洞中振动的位移距离大于 M 和 X 的原子半径，相当于 R 原子在一个大原子笼中"扰动（rattling）"，从而可大幅降低方钴矿热导率，与此同时填充原子对其电导率的影响很小。方钴矿表现出的这种特性称为"电子晶体-声子玻璃"特性。

方钴矿类材料众多，在热电研究中，最具代表性的是 $CoSb_3$ 热电材料体系，其晶体结构如图 10-7 所示。$CoSb_3$ 是一种带隙约为 0.22 eV 的窄带隙半导体，具有直接带隙，其导带底有三重简并。纯的 $CoSb_3$ 具有较高的载流子浓度和电导率，同时较平的能带可以为其提供大的有效质量和 Seebeck 系数，但过高的热导率会导致 ZT 值很低。因而，降低纯 $CoSb_3$ 的热导率是优化其热电性能的关键。例如，用 Ge 和 Te 替换 Sb，可以散射低频长波段的声子，降低晶格热导率，同时维持 $CoSb_3$ 的导电性不变[70]。

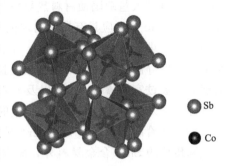

图 10-7　笼状材料 $CoSb_3$ 晶体结构

（3）中温区新材料体系

一般来说，经典热电材料大多为窄禁带半导体，且由较重的元素构成，而中温区有部分不同于传统选择的新体系，包括轻质元素镁基材料和宽禁带类金刚石体系等。

镁基材料主要有 $Mg_2(Si, Sn)$ 和 Mg_3Sb_2 等。其中 $Mg_2(Si, Sn)$ 是 Mg_2Si 和 Mg_2Sn 的固溶体，两者有着相似的能带结构，Mg_2Si 重电子带比轻电子带高 0.4eV，而 Mg_2Sn 则是轻电子带比重电子带高 0.16eV。随着 Sn 逐渐掺入 Mg_2Si 形成 $Mg_2(Si, Sn)$，轻重电子带会相互靠近，当 Sn 的比例在 $0.625 \sim 0.7$ 之间时轻重电子带会完全会聚，此时体系具有最大的有效质量，使其具有高的 Seebeck 系数和功率因子。而 Mg_3Sb_2 是一种同时具有低热导和低电导的材料，载流子浓度低至 $10^{-17}/cm^3$。因此，对于这类材料，调控热电性能的基本思路是通过掺杂提高载流子浓度。

类金刚石化合物是从单质 Si 及闪锌矿等金刚石结构派生而来的。金刚石结构中，碳元素的位置被其他元素交叉取代形成类金刚石化合物。这类材料有金刚石的高对称结构，并有优异的电学性能。自 2009 年四元类金刚石材料 $Cu_2CdSnSe_4$ 和 $Cu_2ZnSnSe_4$ 被报道后[71,72]，类金刚石结构化合物作为一类宽禁带半导体材料吸引了热电领域的关注，成为重要的新型热电材料体系。由 II-VI 型闪锌矿结构衍生的类金刚石结构化合物是热电领域主要的研究对象，如 I2-IV-VI3 类化合物、I-III-VI2 类化合物、I2-II-IV-VI4 类化合物和 I3-V-VI4 类化合物，它们分别对应黄铜矿结构、黄锡矿结构和脆硫锑矿结构。具体来说，p 型类金刚石结构热电材料体系有 $CuInTe_2$、$CuGaTe_2$、$AgInTe_2$ 等，n 型的有 $CuFeS_2$、$AgInSe_2$、Cu_2SnSe_3 和 Cu_3SbSe_4 等。

10.2.3　高温热电材料

常见高温区热电材料主要有 SiGe 合金和半哈斯勒体系两大类型，最佳工作温度通常在 900K 以上。其中 SiGe 合金是较为经典的材料，而半哈斯勒体系是近年来涌现出的热门体系之一。除以上两大体系之外，科研人员对 Zintl 相合金、钙钛矿等新型高温热电材料也进行了大量研究并取得了良好的热电性能。

（1）SiGe 热电材料

SiGe 合金与 Si 和 Ge 单质具有相同的类金刚石结构，因具有高熔点与窄禁带宽度，成为最经典的高温热电材料之一。SiGe 适用于 700K 以上的高温，并且在 1000K 左右时材料热电性能达到最佳，ZT 值约为 1.0，可用于太空中的放射性同位素发电、核电源系统中的温差发电器等[73]。Si 与 Ge 单质均具有较高的功率因子，然而单质 Si/Ge 极高的晶格热导率导致其 ZT 值较低，实际热电输出性能较差。通过制备 SiGe 合金[74]，二者形成的连续固溶体中带有的大量缺陷使材料热导率明显下降，促使合金材料热电性能的显著提升。根据理论分析，SiGe 合金应具有较高的理论 ZT 值，但受实际制备工艺的影响，当前该材料的热电性能远低于理论值[75]。在对 SiGe 合金热电性能进行优化时，有研究者采取热压烧结、行星球磨、放电等离子活化烧结和气相生长等技术[76,77]，从工艺层面对材料结构进行改良，也有研究者通过实施掺杂 B、P 以及 GaP 等不同杂质[78]，从成分配比方面对合金进行改性。两种途径均是希望通过综合调控合金的功率因子与热导率使材料拥有更高的 ZT 值。

（2）半哈斯勒（Half-Heusler）体系

除传统的 SiGe 合金材料外，研究人员针对另一类制造成本更低的高温热电体系半哈斯勒合金也展开了深入研究。半哈斯勒合金可以由化学式 XYZ（X、Y 为过渡金属元素，Z 为主族元素）表示，晶体结构由两个面心立方晶格与一个简单立方晶格组成，如图 10-8 所示。此体系利用元素间原子半径的差异增强声子散射，通过合金化或纳米化还可进一步降低合金的热导率。目前，研究最多的半哈斯勒体系是 ANiSn、ACoSb（A＝Ti，Zr，Hf）和 BFeSb（B＝V，Nb，Ta）等[79]。对半哈斯勒体系的优化，主要是通过调节 X 或 Y 位点的掺杂量后影响质量无序度控制热导率，或是调控提供电荷载流子 Z 位点

图 10-8　半哈斯勒合金晶体结构

的掺杂量改变电输运性质[80]。在合金制备时，由于各元素间物理性能差异较大，传统热电制备技术难以得到性能较好的材料。当前半哈斯勒合金的主流制备工艺是采用化合物预先熔炼后进行放电等离子烧结成型。除此之外，高能球磨机械合金化[81]、自蔓延高温合成[82]等新方法也逐渐被引入到合金的制备流程中。

（3）金属基热电材料体系

除以上两大类高温合金热电材料外，近来也不断有新兴的金属基材料涌现。例如 Cu 基材料与 Zintl 相合金等，都是具有极大潜力的高温区热电材料。其中，在以 $Cu_{2-x}Se$ 为代表的 Cu 基材料中，铜离子在高温时具有类液体特征，类液体行为所产生的横波阻尼效应能在降低比热的同时增强声子散射，使材料具有极低热导率，并且在 1000 K 时 ZT 值高达 1.5[45]。通过进一步的结构调控，例如微结构、相结构、亚晶格结构等，Cu 基热电材料 ZT 值在高温下可以突破 2.0[83]。而复杂 Zintl 相合金，以 $Ca_{1-x}RE_xAg_{1-y}Sb$（RE＝La，Ce，Pr，Nd，Sm）为例，当三价阳离子引入钙位点后会造成电子过剩，尺寸和电子效应将导致整个系统中阴离子网格的层间作用削弱、层内作用增强，电子能带结构由原先的金属特性转变为窄带半导体特征，功率因子会有显著的提升。此外由于 Zintl 相的特殊电子效应，晶体中含有大量的无序和缺陷结构，确保系列材料同时具有较低的热导率。经过对含 Ce 化合物结构的优化，最终获得了具有优异高温热电性能的材料（ZT～0.7，1079K）[84]。

（4）氧化物热电材料体系

到目前为止，金属基热电材料虽然具有较好的输出性能，但在高温条件下不太稳定且容易氧化，因此在高温和氧气环境工作时具有较高稳定性的氧化物热电材料逐渐受到重视[85]。

早期的观点普遍认为，由于强电子区域效应的陶瓷氧化物电导性能通常很差，同时氧化物一般具有较高的热导率，综合影响下热电性能很差。但直到 1997 年，Terasaki 等[86]对钴酸钠（$NaCo_2O_4$）陶瓷热电性能的报道改变了人们对氧化物材料的认识。研究发现层状结构的 $NaCo_2O_4$ 晶体中由于 CoO_2 层的良好电运输性能与 Na^+ 的无序排列，使材料在室温下不仅具有较高的 Seebeck 系数，而且还具有较低的电阻率和热导率。但是，由于在空气中的易潮解性与高于 1073K 时 Na^+ 的强挥发性，$NaCo_2O_4$ 后续的实际应用遭受到严重限制[87]。为了进一步提升该材料体系的稳定性与热电性能，可以通过多种金属元素（Li、Ca、Ba、Ag、Sr、Cr、Mn、Fe、Ni、Ti）掺杂替换 Na、Co 的方式来进行载流子浓度、热导率等性能的调控。以 $CaMnO_3$ 和 $SrTiO_3$ 为主要代表的钙钛矿型热电材料，由于出色的稳定性与较好的可调控性能，逐渐发展成一支独立的氧化物热电材料体系。钙钛矿型结构的氧化物通式为 XYO_3，X 位离子具有较大的离子半径，而 Y 位离子的离子半径较小，针对此类陶瓷材料一般通过掺杂改变能带结构来提高热电性能[88]。除了进行不同元素的掺杂外，制备工艺的优化改良在氧化物体系热电性能提升中也有重要的作用。在当前的研究中，采用的陶瓷氧化物制备工艺主要有高温烧结法、放电等离子烧结、溶胶-凝胶法、熔体生长法和溶剂热合成等[89]。以最简单的高温烧结优化性能为例，可以通过多次烧结与烧结时间控制，使氧化物内部形成不同尺寸大小的微纳米晶粒、共格界面和氧缺陷等非均匀织构[90]。优化后的材料不仅具有高功率因子，还因内部存在多尺度非均匀结构而产生大量声子散射，从而使得材料有较低的热导率。除此以外，在烧结过程中引入不同气氛、压力，可以实现氧化物的成分优化、晶粒细小化、块体致密化等功能，从多维度优化材料。目前高温氧化物热电材料虽然已有了较为全面且深入的探索，但是在输出性能方面相比于金属基高温热电材料仍存在明显的不足，在后续的研究探索中仍需要从成分改性和制备工艺两方面继续深化研究。

10.3　热电材料的制备方法

根据热电材料制备过程中主要的物相存在形式，热电材料的制备方法可以分为固相烧结法、液相合成法和气相沉积法三大类。其中固相烧结法主要是利用原材料的粉末或混合粉末在高温下物质的相互扩散，并辅以高压、等离子体活化、激光能量注入等手段，使微观离散颗粒逐渐形成连续的固态晶体结构。此类方法对于成型的材料种类适用性广，材料组织结构致密，可控性好，主要用于块体和片状热电材料的制备。液相合成法主要是指湿化学合成法，广义上讲，凡是有液相参加并通过化学反应来制备材料的方法都可统称为湿化学法。得益于纳米科技的迅速发展，量子限域效应和低维界面对声子的散射均有望大幅提升热电材料的性能，因此低维纳米热电材料的研究和制备也展示出新的活力，其中液相合成法主要用于制备一维和零维等纳米热电材料，并在纳米形貌控制上具有特殊优势。此外，二维以及准二维热电膜材料则主要由气相沉积的方法制备而成，气相沉积技术本质上是一种由气相到固相的转变过程，根据其中是否发生化学反应分为物理气相沉积和化学气相沉积两大类。在气相中各组分充分混合制备得到的材料组分均匀，并且易于掺杂控制。通过在基底上沉积热电薄膜并通过图案化技术制备得到热电薄膜器件，更适合与其他薄膜半导体电子器件集成使用。表 10-1 总结了热电材料的主要制备方法和特点，以及针对不同形态热电材料制备的适用性。

表 10-1　热电材料的主要制备方法及特点

制备方法	技术特点	热电材料形态
固相烧结法	高温高压等条件下粉末颗粒互扩散实现材料成型	块状、片状材料
液相合成法	在液相中通过化学反应制备低维纳米材料	零维、一维等纳米材料
气相沉积法	由气相到固相的转变并沉积到基底成膜	二维、准二维膜材料

10.3.1　固相烧结法

目前常用的固相烧结制备热电材料的方法包括热压烧结法（HPS）、放电等离子烧结法（SPS）、自蔓延高温烧结法（SHS）、区域熔炼法（ZM）及选择性激光熔化法（SLM）等，本节阐述了各种固相烧结制备手段的原理、主要特点以及相关热电材料体系的制备应用。

（1）热压烧结法

热压烧结法（hot press sintering，HPS）是一种高温、高压、低应变率的合成工艺，通过在烧结过程中施加外部应力场合成高致密度块体材料。如图 10-9 所示，将预制样品的松散粉末或预压实的生坯放入石墨模具，利用感应加热或电阻加热等方式将样品加热至几百摄氏度以上，并于两端施加兆帕级别高压进行烧结成形。其中，感应加热是将导电导热模具放入感应线圈中，利用高频电磁场在模具内产生热量。电阻加热则是将模具放置于真空或保护气氛中，通过电流加热腔室边缘的石墨加热元件，利用热对流实现模具内材料的高温加热合成，该方法加热的模具温度分布均匀，可以制备直径达 150 毫米的大尺寸样品[91]。

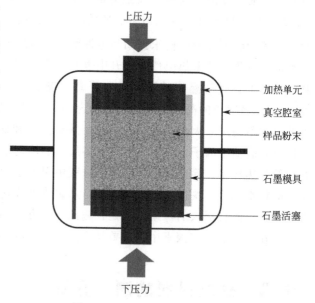

图 10-9　电阻式加热热压示意图

（加热单元、真空腔室、样品粉末、石墨模具、石墨活塞；上压力、下压力）

热压烧结相较无压烧结，材料致密化周期更短，烧结温度更低，但具有设备成本高，生产率低的缺点[92]。

目前，热压烧结法主要应用于高性能块体热电材料的制备，热压烧结过程引起的晶粒重排、晶界扩散及缺陷消除能明显改善晶粒尺寸，优化材料的热电性能与机械性能。例如，Zhu 等[93]利用机械合金化结合热压两步法制备了高性能 TaFeSb 基半哈斯勒材料，在 973K 时其最大 ZT 值可达 1.52。Wei 等[94]将商用 $Bi_2Te_{2.8}Se_{0.2}$ 合金经高能球磨后进行热压烧结，通过调节一步烧结过程的峰值温度实现了材料内部类施主效应的调控，在 440 K 下其 ZT 值可达 1.1。

（2）放电等离子烧结法

放电等离子烧结技术（spark plasma sintering，SPS）也称为场辅助烧结技术（the field assisted sintering technique，FAST）或等离子体活化烧结技术（plasma activated sintering，PAS），是近几年发展迅猛的一种新型快速烧结技术（图 10-10）。该技术是一种压力辅助脉冲电流工艺，通过在承压导电模具两端施加可控脉冲直流电流，利用外部模具及粉末样品自身电阻产生焦耳热，同时使样品与模具间隙处的气体被击穿产生放电等离子体，使晶粒表面活化，促进晶粒间局部键合。相较于传统电阻式加热，脉冲直流电流加热具有更高的加热速率（1000℃/min），有助于绕过低温阶段表面扩散主导的质量传递过程，从而延缓晶粒粗化，因此可获得致密度高且细小均匀的晶粒组织[95]。相较于传统热压烧结（HP），放电等离子烧结技术能实现快速升温及冷却，且具有烧结时间短、能耗低、成品体密度高、晶粒形貌及结构更易控制等优点[96]。

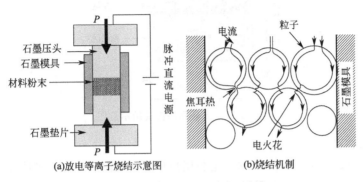

(a)放电等离子烧结示意图　　(b)烧结机制

图 10-10　放电等离子烧结法[97]

目前常用的碲化物、硒化物、硫化物以及 Half-Heusler 等热电体系均可采用 SPS 技术实现高效率快速制备[98]。例如，Yang 等[99]利用球磨结合 SPS 制备出具有纳米缺陷结构的块状 BiSbTe/非晶硼复合材料，通过引入纳米结构和高密度位错有效降低了晶格热导率，同时优化电荷输运性能，材料在 375K 下 ZT 值可达 1.6。2021 年，Jiang 等[100]利用 SPS 技术制备出 Cd、S、Te 合金化的 p 型 PbSe 高熵合金，在 900 K 处其峰值 ZT 可达 2.0。

（3）自蔓延高温烧结

自蔓延高温烧结技术（self-propagation high-temperature synthesis，SHS）是一种利用反应原料的高化学反应焓，通过自加热及自传导实现快速制备的先进制备技术。在自蔓延高温合成中，首先制备反应原料混合物生坯，通常由粒径 10～100 μm 的原料粉末按最终所需化学计量比在 20～500 MPa 下混合冷压制成。如图 10-11 所示，该制备方法是利用瞬时高温脉冲局部点燃胚体，由局部放热反应释放的大量能量逐层预热，并点燃周围未反应区域，通常能以 0.1～10 cm/s 的速度沿材料传播[101]。自蔓延反应的持续进行需要满足基本热力学反应判据，即该反应的绝热燃烧温度应高于原料中低熔点组分的熔点[82]。反应一旦开始，SHS 可以在几秒内完成合成，这种方法具有制备效率高、产品纯度高、能量要求低、工艺相对简单等优点。但由于无外部力场施加，因此所制备的材料孔隙率大，故常与 SPS 等技术联用以促进材料致密化。

SHS 技术最早于 2012 年尝试用于制备氧化物热电材料[102,103]，2014 年 Su 等[82]将 SHS 技术应用于 Cu₂Se 体系，并提出了自蔓延燃烧反应热力学判据，证明了几乎所有复合热电材料均可使用 SHS 技术以单相形式合成。2019 年，Xing 等[104]利用非平衡 SHS 工艺批量合成出 n 型 $Zr_{0.5}Hf_{0.5}NiSn_{0.985}Sb_{0.015}$ 和 p 型 $Zr_{0.5}Hf_{0.5}CoSb_{0.8}Sn_{0.2}$ 半哈斯勒合金，通过引入密集位错阵列极大降低了晶格热导率，ZT 值分别达 1.07 和 0.92。2021 年 Bai 等[105]采用 SHS 法制备多晶 α-Cu₂Se，再经等离子活化烧结 SPS 得到最终产物，发现当温度达到 Cu₂Se 由有序 α 相到无序 β 相的相变点时，Cu 离子的局部迁移产生应变场，造成 Se 亚晶格体积瞬间变化，使得载流子迁移率降低，电阻上升而热导率大幅降低。

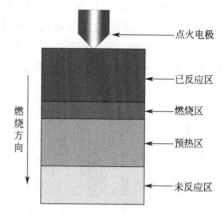

图 10-11　自蔓延高温烧结示意图

（4）区域熔炼法

区域熔炼法（zone melting，ZM）是利用高频加热线圈或聚焦红外线加热材料局部区域致其熔融，通过移动加热感应区实现锭料的完全结晶，其原理如图 10-12 所示。由于同种物质在固液相不同状态下存在密度差，故可利用相转变引起的体积变化作为驱动力，通过控制熔融区的移动实现原料中可溶性杂质的重新分配或相提纯。ZM 法具有工艺流程简单、易于自动化控制、适于批量化生产等优点，是目前商用 Bi_2Te_3 基热电材料的常规制备工艺。由于该技术中高频线圈或聚焦红外线直接加热材料本身，无需外加坩埚，故制备的晶体纯度较高，可用于材料提纯及单晶制备。

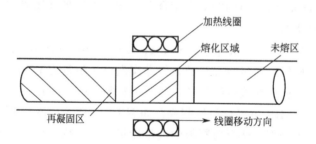

图 10-12　区域熔炼法示意图

ZM 工艺在热电领域中的应用除了制备常规本征材料外，还可利用区域匀质过程消除掺杂相的分凝效应，实现均匀相掺杂。例如，Duan 等[106]针对商业区熔法制备的 (Bi, Sb)$_2$Te$_3$ 体系机械强度差的问题，利用中温区高硬度 $Ge_{0.5}Mn_{0.5}Te$ 材料第二相合金化降低晶格热导率，在提高热电性能的同时极大改善了机械性能，该材料在 350 K 下 ZT 值超过 1.1。除 Bi_2Te_3 基体系外，ZM 技术在其他材料体系也有广泛应用。例如，He 等[107]利用 ZM 法在 SnTe 体系中掺杂 Mn，通过抑制 Sn 空位浓度同时增加带隙调节电子能带结构，优化了本征 SnTe 的电输运性能，制备的高结晶性 p 型 $SnMn_{0.07}Te$ 在 920 K 下 ZT 值可达 1.25。

（5）选择性激光熔化法

选择性激光熔化法（selective laser melting，SLM）是利用刮刀或滚筒将粉末铺制于平台上，通过控制聚焦激光束路径，选择性熔化印刷层粉末，未熔化的粉末保留在粉床中以支撑后续印刷层。待印刷层凝固，平台下移单个层厚距离，重复铺粉和激光烧结操作直至打印完成[108]，如图 10-13 所示。选择性激光熔化作为一种新兴的增材制造技术，近年来在热电材料领域受到广泛的关注。相较于前述四种烧结手段，SLM 技术能实现复杂形状热电材料的快速直接成型，所制备的材料具有良好的成型精度，且该工艺具有 $10^4 \sim 10^6$ K/s 的快速冷却速率[109]，故能制备具有超细晶粒结构、力学性能优良的材料。

SLM 作为一种成熟的金属增材制造技术近年来逐渐应用于热电领域。2016 年 El-Desouky 等[111]首次通过 SLM 技术加工 Bi_2Te_3 材料，并探索了加工参数对熔池深度和所得微观结构的影响。此后，Qiu 等[112]首次将热爆炸技术与

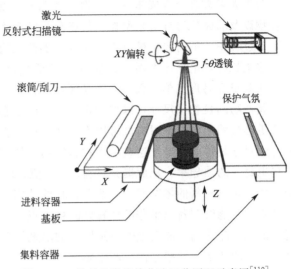

图 10-13　选择性激光熔化法工艺原理示意图[110]

SLM 相结合，获得了高织构化的 p 型 $Bi_{0.4}Sb_{1.6}Te_3$ 块体材料，其抗压强度约为 ZM 技术制备样品的 2.5 倍，在 316K 下 ZT 值达 1.1。2021 年 Shi 等[113]首次利用 SLM 实现以 Sb 和 Te 单质粉末为原料直接合成单相 p 型 Sb_2Te_3 化合物，在 323 K 时该材料功率因子达 $19\mu W/(cm \cdot K^2)$。

10.3.2　液相合成法

液相合成法可分为乳液合成法和溶剂热合成法两大技术路径，这种方法主要用于制备零维量子点、一维纳米线、二维纳米片和三维纳米颗粒等不同微观形貌的纳米热电材料。相比于其他材料制备方法，液相合成法具有制备工艺简单、成本低廉、适用体系广等优势，同时在制备过程中还可以实现丰富的多维纳米结构控制。

（1）乳液合成法

乳液合成法一般指将具有特定配位官能团的有机长链分子溶剂密封于合适的容器中，然后选择性通入反应性或惰性气体，并采取一定的分散措施制成反应前驱液。将该反应前驱液与胶束类表面活性辅剂混合形成胶束乳液后，在高温液相中发生化学反应，即可生成纳米晶体，如图 10-14 所示。

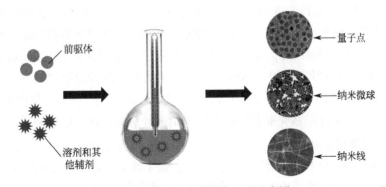

图 10-14 乳液合成法制备过程示意图

对于大多数乳液合成体系，产物的微观形貌都可以通过改变溶剂分子结构、阴/阳离子配合物以及前驱体等方式来调控，最终获得的产物形态以量子点、纳米线为主。乳液合成法在制备过程中一般需要机械搅拌、振荡、加热或通气体等其他辅助条件来加速化学反应。这种方法生长的热电晶体表面会包裹有一定厚度的有机分子胶束，胶束之间因为存在排斥作用，因此很容易形成单分散的纳米晶颗粒。也正因为乳液合成过程中纳米颗粒的分散性特别好，其产物晶粒特征尺寸可以控制在 $1\sim100nm$ 范围内，所以大多数的零维量子点、一维纳米线等形貌的热电纳米材料都可以由乳液合成法获取。此外，由于该方法制备的热电纳米材料特征尺寸足够小，基于这些纳米材料烧结的体相材料中很容易引入大量的晶界，有利于降低热电材料的热导率，从而提升材料的 ZT 值。同时，利用该方法制备的纳米颗粒还可以用于对体相热电材料的掺杂调控，改善材料的功率因子。乳液合成法具有工艺简单、操作便捷的特点，且能够制备出单分散性较好的量子点、纳米线等特殊结构纳米材料，但是此类方法制备的纳米晶表面一般会吸附一定厚度的溶剂、配体等有机分子，且不易清洗，可能会对最终制备出的产物电导率等性能产生影响。

(2) 溶剂热合成法

溶剂热合成法（图 10-15）源自于水热合成法，其制备原理和反应过程与水热合成法类似，都是指在密闭环境下，以有机物或非水溶媒作为溶剂，在高温条件下由溶剂蒸发将体系的压力维持在较高状态，促进容器中前驱物的反应进程，加速并诱导新的反应物相生成的一种合成方法。

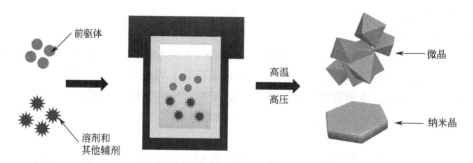

图 10-15 溶剂热合成法制备过程示意图

高温与高压条件是溶剂热合成体系的显著特点，高温高压赋予了溶剂热合成过程中纳米颗粒充分的热力学平衡式生长条件，一般获取的纳米颗粒特征尺寸可以控制在 $50nm\sim10\mu m$。制备出的产物形貌以二维纳米片、三维纳米颗粒为主。相比于乳液合成法，由溶剂热合成法获取的热电纳米颗粒的晶体生长更为完善，基于这些纳米颗粒烧结而成的体相热电材料载流子迁移率高，同时结合大量晶界对声子的散射作用，溶剂热合成法成为了制备高性能热电材料的一种有效途径。例如，Hong 等[114]采用简易微波辅助溶剂热方法制备的碲化铋纳米片材料，在 440K 左右温度下，其 ZT 值可达~1.0。Liang 等[115]采用分步溶剂热法制备了独特的二维 $Bi_2Te_3@Sb_2Te_3$ 核壳嵌套结构的热电纳米片材料，这一结构展示了溶剂热法在材料微观结构设计与调控方面的潜力。Yang 等[116]采用溶剂热法制备的 $Pb_{0.95}Bi_{0.05}Te$ 纳米立方体材料，在 675K 下材料的 ZT 峰值达到了 1.35。除了将上述材料直接烧结成型外，溶剂热制备的纳米颗粒还可用作纳米掺杂材料。例如，Xin 等[117]采用低温微波辅助溶剂热制备的 SnTe 纳米长方体，通过将这些纳米颗粒与 α-MgAgSb 共烧结，复合后材料的功率因子得到大幅提升，相关热导率也明显下降，使得材料的热电性能得到明显提升。

10.3.3　气相沉积法

研究表明，将热电材料低维化是一种有效提升热电材料性能的方法[118~120]。这是因为相对于传统的块体热电材料而言，薄膜热电材料中存在的大量晶界可以加强声子散射，降低材料的热导率。同时，在二维平面方向，材料的电输运受到周期性界面的限制，电子态密度会增大，使得材料的 Seebeck 系数提高。因此近年来通过气相沉积法制备薄膜热电材料也受到了研究人员的广泛关注[121]。根据沉积原理的不同，气相沉积法可以分为物理气相沉积（PVD）和化学气相沉积（CVD）两大类。气相沉积技术本质上是一种由气相到固相的转变过程，反应过程需符合气相到固相的相变规律，其驱动力是亚稳态的气相与固相间的吉布斯自由能差。在气相沉积过程中，气态的被沉积物粒子组分能够充分的混合，十分有利于掺杂控制成分，适用于制备各种尺寸的薄膜材料，并且基底可以为不规则形状。

（1）物理气相沉积

物理气相沉积是指采用热蒸发、高能粒子轰击等物理方法，将被沉积物原材料转变为气态或离子态，最终沉积到基底表面形成薄膜。物理气相沉积从最早被用来沉积各种金属、合金薄膜材料，发展到现在还常用于沉积陶瓷、高分子以及半导体薄膜材料等。最常用的热电薄膜材料制备方法主要有真空蒸镀和磁控溅射，如图 10-16 所示。

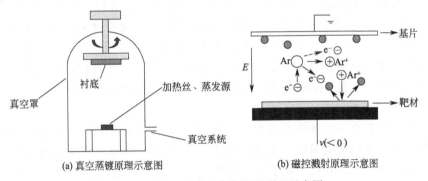

(a) 真空蒸镀原理示意图　　　　(b) 磁控溅射原理示意图

图 10-16　典型的物理气相沉积原理示意图

真空蒸镀是在物理气相沉积法中应用得最早的技术，其基本原理是在高真空条件下，利用电阻加热或者采用电子束等高能粒子轰击原材料，将原材料加热蒸发成气态，然后沉积于基体表面凝结形成薄膜。真空蒸镀法因具有工艺简单、成膜速度快且速率可控等优点，因而也被应用于热电薄膜材料的研究中。例如，Fan 等[122]采用两步热真空蒸镀法在单一蒸发源条件下成功制备了最佳化学计量比的 Bi_2Te_3 薄膜。通过快速热处理后，该薄膜的结晶度明显提高，Seebeck 系数显著增大，功率因子也相应提高，表现出良好的热电性能。Takashiri 等[123]采用闪蒸法制备了高度定向的 $Bi_{0.4}Sb_{1.6}Te_3$ 薄膜，通过在氢气气氛中退火后，该薄膜的功率因子达到 35.6 $\mu W/(cm \cdot K^2)$。Xiao 等[124]使用电子束蒸发制备了具有超晶格结构的 Bi_2Te_3/Sb_2Te_3 多层薄膜结构，该结构由总共 20 层相互交替的 Bi_2Te_3 和 Sb_2Te_3 薄膜构成，每层的厚度仅在 1.5nm 左右，这种多层纳米结构对器件的开路电压及功率具有显著的提升。相比于其他气态沉积工艺，虽然真空蒸镀法的沉积速度快，但通过这种方法制备出的薄膜与基底结合力较差，容易发生脱落，这给后续热电器件的集成工艺造成了困难。

磁控溅射法是在 20 世纪 70 年代发展起来的一种物理气相沉积方法，其基本原理是电子经过电场的加速作用，与溅射腔室中的氩气发生碰撞，使其电离产生 Ar^+，Ar^+ 受到电场作用后高速撞击阴极靶材，使靶材飞溅并沉积到基底表面形成薄膜。使用磁控溅射法制备热电薄膜，可以通过改变溅射温度、溅射气压等参数，调控薄膜微观形貌，进而改善薄膜的热电性能。例如，Zhang 等[20]采用简单的磁控共溅射方法，通过优化溅射参数，制备出具有高（001）取向的柱状生长 Bi_2Te_3 纳米薄膜。与普通 Bi_2Te_3 薄膜以及块体材料相比，该薄膜的载流子迁移率和电子散射大大提高，使得薄膜的电导率和塞贝克系数显著提高。此外，柱状结构间的晶界可有效增强声子散射，使得薄膜热导率显著降低，最终制备出的 Bi_2Te_3 热电薄膜功率因子达 33.7 $\mu W/(cm \cdot K^2)$。Tan 等[125]采用磁控溅射法，通过调控沉积温度可以增强所制备的 $Bi_{0.5}Sb_{1.5}Te_3$ 多晶薄膜织构，从而显著提高载流子迁移率和电导率，使得该薄膜在室温下的 ZT 值达到 1.5。相比于真空蒸镀，磁控溅射法制备的热电材料薄膜更加致密、均匀，且材料的微观结构可控性更强，但其沉积速度比较慢，薄膜的晶体缺陷较多，需要热处理等工艺进行改善。

除了真空蒸镀和磁控溅射法以外，新发展起来的分子束外延和脉冲激光沉积等薄膜制备方法也被研究人员用于热电材料的制备[126~128]。其中，分子束外延法是在超高真空的条件下，具有一定热能的原子或分子经过小孔准直后，直接喷射到基底上而形成薄层。使用分子束外延技术，能够稳定且精确的控制薄膜单原子（分子）层外延，实现极好的膜厚控制精度，但这种方法所需的设备极其昂贵，且薄膜生长速度慢。脉冲激光沉积法则是利用高能量密度的脉冲能量轰击靶材，产生的等离子体经过电场作用后沉积到基底上形成薄膜。利用这种方法制备热电薄膜材料具有沉积速率快、组分可调且易于实现多层薄膜沉积的优势，但是激光与材料作用时，容易引起材料表面颗粒飞溅，使得薄膜生长质量下降。

（2）化学气相沉积

化学气相沉积是在一定条件下利用气态或蒸汽态的被沉积物质，在加热的基底表面发生化学反应生成固态物质形成薄膜，其原理如图 10-17 所示。根据沉积工艺和原料的不同，化学气相沉积可以分为金属有机物化学气相沉积、等离子化学气相沉积、激光诱导化学气相沉积、低压化学气相沉积等。

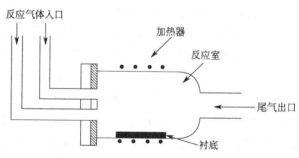

图 10-17　化学气相沉积原理示意图

金属有机化合物气相沉积法（MOCVD）是比较常用的化学沉积制备热电薄膜材料的方法。这种方法是在反应过程中，利用载气将被气化的金属有机化合物输运到化学反应室中，经过加热的基底会使金属材料有机合成物质进行热分解产生催化作用，从而在基底上生成薄膜。MOCVD 法可制备单晶、非晶以及多晶等多种薄膜，通过控制厚度也能制备得到超薄原子层，并且易于规模化地生产制备得到具有复杂组分的薄膜材料，因此这种薄膜制备方法也受到了热电研究人员的关注。例如，Venkatasubramanian 等[120] 通过低温 MOCVD 技术沉积的 p 型半导体 Bi_2Te_3/Sb_2Te_3 超晶格薄膜具有约 $130\mu V/K$ 的 Seebeck 系数，沉积的 n 型半导体 $Bi_2Te_3/Bi_2Te_{2.83}Se_{0.17}$ 超晶格薄膜具有约 $-238\mu V/K$ 的 Seebeck 系数。Bulman 等[129] 使用 MOCVD 制备了一种 p 型半导体 Bi_2Te_3/Sb_2Te_3 超晶格薄膜，其 Seebeck 系数达到了 $238\ \mu V/K$。同时利用该方法制备的一种 δ 掺杂的 n 型半导体 $Bi_2Te_{3-x}Se_x$ 超晶格薄膜，其 Seebeck 系数达到 $-278\ \mu V/K$，且两种材料的电导率均达到了 $9.80\times10^4\ S/m$。

化学气相沉积是近几十年发展起来的，主要用于制备无机材料的新技术。与物理气相沉积法相比，化学气相沉积所需设备简单、成本低、易于规模化生产，且可在复杂形状的基底上进行镀膜。但通常这类方法产生的气体容易对环境产生污染，且有一定的腐蚀性，因此在使用上会受到一定的限制。

10.4 热电器件的基本结构与应用

基于三大热电基本物理效应，热电器件是一类可以实现热能和电能之间相互转换的功能器件。热电器件一般由基底材料、电极材料以及由 n 型和 p 型热电材料构成的热电对集成而成。根据使用场景的不同，热电器件在尺寸和结构设计上会有所区别。从尺寸上，热电器件主要分为块体器件和微型器件两大类，从结构设计上可分为面外型器件、面内型器件以及混合型结构器件。根据器件中热电材料选取的不同，热电器件可在不同热流密度和温区下工作。如以碲化铋基材料为主的热电器件主要用于 300 ℃ 以内低品位热能的发电和近室温区的制冷，而以 SiGe 和 Half-Heusler 等体系为主的热电器件则主要用于高温热源发电。随着物联网技术的发展和芯片集成度的大幅度提升，微能源收集与热电自供电技术成为如今的研究热点。此外，拥有高制冷功率密度的热电薄膜制冷器件也是实现"热点"靶向主动制冷的最优解决方案之一，上述需求也将牵引高密度热电微器件的研究和发展。本节将主要从热电器件的基本结构、应用和展望等方面进行相关阐述和介绍。

10.4.1 热电器件的基本结构

(1) 常规热电器件的结构

热电器件一般由 n 型热电臂、p 型热电臂和将它们连接起来的金属电极组成。器件冷热两端采用绝缘导热的材料进行封装，可同时起到保护和支撑主体结构的作用。由于单个热电单元的输出电压较低，因此通常需要将多个热电对进行热并联和电串联，形成可以实际应用的热电器件。常规热电器件的结构主要有三种类型，分别为 π 型、O 型和 Y 型[130,131]。

π 型热电器件是目前最常用的器件结构，如图 10-18(a) 所示。在 π 型热电器件中，热电对集成在两块绝缘导热的陶瓷板（如 Al_2O_3 或 AlN 等）之间。由于采用的是刚性陶瓷基板，因此仅适用于平面热源，而无法在不规则曲面上进行应用。π 型热电器件的热流沿垂直于陶瓷基板的方向单向传输，通过优化器件的结构设计，可以最大限度地提高材料使用过程中的性能，实现高转换效率。然而在 π 型热电器件的使用过程中，冷热表面通常处于约束状态，由于垂直方向的温差会导致不同材料的热膨胀差异，因此很可能引起比较大的热应力，影响器件整体可靠性。近年来柔性电子技术发展迅速，采用柔性的电连接方式（液态金属、蛇形电极等）替代传统的电连接，并使用柔性材料对器件进行封装，大大拓展了 π 型热电器件的应用场景。

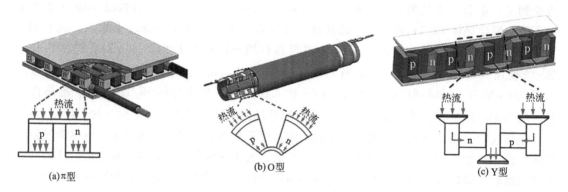

(a)π型　　　(b)O型　　　(c)Y型

图 10-18　常规热电器件的基本结构

对于 O 型热电器件，n 型和 p 型热电臂沿柱状热源同轴交替排布，如图 10-18（b）所示。通过在各热电材料层之间添加绝缘材料层，以实现相邻热电材料之间的电绝缘，同时采用弯曲的电极来连接相邻的热电材料，这种环形热电装置适用于管道等规则的曲面热源。O型热电器件的热流沿圆柱形热源的径向传输，这一特性给温度场和电场的优化设计带来了困难。此外，特殊形状的热电臂与金属电极的焊接等器件的集成工艺比平面器件更加困难，制造成本也高得多。

如图 10-18（c）所示，与 π 型热电器件类似，Y 型热电器件的 n 型和 p 型热电臂夹在电极连接板之间，但热电臂是横向串联起来的，这样的设计避免了由于材料热膨胀系数的不同而引起的应力集中，在热电材料的高度和面积设计上提供了更大的灵活性。同时，这种 Y 型结构使得各热电模块在结构上可以独立优化，各热电材料可以具有不同的高度和界面结构，有利于分段结构的制造。但是 Y 型器件中热电材料的热流密度和电流密度不均匀，在一定程度上影响了热电材料的最大输出性能，降低了器件发电效率。此外，连接冷热两端的电极连接板也会造成相当大的热漏，这也使得 Y 型热电器件的转换效率难以提高。

（2）微型热电器件的结构

热电器件的微型化是热电转换应用的重要延伸。随着集成电路的发展，微电子系统的功耗在不断降低，而这些低功耗微电子系统迫切需要一种高功率密度、长寿命的微型电源来替代现有的化学电池，这使得微型薄膜热电器件在微功率领域具有重要的应用前景。尽管目前微型薄膜热电器件的制造技术复杂，性能也低于传统结构的块体热电器件，但它们在微电子供能和制冷方面的巨大潜力近年来也引起了广泛关注。根据热流方向与热电臂所在平面的相互关系，薄膜热电器件的结构可分为面外型、面内型和混合型三种[132~134]。

面外型结构又称夹层结构，如图 10-19（a）所示，器件热流的方向与薄膜平面相互垂直，目前广泛应用于商业化的块体热电器件中。这种类型的薄膜热电器件具有结构设计简单、热端面积大、热量利用率高等特点，因此具有较大的输出功率以及较高的转换效率。然而，面外型薄膜热电器件与其他类型相比，其主要缺点是制造难度大，对薄膜的性能和制备工艺要求高，并且制备过程需要考虑金属电极与半导体材料之间的界面问题。此外，对于薄膜器件来说，这种结构很难建立大的温差，因此亟需发展厚膜制备及加工工艺。

相比面外型器件来说，面内型热电器件的制备工艺相对简单，且能够兼容目前已经较为成熟的集成电路制备工艺。这种结构的器件热流方向与薄膜平行，如图 10-19（b）所示，器件的热流沿面内传输，很容易建立起较大的温差。然而，由于面内型热电器件是通过薄膜来

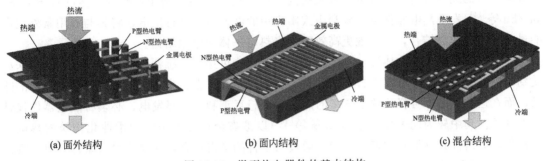

图 10-19　微型热电器件的基本结构

传输热量，其吸热面积小并且在热量传输的过程中很容易流失，因此热利用效率较差。此外，为了建立大的温差，这种结构的器件热电臂一般需要设计的比较长，导致器件的内阻会比较大，使得这类器件更适合用于红外传感器、热流传感器或功率传感器等传感领域，而很少用于发电。

对于混合结构热电器件，其性能介于上述两种结构之间，但又综合了它们的优点，并且也可兼容集成电路制备工艺。混合结构器件热流传输与面外型类似，如图 10-19(c) 所示，虽然热电臂平行排布于基片，但整个器件的热流是垂直薄膜方向流动，这有利于器件的封装。优化热流的传输是提高混合型热电器件输出功率设计的关键，通常可以通过在热电臂的下方或上方引入空腔，或在热电臂的冷热端涂覆金属层以增强器件与周围环境的热交换，以及改变热电臂的形状和分布等方式实现。

10.4.2　热电器件的应用与展望

热电器件的应用根据其温差电转换原理可以分为两大类。第一类为利用温度梯度引起的载流子定向移动来实现废热捕获发电的热电发电器件。第二类是利用载流子流动实现热能从器件一端转移至另一端的热电制冷器件。近年来，物联网、可穿戴设备等领域对小型自供电电源和小型制冷器的需求不断增长，热电器件的应用也迎来了快速发展时期。

（1）热电发电器件

随着环境问题的日益严峻，世界各国对可再生、无污染的绿色能源诉求也不断提升。以热电材料为核心的热电器件，可以直接将热能转换为电能，且具有无运动部件、可长期服役和无污染等突出优势[135~137]。为了实现热能向电能的转换，热电器件的冷端和热端之间必须存在温度梯度。热电发电器件根据热源的种类可以分为发热热源和放射性热源两大类[138]。

在工业余热利用方面，Xing 等[104]基于新型半赫斯勒热电材料，使器件在中温区的热电转换效率达到 8%～12% 的高水平，大大扩展了热电器件在工业废热利用方面的前景。针对汽车发动机、排气管等空间狭小，且存在大量废热的场景，Lu 等[139]将热电发电器件集成在汽车排气管道上进行余热收集，并通过排气管道内结构设计实现长时间高稳定的温差建立。另一方面，随着微电子设备的发热功率大大提高，针对集成电路热收集的微型热电器件受到了越来越多的关注。如 Yu 等[140]在 2020 年利用超快激光刻蚀工艺，实现了在 $1cm^2$ 内集成 200 对热电臂的热电微器件制备。由于整个器件的厚度仅约 0.5mm，因此可以很容易的集成于高功率芯片上，利用芯片余热实现集成电路内的传感器自供电。此外，微型热电器件也可和光伏电池集成在一起，实现光热电能源一体化，这样可以进一步利用光伏电池工作过程中产生的废热进行二次发电，有效提高太阳能电池的热能利用，提升整体的输出功率。如 Zhu 等[141] 发现热电器件可有效利用太阳光中的红外波段进行发电，将其与利用紫外波段能量的光伏电池相结合，可实现更高效率的光热电一体化电池结构。

另一方面，利用人体体温与环境之间的温差，为可穿戴传感器件发电的技术在近年来亦受到了广泛的关注。人体作为自然热源具有持续稳定性，在正常状态下可释放约 100W 的热量，而在运动状态下可释放约 525W 的热量。要想真正利用体温发电，必须将热电器件设计为柔性的。其中较为代表性的是 Suarez 等[142] 以液态金属为电极实现柔性化构筑的热电发电器件，该器件具有优异的弯折性能，通过与手臂的紧密贴合，在自然对流条件下可实现约 $30\mu W$ 的持续体温发电。除了柔性化之外，热电发电器件的输出电压偏低、输出随温差波动的问题仍阻碍着其实际应用。为此，Kim 等[143] 将热电器件与电源管理器集成到一起，实现了 3.3V 的稳定输出。将该系统应用于脉搏传感器的供电后，成功实现了自供电脉搏信号监控。此外，为了获得长效稳定的高输出，他们将相变材料集成在器件冷端，实现了 22 小时的高性能输出（$13\mu V/cm^2$）。2021 年，Zhu 等[144] 制备了一种可拉伸、可修复、可回收的热电器件。他们采用一种具有自修复功能聚乙烯亚胺作为器件基底，与液态金属电极结合，制备出的器件具有 50% 可拉伸度，并且在受损后一定程度上可自修复，实现了可回收再利用的可穿戴型热电器件，展现出热电器件在柔性可穿戴领域应用的广阔前景。

此外，针对物联网领域中种类繁多的小微型传感器的供电需求，微型热电发电器件也因其芯片级尺寸、轻质化和可持续供电的优势而受到了科研工作者的广泛关注。其中，Wang 等[145] 在 2020 年通过柔性可穿戴热电微器件利用采集人体体温与环境之间的温差，为触觉传感器进行供电，可实现人体脉搏信号的实时监控，促进了热电微型发电器件在生命体征监测领域的发展。在这之后，Kim 等[146] 于 2021 年利用热电器件和锂电池结合，实现体温收集后长期稳定供电的能源系统，并演示了利用该系统对人体血糖信号的长期监测。这些研究工作展示了热电发电器件在物联网、可穿戴及电子皮肤领域内广阔的应用前景，正吸引着越来越多科研工作者对这一领域的关注。

（2）热电制冷器件

利用热电器件的 Peltier 效应实现制冷是热电器件的另外一个重要应用领域。相对于传统的压缩机制冷方式，虽然热电器件的制冷效率还相对较低，但其在小空间主动制冷领域是目前唯一的可行手段。同时，热电器件不需要运动部件、无污染的特点也更符合便携式制冷设备的设计需求[147]。目前，以热电制冷器件制作的小型车载电冰箱、手机散热器等便携式制冷设备已经实现商业化应用，走进了人们的日常生活中。此外，热电制冷器件也被用于温控平台的控温当中，这些应用已经相当成熟。其中，典型的应用场景为对红外热成像系统的制冷应用。由于红外热成像的探测器元件需要低温至深低温的应用环境和恒温的控制需求，与热电制冷器件全固态、可在低温环境运行和制冷温度可控的特征具有极高的匹配性[148]。

另一方面，针对微电路的控温需求，制冷微器件的研究亟待发展。随着新一代微处理器的热耗散功率提升，微系统的控温方式正逐渐成为限制摩尔定律持续生效的一大因素。通过热电微器件实现局部热点控温成为一种可行的解决途径[149]。早在 2009 年，Chowdhury 等[150] 利用热电微器件给高功率芯片降温，可实现芯片表面主动制冷 7.3 K 的卓越效果。2016 年，Bulman 等[129] 通过引入超晶格热电材料热电微器件实现了超大制冷功率，其最大制冷功率密度可达 258 mW/cm^2，比普通热电器件高出一个数量级以上。2018 年，Li

等[151]利用热电微器件实现 6 K 温差的快速制冷，整个器件的厚度仅在几十微米量级，并且可实现毫秒级的高速响应，推动了主动控温技术的发展。

随着柔性热电器件的发展，柔性制冷器件同样被考虑应用于人体降温。如 Hong 等[152]在 2019 年基于柔性高分子材料构筑的可拉伸热电制冷器件，通过镂空的散热结构获得了超过 10 K 的最大温差，制冷 COP 可达 1.5。热电制冷器件的优势不仅在于其易于贴合人体，而且还可以通过控制电流的大小，有效控制其制冷量，从而获得符合人体需要的温度。目前已有应用于人体散热的商业化热电器件。

（3）热电技术应用展望

随着热电技术的发展，热电器件的应用场景越来越多，逐渐走进了人们的生活当中。热电器件依靠其独特的热电相互转换特性，在诸多领域展现出巨大的商业前景和不可替代性。随着物联网技术的发展，对自供电功能的需求难以由锂电池满足，亟需可利用余热实现供电的热电发电器件，柔性热电发电也逐渐发展为下一代可穿戴电子设备的关键技术[153]。同时，更高集成度的芯片必将面临着更高的热耗散功率，基于微型热电制冷器件的点对点主动热控，可打破散热设计对微电路系统的限制[154]。此外，深低温红外热成像、激光激发器、雷达相控阵列等精密仪器均迫切需要对设备局部区域进行精确控温[155]。然而，当前受限于热电材料的性能和集成工艺的限制，热电器件的性能和能量转换效率仍处在较低水平，这也限制着它的实际应用场景。可以预见的是，随着热电材料性能的进一步突破以及器件集成工艺的发展，热电器件的性能取得突破后必将在未来社会中具有更广泛和无可替代的作用。当前，商业化应用最广泛的块体热电器件，仍有集成对数低、体积大的缺陷。而对于微型器件，由基于硅基芯片集成工艺制备的热电器件具有成本高昂、兼容性差和界面控制困难等问题，亟需通过发展新的厚膜沉积工艺、3D 打印工艺或激光切割工艺来优化微器件的大规模可控备[140,156]。同时，为了进一步提升器件的性能，需要对器件的热输运过程进行严格的控制。因此，也需要发展相应的热管理材料如导热超材料、导热绝缘材料等[157]。最后，如何实现热电器件与其他电子元器件的组合及其在微电子系统内的集成，又对热电器件的封装、电源管理提出了更高的要求。

参 考 文 献

[1] Li J F, Liu W S, Zhao L D, et al. NPG Asia Mater, 2010, 2：152-158.
[2] Chen Z G, Han G, Yang L, et al. Prog Nat Sci, 2012, 22 (6)：535-549.
[3] Yim W M, Fitzke E V, Rosi F D. J Mater Sci, 1966, 1：52-65.
[4] Wang S Y, Tan G J, Xie W J, et al. J Mater Chem, 2012, 22：20943-20951.
[5] Yan X A, Poudel B, Ma Y, et al. Nano Lett, 2010, 10 (9)：3373-3378.
[6] Zhao L D, Zhang B P, Li J F, et al. Solid State Sci, 2008, 10 (5)：651-658.
[7] Pei Y Z, Wang H, Snyder G J. Adv Mater, 2012, 24 (46)：6125-6135.
[8] Heremans J P, Wiendlocha B, Chamoire A M. Energ Environ Sci, 2012, 5：5510-5530.
[9] Mehta R J, Zhang Y L, Karthik C, et al. Nat Mater, 2012, 11：233-240.
[10] Sun T, Samani M K, Khosravian N, et al. Nano Energy, 2014, 8：223-230.
[11] Zhang T, Zhang Q S, Jiang J, et al. Appl Phys Lett, 2011, 98：022104.
[12] Kim S I, Lee K H, Mun H A, et al. Science, 2015, 348 (6230)：109-114.
[13] Gelbstein Y, Dado B, Ben-Yehuda O, et al. J Electron Mater, 2010, 39：2049-2052.
[14] LaLonde A D, Pei Y Z, Snyder G J. Energ Environ Sci, 2011, 4：2090-2096.
[15] Zhong B, Zhang Y, Li W Q, et al. Appl Phys Lett, 2014, 105：123902.
[16] Chen X X, Wu H J, Cui J, et al. Nano Energy, 2018, 52：246-255.
[17] Yim W M, Rosi F D. Solid-State Electron, 1972, 15 (10)：1121-1140.
[18] Shi X L, Tao X Y, Zou J, et al. Adv Sci, 2020, 7 (7)：1902923.

[19]　Li Bassi A，Bailini A，Casari C S，et al. J Appl Phys，2009，105：124307.
[20]　Zhang Z W，Wang Y，Deng Y，et al. Solid State Commun，2011，151 (21)：1520-1523.
[21]　Zhu W，Deng Y，Wang Y，et al. Thin Solid Films，2014，556：270-276.
[22]　Girard S N，He J Q，Zhou X Y，et al. J Am Chem Soc，2011，133 (41)：16588-16597.
[23]　Moshwan R，Liu W D，Shi X L，et al. Nano Energy，2019，65：104056.
[24]　Pei Y Z，Shi X Y，LaLonde A，et al. Nature，2011，473：66-69.
[25]　Zhang Q，Guo Z，Tan X J，et al. Chem Eng J，2020，390：124585.
[26]　Xie L，Chen Y J，Liu R H，et al. Nano Energy，2020，68：104347.
[27]　Jin M，Tang Z Q，Jiang J，et al. Mater Res Bull，2020，126：110819.
[28]　Chen Z G，Shi X L，Zhao L D，et al. Prog in Mater Sci，2018，97：283-346.
[29]　Li M D，Ding Z W，Meng Q P，et al. Nano Lett，2017，17 (3)：1587-1594.
[30]　Li Z Y，Li J F. Adv Energy Mater，2014，4 (2)：1300937.
[31]　Lee M L，Simmonds P J. SPIE conference on Nanoepitaxy：Homo- and Heterogeneous Synthesis，Characterization，and Device Integration of Nanomaterials，2010，7768.
[32]　Hong M，Chen Z G，Yang L，et al. Adv Energy Mater，2018，8 (9)：1702333.
[33]　Yang X H，Qin X Y，Zhang J，et al. J Alloys Compd，2013，558：203-211.
[34]　Zhou J，Yang R G. J Appl Phys，2011，110：084317.
[35]　Pei Y L，Wu H J，Wu D，et al. J Am Chem Soc，2014，136 (39)：13902-13908.
[36]　Liu W D，Shi X L，Moshwan R，et al. Sustainable Mater Technol，2018，17：e00076.
[37]　Lenoir B，Jp. M，Scherrer H，et al. J Phys Chem Solids，1996，57 (1)：89-99.
[38]　Poudel B，Hao Q，Ma Y，et al. Science，2008，320 (5876)：634-638.
[39]　Li J，Zhang X Y，Chen Z W，et al. Joule，2018，2 (5)：976-987.
[40]　Zhao L D，Tan G J，Hao S Q，et al. Science，2016，351 (6269)：141-144.
[41]　Liu W，Tan X J，Yin K，et al. Phys Rev Lett，2012，108：166601.
[42]　Zhang J W，Song L R，Pedersen S H，et al. Nat Commun，2017，8：13901.
[43]　Shi X，Yang J，Salvador J R，et al. J Am Chem Soc，2011，133 (20)：7837-7846.
[44]　Biswas K，He J Q，Blum I D，et al. Nature，2012，489：414-418.
[45]　Liu H L，Shi X，Xu F F，et al. Nat Mater，2012，11：422-425.
[46]　Joshi G，He R，Engber M，et al. Energy Environ Sci，2014，7：4070-4076.
[47]　Joshi G，Lee H，Lan Y C，et al. Nano Lett，2008，8 (12)：4670-4674.
[48]　Liu Y，Zhang Y，Ortega S，et al. Nano Lett，2018，18 (4)：2557-2563.
[49]　Liu Y，Zhang Y，Lim K H，et al. ACS Nano，2018，12 (7)：7174-7184.
[50]　Hu L P，Wu H J，Zhu T J，et al. Adv Energy Mater，2015，5 (17)：1500411.
[51]　Zheng Y，Zhang Q，Su X L，et al. Adv Energy Mater，2015，5 (5)：1401391.
[52]　Dong J F，Sun F H，Tang H C，et al. Energy Environ Sci，2019，12：1396-1403.
[53]　Pei Y L，Tan G J，Feng D，et al. Adv Energy Mater，2017，7 (3)：1601450.
[54]　Cai B W，Zhuang H L，Pei J. Nano Energy，2021，85：106040.
[55]　Zhu T J，Liu Y T，Fu C G，et al. Adv Mater，2017，29 (14)：1605884.
[56]　Wang Y，Liu W D，Shi X L，et al. Chem Eng J，2020，391：123513.
[57]　Guo H，Sugawara K，Takayama A，et al. Phys Rev B，2011，83：201104.
[58]　Fu L，Kane C L. Phys Rev B，2007，76：045302.
[59]　Lin Y M，Rabin O，Cronin S B，et al. Appl Phys Lett，2002，81：2403-2405.
[60]　Xiao Y，Wu H J，Cui J，et al. Energ Environ Sci，2018，11：2486.
[61]　Su L Z，Wang D Y，Wang S N，et al. Science，2022，375：1385-1389.
[62]　Jiang B B，Wang W，Liu S X，et al. Science，2022，377：208-213.
[63]　Wang C，Zhao X D，Ning S T. Mater Today Energy，2022，25：100962.
[64]　Wang N，West D，Liu J W，et al. Phys Rev B，2014，89：045142.
[65]　Wu Y X，Nan P F，Chen Z W，et al. Adv Sci，2020，7 (12)：1902628.
[66]　Tan G J，Shi F Y，Hao S Q，et al. Nat Commun，2016，7：12167.
[67]　Luo Z Z，Hao S Q，Cai S T，et al. J Am Chem Soc，2019，141 (15)：6403-6412.
[68]　Lee M H，Yun J H，Kim G，et al. ACS Nano，2019，13 (4)：3806-3815.
[69]　Hermann R P，Jin R J，Schweika W，et al. Phys Rev Lett，2003，90：135505.
[70]　Su X L，Li H，Yan Y G，et al. Acta Mater，2012，60 (8)：3536-3544.
[71]　Shi X Y，Huang F Q，Liu M L，et al. Appl Phys Lett，2009，94：122013.
[72]　Liu M L，Chen I W，Huang F Q，et al. Adv Mater，2009，21 (37)：3808-3812.
[73]　姜洪义，王华文，任卫. 材料导报，2007，7：119-121.
[74]　Steele M C，Rosi F D. J Appl Phys，1958，29：1517-1520.
[75]　蔡星宇，王赟. 河南科技，2019，8：140-141.

［76］　Nong J，Peng Y，Liu C Y. J Mater Chem A，2022，10，4120-4130.

［77］　卢瑞明.硕士论文.武汉：武汉理工大学，2015.

［78］　张攀，王忠，陈晖，等.金属功能材料，2011，18：10-13.

［79］　Xia K Y，Hu C L，Fu C G，et al. Appl Phys Lett，2021，118：140503.

［80］　Yan X，Joshi G，Liu W S，et al. Nano Lett，2011，11（2）：556-560.

［81］　Zhao W Y，Liu Z Y，Wei P，et al. Nat Nanotechnol，2017，12：55-60.

［82］　Su X L，Fu F，Yan Y G，et al. Nat Commun，2014，5：4908.

［83］　Qiu P F，Mao T，Huang Z F，et al. Joule，2019，3（6）：1538-1548.

［84］　Wang J，Liu X C，Xia S Q，et al. J Am Chem Soc，2013，135（32）：11840-11848.

［85］　Wang H C，Su W B，Liu J，et al. J Materiomics，2016，2（3）：225-236.

［86］　Terasaki I，Sasago Y，Uchinokura K. Phys Rev B，1997，56（20）：12685-12687.

［87］　张飞鹏，张忻，路清梅，等.功能材料，2007，38：1393-1396.

［88］　王春雷.科学通报，2021，66：2024-2032.

［89］　张金花，余大斌，舒诗文，等.材料导报，2013，7：42-46.

［90］　Teng W，Nan P F，Wang H C，et al. Inorg Chem，2018，57（15）：9133-9141.

［91］　Hu C，Li F，Dong Q，et al. Developments in hot pressing（HP）and hot isostatic pressing（HIP）of ceramic matrix composites. 2014.

［92］　Briggs J. Concise Encyclopedia of Advanced Ceramic Materials，1991：219-222.

［93］　Zhu H T，Mao J，Li Y W，et al. Nat Commun，2019，10：270.

［94］　Wei H X，Tang J Q，Wang H C，et al. J Mater Chem A，2020，8：24524-24535.

［95］　Yang X，Wang Y X，Min R N. Acta Mater，2022，223，117976.

［96］　杨俊逸，李小强，郭亮，等.材料导报，2006，6：94-97.

［97］　Ghosh N C，Harimkar S P. Advances in Science and Technology of Mn+1AXn Phases，2012：47-80.

［98］　石建磊，裴俊，张波萍，等.粉末冶金技术，2021，39，1：4-14.

［99］　Yang G S，Niu R M，Sang L N，et al. Adv Energy Mater，2020，10（41）：2000757.

［100］　Jiang B B，Yu Y，Chen H Y，et al. Nat Commun，2021，12：3234.

［101］　Naplocha，K. Self-propagating high-temperature synthesis（SHS）of intermetallic matrix composites. Intermetallic Matrix Composites，2018.

［102］　Rouessac F，Ayral R M. J Alloys Compd，2012，530：56-62.

［103］　Selig J，Lin S，Lin H T，et al. J Aust Ceram Soc，2012，48（2）：194-197.

［104］　Xing Y F，Liu R H，Liao J C，et al. Energy Environ Sci，2019，12：3390-3399.

［105］　Bai H，Su X L，Yang D W，et al. Adv Funct Mater，2021，31（20）：2100431.

［106］　Duan S C，Man N，Xu J T，et al. J Mater Chem A，2019，7，9241-9246.

［107］　He J，Tan X J，Xu J T，et al. J Mater Chem A，2015，3：19974-19979.

［108］　Han C J，Fang Q H，Shi Y S，et al. Adv Mater，2020，32（26）：1903855.

［109］　Yadroitsev I，Smurov I. Amsterdam：Elsevier Science Bv，2010，5：551-560.

［110］　Kempen K，Yasa E，Thijs L，et al. Phys Procedia，2011，12：255-263.

［111］　El-DeSouky A，Carter M，Andre M A，et al. Mater Lett，2016，185（15）：598-602.

［112］　Qiu J H，Yan Y G，Luo T T，et al. Energy Environ Sci，2019，12：3106-3117.

［113］　Shi J X，Chen X M，Wang W J，et al. Mater Sci Semicond Process，2021，123：105551.

［114］　Hong M，Chen Z G，Yang L，et al. Nanoscale，2016，8：8681-8686.

［115］　Liang L X，Deng Y，Wang Y，et al. J Nanopart Res，2013，16：2138.

［116］　Yang L，Chen Z G，Hong M，et al. Nano Energy，2017，31：105-112.

［117］　Xin J W，Yang J Y，Li S H，et al. Chem Mat，2019，31（7）：2421-2430.

［118］　Hicks L D，Dresselhaus M S. Phys Rev B，1993，47：12727-12731.

［119］　Hicks L D，Dresselhaus M S. Phys Rev B，1993，47：16631-16634.

［120］　Venkatasubramanian R，Siivola E，Colpitts T，et al. Nature，2001，413：597-602.

［121］　宋君强，史迅，张文清，等.物理，2013，42（02）：112-123.

［122］　Fan P，Zhang P C，Liang G X，et al. J Alloys Compd，2020，819：153027.

［123］　Takashiri M，Tanaka S，Miyazaki K. Thin Solid Films，2010，519（2）：619-624.

［124］　Xiao Z，Kisslinger K，Dimasi E，et al. Microelectron Eng，2018，197：8-14.

［125］　Tan M，Shi X，Liu W，et al. Adv Energy Mater，2021，11（40）：2102578.

［126］　Zhang M，Liu W，Zhang C，et al. Appl Phys Lett，2021，118：103901.

［127］　Zhang M，Liu W，Zhang C，et al. ACS Nano，2021，15（3）：5706-5714.

［128］　Liang S，Zhu H，Ge X，et al. Surf Interfaces，2021，24：101099.

［129］　Bulman G，Barletta P，Lewis J，et al. Nat Commun，2016，7：10302.

［130］　Shi X L，Zou J，Chen Z G. Chem Rev，2020，120（15）：7399-7515.

［131］　Weinberg F J，Rowe D M，Min G. J Phys D Appl Phys，2002，35（13）：L61-L63.

［132］　Yan J B，Liao X P，Yan D Y，et al. J Microelectromech Syst，2018，27（1）：1-18.

［133］ Chen X Q, Dai W, Wu T, et al. Coatings, 2018, 8 (7): 244.
［134］ Jaziri N, Boughamoura A, Muller J, et al. Energy Reports, 2020, 6: 264-287.
［135］ He J, Tritt T M. Science, 2017, 357 (6358): 1369.
［136］ Rowe D M. Thermoelectrics handbook: macro to nano. 2005.
［137］ Ying P J, He R, Mao J, et al. Nat Commun, 2021, 12: 1121.
［138］ Zoui M A, Bentouba S, Stocholm J G, et al. Energies, 2020, 13 (14): 3606.
［139］ Lu H L, Wu T, Bai S Q, et al. Energy, 2013, 54: 372-377.
［140］ Yu Y D, Zhu W, Wang Y L, et al. Appl Energy, 2020, 275: 115404.
［141］ Zhu W, Deng Y, Cao L. Nano Energy, 2017, 34: 463-471.
［142］ Suarez F, Parekh D P, Ladd C, et al. Appl Energy, 2017, 202: 736-745.
［143］ Kim C S, Yang H M, Lee J, et al. ACS Energy Lett, 2018, 3 (3): 501-507.
［144］ Zhu P C, Shi C Q, Wang Y L, et al. Adv Energy Mater, 2021, 11 (25): 2100920.
［145］ Wang Y, Zhu W, Deng Y, et al. Nano Energy, 2020, 73: 104773.
［146］ Kim J, Khan S, Wu P, et al. Nano Energy, 2021, 79: 105419.
［147］ Mao J, Chen G, Ren Z F. Nat mater, 2021, 20: 454-461.
［148］ Bhan R K, Dhar V. Opto-Electron Rev, 2019, 27 (2): 174-193.
［149］ Yu Y D, Zhu W, Kong X X, et al. Front Chem Sci Eng, 2020, 14 (4): 492-503.
［150］ Chowdhury I, Prasher R, Lofgreen K, et al. Nat Nanotechnol, 2009, 4 (4): 235-238.
［151］ Li G D, Garcia Fernandez J, Lara Ramos D A, et al. Nat Electron, 2018, 1 (10): 555-561.
［152］ Hong S, Gu Y, Seo J K, et al. Sci Adv, 2019, 5 (5): eaaw0536.
［153］ Masoumi S, O' Shaughnessy S, Pakdel A. Nano Energy, 2022, 92: 106774.
［154］ Zhang Q, Deng K, Wilkens L, et al. Nat Electron, 2022, 5 (6): 333-347.
［155］ Liu Q L, Li G D, Zhu H T, et al. Chin Phys B, 2022, 31, 047204.
［156］ Yu Y D, Guo Z P, Zhu W, et al. Nano Energy, 2022, 93: 106818.
［157］ Zhang Q Q, Zhu W, Feng J J, et al. Mater Des, 2021, 204: 109657.